技術士技能檢定

電力電子乙級技能檢定

學術科｜試題解析

2025版

序

在亞東技術學院電機系開設電力電子乙級技能檢定課程之前，作者便積極投入相關資料蒐集，包括勞動部公佈之技能檢定規範、簡章、學科題庫、術科參考資料、他校曾舉辦過之研討會等，過程中發現如何將片段的資料整合成有系統的教材，以利課程進行和後續之證照輔導，實在是困難重重，市面又無適合教科書可供參考，凡事只得自行摸索。於是研讀手冊、自編教材、建立技能檢定時間表、辦理技能檢定輔導講座、編寫學科模擬測驗卷、進行學術科集訓輔導、成立電力電子技能檢定術科考場、帶領學生參加技能檢定等工作成為教學、服務、研究、輔導外，佔據作者大多數時間與心力的負擔。

承蒙碁峰資訊大力協助，有機會將近幾年之教學資料集結出版成書，希望幫助有意參加電力電子乙級技能檢定之考生通過考試、獲得證照。準備技能檢定並不困難，只要有心，練習再練習，即可達成目標。證照並非求職順利的唯一利器，卻是畢業證書外的加分工具，希望同學在校期間充份利用學校資源，充實自我實力，『畢業即就業』之目標自可水到渠成。

在推動技能檢定相關事務期間，感謝亞東技術學院電機系之支持，包含材料費之支援、教學助理之編列、同事之鼓勵等；感謝專題學生施韋廷、鄭佳文和金律論協助電路板製作、波形量測與記錄；感謝碁峰資訊的郭季柔小姐和相關人員在編輯後製方面的聯繫與協助；更感謝親愛的家人在這段時間的包容與支持，使本書得以順利完成。書中內容若有疏失或遺漏，煩請各界先進不吝指正，以嘉惠更多學子。

學科測試說明

本書介紹電力電子乙級技術士技能檢定學科測試之歷屆試題與解答，使應考者在準備學科考試時有所依據。

乙級技術士技能檢定學科測驗原本之試題型態包含是非題和選擇題各 50 題，共 100 題題目，每題 1 分，計 100 分，測驗時間為 100 分鐘，其中是非題採倒扣計分，答錯 1 題則倒扣 0.5 分，以扣完該部分分數為限。自民國 97 年起，全面取消是非題之題型，共考選擇題 80 題，每題 1.25 分，皆為單選選擇題，測試時間仍為 100 分鐘，答錯不倒扣，但未作答者不予計分；自民國 104 年起，增加複選題之題型，共考選擇題 80 題，其中 1~60 題為單選題，每題 1 分，61~80 題為複選題，每題 2 分，測試時間仍為 100 分鐘，答錯不倒扣，但未作答者不予計分；與學科有關之規則請參閱第一章。

乙級技術士技能檢定學科測驗之題庫已經公佈，包含**工作項目**、**項目名稱**、**單選題和複選題數量**之試題分配如表 1 所示，考生應將公告試題詳細研讀，充份理解，則可輕鬆通過電力電子乙級技術士技能檢定學科測試。

表 1 電力電子乙級技術士技能檢定學科試題分配

工作項目	項目名稱	單選題	複選題	合計
1	識圖與繪圖	22	11	33
2	零組件認識與使用	55	12	67
3	儀表及工具使用	33	9	42
4	電工學	79	38	117
5	電子學	66	19	85
6	邏輯與數位系統	51	10	61
7	程式設計與微電腦應用	26	5	31
8	電力電子系統與應用	95	69	164
9	裝備測試與檢修	18	25	43
總計		445	198	643
抽考(分)		44	40	84

勞動部於105年9月公告106年1月1日報考者，新增「90006-職業安全衛生」及「90007-工作倫理與職業道德」學科共同科目各200題，各職類學科均要加考，抽題比例為各5%。勞動部於106年9月再次公告107年1月1日報考者，新增「90006-職業安全衛生」、「90007-工作倫理與職業道德」、「90008-環境保護」、「90009-節能減碳」共同學科各100題，各職類學科題庫抽題比例各項各佔5%。共同科目包含工作項目、項目名稱、單選題數量之試題分配如表2所示。

表2 技能檢定學科共同科目試題分配

工作項目	項目名稱	單選題
1	職業安全衛生	100
2	工作倫理與職業道德	100
3	環境保護	100
4	節能減碳	100
總計		400
抽考(分)		16

現今學科分為抽考84分的專業科目和抽考16分的共同科目兩部分，以下將針對電力電子乙級技術士技能檢定學科試題進行解析。

目錄

學科測試說明 iii

術科

第 1 章 檢定規則

1-1 電力電子乙級技術士技能檢定測驗方式 1-1
1-2 術科測試試題使用說明 1-2
1-3 術科測試試題應檢人須知 1-2
1-4 術科測試試題工作規則 1-4
1-5 術科測試應檢人自備工具表 1-5
1-6 術科測試場地機具設備表 1-6
1-7 術科測試試題編號及名稱表 1-7
1-8 術科測試時間配當表 1-8
1-9 學科測試作答注意事項 1-8

第 2 章 技能檢定基本技能

2-1 電子元件規格與量測 2-2
2-1-1 電阻(resistor) 2-2
2-1-2 可調電阻器(variable resistor) 2-5
2-1-3 電容(capacitor) 2-7
2-1-4 二極體(diode) 2-13
2-1-5 橋式整流器(bridge rectifier) 2-15
2-1-6 雙極性接面電晶體(Bipolar junction transistor) 2-16
2-1-7 場效電晶體(Field Effect Transistor) 2-19
2-1-8 積體電路(Integrated circuit) 2-20
2-1-9 半導體(semiconductor) 2-21
2-2 銲接技巧 2-23
2-2-1 烙鐵之選擇和保養 2-23
2-2-2 銲接技巧之練習 2-24

2-3 儀表與工具使用技巧 2-27
2-3-1 指針式三用電表 2-28
2-3-2 R-L-C 測試器 2-34
2-3-3 差動隔離探棒(Differential Probe) 2-38
2-3-4 電流探棒(current probe) 2-46
2-3-5 多功能電表 2-51

第 3 章 返馳式轉換器

3-1 試題說明 3-1
3-2 動作要求 3-1
3-3 電路原理 3-2
3-3-1 輸入電路(直流電) 3-6
3-3-2 返馳式轉換器主電路 3-6
3-3-3 控制電路 3-8
3-3-4 負載 3-15
3-4 實體製作 3-15
3-4-1 變壓器繞製 3-16
3-4-2 變壓器參數量測 3-21
3-4-3 電路板製作 3-23
3-4-4 電路測試 3-40
3-4-5 功率及效率量測 3-43
3-4-6 電壓及電流波形量測 3-48
3-4-7 故障檢修 3-65

第 4 章 功率因數修正器

4-1 試題說明 4-1
4-2 動作要求 4-1
4-3 電路原理 4-2
4-3-1 輸入電路 4-6
4-3-2 全波整流電路 4-7
4-3-3 升壓轉換器 4-8
4-3-4 升壓式功率因數修正器(boost power factor corrector) 4-9
4-3-5 負載 4-13
4-4 實體製作 4-13

4-4-1 電感器繞製 4-14
4-4-2 電感器參數量測 4-15
4-4-3 電路板製作 4-18
4-4-4 電路測試 4-35
4-4-5 功率及效率量測 4-38
4-4-6 電路的電壓及電流波形量測 4-44
4-4-7 故障檢修 4-59

第 5 章 升壓及降壓轉換器

5-1 試題說明 5-1
5-2 動作要求 5-1
5-3 電路原理 5-2
5-3-1 輸入電路 5-6
5-3-2 升壓轉換器之主電路 5-6
5-3-3 升壓轉換器之控制電路 5-8
5-3-4 降壓轉換器電路 5-11
5-3-5 負載 5-15
5-4 實體製作 5-15
5-4-1 電感器繞製 5-16
5-4-2 電感器參數量測 5-18
5-4-3 電路板製作 5-20
5-4-4 電路測試 5-35
5-4-5 功率及效率量測 5-39
5-4-6 電路的電壓及電流波形量測 5-46
5-4-7 故障檢修 5-63

學科

第 6 章 學科試題解析

工作項目 01 識圖與繪圖 6-1
工作項目 02 零組件認識與使用 6-11
工作項目 03 儀表及工具使用 6-20
工作項目 04 電工學 6-27

工作項目 05　電子學........6-59
工作項目 06　邏輯與數位系統........6-79
工作項目 07　程式設計與微電腦應用........6-96
工作項目 08　電力電子系統與應用........6-101
工作項目 09　裝備測試與檢修........6-159
90006 職業安全衛生共同科目........6-169
90007 工作倫理與職業道德共同科目........6-179
90008 環境保護共同科目........6-195
90009 節能減碳共同科目........6-206

第1章 檢定規則

本章將介紹與電力電子乙級技術士技能檢定有關之術科試題使用說明、應檢須知、試題工作規則、應備工具、術科測試場地機具設備、試題編號及名稱表、術科測試時間配當表和學科規則等相關知識，使應考者對電力電子乙級技術士技能檢定有初步的認識。若想瞭解其它資訊，請詳閱當年度發售之技能檢定簡章或上行政院勞動部勞動力發展署技能檢定中心網站 https://www.wdasec.gov.tw/查詢。

1-1 電力電子乙級技術士技能檢定測驗方式

電力電子乙級技術士技能檢定測驗方式有即測即評及發證和全國技能檢定兩種，特點如表 1-1 所示，應檢人可依照自己的時間和意願選擇適合方式進行測驗。

表 1-1 電力電子乙級技術士技能檢定測驗方式

形式	即測即評及發證	全國技能檢定
時間	依承辦學校公告 學科術科相隔數天	學科：全國同一天 術科：委託辦理術科測試單位於考前 14 天通知 學科術科相隔時間較長
學科	電腦上機作答	2B 鉛筆畫學科測試答案卡(電腦卡)
術科	實作	實作
特點	自己決定測驗地點 學術科同一單位測驗 快速領證	技檢中心分配術科測驗地點(不一定和學科測驗地點相同) 繳完證照費後約 2 週收到證照

1-2 術科測試試題使用說明

一、 本試題為公開，術科測試辦理單位於檢定 14 天前（以郵戳為憑）寄發第二部分「術科測試應檢人參考資料」，含場地設備表儀器廠牌及型號一併寄送應檢人。

二、 本試題計包括 11600-105201～3 三題。

三、 試題抽題規定：

(一) 由監評長主持公開抽題(無監評長親自在場主持抽題時，該場次之測試無效)，術科測試現場應準備電腦及印表機相關設備各 1 套，術科測試辦理單位之場地試務人員依應檢人數設定試題套數並事先排定於工作崗位上(每題均應平均使用)，並依時間配當表辦理抽題，並將電腦設置到抽題操作介面，會同監評人員、應檢人，全程參與抽題，處理電腦操作及列印簽名事項。應檢人依抽題結果進行測試，遲到者或缺席者不得有異議。

(二) 每一場次術科測試均應包含試題共 3 題，由術科測試編號最小之應檢人代表抽題，第二順位編號應檢人為見證，由 3 試題中(依序對應於前三個崗位)抽出 1 題，並依對應的崗位入座，其餘應檢人則依術科測試編號之順序(含遲到及缺考)接續依各該工作崗位所對應之試題編號進行測試。

四、 術科測試時間六小時(含檢查材料時間)。

五、 術科承辦單位應按應檢人數準備材料，每場次每一試題各備份材料一份。

六、 術科承辦單位應依場地設備表備妥各項機具設備、儀表等提供應檢人使用。

七、 術科承辦單位應依試題說明裝配完成，具備符合試題說明及動作要求之檢定成品，以為本術科測試測試之基準。

1-3 術科測試試題應檢人須知

一、 檢定內容為應用電路之銲接、裝配與調整，磁性元件製作組裝，以及電路特性量測，檢定時間為六小時，成績 60 分(含)以上及格，其要點如下：

(一) 依電路圖、元件佈置圖(元件面)及電路板銲接面圖(銅箔面)按圖施工，將已經蝕刻好的電路板，進行插件及銲接工作。

(二) 依據試題要求，繞製符合電路規格需求之磁性元件。

(三) 依照電路圖、元件配置圖、電路板銲接面圖、動作功能要求、供給材料及必要工具等，完成試題所要求之電路銲接、裝配及調整工作。

(四) 銲接與裝配應依照「銲接規則」與「裝配規則」之各項規定進行。

(五) 組裝工作請參考供給材料表，除術科測試辦理單位事先完成者，其餘均由應檢人完成。

(六) 應檢人應依試題要求完成相關電路元件參數、輸入/輸出特性之數據量測與記錄，以及描繪電路測試點之波形。

二、 注意事項：

(一) 術科測試時，應檢人應按時進場，測試時間開始後逾 15 分鐘尚未進場者，不准進場應檢；進入術科測試試場時，應出示准考證、術科測試通知單、身分證明文件及自備工具接受監評人員檢查。

(二) 應檢人完成試題三個階段測量並記錄完成後，各階段完成均須舉手請監評人員會同抽驗量測項目，並由監評人員評分及簽名。

(三) 若發生下列事項應以不及格論：

1. 應檢者必須使用經術科測試辦理單位編號簽章之試題作答，不得自行攜入否則以不及格論。
2. 通電檢驗發生嚴重短路現象足以影響用電安全時，即應停止工作，不得重修，並以不及格論。
3. 應檢人不得夾帶任何圖說及器材配件進場，一經發現即視為作弊，以不及格論。
4. 應檢人不得將試場內之任何器材及配件等攜出場外，一經發現即以不及格論。
5. 應檢人不得接受他人協助或協助他人施工，一經發現即視為作弊，雙方均以不及格論。
6. 任意損壞公物、設備，除照價賠償外，並以不及格論。

(四) 若發生下列事項應按規定扣分：

1. 應檢人應依自備工具表所列攜帶自備工具，否則按規定扣分。
2. 在檢定開始後三十分鐘內，應檢人應自行檢查所需使用之器具及材料是否良好，如有問題，應即報告監評人員處理，否則一律視為應檢人疏忽，應按規定扣分。
3. 同一零件只可更換一次(以損壞零件交換)，總共更換次數列入評分。
4. 應檢人於檢定完畢後，應做適當清理工作，否則按規定扣分。

(五) 本試題有 110V 交流電源電壓之操作，請應檢人務必謹慎小心，以防感電意外。

(六) 場地所提供機具設備規格，係依據電力電子職類乙級術科測試場地及機具設備評鑑自評表最新規定準備，應檢人如需參考可至技能檢定中心全球資訊網/合格場地專區/術科測試場地及機具設備評鑑自評表下載。

(七) 未盡事宜，依據技術士技能檢定及發證辦法、技術士技能檢定作業及試場規則等相關規定辦理。

1-4 術科測試試題工作規則

一、 銲接規則

(一) 銲接可採用先銲後剪接腳，或先剪接腳再銲，但接腳餘長不得超過 0.5mm，唯 IC 座、SVR、繼電器、端子之接腳不需剪除。

(二) 銲接時銲錫量應適中，如下圖所示，銲點必須圓滑光亮不得有焦黑、錫面不光滑、冷銲、氣泡……等現象。

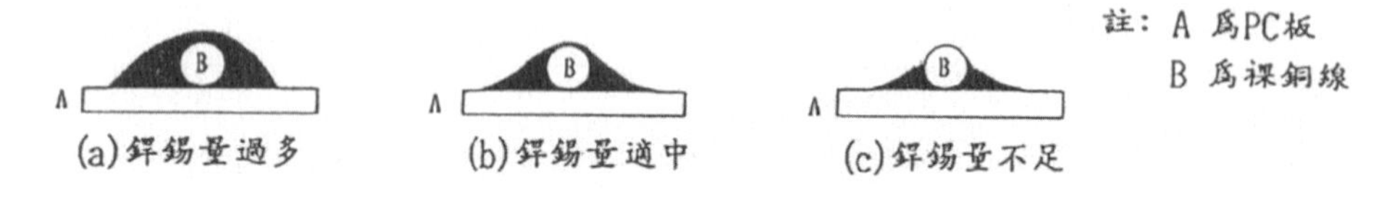

(三) 銲接時不得使銅箔圓點脫落、或浮翹。

(四) 銲接表面黏著元件(SMD)時，使用的電烙鐵最大功率不可超 30W，銲接溫度控制在 300℃以內，銲接時間應少於 3 秒。

(五) 銲接表面黏著元件(SMD)時，銲錫量應與元件呈現良好浸潤狀態，銲錫最大高度可以高過元件，但不能超出金屬端延伸到元件體上。

二、 裝配規則

(一) 電路連接所需之跳線，由應檢人自行剪裁，並應裝置於電路板之元件面，銲接面不得使用跳線，電路板兩面不得用導線繞過板外緣連接，否則不予評分。

(二) 完成後之成品必須與試題之元件配置圖、電路板銲接面圖相符。

(三) 元件裝置於電路板時，均必須裝置於元件面，由低至高依序安裝。

(四) 電阻器安裝於電路板時，色碼之讀法必須由左而右，由上而下方向一致。

(五) 元件標示之數據必須以方便目視及閱讀為原則。

(六) 元件裝配與電路板密貼，唯電晶體、橋式整流器、1W 以上電阻器等與電路板之間必須有 3～5mm 空間，陶瓷電容器與電路板間應有 3mm 空間。

(七) IC 使用 IC 座，不可直接銲於電路板上，IC 座應與電路板密貼且與 IC 方向應一致。

(八) 元件接腳彎曲後不得延伸至銅箔圓點邊緣外。

(九) 功率電晶體應裝置散熱片，並注意上緊螺絲，如下圖所示。若為元件散熱部分為絕緣型封裝(如 TO-220FP)，則不需要加裝絕緣片與絕緣墊圈。

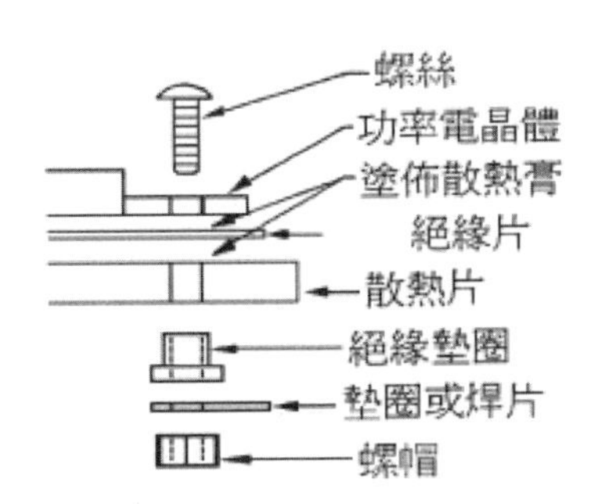

1-5 術科測試應檢人自備工具表

技術士技能檢定電力電子乙級術科測試應檢人自備工具表

項次	名稱	規格	單位	數量	備註
1	螺絲刀或起子	十字、一字	組	1	
2	尖嘴鉗	6"	支	1	
3	斜口鉗	6"	支	1	
4	三用電錶	數位或指針	個	1	
5	文具	原子筆、鉛筆、色筆、尺、橡皮擦等	組	1	
6	電烙鐵	AC110V、30W 或 40W	支	1	
7	吸錫器		支	1	
8	IC 插拔器	U 型	個	1	
9	SMD 吸錫線		個	1	
10	鑷子		支	1	

1-6 術科測試場地機具設備表

技術士技能檢定電力電子乙級術科測試場地機具設備表

項次	名稱	規格	單位	數量	備註
*1	數位儲存示波器	雙跡，頻寬 40MHz 以上	台	22	規格需一致
*2	差動隔離探棒	頻寬 1MHz 以上，最大量測電壓 750 Vrms 以上	只	22	規格需一致
*3	電流探棒	頻寬 100kHz 以上，最大量測電流 10Arms 以上	台	22	規格需一致 1. 建議採用 300kHz 頻寬以上之探棒 2. 建議採用 10Arms 之探棒
*4	直流電源供給器	0～±30V，3A 以上，附輸出連接線	台	22	規格需一致
*5	三用電表	數位或指針	台	5	
6	自耦變壓器	輸出 0～120V，5A 以上	台	7	規格需一致 提醒應檢人注意送電中，須防止感電意外
*7	R-L-C 測試器	測量頻率點：100Hz、120Hz、1kHz、10kHz、100kHz	台	22	規格需一致 平台式或掌上型均可
8	繞線機	手動或電動 (含繞線框適配器)	台	7	規格需一致
9	功率電阻器	12Ω/50W×2	組	14	
		1600Ω/150W×2	組	7	
		800Ω/150W	個	7	
10	烙鐵架及海棉	直立式	組	22	
11	多功能電表	可量測功率與功率因數(功率因數量測準確度誤差小於或等於±3%)	台	7	規格需一致
12	資料手冊	試題使用零組件技術說明資料	份	2	
13	工作桌上 AC 電源組	單相 110V	組	22	
14	工作桌椅	桌面 120x60cm 以上	組	22	各工作崗位間須隔離

註： 上列設備項目中標有*號者，設備數量已包含備份 2 份，量測儀器在檢定前應事先完成校正工作。

附錄：場地設備表儀器廠牌及型號

名稱	廠牌型號/規格	備註
數位儲存示波器		
差動隔離探棒		
電流探棒		
直流電源供給器		
三用電錶		
自耦變壓器		
R-L-C 測試器		
繞線機		
功率電阻器		
多功能電表		

1-7 術科測試試題編號及名稱表

技術士技能檢定電力電子乙級術科測試試題編號及名稱表

試題	試題編號	試題名稱	備註
一	11600-105201	返馳式轉換器	
二	11600-105202	功率因數修正器	
三	11600-105203	升壓及降壓轉換器	

1-8 術科測試時間配當表

每一檢定場，每日排定測試場次 1 場；程序表如下：:

時間	內容	備註
08:00~08:30	1.監評前協調會議(含監評檢查機具設備) 2.應檢人報到完成	
08:30~09:00	1.應檢人抽題 2.應檢人準備自備工具 3.測試應注意事項說明 4.試題重要規定說明 5.應檢人檢查檢定機台設備及檢定材料等 6.其他事項	
09:00~12:00	上午測試時間	上、下午共 6 小時
12:00~13:00	休息用膳時間	
13:00~16:00	下午測試時間	上、下午共 6 小時
16:00~17:00	監評人員進行評分、成績統計及登錄	
17:00	檢討會(監評人員及術科測試辦理單位視需要召開)	

1-9 學科測試作答注意事項

乙級技術士技能檢定學科規則甚多，以下僅摘錄全國技能檢定之部份重要規則，供應考人員參考。

1. 學科測試採筆試測驗題方式為原則，測試時間 100 分鐘，採電腦閱卷。
2. 學科測試答案卡(即電腦卡)載有職類、級別及准考證號碼，不得書寫姓名或任何符號。測試前先檢查答案卡、座位標籤、准考證三者之准考證號碼要相符；測試鈴響開始作答時先核對試題職類、級別與答案卡是否相同，確定無誤後於試題上方書寫姓名及准考證號碼以示確認。上列資料若有不符需立即向監場人員反應。
3. 學科測試作答時所用黑色 2B 鉛筆及橡皮擦由應檢人自行準備(NO.2 鉛筆並非 2B 鉛筆切勿使用)。非使用 2B 鉛筆作答或未選用軟性品質較佳之橡皮擦致擦拭不乾淨導致無法讀卡，應檢人自行負責，不得提出異議。

4. 學科測試試題為選擇題(「1」、「 2」、「3」、「 4」)，甲、乙級測試採單、複選題，單選題 60 題， 每題 1 分，答錯不倒扣，複選題 20 題，每題 2 分，複選題答案全對才給分，答錯不倒扣。

5. 作答時應將正確答案，在答案卡上該題號方格內畫一條直線，此一直線必須粗、黑、清晰，將該方格畫滿，切不可畫出格外或只畫半截線。如答錯要更改時，請用橡皮擦細心擦拭乾淨另行作答，切不可留有黑色殘跡或將答案卡污損，亦不得使用立可白等修正液。

6. 依據技術士技能檢定作業及試場規則第 13 條第 1 款及第 2 款規定，於答案卡註記規定以外之文字、符號致無法讀入全部答案者，以零分計算。未依規定用筆作答，致無法正確讀入答案者，依讀入答案計分。

7. 學科測試應檢人應於預備鈴響時，依准考證號碼就坐。測試時間開始後十五分鐘尚未入場者，不准入場，測試時間開始後四十五分鐘內，不准出場。但學科測試以電腦線上方式實施測試者，不受測試時間開始後四十五分鐘內不准出場之限制。

8. 依據技術士技能檢定作業及試場規則，測試中將行動電話、穿戴式裝置或其他具資訊傳輸、感應、拍攝、記錄功能之器材及設備隨身攜帶、置於抽屜、桌椅或座位旁，其學科測試成績扣二十分。

9. 技術士技能檢定作業及試場規則及相關注意事項請詳閱准考證。

10. 學科測試成績以達到 60 分以上為及格，學科測試成績在測試完畢 4 週內評定完畢，並寄發成績通知單。

第2章 技能檢定基本技能

電力電子乙級技能檢定之工作範圍為電力電子及自動化控制單元裝置之組裝、測試、調整及維修。

基本的應試技巧分述如下：

1. 應自行攜帶工具表內工具。
2. 檢查電路板所需零件並檢查是否正常。
3. 使用 4 枝銅柱將 PC 板的四角固定，豎立於元件面上，以利銲接作業。
4. 將電阻引線彎好備用。
5. 注意電阻器的大小：電路中數量最多的元件為色碼電阻，目視時有些顏色易造成混淆，應以三用電表輔助測量，避免錯誤。
6. 注意元件的極性：如二極體和電解電容器。
7. 注意元件型號的標示：例如電晶體型號，切勿錯置。
8. 固定零件：零件由元件面插入後，應以一手從銅箔面將元件引線外彎，並緊貼板面壓緊固定，以免翻面時元件脫出。
9. 將元件依高低層次順序安插至正確位置：參考電路板元件佈置圖，每安插完一層就銲接一次。
10. 避免銲接錯誤：在每類元件完成插件翻面銲接前，應再用尖嘴鉗將元件緊貼板面固定，並在剪除餘線後銲接或先銲再剪，以免佈線銲接時因元件脫落造成空銲。
11. 剪除餘線時應留意勿使餘線超出銲點，以免與其它接點誤連，造成短路。
12. IC 腳座、測試端子和精密可調變電阻器等元件引線無需剪除。
13. 銲接完成後應審視電路板銅箔面，看是否有異常包銲或短路。
14. 將 IC 插入腳座：注意 IC 缺口。

本章將介紹準備技能檢定必須具備之基本技能和相關知識，包括電阻、可調電阻器、電容、二極體、橋式整流器、電晶體等各項電子元件規格與量測、銲接技巧和儀

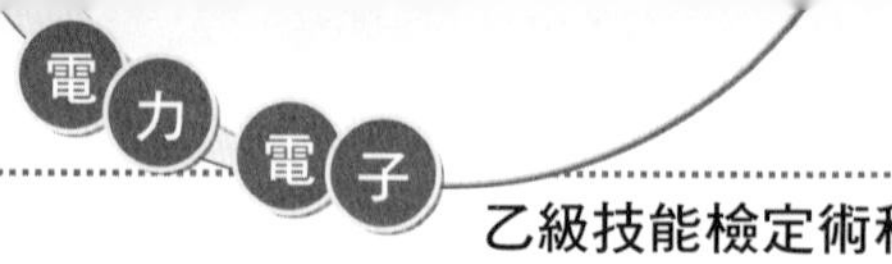

器使用，考生應於平時勤加練習這些基本技術，技巧越純熟，對通過電力電子乙級技術士技能檢定的助益越大。

2-1 電子元件規格與量測

技能檢定的首要工作需辨識各種電子元件，包含數值大小的計算、接腳的判斷、良劣的量測，皆與製作電路板的成敗有著密切關聯，以下將介紹電力電子乙級技術士技能檢定所用零件之規格與量測。

2-1-1 電阻(resistor)

數值固定的電阻體積小，若要直接在電阻本體上標示電阻值並不容易，美國電子工業協會(Electronic Industry Association，簡稱 EIA)訂定以不同顏色來表示電阻的數值，即現今通用的色碼電阻。色碼電阻識別的標準是使用黑、棕、紅.....等各種顏色，代表十進制中的 0~9，再配合金、銀兩種顏色，代表誤差及倍數。

1. 一般色碼電阻

為四碼電阻，在電阻本體上有四環顏色，如圖 2-1 所示，第一環和第二環之顏色代表數字，第三環之顏色代表 10 的倍數，第四環之顏色代表誤差，詳細資訊請參考表 2-1。以圖 2-1 為例說明，觀察色碼電阻之顏色為橙、黑、紅、金，其數值計算為 $30 \times 10^2 \pm 5\% = 3000 \pm 5\% = 3\text{K}\Omega \pm 5\%$ ，即 $3K \pm 150\Omega$ 。

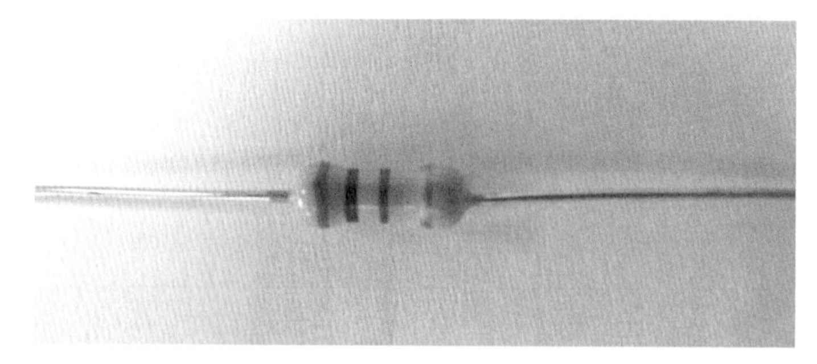

圖 2-1　一般色碼電阻

表 2-1 一般色碼電阻各環顏色代表之數值

顏色	第一/二環	倍數	誤差
黑	0	$10^{0}=1$	
棕	1	$10^{1}=10$	F(±1%)
紅	2	$10^{2}=100$	G(±2%)
橙	3	$10^{3}=1000$	
黃	4	$10^{4}=10000$	
綠	5	$10^{5}=100000$	D(±0.5%)
藍	6	$10^{6}=1000000$	C(±0.25%)
紫	7	$10^{7}=10000000$	B(±0.10%)
灰	8	$10^{8}=100000000$	
白	9	$10^{9}=1000000000$	
金		10^{-1}	J(±5%)
銀		10^{-2}	K(±10%)

色碼電阻的尺寸和額定功率(瓦特數)成正比關係，即瓦特數愈高者體積愈大，反之亦然。不同額定功率之色碼電阻如圖 2-2 所示，最上方電阻的額定功率為 1/4W，中間電阻的額定功率為 1/2W，最下方電阻的額定功率為 1W，尺寸的差異相當明顯。市售色碼電阻有 1/8W、1/4W、1/2W 之碳膜電阻，1W、2W、3W、5W 之金屬氧化膜電阻等各種規格。

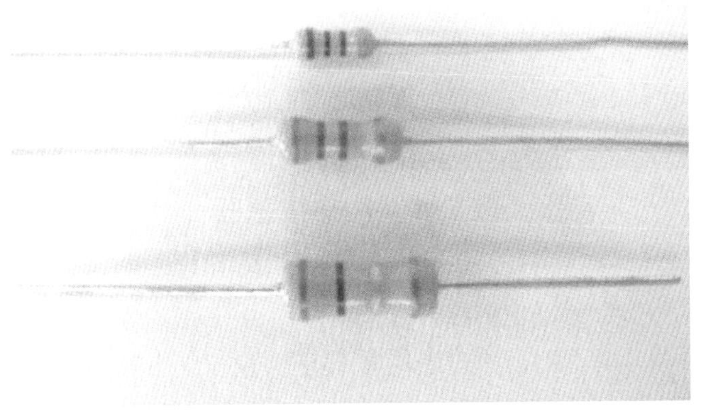

圖 2-2 不同功率額定之色碼電阻

2. 精密色碼電阻

若在精確度要求較高之電路中使用色碼電阻，則適合使用精密色碼電阻。精密色碼電阻為五碼電阻，在電阻本體上有五環顏色，如圖 2-3 所示，第一環、第二環和第三環之顏色代表數字，第四環之顏色代表 10 的倍數，第五環之顏色代表誤差，誤差通常為±1%，顏色代表的意義和表 2-1 所列者相同。以黃、紫、綠、紅、棕的精密色碼電阻為例說明，其數值計算為 $475\times10^{2}\pm1\%=47.5\,K\Omega\pm1\%$，即 $47.5K\pm475\Omega$。

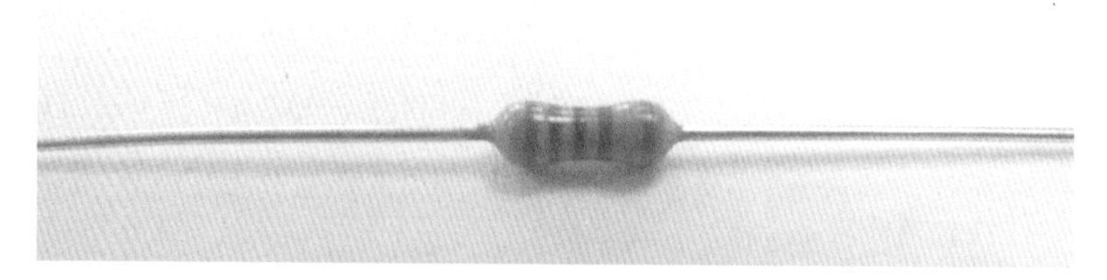

圖 2-3　精密色碼電阻

3. 片式電阻器

若需使用功率較高之固定電阻，則片式電阻較為合適，外觀如圖 2-4 所示，此類電阻器會直接在電阻本體上標示功率、電阻值和誤差，使用 R 代表單位為 Ω 之電阻小數點，例如：1R0=1.0Ω、R20=0.20Ω、5R1=5.1Ω，圖 2-4 中片式電阻標示“2WR015 J”，即代表本電阻之額定功率為 2W、電阻值為 0.015Ω=15mΩ、J 代表誤差為±5%。

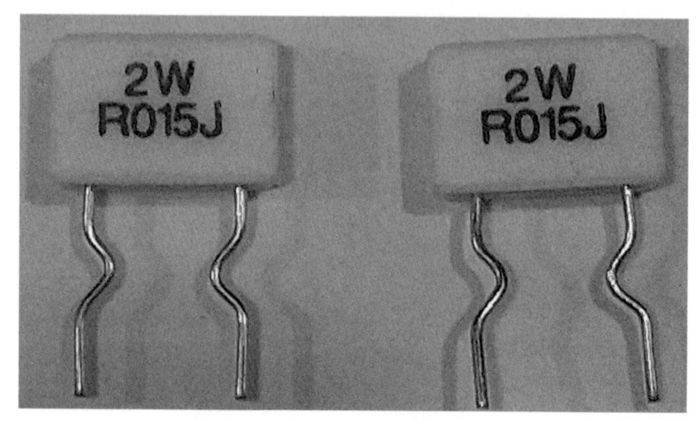

圖 2-4　片式電阻器

4. 功率電阻器

電力電子檢定使用功率較高之固定電阻當作負載，外觀如圖 2-5 所示，上下以鋁板隔離，附並聯開關和端子，各試題使用之功率電阻器如表 2-2 所示。

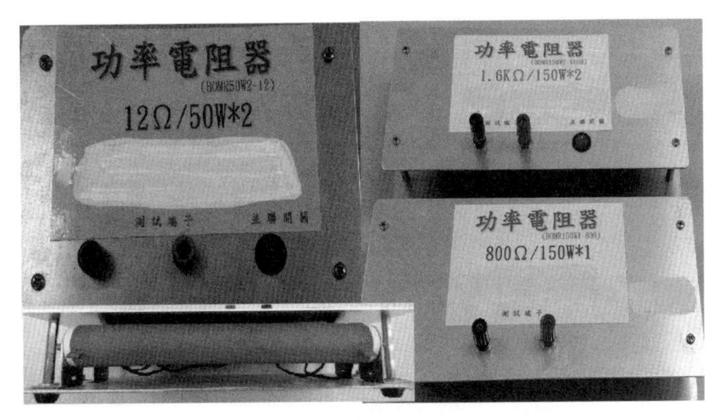

圖 2-5　功率電阻

表 2-2　試題使用之功率電阻

試題	負載	數量
返馳式轉換器	12Ω/50W	2
功率因數修正器	1600Ω/150W	2
	800Ω/150W	1
升壓及降壓轉換器	12Ω/50W	2

2-1-2　可調電阻器(variable resistor)

可調電阻器之大小可調整，為三腳元件，兩端接腳之電阻為固定，中間腳為調整電阻大小之輸出，一般分為下列三種：

1. 可變電阻器

使用於電阻值需要常常改變的電路，像音量控制、搖桿、類比指針式三用電表的最大值調整等，外觀如圖 2-6 所示，此類可變電阻器會直接標示電阻值，例如在底部標示“ VR 100K ”即代表數值為 100KΩ，調整範圍在 0~100KΩ 之間。

圖 2-6　可變電阻器

2. 精密可調電阻器

大部份使用於微調場合或不需時常調整之處，設定後除非有偏差產生才需要調整的電路，像類比指針式三用電表的歸零值調整。外觀如圖 2-7 所示，精密可調電阻之調整鈕位於上方或側面，需使用工具(一字起子)調整電阻值。此類電阻器會間接標示電阻值，使用者需自行轉換數值，例如其標示為“105”即代表數值為 $10\times10^5=1M\Omega$，調整範圍在 0~1MΩ 之間。

圖 2-7　精密可調電阻器

3. 線繞磁管可調電阻器

此為功率較高之可變電阻器，如圖 2-8 所示，市面上之產品有 20W、30W、50W、100W~600W、800W~1KW、2KW 等各種規格可供選擇。此類電阻器會直接標示電阻值，例如 20Ω/200W，利用旋轉軸可將電阻值調至 0~20Ω 以符合需求。

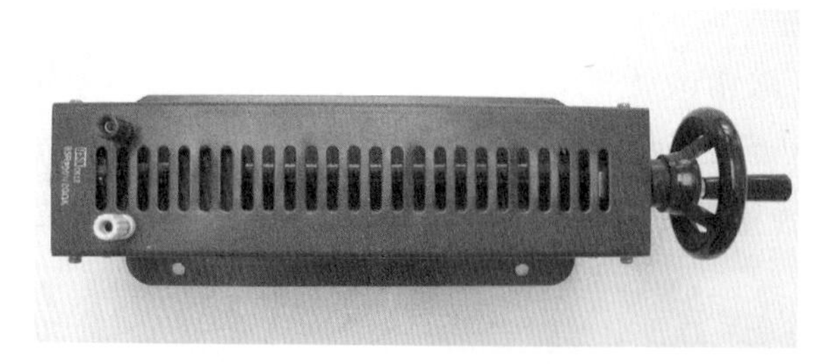

圖 2-8　線繞磁管可調電阻器

2-1-3 電容(capacitor)

電容器的結構是由兩個金屬板，中間夾雜著絕緣物組合而成的元件，以下將介紹電容器之標示、種類和量測。

電容的標示包含電容容量、電容耐壓、電容極性、容量誤差和電容耐溫，分述如下。

1. 電容容量

標示著電容的容量大小。如果誤用不同數值的電容，雖未必會發生事故，但已偏離原先電路設計的本意，無法達到預期的效果。

1. 以μF為單位：電容容量1μF以上者，直接以數值標示容量，例如1000μF、470μF、10μF等。
2. 以 pF 為單位：第一位數與第二位數代表電容數值，第三個數字代表 10 的次方，亦即數值後面 0 的個數。例如電容容量標示為 104 者，代表電容量為
$10\times10^4\,pF = 10^5\,pF = 10^5\times10^{-12}\,F = 10^{-7}\,F = 10^{-1}\times10^{-6}\,F = 0.1\mu F$

2. 電容耐壓

表示電容所能承受的峰值電壓，使用者需視電路的狀態選用足夠耐壓的電容，才不會因為電容耐壓能力不夠，造成電容被擊穿而報銷，或電容爆裂而機毀人傷，務必謹慎行事。電容耐壓以伏特(V)表示，直接標示在電容外殼或印在套膜上，選擇電容時應注意電路之電壓峰值並預留安全容量，即採用耐壓高於電路電壓峰值之電容器。

3. 電容極性

常用的電容器中，金屬薄膜電容和陶瓷電容沒有極性的分別，電解質電容和鉭質電容具有極性，使用時須注意極性，極性接反則會發生意外事故。電容極性一般印刷在電容外殼或套膜上，或以長腳代表正極、短腳代表負極。

4. 容量誤差

代表電容量的誤差大小，誤差值越低代表電容容量與標示值越相近，精確度越高。電容誤差以字母標示，如表 2-3 所示。

表 2-3　電容的容量誤差

	≦10pF	≧10pF		≦10pF	≧10pF
B	±0.1pF		K		±10%
C	±2.25pF		M		±20%
D	±0.5pF		P		-0~+100%
E		±25%	S		-20~+50%
F	±1pF	±1%	W		-0~+200%
G		±2%	X		-20~+40%
H		±2.5%	Z		-20~+80%
J		±5%			

5. 電容耐溫

表示電容能承受的工作溫度極限，超過此一限制，可能造成電解液乾涸或減短壽命之現象。

依照介質的不同，可分為電解質電容、紙質電容、薄膜電容、陶瓷電容、雲母電容和空氣電容等，以下將介紹電力電子乙級技術士技能檢定中使用的電容器。

1. 電解質電容

   具有極性，長腳為正、短腳為負，使用時須特別注意極性。大多被使用在需要電容量很大的場合，例如主電源部份的濾波電容，除了濾波之外，並兼具儲存電能之功效。當內含電解質乾涸或變質時，電解質電容即無法繼續使用，使用壽命短為其主要缺點。電容量大小與耐壓會直接標示在電容本體上，如圖 2-9 中顯示之電解質電容，由左而右顯示出它們的電容量與耐壓分別為 1000μF/50V、470μF/25V、47μF/50V、22μF/25V 和 10μF/50V，外殼並標示負極的位置。

圖 2-9　電解質電容

2. 陶瓷電容

此種電容沒有極性，係以陶瓷當電介質，在圓形陶瓷片兩面電鍍一層金屬薄膜而成，優點是壽命極長，如圖 2-10 所示，為無極性的電容器，採用間接標示其容量，例如：電容量標示為“473”，其數值計算如下：

$$47\times10^{3}\,\mathrm{pF}=47\times10^{3}\times10^{-12}\,F=47\times10^{-9}\,F=47\times10^{-3}\times10^{-6}\,F=0.047\,\mu F$$

數字後面若出現字母則代表誤差大小，較常出現的為 J 代表誤差為±5%，K 代表誤差為±10%，M 代表誤差為±20%。若電容量標示為“104J”，換算其數值為 0.1μF，誤差為±5%；若電容量標示為“104”和“501”，即分別代表 0.1μF 和 500pF。

圖 2-10　陶瓷電容

積層陶瓷電容器(Multi-layer Ceramic Capacitor，MLCC)是陶瓷電容器的一種，陶瓷電容分成單層陶瓷電容與積層陶瓷電容(MLCC)，MLCC 因為物理特性為耐高電壓和高熱、運作溫度範圍廣，且能夠晶片化使體積小，且電容量大、頻率特性佳、高頻使用時損失率低、適合大量生產、價格低廉及穩定性高等優點，缺點為電容值較小。電力電子乙級技能檢定術科試題中使用大量積層電容器，外觀如圖 2-11 所示，兩隻腳一樣長，為無極性的電容器，採用間接標示其容量，換算方式和陶瓷電容相同，例如：電容量標示為“473”，其數值計算如下：

$$47\times10^{3}\,\mathrm{pF}=47\times10^{3}\times10^{-12}\,F=47\times10^{-9}\,F=47\times10^{-3}\times10^{-6}\,F=0.047\,\mu F$$

若電容量標示為“221”，換算其數值為 220pF，應檢人須熟悉此類電容之容量轉換。

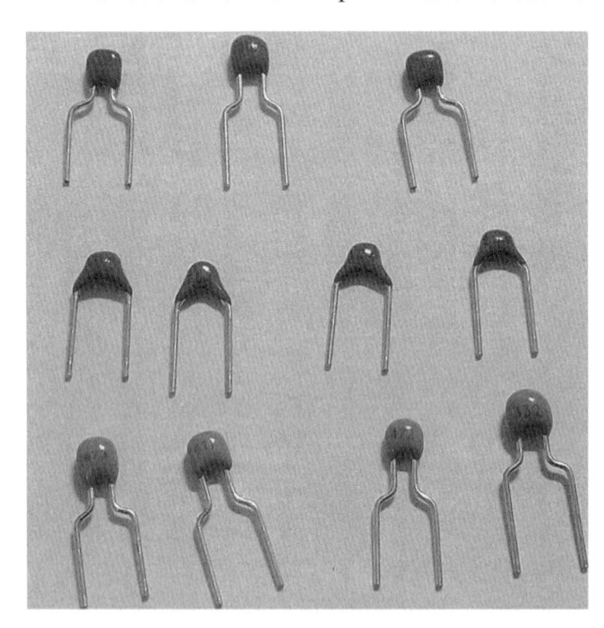

圖 2-11　積層電容

3. 表面貼裝陶瓷電容器

   表面貼裝陶瓷電容器為表面黏著元件(surface mount device，簡稱 SMD)其中一種，係利用表面黏著技術(surface mount technology，簡稱 SMT）製作之電子裝置，外觀如圖 2-12 所示，體積很小，需特別注意電容量，目視容易出錯，建議使用 R-L-C 測試器量測，以確定數值，量測如圖 2-13 所示。銲接時必須注意銲接品質，依據銲接規則(四)和(五)銲接表面黏著元件(SMD)時，使用的電烙鐵最大功率不可超過 30W，銲接溫度控制在 300℃以內，銲接時間應少於 3 秒，銲錫量應與元件呈現良好浸潤狀態，銲錫最大高度可以高過元件，但不能超出金屬端延伸到元件體上。建議銲接時先在電路板之銲點上錫，以電烙鐵使銲錫融化，再把表面貼裝陶瓷電容器放上去，電烙鐵在銲接過程中只接觸銲點而不接觸電容，最後再以類似方法（加熱銲點上的鍍錫而不是直接加熱電容）銲接表面貼裝陶瓷電容器另一端。

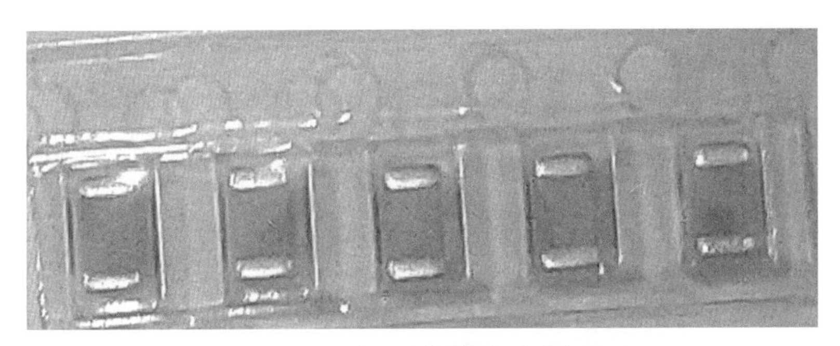

圖 2-12　表面貼裝陶瓷電容器

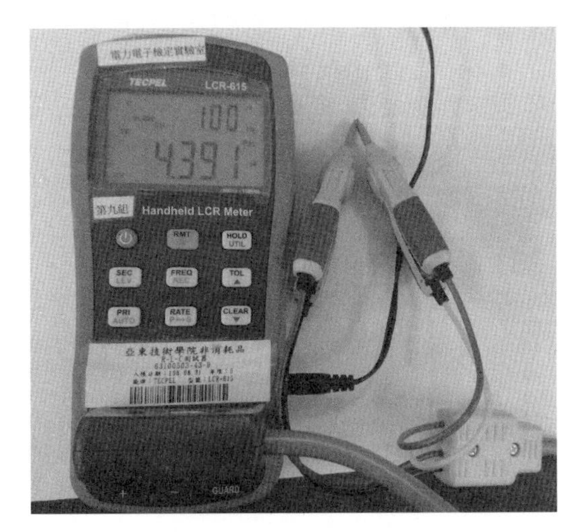

圖 2-13　表面貼裝陶瓷電容器量測

測量電容時需考慮下列兩個因素，即(1)電容正常與否、(2)電解質電容器的極性判斷，確定所使用之電容無短路或開路現象並了解極性後，方能置入電路板中。

首先針對有極性之電解質電容進行量測。

1. 好壞的判斷

1. 將指針式三用電表撥於歐姆檔之 Rx1K 檔，黑棒接電容器的“+ "端，紅棒接“一"端。
   (1) 若指針迅速向右側低電阻區偏轉，然後慢慢的回到左側高電阻區(即∞處)，表示電容正常。
   (2) 若指針偏轉後，一直停在 0Ω 處，表示此電容器已短路，無法使用。
   (3) 若指針偏轉至低電阻區後無法回到∞處，表示該電容器有漏電的現象，一般電容器的電阻值若低於 100KΩ 即屬不良品。
2. 將三用電表紅、黑測棒對調，重複測量一次，對於容量較大的電容，指針偏轉角度約為第一次測量時的兩倍。

3. 測 1μF 以下的電容時，應將三用電表改撥在 Rx10K 檔，若使用 Rx1K 檔測量小容量電容時，由於充電時間常數(time constant) $\tau = RC$ 過小，不易觀察指針偏轉的角度，撥至 Rx10K 檔較適合觀測。

4. 若指針完全不動，表示電容器沒有電容量，但測量 0.01μF 以下的電容，除非使用高靈敏度電表，否則不易看出指針的偏轉。

   進行上述量測時，須注意下列兩點：

   (1) 測量已在電路使用過的電容器之前，必須先將電容放電再測之，用手指抓住電容兩端片刻即可，以免造成錯誤的量測。

   (2) 測量時，請勿使用 Rx10K 檔測量後，再以同極性的 Rx1K 檔進行量測，否則將造成指針的反方向偏轉。

2. 極性辨別

若無法由外觀判斷極性時方進行下列測量。

1. 指針式三用電表應撥於歐姆檔之 Rx1K 檔。

2. 電容加上順向電壓時，指針偏轉至 0Ω 後會回到∞處；電容加上逆向電壓時，因漏電的關係，指針指示的電阻值較低。

3. 兩次的測量中，取電阻值較大的那次測量，接到黑棒(電池的正端)的端點為"＋"極。

4. 容量較大的電容器，因充電時間常數太大，不易測量。

進行上述量測時，須注意下列事項：測量耐壓較低的鉭質電容時，因其額定工作電壓較低，不要用 Rx1 檔測之，避免電容部份介質因逆向電壓而遭受破壞。

接著針對無極性電容(麥拉電容和陶瓷電容)進行量測。

1. 對電容器作導通測試，測量電容器是否漏電或短路；至於斷路與否，一般無法測試。

2. 若有高電阻檔(Rx10KΩ)的三用電表時則可以測量容量大於 0.01μF 以上的電容器，三用電表指針稍微偏轉後即退回∞處，即表示電容器有充放電作用。

3. 指針偏轉後不退回原位，表示電容器有漏電現象，應更換之。

2-1-4　二極體(diode)

二極體為僅具有一個 p、n 接面之兩腳元件，有整流、檢波和截流之功效，因結構簡單、控制容易之特性而廣泛應用在技能檢定術科試題中，以下將介紹二極體之種類和量測。

1. 一般二極體

外觀如圖2-14所示，為不同容量之二極體，需注意極性，外觀通常為黑、灰兩色，分別代表陽、陰極；為避免無謂的錯誤發生，使用前請利用三用電表判斷接腳與好壞。

使用三用電表歐姆檔(R x1檔)量測陽、陰極接腳，接到三用電表內部電池正極(指針式三用電表之黑棒)的接腳為陽極，接到三用電表內部電池負極(指針式三用電表之紅棒)的接腳為陰極，而且順偏時為低電阻狀態(約為0歐姆)、逆偏時為高電阻狀態(接近∞歐姆)才是良品。

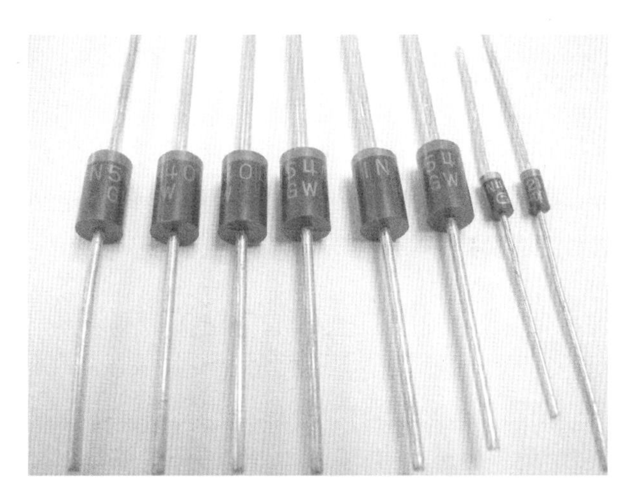

圖 2-14　一般二極體

2. 發光二極體(Light Emitting diode，簡稱 LED)

發光二極體，亦為半導體元件，美國無線電公司(Radio Corporation of America) Rubin Braunstein 於 1955 年首次發現了砷化鎵(GaAs)及其它半導體合金的紅外線放射作用(infrared emission)。隨後通用電氣公司的 Nick Holonyak Jr.在 1962 年開發出第一種實際應用的可見光發光二極體。LED 剛問世之初，大多為指示燈、顯示板等用途；隨著白光發光二極管的出現，亦被當作照明之用。它是 21 世紀的新型光源，具有效率高、壽命長、不易破損等傳統光源無法比擬之優點。

發光二極體之外觀如圖 2-15 所示，需注意極性，通常長腳端為陽極，短腳端為陰極；使用前請利用三用電表判斷接腳與好壞，以免發生無謂的錯誤。先使用三用電表歐姆檔(Rx1 檔位)量測陽、陰極接腳，接到三用電表內部電池正極(指針式三用電表之黑棒)的接腳為陽極，接到三用電表內部電池負極(指針式三用電表之紅棒)的接腳為陰極；而且順偏時為低電阻狀態(約為 0 歐姆)同時呈發光狀態、逆偏時為高電阻狀態(接近∞歐姆)且不發光，發光與不發光狀態皆須符合方為良品。

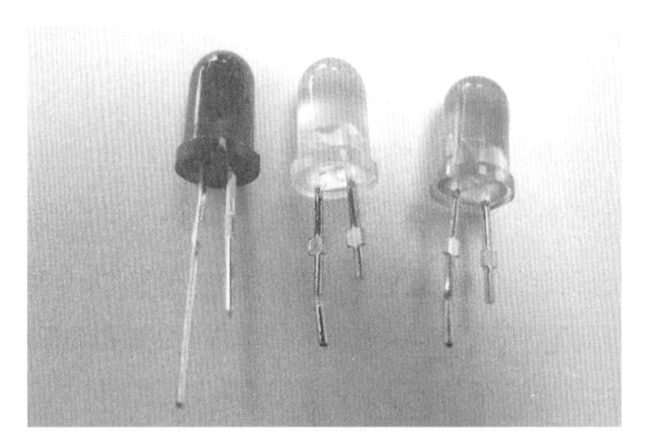

圖 2-15　發光二極體

3. 稽納二極體(Zener diode)

稽納二極體一般應用於崩潰區，利用其崩潰電壓來發揮穩壓效果，如圖 2-16 所示，須注意其型號與極性，型號不同之稽納二極體具備不同的崩潰電壓，極性接反則無穩壓功效或使電路產生誤動作。

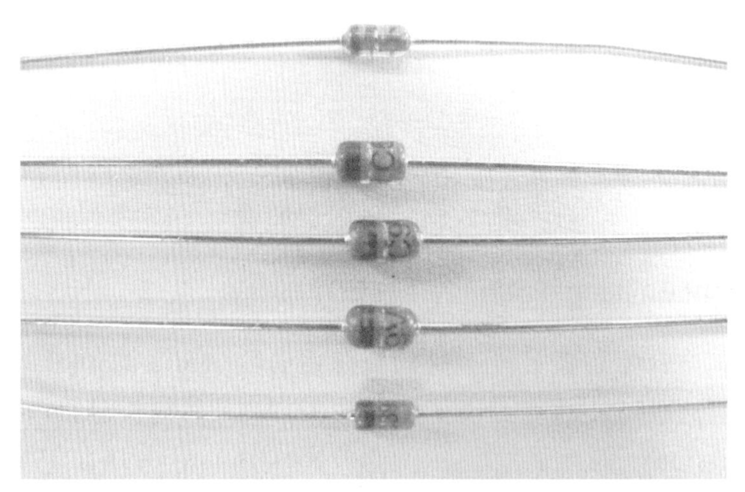

圖 2-16　稽納二極體

稽納二極體之接腳測量與好壞判斷須使用三用電表歐姆檔，方法和測量一般二極體相同，請自行參考前述說明。有些稽納二極體上會標明崩潰電壓，若不易辨識則需自行測量。欲測得稽納二極體的崩潰電壓，須外加一部可變直流電源供應器，接線如

圖 2-17，其中 R_S 為限流電阻，V_S 的極性對稽納二極體而言為逆向偏壓，恰好可測試其是否工作於崩潰區。首先將電源供應器電壓由 0V 開始增加，同時將三用電表轉至直流電壓檔(DC V)、紅棒接至圖中 A 端、黑棒接至 B 端，並讀取電壓讀數，當三用電表之電壓讀數不再隨 V_S 上升，表示稽納二極體已達崩潰，此時三用電表之電壓讀數即為稽納二極體的崩潰電壓值 V_Z。

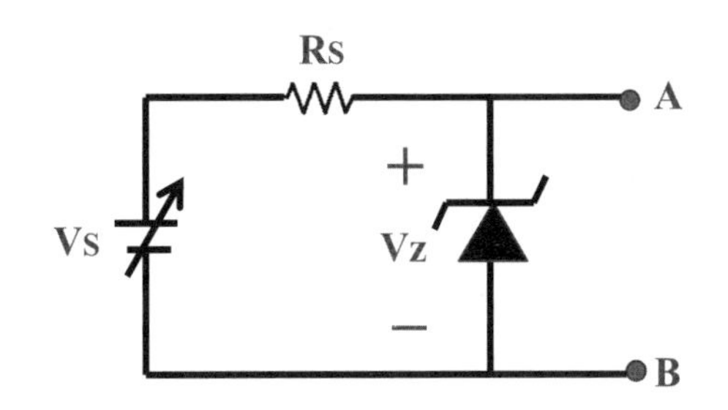

A端：三用電表紅棒 ； B端：三用電表紅棒

圖 2-17　稽納電壓量測接線

2-1-5　橋式整流器(bridge rectifier)

橋式整流器即為全波整流器，內含 4 顆二極體，輸入為交流信號(正弦波)，輸出為直流電壓，一般有三種型式，如圖 2-18 所示，第一種為積體電路型，4 腳 DIP(Dual in-line package)型態，位於圖中左下方；第二種為圓型，位於圖中上方；第三種為平躺式，位於圖中右下方。使用時須注意接腳，輸入和輸出不可錯置，元件上標示"～"之兩腳為交流輸入端，直流輸出端則標示為"＋"和"—"。電力電子乙級技能檢定術科試題中使用平躺式橋式整流器。

圖 2-18　橋式整流器

橋式整流器之接腳和良劣可藉由以下測量得知。首先將三用電表撥至歐姆檔(R x1檔)，三用電表內部電池正極(指針式三用電表之黑棒)接至"＋"端，三用電表內部電池負極(指針式三用電表之紅棒)接至"一"端時，此時橋式整流器為順向偏壓，三用電表指針向右偏轉，指針的 LV 讀數約為 1V。接著將測試棒對調，此時橋式整流器為逆向偏壓，指針應不動(停在最左側)。如果紅、黑測試棒對調，指針均不偏轉者，即為交流輸入端。若測量狀態皆不符合上述情形者，即為不良品。

2-1-6 雙極性接面電晶體(Bipolar junction transistor)

雙極性接面電晶體(簡稱 BJT)為具有兩個 p、n 接面之三腳元件，即基極(Base)、集極(Collector)和射極(Emitter)，若偏壓在線性區可形成共基極(Common base amplifier)、共集極(Common collector amplifier)、共射極(Common emitter amplifier)三種放大器；若偏壓在截止區和飽和區，則當作開關使用。依結構可分成 NPN 和 PNP 兩種，外觀有各種形式，如圖 2-19 所示。

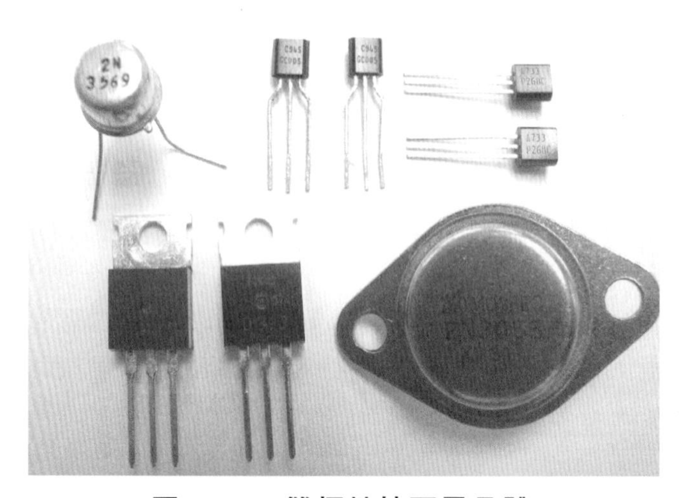

圖 2-19 雙極性接面電晶體

電晶體的三隻接腳，可以利用三用電表判別之。首先三用電表置於歐姆檔(R x1檔)，隨意假設電晶體的三隻腳分別為接腳 1、接腳 2 和接腳 3，以三用電表之測棒進行如表 2-4 之六次測量，表中所示之"＋"為內部電池的正端(通常為指針式三用電表之黑棒)，"一"為內部電池的負端(通常為指針式三用電表之紅棒)，其中應有四次高電阻值(約為∞Ω)，兩次低電阻值(約為 0Ω)，理論如圖 2-20 所示，低電阻值即表示 pn 接面為順向偏壓狀態，若為逆向偏壓狀態應量到高電阻值；由低電阻值的量測中，可判斷基極的位置和電晶體型態(NPN 或 PNP)。舉例說明如下：若 R_4 和 R_5 為低電阻值，則共同接到黑棒的接腳 3 為基極且為 NPN 電晶體。同理，若 R_3 和 R_6 為低電阻值，則共同接到紅棒的接腳 3 為基極且為 PNP 電晶體。

表 2-4 電晶體的接腳測量

	接腳 1	接腳 2	接腳 3	電阻測量值
第一次測量	+	—		R_1
第二次測量	—	+		R_2
第三次測量		+	—	R_3
第四次測量		—	+	R_4
第五次測量	—		+	R_5
第六次測量	+		—	R_6

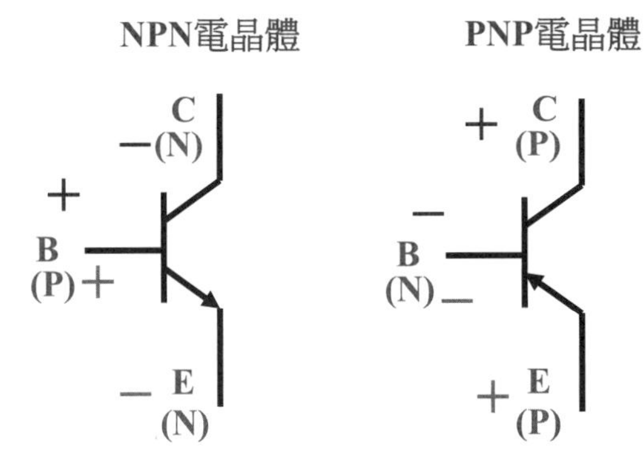

圖 2-20 電晶體接腳測量

接著進行 NPN 型電晶體 E 腳和 C 腳之判別，連接方式如圖 2-21 所示。三用電表仍置於歐姆檔(R x1 檔)，隨意假設電晶體未知接腳的兩腳中，一腳為集極(C)、另一腳為射極(E)，指針式三用電表的黑棒(內部電池的正端)接至假設之集極，紅棒(內部電池的負端)接至假設之射極(E)，將手指按住基極接腳和假設為集極的接腳。若量測呈低電阻，則假設正確，若呈高電阻，便是假設錯誤，將原本假設的 C、E 腳對調即可。

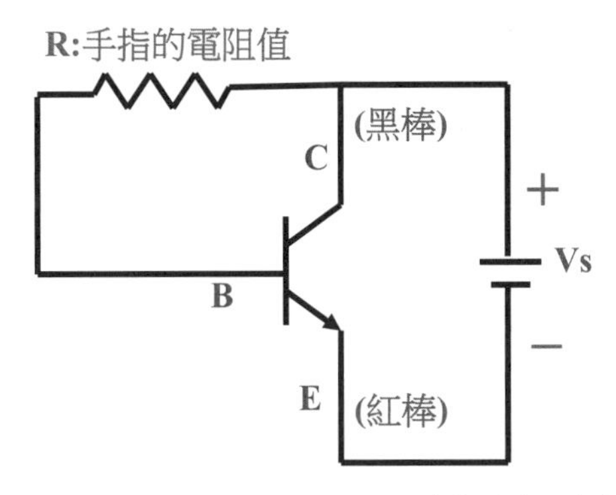

圖 2-21 NPN 電晶體之 C、E 腳測量

若電晶體為 PNP 型，其 E 腳和 C 腳判別之連接方式如圖 2-22 所示。三用電表仍置於歐姆檔(R x1 檔)，隨意假設電晶體未知接腳的兩腳中，一腳為集極(C)、另一腳為射極(E)，指針式三用電表的紅棒(內部電池的負端)接至假設之集極，黑棒(內部電池的正端)接至假設之射極(E)，將手指按住基極接腳和假設為集極的接腳。若量測呈低電阻，則假設正確，若呈高電阻，便是假設錯誤，將原本假設的 C、E 腳對調即可。

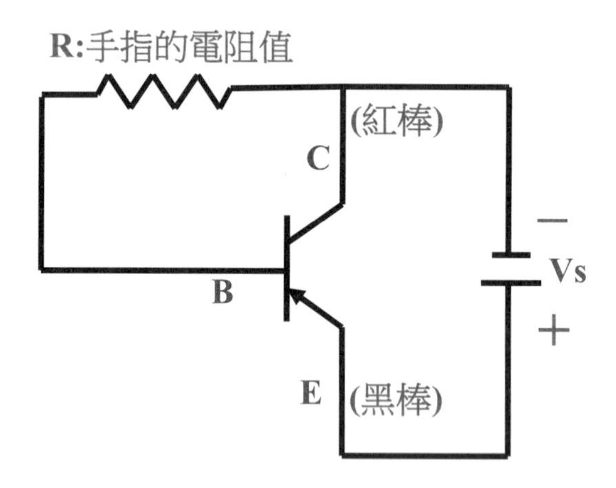

圖 2-22　PNP 電晶體之 C、E 腳測量

亦可直接使用具備 BJT 測試槽之三用電表，可同時測量型態(NPN 或 PNP 電晶體)、hfe(即 β 值)和接腳，依下列步驟進行：

1. 選擇歐姆檔之 X10 檔位。
2. 直接將 BJT 放入測試槽。
3. 觀察三用電表 hfe 數值是否出現合理數值。
4. 讀取型態、β 值和接腳。

圖 2-23 結果顯示待測之元件為 NPN 電晶體、β 為 200 和接腳位置，圖 2-24 結果顯示待測之元件為 PNP 電晶體、β 為 300 和接腳位置。

圖 2-23　NPN 電晶體量測

圖 2-24　PNP 電晶體量測

2-1-7　場效電晶體(Field Effect Transistor)

場效電晶體(簡稱FET)為具有兩個p、n接面之三腳元件，即閘極(Gate)、汲極(Drain)和源極(Source)，若偏壓在飽和區可形成共閘極(Common gate amplifier)、共汲極(Common drain amplifier)、共源極(Common source amplifier)三種放大器；若偏壓在截止區和線性區(三極區或歐姆區)，則當作開關使用。依結構可分成接面場效電晶體(junction field effect transistor，簡稱JFET)和金屬氧化物半導體場效電晶體(簡稱金氧半場效電晶體)(Metal-Oxide-Semiconductor Field-Effect Transistor，簡稱MOSFET)兩種，MOSFET依有無通道分為空乏型(depletion mode)和增強型(enhancement mode)，電力電子乙級技術士技能檢定術科試題使用之場效電晶體如表2-5，皆為n通道增強型MOSFET，外觀如圖2-25所示。

表 2-5　電力電子乙級技能檢定試題使用之場效電晶體

試題	代碼	規格
返馳式轉換器	Q1	NMOS IRF540N 100V/28A
功率因數修正器	Q1	NMOS 20N60CFD 650V/20.7A
升壓及降壓轉換器	Q1	2N7000 N MOSFET
	Q2	SM1A15NSF NMOSFET 100V/32A

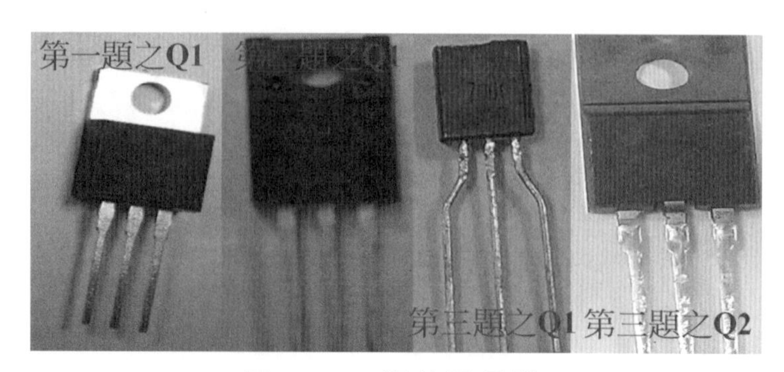

圖 2-25　場效電晶體

2-1-8　積體電路(Integrated circuit)

積體電路(簡稱 IC)是指將電阻、電容、二極體和電晶體等電子元件聚集在同一個晶片中的小型化電路，有類比積體電路(analog IC)和數位積體電路(digital IC)兩種，可分別處理類比和數位信號。電力電子乙級技術士技能檢定術科試題使用之積體電路如表 2-6，各具獨特功能，皆為試題中之核心元件，外觀如圖 2-26 所示。

表 2-6　電力電子乙級技能檢定試題使用之積體電路

試題	代碼	名稱	規格
返馳式轉換器	U1	控制 IC	UC3842N/8 pins IC 座
	U2	光耦合晶片	PC817C/ 4 pins IC 座
	U3	參考電壓 IC	TL431
功率因數修正器	U1	控制 IC	2PCS02
升壓及降壓轉換器	U1	控制 IC	BOOST IC LM3478
	U2	控制 IC	BUCK IC MP2482DS

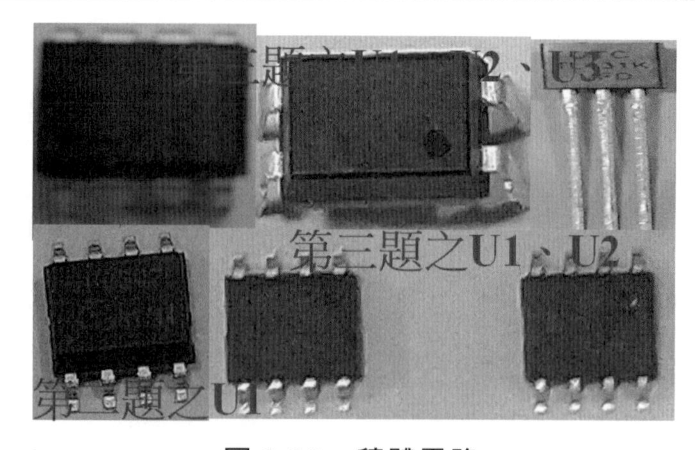

圖 2-26　積體電路

2-1-9 半導體(semiconductor)

半導體種類眾多，包含二極體、電晶體、閘流體等元件，各國之編號代表的意義不同，請參考下列介紹以增強對元件的基本認知。

1. 美國半導體編號

係以註冊秩序來編號，由美國裝置工程協會所定，編號構成順序為數字、字母、數字，如表 2-7 所示。第一項數字表示 p、n 接合面的數量，第二項字母通常為 N，第三項數字表示註冊號碼，但有些半導體在註冊號碼之後加有 A、B 等字母，表示為該註冊號碼同特性的改良品。例如：1N 4001 和 1N 4148 代表註冊號碼分別為 4001 和 4148 之二極體；2N3569 代表註冊號碼為 3569 之中小功率電晶體，NPN 型式，一般用途為切換式電晶體(Switching Transistor)；2N3055 則代表註冊號碼為 3055 之功率電晶體，NPN 型式，一般應用於低頻放大電路。

表 2-7 美國半導體編號之順序和意義

第一項		第二項	第三項
數字		字母	數字
1	僅有一個接合面的二極體	通常為 N	表示註冊號碼
2	有兩個接合面的三極式電晶體		
3	有三個接合面的四極式裝置或閘流體		

2. 歐洲半導體編號

編號構成順序為字母、字母、數字。第一項數字表示製造材料，第二項字母表示用途，第三項數字表示註冊號碼，如表 2-8 所示。例如：BC108 為矽質材料、小功率低頻用電晶體、註冊號碼為 108 號之半導體元件。

表 2-8 歐洲半導體編號之順序和意義

第一項		第二項				第三項
字母		字母				數字
A	鍺質材料	A	小功率二極體	K	霍爾效應發生器	表示註冊號碼
B	矽質材料	C	小功率低頻用	L	大功率高頻用	
C	金屬氧化物材料	D	大功率低頻用	S	小功率開關用	
D	輻射檢波器用材料	E	隧道(透納)二極體	U	大功率開關用	

第一項	第二項				第三項
字母	字母				數字
	F	小功率高頻用	Y	大功率二極體	
	G	其他	Z	穩壓(稽納)二極體	
	H	電場探示器			

3. 日本半導體的編號

數字、字母、字母、數字為日本半導體的編號構成順序，如表 2-9 所示。第一項數字表示類別，第二項字母表示半導體，通常為“ S “，第三項數字表示極性和用途，有的電晶體在註冊順序號碼後面還加一個字母(A、B、C.......)，其意義與美國編號相同。例如：2SA733 為註冊順序 733 之高頻用 PNP 型電晶體；2SB456 為註冊順序 456 之低頻用 PNP 型電晶體；2SC945 為註冊順序 945 之高頻用 NPN 型電晶體；2SD313 為註冊順序 313 之低頻用 NPN 型電晶體；2SA1114A 為註冊順序 1114 之高頻用 NPN 型電晶體，其特性為註冊順序號碼 458 型元件之改良型。

表 2-9　日本半導體編號之順序和意義

第一項		第二項	第三項				第四項
數字		字母	字母				數字
0	光電晶體、光二極體		A	高頻用 PNP 型電晶體	G	N 閘矽控整流管	
1	二極體		B	低頻用 PNP 型電晶體	H	接面型場效電晶體(JFET)	
2	電晶體、FET、SCR、UJT 等三極的零件	通常為 S	C	高頻用 NPN 型電晶體	J	P 通道場效電晶體(P-channel FET)	表示註冊順序號碼
3	具有四極的元件		D	低頻用 NPN 型電晶體	K	N 通道場效電晶體(N-channel FET)	
			F	P 閘矽控整流管(SCR)	M	交流矽控管(三極交流開關)(TRIAC)	

2-2 銲接技巧

技能檢定的第二個基本技能為銲接技巧，本節針對銲接工具的選擇和保養、銲接技巧的優劣、技能檢定中與銲接相關的知識加以介紹，因為上述因素皆對電路製作的成敗有重大影響，應檢人員熟練基本技能將是通過證照測驗之必要條件。

2-2-1 烙鐵之選擇和保養

銲接工具一般使用電烙鐵，其構造分為烙鐵頭、加熱電熱絲、握柄及電源線四部分，規格依電熱絲的功率及材質區分。銲接電子元件(如電晶體)時，電烙鐵通常以 20W ～30W 最適當，而電力電子乙級技能檢定術科測試人須自備 30W 或 40W 的電烙鐵以進行 PC 板銲接作業，此時電烙鐵溫度在 230℃~250℃之間為最適宜。電烙鐵之品質會直接影響到電路板製作之性能，其選擇和保養方面應注意以下事項：

1. 烙鐵頭可前後調整及更換，種類可依不同工作選用圓型或刀型烙鐵頭。
2. 烙鐵係以銅為基體，表面鍍有耐熱及耐氧化特殊金屬處理，切勿以砂紙、小刀或銼刀削刮。
3. 烙鐵接上電源需一段時間才能預熱，為避免長時間加熱而將烙鐵頭氧化，烙鐵頭應隨時上一層錫加以保養。
4. 烙鐵頭的溫度相當高，勿徒手試探烙鐵頭之加熱溫度，以防高溫傷人。請以銲錫測試之，若銲錫無法融化代表烙鐵頭之溫度太低，需要再加熱一段時間；若銲錫迅速融化且揮發成氣體，則表示烙鐵頭之溫度過高，需以海綿降溫。
5. 電烙鐵應置放於具有散熱裝置的烙鐵架，以防高溫造成傷害。
6. 使用烙鐵銲接時，為保持清潔，需趁熱用濕海綿去除污物。
7. 烙鐵頭的溫度應保持適當，如長時間不使用，應去除污物，再上一層錫冷卻並切掉電源，以防氧化。
8. 當烙鐵頭取下時不可插上電源。
9. 電烙鐵係銲接工具，勿挪為其它用途，例如將電烙鐵拿來鑿或敲，將會損毀其內、外部構造，造成損壞。

2-2-2 銲接技巧之練習

選好銲接工具後請注意下列之銲接技巧：

1. 電烙鐵要預熱

實際銲接前電烙鐵要預熱至適當溫度，以免影響銲接之速度和品質。電烙鐵溫度不夠則無法熔化銲錫；電烙鐵溫度太高則銲錫熔化後馬上蒸發殆盡，無法正常固定電子零件。

2. 慎選銲錫

銲錫是由熔點 232°C 的錫和熔點 327°C 的鉛所組成的合金，銲接時係利用銲錫將電子元件固定於電路板上。其中由錫 63%和鉛 37%組成的銲錫被稱為共晶銲錫，此種銲錫的熔點是 183°C，標準銲接作業時使用的為線狀銲錫。銲錫的好壞對銲接工作相當重要，若選用的銲錫含鉛比例過高，將危害身體的健康狀態並破壞自然環境；若選用的銲錫含鉛比例過低，則其熔點高、潤濕性差之特性，會使銲點缺少光澤且配合助銲劑使用的效果不佳，如此將會影響電路板的正常功能。

3. 注意電路板與零件腳表面是否已氧化

若電路板或零件放置太久造成氧化現象時，將無法和銲錫真正的附著在一起，此時須先用刀片將表面之氧化物刮除乾淨後，再行銲接，否則容易形成假銲現象，就是看起來好像已銲好，其實根本不導電，這種現象最不易偵錯，須用三用電表歐姆檔實際量測才能檢查出來，並無法以目視法直接判斷之。

4. 善用電路板

電力電子乙級技能檢定術科試題皆須使用術科場地提供之電路板，方可進行電路製作以符合動作要求，三個術科試題使用的電路板皆不相同，實際電路板之元件面如圖 2-27~圖 2-29 所示，其中電路板已將線路蝕刻完畢，只需將元件放置於對應位置即可；應檢人員須依試題電路並善用電路板特性，進行實體電路製作。

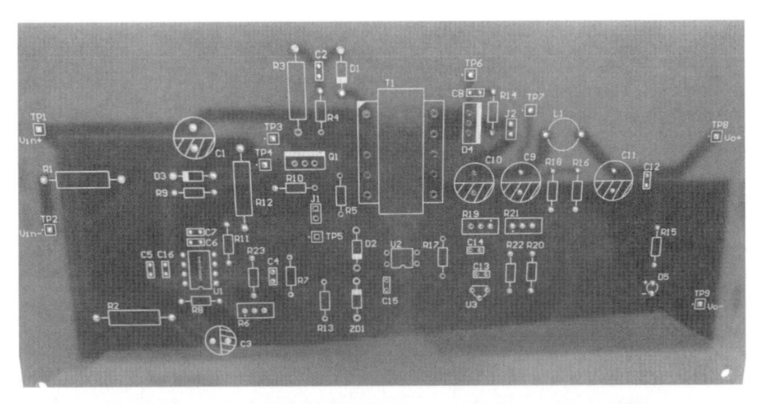

圖 2-27　返馳式轉換器：電路板之元件面

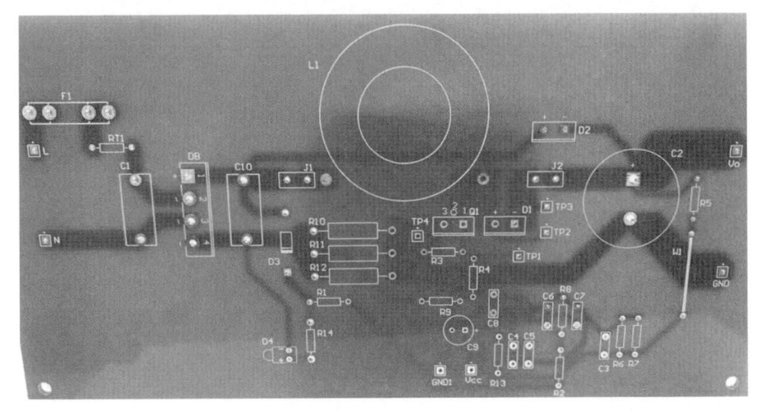

圖 2-28　功率因數修正器：電路板之元件面

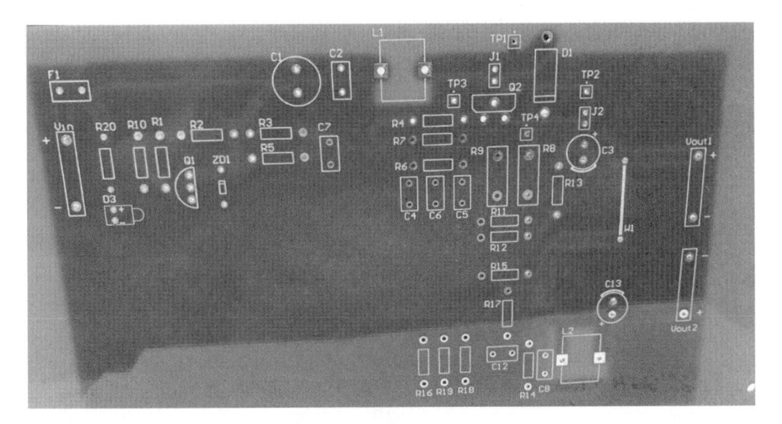

圖 2-29　升壓及降壓轉換器：電路板之元件面

5. 銲接方法要正確

將烙鐵頭抵在銲點上，銲錫靠在烙鐵頭上方，待其熔化成液態後自會順著電烙鐵下滑至電路板，此時將電烙鐵移開，銲錫因溫度降低而凝結成固態，便將元件和電路板連接在一起。請勿將銲錫先上到烙鐵頭後再黏至電路板，或將銲錫置於烙鐵頭下方，以免形成假銲或空銲，適當和不當的銲接方式分別如圖 2-30 和圖 2-31 所示，兩

者之差別在於銲錫的位置。每個接點銲接時間要適當，時間過久會導致銲錫過熱或銅箔掉落，電子零件亦易因過熱而損壞，因此要特別注意銲接時間。正常不過熱的接點，銲錫呈現金屬光澤，接點形狀以立體圓弧狀為佳，過大、過小、尖塔狀、與鄰點短路、孔隙沒有填滿等皆為不良的接點形狀。接點形狀不良，會導致電路不正常的斷路或短路，因而造成誤動作。應檢人員須反覆練習銲接技巧，以達到速度迅速、效果準確、成品美觀之境界。

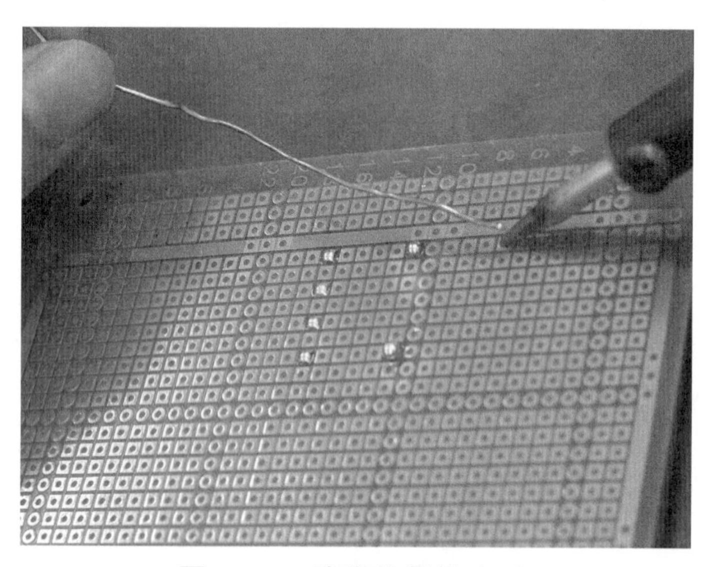

圖 2-30　適當的銲接方式

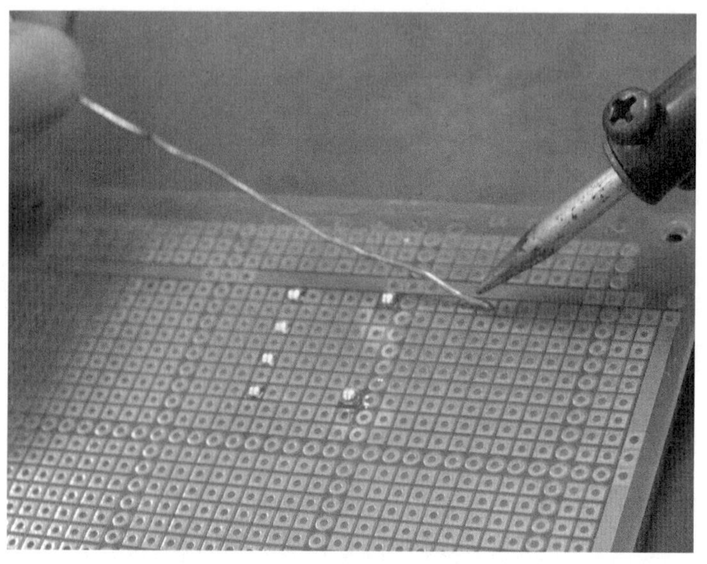

圖 2-31　不當的銲接方式

2-3 儀表與工具使用技巧

乙級技能檢定的第三個基本技能為儀表及工具使用技巧，應考人員自備工具請參考第一章，其中剝線鉗、起子組、尖嘴鉗、斜口鉗、電烙鐵、吸錫器和三用電表等工具在平日進行術科練習時皆需經常使用，所謂『工欲善其事，必先利其器』，應檢人員應於平常熟悉自己的工具，以免影響考照之臨場反應，尤其是指針式三用電表或數位式電表。電力電子乙級技能檢定需使用儀器量測試題中指定之參數和波形，其中由術科測試場地準備之儀器節錄如表 2-10，儀器以應考之術科測試地點為主，使用的正確性和熟練度將直接影響考照成績，不可忽視之，以下將介紹其使用技巧與注意要點。儀表與工具使用愈純熟，術科電路製作之流程與時間愈縮短，如此將能掌握通過技能檢定之契機。

表 2-10　術科測試場地儀器

項次	名稱	試題	規格	備註
1	數位儲存示波器	1、2、3	雙跡，頻寬 40MHz 以上	規格需一致
2	差動隔離探棒	1、2、3	頻寬 1MHz 以上，最大量測電壓 750Vrms 以上	規格需一致
3	電流探棒	1、2、3	頻寬 100kHz 以上，最大量測電流 10Arms 以上	規格需一致 1. 建議採用 300kHz 頻寬以上之探棒 2. 建議採用 10Arms 之探棒
4	直流電源供給器	1、2、3	0～±30V，3A 以上，附輸出連接線	規格需一致
7	R-L-C 測試器	1、2、3	測量頻率點：100Hz、120Hz、1kHz、10kHz、100kHz	規格需一致 平台式或掌上型均可
11	多功能電表	2	可量測功率與功率因數(功率因數量測準確度誤差小於或等於±3%)	規格需一致

2-3-1 指針式三用電表

指針式三用電表為技能檢定中最佳之除錯工具，如圖 2-32 所示，此電表因可測量電阻、電流和電壓而被稱為三用電表，可量測的項目包含電阻值(歐姆檔或 Ω 檔)、直流電流(DC mA 檔)、直流電壓(DC V 檔)和交流電壓(AC V 檔)、電晶體接腳等。

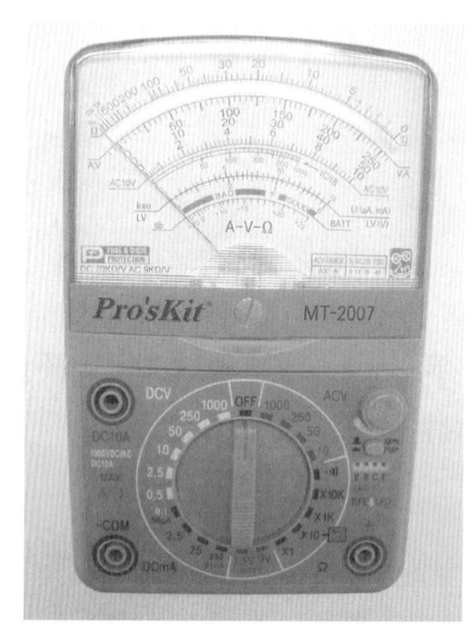

圖 2-32　指針式三用電表

歐姆檔使用於測量電阻場合，是三用電表唯一使用到內部電池(1.5V 或 9V)的檔位，若無法做歸零調整，顯示三用電表內部電池之電力不足，應更換之，以免影響電阻測量之準確性。使用歐姆檔之要點如下：

1. 測試棒位置：將紅棒置於標示為"+'"處，黑棒置於標示為"COM'"處，以測量待測元件之電阻值。因使用三用電表內部電池，此時黑棒係接至內部電池之正端，紅棒則代表內部電池之負端，在進行元件接腳判斷時，常會被誤用，尤須注意。

2. 須先做歸零調整：將兩隻測試棒短接，指針應向右偏轉至 0Ω，表示三用電表內部電池之電力充足，可供正常使用；若指針無法向右偏轉至 0Ω，則調整"0Ω ADJ"旋鈕；若仍無法歸零，則表示須更換三用電表內部電池。

3. 選擇適當檔位：依待測元件選擇適當之電阻檔，一般有 X1、X10、X1K、X10K 等檔位，若不知待測元件之電阻，則先選擇最大檔位，再依實際量測情形調整之。檔位切換時每次都要做歸零調整。

4. 電阻值判讀：依指針之讀數乘上檔位倍率即為電阻值，將以圖 2-33 為例說明之。如(a)指針偏轉讀數為 120，檔位選擇在 X1，則待測元件之電阻為 120X1=120Ω。

如(b)指針偏轉讀數為 36，檔位選擇在 X10，則待測元件之電阻為 36X10=360Ω。
如(c)指針偏轉讀數為 15，檔位選擇在 X1K，則待測元件之電阻為 15X1K=15KΩ。
如(d)指針偏轉讀數為 6.5，檔位選擇在 X10K，則待測元件之電阻為 6.5X10K=65KΩ。

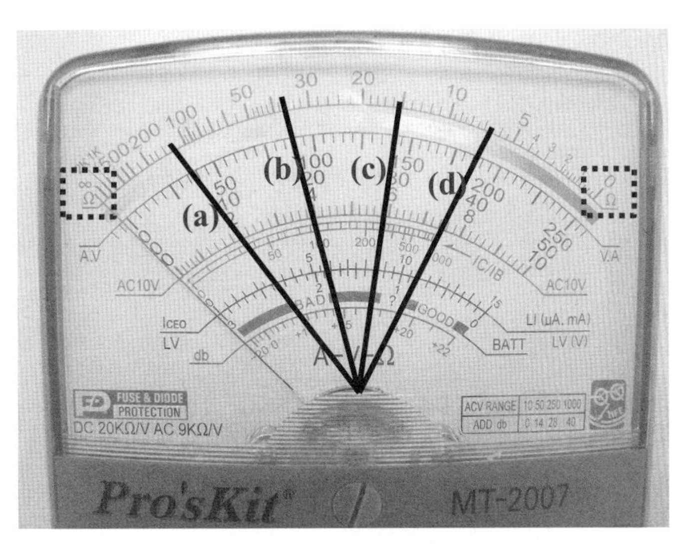

圖 2-33　電阻值判讀

三用電表第二個功能為測量直流電流，須將電表撥至直流電流檔(DC mA 檔)使用，其要點如下：

1. 使用接法：須與待測電路串聯，方能正確量測電流。
2. 接腳有極性：紅棒為正極(即電流流入三用電表之方向)，置於+處，黑棒為負極(即電流流出三用電表之方向)，置於 COM 處，若極性錯誤則電表反偏，易損毀電表。
3. 選擇適當檔位：若不知待測電流大小，須先選擇大電流檔位，再依實際狀況由大電流檔位往小電流檔位之順序調整，以免損壞電表。
4. 電流值判讀：依電流檔位選擇與實際值有 10 倍或 100 倍之數值觀察，將測量值乘上倍率即為實際值，若電流檔位選擇為 2.5mA、25mA、250mA 檔，量測須觀察 0~250 那排數字；電流檔位選擇為 50μA 檔，量測須觀察 0~50 那排數字。以下將以圖 2-34 為例說明之。

   如(a)檔位選擇在 250mA 檔，觀察 0~250 那排數字發現指針偏轉讀數為 40，則待測電流實際值之計算如下：

$$\frac{250}{250m}=\frac{40}{I}\Rightarrow I=250mA\times\frac{40}{250}=40mA$$

如(b)檔位選擇在 25mA 檔，觀察 0~250 那排數字發現指針偏轉讀數為 85，則待測電流實際值之計算如下：

$$\frac{250}{25m}=\frac{85}{I}\Rightarrow I=25mA\times\frac{85}{250}=8.5mA$$

如(c)檔位選擇在 2.5mA 檔，觀察 0~250 那排數字發現指針偏轉讀數為 135，則待測電流實際值之計算如下：

$$\frac{250}{2.5m}=\frac{135}{I}\Rightarrow I=2.5mA\times\frac{135}{250}=1.35mA$$

如(d)檔位選擇在 50 μ A 檔，觀察 0~50 那排數字發現指針偏轉讀數為 38，則待測電流實際值之計算如下：

$$\frac{50}{50\mu}=\frac{38}{I}\Rightarrow I=50\mu A\times\frac{38}{50}=38\mu A$$

5. 大電流測量與判讀：若欲測量大於 1A 之直流電流，則需使用特殊的直流電流檔位。紅棒置於"DC 10A"標示處，黑棒置於 COM 處，量測須觀察 0~10 那排數字。如圖 2-34 中之(d)為例：觀察 0~10 那排數字發現電流測量之指針讀數為 7.6，則待測電流實際值之計算如下：

$$\frac{10}{10A}=\frac{7.6}{I}\Rightarrow I=10A\times\frac{7.6}{10}=7.6A$$

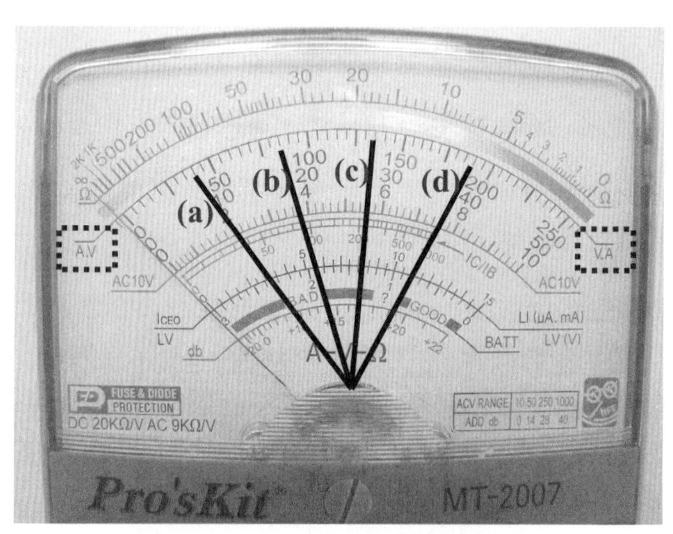

圖 2-34　直流電流值判讀

三用電表第三個功能為測量直流電壓，須將電表撥至直流電壓(DC V 檔)使用，其要點如下：

1. 使用接法：須與待測電路並聯，方能正確量測電壓。
2. 接腳有極性：紅棒為正極(即直流電壓正端)，置於+處，黑棒為負極(即直流電壓負端)，置於 COM 處。若極性錯誤則電表反偏，易損毀電表。
3. 選擇適當檔位：若不知待測直流電壓大小，須先選擇大電壓檔位，再依實際狀況由高電壓檔位往低電壓檔位之順序調整，以免損壞電表。
4. 電壓值判讀：依電壓檔位選擇與實際值有 10 倍或 100 倍之數值觀察，將測量值乘上倍率即為實際值，此值為直流之平均值。若電壓檔位選擇為 1000、10、0.1 檔，量測須觀察 0~10 那排數字；若電壓檔位選擇為 250、2.5 檔，量測須觀察 0~250 那排數字；若電壓檔位選擇為 50、0.5 檔，量測須觀察 0~50 那排數字。將以圖 2-35 為例說明之。

   如(a)檔位選擇在 1000V 檔，觀察 0~10 那排數字發現指針偏轉讀數為 0.6，則待測電壓實際值之計算如下：

$$\frac{10}{1000}=\frac{0.6}{V}\Rightarrow V=1000\times\frac{0.6}{10}=60V$$

   如(b)檔位選擇在 2.5V 檔，觀察 0~250 那排數字發現指針偏轉讀數為 75，則待測電壓實際值之計算如下：

$$\frac{250}{2.5}=\frac{75}{V}\Rightarrow V=2.5\times\frac{75}{250}=0.75V$$

   如(c)檔位選擇在 0.5V 檔，觀察 0~50 那排數字發現指針偏轉讀數為 36，則待測電壓實際值之計算如下：

$$\frac{50}{0.5}=\frac{36}{V}\Rightarrow V=0.5\times\frac{36}{50}=0.36V$$

   如(d)檔位選擇在 0.1V 檔，觀察 0~10 那排數字發現指針偏轉讀數為 9，則待測電壓實際值之計算如下：

$$\frac{10}{0.1}=\frac{9}{V}\Rightarrow V=0.1\times\frac{9}{10}=0.09V$$

5. 負電壓值判讀：若測量電壓時指針往 0 之左側偏轉，表示待測電壓為負值，此時先將紅、黑棒對調，再進行測量，過程如前所述，得到實際值後，加上負號即可。

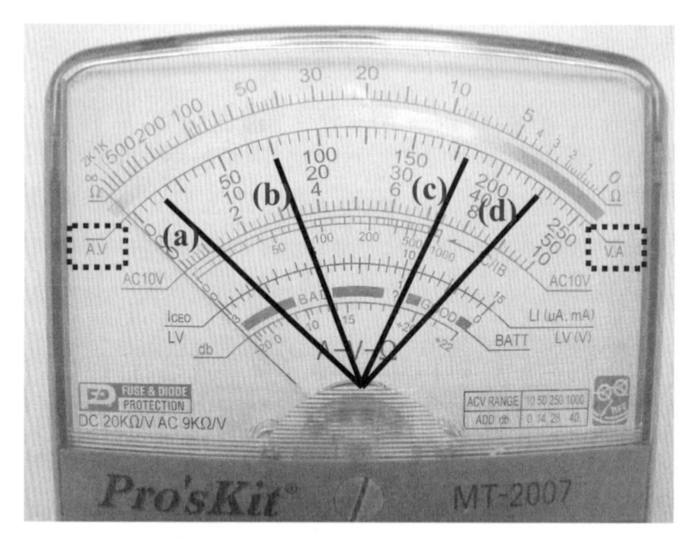

圖 2-35　直流電壓值判讀

三用電表第四個功能為測量交流電壓，須將電表撥至交流電壓(AC V 檔)使用，其要點如下：

1. 使用接法：須與待測電路並聯，方能正確量測電壓。

2. 接腳無極性：交流電壓之極性會交變，無固定極性。紅棒置於+處，置於 COM 處。因無極性故電表不會反偏，測量值永遠為正。

3. 選擇適當檔位：若不知待測交流電壓大小，須先選擇大電壓檔位，再依實際狀況由高電壓檔位往低檔位之順序調整，以免損壞電表。

4. 電壓值判讀：依電壓檔位選擇與實際值有 10 倍或 100 倍之數值觀察，將測量值乘上倍率即為實際值，此值為交流之有效值。若電壓檔位選擇為 1000、10 檔，量測須觀察 0~10 那排數字；若電壓檔位選擇為 250 檔，量測須觀察 0~250 那排數字；若電壓檔位選擇為 50 檔，量測須觀察 0~50 那排數字。將以圖 2-36 為例說明之。

   如(a)檔位選擇在 1000V 檔，觀察 0~10 那排數字發現指針偏轉讀數為 1，則待測電壓實際值之計算如下：

$$\frac{10}{1000}=\frac{1}{V}\Rightarrow V=1000\times\frac{1}{10}=100V$$

如(b)檔位選擇在 250V 檔，觀察 0~250 那排數字發現指針偏轉讀數為 95，則待測電壓實際值之計算如下：

$$\frac{250}{250}=\frac{95}{V}\Rightarrow V=250\times\frac{95}{250}=95V$$

如(c)檔位選擇在 50V 檔，觀察 0~50 那排數字發現指針偏轉讀數為 32，則待測電壓實際值之計算如下：

$$\frac{50}{50}=\frac{32}{V}\Rightarrow V=50\times\frac{32}{50}=32V$$

如(d)檔位選擇在 10V 檔，觀察 0~10 那排數字發現指針偏轉讀數為 9.4，則待測電壓實際值之計算如下：

$$\frac{10}{10}=\frac{9.4}{V}\Rightarrow V=10\times\frac{9.4}{10}=9.4V$$

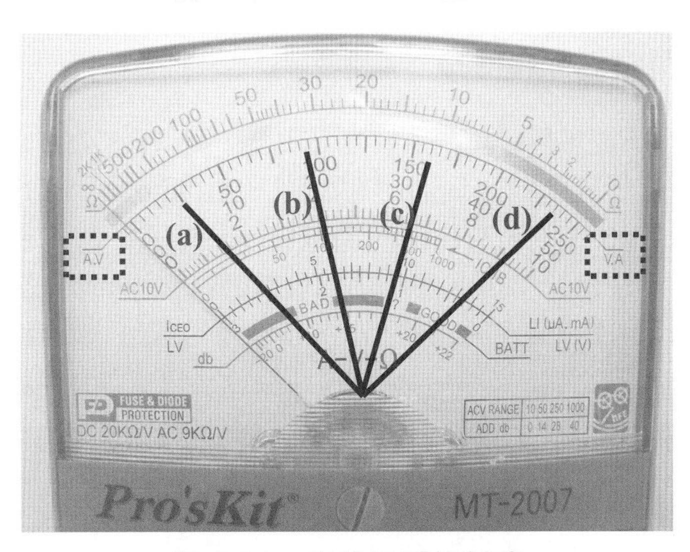

圖 2-36　交流電壓值判讀

數位式電表如圖2-37所示，功能和指針式電表類似，除可測量電阻、電流和電壓外，還可以測量電容器之電容量，可量測的項目包含電阻值(歐姆檔或Ω檔)、直流電流(DCA檔)、交流電流(ACA檔)、直流電壓(DCV檔)和交流電壓(ACV檔)、電晶體接腳等。數位式電表會將測量結果直接顯示在螢幕，以供使用者觀看，不需轉換。

圖 2-37　數位式電表

2-3-2　R-L-C 測試器

R-L-C 測試器即測試電阻、電感和電容之儀器，圖 2-38 為 LCR-615，規格如表 2-11。利用變電器(適配器，AC adaptor)將交流 110V(rms)轉換為 DC 12V 提供操作電源，配備有電源線和凱爾文測試夾(Kelvin Test Clip)，凱爾文測試夾即四線測試方法，目的是扣除導線電阻的壓降，30cm 導線之等效電阻約為 10mΩ~上百 mΩ，若通過導線電流大，導線壓降會造成量測的誤差。如欲準確測量負載端電壓就必須扣除導線電阻之壓降，故利用凱爾文測試夾進行量測可以得到較準確之結果。

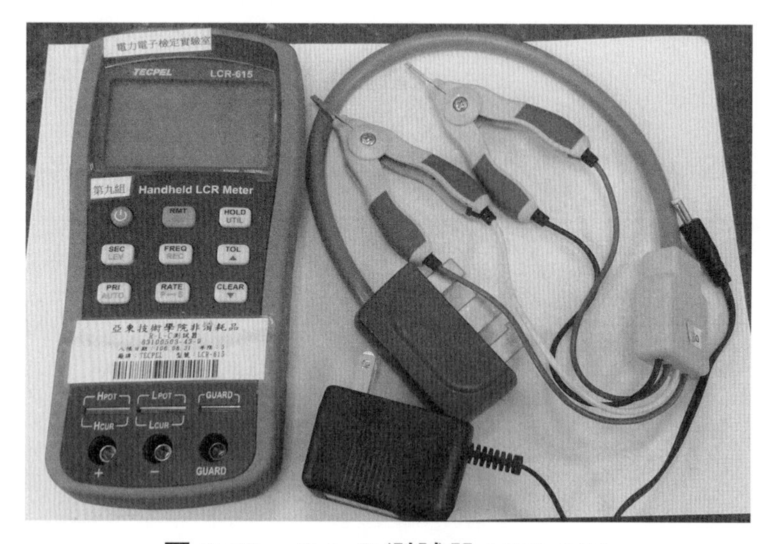

圖 2-38　R-L-C 測試器 LCR-615

表 2-11　R-L-C 測試器 LCR-615 規格

測試參數	主參數：L / C / R / Z / DCR、副參數：D / Q / θ / ESR
等效方式	串聯、並聯
參數及等效模式	手動/自動
量程方式	自動
測試端配置	三端、五端
測試速度	4 次/秒、1.5 次/秒
DCR	3 次/秒
校準功能	短路、開路
容限比較模式	1%、5%、10%、20%
輸入保險絲	0.1A / 250V
通訊介面	Mini-USB(虛擬串口)
測試信號	
信號頻率	100Hz、120Hz、1kHz、10kHz、100kHz
測試信號電位	0.3Vrms、0.6 Vrms、1 Vrms
信號源輸出阻抗	100Ω
顯示器	LCD 主、副參數雙顯示，帶背光
AC 電源適配器	輸入：120V/50Hz、輸出：12V~15V(100Ω 負載)
待機(關機)電流	11μA
電池工作壽命	16 小時(典型值)，新鹼性電池，背光關。
自動關機設定	5min、15min、30min、60min、OFF 可設定；出廠默認 5min
電池低電壓指示	電池電壓低於 6.8V 時，指示低電壓

R-L-C 測試器使用步驟如下：

1. 先把兩個測試夾互夾並復位歸零，再把兩個夾子分別夾住待測物兩端。
2. 選擇測試之主參數：L、C、R、Z、DC R (電感、電容、電阻、阻抗、直流電阻)五種擇一，例如：欲量測電感器參數則選擇 L；欲量測電容器參數則選擇 C；欲量測直流電阻則選擇 DC R。若選擇 DC R 量測時則直接進行步驟 6，讀取直流電阻值。

3. 選擇測試之頻率：100、120、1kHz、10k、100kHz 擇一，電力電子技能檢定術科試題之測試頻率為 100kHz。
4. 選擇測試之電壓：0.3Vrms、0.6 Vrms、1Vrms 擇一，電力電子技能檢定術科試題之測試電壓為 1Vrms。
5. 選擇測試之副參數：副參數包含損耗因數(Dissipation Factor)D、品質因數(Quality factor)Q、相位角(Phase angle)□、等效串聯電阻(Equivalent series resistors)ESR，電力電子技能檢定術科試題之測試參數為品質因數 Q。
6. 讀取 R-L-C 測試器之數值。

品質因數 Q(quality factor)之基本定義如下，為感抗 X_L 與其等效損耗電阻之比值，是衡量電感器質量的主要參數。線圈的 Q 值愈高，迴路的損耗愈小，效率越高，電感的品質越好。0≦Q≦∞，數值越大越好。其中 L 為電感值，f 為測試之頻率，R 為等效串聯電阻 ESR。

$$Q = \frac{X_L}{R} = \frac{\omega L}{R} = \frac{2\pi f L}{R}$$

利用 R-L-C 測試器進行量測練習(一)，主要目標為量測工業電子丙級技術檢定術科試題第一題音樂盒中變壓器一次側線圈之參數，步驟如下：

1. 完成量測接線：如圖 2-39 所示。

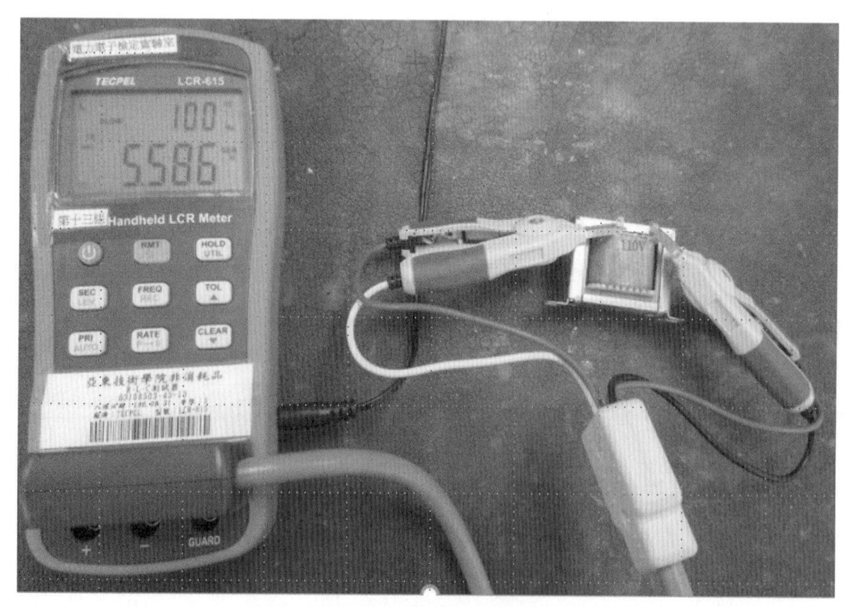

圖 2-39　R-L-C 測試器量測練習(一)：實際接線

2. 設定 R-L-C 測試器。
3. 讀取 R-L-C 測試器之數值，完成表 2-12。

表 2-12　R-L-C 測試器量測練習(一)

項次	內容	腳位	數值 一次側	數值 二次側	單位	備註
1	線圈電感	1-2			μH	@100Hz / 1V
2	品質因數	1-2				@ 100Hz
3	線圈直流電阻	1-2			mΩ	

利用 R-L-C 測試器進行量測練習(二)，主要目標為量測工業電子丙級技術檢定術科試題第一題音樂盒中變壓器二次側線圈之參數，步驟和量測練習(一)相同，請將量測結果記錄於表 2-13 中。

表 2-13　R-L-C 測試器量測練習(二)

項次	內 容	腳位	數值	單位	備註
1	線圈電感	1-2		μH	@100Hz / 1V
2	品質因數	1-2			@ 100Hz
3	線圈直流電阻	1-2		mΩ	

利用 R-L-C 測試器進行量測練習(三)，主要目標為量測電感器之參數，步驟和量測練習(一)相同，請將量測結果記錄於表 2-14 中。

表 2-14　R-L-C 測試器量測練習(三)

項次	內容	腳位	數值	單位	備註
1	線圈電感	1-2		μH	@100Hz / 1V
2	品質因數	1-2			@ 100Hz
3	線圈直流電阻	1-2		mΩ	

利用 R-L-C 測試器進行量測練習(四)，主要目標為量測積層電容器 C1 和表面貼裝陶瓷電容器 C2 之參數，步驟和量測練習(一)相同，請將量測結果記錄於表 2-15 中。

表 2-15　R-L-C 測試器量測練習(四)

項次	內容	腳位	C1 數值	C2 數值	單位	備註
1	電容量	1-2			μF	@100Hz / 1V
2	品質因數	1-2				@100Hz
3	直流電阻	1-2			mΩ	

2-3-3　差動隔離探棒(Differential Probe)

差動隔離探棒即電壓探棒，可依選擇之倍率將電壓衰減(縮小)進行測量，圖 2-40 為差動隔離探棒 DP-50，規格如表 2-16。利用變電器(適配器，AC adaptor)將交流 110V(rms)轉換為 DC 9V 提供操作電源，衰減倍率有 100/200/500/1000 四種選擇，具備兩個輸入(一個正、一個負)與獨立的接地引線，差動隔離探棒之輸入(INPUT)位於上方，接至量測點，輸出(OUTPUT)位於下方，可將衰減後之電壓信號輸出傳送至數位儲存示波器顯示。輸出信號與兩個輸入所產生電壓間的差成正比，用於量測兩個測試點(皆未接地)間的電壓差。

差動探棒(Differential Probe)使用時機：

1. 不以接地點為參考點。
2. 接地點並不是很好的參考點時。

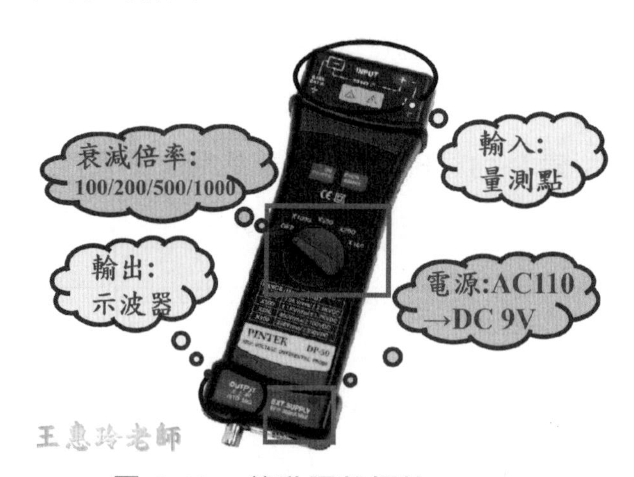

圖 2-40　差動隔離探棒 DP-50

表 2-16　差動隔離探棒 DP-50 規格

DP-50(4 檔位 X100、X200、X500、X1000)

頻寬	50MHz(X100 檔 25 MHz)
誤差	±2%(熱機 20 分鐘後)
衰減比例	旋轉開關 X100、X200、X500、X1000
最大操作電壓	X100 時≤±650V
(DC+AC peak)	X200 時≤±130V
-	X500 時≤±3250V
-	X1000 時≤±6500V
最大輸入差動電壓(Differential Voltage)	6500V(DC+AC peak)
共模互斥比(CMRR)	60Hz：>10,000：1
-	100Hz：>1000：1
-	1MHz：>300：1
雜訊(Noise)	≤2mVrms(50Ω 負載)
輸入阻抗(Impedance)	54MΩ // 1.3PF(兩端之間)
-	27MΩ // 2.5PF(單端到地阻抗)
使用電源	9V 電源配接器(AC Adaptor)
耗電量	9V /35mA
外形尺寸	235mm(長)X85mm(寬)X35mm(高)
重量	290 公克(不含電池)
附件	電源配接器、50ΩCable、線高電壓專用測式棒

差動隔離探棒使用步驟如下：

1. 組裝差動隔離探棒和變電器、輸入測試棒、輸出傳輸線等配件。
2. 將輸入測試棒並聯連接至測試端點，須注意極性。
3. 選擇適當之衰減倍率，電力電子技能檢定術科試題適用之衰減倍率為 X100。
4. 將輸出傳輸線連接至示波器。

5. 設定示波器：包含耦合方式(直流、交流、接地)、頻寬限度(關、開)、伏特/格(粗調、微調)、探棒(電壓、電流、衰減)、反向(關閉、開啟)等基本設定如圖 2-41，量測電壓和放大倍率之選擇如圖 2-42，差動隔離探棒的衰減倍率務必和示波器之放大倍率相同，如此顯示在示波器螢幕之量測值即為實際值，方能呈現 1：1 之效果。
6. 讀取示波器之數值。

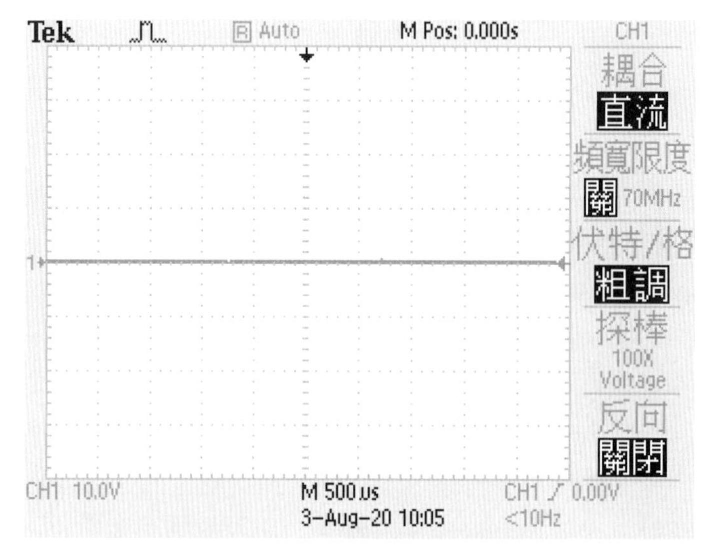

圖 2-41　示波器基本設定

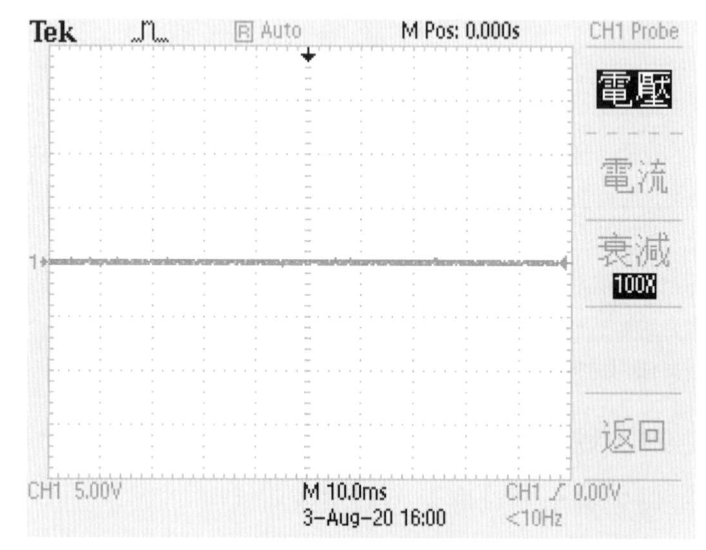

圖 2-42　示波器量測電壓和放大倍率之選擇

利用差動隔離探棒進行量測練習(一)，主要目標為量測工業電子丙級技術檢定術科試題第一題音樂盒中變壓器之一次側電壓 V1 波形和數值，步驟如下：

1. 完成量測接線：如圖 2-43 所示。

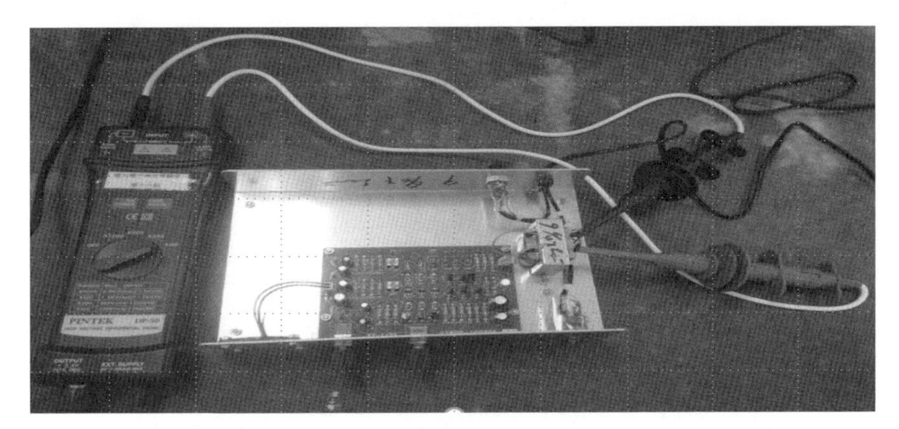

圖 2-43　差動隔離探棒量測練習(一)：實際接線

2. 設定差動探棒：如圖 2-44 所示。

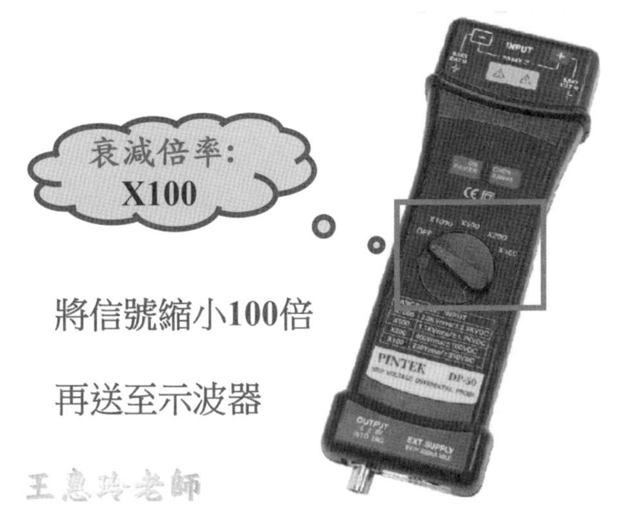

圖 2-44　差動隔離探棒量測練習(一)：差動探棒設定

3. 設定示波器：如圖 2-41 和圖 2-42 所示。

量測結果如圖 2-45 和表 2-17 所示。

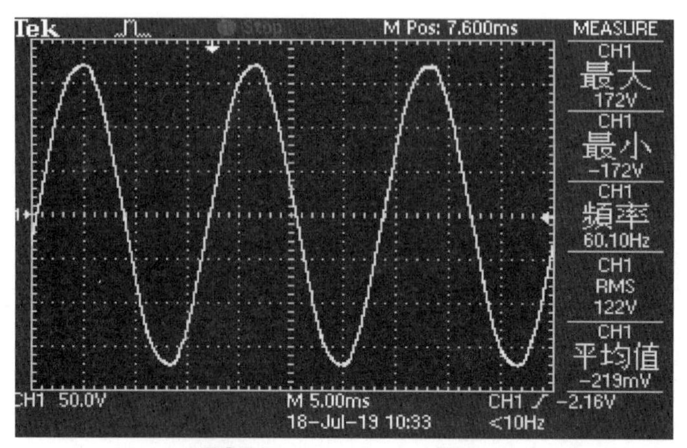

CH1: 50V V/DIV; 5ms s/DIV

圖 2-45　差動隔離探棒量測練習(一)：V1 量測結果

表 2-17　差動隔離探棒量測練習(一)：V1 數值

CH1：V1	最大值	最小值	頻率	有效值	平均值
數值	172V	-172V	60.10Hz	122V	-219mV

利用差動隔離探棒進行量測練習(二)，主要目標為量測工業電子丙級技術檢定術科試題第一題音樂盒中變壓器之二次側電壓 V2 波形和數值，步驟和量測練習(一)相同，請將量測結果記錄於圖 2-46 和表 2-18 中。

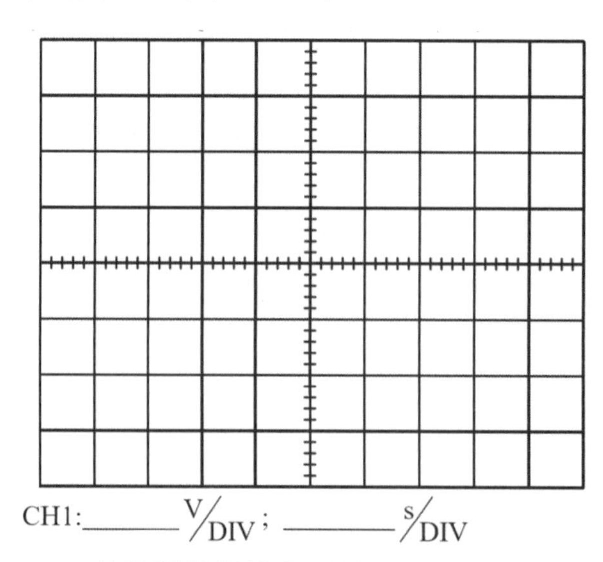

CH1:______ V/DIV；______ s/DIV

圖 2-46　差動隔離探棒量測練習(二)：V2 量測結果

表 2-18　差動隔離探棒量測練習(二)：V2 數值

CH1：V2	最大值	最小值	頻率	有效值	平均值
數值					

利用差動隔離探棒進行量測練習(三)，主要目標為量測工業電子丙級技術檢定術科試題第二題儀表與量測中測試機台變壓器之二次側電壓 V3 波形和數值，步驟和量測練習(一)相同，請將量測結果記錄於圖 2-47 和表 2-19 中。

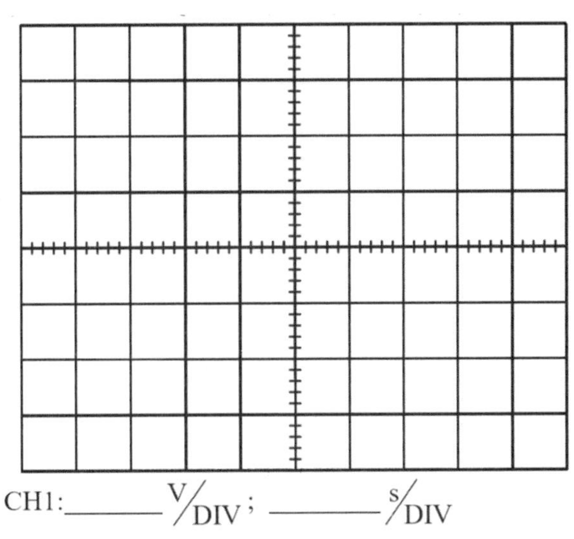

圖 2-47　差動隔離探棒量測練習(三)：V3 量測結果

表 2-19　差動隔離探棒量測練習(三)：V3 數值

CH1：V3	最大值	最小值	頻率	有效值	平均值
數值					

電力電子試題中須利用差動隔離探棒量測輸出電壓漣波，各題漣波量測要求如表 2-20所示，考生以示波器量測電壓漣波時，應調整示波器設定使輸出電壓波形占螢幕2格以上垂直刻度，其電壓漣波峰對峰值應符合試題要求(不含開關切換所產生之尖波)，顯示波形須呈現 2~3 個週期。漣波測量時，應調整示波器耦合方式為交流，利用游標(cursor)進行量測較為方便快速。輸出漣波測量完畢後，記得將示波器耦合方式變更為直流，以免造成後續波形量測錯誤。量測輸出電壓漣波之步驟如下：

表 2-20　輸出電壓漣波量測要求

試題	輸出電壓漣波峰對峰值
返馳式轉換器	應小於 0.5V
功率因數修正器	應小於 6V
升壓及降壓轉換器	應小於 0.5V

1. 將差動隔離探棒輸入測試棒並聯連接至電路板輸出測試端點，須注意極性。
2. 選擇適當之衰減倍率，電力電子技能檢定術科試題適用之衰減倍率為 X100。
3. 將差動隔離探棒輸出傳輸線連接至示波器。
4. 設定示波器：基本設定如圖 2-48 所示，耦合方式為交流，差動隔離探棒的衰減倍率務必和示波器之放大倍率相同，如此顯示在示波器螢幕之量測值即為實際值，方能呈現 1:1 之效果。按下游標(cursor)後畫面如圖 2-49 所示，選擇類型為振幅、信號源為 CH1，調整示波器設定使輸出電壓波形占螢幕 2 格以上垂直刻度，顯示波形須呈現 2~3 個週期，如圖 2-50 所示。使用多功能旋鈕移動游標 1 和游標 2，測量不含開關切換所產生尖波之輸出電壓漣波峰對峰值。
5. 結果如圖 2-51 所示，讀取輸出電壓漣波峰對峰值之數值。

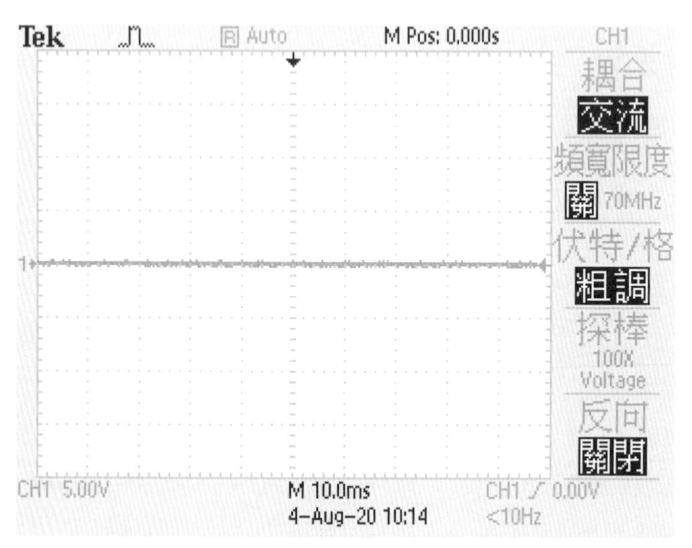

圖 2-48　示波器基本設定：漣波量測

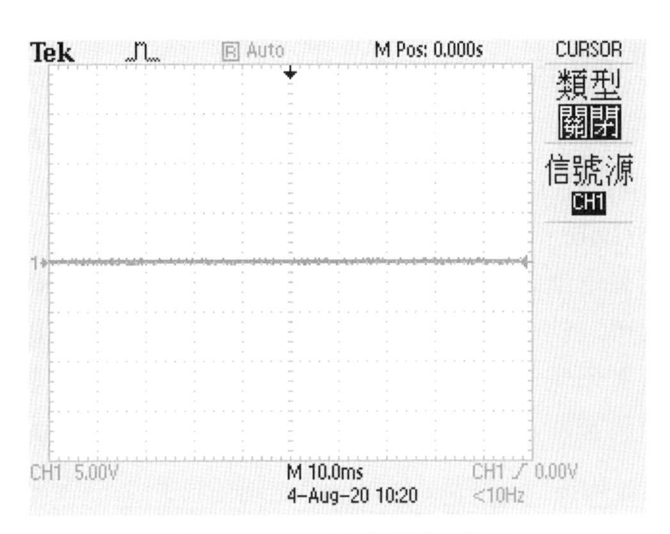

圖 2-49　示波器游標選項

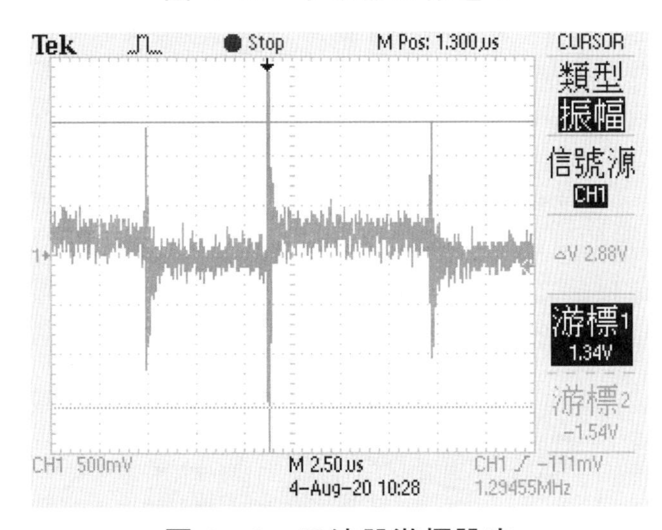

圖 2-50　示波器游標設定

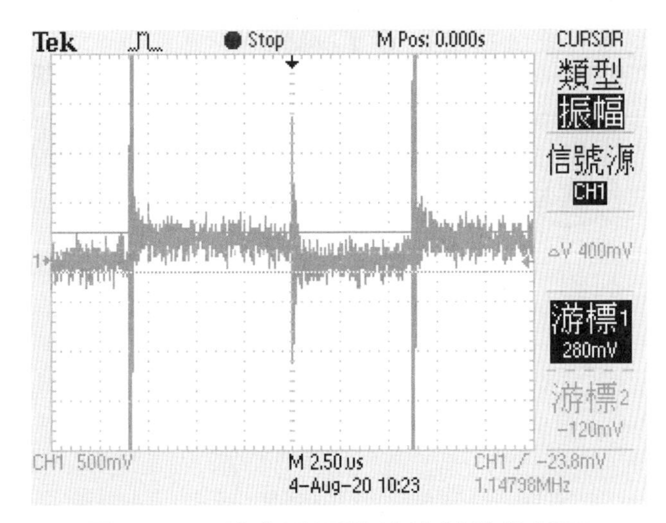

圖 2-51　輸出電壓漣波峰對峰值測量

2-3-4 電流探棒(current probe)

電流探棒係利用霍爾效應(Hall Effect)設計之電流測量儀器。霍爾效應為美國物理學家 Edwin Herbert Hall 於 1879 年發現，當載有電流的導體放在磁場內，導體中的電荷載子受到洛倫茲力(Lorentz force)而偏向一邊，繼而產生電壓，稱為霍爾電壓。電流流過導體時會在導體周圍形成電磁場，由於通電導線周圍存在磁場，其大小與導線中之電流成正比，故可以利用霍爾元件測量出磁場，就可確定導線電流的大小。利用此原理可以設計製成霍爾電流傳感器，其優點為不需與被測電路發生電接觸，不會影響被測電路，亦不消耗被測電源的功率，特別適合於大電流傳感。

電流探棒設計為感應磁通場的強度，並將其轉換成相應的電壓，再由示波器進行量測。圖 2-52 為電流探棒 PA-622，規格如表 2-21。利用變電器(適配器，AC adaptor)將交流 110V(rms)轉換為 DC 9V 提供操作電源，電流轉換成電壓之倍率有 100mv/A 和 10mv/A 兩種選擇，具備一個位於上方之輸入端，夾至量測點，輸出(OUTPUT)位於下方，可將待測之電流轉換成電壓信號輸出，傳送至數位儲存示波器顯示。

電流探棒使用前先執行“歸零”調整程序，即移除直流偏移。先將電流探棒接至待測迴路，在沒有送電的情況下，調整補償電容器，即利用歸零調整鈕使每一波形的平均值歸為 0A，或最接近之數值(±mA 或±μA 尤佳)，以減少量測誤差。歸零之示波器顯示畫面如圖 2-53 所示。

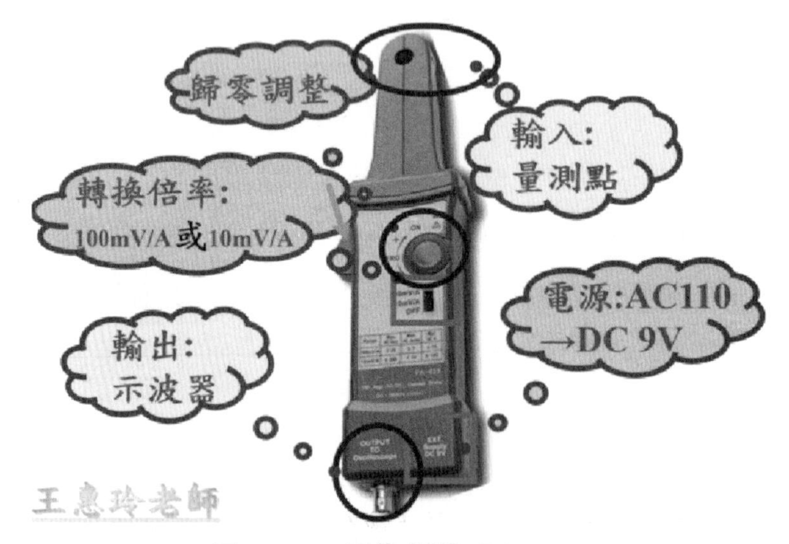

圖 2-52 電流探棒 PA-622

表 2-21　電流探棒 PA-622 規格

頻寬	DC~300KHz
電流檔位	10mV/A、100mV/A 可切換
DC 精確度(典型)	100mV/A：±3% ±50mA(50mA 至 10A 峰值範圍)
	10mV/A：±4% ±50mA(500mA 至 40A 峰值範圍)
	100mV/A：±15%最大值(40A 峰值至 100A 峰值範圍)
最大電流 DC 或 DC+AC	10mV/A 檔位：100A；100mV/A：10A
最大電流 AC 峰值	10mV/A 檔位：100A；100mV/A：10A
最大電流 AC 峰峰值	10mV/A 檔位：200A；100mV/A：20A
探棒供電方式	DC 變壓器或 9V 電池(13 小時)
探棒最大工作電壓	600V
探棒尺寸	280mm×70mm×32mm
被測導體最大尺寸	11mm
雙端 BNC 同軸電纜線長度	100cm
探棒重量	260g(不含電池重量)
工作溫度	0°C 至+50°C
工作濕度	0°C 至+40°C，濕度 95%RH；+40°C 至+50°C，濕度 45%RH

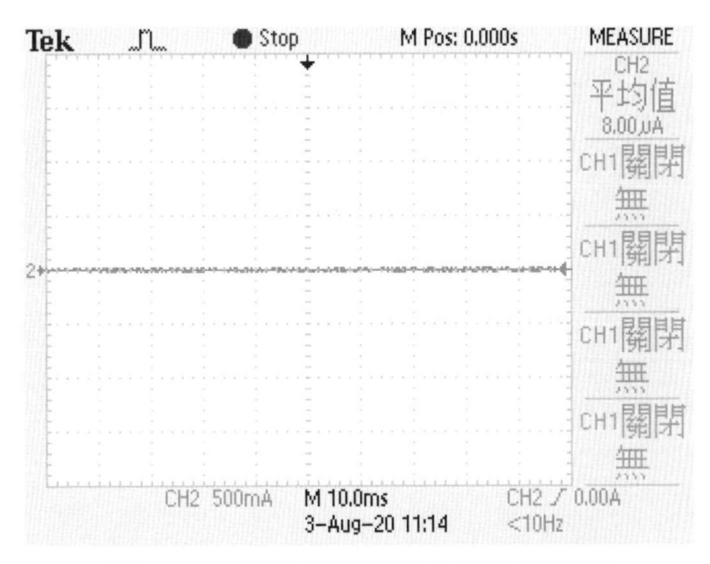

圖 2-53　電流探棒歸零之示波器畫面

電流探棒使用步驟如下：

1. 組裝電流探棒和變電器、輸出傳輸線等配件。
2. 將輸入測試棒串聯連接至測試迴路。
3. 將輸出傳輸線連接至示波器。
4. 選擇適當之轉換倍率，電力電子技能檢定術科試題適用之轉換倍率為 100mV/A。
5. 設定示波器：包含耦合方式、頻寬、粗調、反向等基本設定如圖 2-54，量測電流和轉換倍率之選擇如圖 2-55，電流探棒和示波器之轉換倍率務必相同，如此顯示在示波器螢幕之量測值即為實際值，方能呈現 1：1 之效果。
6. 尚未加入輸入電源之前，進行歸零調整。
7. 加入輸入電源，讀取示波器之數值。
8. 檢查電流波形，若發生正負顛倒現象，請將電流探棒量測方向反接，或開啟示波器反向功能。

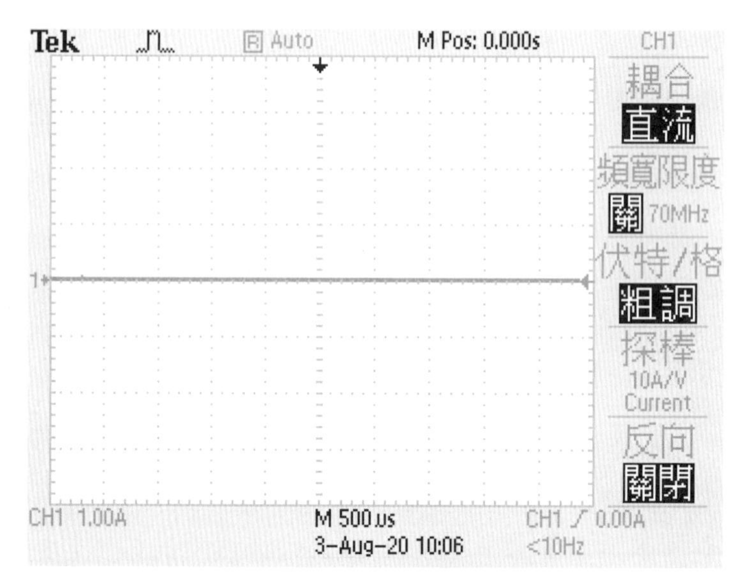

圖 2-54　示波器基本設定

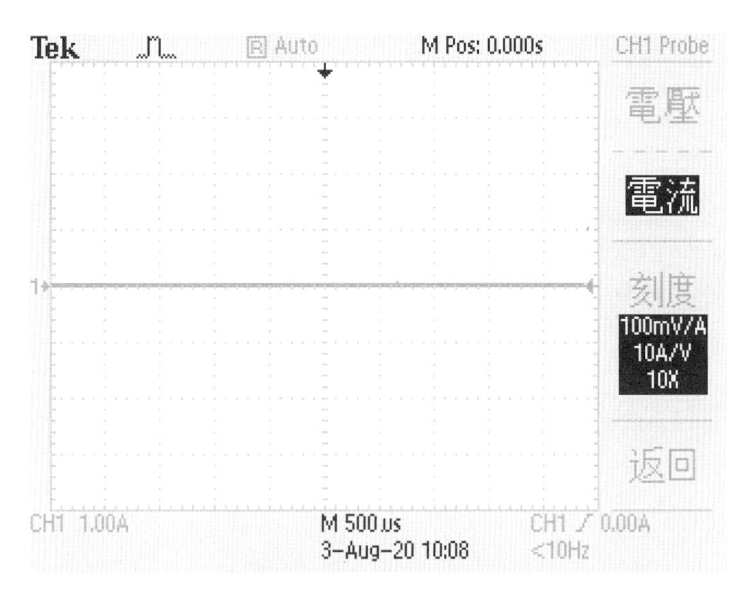

圖 2-55　示波器量測電流和轉換倍率之選擇

利用電流探棒進行量測練習(一)，主要目標為量測工業電子丙級技術檢定術科試題第一題音樂盒中變壓器之一次側電流 I1 波形和數值，步驟如下：

1. 完成量測接線：如圖 2-56 所示。

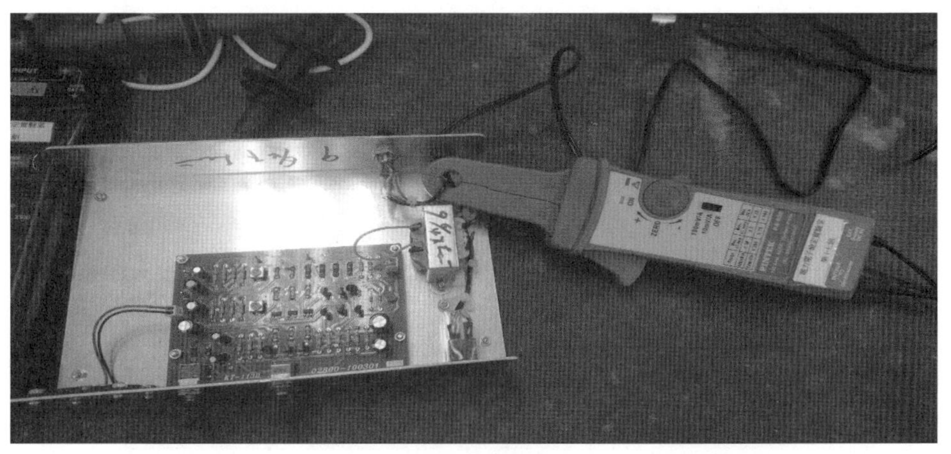

圖 2-56　電流探棒量測練習(一)：實際接線

2. 設定電流探棒：如圖 2-57 所示。

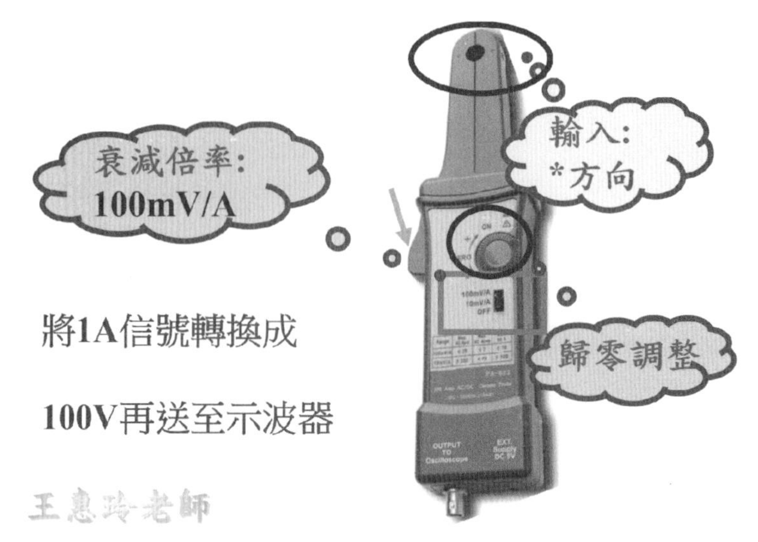

圖 2-57 電流探棒量測練習(一)：設定電流探棒

3. 設定示波器：如圖 2-54 和圖 2-55 所示。

量測結果如圖 2-58 和表 2-22 所示。

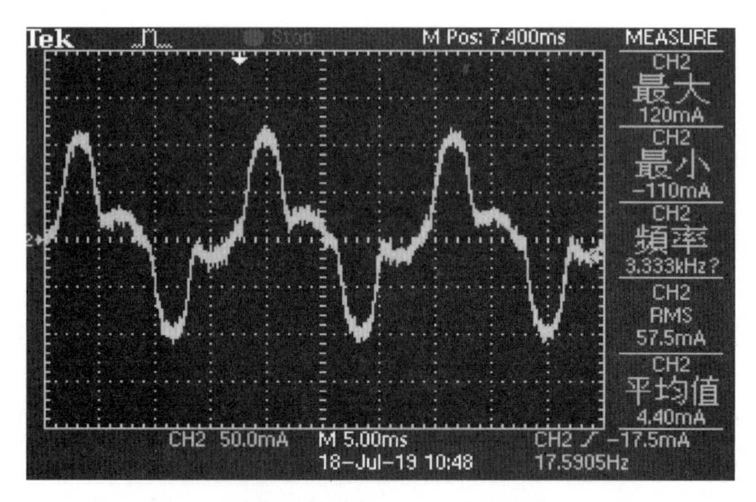

CH2: 50mA A/DIV; 5ms s/DIV

I1的最大值: 120m A

圖 2-58 電流探棒量測練習(一)：I1 量測結果

表 2-22 電流探棒量測練習(一)：I1 數值

CH2：I1	最大值	最小值	頻率	有效值	平均值
數值	120mA	-110mA	3.333kHz	57.5mA	4.4mA

同時利用差動隔離探棒和電流探棒進行量測練習(二)，主要目標為量測工業電子丙級技術檢定術科試題第一題音樂盒中變壓器之二次側電壓 V2 和一次側電流波形 I1 之數值，步驟如前所述，請將量測結果記錄於圖 2-59 和表 2-23 中。

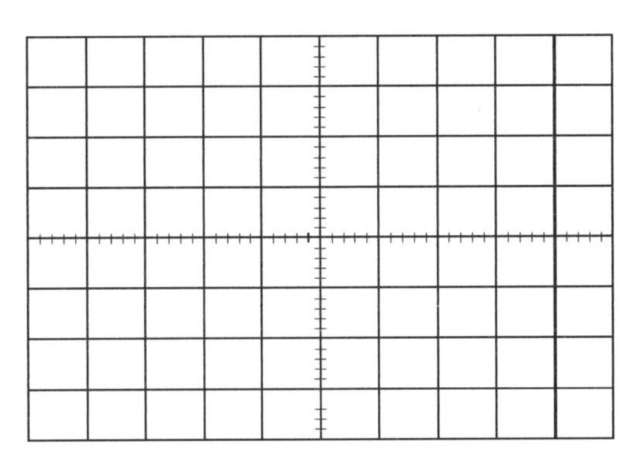

CH1:_______V/DIV; ______s/DIV

CH2:_______A/DIV;

V2的最大值:______V; I1的最大值:______A

圖 2-59　電流探棒量測練習(二)：V2 和 I1 量測結果

表 2-23　電流探棒量測練習(二)：V2 和 I1 數值

數值	最大值	最小值	頻率	有效值	平均值
CH1：V2					
CH2：I1					

2-3-5　多功能電表

多功能電表又稱電力諧波和漏電鉤表(Power Harmonics and Leakage Clamp Meter)，圖 2-60 為多功能電表 PROVA 23，量測參數包含交流電壓、交流電流、實功率 P、虛功率 Q、視在功率|S|、功率因數 pf、相角 Φ 和能量 W 等，亦可進行電壓和電流之諧波和總諧波失真分析。利用兩顆 1.5V 電池提供操作電源，具備位於右側之電壓輸入端，電流輸入端位於左側，可將待測交流電壓和電流信號輸入，利用功能切換旋鈕與按鍵，將參數傳送至螢幕顯示。

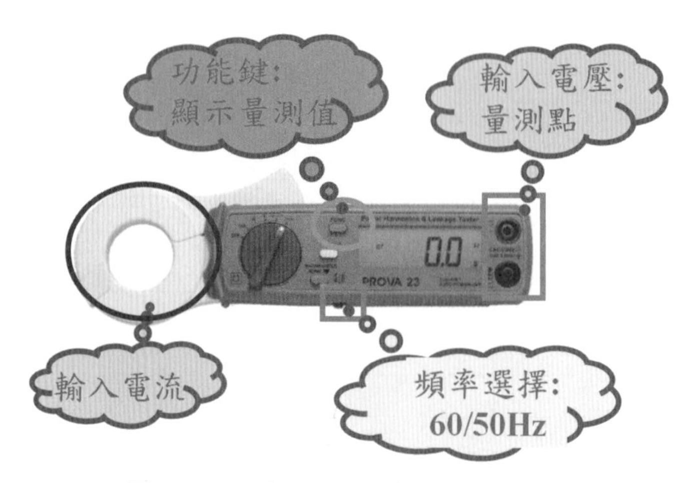

圖 2-60 多功能電表 PROVA 23

多功能電表使用步驟如下：

1. 選擇工作頻率為 60Hz。
2. 將輸入電壓測試棒並聯連接至測試端點。
3. 將輸入電流測試鉤棒串聯連接至測試迴路。
4. 利用功能切換旋鈕選擇~V，將交流電壓之有效值顯示在螢幕。
5. 利用功能切換旋鈕選擇~mA，將交流電流之有效值顯示在螢幕。
6. 利用功能切換旋鈕選擇~W，mA，配合功能選擇按鍵(FUN)，將實功率 P、虛功率 Q、視在功率|S|、功率因數 pf、相角 Φ 和能量 W 等參數顯示在螢幕。

利用多功能電表進行量測練習，主要目標為量測工業電子丙級技術檢定術科試題第二題儀表與量測中之測試機台變壓器二次側電力參數量測，步驟如下：

1. 完成量測接線：如圖 2-61 所示。

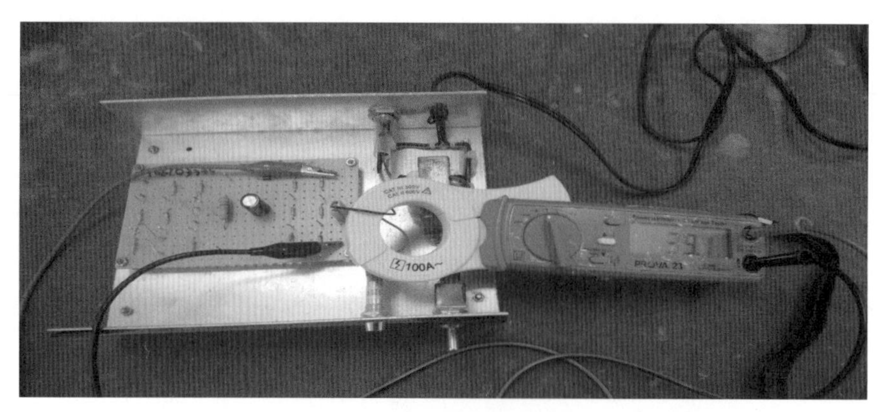

圖 2-61 多功能電表量測練習：實際接線

2. 讀取交流電壓之有效值： 如圖 2-62 所示。

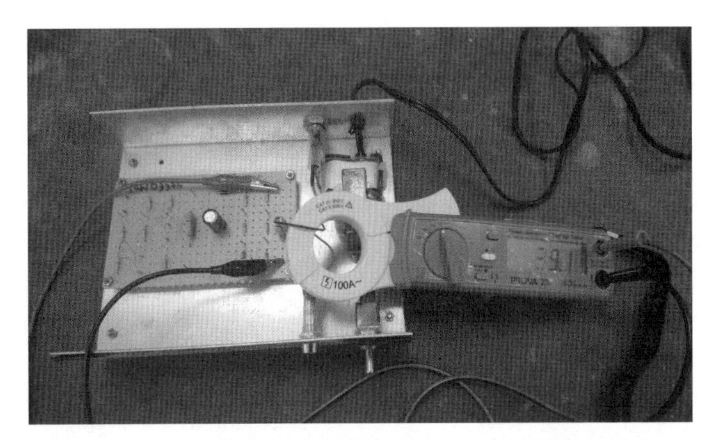

圖 2-62 多功能電表量測練習：交流電壓 V2(rms)

3. 讀取交流電流之有效值：如圖 2-63 所示。

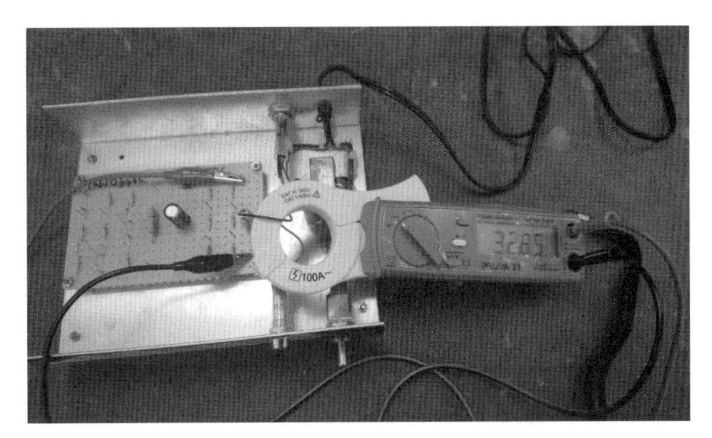

圖 2-63 多功能電表量測練習：交流電流 I2(rms)

4. 讀取實功率之數值：如圖 2-64 所示。

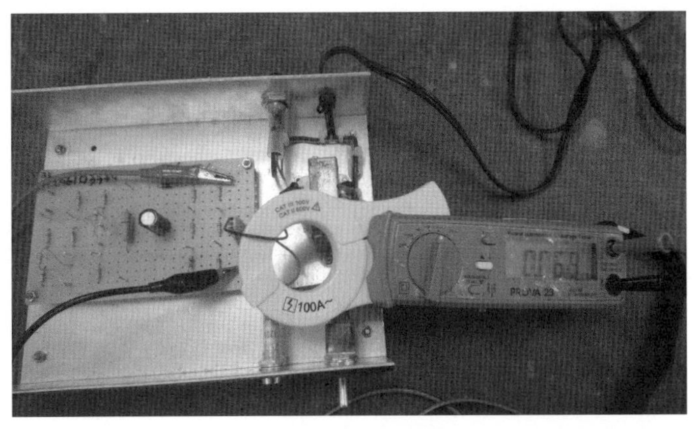

圖 2-64 多功能電表量測練習：實功率 P

5. 讀取功率因數之數值： 如圖 2-65 所示。

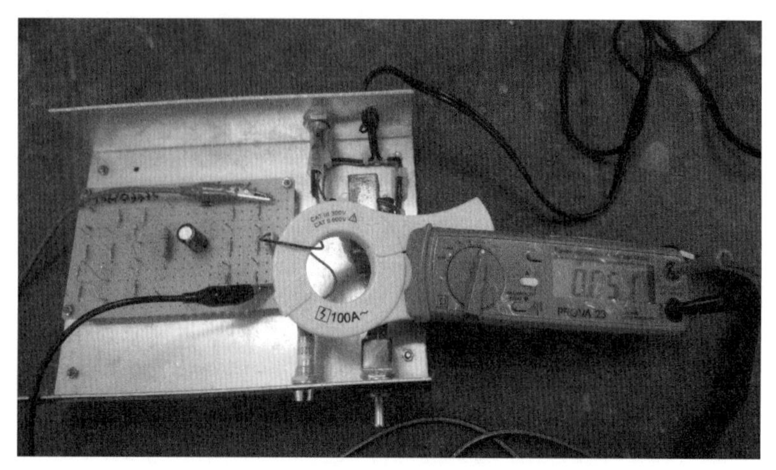

圖 2-65　多功能電表量測練習：功率因數 pf

6. 讀取其他參數數值完成表 2-24。

表 2-24　多功能電表量測練習

量測參數	代號	數值	單位
電壓	V		V
電流	I		A
實功率	P		W
虛功率	Q		VAR
視在功率	|S|		VA
功率因數	pf		
相角	Φ		°
能量	W		WH

驗算：

$P = V_{rms} I_{rms} \cos\theta =$

第 3 章　返馳式轉換器

本章將針對試題 11600-105201 返馳式轉換器進行解析，包含試題說明、動作要求、電路原理和實體製作，使應檢人熟悉理論分析和實務操作。

3-1　試題說明

1. 本試題目的為評量考生對返馳式轉換器(flyback converter)的技術能力，測試考生於電路製作與功能檢測驗證能力。
2. 依照試題建議之線圈匝數、極性與一次側線圈電感值繞製返馳式變壓器，並量測變壓器之參數特性。
3. 依電路圖、元件佈置圖(元件面)與佈線圖(銅箔面)按圖並依電路銲接規則進行電路銲接工作。
4. 完成電路板與元件銲接後，考生須依試題要求項目，完成電路測試點波形量測與性能數據記錄。
5. 監評人員於評審時將針對考生完成數據紀錄(表 3-7，表 3-30)，抽查三個以上之數據，請考生現場進行量測，以查核紀錄數據是否相符。
6. 本題之電壓與電流波形量測共有 A、B、C、D 四個測試條件，監評人員現場指定一個測試條件，考生須在該測試條件下實際量測波形，並進行描繪紀錄。

3-2　動作要求

1. 連接直流電源供應器於電路輸入端，並連接 6Ω/50W (使用 12Ω/50W 兩個並聯)功率電阻於電路輸出端，以及將示波器連接於輸出端，觀察輸出電壓。
2. 調整直流電源供應器輸出電壓至 40V，此時電路輸出端平均電壓應為 12V(±5%)。
3. 調整示波器設定，使輸出電壓波形占螢幕 2 格以上垂直刻度，以便量測電路輸出電壓漣波，其電壓漣波峰對峰值應小於 0.5V(不含開關切換所產生之尖波)，顯示波形須呈現 2~3 個週期。

4. 移開電路輸出端的 6Ω/50W 功率電阻，量測電路無載時的輸出電壓，此時電路輸出端平均電壓應為 12V(±5%)。
5. 調整直流電源供應器輸出電壓，亦即電路的輸入電壓，由 40V 升至 60V，此時電路輸出端平均電壓應維持為 12V(±5%)。
6. 將 6Ω/50W(使用 12Ω/50W 兩個並聯)功率電阻接回電路輸出端，量測電路輸出電壓，此時電路輸出端平均電壓應為 12V(±5%)。
7. 調整示波器設定，使輸出電壓波形占螢幕 2 格以上垂直刻度，以便量測電路輸出電壓漣波，其電壓漣波峰對峰值應小於 0.5V(不含開關切換所產生之尖波)，顯示波形須呈現 2~3 個週期。

3-3 電路原理

直流-直流轉換器(DC-to-DC converter)可將固定直流電源轉換為不同電壓的直流(或近似直流)電源輸出，只要調整內部開關導通時間即能將輸出端直流電壓予以降低或升高，分為隔離式和非隔離式兩類，隔離式轉換器(isolated converter)主要使用變壓器在輸入和輸出之間當作電氣隔離元件，主要有以下幾種型態：

1. 返馳式轉換器(Flyback converter)
2. 順向轉換器(Forward converter)
3. 推挽型轉換器(Push-pull converter)
4. 半橋式轉換器(Half-bridge converter)
5. 全橋式轉換器(Full-bridge converter)

本試題係將 40V 或 60V 之直流輸入電壓經由返馳式轉換器降低至 12V 後送給負載(功率電阻)輸出，為隔離式降壓轉換器(isolated buck converter)，電路圖如圖 3-1 所示，供給材料表如表 3-1 所示。

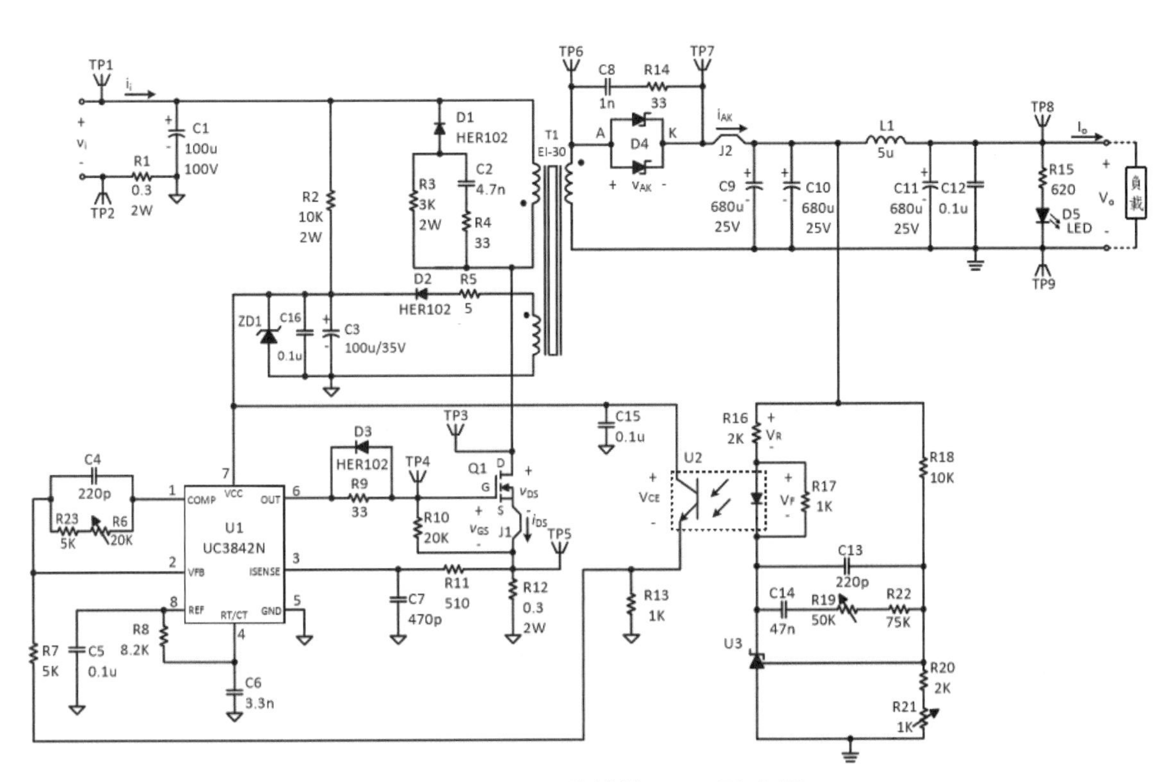

圖 3-1　返馳式轉換器：電路圖

表 3-1　返馳式轉換器：供給材料表

項次	代碼	名稱	規格	單位	數量	備註
1	R1、R12	電阻器	0.3Ω ±5%、2W	只	2	
2	R2	電阻器	10kΩ ±5%、2W	只	1	
3	R3	電阻器	3kΩ ±5%、2W	只	1	
4	R4、R14、R9	電阻器	33Ω ±5%、1/4W	只	3	
5	R5	電阻器	5Ω ±5%、1/4W	只	1	
6	R6	精密可調電阻	20kΩ、25 轉、上端	只	1	調整用
7	R7	電阻器	5kΩ ±5%、1/4W	只	1	
8	R8	電阻器	8.2kΩ ±5%、1/4W	只	1	
9	R10	電阻器	20kΩ ±5%、1/4W	只	1	
10	R11	電阻器	510Ω ±5%、1/4W	只	1	
11	R13、R17	電阻器	1kΩ ±5%、1/4W	只	2	
12	R15	電阻器	620Ω ±5%、1/2W	只	1	
13	R16、R20	電阻器	2kΩ ±5%、1/4W	只	2	

項次	代碼	名稱	規格	單位	數量	備註
14	R18	電阻器	10kΩ ±5%、1/4W	只	1	
15	R19	精密可調電阻	50kΩ、25 轉、上端	只	1	調整用
16	R21	精密可調電阻	1kΩ、25 轉、上端	只	1	調整用
17	R22	電阻器	75kΩ ±5%、1/4W	只	1	
18	R23	電阻器	5kΩ ±5%、1/4W	只	1	
19	C1	電解電容器	100μF/100V (ϕ 13mm x 20mm)	只	1	
20	C2	積層電容器	4.7nF/50V	只	1	
21	C3	電解電容器	100μF/35V (ϕ 6mm x 11mm)	只	1	
22	C4	積層電容器	220pF /50V	只	1	
23	C5、C12、 C15、C16	積層電容器	0.1μF/50V	只	4	
24	C6	積層電容器	3.3nF/50V	只	1	
25	C7	積層電容器	470pF/50V	只	1	
26	C8	積層電容器	1nF/50V	只	1	
27	C9、C10、C11	電解電容器	680μF/25V (ϕ 10mm x 20mm)	只	3	
28	C13	積層電容器	220pF/50V	只	1	
29	C14	積層電容器	47nF/50V	只	1	
30	L1	變壓器	5μH/4A (ϕ 1mm, 13T)	只	1	
31	Q1	MOSFET	NMOS IRF540N 100V/28A	只	1	
32	D1、D2、D3	二極體	HER102、100V/1A	只	3	
33	D4	二極體	SBL 1660、16A/60V	只	1	
34	D5	發光二極體	LED、ϕ 3mm	只	1	
35	ZD1	稽納二極體	18V、1/2W	只	1	
36	U1	控制 IC	UC3842N	只	1	
37		IC 座	8 pins	只	1	
38	U2	光耦合	PC817C	只	1	

項次	代碼	名稱	規格	單位	數量	備註
39		IC 座	4 pins	只	1	
40	U3	參考電壓 IC	TL431	只	1	
41	T1(Core)	變壓器鐵芯	Ferrite、EI-30、PC40	只	1	
42	T1(Bobbin)	繞線架	EI-30、10pin	只	1	
43		漆包線	2UEW-B、ϕ 0.6mm	公尺	5	
44		變壓器鐵芯固定膠帶	絕緣膠帶(10mm 寬)	卷	1	繞製變壓器用
45		散熱片	16 x 7 x 15mm	只	2	電晶體、二極體散熱片用
46		雲母片	13 x18mm、TO220	只	2	電晶體與散熱片間絕緣用
47		螺絲	ϕ 3 x 8 mm	只	2	固定散熱片
48		螺絲套	ϕ 3 mm	只	2	散熱片絕緣用
49	TP1~TP9	測試端子	ϕ 0.8mm x 10mm	只	9	
50		六角銅柱	ϕ 5.6 x 15L	只	4	固定 PCB 板用
51		六角螺帽	M3 x 0.5	只	6	固定 PCB 與散熱片用
52	PCB	印刷電路板	100mm x 200mm	片	1	
53	J1、J2	電流測試端子	2pins、2.54mm、排針	只	2	
54		連接線	1p, 2.54mm、雙頭杜邦連接器、長度為 20cm、導體截面積 $1mm^2$以上	條	2	
55		短路夾	2pins、2.54mm	只	2	
56		繞線架線圈絕緣固定膠帶	絕緣膠帶(14mm 寬)	卷	1	
57		銲錫		公尺	1	

本試題電路方塊圖如圖 3-2 所示，包含(1)輸入電路(直流電)、(2)返馳式轉換器主電路、(3)控制電路、和(4)負載(功率電阻)等四部份，以下將說明各電路之動作原理。

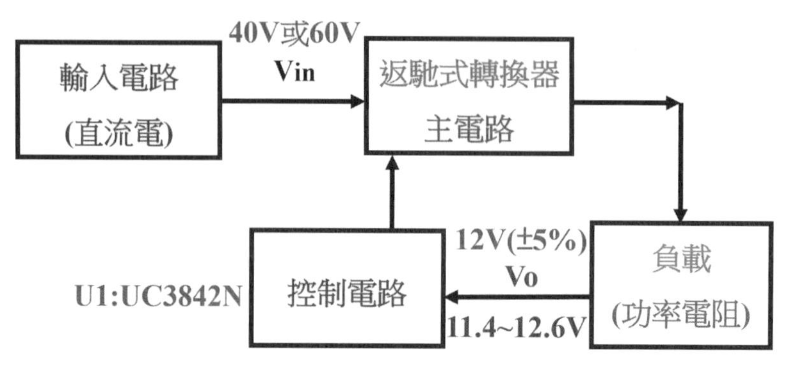

圖 3-2　返馳式轉換器：電路方塊圖

3-3-1　輸入電路(直流電)

輸入電路由直流電源Vi、電容器C1和電阻器R1組成，電路如圖3-3所示。Vi由電源供應器提供直流電源40V或60V，經R1、C1充電電路提供直流電源供應。充電時間常數 τ 計算如下：

$$\tau=R1*C1=0.3*100\mu=30\mu sec$$

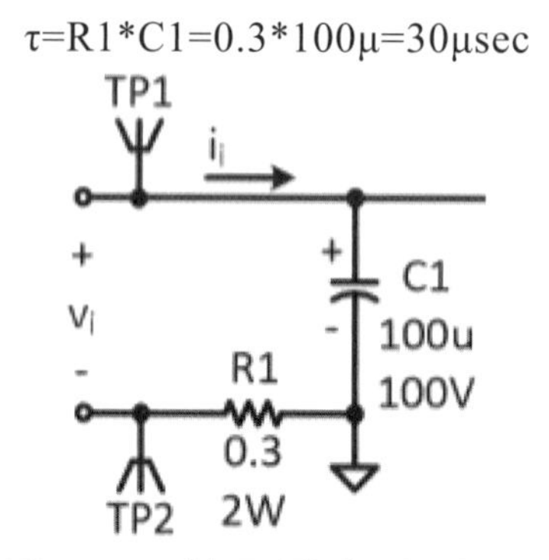

圖 3-3　輸入電路(直流電)

3-3-2　返馳式轉換器主電路

返馳式轉換器主電路由直流電壓源 Vi、變壓器 T1 線圈 N1、N3、電流測試端子 J1、J2、開關 Q1、二極體 D1、D4、電感器 L1、電容器 C2、C8~ C12 和電阻器 R3、R4、R10、R12、R14、R15 組成，如圖 3-4 所示。係將輸入 40V 或 60V 之直流電壓 Vi 降低至 12V，輸出端為 Vo，控制電路由控制 UC3842N 和週邊元件所組成。

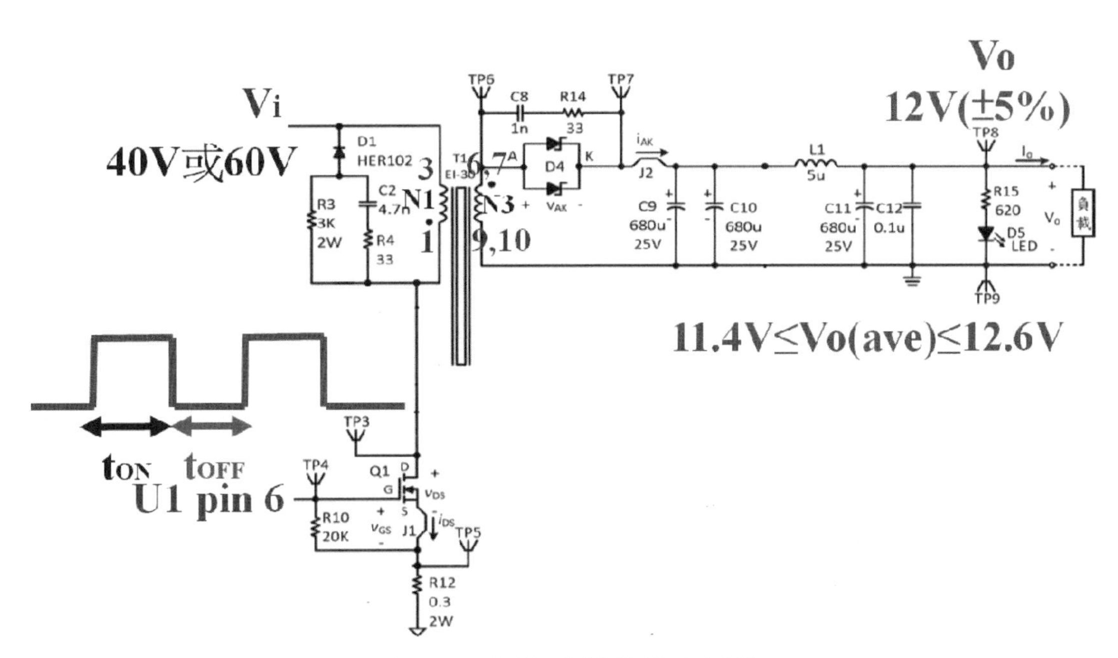

圖 3-4　返馳式轉換器主電路

開關 Q1 為 n 通道增強型金屬氧化物場效電晶體(n channel enhancement type metal oxide field effect transistor)，為壓控元件，由 V_{GS} 控制 MOSFET 導通狀態，圖 3-4 中 U1 第 6 腳提供可調整責任週期(duty cycle)D 之方波即為 V_{GS}。

1. $V_{GS} \geqq V_{th}$(臨界電壓，threshold voltage)：V_{GS} 為正電壓，吸引足夠數量之電子建立通道時，Q1 導通，電流可從汲極-源極間之通道流過，$i_{DS}>0$。當通道建立，本試題之 Vi 經 N1、Q1、J1、R12 形成電流迴路，Q1 通道電阻和 R12 等效電阻都很小，若忽略之則誤差不大，此時輸入電壓 Vi 提供之能量幾乎全部儲存於變壓器 N1 線圈(等同電感器)兩端，此時變壓器 N1 線圈等同電感器作用，為儲能狀態，電感電流上升。若 Q1 導通時間越長，即責任週期 D 越大，則儲存於 N1 之能量 W_L 越多。此時變壓器一次側 N1 線圈極性為上正下負，二次側線圈 N3 之極性為上負下正，二極體 D4 處於逆向偏壓狀態而截止，負載主要由輸出端之電容提供能量 W_C。

2. $V_{GS} < V_{th}$(臨界電壓，threshold voltage)：電壓無法吸引電子建立通道時，汲極-源極間之通道形同開路，Q1 截止，i_{DS} 為 0。N1 電流瞬間不會改變，此時變壓器一次側 N1 線圈極性為上負下正，二次側線圈 N3 之極性為上正下負，二極體 D4 處於順向偏壓狀態而導通，儲存於 N1 之能量經 D4、J2、L1 形成電流迴路，能量釋放出來轉而儲存於輸出端之電容器兩端，此時變壓器 N1 線圈為釋能狀態，電感電流下降。配合變壓器 N1 和 N3 之匝數比和開關 Q1 之責任週期 D，造成輸出端電壓 Vo 低於輸入端電壓 Vi，故為降壓轉換器。

連續導通模式(Continuous-Conduction mode，簡稱 CCM)

$$\frac{V_o}{V_i}=\frac{1}{n}\bullet\frac{D}{1-D}$$

$$W_L=\frac{1}{2}LI^2$$

$$W_C=\frac{1}{2}CV^2$$

主電路輸出端利用電容 C9~C12 和電感器 L1 形成低通濾波器，藉由電容之穩壓和電感之穩流效果消除漣波(ripple)。發光二極體 D5 為輸出端電源指示燈，R15 為其限流電阻器，當輸出端達到正確值時，此直流電壓使 LED D5 發光。

3-3-3　控制電路

返馳式轉換器主電路之責任週期由 U1 第 6 腳輸出，控制電路由輸入電源 Vi、控制積體電路 U1、變壓器 N2 線圈、稽納二極體 ZD1、二極體 D2、電容器 C4~C7、C13~C16、電阻器 R2、R5~R9、R11~R13、R16~R18、R20、精密可調電阻器 R6、R19、R21、光耦合晶片 U2、參考電壓積體電路 U3 和輸出電壓 Vo 組成，電路如圖 3-5 所示。

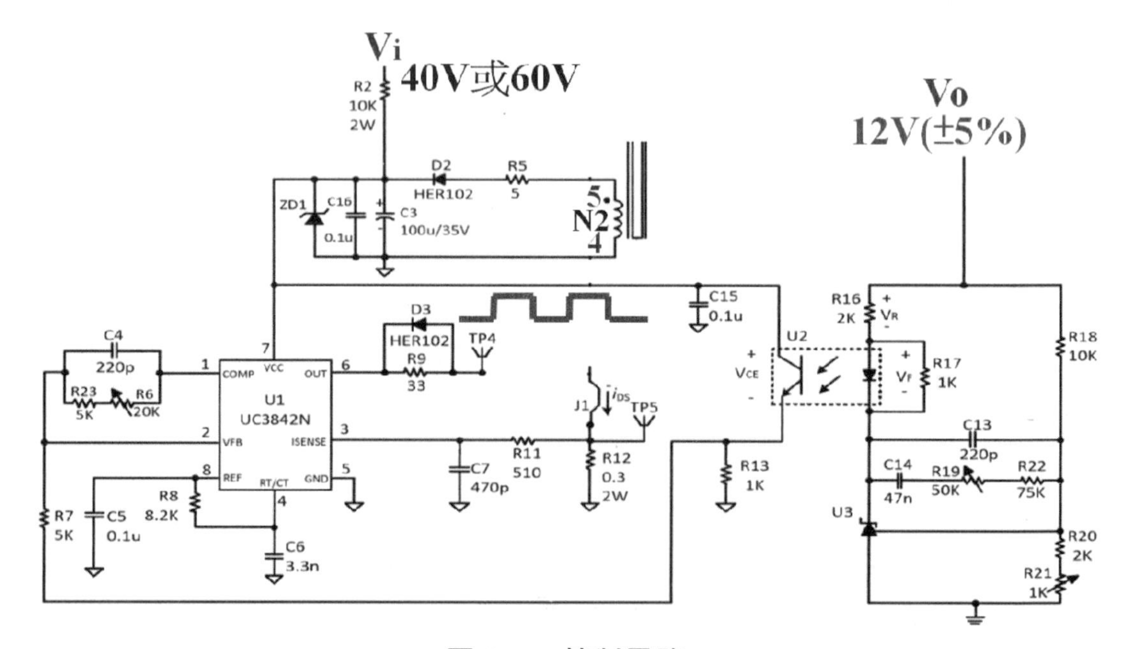

圖 3-5　控制電路

U1 控制 IC UC3842N 為返馳式轉換器控制電路之核心元件，接腳配置如圖 3-6，8 支接腳說明如表 3-2，函數方塊圖(functional block diagram)如圖 3-7 所示，使用固定頻率、脈波寬度調變(Pulse Width Modulation 簡稱 PWM)電流模式(current mode)控制結構，將分別說明如下。

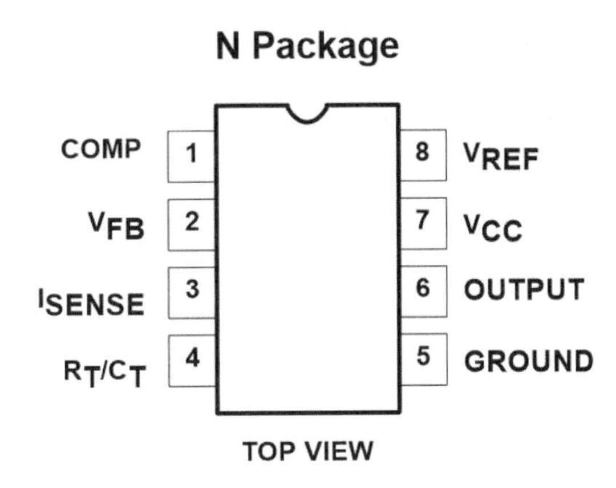

圖 3-6　控制 IC UC3842N 之接腳配置

表 3-2　控制 IC UC3842N 之接腳說明

Pin	Symbol	Function
1	COMP	Compensation
2	VFB	Voltage Feedback
3	ISENSE	Current Sense
4	RT/CT	External Resistor and Capacitor in oscillator
5	GROUND	IC Ground
6	OUTPUT	IC Output
7	VCC	Supply voltage
8	VREF	Reference Voltage

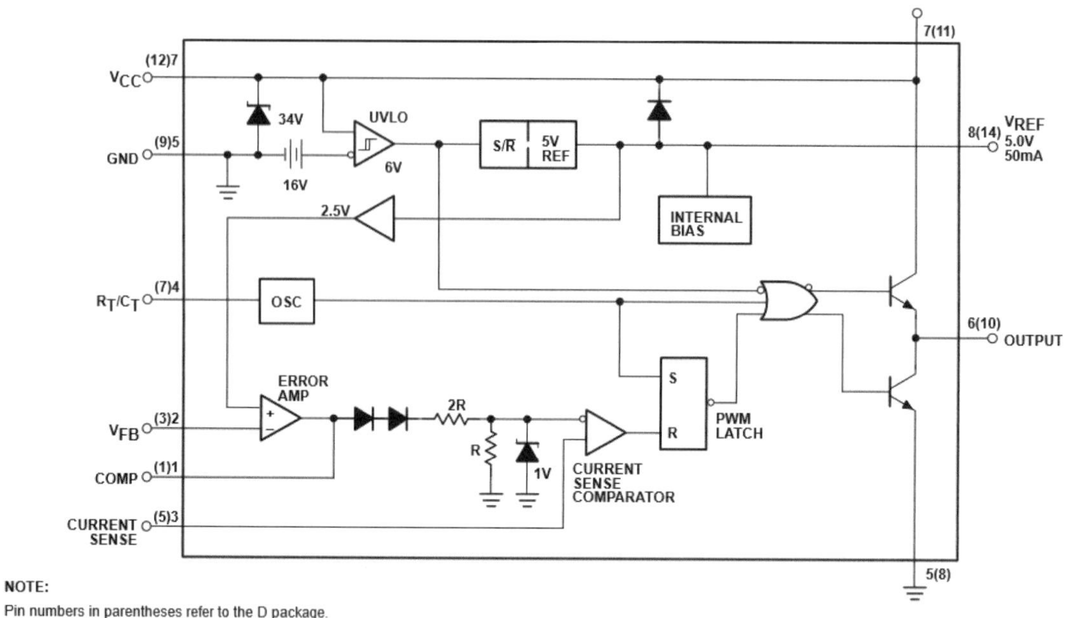

圖 3-7　控制 IC UC3842N 之函數方塊圖

1. 第 1 腳 COMP

COMP 為補償端，內部誤差放大器(Error Amp)之輸出端，由電阻 R23、精密可調電阻器 R6 和電容 C4 組成。通常接腳 1 與接腳 2 間接有反饋電路(電阻值 1kΩ ～250kΩ)，以確定誤差放大器的增益和響應。

2. 第 2 腳 VFB

VFB 為電壓回授輸入端，此腳與內部誤差放大器同相輸入端的基準電壓+2.5V 進行比較，產生控制電壓，控制脈波寬度，調整責任週期，達到 PWM 控制。本試題之輸出電壓回授隔離電路由輸出直流電壓 Vo、光耦合晶片 U2、參考電壓 IC U3、電阻 R7、R13、R16~R18、R20、R22、精密可調電阻器 R19、R21 和電容 C13、C14 所組成，隔離後之回授電壓送至 U1 第 2 腳，電路如圖 3-8 所示，將說明如下。

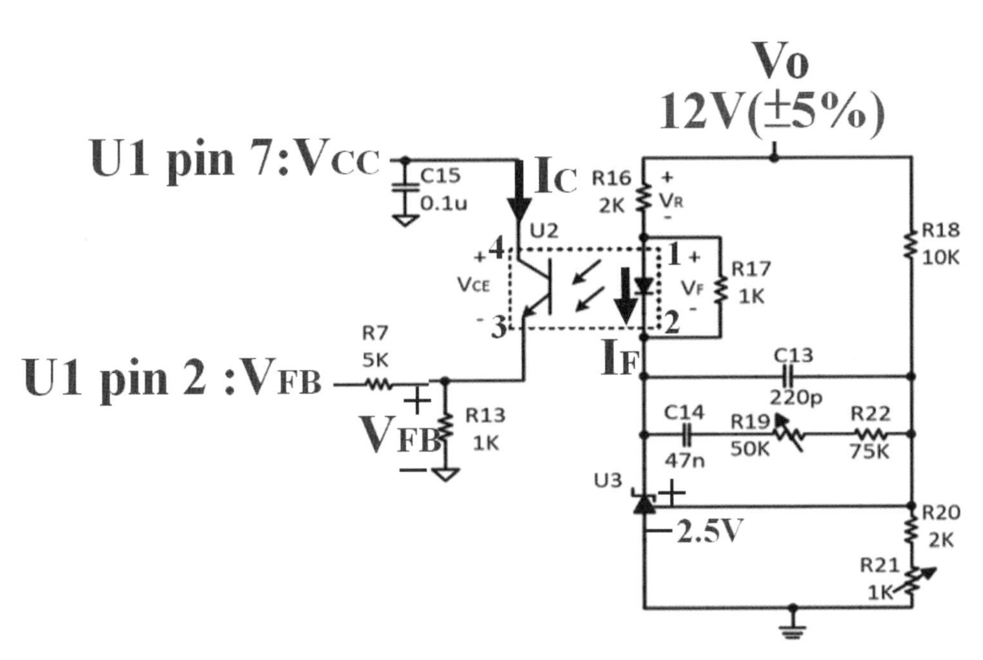

圖 3-8　電壓回授隔離電路

參考電壓 IC U3 為 TL431，接腳配置和接腳說明如圖 3-9，函數方塊圖(functional block diagram)如圖 3-10 所示，TL431 為精密的可控穩壓源，其動態響應速度快，價格低廉，內部有個 2.5V 基準電壓源。當參考電壓 V_R>2.5V 時，U3 導通；當參考電壓 V_R<2.5V 時，U3 截止。

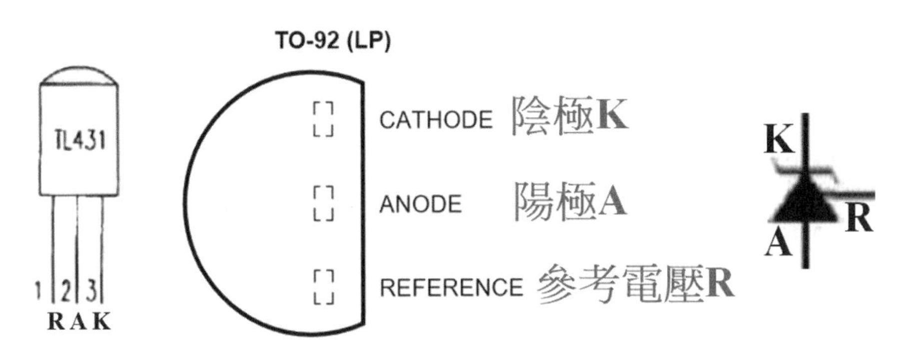

圖 3-9　參考電壓 IC U3 TL431 之接腳配置和說明

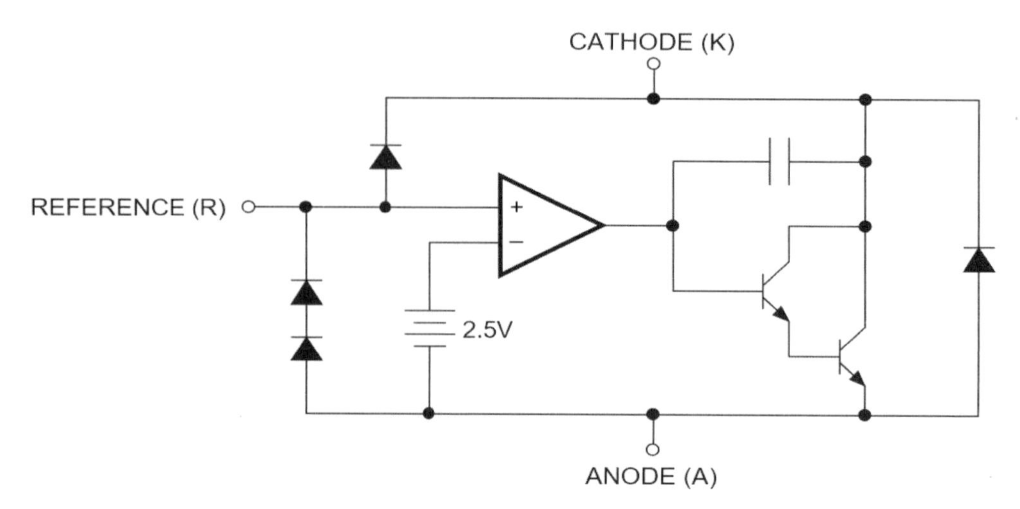

圖 3-10　參考電壓 IC U3 TL431 之函數方塊圖

參考電壓 IC U3 之輸出電壓可以通過兩個外接電阻任意設定，範圍為 2.5V~36V，工作電流範圍為 0.1~100mA，輸出電壓漣波低。典型之應用電路如圖 3-11，關係如下所示，利用精密可調電阻器 R21 可以調整輸出電壓 Vo 數值。

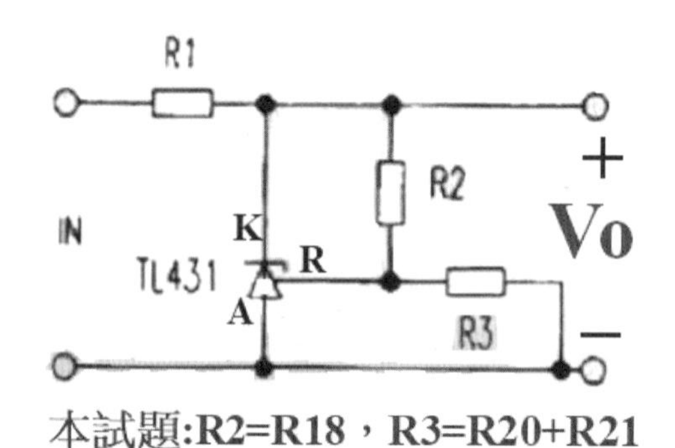

圖 3-11　參考電壓 IC U3 TL431 之應用電路

$$V_{out} = 2.5(1+\frac{R_2}{R_3})$$

$$V_o = 2.5(1+\frac{R_{18}}{R_{20}+R_{21}})$$

$$= 2.5(1+\frac{10K}{2K+n\times 1K})$$

$$= \begin{cases} 15V, n=0 \\ 10.83V, n=1 \end{cases}$$

$10.83\text{V} \le V_o \le 15V$

電壓回授隔離電路由 U2 光耦合器(Photocoupler)PC817 進行隔離，光耦合器亦稱之為光隔離器，接腳配置和內部連接如圖 3-12 所示，由輸入端之發光二極體 LED 與輸出端之光電晶體在同一封裝下所組成。當 LED 順向偏壓發光時，其光源強度則視激發電流而定，因此能調變光電晶體導通而產生集極電流，此電流與 LED 的順向電流成比例變化；當 LED 逆向偏壓不發光時，光電晶體截止。輸入和輸出藉由光線當媒介，以達到電氣隔離效果。其中 R16 為 U2 的限流電阻，電阻 R19、R22 和電容 C1、C14 作為頻率補償之用。光耦合器的限流電阻 R16 可由下式求得。

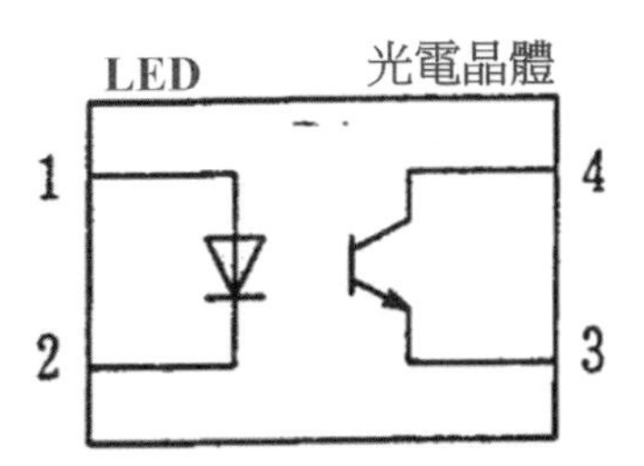

圖 3-12　光耦合器 U2 PC817 之接腳配置和內部連接圖

$$R_{16} = \frac{V_o - V_F}{I_F}$$

其中 VF 為發光二極體的順向壓降，IF 為發光二極體的電流。

若 U2 之耦合效率為 η，則其輸出端集極電流 IC 和輸入端電流 IF 之關係式如下：

$$I_C = \eta I_F$$

此時回授電壓信號 VFB 如下式，將透過電阻 R7 送至 U1 第 2 腳電壓回授輸入端。回授電壓和參考電壓(reference voltage)2.5V 經誤差放大器(error amplifier)並結合電流回授補償電路調整 PWM 訊號輸出。

$$V_{FB} = R_{13} I_C$$

3. 第 3 腳 ISENSE

ISENSE 為電流感測端，透過外加感測電阻產生的電壓回授至此腳，可在不同負載下調整 PWM 訊號輸出。利用 R12 小電阻和 MOSFET Q1 串聯以取得 iDS，轉換成電壓經電阻 R11、C7 組成之濾波器抑制電路暫態後，回授至接腳 3 之電流回授補償電路，控制脈波寬度。當功率開關 Q1 電流增大，取樣電阻上的電壓超過 1V 時，UC3842 就停止輸出，有效地保護功率開關。

4. 第 4 腳 RT/CT

RT/CT 為內部鋸齒波震盪器之外接電容 CT 和電阻 RT 的共同端點，外加電阻電容即可產生振盪。第 4 接腳外接電阻 R8 和電容 C6，兩者之數值會影響 PWM 振盪頻率。

5. 第 5 腳 GROUND

GROUND 為接地腳。

6. 第 6 腳 OUTPUT

OUTPUT 為輸出端，為圖騰柱式輸出，驅動能力是 200mA。脈波寬度調變(PWM)後之方波信號經由電阻 R9 和二極體 D3 送至 MOSFET Q1 之閘極。

7. 第 7 腳 VCC

VCC 為電源端，當開關電源啟動時，VCC 供電電壓應高於+16V，U1 方能正常動作，VCC 若低於+16V，則 UC3842 不能啟動，此時耗電在 1mA 以下。控制 IC 啟動後，VCC 可在+10～30V 之間變化，若低於+10V 則停止工作，功率消耗為 15mW。

控制 IC UC3842N 之電源電路如圖 3-13 所示，由輸入電壓 Vi、電阻器 R2 和電容 C3、C16 負責啟動 U1，再利用變壓器輔助繞組(auxiliary winding)N2、電阻器 R5、二極體 D2、稽納二極體 ZD1 和電容 C3、C16 提供輸出電壓 12V，以維持 U1 之正常運作。

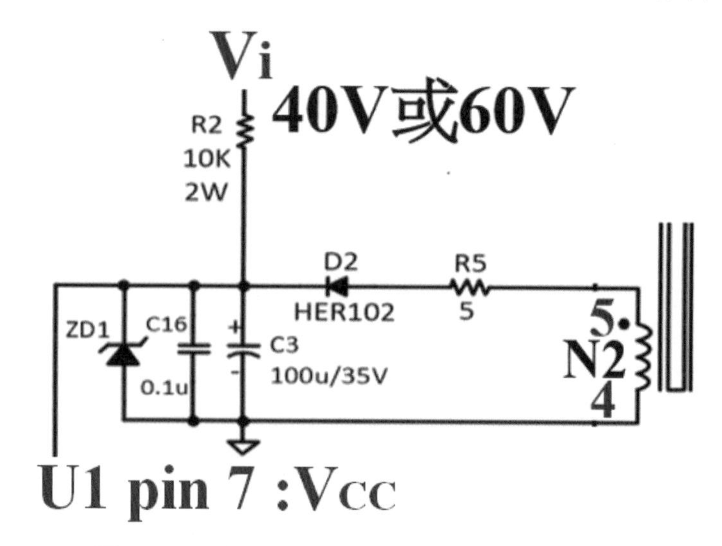

圖 3-13　控制 IC UC3842N 之電源電路

8. 第 8 腳 VREF

VREF 為基準電壓輸出，U1 內部具備偏壓電路，此腳可輸出精確的+5V 參考電壓，電流可達 50mA，外接電容器 C7 進行濾波。

3-3-4 負載

本試題負載為功率電阻器，規格為 12Ω/50W，外觀如圖 3-14 所示，具備並聯開關，本試題共有無載、半載和滿載三種狀態，如表 3-3 所示，連接於輸出 Vo，建議使用三用電表歐姆檔(RX1 檔)量測電阻值確認之。

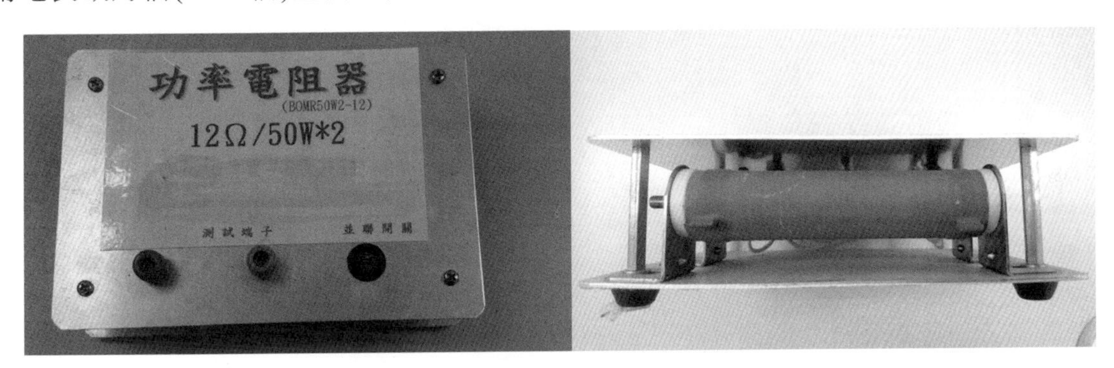

圖 3-14 功率電阻器之外觀圖

表 3-3 負載狀態

負載	並聯開關	連接方式	R_L 數值
無載	X	不接(開路)	∞
半載	off	一個 12Ω/50W 電阻	12Ω/50W
滿載	on	兩個 12Ω/50W 電阻並聯	6Ω/50W

3-4 實體製作

實體製作包含變壓器繞製、變壓器參數量測、電路板製作與測試、電路功率轉換效率量測、電路的電壓及電流波形量測與繪製和評分等工作項目，在應檢時間的 6 小時內，各項工作之建議時程如表 3-4 所示。

表 3-4　返馳式轉換器應檢工作時程

項次	工作項目	時間
1	變壓器繞製	50 分鐘
2	變壓器參數量測	10 分鐘
3	變壓器參數評分	10 分鐘
4	電路板製作與測試	50 分鐘
5	電路功率轉換效率量測	30 分鐘
6	電路功率轉換效率評分	20 分鐘
7	電壓及電流波形量測與繪製	30 分鐘
8	電壓及電流波形評分	30 分鐘
9	檢修	130 分鐘
合計：360 分鐘		

3-4-1　變壓器繞製

實體製作的第一步為繞製變壓器，需要繞線架、鐵芯、漆包線和絕緣膠帶，材料如圖 3-15，繞線架之接腳配置如圖 3-16 所示，考生須依圖 3-17 繞製變壓器之線路圖、剖面圖和表 3-5 中之變壓器繞製說明進行繞製。

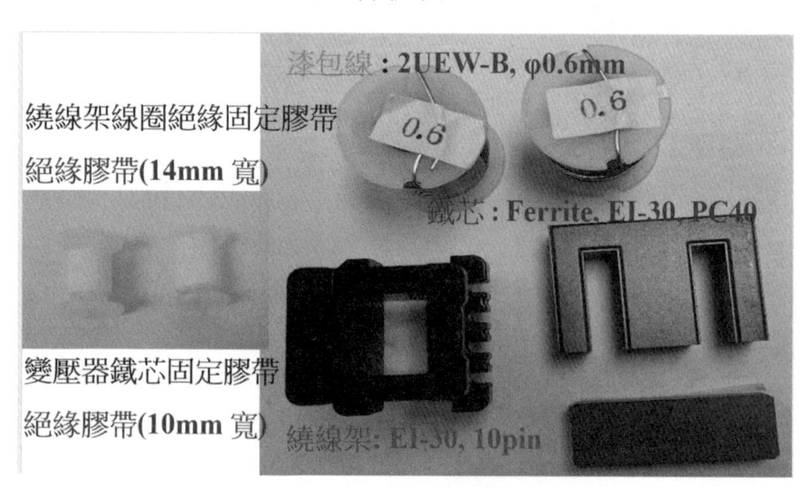

圖 3-15　繞製變壓器之材料

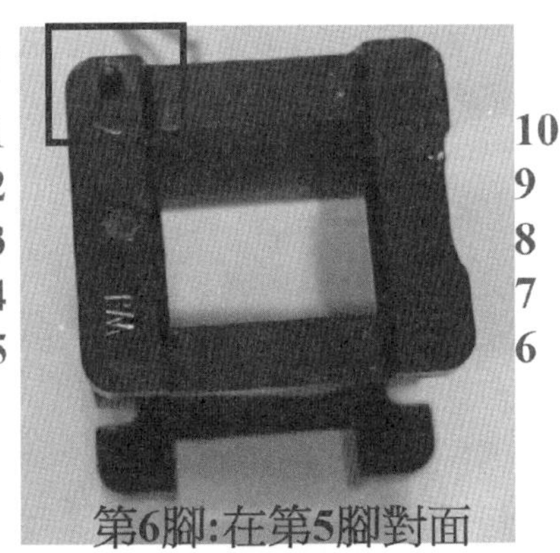

圖 3-16　繞線架之接腳配置

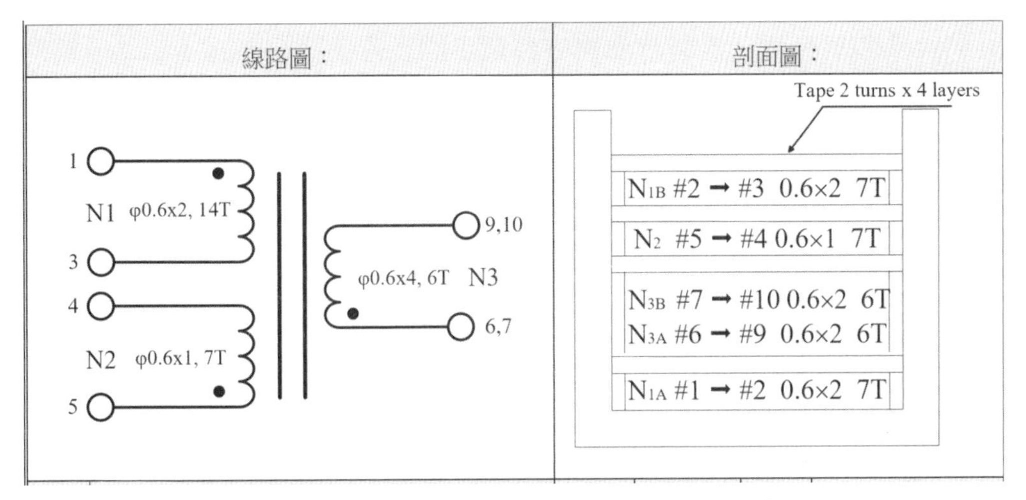

圖 3-17　繞製變壓器之線路圖和剖面圖

表 3-5　變壓器繞製說明

繞線順序	線徑 (φ)		圈數 (T)	繞線層數	膠帶層數	NOTE
N_{1A}	#1~#2	2UEW-B　φ0.6mm x 2P	7	1	2	
N_{3A}	#6~#9	2UEW-B　φ0.6mm x 2P	6	1	1	
N_{3B}	#7~#10	2UEW-B　φ0.6mm x 2P	6	1	2	
N_2	#5~#4	2UEW-B　φ0.6mm x 1P	7	1	2	
N_{1B}	#2~#3	2UEW-B　φ0.6mm x 2P	7	1	2	

※ 一次側線圈電感建議值：100μH

※ 可使用變壓器膠帶做為墊隙材料

※ 變壓器第二腳不引線。

繞製變壓器時需考慮繞線的層與層之間加絕緣膠帶，繞線盡量緊密以減少漏電感的產生，繞製方式使用三明治繞法來降低漏感。三明治繞法即夾層繞法，因結構如同三明治一般，本試題採用一次側平均法，將 N1 線圈平均分成 N1A 和 N1B 兩次繞製。

變壓器繞製重點如下：

1. 裁剪適當長度之漆包線進行繞製。
2. 繞線方向要一致(同方向繞)。
3. 漆包線要拉直靠緊。
4. 線圈數量要正確。
5. 腳位要正確。
6. 繞線架和鐵芯很脆弱，繞製時易捏破摔壞，請注意力道之掌握。

變壓器繞製步驟如下：

1. N1A：裁剪 2m 漆包線，對折以達成 2P 要求，對折處固定在第 1 腳，以順時針(或逆時針)方向開始繞 7 圈，結束固定在第 2 腳，剩下約 1m 之漆包線請留下，勿剪掉，貼上膠帶。如圖 3-18 所示。
2. N3A：裁剪 1m 漆包線，對折以達成 2P 要求，對折處固定在第 6 腳，以和步驟 1 相同之方向開始繞 6 圈，結束固定在第 9 腳，剩下少許之漆包線請留下，勿剪掉，貼上膠帶。
3. N3B：裁剪 1m 漆包線，對折以達成 2P 要求，對折處固定在第 7 腳，以和步驟 1 相同之方向開始繞 6 圈，結束固定在第 10 腳，剩下少許之漆包線請留下，勿剪掉，貼上膠帶。
4. N2：裁剪 50cm 漆包線，不需對折以達成 1P 要求，先固定在第 5 腳，以和步驟 1 相同之方向開始繞 7 圈，結束固定在第 4 腳，剩下少許之漆包線請留下，勿剪掉，貼上膠帶。如圖 3-19 所示。
5. N1B：直接取第 2 腳剩下約 1m 之漆包線，以和步驟 1 相同之方向開始繞 7 圈，結束固定在第 3 腳，剩下少許之漆包線請留下，勿剪掉，貼上膠帶。
6. 在接腳上銲錫，第 2 腳、第 8 腳除外，第 2 腳不需引線，切勿上錫。
7. 由下而上裝上 E 型鐵芯，周圍貼上膠帶，可固定 E 型鐵芯，亦可當作墊隙材料，如圖 3-20 所示。
8. 將長方形鐵芯裝在 E 型鐵芯上方，如圖 3-21 所示。

9. 鐵芯周圍以膠帶固定，如圖 3-22 所示。
10. 繞製完畢後成品如圖 3-23 所示。
11. 以三用電表進行測試如表 3-6 之線圈測試，以確保沒有空銲現象，因線圈匝數不多，電阻皆為 0Ω，通過線圈測試可剪掉剩餘之短線，若未通過測試，請重新上錫。
12. 以測試板進行無載實驗和滿載實驗，功能正常則進行參數測量，若功能正常而線圈電感過大，則考慮增加墊隙，即 E 型鐵芯和長方形鐵芯之間再貼膠帶，可降低線圈電感；若無正常功能，則需重新繞製變壓器。

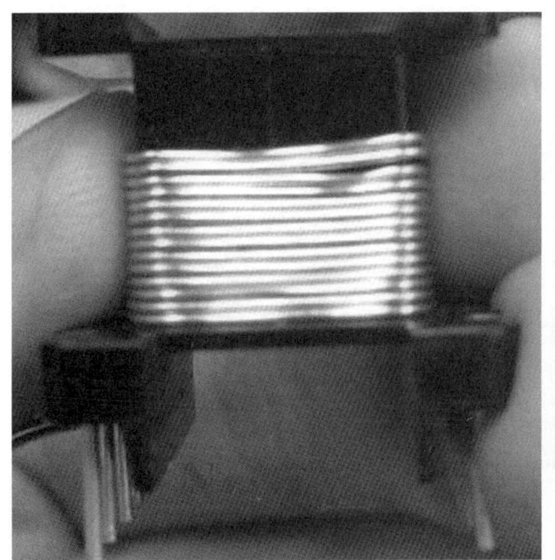

圖 3-18　變壓器繞製過程(一)

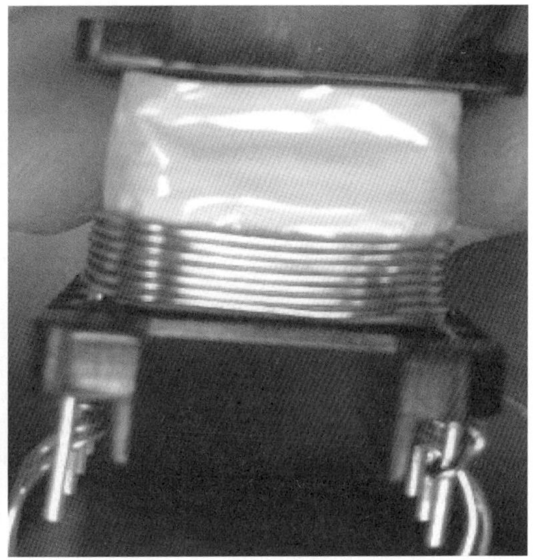

圖 3-19　變壓器繞製過程(二)

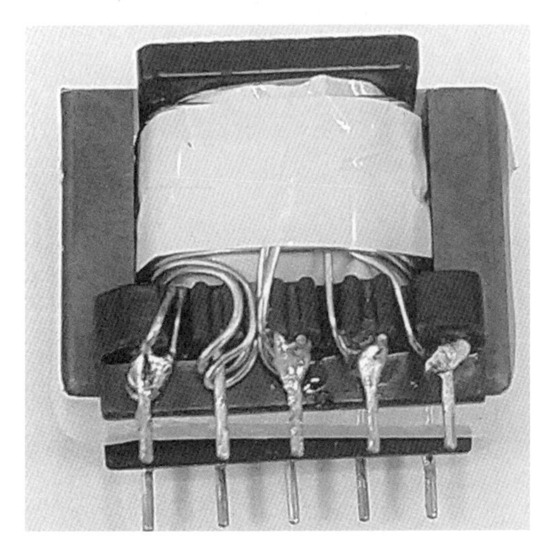

圖 3-20　變壓器繞製過程(三)

圖 3-21　變壓器繞製過程(四)

圖 3-22　變壓器繞製過程(五)

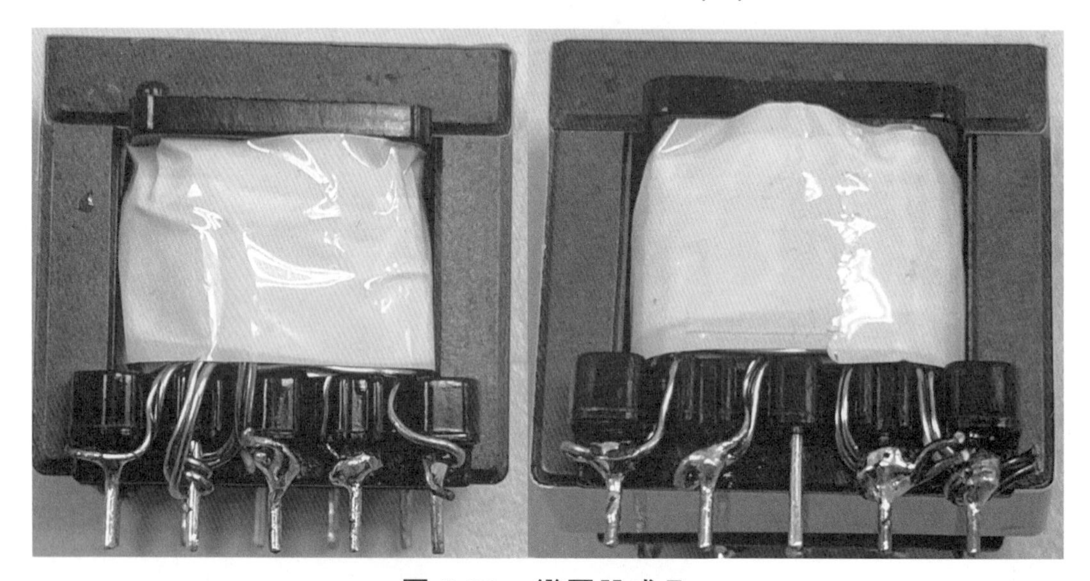

圖 3-23　變壓器成品

表 3-6　變壓器線圈量測

線圈	RX1 檔		電阻測量值
N1 測量	接腳 1	接腳 3	0Ω
N2 測量	接腳 5	接腳 4	0Ω
N3A 測量	接腳 6	接腳 9	0Ω
N3B 測量	接腳 7	接腳 10	0Ω

3-4-2 變壓器參數量測

繞製的變壓器經功能測試成功後，才能以 R-L-C 測試器進行參數量測，並填入表 3-7 中，參數量測完成須舉手請監評人員會同抽驗量測項目，並由監評人員評分及簽名之後，才能將變壓器銲接到電路板上。變壓器參數量測之步驟如下：

1. 將 R-L-C 測試器測棒分別接至變壓器第 1、3 腳，選擇待測元件為電感(L)。
2. 選擇測試頻率為 100kHz。
3. 選擇測試電壓為 1V(rms)。
4. 選擇量測品質因數(Q)。
5. 讀取電感值(需轉換成 μH)和品質因數 Q。
6. 選擇量測線圈直流電阻(即 DCR)並讀取數值(需轉換成 mΩ)。
7. 量測線圈漏感時，使用裸銅線將第 4、5、6、7、9、10 腳短路，測量 1-3 腳之電感值，測得數值(需轉換成 μH)後須將裸銅線解開。

變壓器之線圈電感和品質因數參數量測如圖 3-24，線圈直流電阻量測如圖 3-25，線圈漏感量測如圖 3-26 所示，變壓器參數量測相關之評分表如表 3-8，量測結果如表 3-9。其中品質因數之定義如下：

$$Q=\frac{X_L}{R}=\frac{\omega L}{R}=\frac{2\pi fL}{R}$$

Q 為無單位之參數，$0\le Q\le\infty$，數值越大代表電感器之品質越好，其中 L 為電感值，f 為測試頻率，R 為等效串聯電阻 ESR。線圈電感參考值為 100 μH，線圈漏感之數值越小越好，須以 μH 之單位填入表中，線圈直流電阻數值越小越好，須以 mΩ 之單位填入表中，換算時切勿犯錯。

表 3-7 返馳式轉換器參數量測表

項次	內容	繞組	腳位	數值	單位	備註
1	線圈電感	N1	1－3		μH	@ 100kHz
2	線圈漏感	N1	1－3		μH	@ 100kHz
3	品質因數	N1	1－3			@ 100kHz
4	線圈直流電阻	N1	1－3		mΩ	

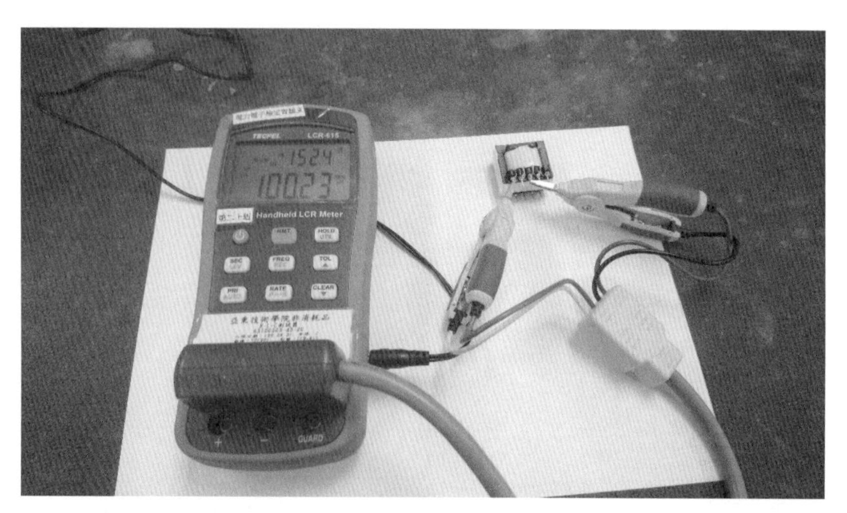

圖 3-24　變壓器參數量測：線圈電感和品質因數

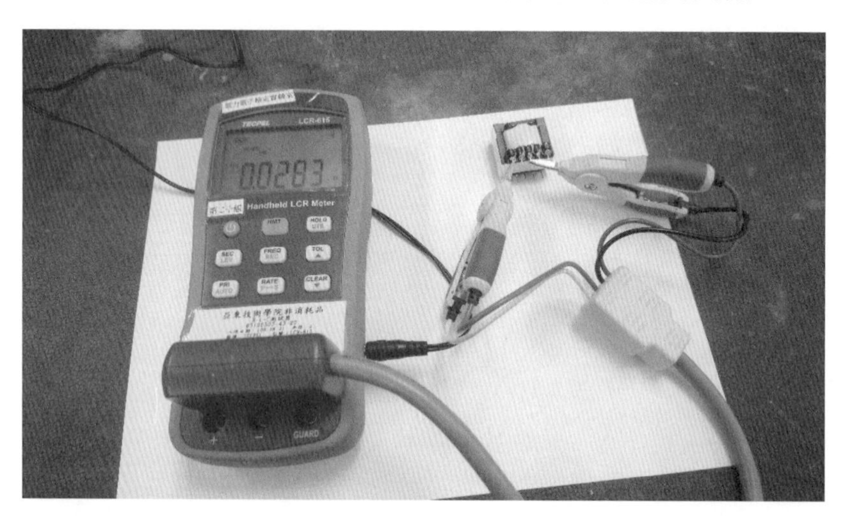

圖 3-25　變壓器參數量測：線圈直流電阻

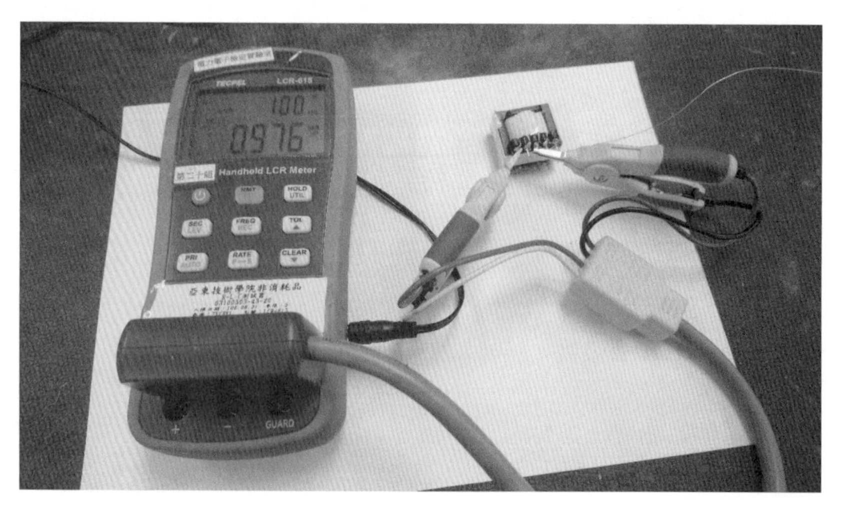

圖 3-26 變壓器參數量測：線圈漏感

表 3-8　評分表-變壓器參數量測

項目	評分標準	扣分標準			備註
		每處扣分	最高扣分	每項最高扣分	
三量測	1. 變壓器參數量測表欄位空白未填或填寫不實	5	20	50	

表 3-9　返馳式轉換器參數量測結果

項次	內容	繞組	腳位	數值	單位	備註
1	線圈電感	N1	1－ 3	100.23	μH	@ 100kHz
2	線圈漏感	N1	1－ 3	0.976	μH	@ 100kHz
3	品質因數	N1	1－ 3	152.4		@ 100kHz
4	線圈直流電阻	N1	1－ 3	28.3	mΩ	

3-4-3　電路板製作

依照試題所提供之電路板元件佈置圖與佈線圖，進行元件裝配和電路板銲接等工作。返馳式轉換器之電路已經蝕刻完成，只要將相對應元件置入與銲接即可，電路板元件佈置圖如圖 3-27，電路板佈線圖如圖 3-28 所示。

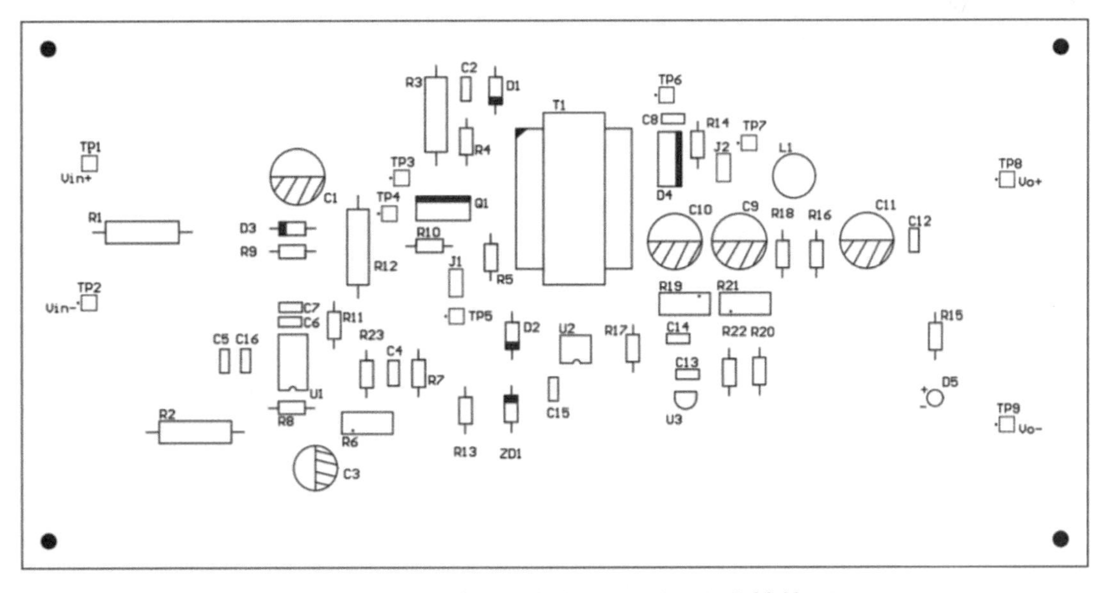

圖 3-27　電路板元件佈置圖(返馳式轉換器)

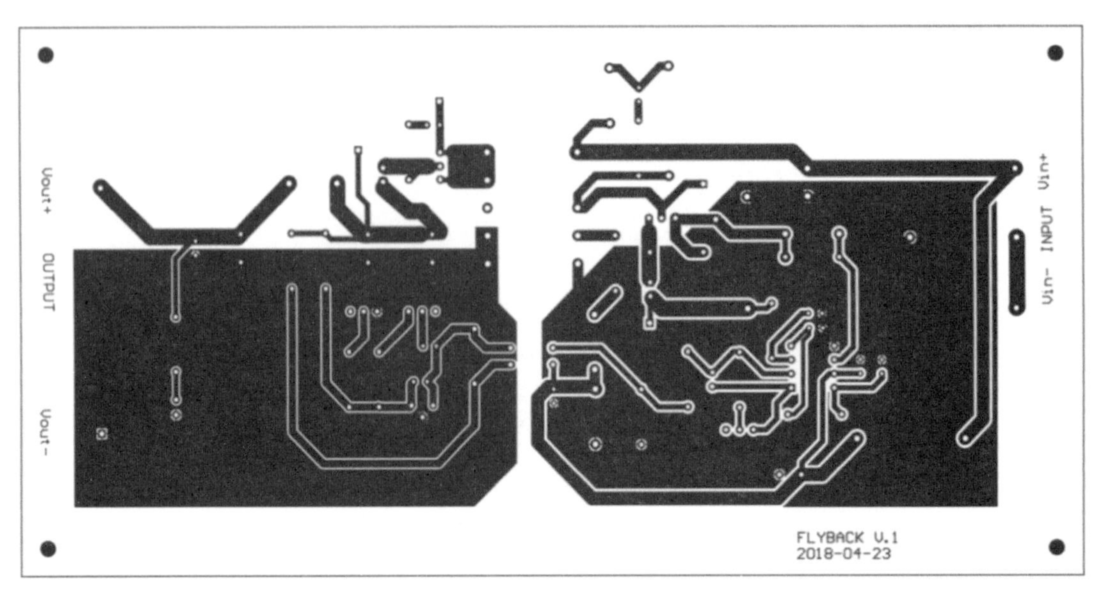

圖 3-28　電路板佈線圖(返馳式轉換器)

進行銲接前需確認元件數量、數值和功能，以免影響電路板性能之正確性，可參考下列提供之要點：

1. 檢查印刷電路板

實際印刷電路板之元件面、銅箔面如圖 3-29 和圖 3-30 所示，觀察電路板銅箔面佈線圖，檢查印刷電路板銅箔面是否有接觸不良情形，不當之短路或斷線皆屬異常，須立即更換。

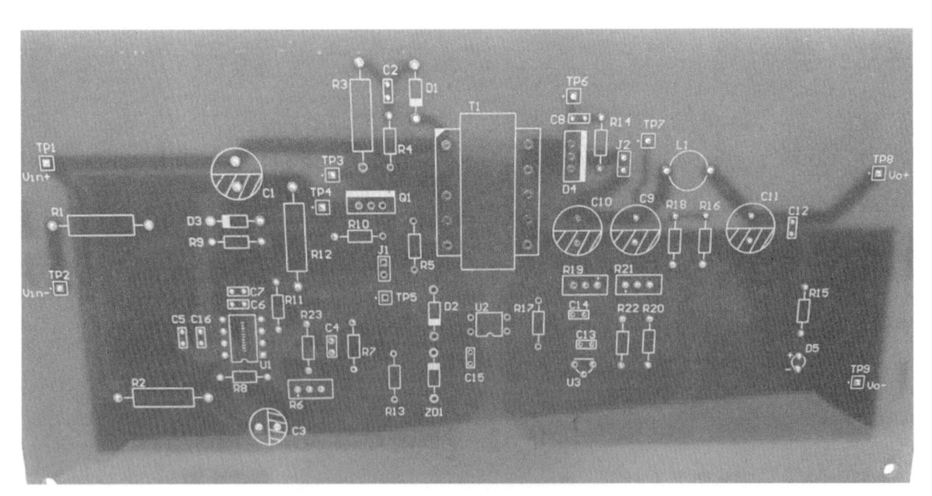

圖 3-29　實際電路板正面

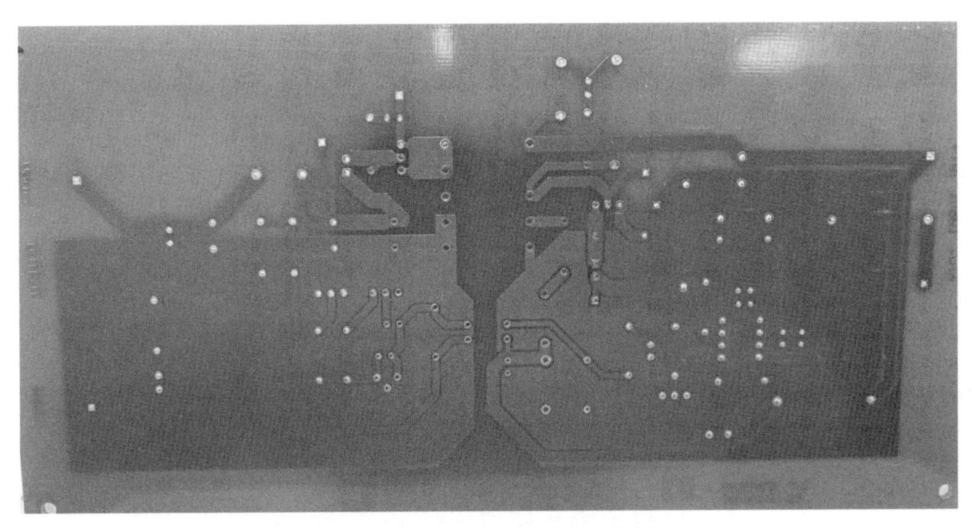

圖 3-30　實際電路板背面

2. R4、R5、R7~R11、R13~R18、R20、R22、R23

共 16 個一般色碼電阻(誤差為±5%之四碼電阻)，為本電路板數量最多的元件，一般色碼電阻外觀如圖 3-31 所示，R15 之功率為 1/2W，其餘皆為 1/4W 電阻，由外觀即能辨別。電阻值不可錯置，依裝配規則(四)電阻器安裝於電路板時，色碼之讀法必須由左而右，由上而下方向一致，即誤差環在最下方或在最右方。本試題中 R8、R9 和 R10 為縱向擺放，誤差環在最下方；其餘電阻為橫向擺放，誤差環在最右側。依裝配規則(六)此 16 個一般色碼電阻(四碼電阻)之功率為 1/4W 或 1/2W，裝配時應與電路板密貼。安裝時請參考表 3-10。

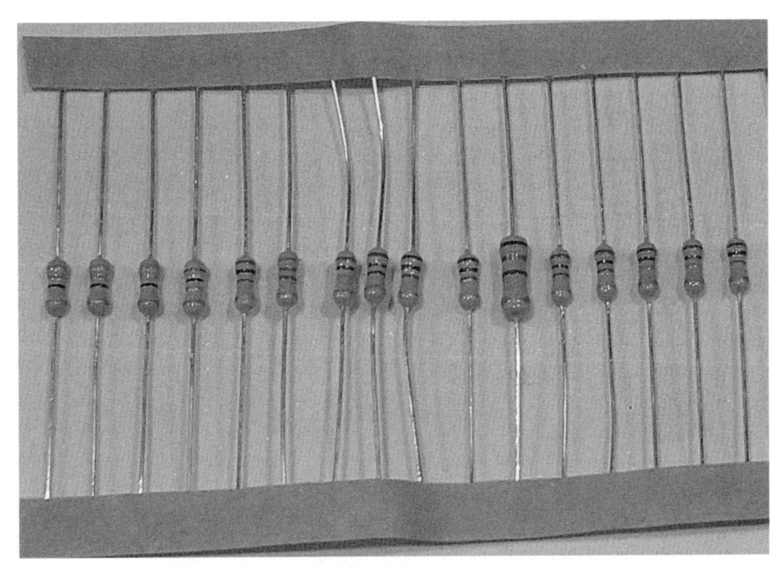

圖 3-31　一般色碼電阻之外觀圖

表 3-10　一般色碼電阻安裝

擺放方向	數量	電阻器	誤差環
橫向擺放	3 個	R8、R9、R10	最右側
縱向擺放	13 個	R4、R5、R7、R11、R13、R14、R15、R16、R17、R18、R20、R22、R23	最下方

一般色碼電阻極易發生混淆的組合如表 3-11 所示，只有第一環或第三環顏色不同，務必注意，目視時相當容易出現誤判，可使用三用電表歐姆檔輔助測量，減少錯置。

表 3-11　一般色碼電阻(1/4W)易混淆的電阻組合

項次	編號	規格	第一環	第二環	第三環	第四環
1	R13、R17	1kΩ ±5%、1/4W	棕	黑	紅	金
	R16、R20	2kΩ ±5%、1/4W	紅	黑	紅	金
2	R5	5Ω±5%、1/4W	綠	黑	金	金
	R7、R23	5kΩ±5%、1/4W	綠	黑	紅	金
3	R16、R20	2kΩ ±5%、1/4W	紅	黑	紅	金
	R10	20kΩ ±5%、1/4W	紅	黑	橙	金
4	R13、R17	1kΩ ±5%、1/4W	棕	黑	紅	金
	R18	10kΩ ±5%、1/4W	棕	黑	橙	金

3. R1、R2、R3、R12

共 4 個一般色碼電阻(四碼電阻)，功率為 2W，外觀如圖 3-32 所示，電阻值不可錯置，依裝配規則(四)電阻器安裝於電路板時，色碼之讀法必須由左而右，由上而下方向一致，即誤差環在最下方或在最右方。本試題中 R1、R2 為橫向擺放，誤差環在最右側，R3、R12 為縱向擺放，誤差環在最下方，依裝配規則(六)此 4 個一般色碼電阻(四碼電阻)皆為 2W，裝配時與電路板之間必須有 3～5mm 空間，以利散熱。安裝一般色碼電阻(2W)時請參考表 3-12。

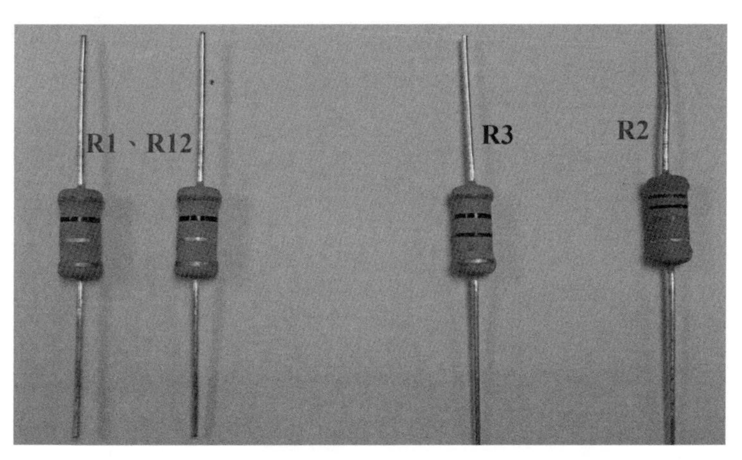

圖 3-32　一般色碼電阻(2W)之外觀圖

表 3-12　一般色碼電阻(2W)安裝

擺放方向	數量	電阻器	誤差環
橫向擺放	2 個	R1、R2	最右側
縱向擺放	2 個	R3、R12	最下方

一般色碼電阻(2W)極易發生混淆的組合如表 3-13 所示，僅有第三環顏色不同，目視容易出現誤判，相當容易發生錯誤，務必注意，可使用三用電表歐姆檔輔助測量，減少錯置。

表 3-13　一般色碼電阻(2W)易混淆的電阻組合

項次	編號	規格	第一環	第二環	第三環	第四環
1	R1、R12	0.3Ω ±5%、2W	橙	黑	銀	金
	R3	3kΩ ±5%、2W	橙	黑	紅	金

4. R6、R19、R21

共 3 個精密可調電阻器，外觀如圖 3-33 所示，標示和換算如表 3-14 所示。3 個皆為橫向擺放，電路板上的白點即代表調整鈕位置，務必對齊，否則腳位錯誤，失去調整之功能。R19 之調整鈕位於右下方，R6 和 R21 之調整鈕位於左下方；依裝配規則(六)可調電阻器與電路板之間必須有 3～5mm 空間，不可貼板，以利散熱。安裝時請參考表 3-15。

圖 3-33　精密可調電阻器之外觀圖

表 3-14　精密可調電阻器之標示

項次	精密可調電阻器	規格	標示	換算
6	R6	20kΩ、25 轉、上端	203	$203 \Rightarrow 20\times10^{3}\Omega = 20K\Omega$
15	R19	50kΩ、25 轉、上端	503	$503 \Rightarrow 50\times10^{3}\Omega = 50K\Omega$
16	R21	1kΩ、25 轉、上端	102	$102 \Rightarrow 10\times10^{2}\Omega = 1K\Omega$

表 3-15　精密可調電阻器安裝

擺放方向	數量	精密可調電阻器	調整鈕
橫向擺放	3 個	R6、R21	左上方
		R19	右下方

5. C1、C3、C9、C10 和 C11

電解電容器共 5 個，外觀如圖 3-34 所示，需注意極性和電容量，通常長腳為正端，詳細測量方法請參考第二章，5 個電容器僅 C3 為縱向擺放，其餘皆為橫向擺放，其中 C1 電容量為 100μF/100V，C3 電容量為 100μF/35V，C9、C10 和 C11 電容量為 680μF/25V，取用時須注意元件本體之容量標示，裝配時並留意極性標示。依裝配規則(六)電解電容器裝配時應與電路板密貼。安裝時請參考表 3-16。

圖 3-34　電解電容器之外觀圖

表 3-16　電解電容器安裝

擺放方向	數量	電解電容器	正端
橫向擺放	1 個	C3	左側
縱向擺放	4 個	C1、C9、C10、C11	上方

6. C2、C4~C8、C12~C16

共 11 個積層電容器，外觀如圖 3-35 所示，雖無極性但需注意電容量，標示和換算如表 3-17 所示。C6、C7、C8、C13、C14 共 5 個積層電容器為橫向擺放，其餘皆為縱向擺放，依裝配規則(五)元件標示之數據必須以方便目視及閱讀為原則，積層電容器正面(有字的那面)朝向不易被遮蔽側；依裝配規則(六)銲接時與電路板間應有 3mm 空間。安裝時請參考表 3-18。

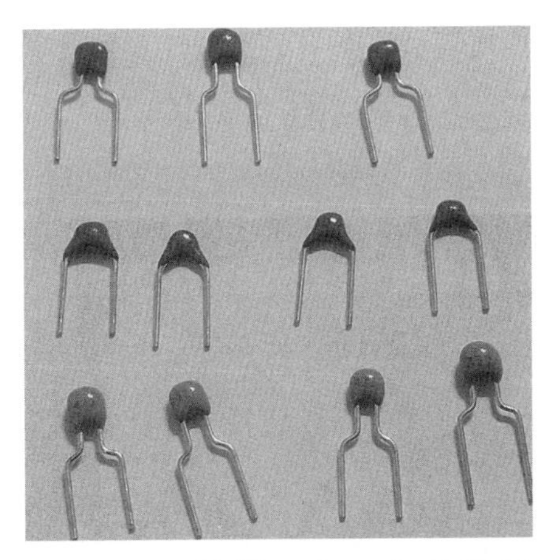

圖 3-35　積層電容器之外觀圖

表 3-17 積層電容器之標示

項次	積層電容器	規格	標示	換算
20	C2	4.7nF/50V	472	$472 \Rightarrow 47\times10^{2}pF = 47\times10^{2}\times10^{-12}F$ $= 47\times10^{-10}F = 47\times10^{-1}\times10^{-9}F = 4.7nF$
22 28	C4 C13	220pF/50V	221	$221 \Rightarrow 22\times10^{1}pF = 220pF$
23	C5、C12、C15、C16	0.1μF/50V	104	$104 \Rightarrow 10\times10^{4}pF = 10^{5}\times10^{-12}F$ $= 10^{-7}F = 10^{-1}\times10^{-6}F = 0.1\mu F$
24	C6	3.3nF/50V	332	$332 \Rightarrow 33\times10^{2}pF = 33\times10^{2}\times10^{-12}F$ $= 33\times10^{-10}F = 33\times10^{-1}\times10^{-9}F = 3.3nF$
25	C7	470pF/50V	471	$471 \Rightarrow 47\times10^{1}pF = 470pF$
26	C8	1nF/50V	102	$102 \Rightarrow 10\times10^{2}pF = 10^{3}\times10^{-12}F$ $= 10^{-9}F = 1nF$
29	C14	47nF/50V	473	$473 \Rightarrow 47\times10^{3}pF = 47\times10^{3}\times10^{-12}F$ $= 47\times10^{-9}F = 47nF$

表 3-18 積層電容器安裝

擺放方向	數量	積層電容器	正面
橫向擺放	5 個	C6、C7、C8、C13、C14	下方
縱向擺放	6 個	C5、C16	左側
		C2、C4、C12、C15	右側

7. L1

共 1 個電感器，外觀如圖 3-36 所示，規格為 5μH/4A，銲接前可使用 R-L-C 測試器量測以確認電感量，線圈電感和線圈直流電阻量測如圖 3-37，線圈電感和品質因數量測如圖 3-38，量測結果如表 3-19 所示，裝配時先將電感立起後再銲接，避免壓到周遭元件，依裝配規則(六)銲接時與電路板間應有 3mm 空間。

圖 3-36 電感器之外觀圖

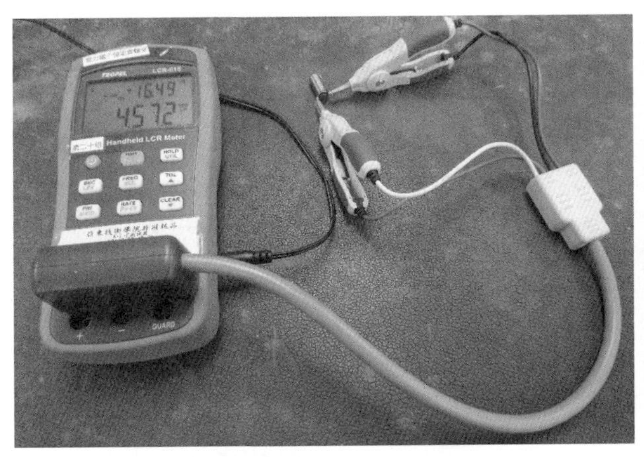

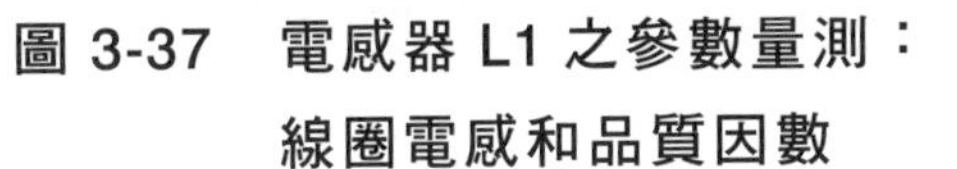
圖 3-37　電感器 L1 之參數量測：
線圈電感和品質因數

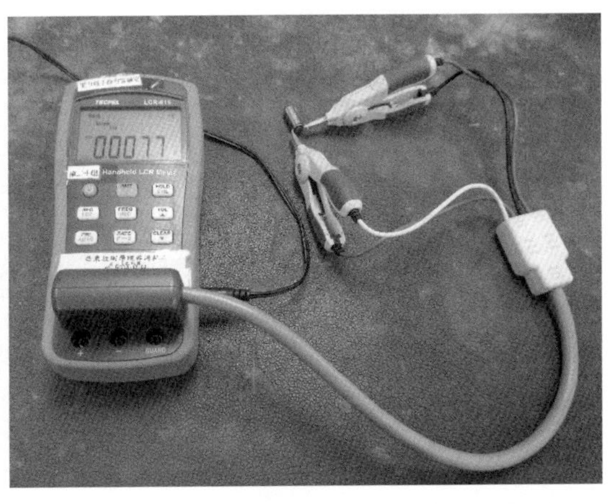

圖 3-38　電感器 L1 之參數量測：
線圈直流電阻

表 3-19　電感器 L1 參數量測結果

項次	內容	腳位	數值	單位	備註
1	線圈電感	1－2	4.572	μH	@ 100kHz
2	品質因數	1－2	16.49		@ 100kHz
3	線圈直流電阻	1－2	7.7	mΩ	

8. Q1

共 1 個電晶體，外觀和接腳配置分別如圖 3-39 所示，為 n 通道增強型 MOSFET，Q1 為 IRF540N，需注意型號和接腳。元件本體皆標有型號，相當容易辨識；銲接前先使用三用電表歐姆檔 Rx1 量測三隻接腳，量測數值如表 3-20 所示。銲接時需注意位置和方向，方向錯誤則導致接腳錯誤，請特別注意。依裝配規則(九)功率電晶體應裝置散熱片，並注意上緊螺絲，如圖 3-40 所示。電晶體 Q1 和散熱裝置如圖 3-41 所示，其中雲母片置放於功率電晶體和散熱片間，以達絕緣功用，螺絲套為散熱片之絕緣墊圈，置放於散熱片之後，使用螺絲和螺帽固定功率電晶體 Q1 和散熱裝置，先組裝完畢再銲接。依裝配規則(六)電晶體與電路板距離 3~5mm，以利散熱。安裝時請參考表 3-21。

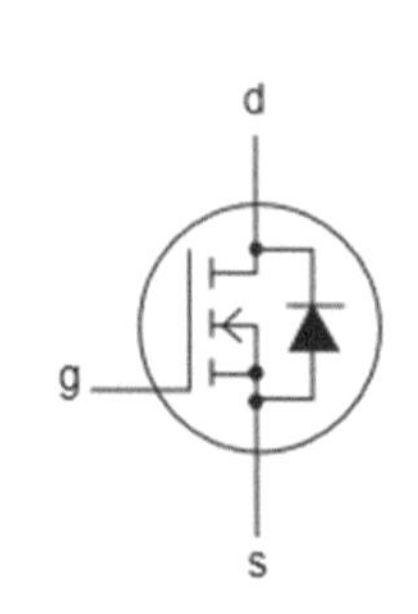

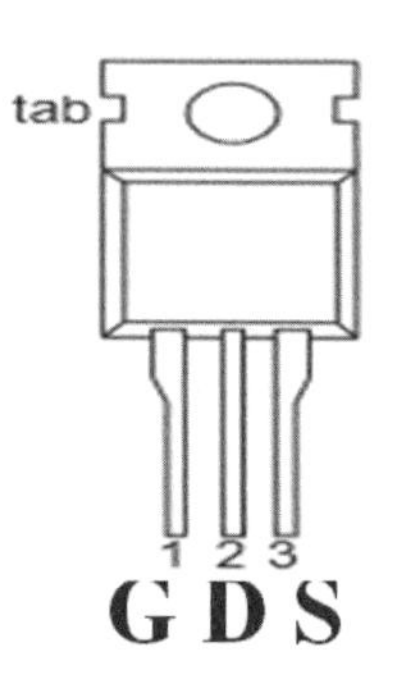

PIN	DESCRIPTION
1	gate
2	drain[1]
3	source
tab	drain

圖 3-39　電晶體 Q1 之外觀圖和接腳配置

表 3-20　電晶體 Q1 量測

歐姆檔(R x1 檔)	接腳 1	接腳 2	接腳 3	電阻測量值
Q1	+	—		∞
	—	+		∞
		+	—	∞
		—	+	5.5Ω
	+		—	∞
	—		+	∞

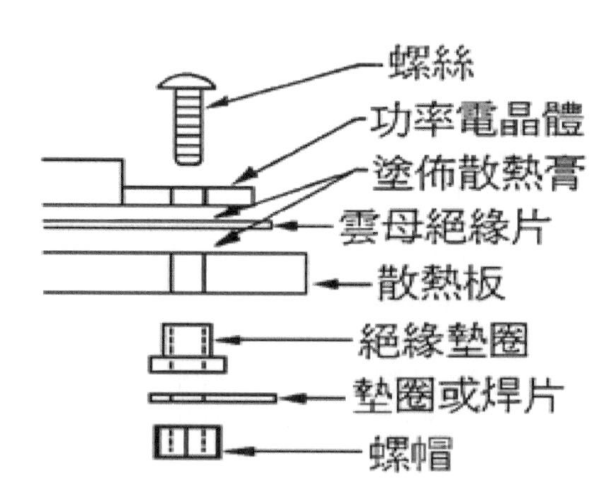

圖 3-40　裝配規則(九)：功率電晶體應裝置散熱片

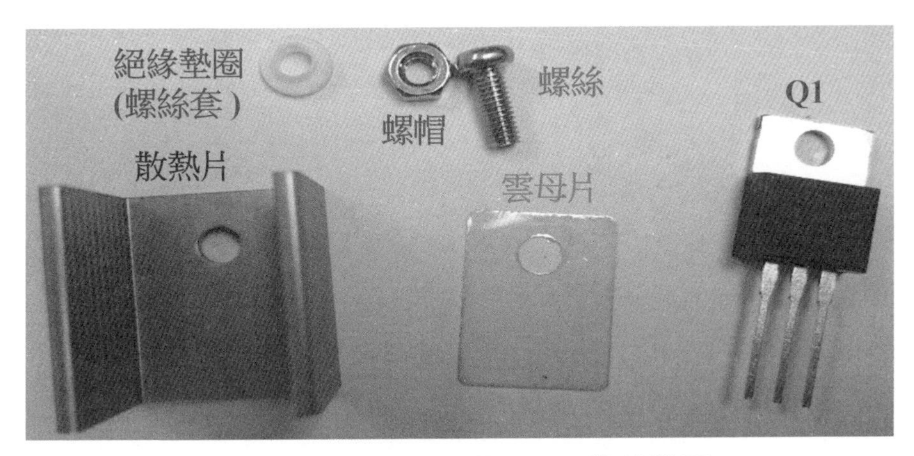

圖 3-41　功率電晶體 Q1 和散熱裝置

表 3-21　電晶體安裝

擺放方向	數量	電晶體	正面
橫向擺放	1 個	Q1	下方

9. D1~D5、ZD1

共 6 個二極體，外觀和接腳分別如圖 3-42 所示，需注意極性，先使用三用電表歐姆檔量測陽、陰極接腳，接到三用電表內部電池正極的接腳為陽極，接到三用電表內部電池負極的接腳為陰極。而且順偏時為低電阻狀態，逆偏時為高電阻狀態，才是良品，詳細量測方法請參考第二章，量測數值如表 3-22 所示。特別注意肖特基二極體(Schottky Diodes) D4，規格為 16A/60V，量測數值如表 3-23 所示，比照裝配規則(九)功率二極體應裝置散熱片，並注意上緊螺絲，D4 和散熱裝置如圖 3-43 所示，先組裝完畢再銲接。依裝配規則(六)D1~D3 銲接時與電路板密貼；D4 和 D5 與電路板距離 3~5mm，以利散熱。銲接時需注意位置和方向，二極體安裝時請參考表 3-24。

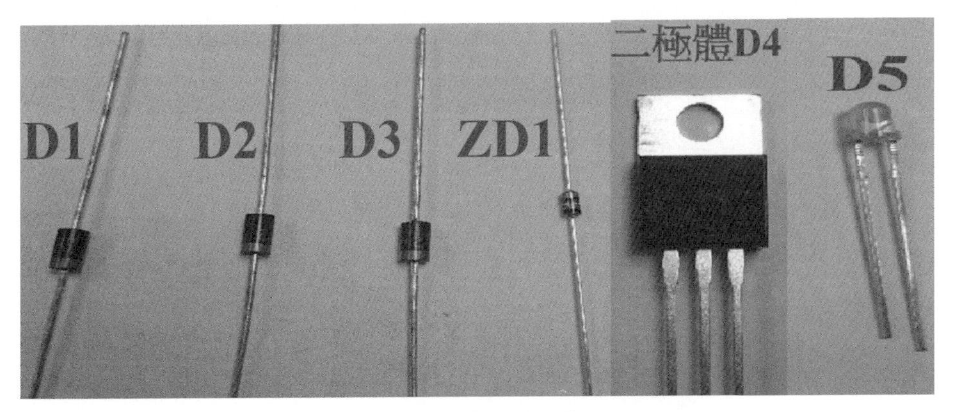

圖 3-42　二極體之外觀圖和接腳

表 3-22　二極體量測

歐姆檔(R x1 檔)	接腳 1	接腳 2	電阻測量值
D1~D3	+	—	6Ω
	—	+	∞
D5	+		70Ω (亮/發光狀態)
	—	+	∞ (滅/不發光狀態)
ZD1	+	—	7.5Ω
	—	+	∞

表 3-23　D4 量測

歐姆檔(R x1 檔)	接腳 1	接腳 2	接腳 3	電阻測量值
第一次測量	+	—		2.5Ω
第二次測量	—	+		∞
第三次測量		+	—	∞
第四次測量		—	+	2.5Ω
第五次測量	—		+	∞
第六次測量	+		—	∞

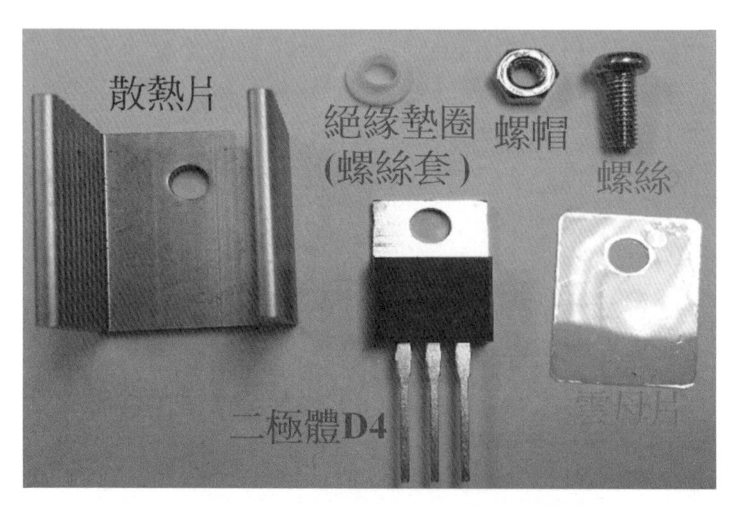

圖 3-43　功率二極體 D4 和散熱裝置

表 3-24　二極體安裝

擺放方向	二極體	正面	陽極	陰極
橫向擺放	D3	X	右側	左側
縱向擺放	D1、D2、D5	X	上方	下方
	ZD1	X	下方	上方
	D4	左側	上方	下方

10. U1

共 1 個控制積體電路(IC)，需搭配 8 pins IC 座，外觀如圖 3-44 所示，需注意型號和接腳，U1 為控制 IC UC3842N，不可直接銲接於電路板，先銲接 IC 座，IC 座缺口朝下，再插上 IC，IC 的第 1 腳在右下方，銲接時需注意位置和方向，切勿錯置。依裝配規則(六)IC 座銲接時與電路板密貼。安裝時請參考表 3-25。

圖 3-44 控制積體電路 U1 和 IC 座之外觀圖

表 3-25　控制 IC U1 安裝

擺放方向	U1	第 1 腳位置
縱向擺放	搭配 8 pins IC 座(缺口朝下)	右下方

11. U2

共 1 個光耦合晶片，需搭配 4 pins IC　座，外觀如圖 3-45 所示，需注意型號 PC817C 和接腳，U2 不可直接銲於電路板，IC　座缺口朝下，先銲接 IC 座，再插上 IC，IC 的第 1 腳在右下方。若 IC 座為 6 pins，需先將最後兩腳剪掉，改製成 4 pins IC 座，再直接銲於電路板，銲接時需注意位置和方向，切勿錯置。依裝配規則(六) IC 座銲接時與電路板密貼。安裝時請參考表 3-26。

圖 3-45　光耦合晶片 U2 和 IC 座之外觀圖

表 3-26　光耦合晶片 U2 安裝

擺放方向	U2	第 1 腳位置
縱向擺放	搭配 4 pins IC 座(缺口朝下)	右下方

12. U3

共 1 個積體電路，外觀如圖 3-46 所示，U3 為參考電壓 ICTL431，需注意型號和接腳，放置 U3 時需與印刷電路板的元件平面方向一致，即元件平面側對電路板平面側，元件曲面側對電路板曲面側，直接銲於電路板，銲接時需注意位置和方向，平面朝上，切勿錯置。依裝配規則(六)銲接時與電路板距離 3~5mm，以利散熱。安裝時請參考表 3-27。

圖 3-46　參考電壓 IC U3 之外觀圖

表 3-27　參考電壓 IC U3 安裝

擺放方向	參考電壓 IC	正面
橫向擺放	U3	朝上

13. TP1~TP9

共 9 個測試端子，外觀如圖 3-47 所示，為電路板用接線柱，主要用來讓應檢人員在輸入側加入直流電壓，並在輸出側量測電壓。使用時將較短的一端穿過電路板標示為 TP1~TP9 各點，在銅箔面以銲錫固定之，較長的一端則留在元件面以供測量之用。端子整體皆為金屬導體，銲接時導熱很快，溫度會急速增加，請使用尖嘴鉗協助，切勿直接徒手觸摸造成燙傷。

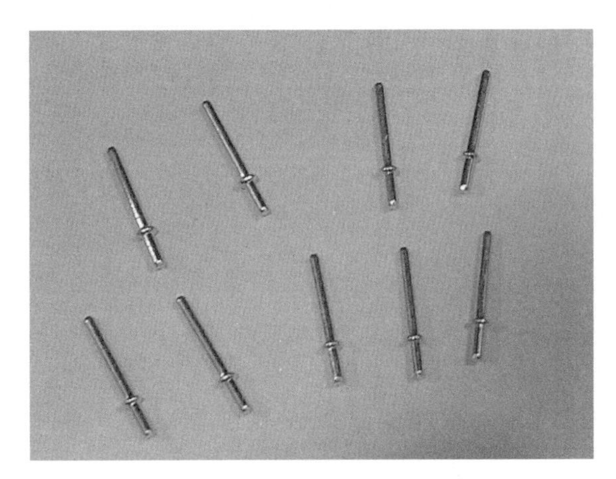

圖 3-47　測試端子之外觀圖

14. 六角銅柱和六角螺帽

各 4 個，外觀如圖 3-48 所示，六角銅柱主要功用為架高電路板，避免銅箔面接觸到桌面之金屬物品而造成短路，安裝時將六角銅柱由下方架於電路板四周之孔洞上，螺牙側再以螺帽固定。

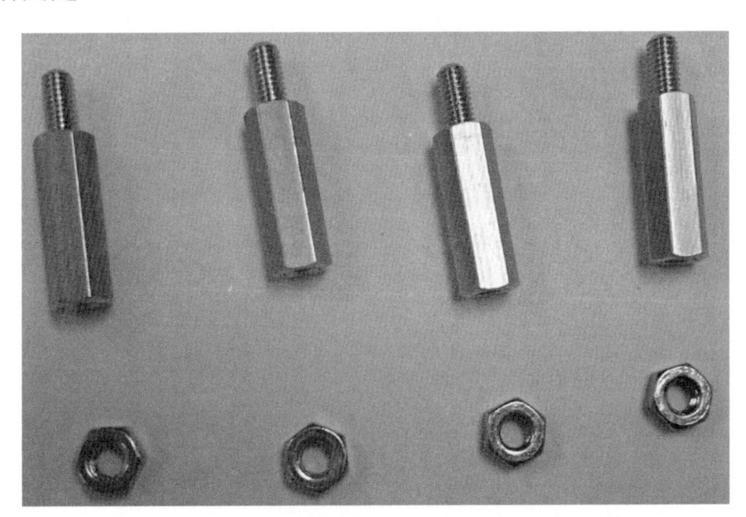

圖 3-48　六角銅柱和六角螺帽之外觀圖

15. J1、J2 和連接線

共 2 個電流測試端子 J1、J2 和 2 條連接線，外觀如圖 3-49 所示，J1 為測量 Q1 電流 i_{DS} 所需跳線之測試端子，J2 為測量 D4 電流 i_{AK} 所需跳線之測試端子，兩者搭配 1p、2.54mm 雙頭杜邦連接器、長度為 20cm、導體截面積 $1mm^2$以上之連接線使用。依裝配規則(六)J1 和 J2 銲接時與電路板密貼，測試電路板時記得接上連接線。

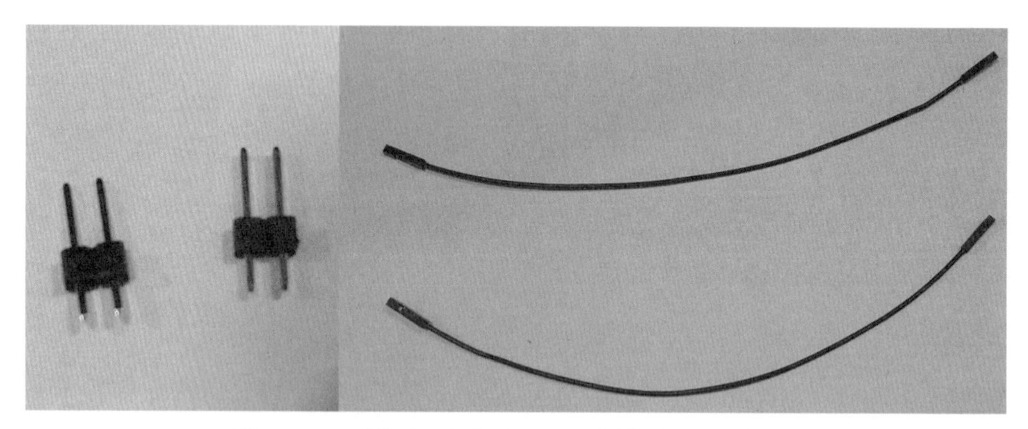

圖 3-49　電流測試端子和連接線之外觀圖

16. 短路夾

共 2 個，外觀如圖 3-50 所示，進行電路板測試和電壓量測時，可將連接線解除，以短路夾安裝於 J1、J2，同樣具備連接電路之功能。

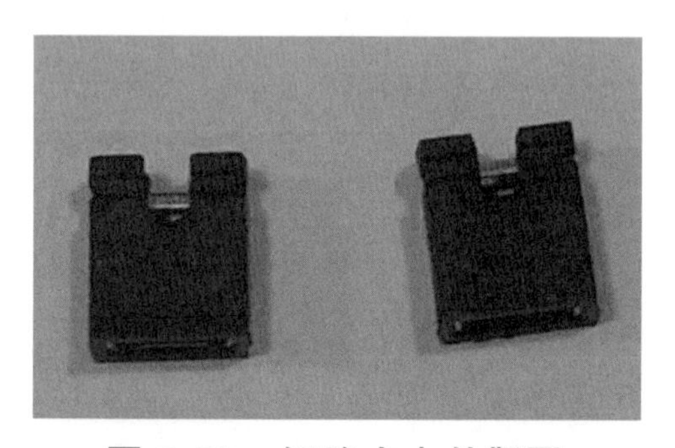

圖 3-50　短路夾之外觀圖

17. 變壓器

共 1 個，外觀如圖 3-51 所示，功能測試成功、參數量測完畢並經監評老師評分之後方能銲接，因為第二腳不引線，電路板沒有鑽出孔位，銲接前須剪掉第二腳，第一腳在左上方。

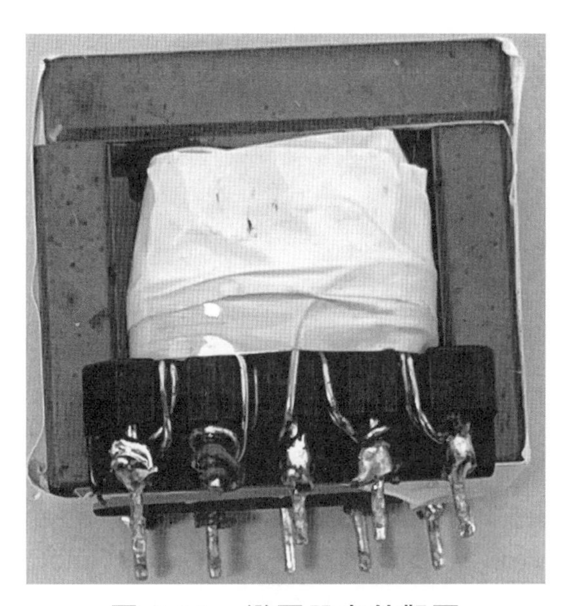

圖 3-51　變壓器之外觀圖

元件檢查後即可以進行插件工作，安插之原則係依高低層次，以先低後高之順序將元件放至正確位置，即越接近電路板的元件越先放，離電路板越遠的元件越晚放，電路板完成之正面如圖 3-52 所示。將元件插入預定位置後，即可翻至銅箔面進行銲接固定工作，電路板完成之背面如圖 3-53 所示，與銲接裝配相關之評分表如表 3-28 所示。

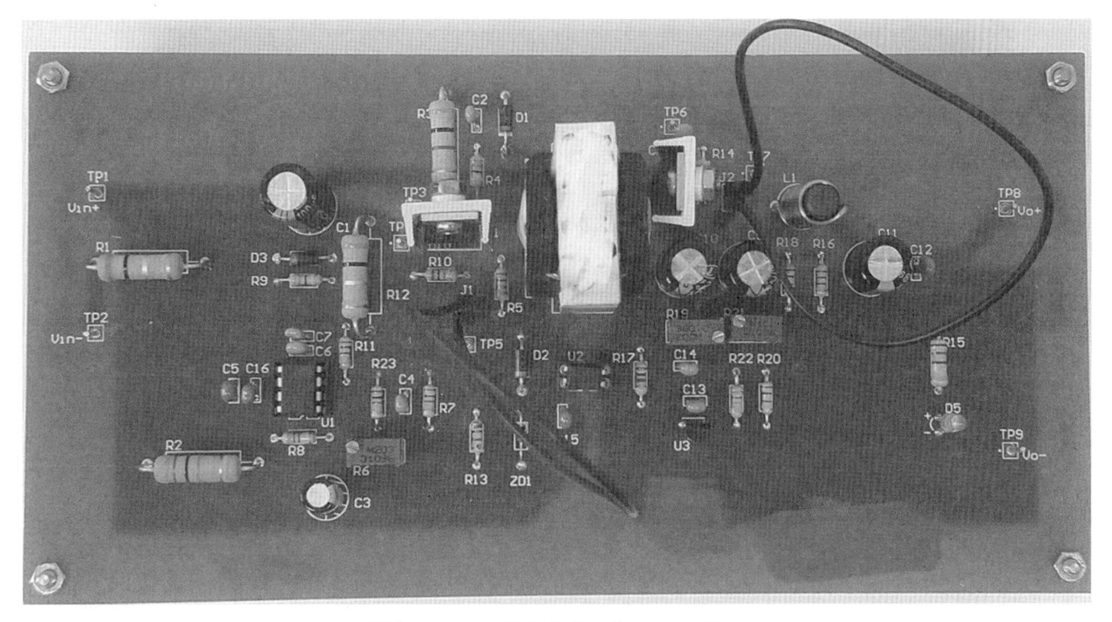

圖 3-52　電路板成品(正面)

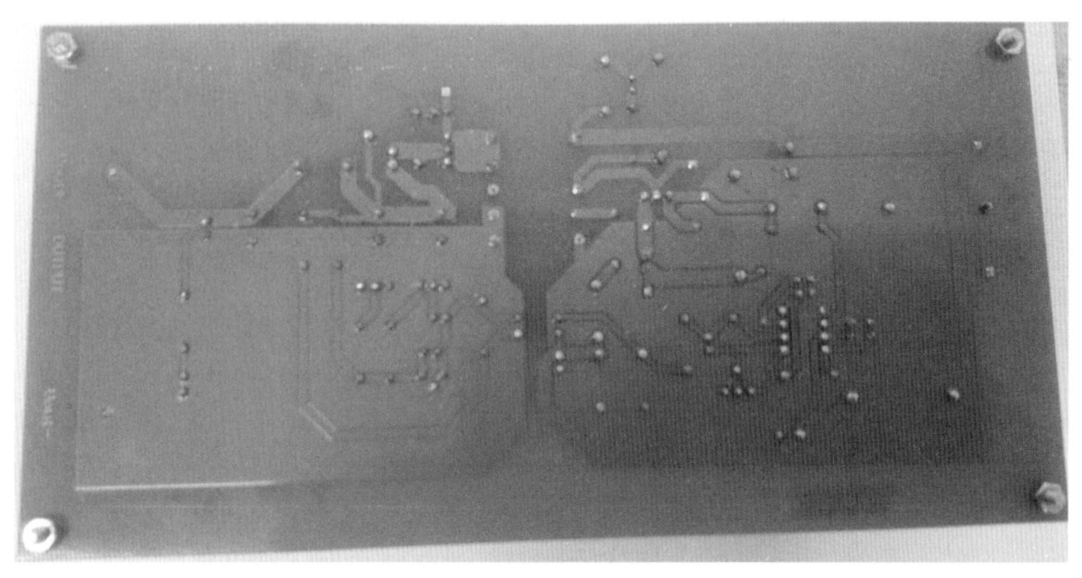

圖 3-53　電路板成品(背面)

表 3-28　評分表-銲接裝配

項目	評分標準	扣分標準			備註
		每處扣分	最高扣分	每項最高扣分	
四銲接裝配	1.冷銲或銲接不當以致銅片脫離或浮翹者	2	20	50	
	2.電路板上殘留錫渣、零件腳等異物者	2	20		
	3.IC 未使用 IC 座或 IC 腳未插入 IC 座者	5	30		
	4.銲接不良，有針孔、焦黑、缺口、不圓滑等	1	20		
	5.功率電晶體及功率二極體之散熱或其它裝配未符規則者	5	10		
	6.元件裝配或銲接未符合裝配或銲接規則者	1	20		

3-4-4　電路測試

電路板製作完畢後，請先進行下列測試：

1. 短路試驗

將三用電表置於歐姆檔(RX1 檔)，分別測量 Vi、Vo 各點，每處需量測兩次，兩者皆不可為 0Ω，表示電路板至少無短路現象。短路試驗之電阻測量值如表 3-29 所示。

若有短路現象，應檢視電路板及其連接線，是否因不當銲接導致短路情形發生。送電測試前務必進行短路試驗，避免通電檢驗發生嚴重短路現象，影響用電安全，此時會被監評老師依發生重大缺失之規定命令應檢人停止工作，不得重修電路，並以不及格論。

表 3-29　短路試驗

量測點	內部電池正端	內部電池負端	電阻測量值
Vin(TP1、TP2)	TP1	TP2	∞
	TP2	TP1	6.5Ω
Vo(TP8、TP9)	TP8	TP9	∞
	TP9	TP8	4.5Ω

2. 無載試驗

先進行無載測試，即輸出端不接任何負載，呈現開路狀態。依下列步驟進行：

1. 連接直流電源供應器至電路板 Vin+、Vin−端子，請特別注意極性，調整直流電源供應器電壓為 40V 或 60V，需選擇串聯模式(series)---20V 串聯 20V 或 30V 串聯 30V、電流限制為 3A，利用三用電表量測電壓、確認數值，直流電源供應器設定如圖 3-54 所示。
2. 輸入直流電壓，利用三用電表量測電路板之輸出電壓，紅棒接至 Vo+、黑棒接至 Vo−端子，調整精密可調電阻 R21，輸出電壓正確數值應為直流 12V(±5%)，同時電路板之綠色 LED 應亮，實際連接測試請參考圖 3-55，三用電表測量 Vo 為 12V，表示電路板之無載輸出正確。
3. 通過無載試驗後，繼續進行滿載試驗，否則須進行除錯。

圖 3-54　直流電源供應器設定

圖 3-55　無載試試驗之連接測試

3. 滿載試驗

接著進行滿載測試，即輸出端 Vo 連接 6Ω/50W 之功率電阻器，依下列步驟進行：

1. 開啟(on)功率電阻器 12Ω/50W 之並聯開關，即獲得等效 6Ω/50W 之功率電阻(滿載狀態)，利用三用電表量測電阻、確認數值，將此負載連接至電路板輸出 Vo+和 Vo－端子。
2. 連接直流電源供應器至電路板 Vin+、Vin－端子，請特別注意極性，調整直流電源供應器電壓為 40V 或 60V，需選擇串聯模式(series)，20V 串聯 20V 或 30V 串聯 30V、電流限制為 3A，利用三用電表量測電壓、確認數值。
3. 輸入直流電壓，利用三用電表量測電路板之輸出電壓，紅棒接至 Vo+、黑棒接至 Vo－端子，調整精密可調電阻 R21，輸出電壓正確數值應為直流 12V(±5%)，同時電路板之綠色 LED 應亮，實際連接測試請參考圖 3-56，三用電表測量 Vo 為 12V，表示電路板之滿載輸出正確。

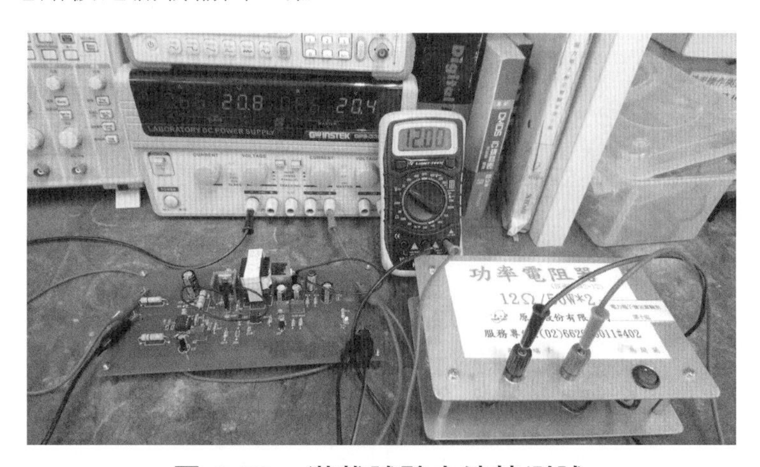

圖 3-56　滿載試驗之連接測試

通過上述三階段之短路試驗、無載試驗和滿載試驗後，表示電路板正確無誤，若未能通過任一階段即須進行電路除錯工作。

3-4-5 功率及效率量測

通過上述三階段之試驗後，表示電路板正確無誤，即可進行如表 3-30 之功率及效率量測。連接直流電源供應器於電路輸入端，依照下表的量測要求，分別輸入 40V 及 60V 電壓，於電路輸出端連接開路、12Ω/50W 功率電阻或 6Ω/50W 功率電阻，量測電路於不同輸入電壓與不同負載的工作效率，其中輸入電壓與電流以直流電源供應器表頭顯示數值為準，輸出電壓與電流則分別以電壓探棒及電流探棒搭配示波器量測。其中輸出端為直流，輸出電壓 Vo 和輸出電流 Io 應選擇平均值記錄之。實際連接測試如圖 3-57，功率及效率量測之儀器、理論值和計算值如表 3-31 所示，與功率及效率量測相關之評分表如表 3-32 所示。

表 3-30 返馳式轉換器功率及效率量測結果

項次	負載電阻	輸入電壓 (V_{in}, V)	輸入電流 (I_{in}, A)	輸入功率 (P_{in}, W)	負載電壓 (V_o, V)	負載電流 (I_o, A)	負載功率 (P_o, W)	效率 (η, %)	輸出電壓漣波峰對峰值 (V_{pp}, V)
1	無載	40V							
2	12Ω/50W	40V							
3	6Ω/50W	40V							
4	無載	60V							
5	12Ω/50W	60V							
6	6Ω/50W	60V							

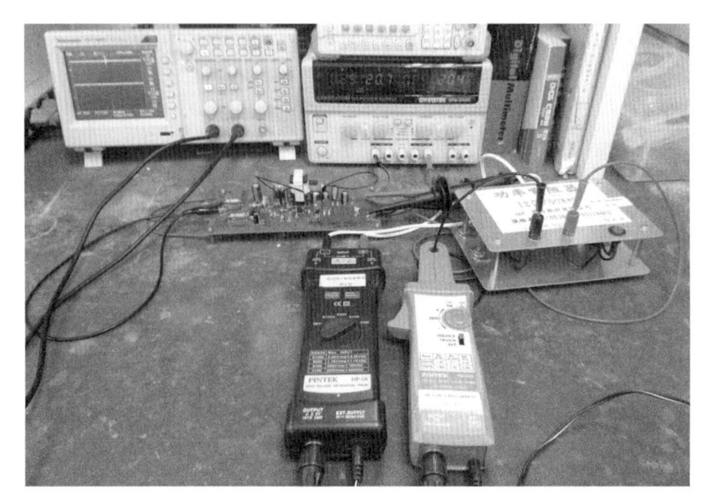

圖 3-57　返馳式轉換器功率及效率量測之實體

表 3-31　功率及效率量測之儀器、理論值和計算值/量測值

項次	量測	使用儀器	理論值	計算值/量測值
1	輸入電壓 (Vin,V)	直流電源 供應器	40V 或 60V	X
2	輸入電流 (Iin,A)	直流電源 供應器	X	量測值
3	輸入功率 (Pin,W)	計算機	X	輸入電壓 Vin x 輸入電流 Iin
4	輸出電壓 (Vo,V)	電壓探 棒搭配 示波器	平均值 12V(±5%) 即 11.4V~12.6V	量測值
5	輸出電流 (Io,A)	電流探 棒搭配 示波器	平均值 $I_O=\frac{V_O}{R_L}=\frac{12}{R_L}=\begin{cases}12V/\infty=0A,\text{無載}\\12V/12\Omega=1A,\text{半載}\\12V/6\Omega=2A,\text{滿載}\end{cases}$	量測值
6	輸出功率 (Po,W)	計算機	X	輸出電壓 Vo x 輸出電流 Io
7	效率 (η,%)	計算機	1.0≦η≦100% 2.滿載時，效率最大 3.效率越大越好	$\eta=\frac{P_o}{P_{in}}\times100\%$
8	輸出電壓漣 波(Vpp, V)	電壓探 棒搭配 示波器	Vo 漣波峰對峰值應小於 0.5V (不含開關切換所產生之尖波)	量測值

表 3-32　評分表-功率及效率量測

項目	評分標準	扣分標準			備註
		每處扣分	最高扣分	每項最高扣分	
二、功能	1. 電路輸出端平均電壓無法調整至 12V(±5%) (依動作要求之測試項目，不符者每處扣分)	20	50	50	
	2. 電路輸出電壓漣波大於 0.5V(依動作要求之測試項目，不符者每處扣分)	5	20		
三、量測	3. 電路效率量測表欄位空白未填或填寫不實	5	40	50	

返馳式轉換器之 Vo 和 Io 輸出波形如圖 3-58~圖 3-63，其中無載之電流 Io 無須測量，直接記錄為 0A，功率及效率實際量測和計算結果如表 3-33 所示，以項次 3 為例說明之，其它項次依此類推，考生應試時請攜帶計算機。

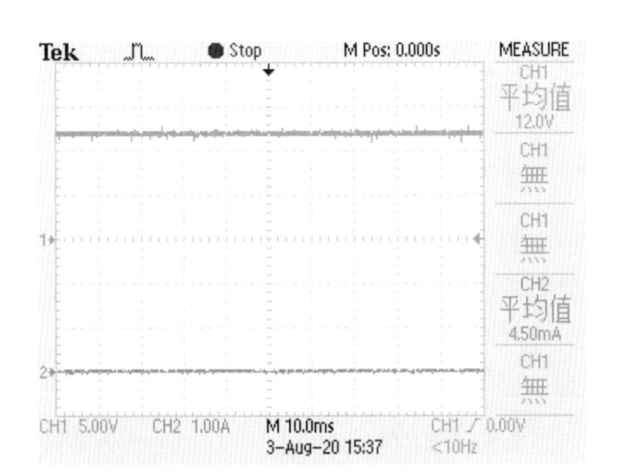

圖 3- 58　Vi=40V，無載，Vo 和 Io 量測波形

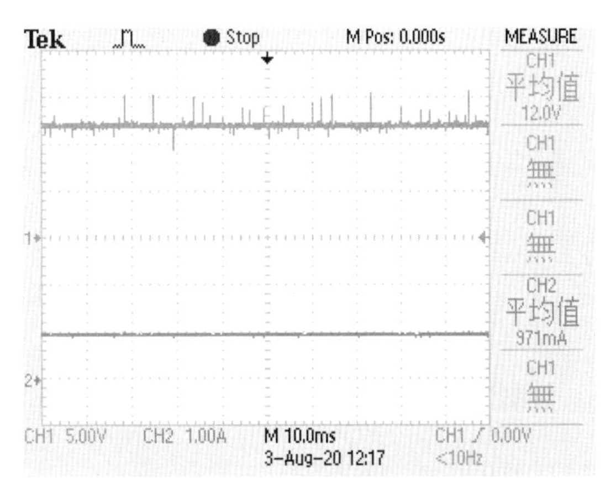

圖 3-59　Vi=40V，半載，Vo 和 Io 量測波形

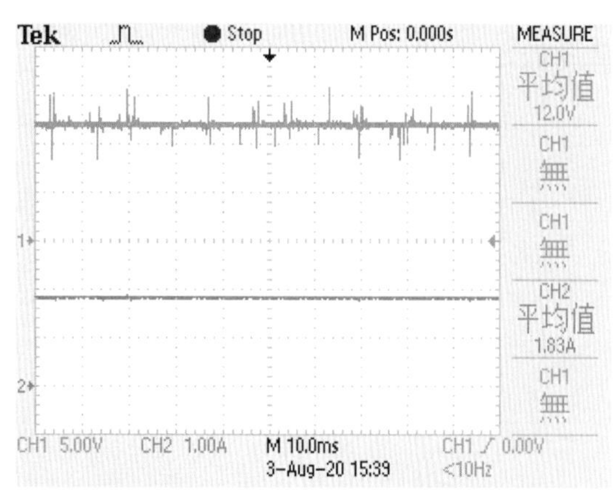

圖 3-60　Vi=40V，滿載，Vo 和 Io 量測波形

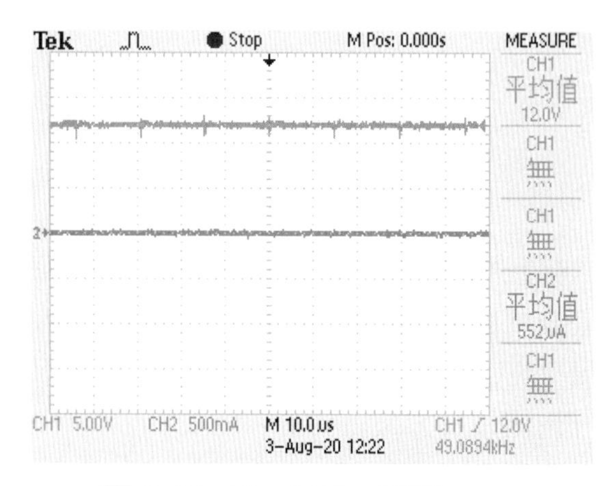

圖 3-61　Vi=60V，無載，Vo 和 Io 量測波形

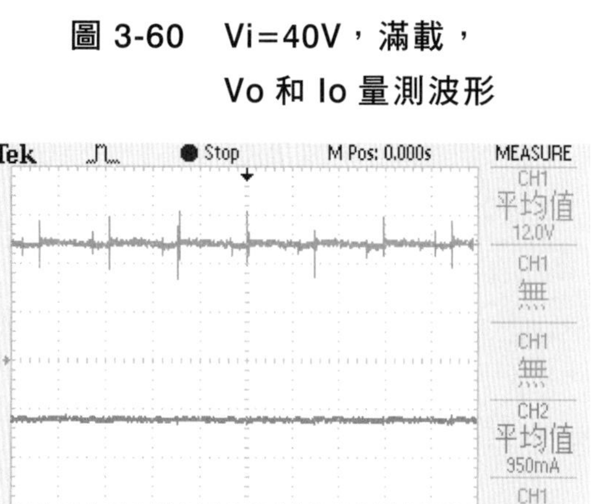

圖 3-62　Vi=60V，半載，Vo 和 Io 量測波形

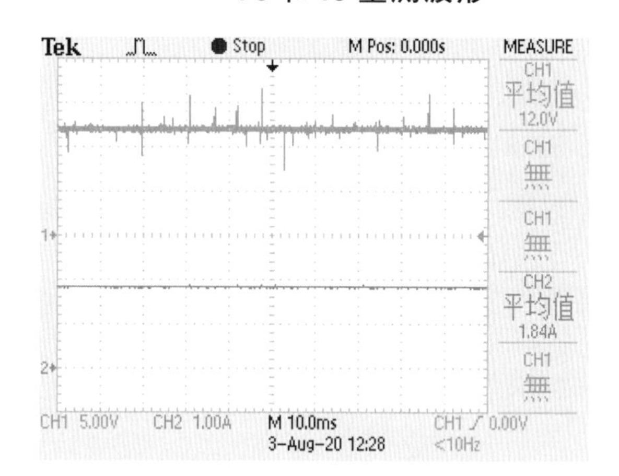

圖 3-63　Vi=60V，滿載，Vo 和 Io 量測波形

表 3-33　返馳式轉換器功率及效率實際量測結果

項次	負載電阻	輸入電壓 (Vi,V)	輸入電流 (Ii,A)	輸入功率 (Pi,W)	負載電壓 (Vo,V)	負載電流 (Io,A)	負載功率 (Po,W)	效率 (η,%)	輸出電壓漣波峰對峰值 (Vpp, V)
1	無載	40V	0.02A	0.8W	12V	0A	0W	0%	208mV
2	12Ω/50W	40V	0.34A	13.6W	12V	971mA	11.652W	85.68%	320mV
3	6Ω/50W	40V	0.63A	25.2W	12V	1.83A	21.96W	87.14%	336mV
4	無載	60V	0.02A	1.2W	12V	0A	0W	0%	296mV
5	12Ω/50W	60V	0.23A	13.8W	12V	950mA	11.4W	82.61%	300mV
6	6Ω/50W	60V	0.43A	25.8W	12V	1.84A	22.08W	85.58%	360mV

$$P_i = V_i \times I_i = 40V \times 0.63A = 25.2W$$

$$P_o = V_o \times I_o = 12V \times 1.83A = 21.96W$$

$$\eta = \frac{P_o}{P_i} \times 100\% = \frac{21.96}{25.2} \times 100\% = 87.14\%$$

考生以示波器量測電壓漣波時，應調整示波器設定使輸出電壓波形占螢幕 2 格以上垂直刻度，其電壓漣波峰對峰值應小於 0.5V(不含開關切換所產生之尖波)，顯示波形須呈現 2~3 個週期。漣波測量時，應調整示波器耦合方式為交流，利用游標(cursor)進行量測較為方便快速，如圖 3-64 所示，詳細步驟請參考第二章。輸出漣波測量完畢後，記得將示波器耦合方式變更為直流，以免造成後續之波形量測錯誤。

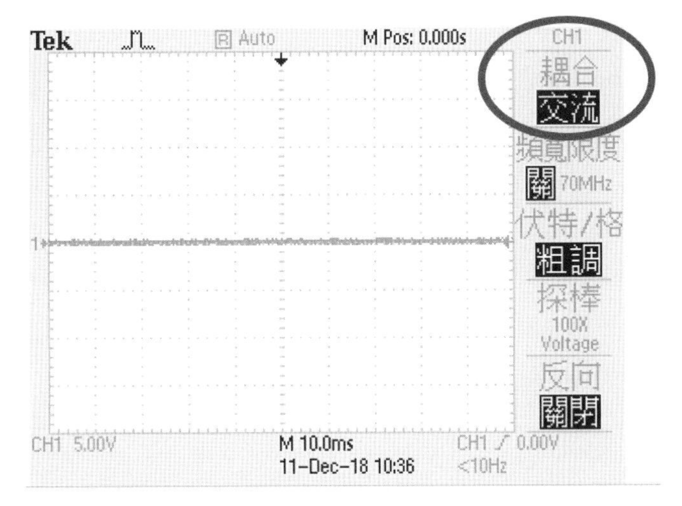

圖 3-64　漣波測量時之示波器設定

漣波測量結果如圖 3-65~圖 3-70 示，Vo 輸出電壓漣波峰對峰值皆小於 0.5V(不含開關切換所產生之尖波)。

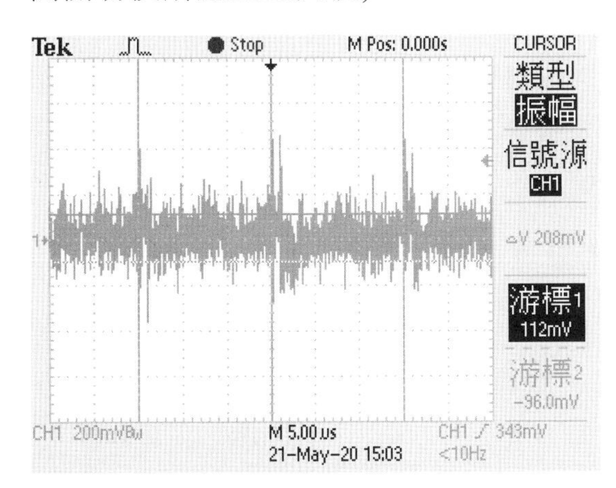

圖 3-65　Vin=40V，無載，Vo 漣波量測波形

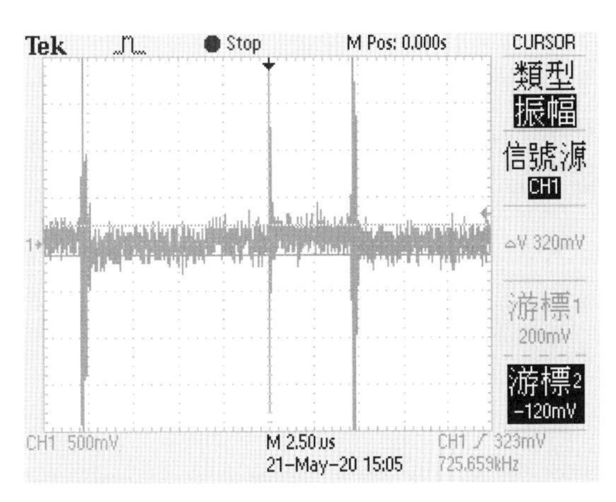

圖 3-66　Vin=40V，半載，Vo 漣波量測波形

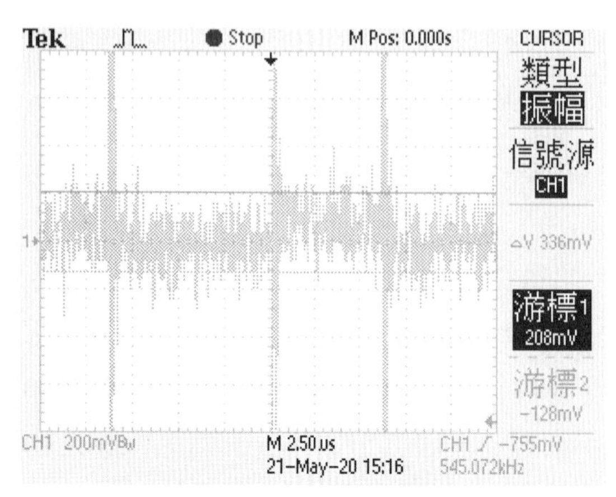

圖 3-67 Vi=40V，滿載，
Vo 漣波量測波形

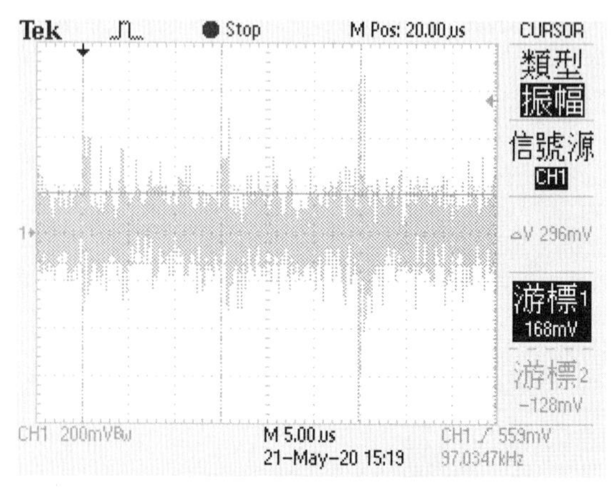

圖 3-68 Vin=60V，無載，
Vo 漣波量測波形

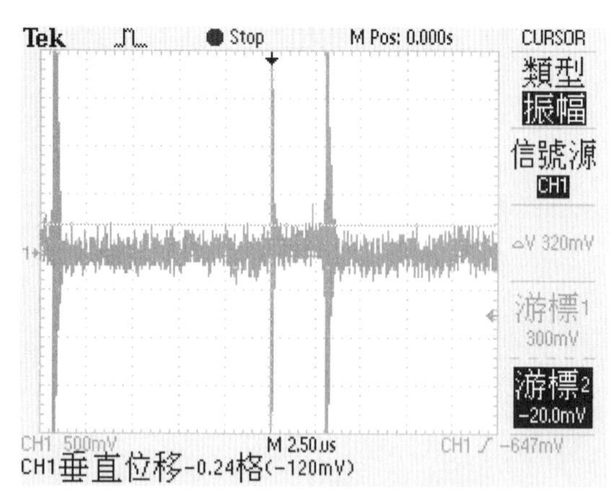

圖 3-69 Vin=60V，半載，
Vo 漣波量測波形

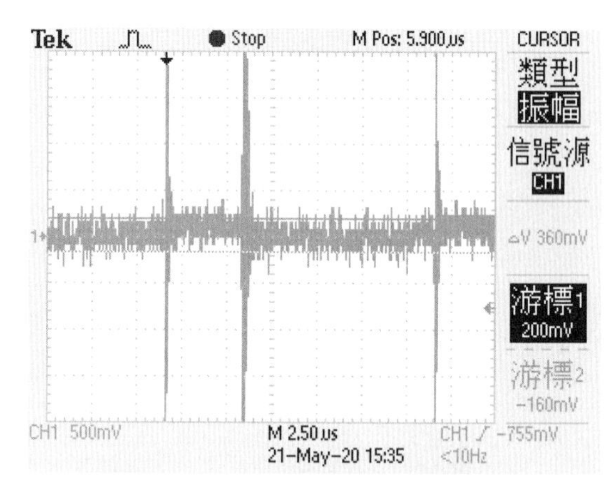

圖 3-70 Vi=60V，滿載，
Vo 漣波測量波形

3-4-6 電壓及電流波形量測

本題之電壓與電流波形量測共有 A、B、C、D 四個測試條件，如表 3-34 所示，監評人員現場指定一個測試條件，考生須在該測試條件下實際量測波形，並進行描繪記錄。每個測試條件皆須利用電壓探棒與電流探棒配合示波器，量測如表 3-35 所示之波形。

表 3-34 電壓及電流波形量測之測試條件

測試條件	直流輸入電壓	負載	R_L 數值
A	40V	無載	∞
B	40V	滿載	12Ω/50W 兩個並聯
C	60V	無載	∞
D	60V	滿載	12Ω/50W 兩個並聯

表 3-35　電壓及電流波形量測點

測試條件	示波器 CH1	示波器 CH2	備註
A1/B1/C1/D1	V_{GS}	V_{DS}	MOSFET Q1
A2/B2/C2/D2	V_{DS}	i_{DS}	MOSFET Q1
A3/B3/C3/D3	V_{AK}	i_{AK}	二極體 D4

測量波形之步驟如下所示：

1. 示波器耦合方式：直流。
2. 選擇量測電壓或電流。
3. 倍率調整：電壓探棒與電流探棒配合示波器，測試棒應設定於 1：1，使量測值等於實際值，儀器設定如表 3-36 所示。

表 3-36　儀器設定

量測	儀器設定	
電壓	電壓探棒 X 100	示波器 探棒：電壓 100X
電流	電流探棒 100mV/A	示波器 探棒：電流 100mV/A 10A/V 10X

4. 確認負載(無載或滿載)。
5. 探棒放至正確量測點後再送電。
6. 先斷電再移動探棒以變換量測點。
7. 考生以示波器量測波形時，應調整示波器各項設定，CH1 和 CH2 兩通道的波形不可重疊，基準點(0V 或 0A 處)要對準格線，振幅調整適當。顯示波形須呈現 2~3 個週期，CH1 正緣觸發之零點對齊螢幕最左側，並將顯示波形對映描繪至答案卷上。
8. 波形調整後善用示波器之執行/停止功能，先將適當之波形擷取在示波器螢幕上，斷電後再進行波形繪製。

繪圖時注意事項如下：

1. 基準點(0V 或 0A 處)要標示。
2. CH1 和 CH2 要標示。

3. 描繪時注意相對位置。
4. 先以鉛筆繪製，修改方便，確定後再以原子筆描繪。
5. 繪製時須呈現真實波形，避免失真。

與電壓及電流波形量測相關之評分表如表 3-37 所示。

表 3-37　評分表-電壓及電流波形量測

項目	評分標準	扣分標準			備註
		每處扣分	最高扣分	每項最高扣分	
三、量測	2. 電路波形量測圖未繪製或繪製錯誤，欄位空白未填或填寫不實，不符者每處扣分	5	50	50	

A. 直流輸入電壓為 40V，無載條件：連接直流電源供應器於電路輸入端，如圖 3-1 所示電路圖之 TP1 與 TP2，將輸入電壓 Vi 設定於 40V，電路輸出端無載，送電後使用示波器分別量測電路的電壓或電流波形，並描繪波形於方格中，且兩通道的波形不可重疊。

A.1 通道 1(CH1)：MOSFET Q1 之閘極-源極電壓(V_{GS})
通道 2(CH2)：MOSFET Q1 之汲極-源極電壓(V_{DS})

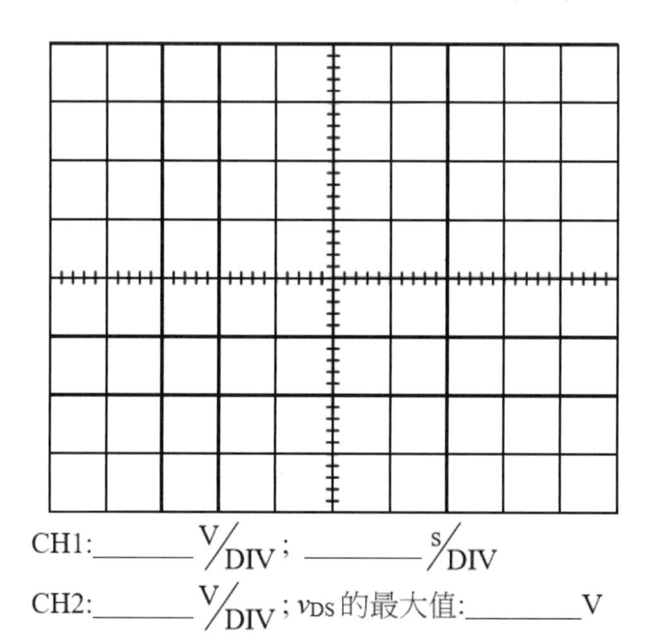

圖 3-71　量測 MOSFET Q1 的導通與截止電壓波形(輸入電壓 Vi=40V，無載)

A.2 通道 1(CH1)：MOSFET Q1 之汲極-源極電壓(V_{DS})
通道 2(CH2)：MOSFET Q1 之汲極-源極電流(i_{DS})

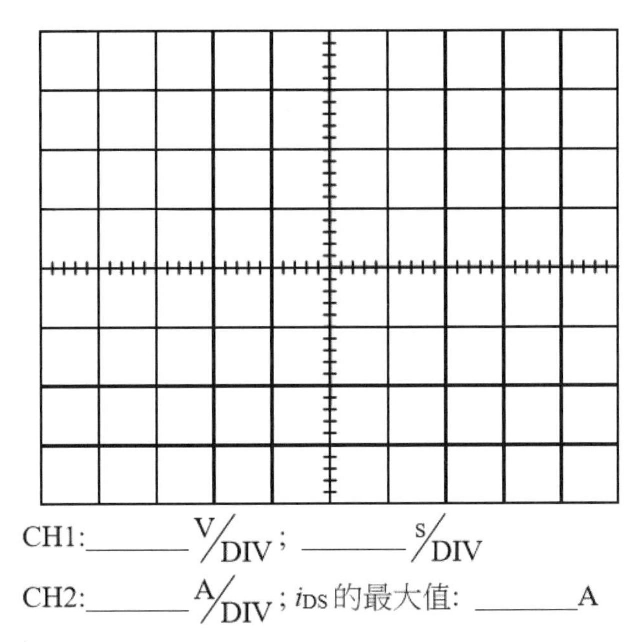

圖 3-72　量測 MOSFET Q1 導通與截止電壓及電流波形(輸入電壓 Vi=40V，無載)

A.3 通道 1(CH1)：二極體 D4 之陽極-陰極電壓(V_{AK})
通道 2(CH2)：二極體 D4 之陽極-陰極電流(i_{AK})

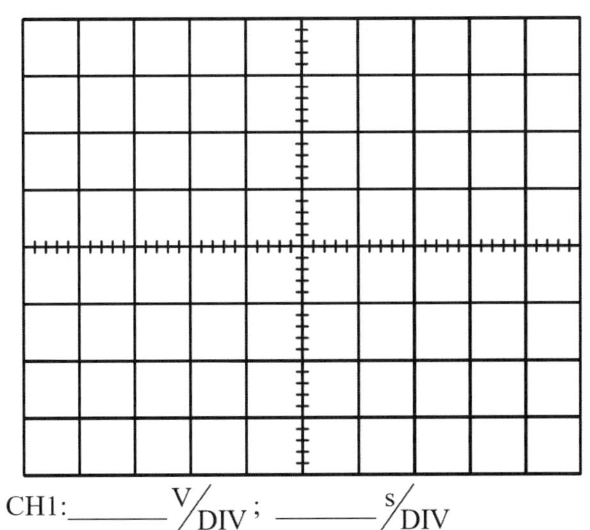

v_{AK}的最大值:______V；i_{AK}的最大值: ______A

圖 3-73　量測二極體 D4 的電壓及電流波形圖(輸入電壓 Vi=40V，無載)

A.1 實際量測如下：

量測 MOSFET Q1 的導通與截止電壓，即 V_{GS} 和 V_{DS}，探棒配置如表 3-38 所示。Q1 為 n 通道 MOSFET，由 V_{GS} 控制 D-S 間通道之導通與截止，稱為壓控元件。當 V_{GS} 為高電壓時，吸引足夠數量之電子，建立通道，Q1 導通，V_{DS} 為低電壓；反之當 V_{GS} 為低電壓時，無法吸引電子建立通道，Q1 截止，V_{DS} 為高電壓，故 V_{GS} 和 V_{DS} 為互補之波形。一般而言 V_{DS} 電壓較高，建議使用差動探棒進行量測，實際波形如圖 3-74 所示。以上之探棒配置和波形說明亦適用於 B1、C1 和 D1。

表 3-38　A1 之探棒配置

量測	示波器	紅棒	黑棒	備註
VGS	CH1	TP4	TP5	一般探棒
VDS	CH2	TP3	TP5	差動探棒

A.1 通道 1 (CH1)：MOSFET Q1 之閘極-源極電壓(V_{GS})
通道 2 (CH2)：MOSFET Q1 之汲極-源極電壓(V_{DS})

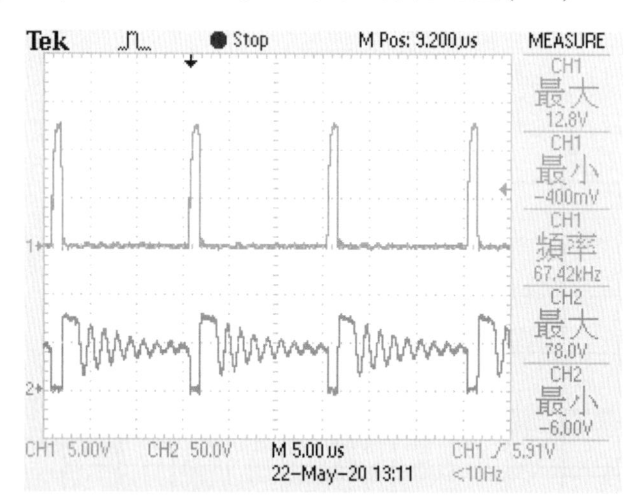

CH1: 5V V/DIV; 5μs s/DIV

CH2: 50V V/DIV; V_{DS}的最大值: 78 V

圖 3-74　量測 MOSFET Q1 的導通與截止電壓實際波形(輸入電壓 Vi=40V，無載)

A.2 實際量測如下：

量測 MOSFET Q1 導通與截止電壓及電流，即 V_{DS} 和 i_{DS}，探棒配置如表 3-39 所示。Q1 為 n 通道 MOSFET，由 V_{GS} 控制 D-S 間通道之導通與截止，稱為壓控元件。當 V_{DS} 為低電壓，即 V_{GS} 為高電壓時，通道建立，Q1 導通，i_{DS}

由 0A 開始上升至最大值；反之當 V_{DS} 為高電壓，即 V_{GS} 為低電壓時，通道無法建立，Q1 截止，i_{DS} 由最大值開始下降至 0A。實際波形如圖 3-75 所示。以上之探棒配置和波形說明亦適用於 B2、C2 和 D2。

表 3-39　A2 之探棒配置

量測	示波器	紅棒	黑棒	備註
V_{DS}	CH1	TP3	TP5	差動探棒
i_{DS}	CH2	J1 jumper		電流探棒

A.2 通道 1 (CH1)：MOSFET Q1 之汲極-源極電壓(V_{DS})
通道 2 (CH2)：MOSFET Q1 之汲極-源極電流(i_{DS})。

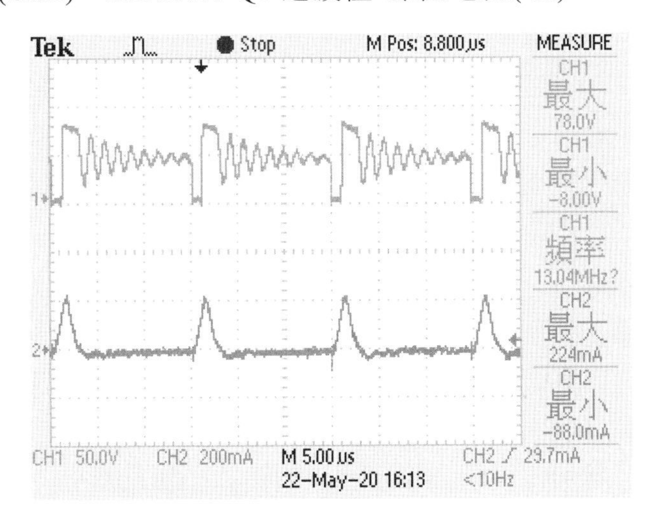

CH1: 50V V/DIV; 5μs s/DIV

CH2: 200mA A/DIV; i_{DS}的最大值: 224m A

圖 3-75　量測 MOSFET Q1 導通與截止電壓及電流實際波形(輸入電壓 Vi=40V，無載)

A.3 實際量測如下：量測二極體 D4 的電壓及電流實際波形圖，即 V_{AK} 和 i_{AK}，探棒配置如表 3-40 所示。D4 為二極體，由 V_{AK} 控制導通與截止，稱為壓控元件。當 $V_{AK} \geqq 0$ 時，二極體為順向偏壓，D4 導通，二極體近似短路，$VAK \fallingdotseq 0$，i_{AK} 由 0A 開始上升至最大值；反之當 $V_{AK}<0$ 時，二極體為逆向偏壓，D4 截止，二極體近似開路，i_{AK} 由最大值開始下降至 0A。實際波形如圖 3-76 所示。以上之探棒配置和波形說明亦適用於 B3、C3 和 D3。

表 3-40 A3 之探棒配置

量測	示波器	紅棒	黑棒	備註
V_{AK}	CH1	TP6	TP7	差動探棒
i_{AK}	CH2	J2 jumper		電流探棒

A.3 通道 1 (CH1)：二極體 D4 之陽極-陰極電壓(V_{AK})，
通道 2 (CH2)：二極體 D4 之陽極-陰極電流(i_{AK})。

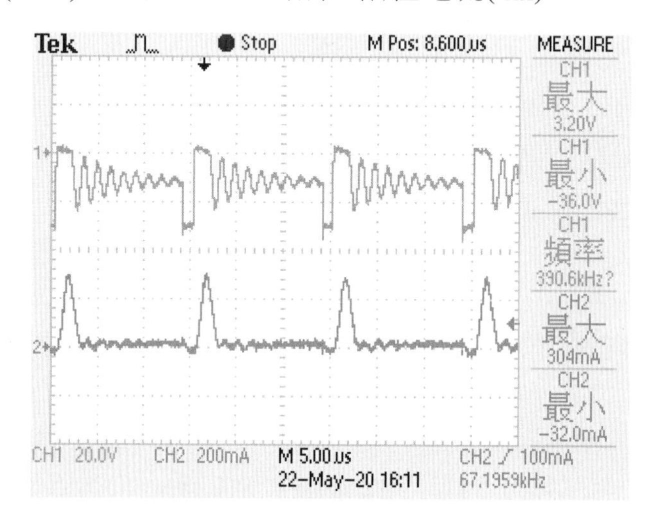

CH1: 20V V/DIV; 5μs s/DIV
CH2: 200mA A/DIV;
V_{AK}的最大值: 3.2 V; i_{AK}的最大值: 304m A

圖 3-76 量測二極體 D4 的電壓及電流實際波形圖(輸入電壓 Vi=40V，無載)

B. 直流輸入電壓為 40V，滿載條件：連接直流電源供應器於電路輸入端，將電壓設定於 40V，電路輸出端連接 6Ω/50W 功率電阻，電路送電後使用示波器分別量測下列波形，並描繪波形於方格中，且兩通道的波形不可重疊。

B.1 通道 1 (CH1)：MOSFET Q1 之閘極-源極電壓(V_{GS})
通道 2 (CH2)：MOSFET Q1 之汲極-源極電壓(V_{DS})

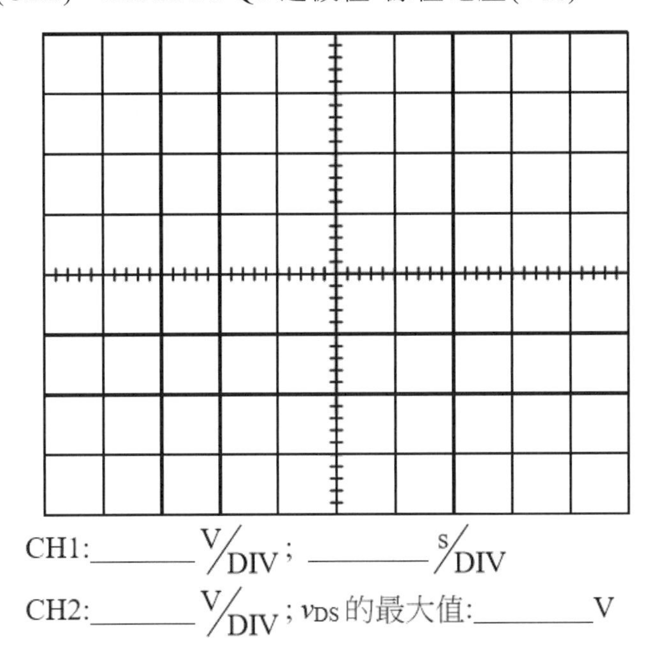

圖 3-77　量測 MOSFET Q1 的導通與截止電壓波形(輸入電壓 Vi=40V，滿載)

B.2 通道 1 (CH1)：MOSFET Q1 之汲極-源極電壓(V_{DS})
通道 2 (CH2)：MOSFET Q1 之汲極-源極電流(i_{DS})

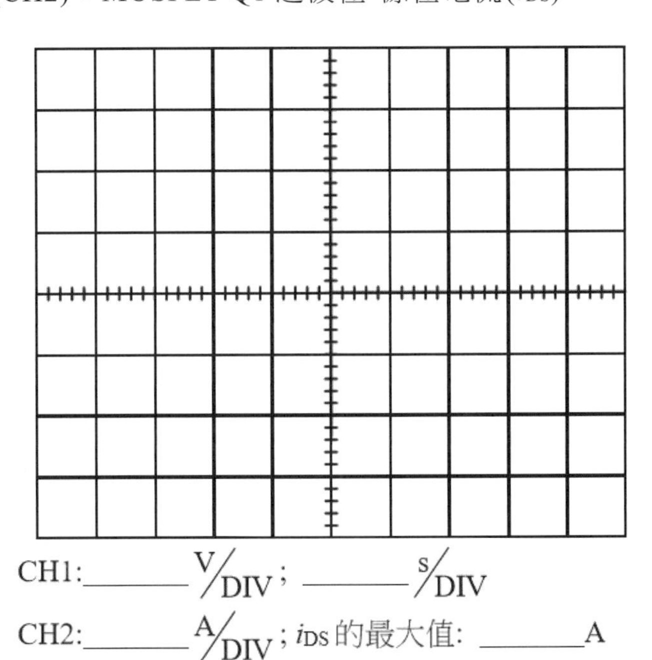

圖 3-78　量測 MOSFET Q1 導通與截止電壓及電流波形(輸入電壓 Vi=40V，滿載)

B.3 通道 1 (CH1)：二極體 D4 之陽極-陰極電壓(V_{AK})

通道 2 (CH2)：二極體 D4 之陽極-陰極電流(i_{AK})

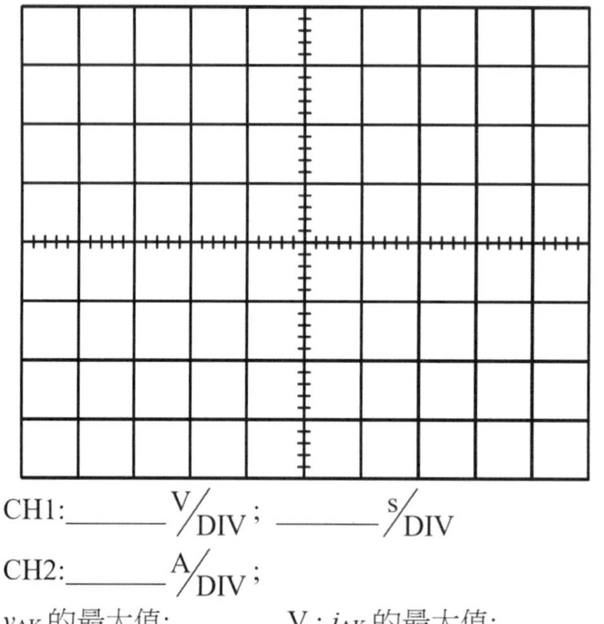

CH1:______ V/DIV；______ s/DIV

CH2:______ A/DIV；

v_{AK}的最大值:_______V；i_{AK}的最大值: ______A

圖 3-79　二極體 D4 的電壓及電流波形圖(輸入電壓 Vi=40V，滿載)

輸入電壓 Vi 為 40V，滿載之實際量測波如圖 3-80~圖 3-82 所示。

B.1 通道 1 (CH1)：MOSFET Q1 之閘極-源極電壓(V_{GS})

通道 2(CH2)：MOSFET Q1 之汲極-源極電壓(V_{DS})

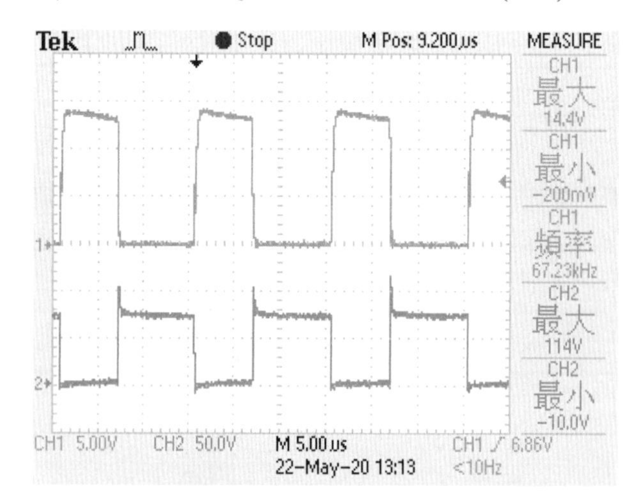

CH1:__5V__V/DIV; __5μs__s/DIV

CH2:__50V__V/DIV; V_{DS}的最大值:__114__V

圖 3-80　量測 MOSFET Q1 的導通與截止電壓實際波形(輸入電壓 Vi=40V，滿載)

B.2 通道 1 (CH1)：MOSFET Q1 之汲極-源極電壓(V_{DS})
通道 2 (CH2)：MOSFET Q1 之汲極-源極電流(i_{DS})

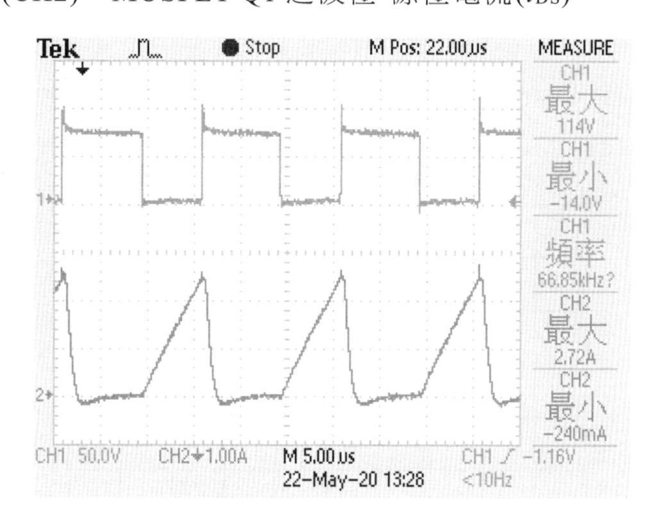

CH1: 50V V/DIV; 5μs s/DIV
CH2: 1A A/DIV; i_{DS}的最大值: 2.72 A

圖 3-81 量測 MOSFET Q1 導通與截止電壓及電流實際波形(輸入電壓 Vi=40V，滿載)

B.3 通道 1 (CH1)：二極體 D4 之陽極-陰極電壓(V_{AK})
通道 2 (CH2)：二極體 D4 之陽極-陰極電流(i_{AK})。

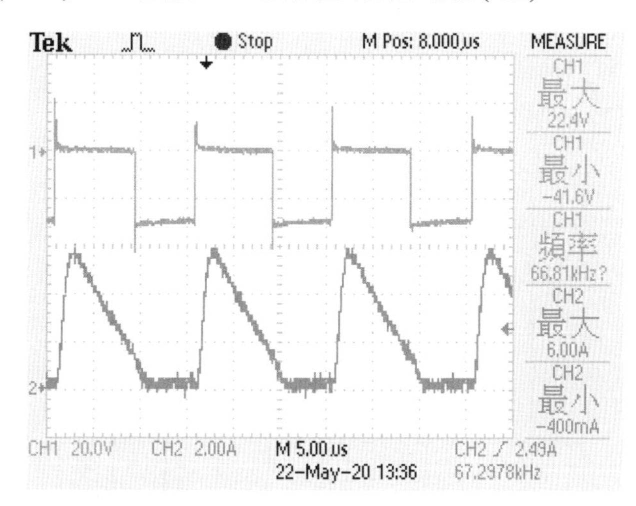

CH1: 20V V/DIV; 5μs s/DIV
CH2: 2A A/DIV;
V_{AK}的最大值: 22.4 V; i_{AK}的最大值: 6 A

圖 3-82 量測二極體 D4 的電壓及電流實際波形圖(輸入電壓 Vi=40V，滿載)

C. 直流輸入電壓為 60V，無載條件：連接直流電源供應器於電路輸入端，將電壓設定於 60V，電路輸出端開路，送電後使用示波器分別量測下列波形，並描繪波形於方格中，且兩通道的波形不可重疊。

C.1 通道 1 (CH1)：MOSFET Q1 之閘極-源極電壓(V_{GS})

通道 2 (CH2)：MOSFET Q1 之汲極-源極電壓(V_{DS})

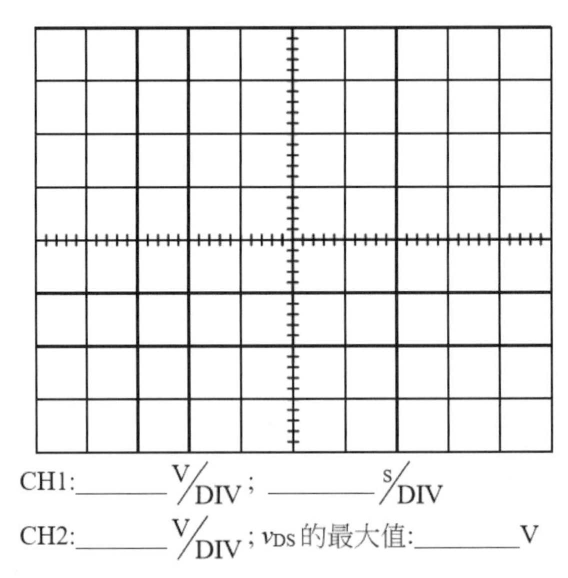

CH1:______ V/DIV；______ s/DIV

CH2:______ V/DIV；v_{DS}的最大值:______V

圖 3-83　量測 MOSFET Q1 的導通與截止電壓波形(輸入電壓 Vi=60V，無載)

C.2 通道 1 (CH1)：MOSFET Q1 之汲極-源極電壓(V_{DS})

通道 2(CH2)：MOSFET Q1 之汲極-源極電流(i_{DS})

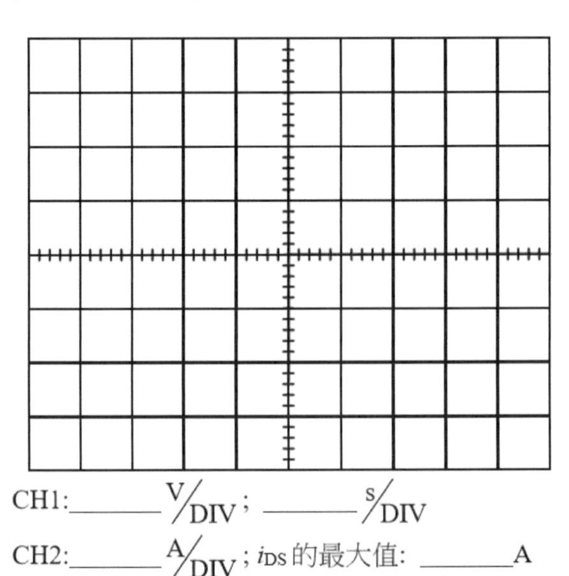

CH1:______ V/DIV；______ s/DIV

CH2:______ A/DIV；i_{DS}的最大值: ______A

圖 3-84　量測 MOSFET Q1 導通與截止電壓及電流波形(輸入電壓 Vi=60V，無載)

C.3 通道 1 (CH1)：二極體 D4 之陽極-陰極電壓(V_{AK})

通道 2 (CH2)：二極體 D4 之陽極-陰極電流(i_{AK})

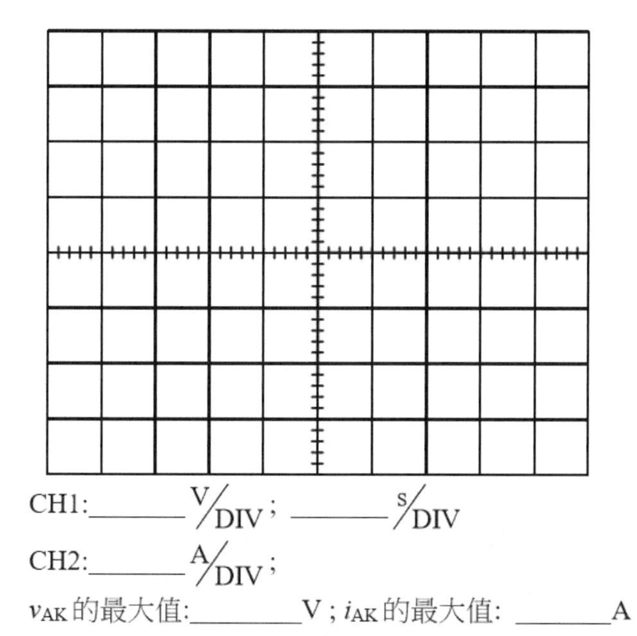

CH1:______ V/DIV；______ s/DIV

CH2:______ A/DIV；

v_{AK}的最大值:________V；i_{AK}的最大值: ______A

圖 3-85 量測二極體 D4 的電壓及電流波形圖(輸入電壓 Vi=60V，無載)

輸入電壓 Vi 為 60V，無載之實際量測波如圖 3-86~圖 3-88 所示。

C.1 通道 1 (CH1)：MOSFET Q1 之閘極-源極電壓(V_{GS})

通道 2 (CH2)：MOSFET Q1 之汲極-源極電壓(V_{DS})

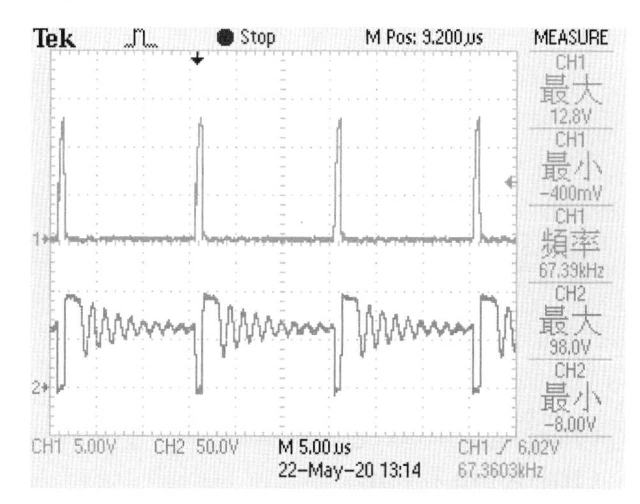

CH1: 5V V/DIV; 5μs s/DIV

CH2: 50V V/DIV; V_{DS}的最大值: 98 V

圖 3-86 量測 MOSFET Q1 的導通與截止電壓實際波形(輸入電壓 Vi=60V，無載)

C.2 通道 1 (CH1)：MOSFET Q1 之汲極-源極電壓(V_{DS})

通道 2 (CH2)：MOSFET Q1 之汲極-源極電流(i_{DS})

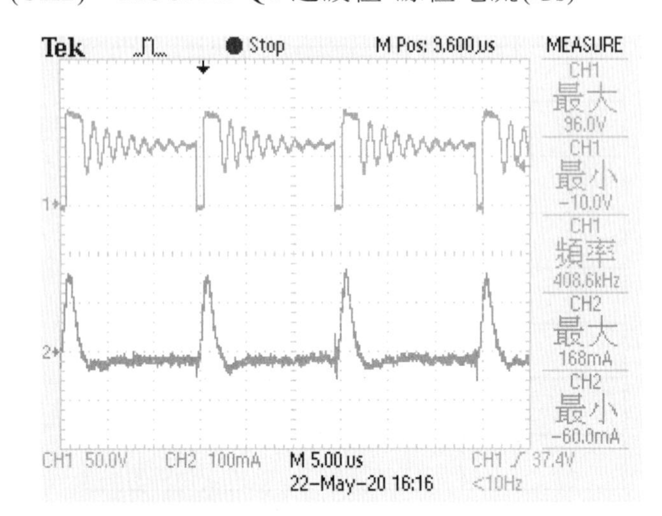

CH1: 50V V/DIV; 5μs s/DIV

CH2: 100mA A/DIV; i_{DS}的最大值: 168m A

圖 3-87　量測 MOSFET Q1 導通與截止電壓及電流實際波形(輸入電壓 Vi=60V，無載)

C.3 通道 1 (CH1)：二極體 D4 之陽極-陰極電壓(V_{AK})

通道 2 (CH2)：二極體 D4 之陽極-陰極電流(i_{AK})

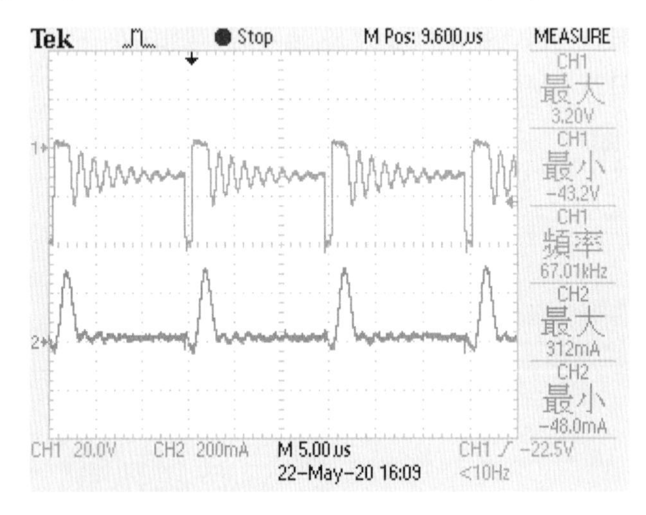

CH1: 20V V/DIV; 5μs s/DIV

CH2: 200mA A/DIV;

V_{AK}的最大值: 3.2 V; i_{AK}的最大值: 312m A

圖 3-88　量測二極體 D4 的電壓及電流實際波形圖(輸入電壓 Vi=60V，無載)

D. 直流輸入電壓為 60V，滿載條件：連接直流電源供應器於電路輸入端，將電壓設定於 60V，電路輸出端連接 6Ω/50W 功率電阻，電路送電後使用示波器分別量測下列波形，並描繪波形於方格中，且兩通道的波形不可重疊。

D.1 通道 1 (CH1)：MOSFET Q1 之閘極-源極電壓(V_{GS})
通道 2(CH2)：MOSFET Q1 之汲極-源極電壓(V_{DS})

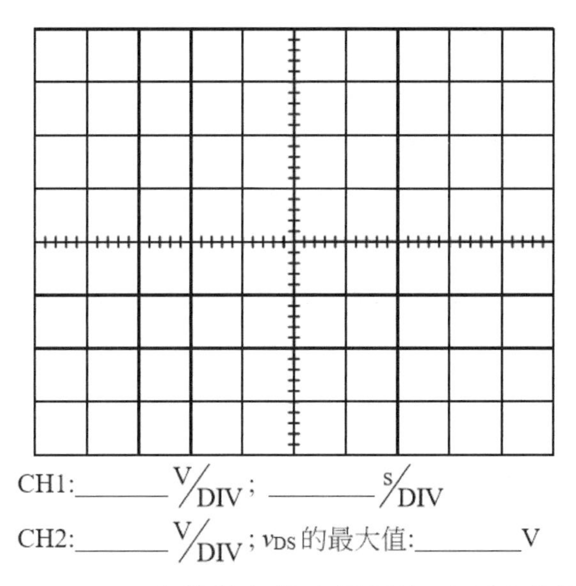

圖 3-89 量測 MOSFET Q1 的導通與截止電壓波形(輸入電壓 Vi=60V，滿載)

D.2 通道 1 (CH1)：MOSFET Q1 之汲極-源極電壓(V_{DS})
通道 2 (CH2)：MOSFET Q1 之汲極-源極電流(i_{DS})

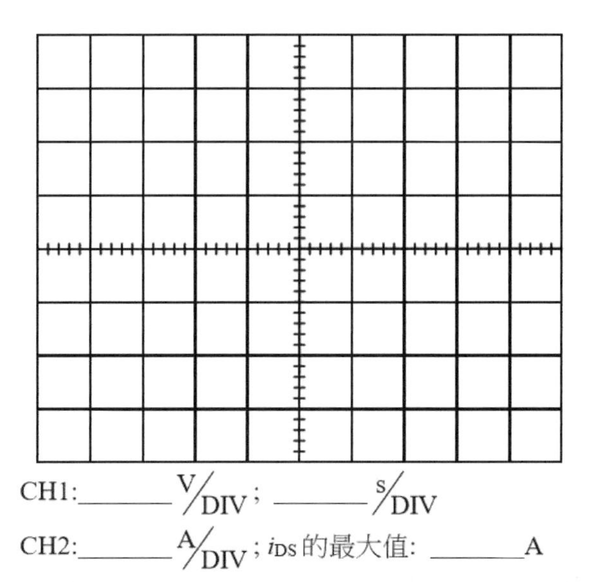

圖 3-90 量測 MOSFET Q1 導通與截止電壓及電流波形(輸入電壓 Vi=60V，滿載)

D.3 通道 1(CH1)：二極體 D4 之陽極-陰極電壓(V_{AK})

通道 2(CH2)：二極體 D4 之陽極-陰極電流(i_{AK})

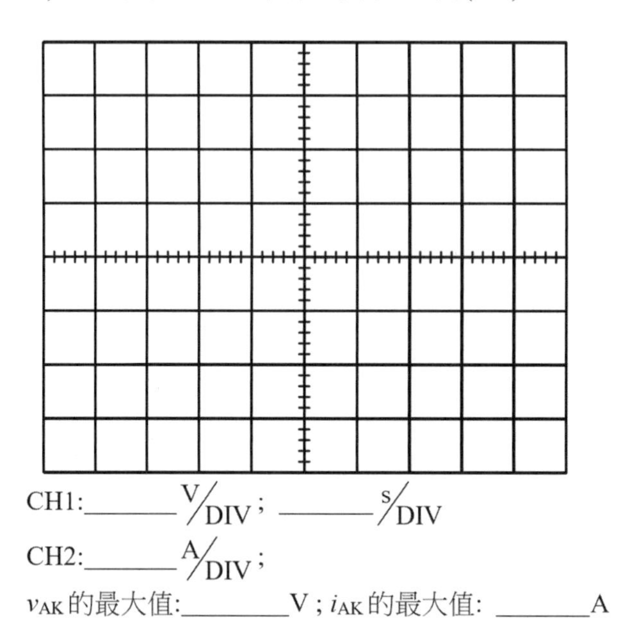

CH1:______ V/DIV； ______ s/DIV

CH2:______ A/DIV；

v_{AK}的最大值:_______V；i_{AK}的最大值: _______A

圖 3-91　二極體 D4 的電壓及電流波形圖(輸入電壓 Vi=60V，滿載)

輸入電壓 Vi 為 60V，滿載之實際量測波如圖 3-92~圖 3-94 所示。

D.1 通道 1 (CH1)：MOSFET Q1 之閘極-源極電壓(V_{GS})

通道 2 (CH2)：MOSFET Q1 之汲極-源極電壓(V_{DS})

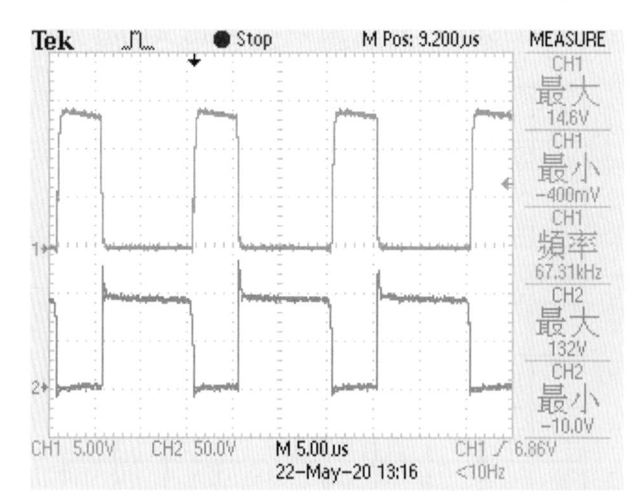

CH1:__5V__V/DIV; __5µs__s/DIV

CH2:__50V__V/DIV; V_{DS}的最大值:__132__V

圖 3-92　量測 MOSFET Q1 的導通與截止電壓實際波形(輸入電壓 Vi=60V，滿載)

D.2 通道 1 (CH1)：MOSFET Q1 之汲極-源極電壓(V_{DS})

通道 2 (CH2)：MOSFET Q1 之汲極-源極電流(i_{DS})。

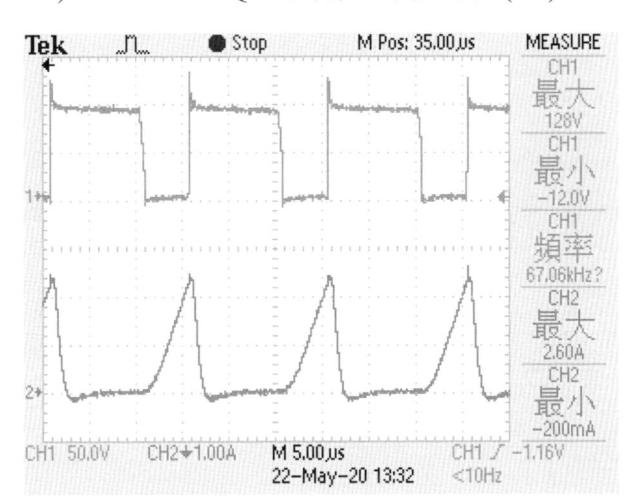

CH1: 50V V/DIV; 5µs s/DIV

CH2: 1A A/DIV; i_{DS}的最大值: 2.6 A

圖 3-93 量測 MOSFET Q1 導通與截止電壓及電流實際波形(輸入電壓 Vi=60V，滿載)

D.3 通道 1 (CH1)：二極體 D4 之陽極-陰極電壓(V_{AK})

通道 2 (CH2)：二極體 D4 之陽極-陰極電流(i_{AK})

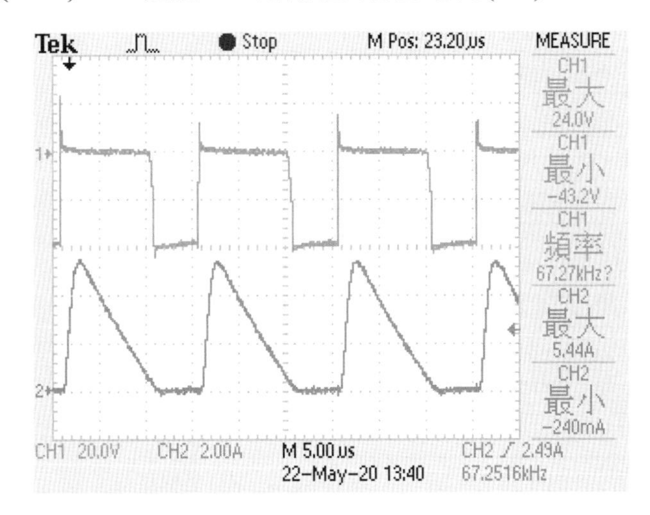

CH1: 20V V/DIV; 5µs s/DIV

CH2: 2A A/DIV;

V_{AK}的最大值: 24 V; i_{AK}的最大值: 5.44 A

圖 3-94 量測二極體 D4 的電壓及電流實際波形圖(輸入電壓 Vi=60V，滿載)

返馳式轉換器之評分標準表如表 3-41 所示。

表 3-41　返馳式轉換器評分標準表

(五) 電力電子乙級術科測試評審表（試題一、返馳式轉換器）

姓名		崗位編號		評審結果	□及格
		檢定日期	年　月　日		□不及格
術科測試編號		領取測試材料簽名處			

項目	評分標準	扣分標準 每處扣分	最高扣分	每項最高扣分	實扣分數	備註
一、重大缺失	1.未能於規定時間內完成者，不予評分。□	列為左項之一者不予評分 請應檢人在本欄簽名				如應檢人拒絕簽名，由監評長簽名並註記理由
	2.通電後發生嚴重短路現象者，不予評分。□					
	3.電路不動作，不予評分。□					
	4.提前棄權離場者 □					
	5.有作弊情形者 □	離場時間：　時　分				
二、功能	1. 電路輸出端平均電壓無法調整至 12V（±5%）（依動作要求之測試項目，不符者每處扣分）	20	50	50		無載、半載及全載下之輸出電壓
	2. 電路輸出電壓漣波大於 0.5V（依動作要求之測試項目，不符者每處扣分）	5	20			
三、量測	1. 變壓器參數量測表欄位空白未填或填寫不實	5	20	50		
	2. 電路波形量測圖未繪製、繪製錯誤、欄位空白未填、填寫不實，不符者每處扣分	5	50			
	3. 電路效率量測表欄位空白未填或填寫不實	5	40			
四、銲接裝配	1. 冷銲或銲接不當以致銅片脫離或浮翹者	2	20			
	2. 電路板上殘留錫渣、零件腳等異物者	2	20			
	3. IC 未使用 IC 座或 IC 腳未插入 IC 座者	5	30			
	4. 銲接不良，有針孔、焦黑、缺口、不圓滑等	1	20			
	5. 功率電晶體及功率二極體之散熱或其它裝配未符規則者	5	10			
	6. 元件裝配或銲接未符合裝配或銲接規則者	1	20			
五、工作安全	1. 損壞零件以致耗用材料或零件過多者	2	14			
	2. 自備工具未帶而需借用	2	20			
	3. 工作桌面凌亂者	10	20			
	4. 離場前未清理工作崗位者	10	10			
總計	扣分					
	得分					
監評人員簽名		監評長簽名				

註：1. 本表採扣分方式，以 100 分為滿分，得 60 分（含）以上者為「及格」。
　　2. 每項之扣分，不得超過該項之最高分扣分數。

3-4-7 故障檢修

電路板若未能達到動作要求就表示有問題存在，即需進行故障檢修，可利用三用電表和示波器參考下列重點進行偵錯後再測試之。容易出現之錯誤如下：

1. 元件錯置

   檢查有極性的元件、容易混淆之元件，例如：

   (1) 電解質電容：C1、C3、C9、C10 和 C11。

   (2) 二極體：D1、D2、D3、D4、D5 和 ZD1。

   (3) 電晶體：Q1 之方向。

   (4) 控制 IC：U1、U2 和 U3 之方向，U1 和 U2 IC 是否和 IC 座密合。

   (5) 變壓器 T1：須通過滿載試驗。

   (6) 電阻或電容錯置：例如電壓回授電阻 R18、R20 和 R21、表 3-11 一般色碼電阻(1/4W)、表 3-13 一般色碼電阻(2W)、表 3-14 精密可調電阻器和表 3-17 積層電容器等。

表 3-11　一般色碼電阻(1/4W)易混淆的電阻組合

項次	編號	規格	第一環	第二環	第三環	第四環
1	R13、R17	1kΩ ±5%、1/4W	棕	黑	紅	金
	R16、R20	2kΩ ±5%、1/4W	紅	黑	紅	金
2	R5	5Ω±5%、1/4W	綠	黑	金	金
	R7、R23	5kΩ±5%、1/4W	綠	黑	紅	金
3	R16、R20	2kΩ ±5%、1/4W	紅	黑	紅	金
	R10	20kΩ ±5%、1/4W	紅	黑	橙	金
4	R13、R17	1kΩ ±5%、1/4W	棕	黑	紅	金
	R18	10kΩ ±5%、1/4W	棕	黑	橙	金

表 3-13　一般色碼電阻(2W)易混淆的電阻組合

項次	編號	規格	第一環	第二環	第三環	第四環
1	R1、R12	0.3Ω ±5%、2W	橙	黑	銀	金
	R3	3kΩ ±5%、2W	橙	黑	紅	金

表 3-14　精密可調電阻器之標示

項次	精密可調電阻器	規格	標示	換算
6	R6	20kΩ、25 轉、上端	203	203⇒20×103Ω＝20kΩ
15	R19	50kΩ、25 轉、上端	503	503⇒50×103Ω＝50kΩ
16	R21	1kΩ、25 轉、上端	102	102⇒10×102Ω＝1kΩ

表 3-17　積層電容器之標示

項次	積層電容器	規格	標示	換算
20	C2	4.7nF/50V	472	472⇒47×102pF＝47×102×10-12F ＝47×10-10F＝47×10-1×10-9F＝4.7nF
22 28	C4 C13	220pF/50V	221	221⇒22×101pF＝220pF
23	C5、C12、 C15、C16	0.1μF/50V	104	104⇒10×104pF＝105×10-12F ＝10-7F＝10-1×10-6F＝0.1μF
24	C6	3.3nF/50V	332	332⇒33×102pF＝33×102×10-12F ＝33×10-10F＝33×10-1×10-9F＝3.3nF
25	C7	470pF/50V	471	471⇒47×101pF＝470pF
26	C8	1nF/50V	102	102⇒10×102pF＝103×10-12F ＝10-9F＝1nF
29	C14	47nF/50V	473	473⇒47×103pF＝47×103×10-12F ＝47×10-9F＝47nF

2. 線路空接

   以三用電表配合圖 3-1 之電路圖檢查元件面接線，例如：U1、U2、U3、L1、J1、J2、連接線和變壓器等。

3. 元件燒毀

   表 3-42 為 U1 和 U3 之參考電壓，無正確數值則可能控制 IC 燒毀，本試題較易燒毀之元件為 U1、U2、U3、Q1、D4、ZD1 等。

表 3-42　U1 和 U3 之參考電壓

元件	腳位	名稱	電壓
U1	7	VCC	12V
	8	REF	5V
U3	1	R	2.5V

第4章 功率因數修正器

本章將針對試題 11600-105202 功率因數修正器進行解析，包含試題說明、動作要求、電路原理和實體製作，使應檢人熟悉理論分析和實務操作。

4-1 試題說明

1. 本試題目的為評量考生對功率因數修正器(power factor corrector)的技術能力，測試考生於電路製作與功能檢測驗證能力。
2. 依照試題要求之線圈匝數與電感值繞製電路所需之電感器，並量測該電感器之參數特性。
3. 依電路圖、元件佈置圖(元件面)與佈線圖(銅箔面)按圖並依電路銲接規則進行電路銲接工作。
4. 完成電路板與元件銲接後，考生須依試題要求項目，完成電路測試點波形量測與性能數據記錄。
5. 監評人員於評審時將針對考生完成數據紀錄(表 4-6，表 4-33)，抽查三個以上之數據，請考生現場進行量測，以查核紀錄數據是否相符。
6. 本題之電壓與電流波形量測共有 A、B、C三個測試條件，監評人員現場指定一個測試條件，考生須在該測試條件下實際量測波形，並進行描繪紀錄。

4-2 動作要求

1. 先將自耦變壓器電壓調整為 0V，並連接自耦變壓器於電路輸入端，再連接直流電源供應器至電路輔助電源 VCC 端子，調整直流電源供應器輸出電壓為 18V，提供電力給控制 IC。
2. 先連接一個 1600Ω/150W 功率電阻於電路輸出端，並將示波器連接於輸出端，再將自耦變壓器插入電源插座，調整電壓自耦變壓器後，注意電路板紅色 LED 亮起(請注意避免感電)，將自耦變壓器之輸出電壓逐漸調至 110V，觀察輸出電壓，此時之輸出功率為 25W。

3. 當電路正常工作時，維持示波器的測量，再於電路輸出端並接一個 1600Ω/150W 功率電阻，得到等效 800Ω/150W 之輸出端功率電阻，並以示波器觀察輸出電壓，此時之輸出功率為 50W。

4. 電路正常工作時，再於輸出端並接一個 800Ω/150W 功率電阻，得到等效 400Ω/150W 之輸出端功率電阻，並以示波器觀察輸出電壓，此時之輸出功率為 100W。

5. 調整輸出端功率電阻時，電路輸出端平均電壓皆應為 200V(±5%)。亦即當輸出功率 25W、50W 或者 100W 時，輸出電壓皆能保持於 200V(±5%)。

6. 調整示波器設定，使輸出電壓波形占螢幕 2 格以上垂直刻度，以便量測電路輸出電壓漣波，其電壓漣波峰對峰值應小於 6V(不含開關切換所產生之尖波)，顯示波形須呈現 2~3 個週期。

7. 將示波器連接於輸入端，觀察輸入電壓以及輸入電流等波形。

4-3 電路原理

一般傳統電子設備之電源，利用全橋式二極體整流電路，將市電之交流電壓轉換成直流電壓，為了降低直流輸出電壓的漣波成分，經由並聯大容量之電容，得到一趨近於交流電壓峰值的直流電壓，以提供後級較穩定的直流電壓。

雖然具有架構簡單、堅固、成本低、不必控制等優點，不過全橋式整流電路之二極體僅於交流電源電壓高於輸出電容電壓時才會導通，導通的時間相當短。在交流輸入電流的部分，將形成一脈衝電流，失真程度相當大且含有大量諧波成分及雜訊干擾，使得線路傳輸損失增加，造成功率因數降低(約 0.5~0.7 之間)，電磁干擾的問題，為了改善上述傳統全橋式二極體整流濾波方式之缺點，逐漸發展出各種功因修正電路(Power Factor Correction，簡稱 PFC)。

功因修正器的主要作用是讓電壓與電流的相位相同且使負載近似於電阻性，一般可分為被動式(Passive)功因修正電路與主動式(Active)功因修正電路。被動式功因修正電路優點如下：：

1. 電路構造簡單。
2. 成本低。
3. 電磁干擾(Electromagnetic Interference，簡稱 EMI)較低。

被動式功因修正電路缺點如下：

1. 體積大。
2. 重量重。
3. 只能濾除低次諧波。
4. 功率因數校正僅達 0.75～0.8，修正效果不佳。
5. 不符合目前重量輕、體積小的發展方向。

主動功率因數修正或有源功率因數修正(active PFC)是指可調整負載的輸入電流，改善功率因數的電力電子系統，其主要目的是使輸入電流接近純電阻式負載的電流，使其視在功率等於有效功率。理想狀態下其電壓和電流相位相同，而其產生或消耗的無效功率為 0，使電源端以最有效率的方式傳遞能量給負載。

主動式功因修正電路是利用適當的迴授補償來控制主動式開關的切換狀態，進行儲能元件能量的儲存與釋放，使得輸入電流追隨命令電流，以得到一個接近正弦波且與輸入電源同相位的輸入電流，來達成功率因數修正之目的。市售的主動式功因修正器架構上大多為升壓式的電路架構，其優點如下：

1. 體積小。
2. 重量輕。
3. 功因改善可達到 0.9。

功率因數 pf(power facter)定義如下：

$$0 \le pf = \cos\theta \le 1$$

$$S = P + jQ = \sqrt{P^2 + Q^2}\angle \tan^{-1}(\frac{Q}{P}) = |S|\angle\theta$$

其中：

S：複數功率(VA)
P：實功率(有效功率)(W)
Q：虛功率(無效功率)(Var)
|S|：視在功率(VA)
θ ：功率因數角(功因角)(°)

本試題即為升壓式主動功因修正器，將 110V 之交流輸入電壓經由整流器轉換成直流電壓 155.56V，再升高為 200V 後送給負載(功率電阻)輸出，同時將功率因數改善至 0.9 以上，電路如圖 4-1 所示，供給材料表如表 4-1 所示。

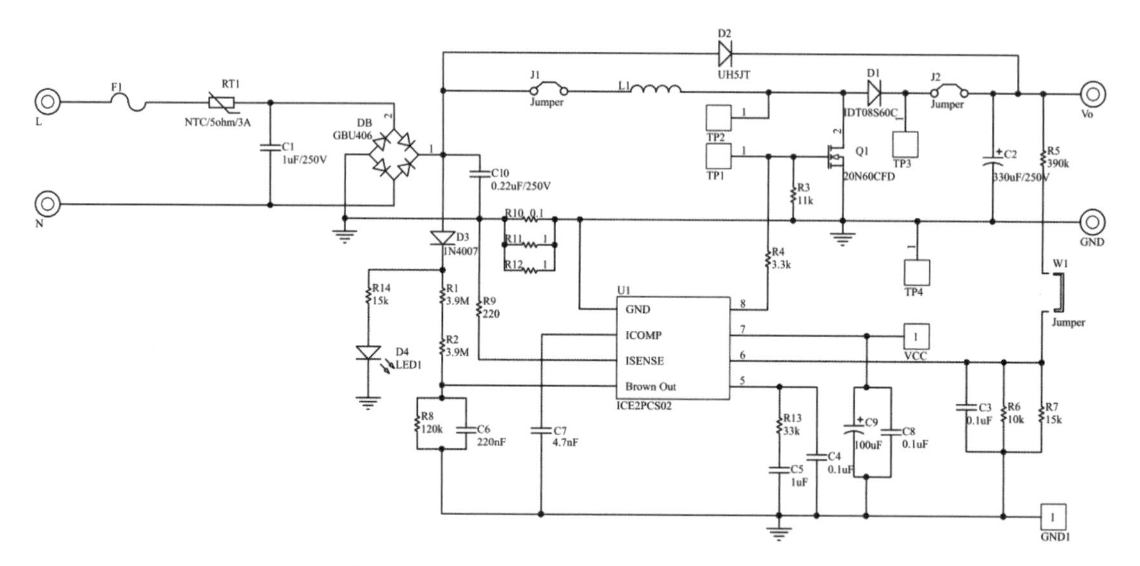

圖 4-1　功率因數修正器：電路圖

表 4-1　功率因數修正器：供給材料表

項次	代碼	名稱	規格	單位	數量	備註
1	R1、R2	電阻器	3.9MΩ ±5%、1/4W	只	2	
2	R3	電阻器	11kΩ ±5%、1/4W	只	1	
3	R4	電阻器	3.3Ω ±5%、1/4W	只	1	
4	R5	電阻器	390kΩ ±1%、1/4W	只	1	
5	R6	電阻器	10kΩ ±1%、1/4W	只	1	
6	R7、R14	電阻器	15kΩ ±1%、1/4W	只	2	
7	R8	電阻器	120kΩ ±5%、1/4W	只	1	
8	R9	電阻器	220Ω ±5%、1/4W	只	1	
9	R10	電阻器	0.1Ω ±5%、2W	只	1	
10	R11、R12	電阻器	1Ω ±5%、2W	只	2	
11	R13	電阻器	33kΩ ±5%、1/4W	只	1	
12	RT1	湧浪電流保護器	NTC/5Ω/3A	只	1	
13	C1	多層陶瓷電容器	1μF/275VAC	只	1	

項次	代碼	名稱	規格	單位	數量	備註
14	C2	電解電容器	330μF/250V	只	1	
15	C3、C4、C8	陶瓷電容器	0.1μF/50V	只	3	
16	C5	積層電容器	1μF /50V	只	1	
17	C6	陶瓷電容器	220nF/50V	只	1	
18	C7	陶瓷電容器	4.7nF/50V	只	1	
19	C9	電解電容器	100μF/50V	只	1	
20	C10	方形電容器	0.22μF/250V	只	1	
21	電感鐵芯		CS400125	只	1	
22		漆包線	2UEW-B、0.5mm	公尺	10	
23	Q1	電晶體	NMOS 20N60CFD 650V/20.7A	只	1	
24	D1	蕭特基二極體	IDT08S60C	只	1	
25	D2	快速二極體	UH5JT	只	1	
26	D3	二極體	1N4007	只	1	
27	D4	發光二極體	LED、ϕ 3mm、RED	只	1	
28	U1	控制 IC	ICE2PCS02	只	1	※銲接於下層板
29	L、N、GND、V_{cc}、GND1、V_o、V_g、V_d、V_s、V_s^*、V_a、V_k	測試端子	ϕ 0.8mm x 10mm	只	12	
30		六角銅柱	ϕ 5.6mm x 15mm	只	4	
31		六角螺帽	M3 x 0.5	只	4	固定銅柱用
32	PCB	印刷電路板	100mm x 200mm	片	1	
33	DB	橋式整流二極體	GBU406	只	1	
34	F1	保險絲	保險絲底座 20mm，保險絲：250V/6A	只	1	
35	J1、J2	電流測試端子	2pins、2.54mm、排針	只	2	

項次	代碼	名稱	規格	單位	數量	備註
36		連接線	1p、2.54mm、雙頭杜邦連接器、長度為20cm、導體截面積$1mm^2$以上	條	2	
37		短路夾	2pins、2.54mm	只	2	
38		銲錫		公尺	1	

(※J1、J2 為量測電流之跳線，需要留足夠寬度讓測試棒勾著)

本試題電路方塊圖如圖 4-2 所示，包含(1)輸入電路(交流電)、(2)全波整流電路、(3)功因修正電路(升壓式)、和(4)負載(功率電阻)等四部份，以下將分述各電路之動作原理。

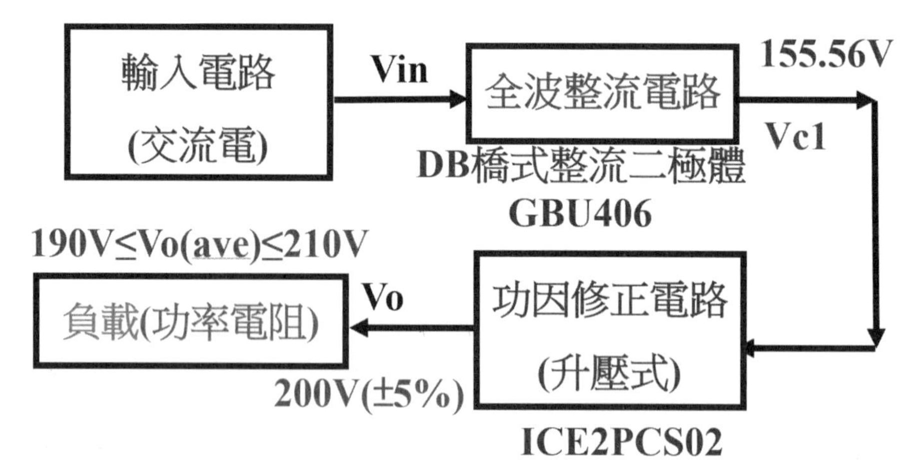

圖 4-2　功率因數修正器：電路方塊圖

4-3-1　輸入電路

輸入電路由交流電源 Vs、保險絲 F1、湧浪電流保護器 RT1 和電容器 C1 組成，電路如圖 4-3 所示。Vs 由自耦變壓器輸出提供交流電源 110V(rms)，利用保險絲 F1 提供穩態之過電流保護;系統初始供電狀態時，由於電壓快速上升，會產生很高的湧浪電流，利用湧浪電流保護器保護設備，以防其因瞬間湧浪電流過大造成損害;電容器 C1 則提供穩壓效果。

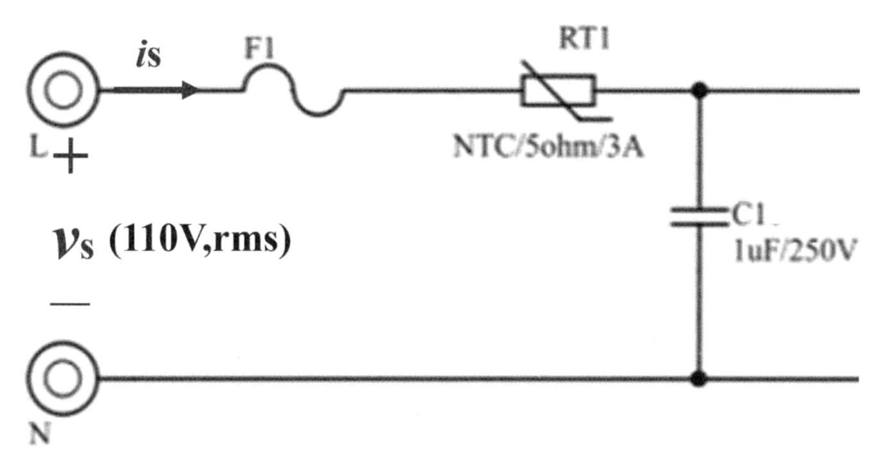

圖 4-3　輸入電路

4-3-2　全波整流電路

全波整流電路由橋式整流二極 DB、電容器 C10、二極體 D3、電阻器 R14 和發光二極體 D4 組成，電路如圖 4-4 所示。整流電路目標為產生平均值固定之直流電壓，本試題係利用橋式整流二極 DB 將交流電源 110V(rms)整流為脈動直流電壓，此直流電壓透過二極體 D3 使發光二極體 D4 亮，電阻器 R14 為 D4 之限流電阻，最後由電容器 C10 提供穩壓濾波功能，將直流電壓輸出，其輸出之直流電壓平均值計算如下：

$$V_C = 110\sqrt{2} = 155.56V$$

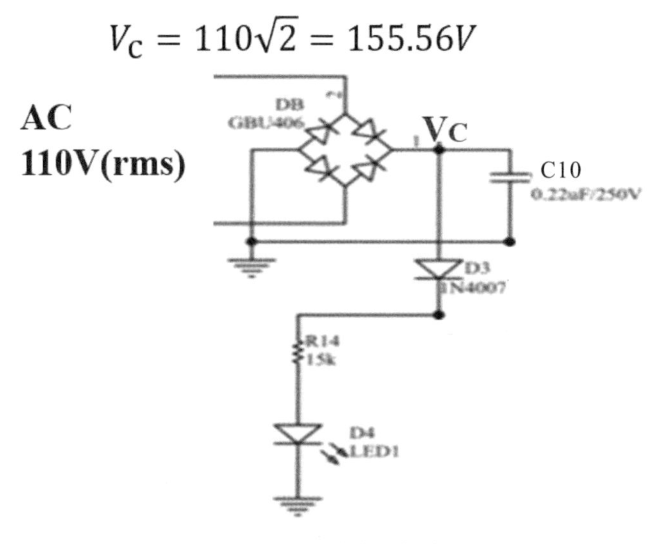

圖 4-4　全波整流電路

4-3-3 升壓轉換器

升壓轉換器(boost converter)之主電路由直流電源 V_C、電流測試端子 J1、J2、電感器 L1、開關 Q1、二極體 D1、電容器 C2 和電阻器 R3、R4、R10、R11、R12 組成，電路如圖 4-5 所示。升壓轉換器係將 155.56V 之輸入直流電壓提升至 200±5%V，即輸出端 Vo 之平均值為 190~210V，控制電路由 U1 ICE2PCS02 和週邊元件所組成。

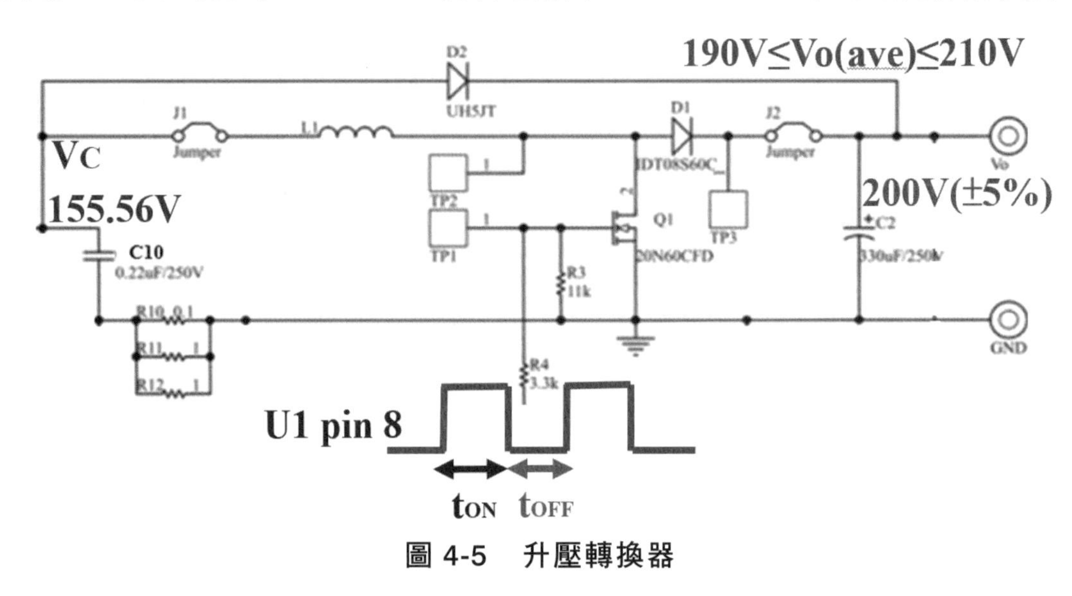

圖 4-5 升壓轉換器

開關 Q1 為 n 通道增強型金屬氧化物場效電晶體(n channel enhancement type metal oxide field effect transistor)，為壓控元件，由 V_{GS} 控制 MOSFET 導通狀態，圖 4-5 中 U1 第 8 腳提供可調整責任週期(duty cycle)D 之方波即為 V_{GS}。

1. $V_{GS} \geq V_{th}$(臨界電壓，threshold voltage)：V_{GS} 為正電壓時，吸引足夠數量之電子，建立通道，Q1 導通，電流可從汲極-源極間之通道流過，$i_{DS}>0$。當通道建立，本試題之本試題之 V_C 經 J1、L1、Q1、R10//R11//R12 形成電流迴路，Q1 通道電阻和 R10//R11//R12 等效電阻都很小，若忽略之則誤差不大，此時輸入電壓 V_C 提供之能量幾乎全部儲存於電感器 L1 兩端，此時電感為儲能狀態，電感電流上升。若 Q1 導通時間越長，即責任週期 D 越大，則儲存於 L1 之能量 W_L 越多。

2. $V_{GS}<V_{th}$(臨界電壓，threshold voltage)：電壓無法吸引電子建立通道時，汲極-源極間之通道形同開路，Q1 截止，i_{DS} 為 0。L1 電流瞬間不會改變，此電流驅使 D1 導通，V_C 經 D1、J2、C2 形成電流迴路，L1 和 V_C 之能量(即 W_L 和 W_C)皆釋放出來轉而儲存於電容器 C2 兩端，兩者之能量造成輸出端電壓 Vo 高於輸入端電壓 V_C，故為升壓轉換器，此時電感為釋能狀態，電感電流下降。

$$V_o = \frac{1}{1-D} V_C \Rightarrow D = 1 - \frac{V_C}{V_o}$$

$$D = 1 - \frac{V_C}{V_o} = 1 - \frac{155.56}{200} = 0.22$$

$$W_L = \frac{1}{2} L I^2$$

$$W_C = \frac{1}{2} C V^2$$

4-3-4 升壓式功率因數修正器(boost power factor corrector)

升壓式功率因數修正器之電路如圖 4-6 所示，由輸入電源 V_C、二極體 D3、控制積體電路 U1、單芯線 W1、電阻器 R1~R13 和電容器 C10、C4~C9 組成，責任週期由控制 IC U1 第 8 腳輸出，主要功能係將輸入電源 V_C 由直流電壓 155.56V 提升至 200V 輸出，並將輸入電流 *i*s 修正為接近正弦波形且與輸入電源 V_S 同相位，以達成功率因數修正之目的。

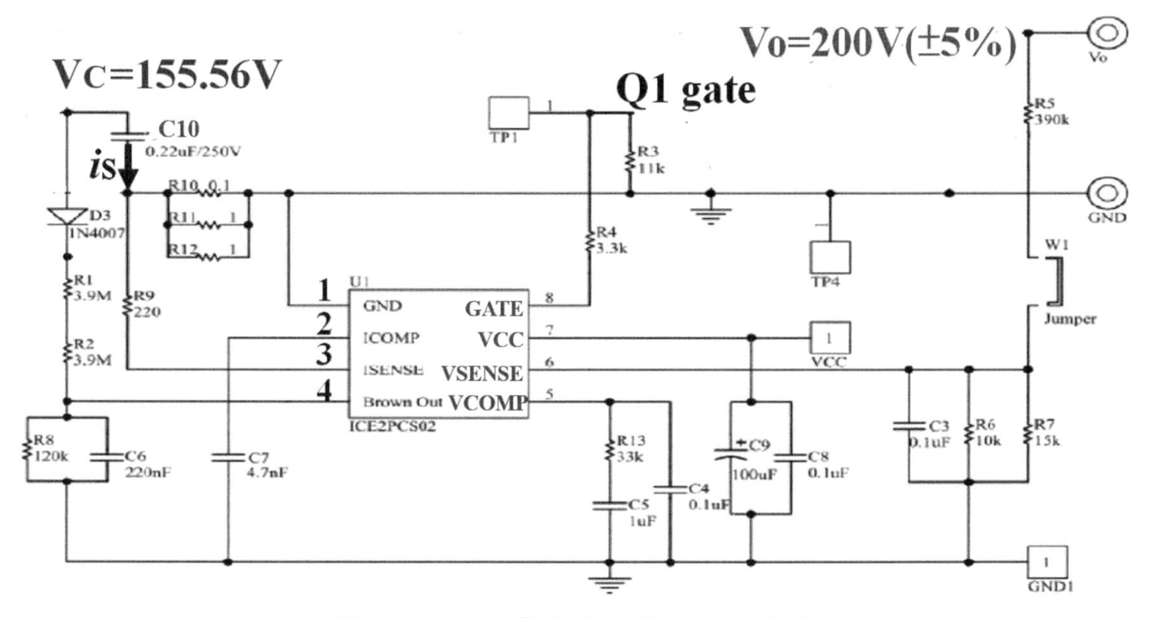

圖 4-6 升壓式功率因數修正器電路

U1 控制 IC ICE2PCS02 為升壓式功率因數修正電路之核心元件，接腳配置如圖 4-7，8 支接腳說明如表 4-2，代表方塊圖(representative block diagram)如圖 4-8 所示，其典型應用如圖 4-9 所示，為獨立之功率因數修正電路控制器，持續導通模式

(Continuous Conduction Mode，簡稱 CCM)，具有輸入端電力減弱保護(input brown-out protection)，將分別說明如下。

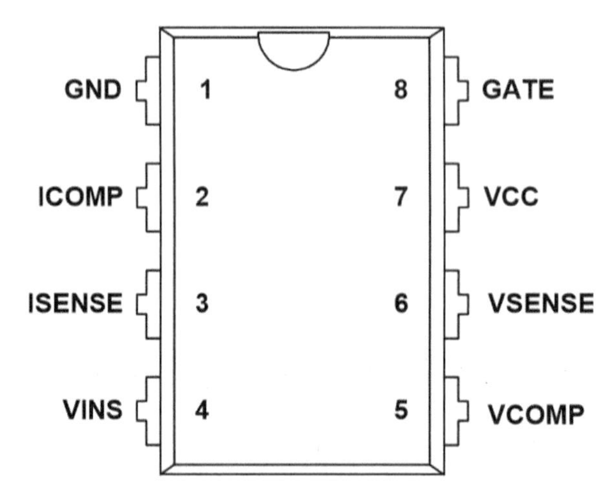

圖 4-7　控制 IC ICE2PCS02 之接腳配置

表 4-2　控制 IC ICE2PCS02 之接腳說明

Pin	Symbol	Function
1	GND	IC Ground
2	ICOMP	Current Loop Compensation
3	ISENSE	Current Sense Input
4	VINS	Brown-out Sense Input
5	VCOMP	Voltage Loop Compensation
6	VSENSE	V_{OUT} Sense (Feedback) Input
7	VCC	IC Supply Voltage
8	GATE	Gate Drive Output

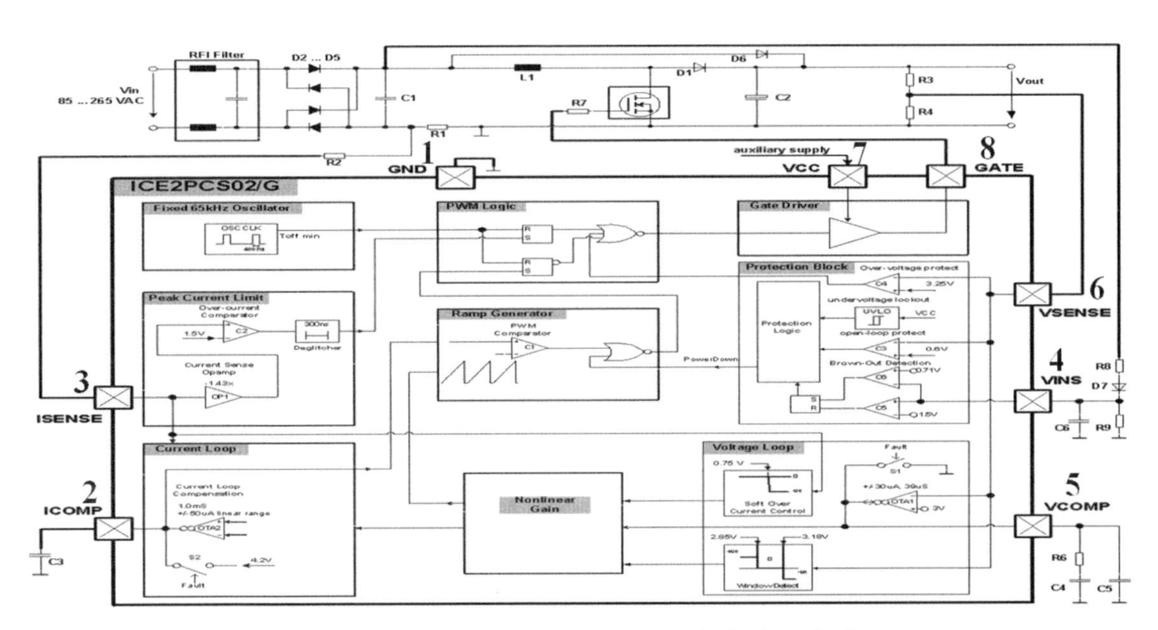

圖 4-8　控制 IC ICE2PCS02 之代表方塊圖

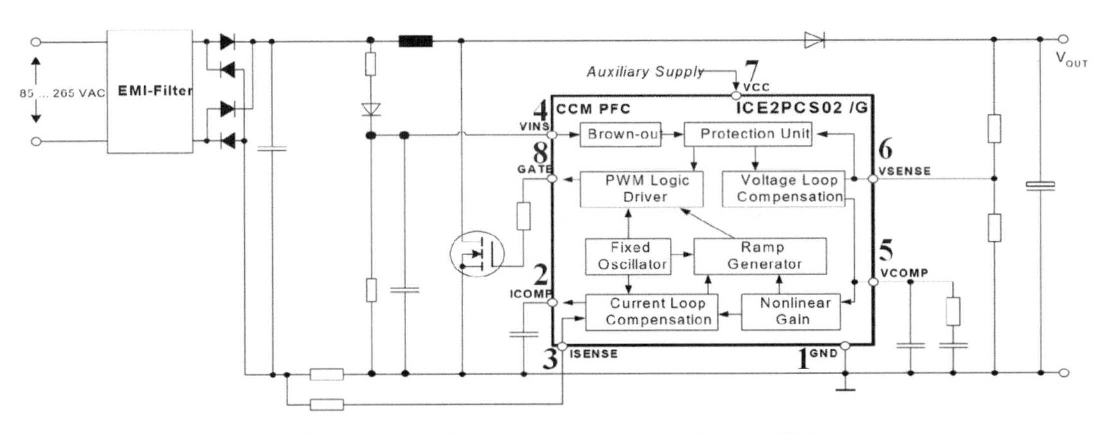

圖 4-9　控制 IC ICE2PCS02 之典型應用

1. 第 1 腳 GND

   GND 為 IC 接地端。

2. 第 2 腳 ICOMP

   電流迴路補償端，連接電容 C7。

3. 第 3 腳 ISENSE

   電流回授輸入端，透過外加感測電阻產生的電壓回授至此腳，可在不同負載下調整電流訊號輸出。利用 R10//R11//R12 小電阻和 MOSFET Q1 串聯以取得 i_{DS}，轉換成電壓，經電阻 R9 回授至腳 3，為電流迴路中調整平均電流之輸入訊號。

4. 第 4 腳 VINS

VINS 即電力減弱感測輸入(Brown-out Sense Input)端，當 VINS<0.71V，關閉 IC，無法執行正常功能，當 VINS>1.5V，啟動 IC，維持正常運作。電力減弱保護(Brown-out protection)電路由全波整流電路輸出直流電壓 V_C、二極體 D3、電阻 R1、R2、R8 和電容 C6 所組成，V_C 經電阻 R1、R2、R8 分壓，利用電容 C6 穩壓濾波後送至 U1 第 4 腳，關係如下式，藉以執行 U1 之正常功能。

$$V_{Pin\,4} = \frac{R_8}{R_1 + R_2 + R_8}(V_{C1} - V_{D3})$$
$$= \frac{120\,K}{3.9M + 3.9M + 120\,\mathrm{K}} \times (155.56 - V_{D3})$$

5. 第 5 腳 VCOMP

電壓迴路補償端，此腳連接電阻 R13 和電容 C4、C5 提供輸出電壓補償。

6. 第 6 腳 VSENSE

電壓感測/回授輸入端，回授電壓(Feedback Voltage)之參考數值為 3V，輸出電壓回授電路由輸出直流電壓 Vo、單芯線 W 1、電阻 R5、R6、R7 和電容 C3 所組成，Vo 經電阻 R5、R6 、R7 分壓得到 VFB，利用電容 C3 穩壓濾波後送至 U1 第 6 腳(即控制 IC ICE2PCS02 之電壓回授端)，關係如下式。

$$V_{FB} = \frac{R_6 // R_7}{R_5 + (R_6 // R_7)} V_o$$
$$= \frac{10K // 15\mathrm{K}}{390K + (10K // 15\mathrm{K})} \times 200V = 3.03V$$

7. 第 7 腳 VCC

控制 IC U1 電源供應端，須連接至外部輔助電源，操作範圍為 11V~26V，本試題使用電源供應器提供直流電壓 18V，電流限制設定為 3A，使 U1 得以正常運作。

8. 第 8 腳 GATE

閘極驅動輸出(Gate Drive Output)端，透過電阻器 R3 將內部驅動級之 PWM 訊號輸出送至開關 Q1 閘極，閘極驅動電壓由 U1 內部箝位固定在 15V，藉以控制其導通狀態。

4-3-5 負載

本試題負載為功率電阻器，規格為 1600Ω/150W 和 800Ω/150W，外觀如圖 4-10 所示，1600Ω/150W 功率電阻器具備並聯開關，本試題共有 1/4 載、半載和滿載 3 種狀態，如表 4-3 所示，連接於輸出 Vo，建議使用三用電表歐姆檔(RX1 檔)量測電阻值確認之。

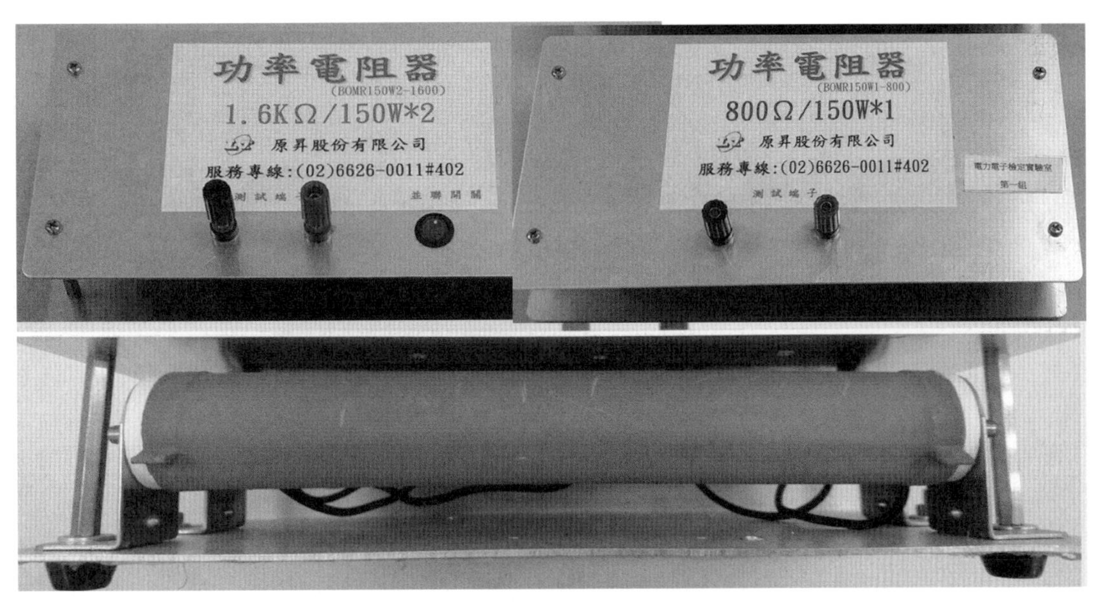

圖 4-10　功率電阻器之外觀圖

表 4-3　負載狀態

負載	並聯開關	連接方式	R_L 數值
1/4 載	off	一個 1600Ω/150W 電阻	1600Ω/150W
半載	on	兩個 1600Ω/150W 電阻	800Ω/150W
滿載	on	兩個 1600Ω/150W 電阻並聯，再並聯 800Ω/150W 電阻	400Ω/150W

4-4 實體製作

實體製作包含電感器繞製、電感器參數量測、電路板製作與測試、電路功率轉換效率量測、電路的電壓及電流波形量測與繪製和評分等工作項目，在應檢時間的 6 小時內，各項工作之建議時程如表 4-4 所示。

表 4-4　功率因數修正器應檢工作時程

項次	工作項目	時間
1	電感器繞製	40 分鐘
2	電感器參數量測	10 分鐘
3	電感器參數評分	10 分鐘
4	電路板製作與測試	50 分鐘
5	電路功率轉換效率量測	30 分鐘
6	電路功率轉換效率評分	20 分鐘
7	電壓及電流波形量測與繪製	30 分鐘
8	電壓及電流波形評分	30 分鐘
9	檢修	140 分鐘
合計：360 分鐘		

4-4-1　電感器繞製

實體製作的第一步為繞製電感器，需要環型鐵芯和漆包線，材料如圖 4-11 所示，考生須依表 4-5 中之電感器繞製說明進行繞製。

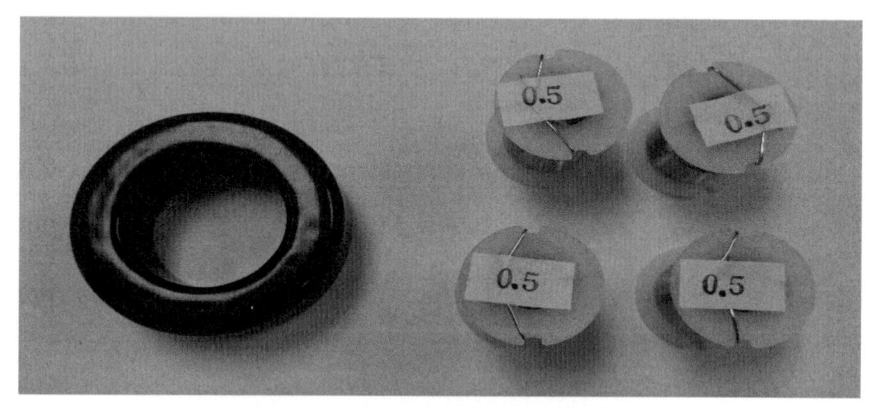

圖 4-11　繞製電感器之材料

表 4-5　電感器繞製說明

線徑(ψ)	圈數(T)	電感值	備註
ϕ 0.5mm×2P	93	1.5mH(參考值)	以單芯漆包線並聯成 2P

電感器繞製重點如下：

1. 漆包線先拉開再進行繞製。
2. 繞線方向要一致(同方向繞)。
3. 漆包線要拉直靠緊鐵芯。
4. 線圈數量要正確。
5. 環形鐵芯很脆弱，繞製時易摔壞。

建議使用助繞器繞製電感器，步驟如下：

1. 將兩捲 0.5mm(各 5 公尺)漆包線拉開。
2. 需要雙線(2P)繞製，將兩條 0.5mm 之漆包線盡量平行纏繞在助繞器上。
3. 以助繞器帶動漆包線穿過環型鐵芯，開始繞製電感，約 93 圈，線圈兩側皆須預留長度。
4. 電感值以 R-L-C 測試器量測後，在線圈兩側上錫。

繞製過程如圖 4-12 所示，繞製完畢後成品如圖 4-13 所示。

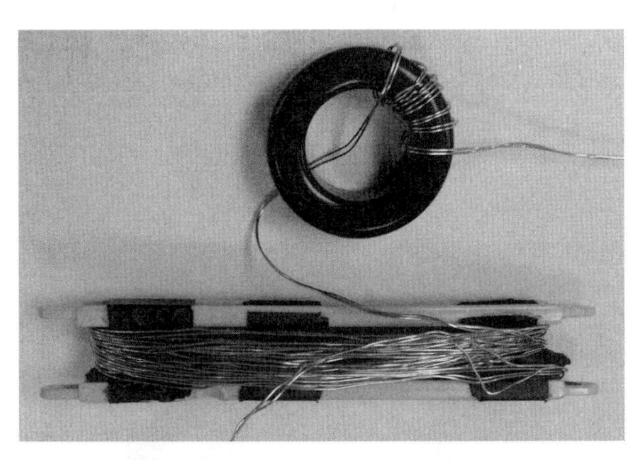

圖 4-12　電感器繞製過程

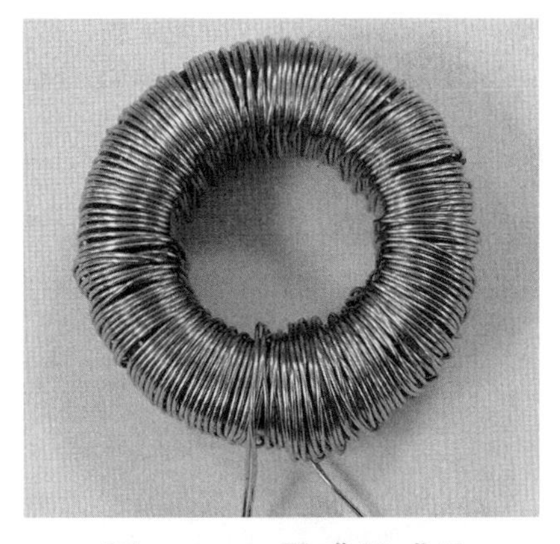

圖 4-13　電感器成品

4-4-2　電感器參數量測

將繞製好的電感器，以 R-L-C 測試器進行參數量測，並填入表 4-6 中，參數量測完成須舉手請監評人員會同抽驗量測項目，並由監評人員評分及簽名之後，才能將電感器銲接到電路板上。電感器參數量測之步驟如下：

1. 將 R-L-C 測試器測棒分別接至電感器第 1、2 腳，選擇待測元件為電感(L)。
2. 選擇測試頻率為 100kHz。

3. 選擇測試電壓為 1V(rms)。
4. 選擇量測品質因數(Q)。
5. 讀取電感值(需轉換成 mH)和品質因數 Q。
6. 選擇量測線圈直流電阻(即 DCR)並讀取數值(需轉換成 mΩ)。

電感器之線圈電感和品質因數參數量測如圖 4-14，線圈直流電阻量測圖 4-15 所示，和電感器參數量測相關之評分表如表 4-7，量測結果如表 4-8。其中品質因數之定義如下：

$$Q=\frac{X_L}{R}=\frac{\omega L}{R}=\frac{2\pi fL}{R}$$

Q 為無單位之參數，$0\le Q\le\infty$，數值越大代表電感器之品質越好，其中 L 為電感值，f 為測試頻率，R 為等效串聯電阻 ESR。線圈電感參考值為 1.5mH，線圈直流電阻數值越小越好，須以 mΩ 之單位填入表中，換算時切勿犯錯。

表 4-6　電感器參數量測表

項次	內容	繞組	腳位	數值	單位	備註
1	線圈電感	N1			mH	@100kHz/1V
2	品質因數	N1				@100kHz
3	線圈直流電阻	N1			mΩ	

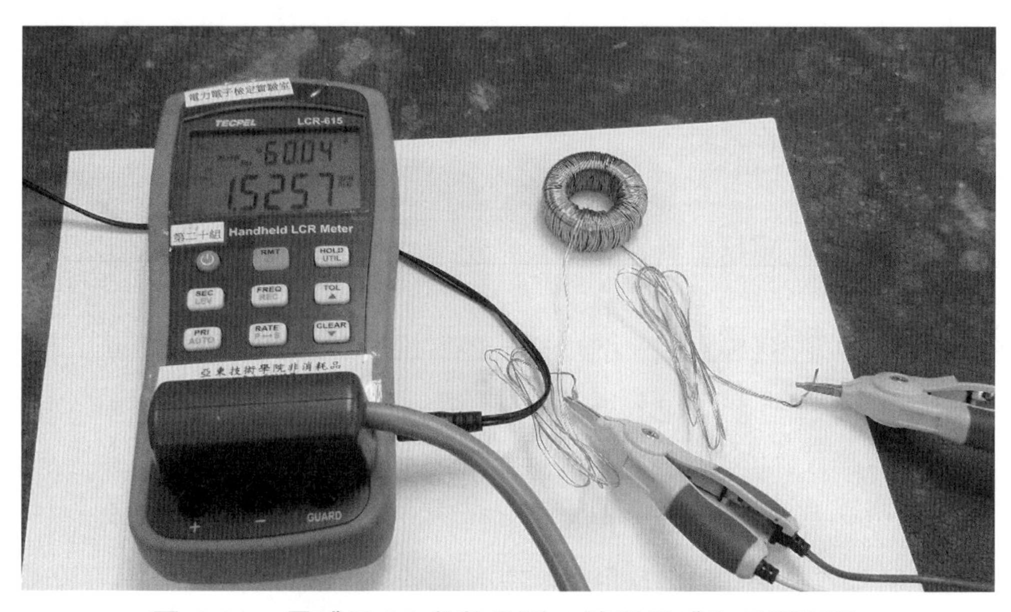

圖 4-14　電感器 L1 參數量測：線圈電感和品質因數

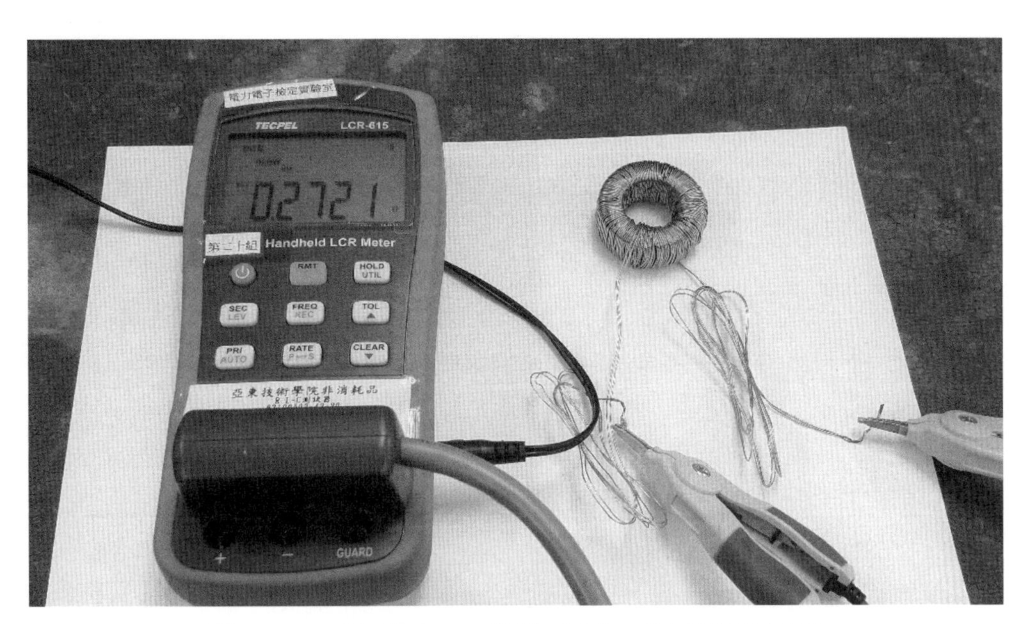

圖 4-15　電感器 L1 參數量測：線圈直流電阻

表 4-7　評分表-電感器參數量測

項目	評分標準	扣分標準			備註
		每處扣分	最高扣分	每項最高扣分	
三、量測	1. 電感器參數量測表欄位空白未填或填寫不實	5	20	50	

表 4-8　電感器參數量測結果

項次	內容	繞組	腳位	數值	單位	備註
1	線圈電感	N1	1-2	1.5257	mH	@100kHz / 1V
2	品質因數	N1	1-2	60.04		@ 100 kHz
3	線圈直流電阻	N1	1-2	272.1	mΩ	

4-4-3　電路板製作

依照試題所提供之電路板元件佈置圖與佈線圖，進行元件裝配和電路板銲接等工作。功率因數修正器之電路已經蝕刻完成，只要將相對應元件置入與銲接即可，電路板正面和背面之元件佈置圖如圖 4-16 所示，電路板的佈線圖如圖 4-17 所示。

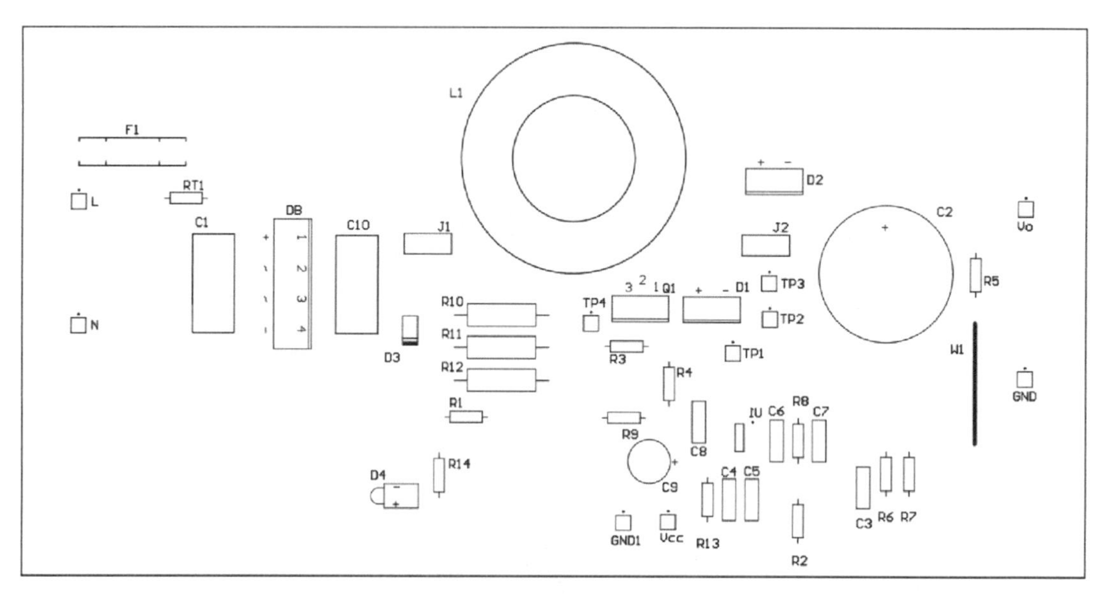

圖 4-16　電路板元件佈置圖(功率因數修正器)

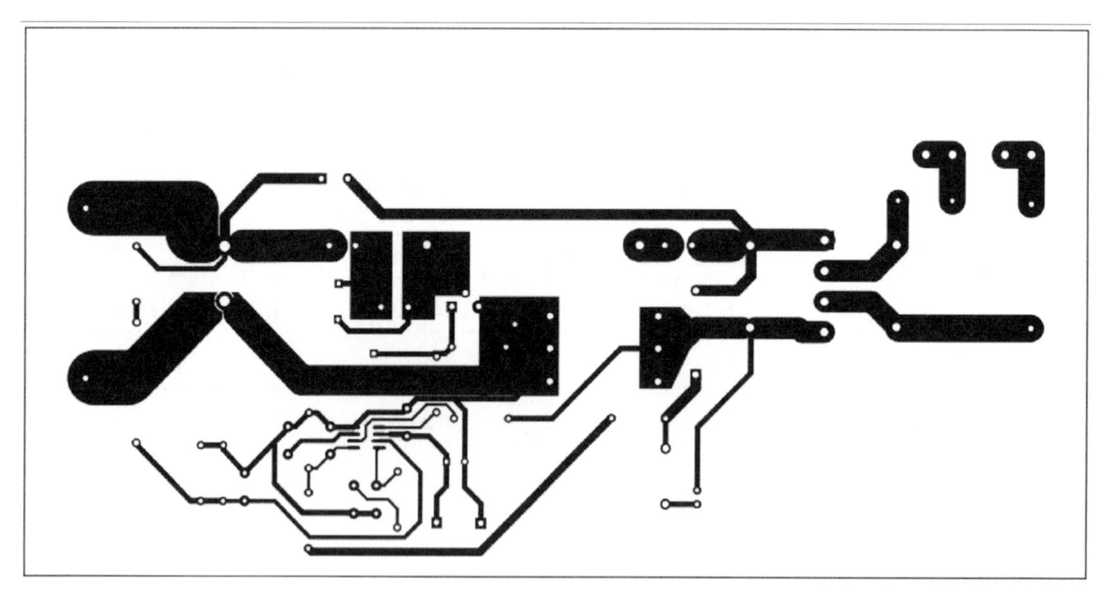

圖 4-17　電路板佈線圖(功率因數修正器)

進行銲接前需確認元件數量、數值和功能，以免影響電路板性能之正確性，可參考下列提供之要點：

1. 檢查印刷電路板

實際印刷電路板之元件面、銅箔面如圖 4-18 和圖 4-19 所示，觀察電路板銅箔面佈線圖，檢查印刷電路板銅箔面是否有接觸不良情形，不當之短路或斷線皆屬異常，須立即更換。

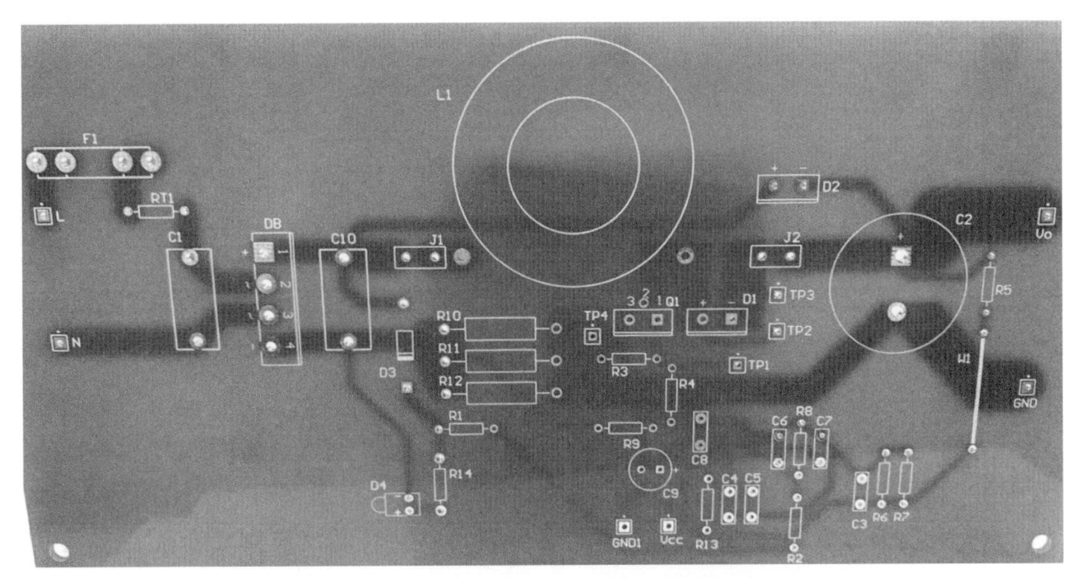

圖 4-18　實際電路板元件佈置圖(正面)

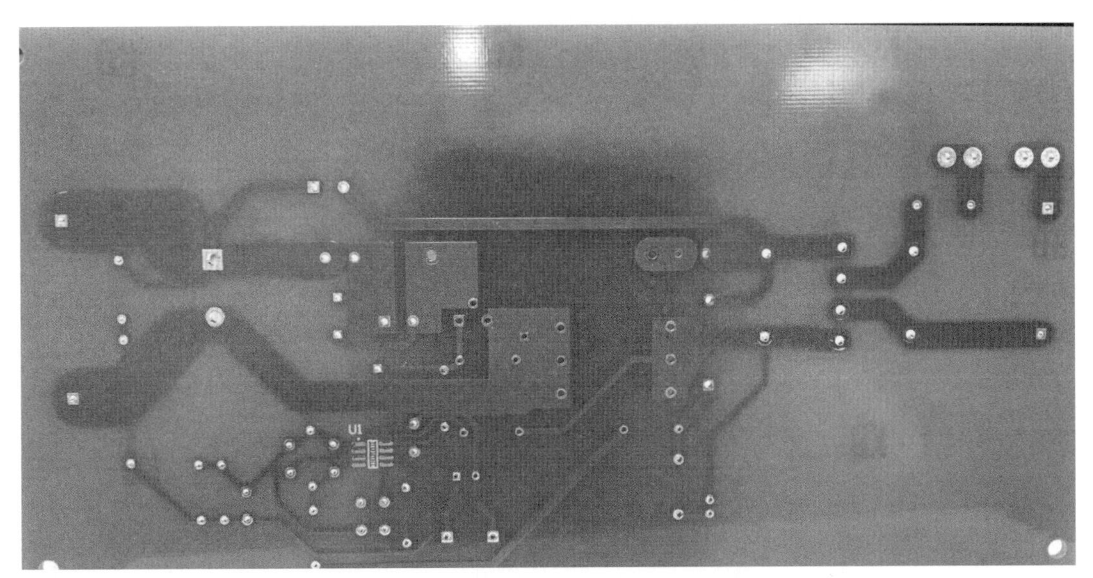

圖 4-19　實際電路板佈線圖(背面)

2. R1～R4、R8、R9、R13

共 7 個一般色碼電阻(四碼電阻)，功率為 1/4W，為本電路板數量最多的元件，一般色碼電阻外觀如圖 4-20 所示，電阻值不可錯置，依裝配規則(四)電阻器安裝於電路板時，色碼之讀法必須由左而右，由上而下方向一致，即誤差環在最下方或在最右方。本試題中 R1、R3 和 R9 為橫向擺放，誤差環在最右側；其餘電阻為縱向擺放，誤差環在最下方。安裝電阻時請參考表 4-9。

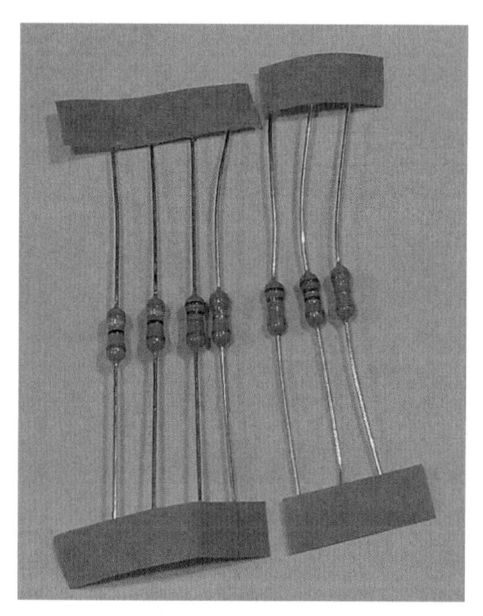

圖 4-20　一般色碼電阻(1/4W)之外觀圖

表 4-9　一般色碼電阻器(1/4W)安裝

擺放方向	數量	電阻器	誤差環
橫向擺放	3 個	R1、R3、R9	最右側
縱向擺放	4 個	R2、R4、R8、R13	最下方

一般色碼電阻極易發生混淆的組合如表 4-10 所示，只有第三環顏色不同，務必注意，目視時相當容易出現誤判，可使用三用電表歐姆檔輔助測量，減少錯置。依裝配規則(六)此 7 個一般色碼電阻(四碼電阻)皆為 1/4W，裝配時應與電路板密貼。

表 4-10　一般色碼電阻(1/4W)易混淆的電阻組合

項次	編號	規格	第一環	第二環	第三環	第四環
1	R4	3.3Ω±5%、1/4W	橙	橙	金	金
	R13	33kΩ±5%、1/4W	橙	橙	橙	金

3. R5、R6、R7、R14

共 4 個精密色碼電阻(五碼電阻)，外觀如圖 4-21 所示，電阻值不可錯置，依裝配規則(四)電阻器安裝於電路板時，色碼之讀法必須由左而右，由上而下方向一致，即誤差環在最下方或在最右方。試題中精密電阻皆為縱向擺放，誤差環在最下方。依裝配規則(六)此 4 個精密色碼電阻(五碼電阻)皆為 1/4W，裝配時應與電路板密貼。安裝時請參考表 4-11。

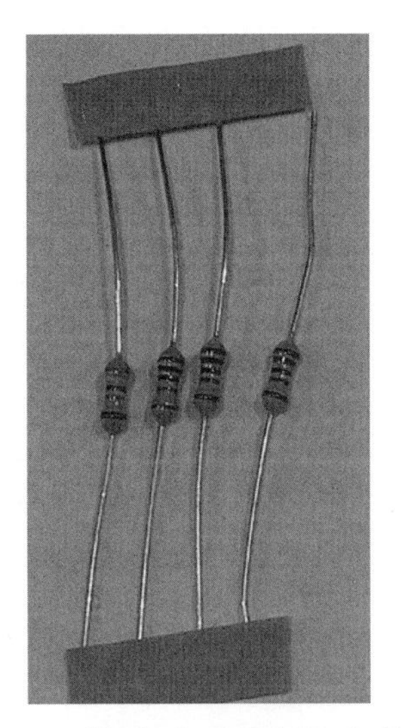

圖 4-21　精密色碼電阻之外觀圖

表 4-11　精密色碼電阻器安裝

擺放方向	數量	電阻器	誤差環
縱向擺放	4 個	R5、R6、R7、R14	最下方

精密色碼電阻極易發生混淆的組合如表 4-12 所示，項次 1 的組合僅有第二環顏色不同，目視容易出現誤判，可使用三用電表歐姆檔輔助測量，減少錯置。

表 4-12　精密色碼電阻易混淆的電阻組合

項次	編號	規格	第一環	第二環	第三環	第四環	第五環
1	R6	10kΩ±1%、1/4W	棕	黑	黑	紅	棕
	R7、R14	15kΩ±1%、1/4W	棕	綠	黑	紅	棕

4. R10、R11、R12

共 3 個一般色碼電阻(四碼電阻)，功率為 2W，外觀如圖 4-22 所示，電阻值不可錯置，依裝配規則(四)電阻器安裝於電路板時，色碼之讀法必須由左而右，由上而下方向一致，即誤差環在最下方或在最右方。本試題中 R10~R12 皆為橫向擺放，誤差環在最右側，安裝電阻時請參考表 4-13。此 3 個色碼電阻極易發生混淆的組合如表 4-14 所示，只有第三環顏色不同，務必注意，目視時相當容易出現誤判，可使用三用電表歐姆檔輔助測量，減少錯置。依裝配規則(六)此 3 個一般色碼電阻(四碼電阻)皆為 2W，裝配時與電路板之間必須有 3～5mm 空間，以利散熱。

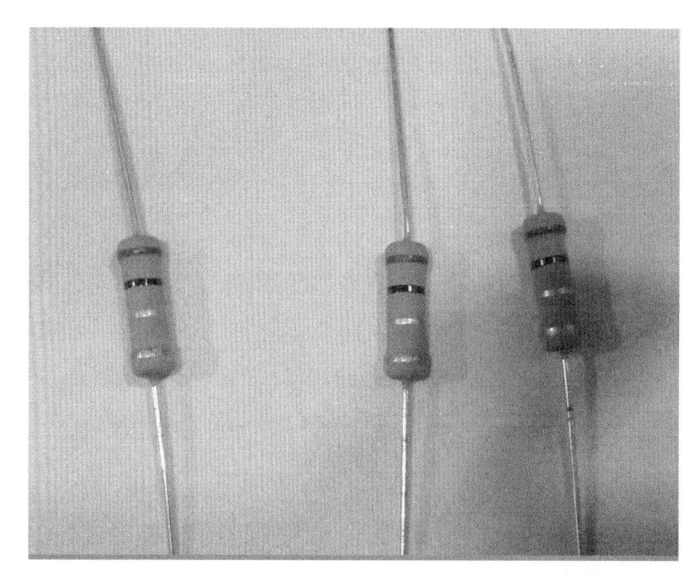

圖 4-22　一般色碼電阻(2W)之外觀圖

表 4-13　一般色碼電阻器(2W)安裝

擺放方向	數量	電阻器	誤差環
橫向擺放	3 個	R10、R11、R12	最右側

表 4-14　一般色碼電阻(2W)易混淆的電阻組合

項次	編號	規格	第一環	第二環	第三環	第四環
1	R10	0.1Ω ±5%、2W	棕	黑	銀	金
	R11、R12	1Ω ±5%、2W	棕	黑	金	金

5. RT1

共 1 個湧浪電流保護器，外觀如圖 4-23 所示，當超出正常工作電流的瞬間即發揮保護功能。含有湧浪阻絕裝置的產品可以有效地吸收突發的巨大能量，以保護連接設備免於受損，表 4-15 為湧浪電流保護器之量測參考。依裝配規則(五)元件標示之數據必須以方便目視及閱讀為原則，本試題之 RT1 為橫向擺放，建議正面(有字的那面)朝向下方，其規格為 5Ω/3A，依裝配規則(六)與電路板之間必須有 3～5mm 空間，不可貼板以利散熱，安裝時請參考表 4-16。

圖 4-23　湧浪電流保護器之外觀圖

表 4-15　湧浪電流保護器量測

歐姆檔(R x1 檔)	接腳 1	接腳 2	電阻測量值
RT1	＋	—	12Ω
	—	＋	12Ω

表 4-16　湧浪電流保護器安裝

擺放方向	數量	湧浪電流保護器	正面
橫向擺放	1 個	RT1	下方

6. C1、C3、C4、C6、C7、C8

共 6 個陶瓷電容器，外觀如圖 4-24 所示，雖無極性但需注意電容量，標示和換算如表 4-17 所示。皆為縱向擺放，依裝配規則(五)元件標示之數據必須以方便目視及閱讀為原則，本試題之 6 個陶瓷電容器皆為縱向擺放，建議正面(有字的那面)朝向左側;依裝配規則(六)銲接時與電路板間應有 3mm 空間。安裝時請參考表 4-18。

圖 4-24　陶瓷電容器之外觀圖

表 4-17　陶瓷電容器之標示

項次	陶瓷電容器	規格	標示	換算
13	C1	1μF/2750VAC	105	$105 \Rightarrow 10\times10^5 pF = 10^6 \times 10^{-12} F = 10^{-6} F = 1\mu F$
15	C3、C4、C8	0.1μF/50V	104	$10\times10^4 pF = 10 \times 10^4 \times 10^{-12} F = 10^{-7} F = 10^{-1} \times 10^{-6} F = 0.1\mu F$
17	C6	220nF/50V	224	$224 \Rightarrow 22\times10^4 pF = 22 \times 10^4 \times 10^{-12} F = 22\times10^{-8} F = 22 \times 10^1 \times 10^{-9} F = 220nF$
18	C7	4.7nF/50V	472	$472 \Rightarrow 47\times10^2 pF = 47 \times 10^2 \times 10^{-12} F = 47\times10^{-10} F = 47 \times 10^{-1} \times 10^{-9} F = 4.7nF$

表 4-18　陶瓷電容器安裝

擺放方向	數量	陶瓷電容器	正面
縱向擺放	6 個	C1、C3、C4、C6、C7、C8	左側

7. C2、C9

共 2 個電解電容器，外觀如圖 4-25 所示，需注意極性和電容量，通常長腳為正端，詳細測量方法請參考第二章，2 個電容器橫向、縱向擺放各一，其中 C2 電容量為 330μF/250V，C9 電容量為 100 μF/50V，取用時須注意元件本體之容量標示，裝配時並留意極性標示。依裝配規則(六)電解電容器裝配時應與電路板密貼。安裝時請參考表 4-19。

圖 4-25　電解電容器之外觀圖

表 4-19　電解電容器安裝

擺放方向	數量	電解電容器	正端
縱向擺放	1 個	C2	上方
橫向擺放	1 個	C9	右側

8. C5

共 1 個積層電容器，外觀如圖 4-26 所示，雖無極性但需注意電容量，標示和換算如表 4-20 所示。依裝配規則(五)元件標示之數據必須以方便目視及閱讀為原則，本試題之積層電容器為縱向擺放，建議 C5 正面(有字的那面)朝向右側;依裝配規則(六)銲接時與電路板間應有 3mm 空間。安裝時請參考表 4-21。

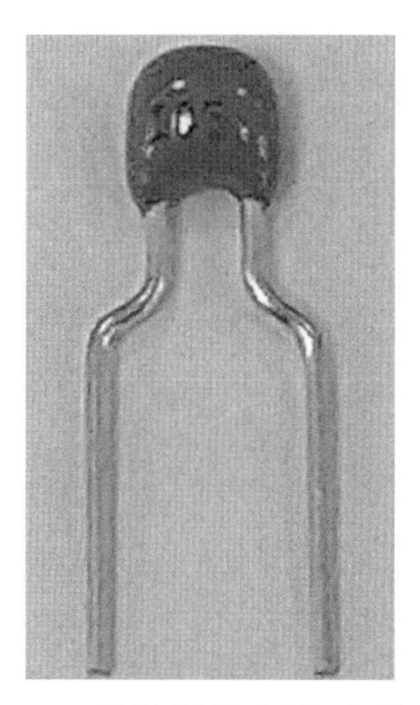

圖 4-26　積層電容器之外觀圖

表 4-20　積層電容器之標示

項次	積層電容器	規格	標示	換算
16	C5	1μF/50V	105	$105 \Rightarrow 10\times10^{5}pF = 10^{6}\times10^{-12}F$ $= 10^{-6}F = 1\mu F$

表 4-21　積層電容器安裝

擺放方向	數量	積層電容器	正面
縱向擺放	1 個	C5	右側

9. C10

共 1 個方形電容器，外觀如圖 4-27 所示，需注意電容量，C10 標示應為 0.22μF/250V，依裝配規則(五)元件標示之數據必須以方便目視及閱讀為原則，本試題之 C10 為縱向擺放，建議 C10 正面(有字的那面)朝向右側;依裝配規則(六)銲接時與電路板間應有 3mm 空間。安裝時請參考表 4-22。

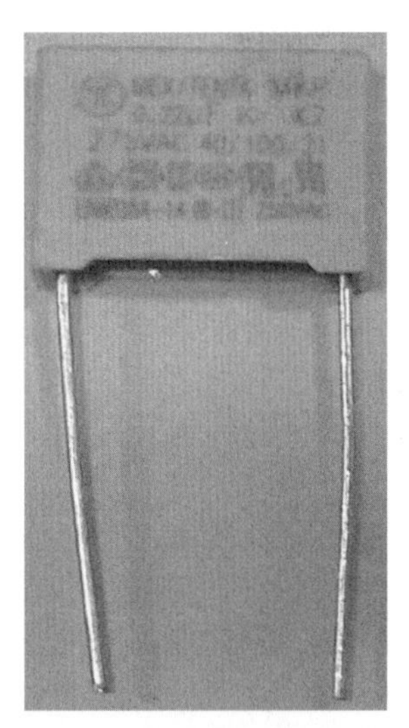

圖 4-27　方形電容器之外觀圖

表 4-22　方形電容器安裝

擺放方向	數量	方形電容器	正面
縱向擺放	1	C10	右側

10. L1

共 1 個電感，外觀如圖 4-28 所示，需注意容量規格，自行繞製之電感 L1 為 1.5mH，參數值量測並經監評老師評分之後才能銲接到電路板上。本試題電感之體積較大，裝配時先將電感立起後再銲接，避免壓到周圍元件。依裝配規則(六)銲接 L1 時與電路板密貼。

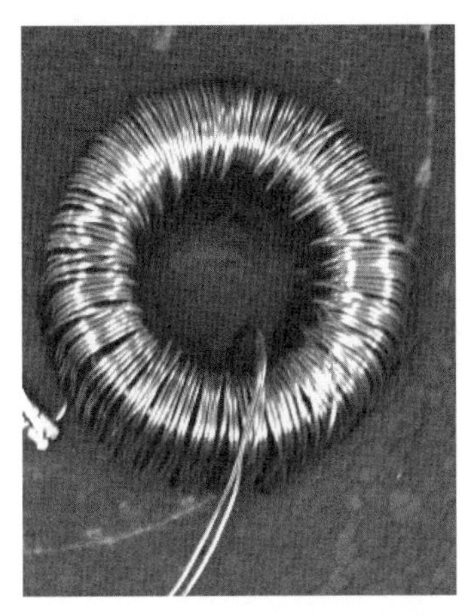

圖 4-28　電感器之外觀圖

11. Q1

共 1 個電晶體，外觀如圖 4-29 所示，為 n 通道增強型 MOSFET，型號為 20N60CFD，需注意型號和接腳。元件本體皆標有型號，相當容易辨識；銲接前先使用三用電表歐姆檔 Rx1 量測三隻接腳，量測數值如表 4-23 所示。銲接時需注意位置和方向，方向錯誤則導致接腳錯誤，請特別注意正面(有字的那面)朝向上方。依裝配規則(六) Q1 應與電路板距離 3~5mm，以利散熱。安裝時請參考表 4-24。

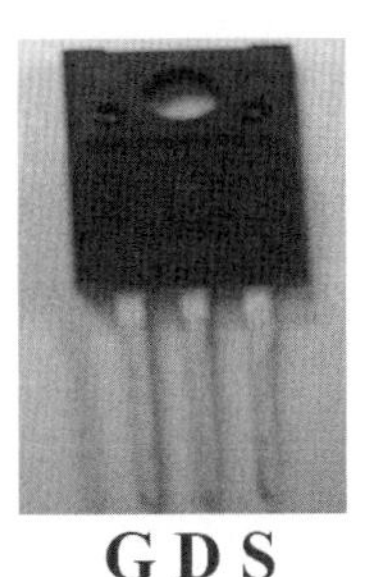

G D S

圖 4-29　電晶體 Q1 之外觀圖

表 4-23　電晶體 Q1 量測

歐姆檔(R x1 檔)	接腳 1	接腳 2	接腳 3	電阻測量值
Q1	＋	—		∞
	—	＋		∞
		＋	—	∞
		—	＋	5.5Ω
	＋		—	∞
	—		＋	∞

表 4-24　電晶體安裝

擺放方向	數量	電晶體	正面
橫向擺放	1 個	Q1	上方

12. D1~D4

共 4 個二極體，外觀如圖 4-30 所示，需注意極性，先使用三用電表歐姆檔量測陽、陰極接腳，接到三用電表內部電池正極的接腳為陽極，接到三用電表內部電池負極的接腳為陰極。而且順偏時為低電阻狀態，逆偏時為高電阻狀態，才是良品，詳細量測方法請參考第二章，量測數值如表 4-25 所示。銲接時需注意位置和方向，請特別注意極性，D1 和 D2 之正面(有字的那面)朝向上方。依裝配規則(六)D3 銲接時與電路板密貼;D1、D2 和 D4 與電路板距離 3~5mm，以利散熱。安裝時請參考表 4-26。

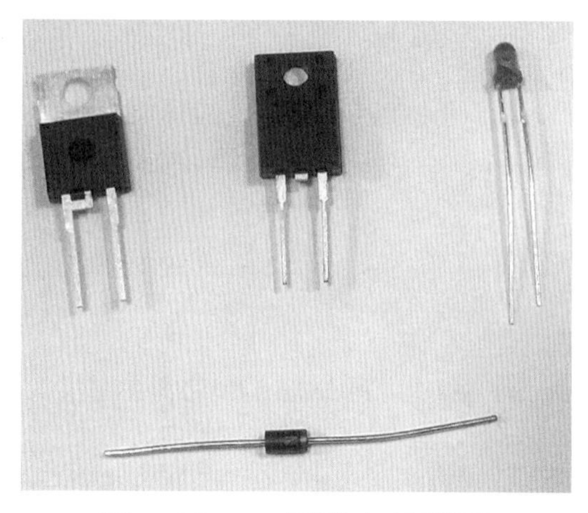

圖 4-30　二極體之外觀圖

表 4-25　二極體量測

歐姆檔(R x1 檔)	接腳 1	接腳 2	電阻測量值
D1	+	—	∞
	—	+	8.5Ω
D2	+	—	∞
	—	+	6Ω
D3	+		∞
	—	+	7Ω
D4	+	—	40Ω(亮/發光狀態)
	—	+	∞(滅/不發光狀態)

表 4-26　二極體安裝

擺放方向	二極體	正面	陽極	陰極
橫向擺放	D1、D2	朝上	左側	右側
縱向擺放	D3	X	上方	下方
	D4	X	下方	上方

13. U1

共 1 個控制積體電路(IC)，外觀如圖 4-31 所示，需注意型號和接腳，U1 型號為 2PCS02，為 8 腳之表面黏著元件(SMD)，銲接時需注意位置和方向，直接銲於電路板背面，電路板上的白點為第 1 腳，切勿錯置。控制 IC 安裝如表 4-27 所示，表中呈現電路板從正面向右翻面時之第 1 腳位置。依裝配規則(六)U1 銲接時與電路板密貼。

圖 4-31　控制 IC 之外觀圖

表 4-27　控制 IC 安裝

控制 IC	位置	第 1 腳位置
U1	電路板背面	左上方

14. 測試端子

標示 L、N、Vcc、GND1、Vo、GND、TP1、TP2、TP3、TP4 共 10 個測試端子，外觀如圖 4-32 所示，為電路板用接線柱，主要用來讓應檢人員在輸入側加入交流電壓，並在各測試點和輸出側量測電壓。使用時將較短的一端穿過電路板標示為 L、N、GND、Vcc、Vo.....各點，在銅箔面以銲錫固定之，較長的一端則留在元件面以供測量之用。端子整體皆為金屬導體，銲接時導熱很快，溫度會急速增加，請使用尖嘴鉗協助，切勿直接徒手觸摸造成燙傷。

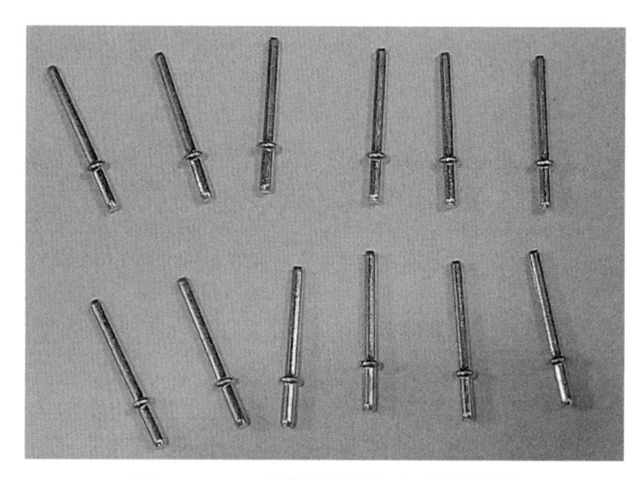

圖 4-32　測試端子之外觀圖

15. 六角銅柱和六角螺帽

各 4 個，外觀如圖 4-33 所示，六角銅柱主要功用為架高電路板，避免銅箔面接觸到桌面之金屬物品而造成短路，安裝時將六角銅柱由下方架於電路板四周之孔洞上，螺牙側再以六角螺帽固定。

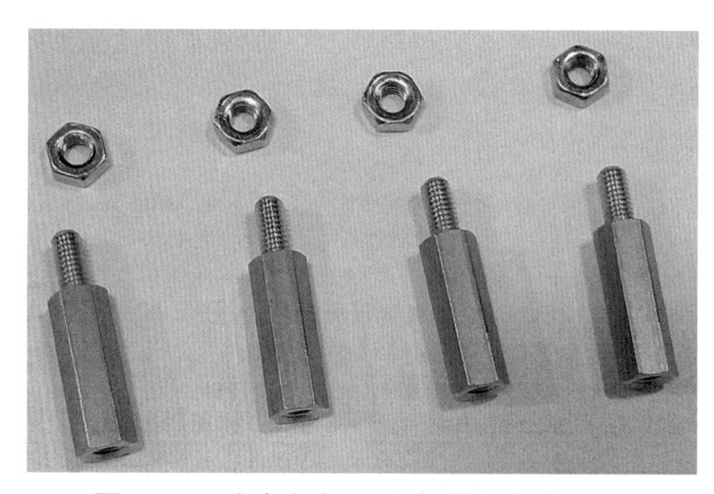

圖 4-33　六角銅柱和六角螺帽之外觀圖

16. DB

共 1 個橋式整流二極體，外觀如圖 4-34 所示，型號為 GBU406，需注意接腳，輸入為交流(2、3 腳)，標示為~，輸出為直流(1、4 腳，第 1 腳為正端)，標示為+、一，量測數值如表 4-28 所示。銲接時需注意位置和方向，方向錯誤則導致接腳錯誤，請特別注意正面(有字的那面)朝向左側。依裝配規則(六)DB 應與電路板距離 3~5mm，以利散熱。安裝時請參考表 4-29。

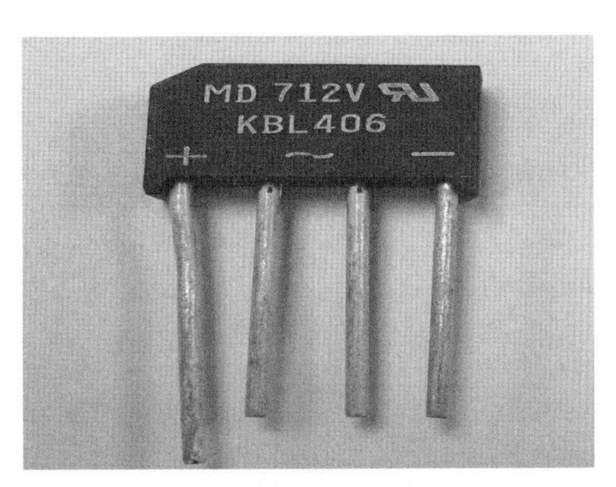

圖 4-34　橋式整流二極體之外觀圖

表 4-28　橋式整流二極體 DB 量測

歐姆檔(R x1 檔)	接腳 1	接腳 2	接腳 3	接腳 4	電阻測量值
DB	+	—			∞
	—	+			6Ω
		+	—		∞
		—	+		∞
			+	—	∞
			—	+	6Ω
	+		—		∞
	-—		+		6Ω
	+			—	∞
	—			+	16Ω
		+		—	∞
		—		+	6Ω

表 4-29　橋式整流二極體安裝

擺放方向	數量	橋式整流二極體	正面
縱向擺放	1	DB	左側

17. F1

共 1 個保險絲,附保險絲底座 2 個,外觀如圖 4-35 所示,需注意其規格為 250V/6A、20mm。銲接前可先目視保險絲是否熔斷，或使用三用電表歐姆檔 Rx1 量測保險絲，兩次電阻值應為 0Ω，才是良品，量測數值如表 4-30 所示，依裝配規則(六)銲接時保險絲底座與電路板密貼，注意方向，先銲接保險絲底座，再將保險絲安裝在兩個底座之間。

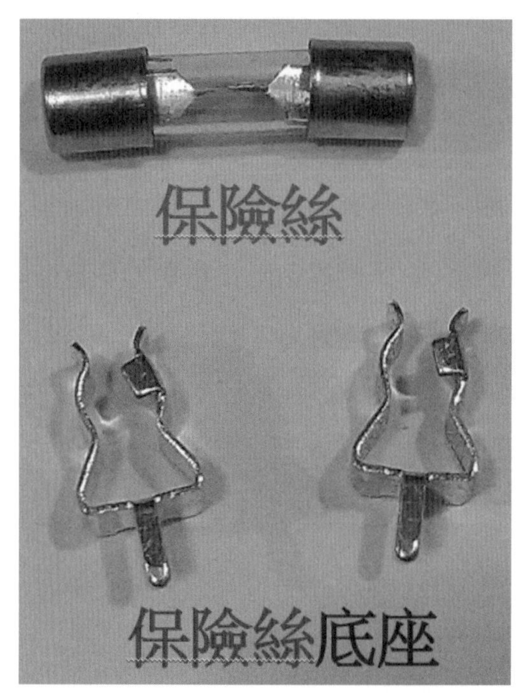

圖 4-35　保險絲之外觀圖

表 4-30　保險絲量測

歐姆檔(R x1 檔)	接腳 1	接腳 2	電阻測量值
F1	+	—	0Ω
	—	+	0Ω

18. J1、J2

共 2 個電流測試端子 J1、J2 和 2 條連接線，外觀如圖 4-36 所示，J1 為測量 L1 電流 i_L 所需跳線之測試端子，J2 為測量 D1 電流 i_{AK} 所需跳線之測試端子，兩者搭配 1p、2.54mm 雙頭杜邦連接器、長度為 20cm、導體截面積 1mm²以上之連接線使用。依裝配規則(六)J1 和 J2 銲接時與電路板密貼，測試電路板時記得接上連接線。

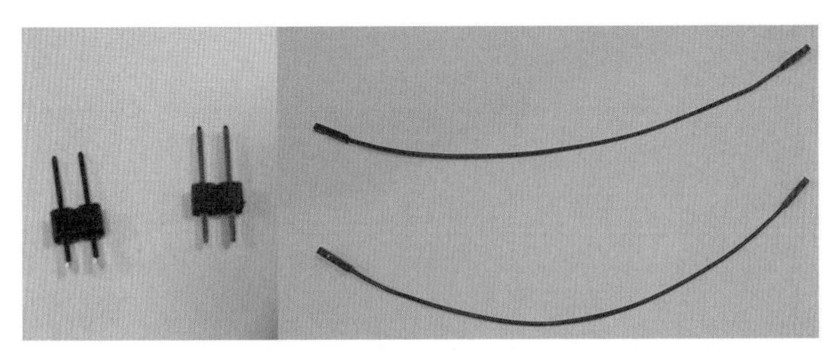

圖 4-36　電流測試端子和連接線之外觀圖

19. W1

共 1 條單芯線，外觀如圖 4-37 所示，W1 為電壓感測/回授路徑之連接線，線徑為 1.0mm、長度為 20cm，裝配時建議使用和 J1、J2 相同之電流測試端子，若解除 W1 則形成開迴路控制，亦可直接以短路線銲接。

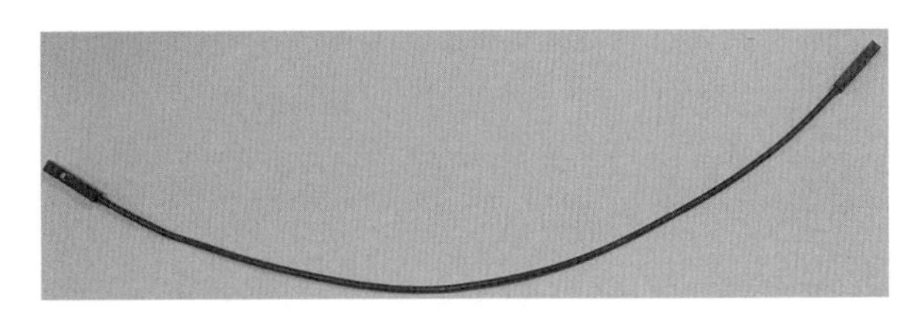

圖 4-37　單芯線之外觀圖

20. 短路夾

共 2 個，外觀如圖 4-38 所示，進行電路板測試和電壓量測時，可將連接線解除，以短路夾安裝於 J1、J2，同樣具備連接電路之功能。

圖 4-38　短路夾之外觀圖

元件檢查後即可以進行插件工作，安插之原則係依高低層次，以先低後高之順序將元件放至正確位置，即越接近電路板的元件越先放，離電路板越遠的元件越晚放，電路板完成之正面如圖 4-39 所示。將元件插入預定位置後，即可翻至銅箔面進行銲接固定工作，電路板完成之背面如圖 4-40 所示，與銲接裝配相關之評分表如表 4-31 所示。

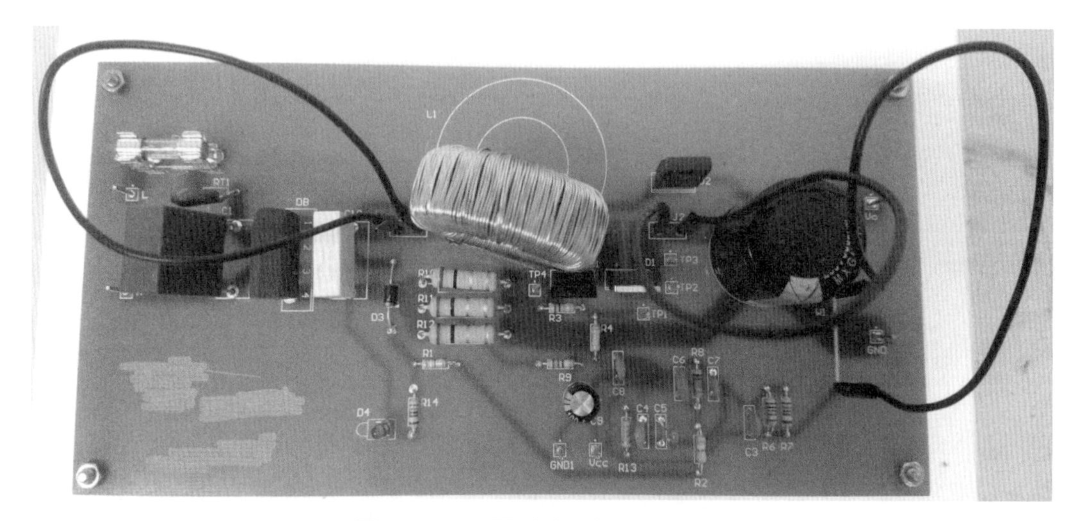

圖 4-39　電路板成品(正面)

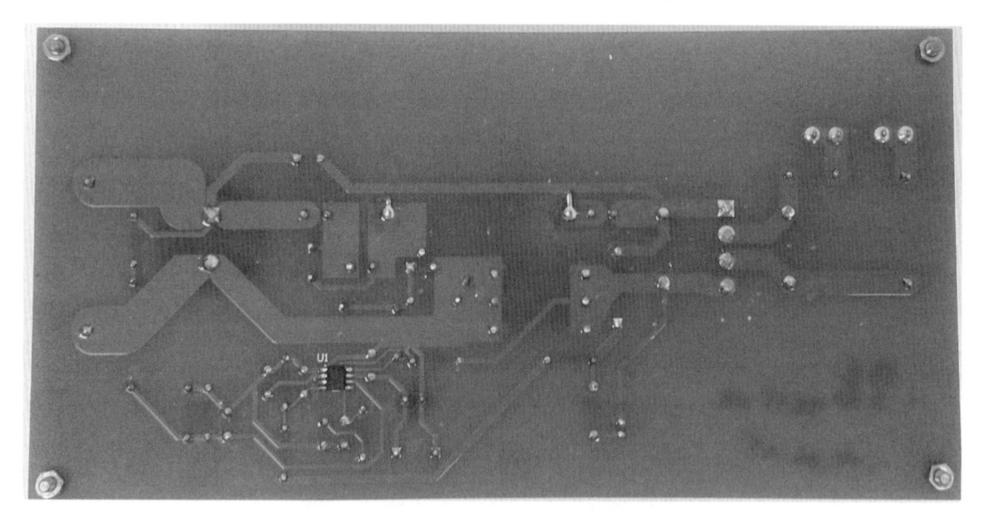

圖 4-40　電路板成品(背面)

表 4-31　評分表-銲接裝配

項目	評分標準	扣分標準			備註
		每處扣分	最高扣分	每項最高扣分	
四銲接裝配	1. 冷銲或銲接不當以致銅片脫離或浮翹者	2	20	50	
	2. 電路板上殘留錫渣、零件腳等異物者	2	20		
	3. 銲接不良，有針孔、焦黑、缺口、不圓滑等	1	20		
	4. 元件裝配或銲接未符合裝配或銲接規則者	1	20		

4-4-4　電路測試

電路板製作完畢後，請先進行下列測試：

1. 短路試驗

將三用電表置於歐姆檔(RX1 檔)，分別測量交流輸入端 L、N，電源供應器輸入端 Vcc、GND1，輸出 Vo、GND 各點，每處需量測兩次，兩者皆不可為 0Ω，表示電路板至少無短路現象。短路試驗之電阻測量值如表 4-32 所示。若有短路現象，應檢視電路板及其連接線，是否因不當銲接導致短路情形發生。送電測試前務必進行短路試驗，避免通電檢驗發生嚴重短路現象，影響用電安全，此時會被監評老師依發生重大缺失之規定命令應檢人停止工作，不得重修電路，並以不及格論。

表 4-32　短路試驗

量測點	內部電池正端	內部電池負端	電阻測量值
L、N	L	N	∞
	N	L	∞
Vcc、GND1	Vcc	GND1	∞
	GND1	Vcc	9Ω
Vo、GND	Vo	GND	∞
	GND	Vo	15Ω

2. 無載試驗

先進行無載測試，即輸出端不接任何負載，呈現開路狀態。依下列步驟進行：

1. 將自耦變壓器電壓調整為 0 V，並連接自耦變壓器於電路輸入端 L、N。
2. 連接直流電源供應器至電路輔助電源 VCC、GND1 端子，選擇獨立模式 (INDEP)，調整直流電源供應器輸出電壓為 18V、電流限制為 3A，提供電力給控制 IC，利用三用電表量測電壓、確認數值，直流電源供應器設定如圖 4-41 所示。
3. 將自耦變壓器插頭接至交流電源 110V 插座，先輸入直流電壓 18V，再慢慢調整自耦變壓器輸出電壓，注意電路板之紅色 LED 應亮，請特別注意安全，避免感電。
4. 將自耦變壓器之輸出電壓逐漸調至 110V，利用三用電表量測電路板輸出端電壓，正確數值為直流 200V(±5%)，實際連接測試請參考圖 4-42，三用電表測量 Vo 為 198.9V，表示電路板之無載輸出正確。
5. 通過無載試驗後，需繼續進行滿載試驗，否則須進行除錯。

圖 4-41　直流電源供應器設定

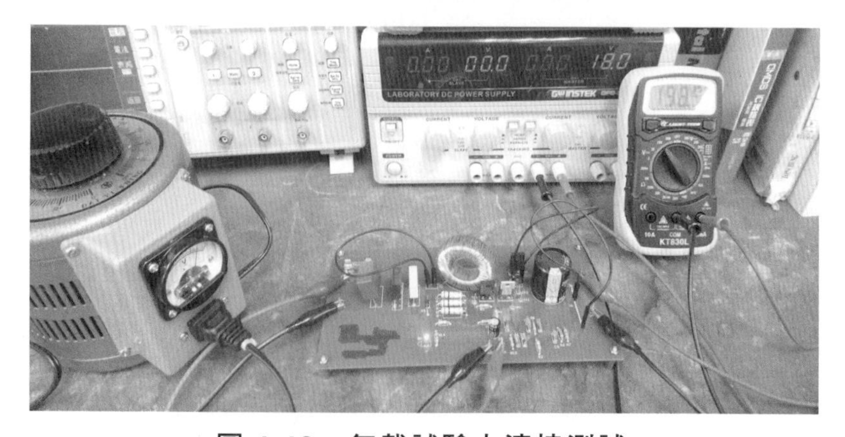

圖 4-42　無載試驗之連接測試

3. 滿載試驗

接著進行滿載測試，即輸出端 Vo 連接 400Ω/150W 之功率電阻器，依下列步驟進行：

1. 開啟(on)功率電阻器 1600Ω/150W 之並聯開關，得到 800Ω/150W 電阻，再利用連接線和 800Ω/150W 功率電阻器並聯，即獲得等效 400Ω/150W 之功率電阻(滿載狀態)，將此負載連接至電路板輸出 Vo、GND 端。
2. 將自耦變壓器電壓調整為 0 V，並連接自耦變壓器於電路輸入端 L、N。
3. 連接直流電源供應器至電路輔助電源 VCC、GND1 端子，調整直流電源供應器輸出電壓為 18V、電流限制為 3A，提供電力給控制 IC。
4. 將自耦變壓器插入電源插座，先輸入直流電壓 18V，再慢慢調整自耦變壓器輸出電壓，注意電路板之紅色 LED 應亮，請特別注意安全，避免感電。
5. 將自耦變壓器之輸出電壓逐漸調至 110V，利用三用電表量測電路板輸出端電壓，正確數值為直流 200V(±5%)，實際連接測試請參考圖 4-43，三用電表測量 Vo 為 196.9V，表示電路板之滿載輸出正確。

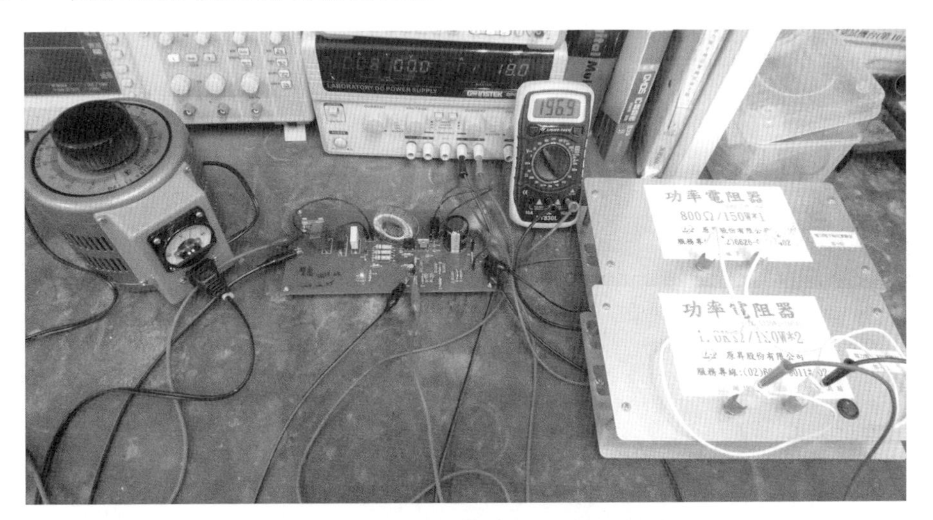

圖 4-43　滿載試驗之連接測試

通過上述三階段之短路試驗、無載試驗和滿載試驗後，表示電路板正確無誤，若未能通過任一階段即須進行電路除錯工作。

4-4-5 功率及效率量測

通過上述三階段之試驗後，表示電路板正確無誤，即可進行如表 4-33 之功率及效率量測。連接自耦變壓器於電路輸入端，連接直流電源供應器至電路輔助電源端，依照下表的量測要求，輸入交流 110V 電壓，並於電路輸出端分別連接等效 1600Ω/150W(1/4 載)、800Ω/150W(半載)和 400Ω/150W(滿載)之功率電阻，量測或計算電路的電壓、電流、功率、效率、功率因數和輸出電壓漣波，其中輸入電壓與電流以示波器或多功能電表顯示數值為準，輸出電壓與電流則分別以差動電壓探棒及電流探棒量測，輸入功率及功率因數以多功能電表量測。注意輸出端為直流，輸出電壓 Vo 和輸出電流 Io 應選擇平均值記錄之。實際連接測試如圖 4-44，功率及效率量測之儀器、理論值和計算值如表 4-34 所示，和功率及效率量測相關之評分表如表 4-35 所示。

表 4-33 功率因數修正器功率及效率量測結果

項次	負載電阻	輸入電壓 (V_S, V_{rms})	輸入電流 (I_S, A_{rms})	輸入功率 (P_{in}, W)	輸出電壓 (V_o, V)	輸出電流 (I_o, A)	輸出功率 (P_o, W)	效率 (η, %)	功率因數	輸出電壓漣波 (V_{pp}, V)
1	1600Ω	110V								
2	800Ω	110V								
3	400Ω	110V								

圖 4-44 功率因數修正器功率及效率量測之實體

表 4-34　功率及效率量測之儀器、理論值和計算值/量測值

項次	量測	使用儀器	理論值	計算值/量測值
1	輸入電壓 (Vs,V)	多功能電表	110V(rms)	X
2	輸入電流 (Is,A)	多功能電表	X	量測值
3	輸入功率 (Pin,W)	多功能電表	X	量測值
4	輸出電壓 (Vo,V)	電壓探棒搭配示波器	平均值 200V(±5%) 即 190V~210V	量測值
5	輸出電流 (Io,A)	電流探棒搭配示波器	平均值 $I_o=\frac{V_o}{R_L}=\frac{200V}{R_L}=\begin{cases}200V/1600\Omega=125mA,1/4\text{載}\\200V/800\Omega=250mA,\text{半載}\\200V/400\Omega=500mA,\text{滿載}\end{cases}$	量測值
6	輸出功率 (Po,W)	計算機	X	輸出電壓 Vo x 輸出電流 Io
7	效率(η,%)	計算機	1. 0≦ η ≦100% 2. 效率越大越好 3. 滿載時，效率最大	$\eta=\frac{P_o}{P_{in}}\times100\%$
8	功率因數	多功能電表	0≦$p.f$≦1(試題要求 0.9 以上)	量測值
9	輸出電壓漣波 (Vpp, V)	電壓探棒搭配示波器	Vo 漣波峰對峰值應小於 6V (不含開關切換所產生之尖波)	量測值

表 4-35　評分表-功率及效率量測

項目	評分標準	扣分標準			備註
		每處扣分	最高扣分	每項最高扣分	
二、功能	1. 電路輸出端平均電壓無法調整至 200V(±5%)(依動作要求之測試項目，不符者每處扣分)	20	50	50	無載、半載及全載下之輸出電壓
	2. 各負載條件下之輸出電壓漣波應低於 6V(依動作要求之測試項目，不符者每處扣分)	5	15		

項目	評分標準	扣分標準			備註
		每處扣分	最高扣分	每項最高扣分	
	3. 各負載條件下之功率因數皆須高於 0.9(依動作要求之測試項目，不符者每處扣分)	20	50		
三、量測	3. 電路效率量測表欄位空白未填或填寫不實	5	40	50	

功率因數修正器之 Vo 和 Io 輸出波形如圖 4-45~圖 4-47，滿載之輸入電壓 Vs、輸入電流 Is、輸入功率 Pin 和功率因數 pf 測量如圖 4-48~圖 4-51，功率及效率實際量測和計算結果如表 4-36 所示，以項次 3 為例說明之，其它項次依此類推，考生應試時請攜帶計算機。

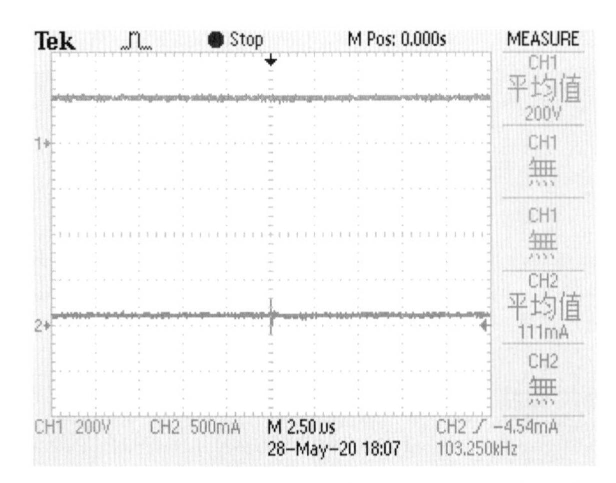

圖 4-45　1/4 載(1600Ω)之 Vo 和 Io 測量波形

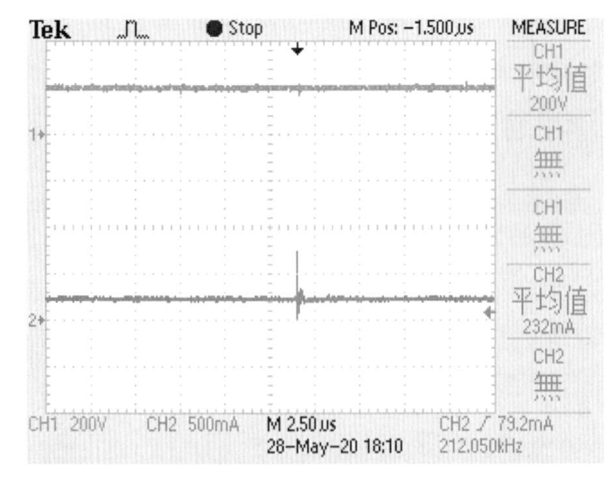

圖 4-46　半載(800Ω)之 Vo 和 Io 測量波形

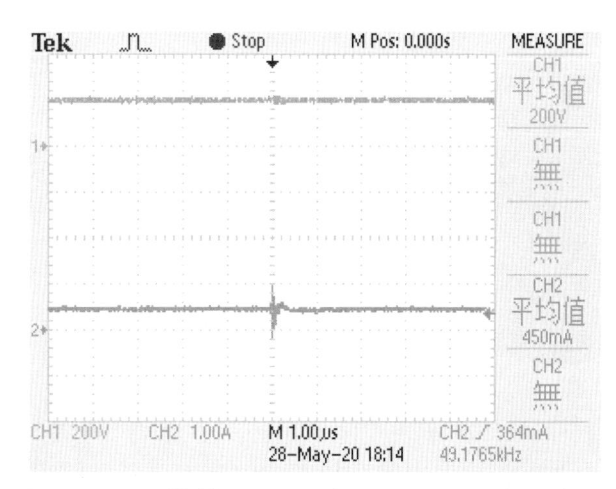

圖 4-47　滿載(400Ω)之 Vo 和 Io 測量波形

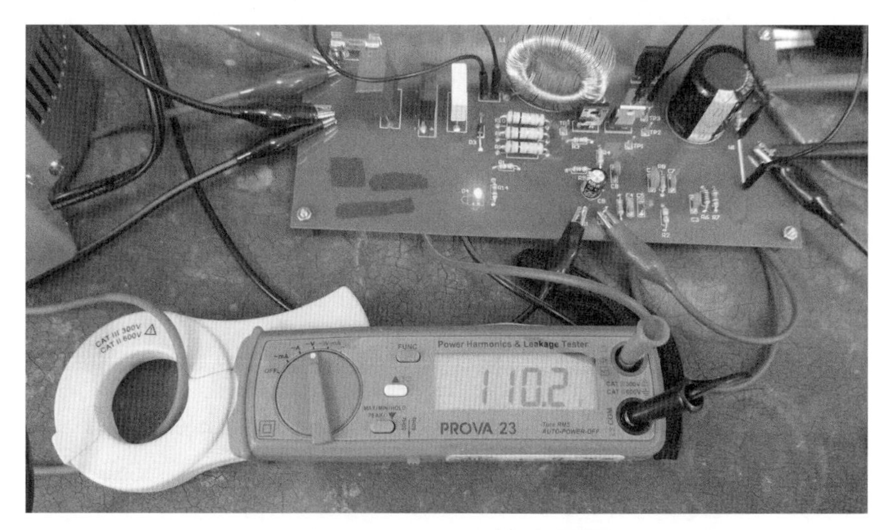

圖 4-48　滿載(400Ω)之輸入電壓 Vs 測量

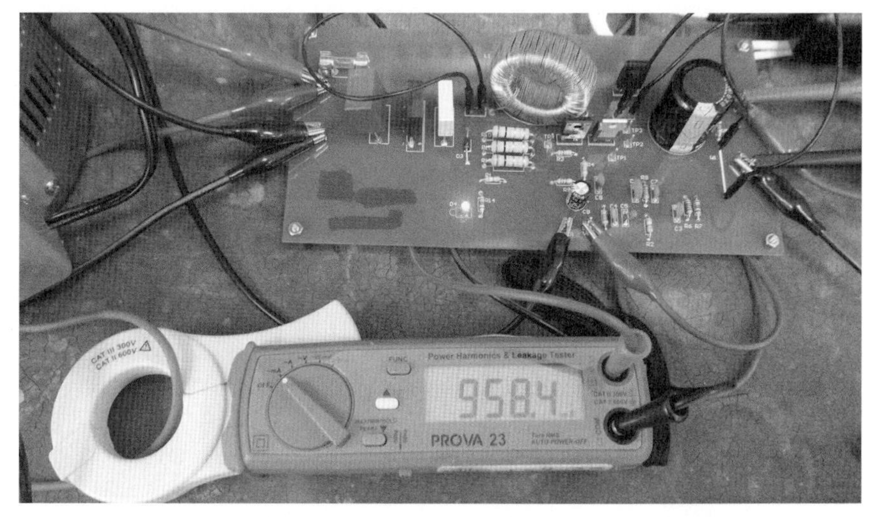

圖 4-49　滿載(400Ω)之輸入電流 Is 測量

圖 4-50　滿載(400Ω)之輸入功率 Pin 測量

圖 4-51　滿載(400Ω)之功率因數 pf 測量

表 4-36　功率因數修正器功率及效率實際量測結果

項次	負載電阻	輸入電壓(Vs,Vrms)	輸入電流(Is,Arms)	輸入功率(Pin,W)	輸出電壓(Vo,V)	輸出電流(Io,A)	輸出功率(Po,W)	效率(η,%)	功率因數	輸出電壓漣波(Vpp,V)
1	1600Ω	110V	242.6mA	26.42W	200V	111mA	22.2	84.03%	0.965	880mV
2	800Ω	110V	498.9mA	54.05W	200V	232mA	46.4	85.85%	0.985	1.24V
3	400Ω	110V	958.4mA	105.2W	200V	455mA	91	86.5%	1.0	1.28V

$$P_o = V_o \times I_o = \ 200 \times 455mA = 91\,W$$

$$\eta = \frac{P_o}{P_{in}} \times 100\% = \frac{91}{105.2} \times 100\% = 86.5\%$$

考生以示波器量測電壓漣波時，應調整示波器設定使輸出電壓波形占螢幕 2 格以上垂直刻度，其電壓漣波峰對峰值應小於 6V(不含開關切換所產生之尖波)，顯示波形須呈現 2~3 個週期。漣波測量時，應調整示波器耦合方式為交流，利用游標(cursor)進行量測較為方便快速，如圖 4-52 所示，詳細步驟請參考第二章。輸出漣波測量完畢後，記得將示波器耦合方式變更為直流，以免造成後續之波形量測錯誤。

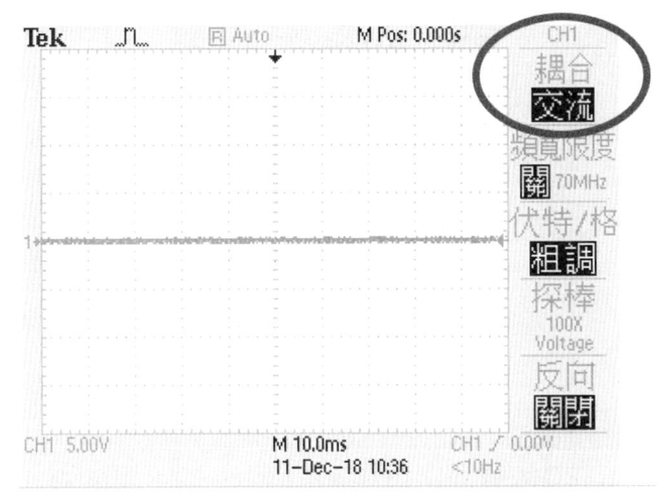

圖 4-52　漣波測量時之示波器設定

漣波測量結果如圖4-53~圖4-55所示，Vo輸出電壓漣波峰對峰值皆小於6V(不含開關切換所產生之尖波)。

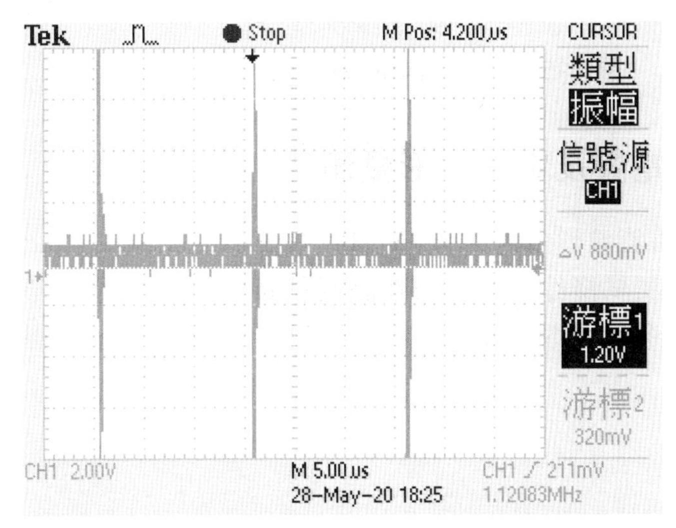

圖 4-53　1/4 載(1600Ω)，Vo 漣波量測波形

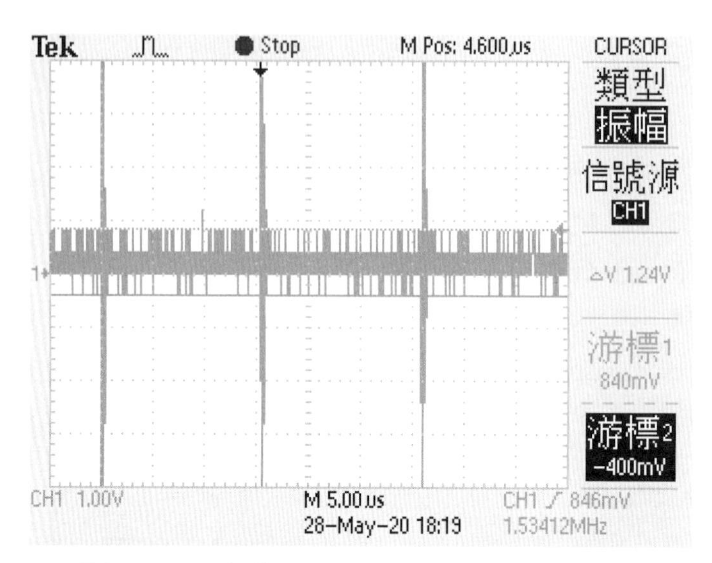

圖 4-54　半載(800Ω)，Vo 漣波量測波形

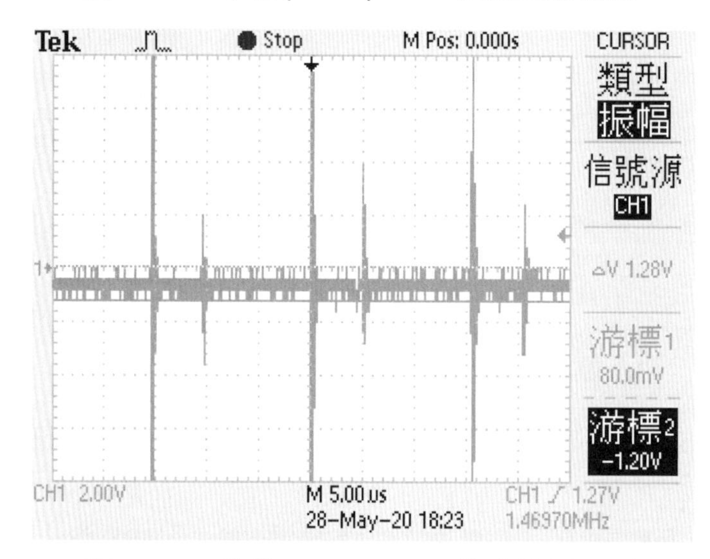

圖 4-55　滿載(400Ω)，Vo 漣波量測波形

4-4-6　電路的電壓及電流波形量測

本題之電壓與電流波形量測共有 A、B、C 三個測試條件，如表 4-37 所示，監評人員現場指定一個測試條件，考生須在該測試條件下實際量測波形，並進行描繪記錄。每個測試條件皆須利用電壓探棒與電流探棒配合示波器，量測如表 4-38 所示之波形。

表 4-37　電壓及電流波形量測之測試條件

測試條件	交流輸入電壓	直流輔助電源	負載	R_L 數值
A	110V(rms)	18V	1/4 載	1600Ω/150W
B	110V(rms)	18V	半載	800Ω/150W
C	110V(rms)	18V	滿載	400Ω/150W

表 4-38　電壓及電流波形量測點

測試條件	示波器 CH1	示波器 CH2	備註
A1/B1/C1	V_S	i_S	自耦變壓器
A2/B2/C2	V_{AK}	i_{AK}	二極體 D1
A3/B3/C3	V_{GS}	i_L	MOSFET Q1、電感器 L1

測量波形之步驟如下所示：

1. 示波器耦合方式：直流。
2. 選擇量測電壓或電流。
3. 倍率調整：電壓探棒與電流探棒配合示波器，測試棒應設定於 1：1，使量測值等於實際值，儀器設定如表 4-39 示。

表 4-39　儀器設定

量測	儀器設定	
電壓	電壓探棒	示波器
	X 100	探棒：電壓 100X
電流	電流探棒	示波器
	100mV/A	探棒：電流 100mV/A 10A/V 10X

4. 確認負載(1/4 載、半載或滿載)。
5. 探棒放至正確量測點後再送電。
6. 先斷電再移動探棒以變換量測點。
7. 考生以示波器量測波形時，應調整示波器各項設定，CH1 和 CH2 兩通道的波形不可重疊，基準點(0V 或 0A 處)要對準格線，振幅調整適當。顯示波形須呈現 2~3 個週期，CH1 正緣觸發之零點對齊螢幕最左側，並將顯示波形對映描繪至答案卷上。
8. 波形調整後善用示波器之執行/停止功能，先將適當之波形擷取在示波器螢幕上，斷電後再進行波形繪製。

繪圖時注意事項如下：

1. 基準點(0V 或 0A 處)要標示。
2. CH1 和 CH2 要標示。
3. 描繪時注意相對位置。
4. 先以鉛筆繪製，修改方便，確定後再以原子筆描繪。
5. 繪製時須呈現真實波形，避免失真。

與電壓及電流波形量測相關之評分表如表 4-40 所示。

表 4-40　評分表-電壓及電流波形量測

項目	評分標準	扣分標準			備註
		每處扣分	最高扣分	每項最高扣分	
三、量測	2. 電路波形量測圖未繪製、繪製錯誤、欄位空白未填、填寫不實，不符者每處扣分	5	50	50	

A. 四分之一負載條件：連接自耦變壓器於電路輸入端，將電壓設定於 110V，電路輸出端連接 1600Ω/150W 功率電阻後，送電後使用示波器分別量測下列波形，並描繪波形於方格中，且兩通道的波形不可重疊。

A.1 通道 1(CH1)：自耦變壓器之電壓(V_S)，
通道 2 (CH2)：自耦變壓器之電流(i_S)。

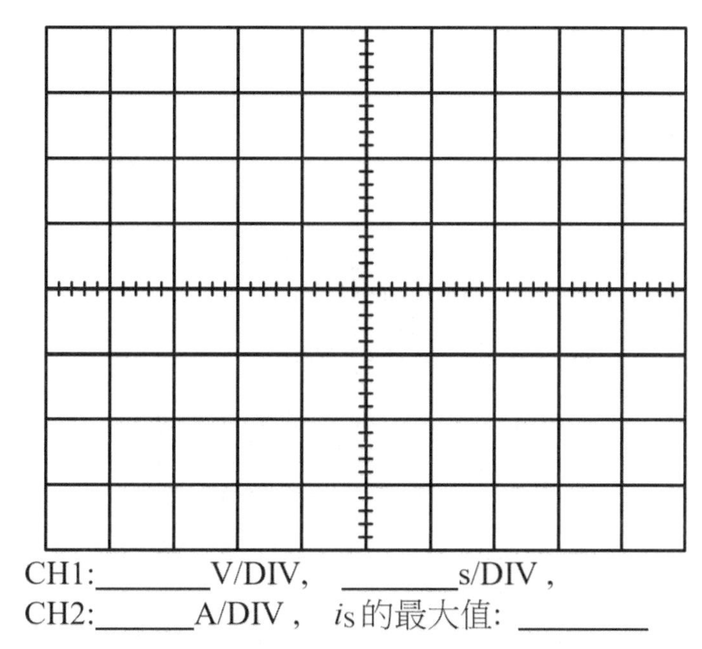

CH1:_______V/DIV, _______s/DIV ,
CH2:______A/DIV , i_S的最大值: ________

圖 4-56 自耦變壓器的電壓及電流波形圖(四分之一負載)

A.2 通道 1 (CH1)：二極體 D1 之陽極-陰極電壓(V_{AK})，
通道 2 (CH2)：二極體 D1 電流(i_{AK})。

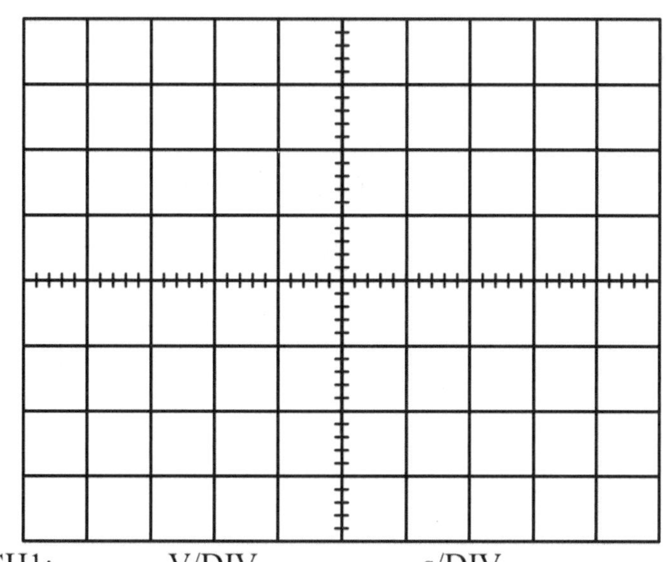

CH1:_______V/DIV , _______s/DIV ,
CH2:________A/DIV
v_{AK}的最大值:________ ，i_{AK}的最大值:________

圖 4-57 二極體 D1 的電壓及電流波形圖(四分之一負載)

A.3 通道 1 (CH1)：MOSFET Q1 之閘極-源極電壓(V_{GS})，
通道 2 (CH2)：電感器電流(i_L)。

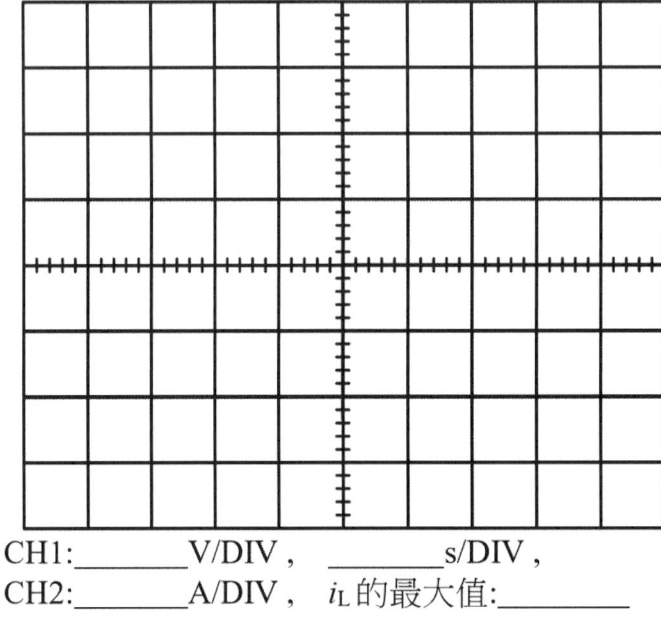

圖 4-58 MOSFET Q1 的閘極-源極電壓及電感器電流波形圖(四分之一負載)

A.1 實際量測如下：量測自耦變壓器的電壓及電流波形，即 V_S和 i_S，探棒配置如表 4-41 示。V_S為交流輸入端電壓，應為正弦波 $V_{S(rms)}$=110V; i_S為交流輸入端電流，應已修正為近似正弦波，功率因數修正電路後之 V_S和 i_S兩者幾乎同相，相位角接近 0°，此時功率因數 p.f≒cos0=1，實際波形如圖 4-59 所示。以上之探棒配置和波形說明亦適用於 B1 和 C1。

表 4-41 A1 之探棒配置

量測	示波器	紅棒	黑棒	備註
V_S	CH1	L	N	差動探棒
i_S	CH2	L 或 N		電流探棒

A.1 通道 1 (CH1)：自耦變壓器之電壓(V_S)，
通道 2 (CH2)：自耦變壓器之電流(i_S)。

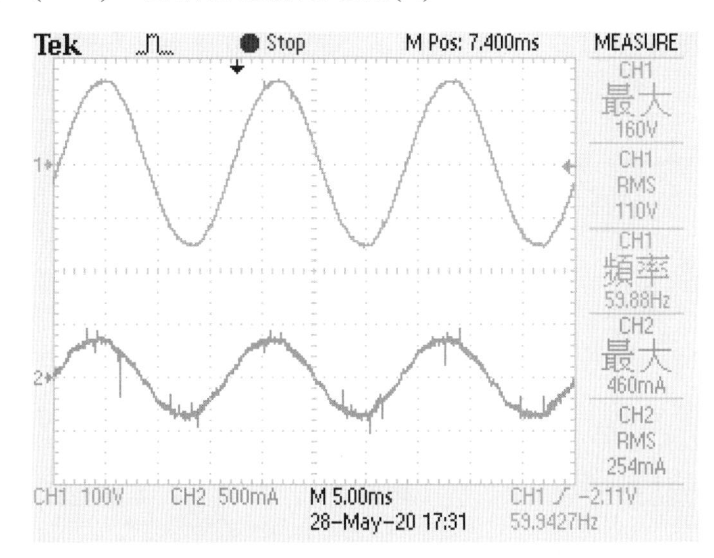

CH1: 100V V/DIV; 5ms s/DIV
CH2: 500mA A/DIV; i_S的最大值: 460m A

圖 4-59 自耦變壓器的電壓及電流實際波形圖(四分之一負載)

A.2 實際量測如下：量測二極體 D1 的電壓及電流實際波形圖，即 V_{AK} 和 i_{AK}，探棒配置如表 4-42 所示。D1 為二極體，由 V_{AK} 控制導通與截止，稱為壓控元件。當 $V_{AK} \geqq 0$ 時，二極體為順向偏壓，D1 導通，二極體近似短路，$V_{AK} \fallingdotseq 0$，i_{AK} 由 0A 開始上升至最大值；反之當 $V_{AK}<0$ 時，二極體為逆向偏壓，D1 截止，二極體近似開路，i_{AK} 由最大值開始下降至 0A；實際波形如圖 4-60 所示。以上之探棒配置和波形說明亦適用於 B2 和 C2。

表 4-42 A2 之探棒配置

量測	示波器	紅棒	黑棒	備註
V_{AK}	CH1	TP2	TP3	差動探棒
i_{AK}	CH2	J2 jumper		電流探棒

A.2 通道 1 (CH1)：二極體 D1 之陽極-陰極電壓(V_{AK})，
通道 2 (CH2)：二極體 D1 電流(i_{AK})。

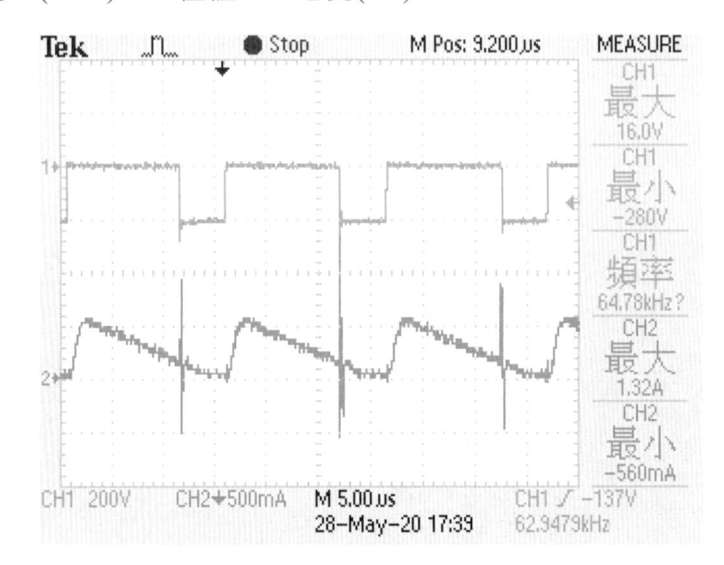

CH1: 200V V/DIV; 5μs s/DIV
CH2: 500mA A/DIV;
V_{AK}的最大值: 16 V；i_{AK}的最大值: 1.32 A

圖 4-60 二極體 D1 的電壓及電流實際波形圖(四分之一負載)

A.3 實際量測如下：量測 MOSFET Q1 的導通與截止電壓和電感器電流，即 V_{GS} 和 i_L，探棒配置如表 4-43 所示。Q1 為 n 通道 MOSFET，由 V_{GS} 控制 D-S 間通道之導通與截止，稱為壓控元件。當 V_{GS} 為高電壓時，吸引足夠數量之電子，建立通道，Q1 導通，此時電感為儲能狀態，電感電流 i_L 由 0A 開始上升至最大值；反之當 V_{GS} 為低電壓時，無法吸引電子建立通道，Q1 截止，此時電感為釋能狀態，電感電流 i_L 由最大值開始下降至 0A，實際波形如圖 4-61 所示。以上之探棒配置和波形說明亦適用於 B3 和 C3。

表 4-43 A3 之探棒配置

量測	示波器	紅棒	黑棒	備註
V_{GS}	CH1	TP1	TP4	差動探棒
i_L	CH2	J1 jumper		電流探棒

A.3 通道 1 (CH1)：MOSFET Q1 之閘極-源極電壓(V_{GS})，

通道 2 (CH2)：電感器電流(i_L)

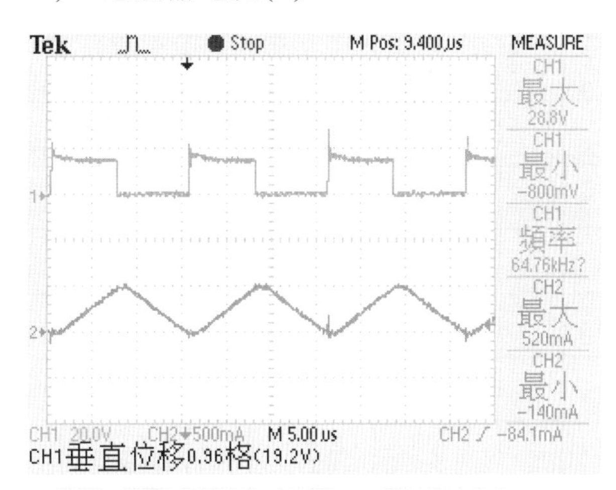

CH1: 20V V/DIV; 5μs s/DIV

CH2: 500mA A/DIV; i_L的最大值: 520m A

圖 4-61　MOSFET Q1 的閘極-源極電壓及電感器電流實際波形圖(四分之一負載)

B. 半載條件：連接自耦變壓器於電路輸入端，將電壓設定於 110V，電路輸出端連接等效 800Ω/150W 功率電阻後(兩個 1600Ω/150W 功率電阻器並聯)，送電後使用示波器分別量測下列波形，並描繪波形於方格中，且兩通道的波形不可重疊。

B.1 通道 1 (CH1)：自耦變壓器之電壓(V_S)，

通道 2 (CH2)：自耦變壓器之電流(i_S)。

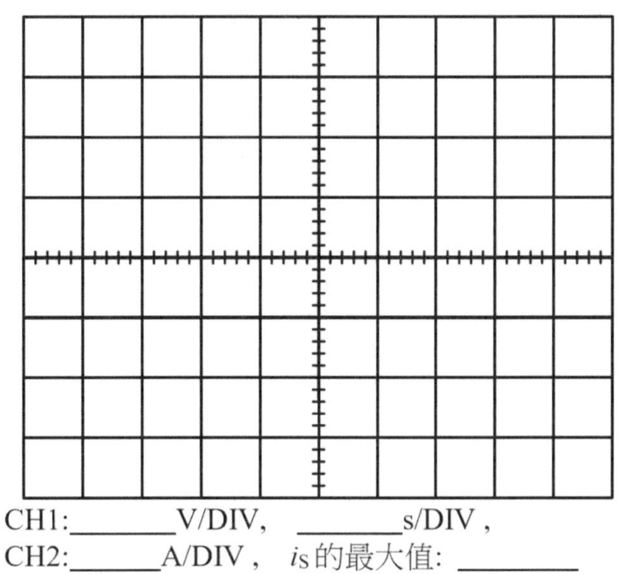

CH1:_______V/DIV,　_______s/DIV ,

CH2:______A/DIV ,　i_S的最大值: ________

圖 4-62　自耦變壓器的電壓及電流波形圖(半載)

B.2 通道 1 (CH1)：二極體 D1 之陽極-陰極電壓(V_{AK})，
通道 2 (CH2)：二極體 D1 電流(i_{AK})。

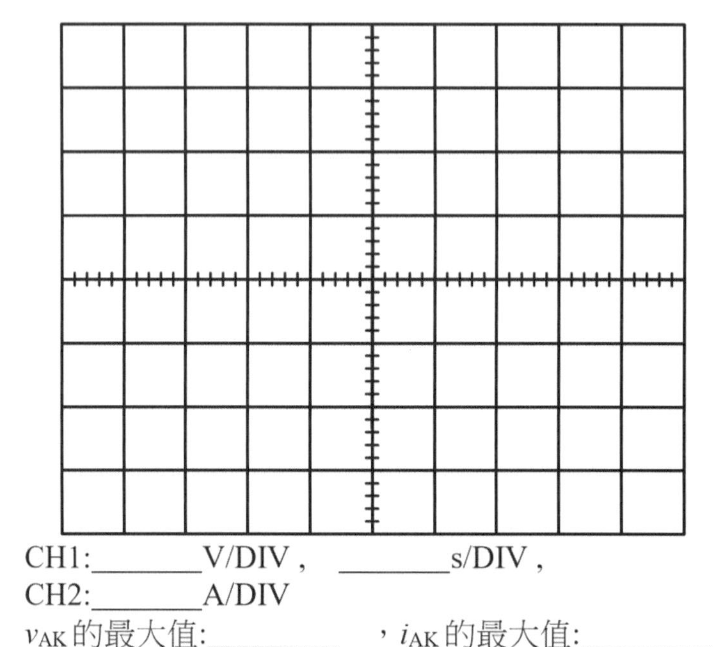

CH1:_______V/DIV， _______s/DIV，
CH2:_______A/DIV
v_{AK}的最大值:________ ，i_{AK}的最大值:________

圖 4-63 二極體 D1 的電壓及電流波形圖(半載)

B.3 通道 1 (CH1)：MOSFET Q1 之閘極-源極電壓(V_{GS})，
通道 2 (CH2)：電感器電流(i_L)。

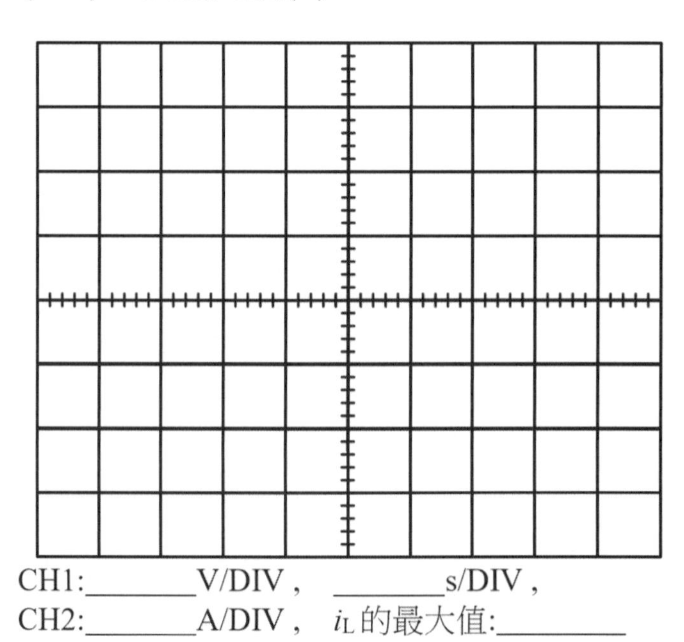

CH1:_______V/DIV， _______s/DIV，
CH2:_______A/DIV， i_L的最大值:________

圖 4-64 MOSFET Q1 的閘極-源極電壓及電感器電流波形圖(半載)

輸入電壓 Vs 為 110V(rms)，半載之實際量測波如圖 4-65~圖 4-67 所示。

B.1 通道 1 (CH1)：自耦變壓器之電壓(V_S)，
通道 2 (CH2)：自耦變壓器之電流(i_S)。

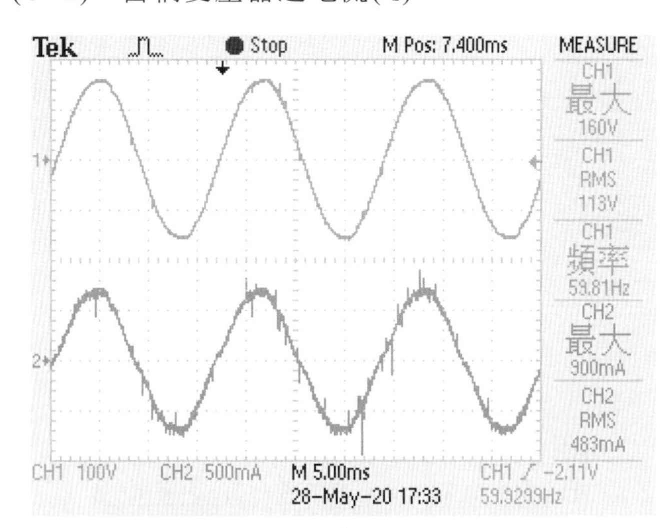

CH1: 100V V/DIV; 5ms s/DIV
CH2: 500mA A/DIV; i_S的最大值: 900m A

圖 4-65　自耦變壓器的電壓及電流實際波形圖(半載)

B.2 通道 1 (CH1)：二極體 D1 之陽極-陰極電壓(V_{AK})，
通道 2 (CH2)：二極體 D1 電流(i_{AK})。

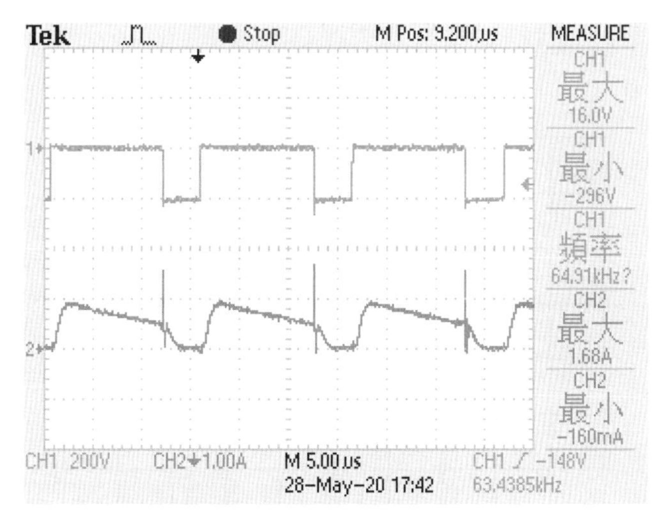

CH1: 200V V/DIV; 5μs s/DIV
CH2: 1A A/DIV;
V_{AK}的最大值: 16 V; i_{AK}的最大值: 1.68 A

圖 4-66　二極體 D1 的電壓及電流實際波形圖(半載)波形

B.3 通道 1 (CH1)：MOSFET Q1 之閘極-源極電壓(V_{GS})，
通道 2 (CH2)：電感器電流(i_L)。

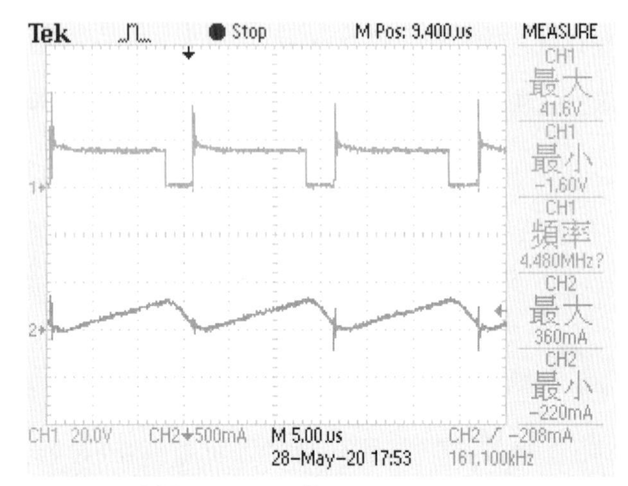

CH1: 20V V/DIV; 5μs s/DIV
CH2: 500mA A/DIV; i_L的最大值: 360m A

圖 4-67 MOSFET Q1 的閘極-源極電壓及電感器電流實際波形圖(半載)

C. 滿載條件：連接自耦變壓器於電路輸入端，將電壓設定於 110V，電路輸出端連接等效 400Ω/150W 功率電阻後(兩個並聯的 1600Ω/150W 功率電阻器再並聯一個 800Ω/150W 功率電阻器)，送電後使用示波器分別量測下列波形，並描繪波形於方格中，且兩通道的波形不可重疊。

C.1 通道 1 (CH1)：自耦變壓器之電壓(V_S)，
通道 2 (CH2)：自耦變壓器之電流(i_S)。

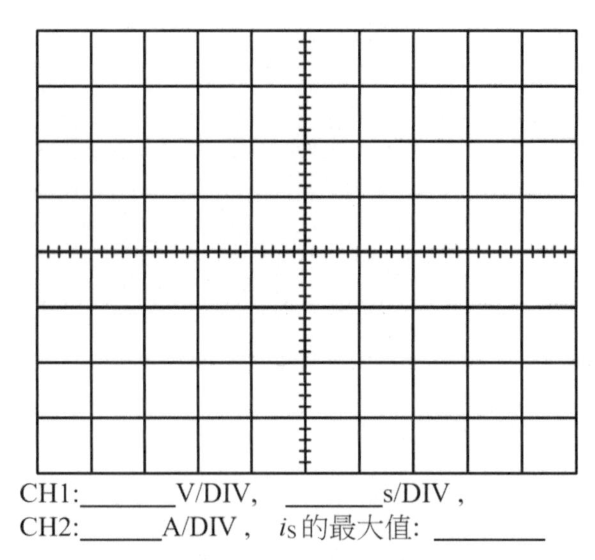

CH1:_______V/DIV, _______s/DIV ,
CH2:______A/DIV , i_S的最大值: ________

圖 4-68 自耦變壓器的電壓及電流波形圖(滿載)

C.2 通道 1 (CH1)：二極體 D1 之陽極-陰極電壓(V_{AK})，
通道 2 (CH2)：二極體 D1 電流(i_{AK})。

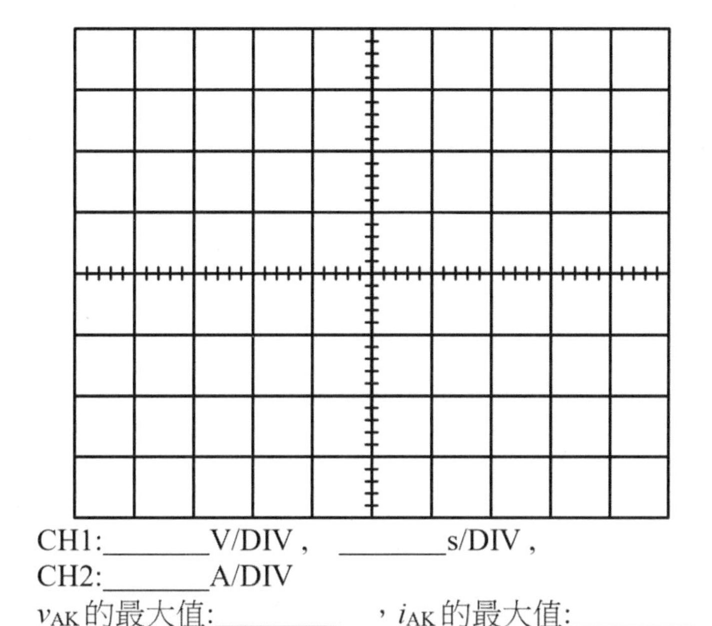

CH1:_______V/DIV， _______s/DIV，
CH2:_______A/DIV
v_{AK}的最大值:________ ，i_{AK}的最大值:________

圖 4-69 二極體 D1 的電壓及電流波形圖(滿載)

C.3 通道 1 (CH1)：MOSFET Q1 之閘極-源極電壓(V_{GS})，
通道 2 (CH2)：電感器電流(i_L)。

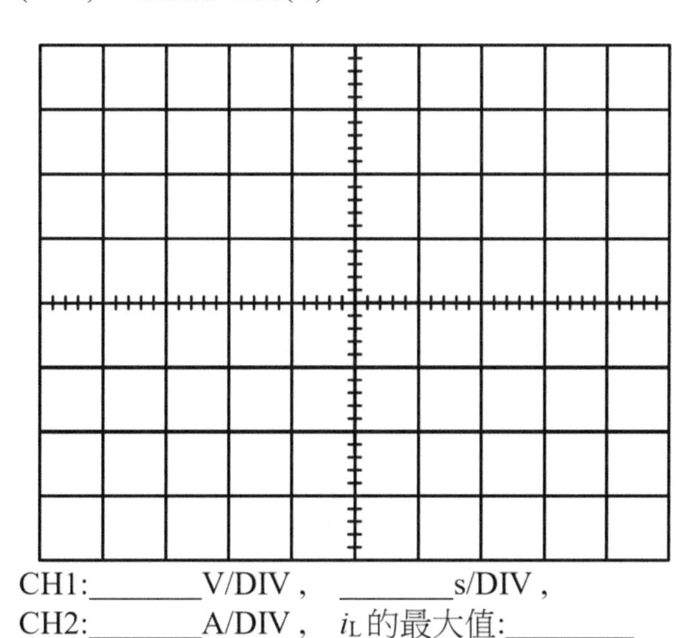

CH1:_______V/DIV， _______s/DIV，
CH2:_______A/DIV， i_L的最大值:________

圖 4-70 MOSFET Q1 的閘極-源極電壓及電感器電流波形圖(滿載)

輸入電壓 Vs 為 110V(rms)，滿載之實際量測波如圖 4-71~圖 4-73 所示。

C.1 通道 1 (CH1)：自耦變壓器之電壓(V_S)，
通道 2 (CH2)：自耦變壓器之電流(i_S)。

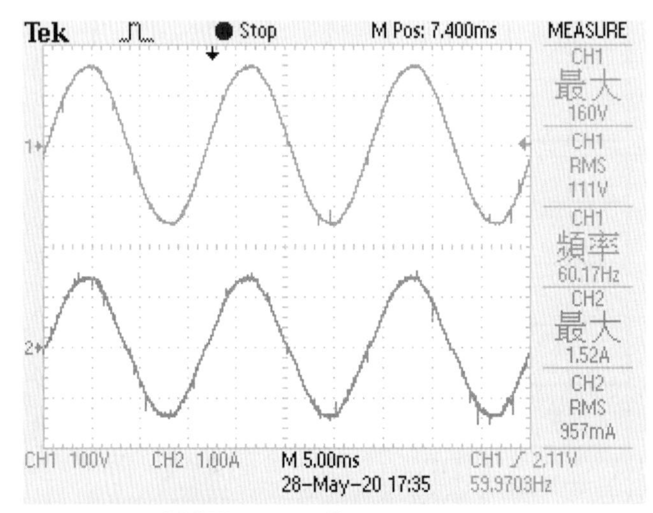

CH1: 100V V/DIV; 5ms s/DIV

CH2: 1A A/DIV; i_S的最大值: 1.52 A

圖 4-71　自耦變壓器的電壓及電流實際波形圖(滿載)

C.2 通道 1(CH1)：二極體 D1 之陽極-陰極電壓(V_{AK})，
通道 2(CH2)：二極體 D1 電流(i_{AK})。

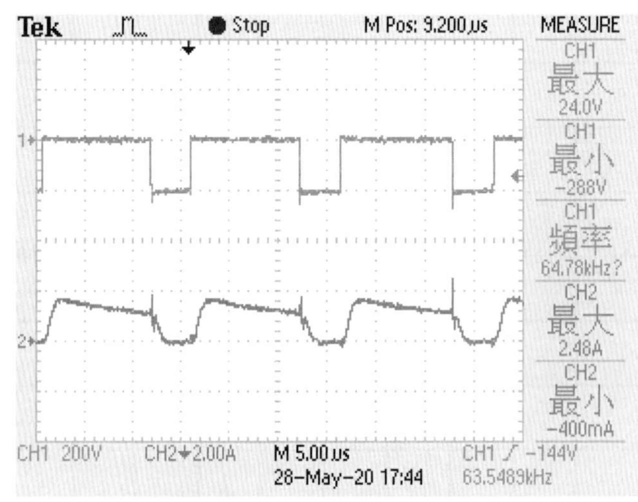

CH1: 200V V/DIV; 5μs s/DIV

CH2: 2A A/DIV;

V_{AK}的最大值: 24 V; i_{AK}的最大值: 2.48 A

圖 4-72　二極體 D1 的電壓及電流實際波形圖(滿載)

C.3 通道 1 (CH1)：MOSFET Q1 之閘極-源極電壓(V_{GS})，

通道 2 (CH2)：電感器電流(i_L)。

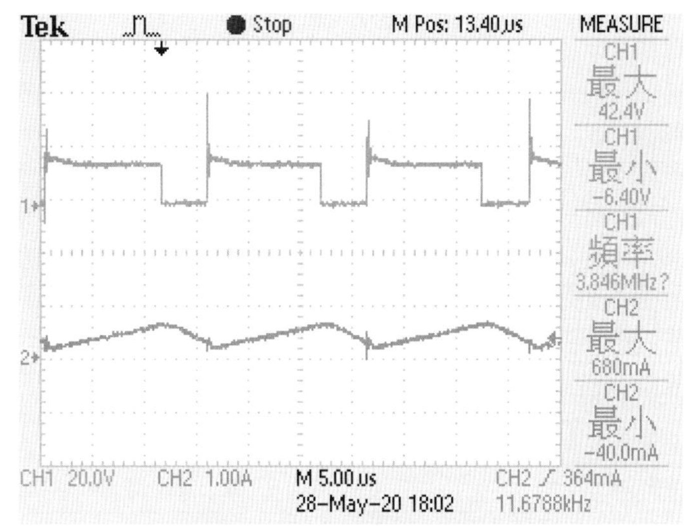

CH1: 20V V/DIV; 5μs s/DIV

CH2: 1A A/DIV; i_L的最大值: 680m A

圖 4-73　MOSFET Q1 的閘極-源極電壓及電感器電流實際波形圖(滿載)

功率因數修正器之評分標準表如表 4-44 所示。

表 4-44　功率因數修正器評分標準表

(五) 電力電子乙級術科測試評審表（試題二、功率因數修正器）

姓名		崗位編號		評審結果	□及格
		檢定日期	年 月 日		□不及格
術科測試編號		領取測試材料簽名處			

項目	評分標準	扣分標準 每處扣分	扣分標準 最高扣分	扣分標準 每項最高扣分	實扣分數	備註
一、重大缺失	1.未能於規定時間內完成者，不予評分 □	列為左項之一者不予評分 請應檢人在本欄簽名				如應檢人拒絕簽名，由監評長簽名並註記理由
	2.通電後發生嚴重短路現象者，不予評分 □					
	3.電路不動作，不予評分 □					
	4.提前棄權離場者 □					
	5.有作弊情形者 □	離場時間：　時　分				
二、功能	1. 電路輸出端平均電壓無法調整至 200V(±5%)（依動作要求之測試項目，不符者每處扣分）	20	50	50		半載、全載及無載下之輸出電壓
	2. 各負載條件下之輸出電壓漣波應低於 6V（依動作要求之測試項目，不符者每處扣分）	5	15			
	3. 各負載條件下之功率因數皆須高於 0.9（依動作要求之測試項目，不符者每處扣分）	20	50			
三、量測	1. 電感器參數量測表欄位空白未填或填寫不實	5	20	50		
	2. 電路波形量測圖未繪製、繪製錯誤、欄位空白未填、填寫不實，不符者每處扣分	5	50			
	3. 電路效率量測表欄位空白未填或填寫不實	5	40			
四、銲接裝配	1. 冷銲或銲接不當以致銅片脫離或浮翹者	2	20			
	2. 電路板上殘留錫渣、零件腳等異物者	2	20			
	3. 銲接不良、有針孔、焦黑、缺口、不圓滑等	1	20			
	4. 元件裝配或銲接未符合裝配或銲接規則者	1	20			
五、工作安全	1. 損壞零件以致耗用材料或零件過多者	2	14			
	2. 自備工具未帶而需借用	2	20			
	3. 工作桌面凌亂者	10	20			
	4. 離場前未清理工作崗位者	10	10			

總計	扣分	
	得分	

監評人員簽名		監評長簽名	

註：1. 本表採扣分方式，以 100 分為滿分，得 60 分（含）以上者為「及格」。
　　2. 每項之扣分，不得超過該項之最高分扣分數。

4-4-7 故障檢修

電路板若未能達到動作要求就表示有問題存在，即需進行故障檢修，可利用三用電表和示波器參考下列重點進行偵錯後再測試之。容易出現之錯誤如下：

1. 元件錯置

檢查有極性的元件、容易混淆之元件，例如：

1. 電解質電容： C2 和 C9。
2. 二極體：D1、D2、D3 和 D4。
3. 電晶體：Q1 方向。
4. 控制 IC：U1 之型號和方向。
5. 橋式整流二極體：DB 方向。
6. 電阻或電容錯置：例如電壓回授電阻 R5、R6 和 R7、表 4-10 一般色碼電阻(1/4W)、表 4-12 精密色碼電阻、表 4-14 一般色碼電阻(2W)和表 4-17 陶瓷電容器等。

表 4-10　一般色碼電阻(1/4W)易混淆的電阻組合

項次	編號	規格	第一環	第二環	第三環	第四環
1	R4	3.3Ω±5%、1/4W	橙	橙	金	金
	R13	33kΩ±5%、1/4W	橙	橙	橙	金

表 4-12　精密色碼電阻易混淆的電阻組合

項次	編號	規格	第一環	第二環	第三環	第四環	第四環
1	R6	10kΩ±1%、1/4W	棕	黑	黑	紅	棕
	R7、R14	15kΩ±1%、1/4W	棕	綠	黑	紅	棕

表 4-14　一般色碼電阻(2W)易混淆的電阻組合

項次	編號	規格	第一環	第二環	第三環	第四環
1	R10	0.1Ω ±5%、2W	棕	黑	銀	金
	R11、R12	1Ω ±5%、2W	棕	黑	金	金

表 4-17　陶瓷電容器之標示

項次	陶瓷電容器	規格	標示	換算
13	C1	1μF/2750VAC	105	$105 \Rightarrow 10\times10^5 pF = 10^6 \times 10^{-12} F$ $= 10^{-6} F = 1\mu F$
15	C3、C4、C8	0.1μF/50V	104	$10\times10^4 pF = 10\times10^4 \times 10^{-12} F$ $= 10^{-7} F = 10^{-1}\times10^{-6} F = 0.1\mu F$
17	C6	220nF/50V	224	$224 \Rightarrow 22\times10^4 pF = 22\times10^4 \times 10^{-12} F$ $= 22\times10^{-8} F = 22\times10^1 \times 10^{-9} F = 220nF$
18	C7	4.7nF/50V	472	$472 \Rightarrow 47\times10^2 pF = 47 \times 10^2 \times 10^{-12} F$ $= 47\times10^{-10} F = 47 \times 10^{-1} \times 10^{-9} F = 4.7nF$

2. 空接

以三用電表配合圖 4-1 之電路圖檢查元件面接線，例如：U1、L1、J1、J2、W1 和連接線等。

3. 元件燒毀

本試題較易燒毀之元件為 U1、DB、RT1、Q1 和 D1 等。

第5章 升壓及降壓轉換器

本章將針對試題 11600-105203 升壓及降壓轉換器進行解析，包含試題說明、動作要求、電路原理和實體製作，使應檢人熟悉理論分析和實務操作。

5-1 試題說明

1. 本試題目的為評量考生對升壓及降壓轉換器(boost and buck converters)的技術能力，測試考生於電路製作與功能檢測驗證能力。
2. 依照試題要求繞製所需電感值。
3. 依電路圖、元件佈置圖(元件面)與佈線圖(銅箔面)按圖並依電路銲接規則進行電路銲接工作。
4. 完成電路板與元件銲接後，考生須依試題要求項目，完成電路測試點波形量測與性能數據記錄。
5. 監評人員於評審時將針對考生完成數據紀錄(表 5-7，表 5-27)，抽查三個以上之數據，請考生現場進行量測，以查核紀錄數據是否相符。
6. 本題之電壓與電流波形量測共有 A、B、C、D 四個測試條件，監評人員現場指定一個測試條件，考生須在該測試條件下實際量測波形，並進行描繪紀錄。

5-2 動作要求

1. 連接直流電源供應器於電路輸入端，調整直流電源供應器輸出電壓為 12V，並連接 12Ω/50W 功率電阻於降壓電路輸出端 V_{out2}。
2. 將示波器連接於升壓電路輸出端 V_{out1}，觀察升壓電路輸出電壓波形，此時電壓升壓電路之輸出平均電壓應為 19V(±5%)。
3. 將示波器改接於降壓電路輸出端 V_{out2}，此時降壓電路之輸出平均電壓應為 12V(±5%)。
4. 調整直流電源供應器輸出電壓由 12V 升至 16V，此時升壓電路輸出端 V_{out1} 平均電壓應為 19V(±5%)，降壓電路輸出端 V_{out2} 平均電壓應為 12V(±5%)。

5. 移開降壓電路輸出端 V_{out2} 的 12Ω/50W 功率電阻，量測電路無載時的輸出電壓，此時升壓電路輸出端 V_{out1} 平均電壓應為 19V(±5%)，降壓電路輸出端 V_{out2} 平均電壓應為 12V(±5%)。
6. 調整直流電源供應器輸出電壓由 16V 降至 12V，調整示波器以量測電路輸出平均電壓，此時升壓電路輸出端 V_{out1} 平均電壓應為 19V(±5%)，降壓電路輸出端 V_{out2} 平均電壓應為 12V(±5%)。
7. 將功率電阻 12Ω/50W 兩個並聯，連接於降壓電路輸出端 V_{out2}，量測電路輸出電壓，此時升壓電路輸出端 V_{out1} 平均電壓應為 19V(±5%)，降壓電路輸出端 V_{out2} 平均電壓應為 12V(±5%)。
8. 調整直流電源供應器輸出電壓由 12V 升至 16V，調整示波器以量測電路輸出平均電壓，此時升壓電路輸出端 V_{out1} 平均電壓應為 19V(±5%)，降壓電路輸出端 V_{out2} 平均電壓應為 12V(±5%)。
9. 考生以示波器量測電壓漣波時，應調整示波器設定使輸出電壓波形占螢幕 2 格以上垂直刻度，其電壓漣波峰對峰值應小於 0.5V(不含開關切換所產生之尖波)，顯示波形須呈現 2~3 個週期。

5-3 電路原理

直流-直流轉換器(dc-dc converter)能將一定值之直流電壓轉換成一可變之直流電壓源，只要調整內部開關導通時間即能將輸出端直流電壓予以降低或升高。當輸出電壓平均值 $V_{o(ave)}$大於輸入電壓 V_{in} 時稱為升壓轉換器(Boost converter)，當輸出電壓平均值 $V_{o(ave)}$小於輸入電壓 V_{in} 時稱為降壓轉換器(Buck converter)。

本試題係將 12V 或 16V 之直流輸入電壓經由升壓轉換器提升至 19V，再經降壓轉換器降低至 12V 後送給負載(功率電阻)，為同時兼具升壓和降壓功能之升壓-降壓轉換器(Boost- Buck converter)。電路如圖 5-1 所示，供給材料如表 5-1 所示。

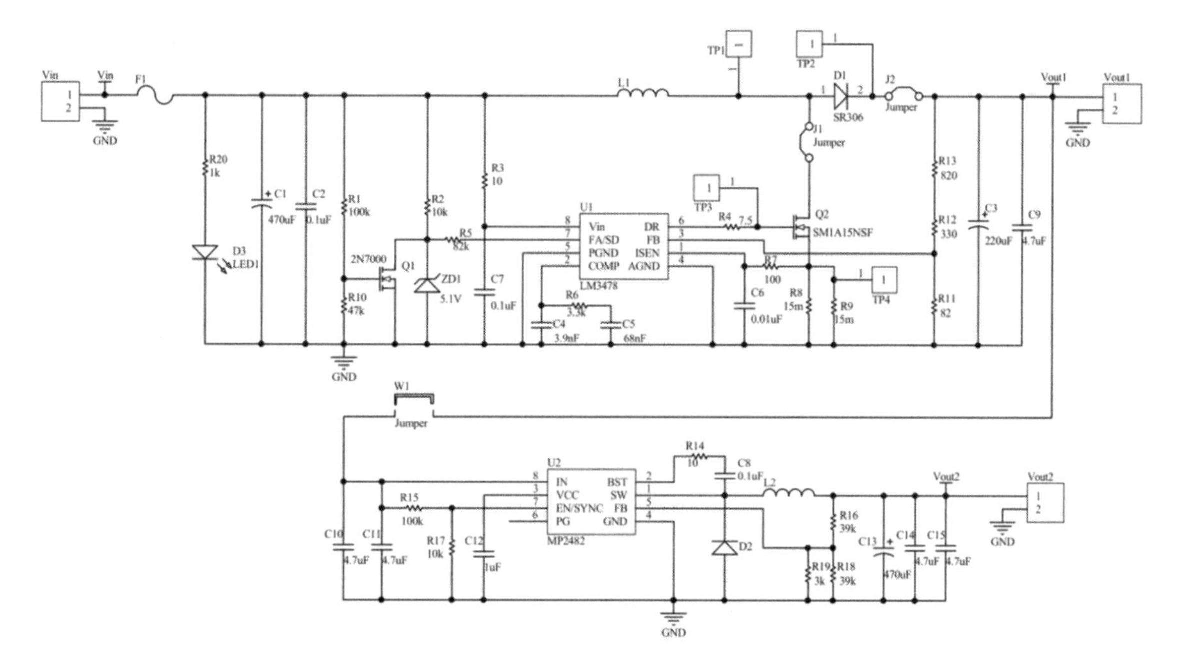

圖 5-1　升壓及降壓轉換器：電路圖

表 5-1　升壓及降壓轉換器：供給材料表

項次	代碼	名稱	規格	單位	數量	備註
1	R1、R15	電阻器	100kΩ ±5%、1/4W	只	2	
2	R2、R17	電阻器	10kΩ ±5%、1/4W	只	2	
3	R3、R14	電阻器	10Ω ±5%、1/4W	只	2	
4	R4	電阻器	7.5Ω ±5%、1/4W	只	1	
5	R5	電阻器	82kΩ ±5%、1/4W	只	1	
6	R6	電阻器	3.3kΩ ±5%、1/4W	只	1	
7	R7	電阻器	100Ω ±5%、1/4W	只	1	
8	R8、R9	片式水泥電阻器	15mΩ ±5%、2W	只	2	
9	R10	電阻器	47kΩ ±5%、1/4W	只	1	
10	R11	電阻器	82Ω ±1%、1/4W	只	1	
11	R12	電阻器	330Ω ±1%、1/4W	只	1	
12	R13	電阻器	820Ω ±1%、1/4W	只	1	
13	R16、R18	電阻器	39kΩ ±1%、1/4W	只	2	
14	R19	電阻器	3kΩ ±1%、1/4W	只	1	

項次	代碼	名稱	規格	單位	數量	備註
15	R20	電阻器	1kΩ ±1%、1/4W	只	1	
16	C1	電解電容器	470μF /25V (ϕ 6.3mm x 11mm)	只	1	
17	C2、C7、C8	積層電容器	0.1μF/50V	只	3	
18	C3	電解電容器	220μF/35V (ϕ 8mm x 15mm)	只	1	
19	C4	積層電容器	3.9nF/50V	只	1	
20	C5	積層電容器	68nF/50V	只	1	
21	C6	積層電容器	0.01μF/50V	只	1	
22	C9、C10、 C11、C14、C15	表面貼裝 陶瓷電容器	4.7μF/50V/1206	只	5	
23	C12	積層電容器	1μF/50V	只	1	
24	C13	電解電容器	470μF/25V (ϕ 8mm x 20mm)	只	1	
25	F1	方形保險絲	T5A/250V	只	1	
26	Q1	電晶體	2N7000 N MOSFET 60V/0.115A	只	1	
27	Q2	電晶體	SM1A15NSF NMOSFET 100V/32A	只	1	
28	D1	蕭特基二極體	SR306 60V/3A	只	1	
29	D2	蕭特基二極體	SK54C DO-214AB (SMC) 40V/5A	只	1	
30	D3	二極體	LED、ϕ 3mm,RED	只	1	
31	ZD1	稽納二極體	5.1V/0.5W	只	1	
32	U1	控制 IC	BOOST IC LM3478	只	1	
33	U2	控制 IC	BUCK IC MP2482DS	只	1	
34	VIN/VOUT	端子	ϕ 0.8mm x 10mm	只	6	
35		六角銅柱	5.6mm x 15mm	只	4	
36		六角螺帽	M3 x 0.5	只	4	
37		漆包線	Wire UEW1 ϕ 0.8mm	公尺	1	

項次	代碼	名稱	規格	單位	數量	備註
38		漆包線	Wire UEW1 ϕ 0.6mm*2p	公尺	1	
39	L1 電感鐵芯	環型鐵芯	(OD：11.7mm ID：7.7mm HT：9.53mm)	只	1	
40	L2 電感鐵芯	環型鐵芯	(OD：11.2mm ID：5.82mm HT：6.35mm)	只	1	
41	W1	單芯線	ϕ 1.0mm 線徑、長度為 20cm			
42	PCB	印刷電路板	100mm x 210mm	片	1	
43	J1、J2	電流測試端子	2pins、2.54mm,排針	條	2	
44		連接線	1p、2.54mm、雙頭杜邦連接器、長度為 20cm、導體截面積 1mm²以上	條	2	
45		連接線	1p 雙頭杜邦連接器 (15cm)	條	2	
46		短路夾	2pins、2.54mm	只	2	
47		銲錫		公尺	1	

(※J1、J2 為量測電流之跳線，需要留足夠寬度讓測試棒勾著。)

本試題電路方塊圖如圖 5-2 所示，包含(1)輸入電路(直流電)、(2)升壓轉換器、(3)降壓轉換器、和(4)負載(功率電阻)等四部份，以下將分述各電路之動作原理。

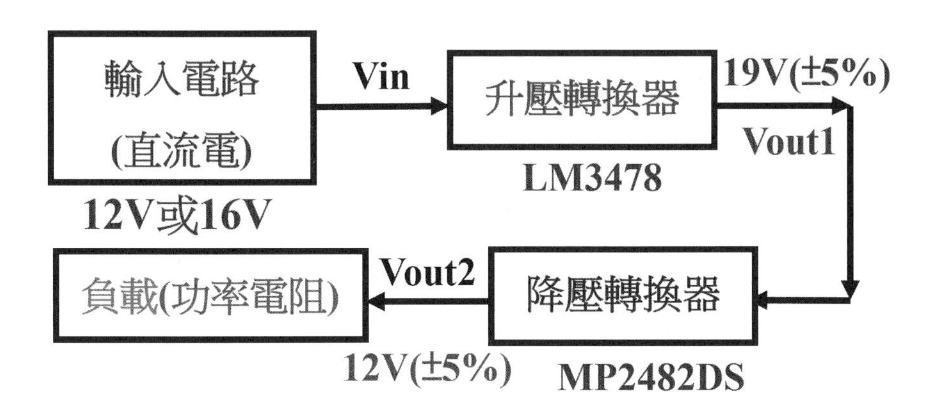

圖 5-2　升壓及降壓轉換器：電路方塊圖

5-3-1 輸入電路

輸入電路由直流電源 Vin、方形保險絲 F1、電阻器 R20、發光二極體 D3、電容器 C1 和 C2 組成，電路如圖 5-3 所示。Vin 由電源供應器提供直流電源 12V 或 16V，利用保險絲 F1 提供穩態之過電流保護，發光二極體 D3 為電源指示燈，R20 為其限流電阻器，電容器 C1 和 C2 則組成穩壓濾波電路。輸入電路係將 12V 或 16V 之直流電源送入電路板，功能正確時發光二極體 D3 應亮。

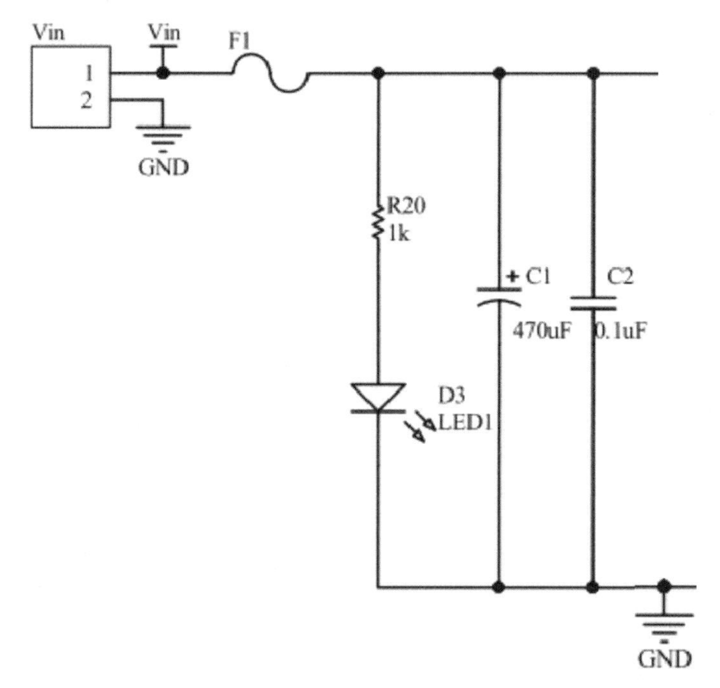

圖 5-3 輸入電路

5-3-2 升壓轉換器之主電路

升壓轉換器之主電路由電源 V_{in}、電感器 L1、電流測試端子 J1、J2、開關 Q2、二極體 D1、電容器 C3、C9 和電阻器 R4、R8、R9 組成，電路如圖 5-4 所示。升壓轉換器係將 12V 或 16V 之輸入電壓提升至 19V，輸出端為 Vout1，控制電路由 Boost IC LM3478 和週邊元件所組成。

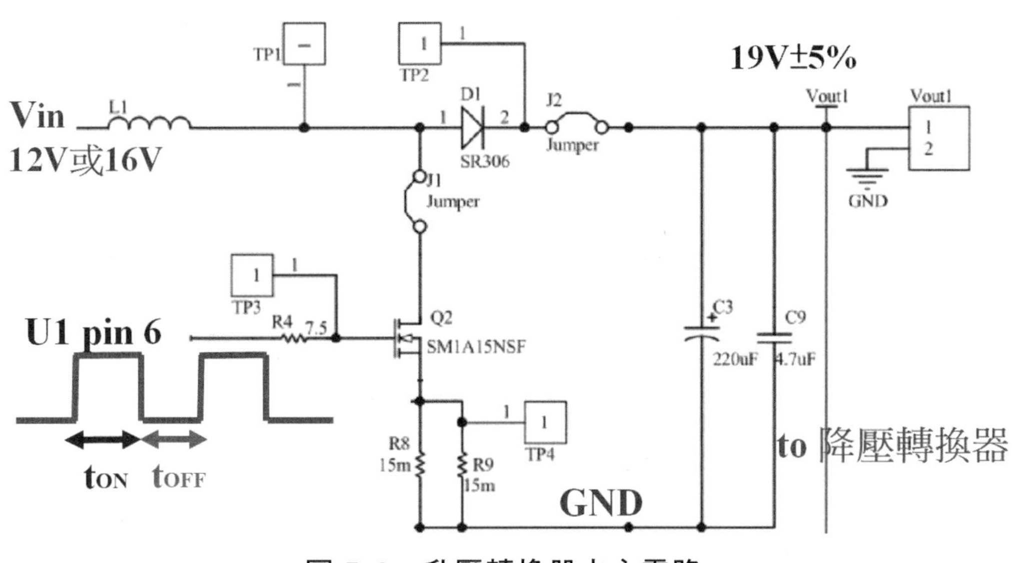

圖 5-4　升壓轉換器之主電路

開關 Q2 為 n 通道增強型金屬氧化物場效電晶體(n channel enhancement type metal oxide field effect transistor)，為壓控元件，由 V_{GS} 控制 MOSFET 導通狀態，圖 5-4 中 U1 第 6 腳提供可調整責任週期(duty cycle)D 之方波即為 V_{GS}。

1. $V_{GS} \geq V_{th}$(臨界電壓，threshold voltage)：V_{GS} 為正電壓，吸引足夠數量之電子建立通道時，Q2 導通，電流可從汲極-源極間之通道流過，$i_{DS}>0$。當通道建立，本試題之 Vin 經 L1、J1、Q2、R8//R9 形成電流迴路，Q2 通道電阻和 R8//R9 等效電阻都很小，若忽略之則誤差不大，此時輸入電壓提供之能量幾乎全部儲存於電感器 L1 兩端，此時電感為儲能狀態，電感電流上升。若 Q2 導通時間越長，即責任週期 D 越大，則儲存於 L1 之能量 W_L 越多。

2. $V_{GS} < V_{th}$(臨界電壓，threshold voltage)：電壓無法吸引電子建立通道時，汲極-源極間之通道形同開路，Q2 截止，i_{DS} 為 0。L1 電流瞬間不會改變，此電流驅使 D1 導通，Vin 經 D1、J2、C3//C9 形成電流迴路，L1 和 Vin 之能量皆釋放出來轉而儲存於電容器 C3//C9 兩端，兩者之能量造成輸出端電壓 Vout1 高於輸入端電壓 Vin，故為升壓轉換器，此時電感為釋能狀態，電感電流下降。

$$D = 1 - \frac{V_{in}}{V_{out1}} = \begin{cases} 1 - \dfrac{12}{19} = 36.84\%, V_{in} = 12 \\ 1 - \dfrac{16}{19} = 15.78\%, V_{in} = 16 \end{cases}$$

$$W_L = \frac{1}{2} L I^2$$
$$W_C = \frac{1}{2} C V^2$$

5-3-3 升壓轉換器之控制電路

升壓轉換器主電路之責任週期由 U1 第 6 腳輸出，其控制電路由輸入電源 Vin、控制積體電路 U1、電晶體 Q1、稽納二極體 ZD1、電容器 C4~C7、電阻器 R1~R13 和輸出電壓 Vout1 組成，電路如圖 5-5 所示。

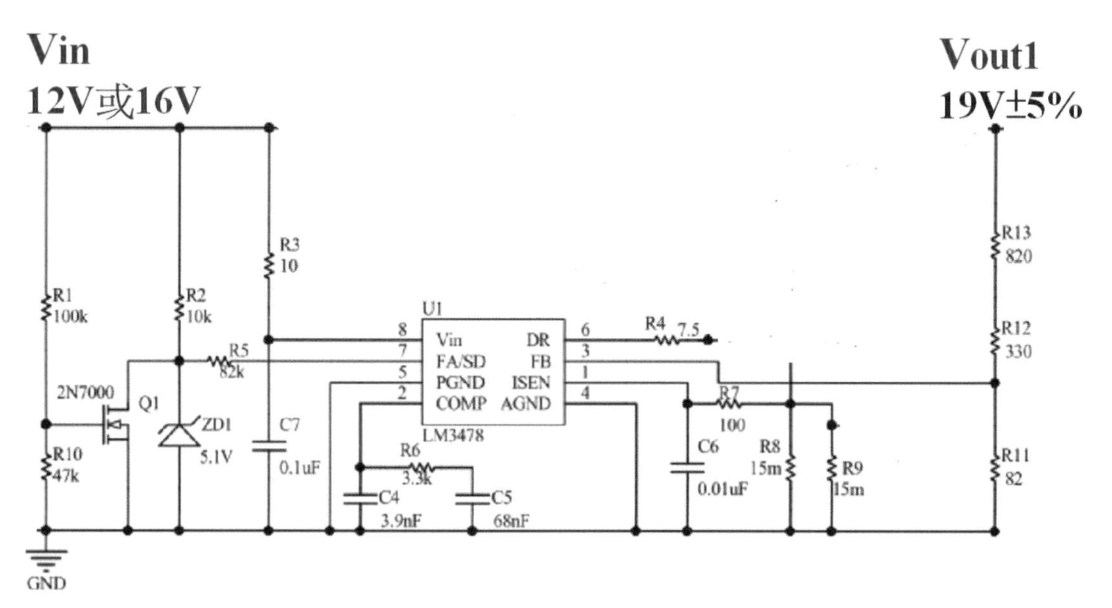

圖 5-5 升壓轉換器之控制電路

U1 升壓控制 IC LM3478 為升壓轉換器之核心元件，接腳配置如圖 5-6，8 支接腳說明如表 5-2，函數方塊圖(functional block diagram)如圖 5-7 所示，使用固定頻率、脈波寬度調變(Pulse Width Modulation，簡稱 PWM)電流模式(current mode)控制結構，將分別說明如下。

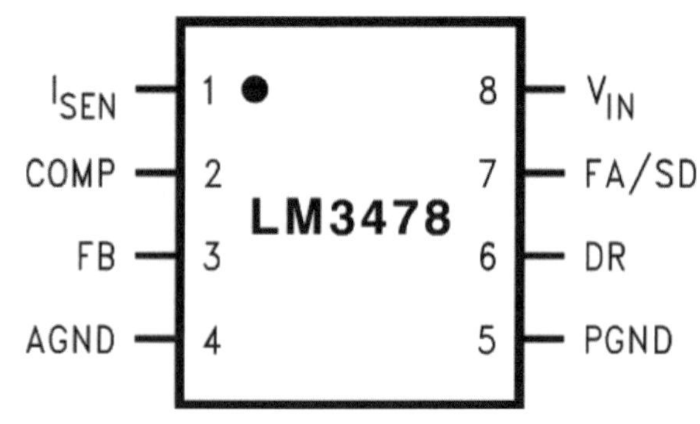

圖 5-6 升壓控制 IC LM3478 之接腳配置

表 5-2　升壓控制 IC LM3478 之接腳說明

Pin Name	Pin No.	Description
I_{SEN}	1	Current sense input pin. Voltage generated across an external sense resistor is fed into this pin.
COMP	2	Compensation pin. A resistor, capacitor combination connected to this pin provides compensation for the control loop.
FB	3	Feedback pin. The output voltage should be adjusted using a resistor divider to provide 1.26V at this pin.
AGND	4	Analog ground pin.
PGND	5	Power ground pin.
DR	6	Drive pin. The gate of the external MOSFET should be connected to this pin.
FA/SD	7	Frequency adjust and Shutdown pin. A resistor connected to this pin sets the oscillator frequency. A high level on this pin for longer than 30 μs will turn the device off. The device will then draw less than 10μA from the supply.
V_{IN}	8	Power Supply Input pin.

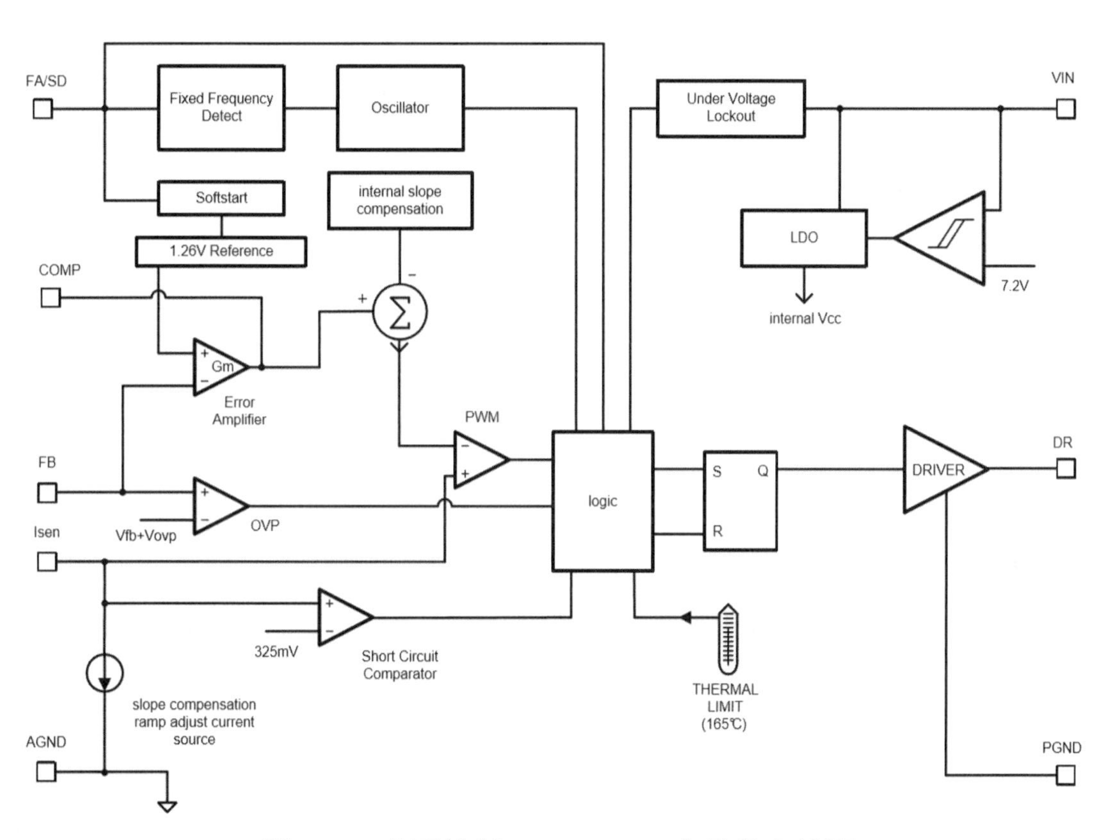

圖 5-7　升壓控制 IC LM3478 之函數方塊圖

1. 第 1 腳 ISEN

ISEN 為電流回授輸入端，透過外加感測電阻產生的電壓回授至此腳，可在不同負載下調整 PWM 訊號輸出。利用 R8//R9 小電阻和 MOSFET Q2 串聯以取得 i_{DS}，轉換成電壓經電阻 R7 回授至腳 1，藉此完成電流回授。

2. 第 2 腳 COMP

COMP 為補償電壓回授端，由電阻 R6 和電容 C4、C5 組成。

3. 第 3 腳 FB

FB 為電壓回授端，回授電壓(Feedback Voltage)須利用外加電阻分壓電路調整至典型值 1.26V，本試題之輸出電壓回授電路由輸出直流電壓 Vout1、電阻 R11、R12 和 R13 所組成，Vout1 經電阻 R11、R12、R13 分壓得到 VFB，送至 U1 第 3 腳，關係如下式。回授電壓和參考電壓(reference voltage)1.26V 經誤差放大器(error amplifier)並結合補償電路和電流回授信號共同調整 PWM 訊號輸出。

$$V_{FB} = \frac{R_{11}}{R_{13} + R_{12} + R_{11}} V_{out1}$$
$$= \frac{82}{820 + 330 + 82} \times 19V = 1.26V$$

4. 第 4 腳 AGND

AGND 為類比(analog)接地端。

5. 第 5 腳 PGND

PGND 為電源(power)接地端。

6. 第 6 腳 DR

DR 為驅動(drive)端。即 U1 之輸出腳，透過電阻器 R4 送出方波連接外加 MOSFET Q2 的閘極，DR 腳之電壓限制如下式所示。

$$V_{DR(\max)} = \begin{cases} \mathrm{V_{IN}}, \mathrm{V_{IN}} < 7.2V \\ 7.2V, \mathrm{V_{IN}} \geq 7.2V \end{cases}$$

7. 第 7 腳 FA/SD

FA/SD 為頻率調整(frequency adjust)和關閉(shutdown)端。此腳須外接電阻以設定振盪器(oscillator)頻率，以執行正常之頻率調整功能，其切換頻率(switching frequency)範圍為 100kHz~1MHz，外接電阻 RFA 和切換頻率 fs 關係如下式，外接電阻 RFA 選擇範圍為 12.4kΩ~225.6kΩ，本試題選用 82kΩ 電阻器 R5 為外接電阻，符合切換頻率之要求。

$$R_{FA} = 4.503 \times 10^{11} \times f_S^{-1.26}$$

FA/SD之輸入電壓若大於1.35V，則停止正常之頻率調整功能而進入關閉(shutdown)功能，即低電流模式(low current mode)狀態。本試題利用電阻器R1、R10和MOSFET Q1維持U1之頻率調整功能，Q1為n通道增強型金屬氧化物場效電晶體(n channel enhancement type metal oxide field effect transistor)，為壓控元件，由V_{GS}控制MOSFET狀態，閘極電壓$V_{GS(Q1)}$計算如下：

$$V_{GS(Q1)} = \frac{R_{10}}{R_1 + R_{10}} V_{in}$$

$$= \frac{47K}{100K + 47K} \times V_{in} = \begin{cases} 3.83V, V_{in} = 12V \\ 5.12V, V_{in} = 16V \end{cases}$$

此閘極電壓使Q1維持導通狀態，避免U1進入關閉功能。同時利用電阻器R2和稽納二極體ZD1進行Q1之逆向電壓保護，若應檢人將輸入電壓Vin極性反接，ZD1進入崩潰區，可維持Q1之汲極-源極逆向電壓於5.1V，避免Q1被過高之逆向電壓擊穿，電阻器R2為稽納二極體ZD1之限流電阻。如此可避免因電源極性誤接而造成元件損害。

8. 第 8 腳 VIN

VIN 為電源供應輸入端。利用輸入電壓 Vin、電阻器 R3 和電容 C7 進行升壓控制 IC U1 之電源供應。充電時間常數 τ 計算如下：

$$\tau = R3 * C7 = 10 * 0.1\mu = 1\mu sec$$

5-3-4 降壓轉換器電路

降壓轉換器電路如圖 5-8 所示，主電路由直流電壓源 Vout1、單芯線(jumper W1)、積體電路 U2、電感器 L2 和電容器 C13~C15 組成。降壓轉換器係將 19V 之直流電壓 Vout1 降低至 12V，輸出端為 Vout2，控制電路由 Buck IC MP2482 和週邊元件所組成。

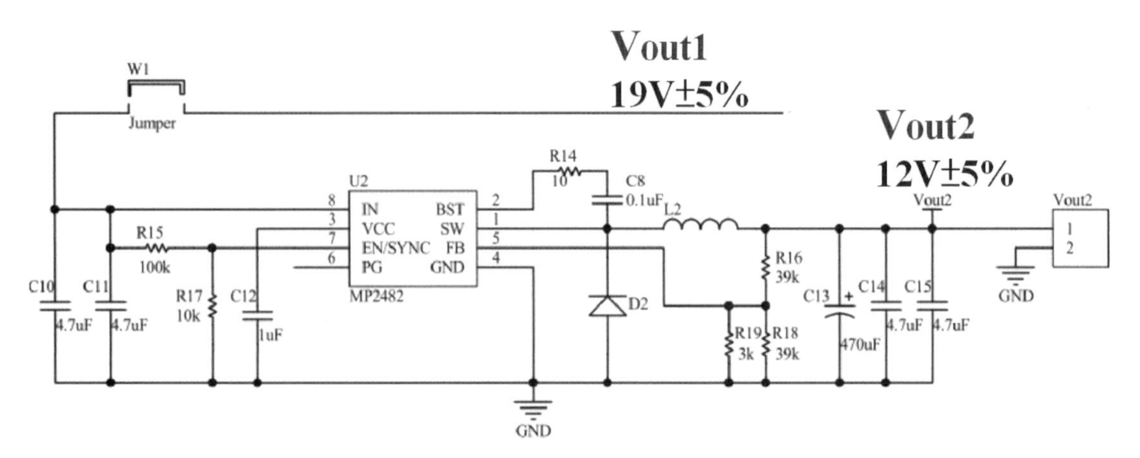

圖 5-8　降壓轉換器電路

U2 降壓控制 IC MP2482 為降壓轉換器之核心元件，接腳配置如圖 5-9，8 支接腳說明如表 5-3，函數方塊圖(functional block diagram)如圖 5-10 所示，為降壓切換模式轉換器(step-down switch mode converter)，使用電流模式操作(current mode operation)，內建功率 MOSFET(built in internal power MOSFET)，導通時電阻為 50mΩ，切換頻率固定為 420kHz，將分別說明如下。

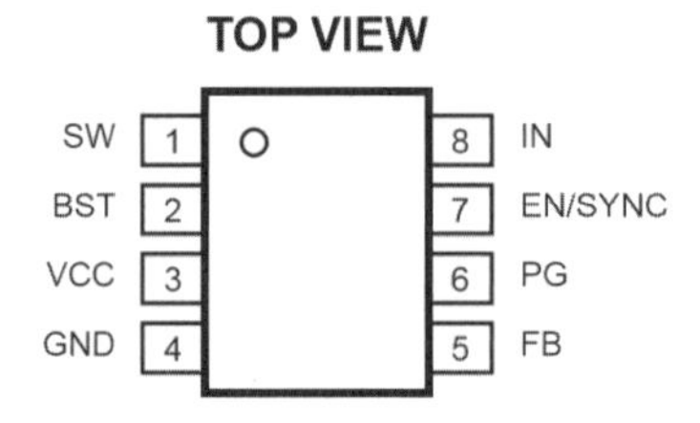

圖 5-9　降壓控制 IC MP2482 之接腳配置

表 5-3　降壓控制 IC MP2482 之接腳說明

Pin #	Name	Description
1	SW	Switch Output.
2	BST	Bootstrap. This capacitor is needed to drive the power switch's gate above the supply voltage. It is connected between SW and BS pins to form a floating supply across the power switch driver.
3	VCC	Bias Supply. Decouple this pin with a 1μF ceramic capacitor.
4	GND	Ground. This pin is the voltage reference for the regulated output voltage. For this reason care must be taken in its layout. This node should be placed outside of the D1 to C1 ground path to prevent switching current spikes from inducing voltage noise into the part.
5	FB	Feedback. An external resistor divider from the output to GND, tapped to the FB pin sets the output voltage. To prevent current limit run away during a short circuit fault condition the frequency foldback comparator lowers the oscillator frequency when the FB voltage is below 250mV.
6	PG	Power Good Indicator. Connect this pin to V_{CC} or V_{OUT} by a 100kΩ pull-up resistor. The output of this pin is low if the output voltage is 10% less than the nominal voltage, otherwise it is an open drain.
7	EN/SYNC	On/Off Control Input and Synchronization Pin.
8	IN	Supply Voltage. The MP2482 operates from a +4.5V to +30V unregulated input. C1 is needed to prevent large voltage spikes from appearing at the input.

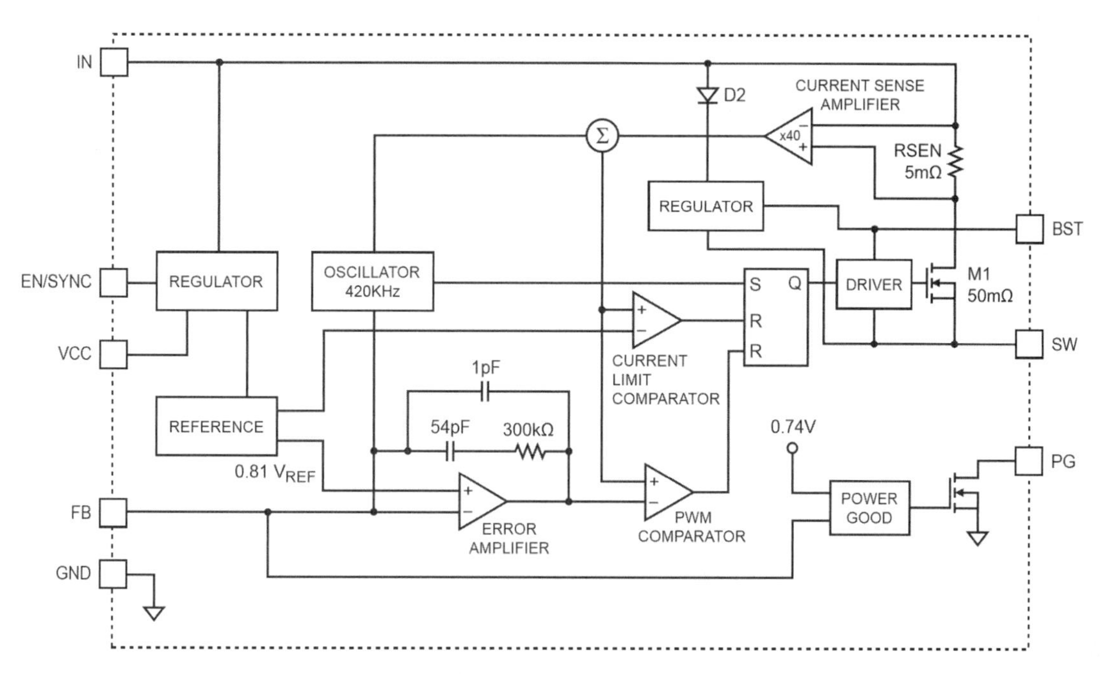

圖 5-10　降壓控制 IC MP2482 之函數方塊圖

1. 第 1 腳 SW

SW 為切換輸出端，即 U2 之輸出腳，使用二極體 D2 避免極性誤接而造成元件損害，透過電感器 L2 進行穩流效果，利用電容器 C13~C15 進行穩壓濾波效果，藉此消除輸出電壓 Vout2 之漣波。

2. 第 2 腳 BST

BST(Bootstrap)為自舉電路，連接在第 1 腳 SW 和第 2 腳 BST 之間，由電阻器 R14 和電容 C8 形成浮動電源供應(floating supply，即沒有參考點或共同點之電源供應)，提供驅動內建功率 MOSFET M1 之電源。

3. 第 3 腳 VCC

電源供應輸入端，利用電容 C12 達成消除耦合(Decouple)之效果。

4. 第 4 腳 GND

接地端，為調整輸出電壓之參考點。

5. 第 5 腳 FB

FB 為電壓回授端，回授電壓(Feedback Voltage)須利用外加電阻分壓電路調整至典型值 0.808V，本試題之輸出電壓回授電路由輸出直流電壓 Vout2、電阻 R16、R18 和

R19 所組成，Vout2 經電阻 R16、R18、R19 分壓得到 V_{FB}，送至 U2 第 5 腳，關係如下式。回授電壓和參考電壓(reference voltage)0.81V 經誤差放大器(error amplifier)並經過脈波寬度調變補償電路(PWM comparator)和電流感測放大器(current sense amplifier)、電流限制補償電路(current limit comparator)共同控制驅動電路(driver)，藉此控制內建 MOSFET M1 之導通狀態，以調整輸出電壓。

$$4.5V \le V_{IN} \le 30V$$
$$0.788V \le V_{FB} \le 0.808V$$

$$V_{FB} = \frac{R_{18} // R_{19}}{R_{16} + (R_{18} // R_{19})} V_{out2} = \frac{3K // 39K}{39K + (3K // 39K)} \times 12V = 0.8V$$

6. 第 6 腳 PG

電力良好指標(Power Good Indicator)。當回授電壓低於 0.74V，此腳由內部降低準位，當回授電壓高於 0.74V，此腳則轉為開汲極輸出(open-drain output)。

7. 第 7 腳 EN/SYNC

致能(Enable)和同步(Synchronization)端。致能即 On/Off 控制，此腳位為高電壓或低電壓分別代表致能(Enable)/禁能(disabled)，本試題利用由直流電壓 Vout1、電阻 R15 和 R17 所組成之分壓電路，Vout1 經電阻 R15、R17 分壓得到 $V_{EN/SYNC}$，送至 U2 第 7 腳，關係如下式，可使 U2 降壓控制 IC MP2482 保持致能(Enable)狀態，執行正常之降壓轉換器功能。此腳位亦可和外部時脈同步，範圍為 300kHz~1.5MHz。

$$V_{EN/SYNC} = \frac{R_{17}}{R_{15} + R_{17}} V_{out1} = \frac{10K}{100K + 10K} \times 19V = 1.73V$$

8. 第 8 腳 IN

電源供應輸入端。利用輸入電壓 Vout1、電容 C10 和 C11 進行降壓控制 IC U2 之電源供應。輸入範圍為 4.5V~ 30V，同時利用電容防止大的電壓尖波(large voltage spike)出現在輸入端。

5-3-5　負載

本試題負載為功率電阻器，規格為 12Ω/50W，外觀如圖 5-11 所示，具備並聯開關，本試題共有無載、半載和滿載 3 種狀態，如表 5-4 所示，連接於輸出 Vout2，建議使用三用電表歐姆檔(RX1 檔)量測電阻值確認之。

圖 5-11　功率電阻器之外觀圖

表 5-4　負載狀態

負載	並聯開關	連接方式	R_L 數值
無載	X	不接(開路)	∞
半載	off	一個 12Ω/50W 電阻	12Ω/50W
滿載	on	兩個 12Ω/50W 電阻並聯	6Ω/50W

5-4　實體製作

實體製作包含電感器繞製、電感器參數量測、電路板製作與測試、電路功率轉換效率量測、電路的電壓及電流波形量測與繪製和評分等工作項目，在應檢時間的 6 小時內，各項工作之建議時程如表 5-5 所示。

表 5-5　升壓及降壓轉換器應檢工作時程

項次	工作項目	時間
1	電感器繞製	20 分鐘
2	電感器參數量測	10 分鐘
3	電感器參數評分	10 分鐘
4	電路板製作與測試	50 分鐘
5	電路功率轉換效率量測	30 分鐘

項次	工作項目	時間
6	電路功率轉換效率評分	20 分鐘
7	電壓及電流波形量測與繪製	30 分鐘
8	電壓及電流波形評分	30 分鐘
9	檢修	160 分鐘
合計：360 分鐘		

5-4-1　電感器繞製

實體製作的第一步為繞製電感器，需要環型鐵芯和漆包線，材料如圖 5-12 所示，考生須依表 5-6 中之電感器繞製說明進行繞製。

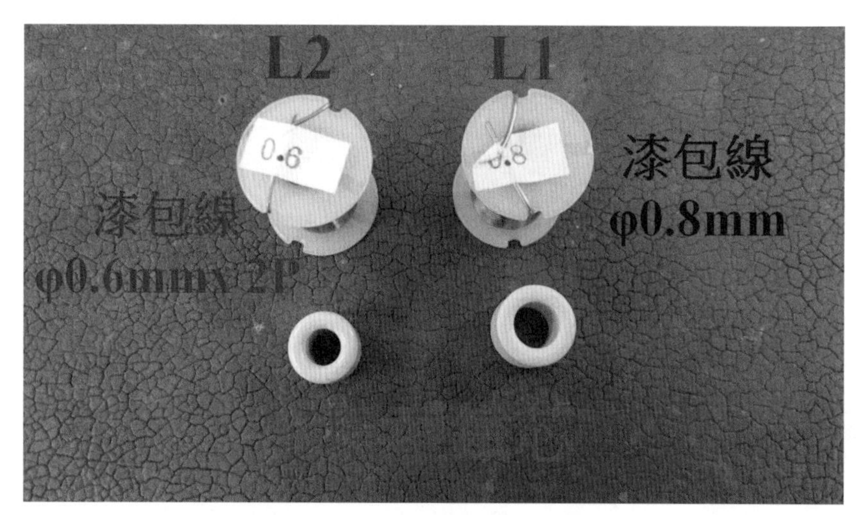

圖 5-12　繞製電感器之材料

表 5-6　電感器繞製說明

電感編號	線徑(ϕ)	圈數(T)	電感值	備註
L1	ϕ 0.8mm	約 22 匝	33.8μH(參考值)	
L2	ϕ 0.6mmx2P	約 22 匝	8.5μH(參考值)	

電感器繞製重點如下：

1. 漆包線先拉開再進行繞製。
2. 繞線方向要一致(同方向繞)。
3. 漆包線要拉直靠緊鐵芯。

4. 線圈數量要正確。

5. 兩個環型鐵芯的外徑略有差異，L1 鐵芯較大，以線徑較大之 0.8mm 漆包線單線(1P)繞製，圈數較多(22 匝)；L2 鐵芯較小，以線徑較小之 0.6mm 漆包線雙線(2P)繞製，圈數較少(11 匝，2 條線繞 11 圈)。

電感器繞製步驟如下：

1. 將 0.8mm 漆包線拉開，不需對折以達成單線(1P)繞製要求。
2. 帶動漆包線穿過 L1 環型鐵芯，開始繞製電感，約 22 圈，線圈兩側皆須預留長度。
3. 將 0.6mm 漆包線拉開，對折以達成雙線(2P)繞製要求。
4. 帶動漆包線穿過 L2 環型鐵芯，開始繞製電感，約 11 圈，線圈兩側皆須預留長度。
5. L1 和 L2 線圈兩側上錫。

繞製過程如圖 5-13 和圖 5-14 所示，繞製完畢後成品如圖 5-15 所示。

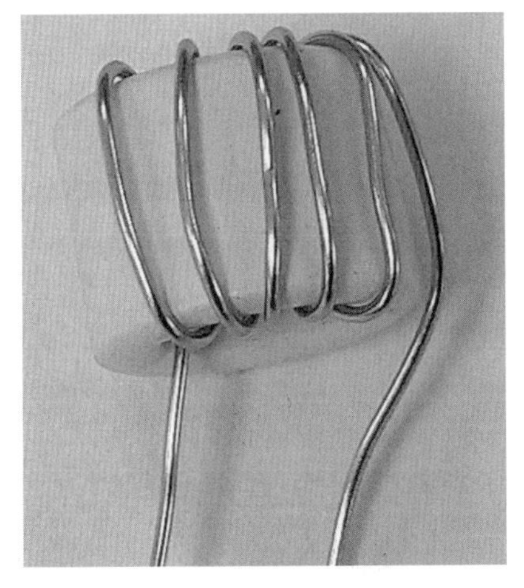

圖 5-13　電感器 L1 繞製過程

圖 5-14　電感器 L2 繞製過程

圖 5-15　電感器 L1 和 L2 成品

5-4-2 電感器參數量測

將繞製好的電感器，以 R-L-C 測試器進行參數量測，並填入表 5-7 中，參數量測完成須舉手請監評人員會同抽驗量測項目，並由監評人員評分及簽名之後，才能將電感器銲接到電路板上。電感器參數量測之步驟如下：

1. 將 R-L-C 測試器測棒分別接至電感器第 1、2 腳，選擇待測元件為電感(L)。
2. 選擇測試頻率為 100kHz。
3. 選擇測試電壓為 1V(rms)。
4. 選擇量測品質因數(Q)。
5. 讀取電感值(需轉換成 μH)和品質因數 Q。
6. 選擇量測線圈直流電阻(即 DCR)並讀取數值(需轉換成 mΩ)。

電感器 L1 和 L2 之線圈電感和品質因數參數量測分別如圖 5-16(a)和圖 5-17(a)，而線圈直流電阻量測分別如圖 5-16(b)和圖 5-17(b)所示，和電感器參數量測相關之評分表如表 5-8，量測結果如表 5-9。其中品質因數之定義如下：

$$Q = \frac{X_L}{R} = \frac{\omega L}{R} = \frac{2\pi f L}{R}$$

Q 為無單位之參數，$0 \leq Q \leq \infty$，數值越大代表電感器之品質越好，其中 L 為電感值，f 為測試頻率，R 為等效串聯電阻 ESR。L1 和 L2 之線圈電感參考值分別為 33.8μH 和 8.5μH，線圈直流電阻數值越小越好，須以 mΩ 之單位填入表中，換算時切勿犯錯。

表 5-7 升壓及降壓轉換器參數量測表

項次	內容	繞組	數值	單位	備註
1	線圈電感	L1		μH	@ 100kHz
2	線圈直流電阻	L1		mΩ	
3	線圈電感	L2		μH	@ 100kHz
4	線圈直流電阻	L2		mΩ	

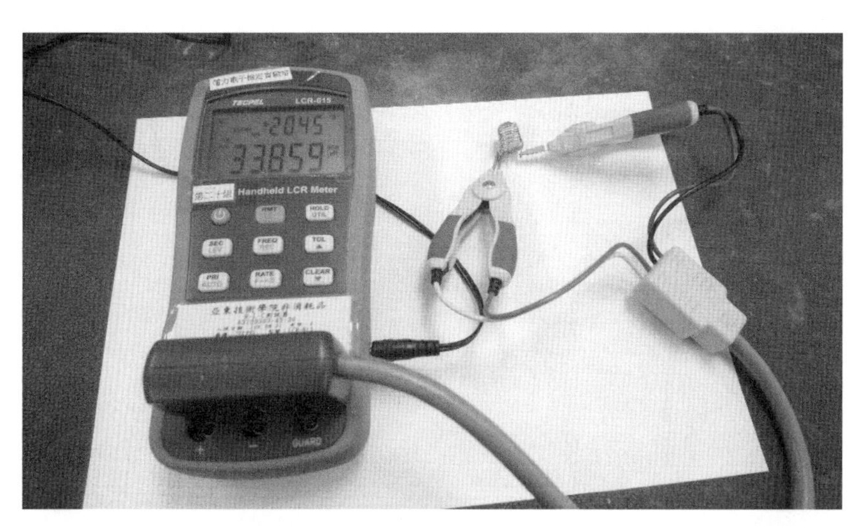

圖 5-16(a) 電感器 L1 參數量測：線圈電感和品質因數

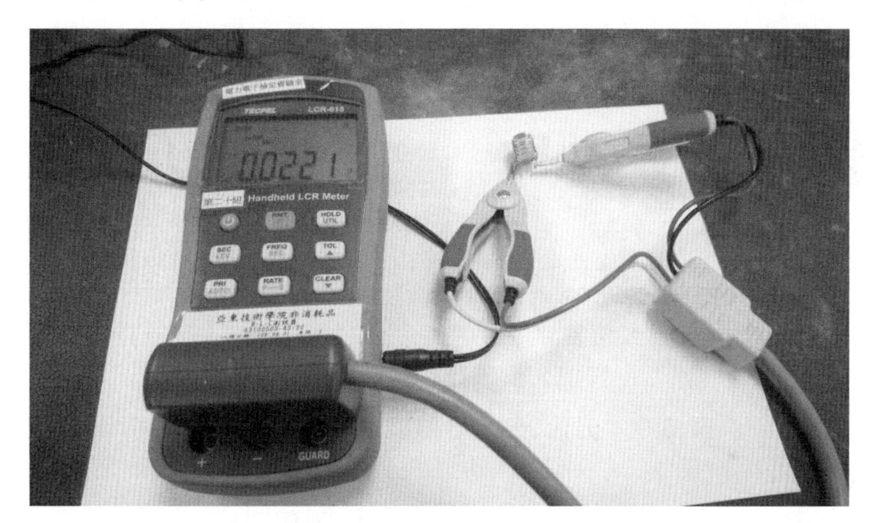

圖 5-16(b) 電感器 L1 參數量測：線圈直流電阻

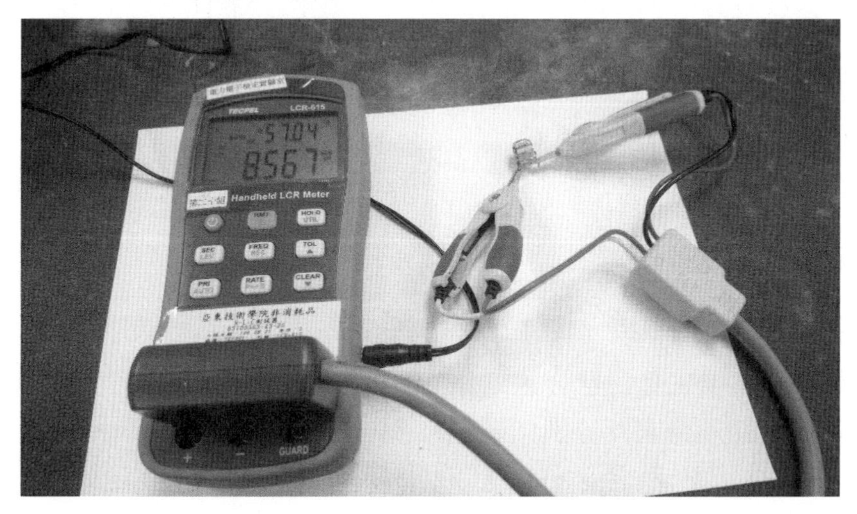

圖 5-17(a) 電感器 L2 參數量測：線圈電感和品質因數

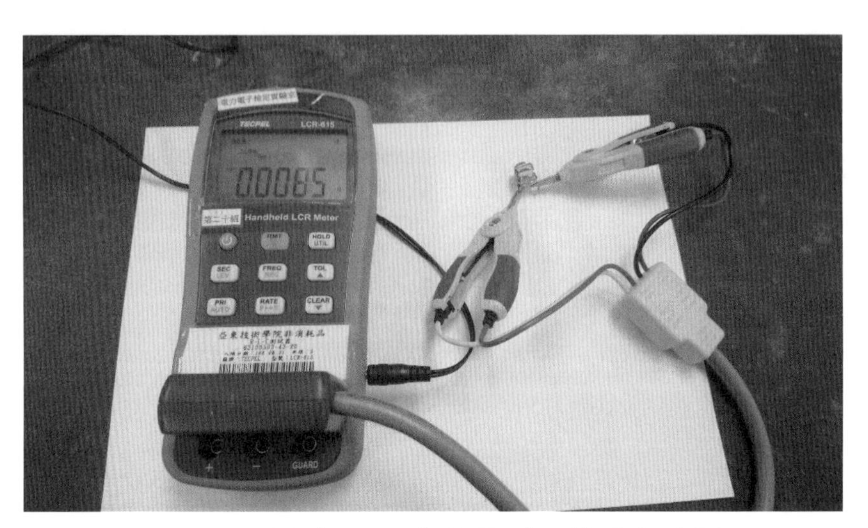

圖 5-17(b) 電感器 L2 參數量測：線圈直流電阻

表 5-8 評分表-電感器參數量測

項目	評分標準	扣分標準			備註
		每處扣分	最高扣分	每項最高扣分	
三、量測	1. 電感器參數量測表欄位空白未填或填寫不實	5	20	50	

表 5-9 升壓及降壓轉換器參數量測結果

項次	內容	繞組	數值	單位	備註
1	線圈電感	L1	33.859	μH	@100kHz
2	線圈直流電阻	L1	22.1	mΩ	
3	線圈電感	L2	8.567	μH	@100kHz
4	線圈直流電阻	L2	8.5	mΩ	

5-4-3 電路板製作

依照試題所提供之電路板元件佈置圖與佈線圖，進行元件裝配和電路板銲接等工作。升壓及降壓轉換器之電路已經蝕刻完成，只要將相對應元件置入與銲接即可，電路板正面和背面之元件佈置圖分別如圖 5-18 和圖 5-19 所示，電路板的佈線圖如圖 5-20 所示。

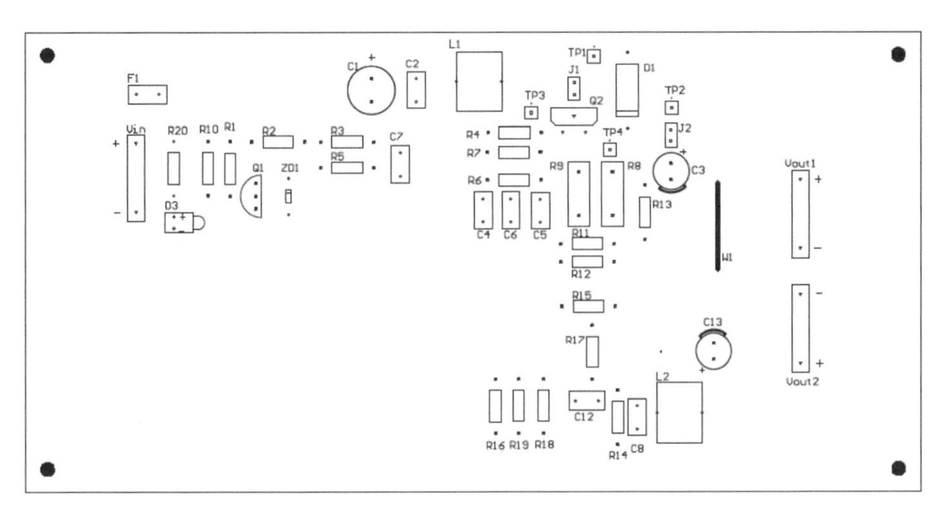

圖 5-18　電路板正面之元件佈置圖(升壓及降壓轉換器)

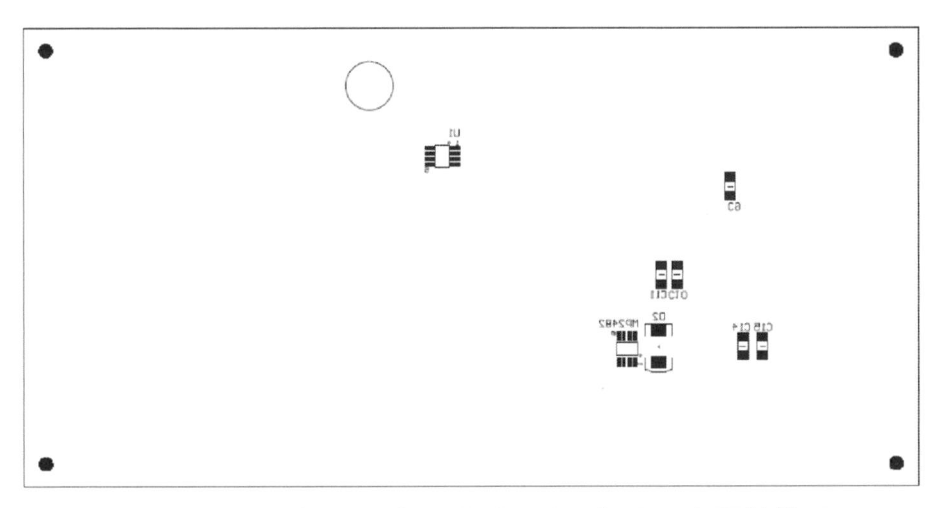

圖 5-19　電路板背面之元件佈置圖(升壓及降壓轉換器)

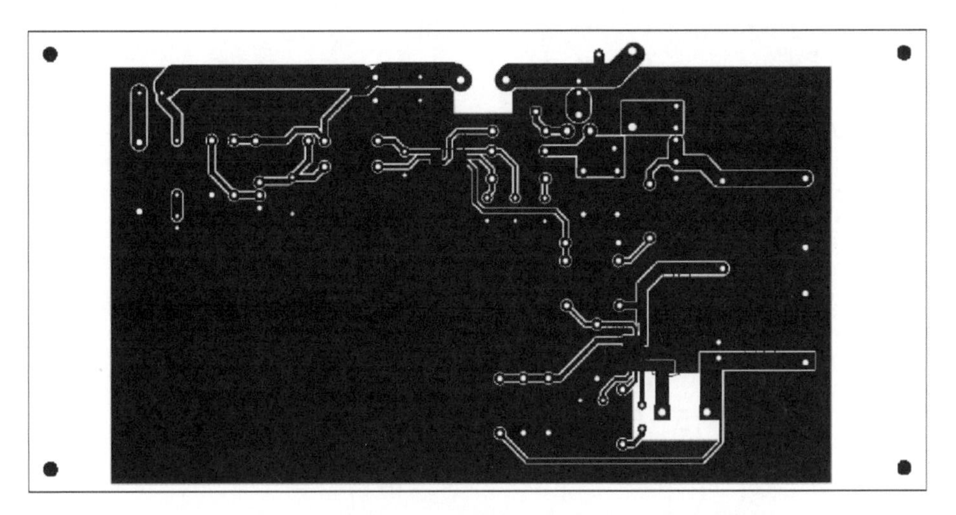

圖 5-20　電路板的佈線圖(升壓及降壓轉換器)

進行銲接前需確認元件數量、數值和功能，以免影響電路板性能之正確性，可參考下列提供之要點：

1. 檢查印刷電路板

實際印刷電路板之元件面、銅箔面如圖 5-21 和圖 5-22 所示，觀察電路板銅箔面佈線圖，檢查印刷電路板銅箔面是否有接觸不良情形，不當之短路或斷線皆屬異常，須立即更換。

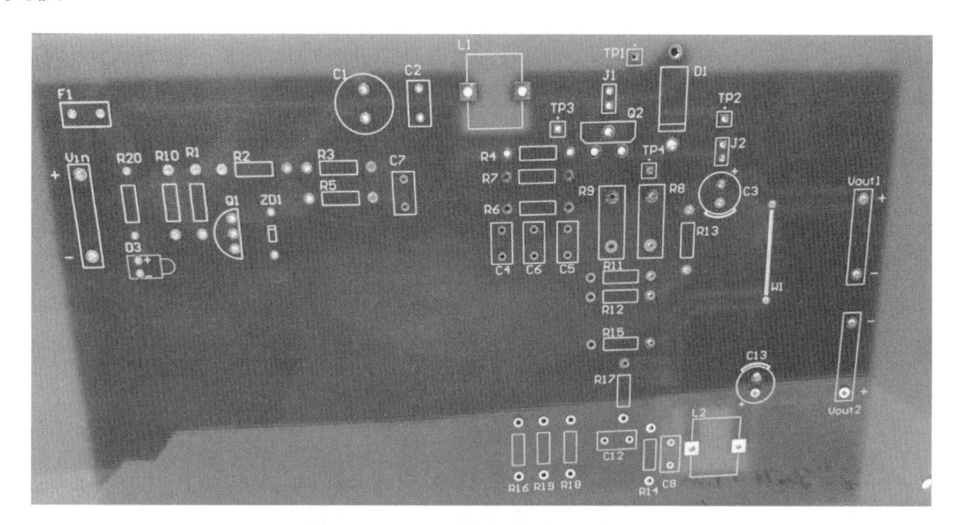

圖 5-21　實際電路板正面

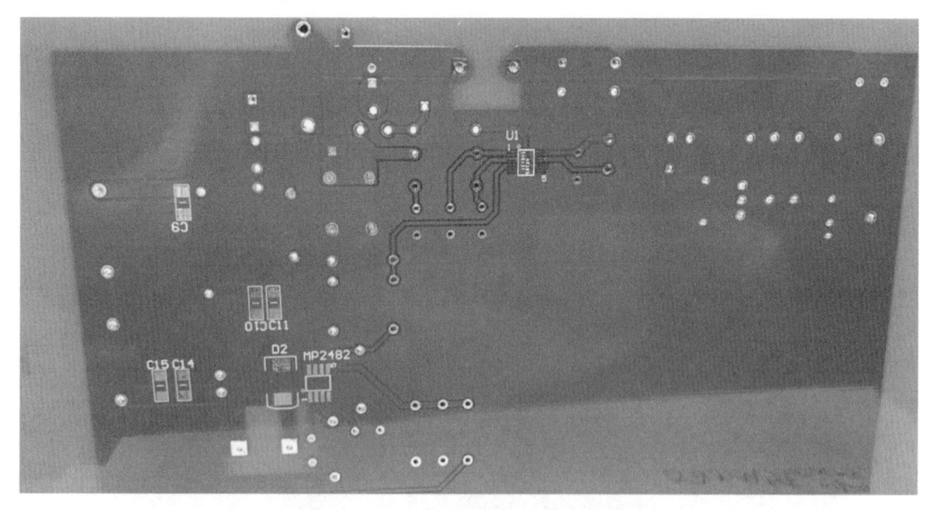

圖 5-22　實際電路板背面

2. R1～R7、R10、R14、R15、R17

共 11 個一般色碼電阻(四碼電阻)，為本電路板數量最多的元件，一般色碼電阻外觀如圖 5-23 所示，電阻值不可錯置，依裝配規則(四)電阻器安裝於電路板時，色碼之讀法必須由左而右，由上而下方向一致，即誤差環在最下方或在最右方。本試題中 R1、R10、R14 和 R17 為縱向擺放，誤差環在最下方；其餘電阻為橫向擺放，誤差環在最右側。依裝配規則(六)此 11 個一般色碼電阻(四碼電阻)皆為 1/4W，裝配時應與電路板密貼。安裝電阻時請參考表 5-10。

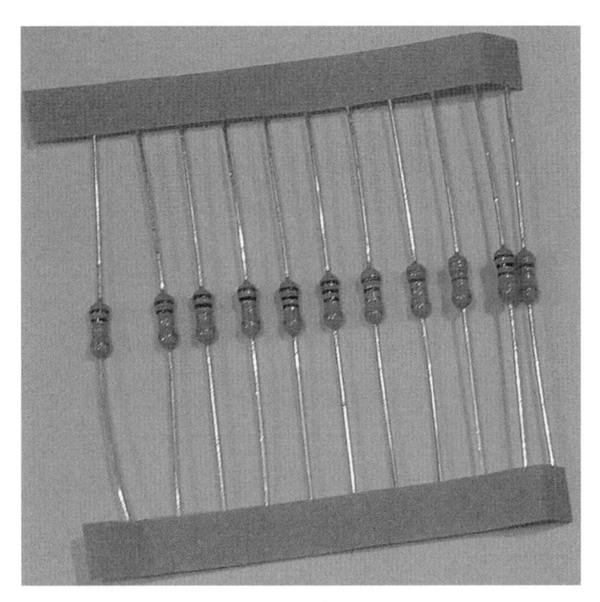

圖 5-23　一般色碼電阻之外觀圖

表 5-10　一般色碼電阻器安裝

擺放方向	數量	電阻器	誤差環
橫向擺放	7 個	R2、R3、R4、R5、R6、R7、R15	最右側
縱向擺放	4 個	R1、R10、R14、R17	最下方

一般色碼電阻極易發生混淆的組合如表 5-11 所示，只有第三環顏色不同，務必注意，目視時相當容易出現誤判，可使用三用電表歐姆檔輔助測量，減少錯置。

表 5-11　一般色碼電阻易混淆的電阻組合

項次	編號	規格	第一環	第二環	第三環	第四環
1	R3、R14	10Ω±5%、1/4W	棕	黑	黑	金
	R7	100Ω±5%、1/4W	棕	黑	棕	金
	R2、R17	10kΩ±5%、1/4W	棕	黑	橙	金
	R1、R15	100kΩ ±5%、1/4W	棕	黑	黃	金

3. R11~R13、R16、R18~R20

共 7 個精密色碼電阻(五碼電阻)，外觀如圖 5-24 所示，電阻值不可錯置，依裝配規則(四)電阻器安裝於電路板時，色碼之讀法必須由左而右，由上而下方向一致，即誤差環在最下方或在最右方。本題中 R11 和 R12 為橫向擺放，誤差環在最右側；其餘電阻為縱向擺放，誤差環在最下方。依裝配規則(六)此 7 個精密色碼電阻(五碼電阻)皆為 1/4W，裝配時應與電路板密貼。安裝時請參考表 5-12。

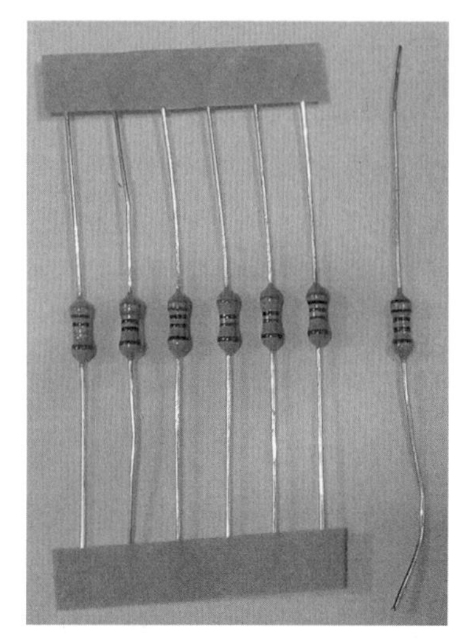

圖 5-24　精密色碼電阻之外觀圖

表 5-12　精密色碼電阻器安裝

擺放方向	數量	電阻器	誤差環
橫向擺放	2 個	R11、R12	最右側
縱向擺放	5 個	R13、R16、R18、R19、R20	最下方

精密色碼電阻極易發生混淆的組合如表 5-13 所示，項次 1 的組合僅有第四環顏色不同，項次 2 的組合為第二環和第四環顏色不同，項次 3 的組合為第一環顏色不同，目視容易出現誤判；以上 3 組電阻器相當容易發生錯誤，可使用三用電表歐姆檔輔助測量，減少錯置。

表 5-13　精密色碼電阻易混淆的電阻組合

項次	編號	規格	第一環	第二環	第三環	第四環	第五環
1	R11	82Ω±1%、1/4W	灰	紅	黑	金	棕
	R13	820Ω±1%、1/4W	灰	紅	黑	黑	棕
2	R12	330Ω ±1%、1/4W	橙	橙	黑	黑	棕
	R19	3kΩ ±1%、1/4W	橙	黑	黑	棕	棕
3	R20	1kΩ ±1%、1/4W	棕	黑	黑	棕	棕
	R19	3kΩ ±1%、1/4W	橙	黑	黑	棕	棕

4. R8、R9

共 2 個片式水泥電阻器，外觀如圖 5-25 所示。本題中 R8 和 R9 為縱向擺放，依裝配規則(五)元件標示之數據必須以方便目視及閱讀為原則，建議 R8 之正面(有字的那面)朝向右側、R9 之正面(有字的那面)朝向左側；依裝配規則(六)R8、R9 為 2W 之電阻器，與電路板之間必須有 3～5mm 空間，不可貼板，以利散熱。安裝時請參考表 5-14。

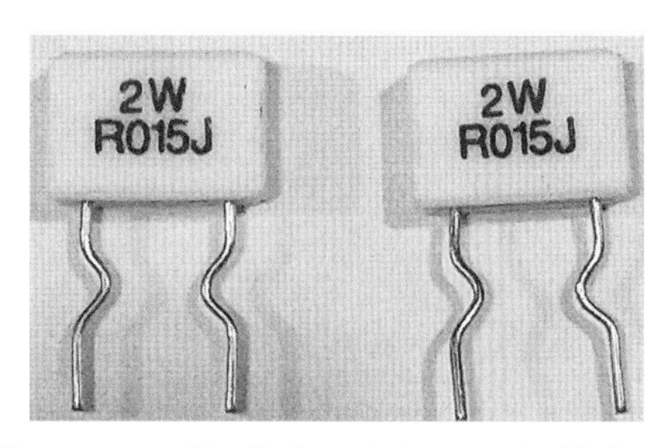

圖 5-25　片式水泥電阻器之外觀圖

表 5-14　片式水泥電阻器安裝

擺放方向	數量	片式水泥電阻器	正面
橫向擺放	2 個	R8	朝右側
		R9	朝左側

5. C1、C3、C13

共 3 個電解電容器，外觀如圖 5-26 所示，需注意極性和電容量，通常長腳為正端，詳細測量方法請參考第二章，3 個電容器皆為縱向擺放，其中 C1、C13 電容量為 470μF，C3 電容量為 220 μF，取用時須注意元件本體之容量標示，裝配時並留意極性標示。請特別注意 C1 和 C3 極性+端在上方，C13 極性+端在下方。依裝配規則(六)電解電容器裝配時應與電路板密貼。安裝時請參考表 5-15。

圖 5-26　電解電容器之外觀圖

表 5-15　電解電容器安裝

擺放方向	數量	電解電容器	正端
縱向擺放	3 個	C1、C3	上方
		C13	下方

6. C2、C4~C8、C12

共 7 個積層電容器，外觀如圖 5-27 所示，雖無極性但需注意電容量，標示和換算如表 5-16 所示。依裝配規則(五)元件標示之數據必須以方便目視及閱讀為原則，本試題之 C12 為橫向擺放，建議正面(有字的那面)朝向下方，其餘 6 個積層電容器皆為縱向擺放，建議正面(有字的那面)朝向左側；依裝配規則(六)銲接時與電路板間應有 3mm 空間。安裝時請參考表 5-17。

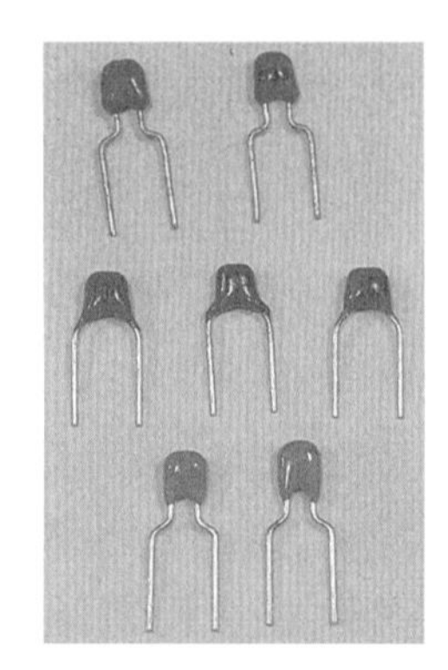

圖 5-27　積層電容器之外觀圖

表 5-16　積層電容器之標示

項次	積層電容器	規格	標示	換算
17	C2、C7、C8	0.1μF/50V	104	$10\times10^4pF=10\times10^4\times10^{-12}F$ $=10^{-7}F=10^{-1}\times10^{-6}F=0.1\mu F$
19	C4	3.9 nF/50V	392	$39\times10^2pF=39\times10^2\times10^{-12}F$ $=39\times10^{-10}F=39\times10^{-1}\times10^{-9}F=3.9nF$
20	C5	68nF/50V	683	$68\times10^3pF=68\times10^3\times10^{-12}F$ $68\times10^{-9}F=68nF$
21	C6	0.01μF/50V	103	$10\times10^3pF=10\times10^3\times10^{-12}F$ $=10^{-8}F=10^{-2}\times10^{-6}F=0.01\mu F$
23	C12	1μF/50V	105	$10\times10^5pF=10\times10^5\times10^{-12}F$ $=10^{-6}F=1\mu F$

表 5-17　積層電容器安裝

擺放方向	數量	積層電容器	正面
橫向擺放	1 個	C12	下方
縱向擺放	6 個	C2、C4、C5、C6、C7、C8	左側

7. C9 ~C11、C14、C15

共 5 個表面貼裝陶瓷電容器，外觀如圖 5-28 所示，為表面黏著元件(SMD)，銲接前可使用 R-L-C 測試器量測以確認電容量，如圖 5-29 所示，測試頻率為 100Hz，測試頻率若選擇 10kHz 或 100kHz，則誤差過大。裝配位置在電路板背面，依裝配規則(六)銲接時與電路板密貼。

圖 5-28　表面貼裝陶瓷電容器之外觀圖

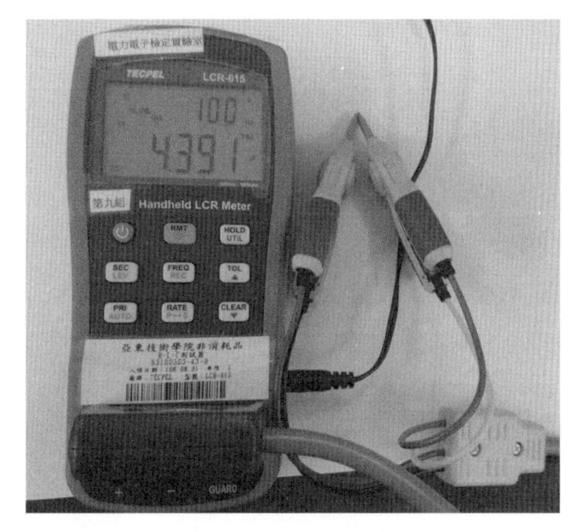

圖 5-29　表面貼裝陶瓷電容器之量測

8. F1

共 1 個方形保險絲，外觀如圖 5-30 所示，需注意其規格為 5A/250V，銲接前先使用三用電表歐姆檔 Rx1 量測接腳，兩次電阻值應為 0Ω，才是良品，量測數值如表 5-18 所示，依裝配規則(六)銲接時與電路板密貼。

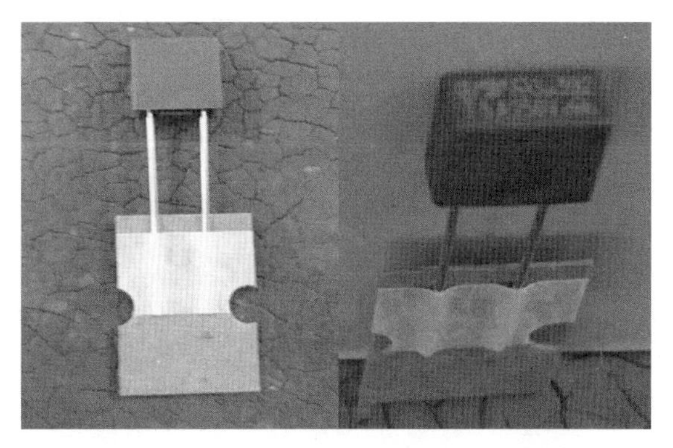

圖 5-30　方形保險絲之外觀圖

表 5-18　方形保險絲量測

歐姆檔(R x1 檔)	接腳 1	接腳 2	電阻測量值
F1	+	—	0Ω
	—	+	0Ω

9. Q1、Q2

共 2 個電晶體，外觀和接腳分別如圖 5-31 和圖 5-32 所示，兩者皆為 n 通道增強型 MOSFET，Q1 為 2N7000，Q2 為 SM1A15NSF，需注意型號和接腳。元件本體皆標有型號，相當容易辨識；銲接前先使用三用電表歐姆檔 Rx1 量測三隻接腳，量測數值分別如表 5-19 和表 5-20 所示。銲接時需注意位置和方向，方向錯誤則導致接腳錯誤，請特別注意。放置電晶體 Q1 時，需與印刷電路板的元件平面方向一致，即元件平面側對電路板平面側，元件曲面側對電路板曲面側，依裝配規則(六)兩者與電路板距離 3~5mm，以利散熱。安裝時請參考表 5-21。

圖 5-31　電晶體 Q1 之外觀圖和接腳

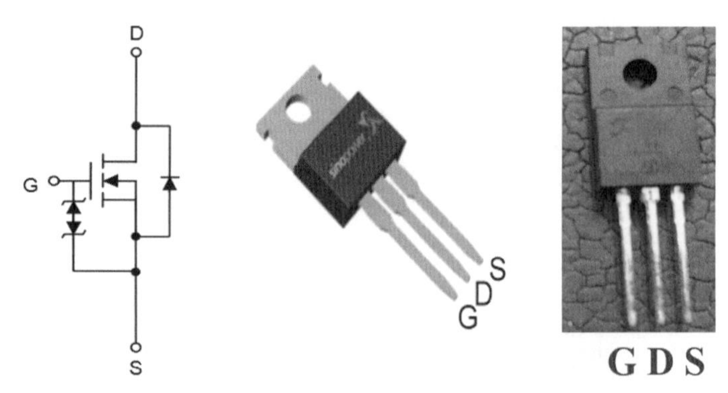

圖 5-32　電晶體 Q2 之外觀圖和接腳

表 5-19　電晶體 Q1 量測

歐姆檔(Rx1 檔)	接腳 1	接腳 2	接腳 3	電阻測量值
Q1	+	—		∞
	—	+		∞
		+	—	∞
		—	+	∞
	+		—	6.5Ω
	—		+	∞

表 5-20　電晶體 Q2 量測

歐姆檔(Rx1 檔)	接腳 1	接腳 2	接腳 3	電阻測量值
Q2	+	—		∞
	—	+		∞
		+	—	∞
		—	+	6Ω
	+		—	∞
	—		+	∞

表 5-21　電晶體安裝

擺放方向	數量	電晶體	安裝
縱向擺放	1 個	Q1	平面朝右側
橫向擺放	1 個	Q2	正面朝下方

10. D1~D3、ZD1

共 4 個二極體，外觀如圖 5-33 所示，需注意極性，先使用三用電表歐姆檔量測陽、陰極接腳，接到三用電表內部電池正極的接腳為陽極，接到三用電表內部電池負極的接腳為陰極。而且順偏時為低電阻狀態，逆偏時為高電阻狀態，才是良品，詳細量測方法請參考第二章，量測數值如表 5-22 所示。銲接時需注意位置和方向，二極體安裝在電路板位置和接腳配置如表 5-23 所示，特別注意 D2，位於電路板背面，腳位標示不太明顯，最易出錯，表中呈現電路板從正面向右翻面時之陽極和陰極位置。依裝配規則(六)D2 和 ZD1 銲接時與電路板密貼；D1 和 D3 與電路板距離 3~5mm，以利散熱。

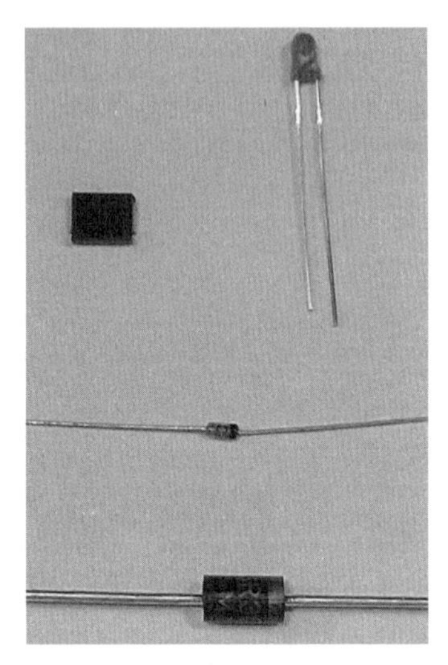

圖 5-33　二極體之外觀圖

表 5-22　二極體量測

歐姆檔(R x1 檔)	接腳 1	接腳 2	電阻測量值
D1	+	—	2Ω
	—	+	∞
D2	+	—	2.5Ω
	—	+	∞
D3	+		40Ω(亮/發光狀態)
	—	+	∞(滅/不發光狀態)
ZD1	+	—	8Ω
	—	+	∞

表 5-23　二極體安裝

二極體	位置	陽極	陰極
D1、D3	電路板正面	上方	下方
ZD1		下方	上方
D2	電路板背面	上方	下方

11. U1 和 U2

共 2 個控制積體電路(IC)，外觀如圖 5-34 所示，需注意型號和接腳，U1 為升壓型控制 IC LM3478，U2 為降壓型控制 IC MP2482DS，兩者皆為 8 腳之表面黏著元件(SMD)，銲接時需注意位置和方向，切勿錯置，控制 IC 安裝如表 5-24 所示，表中呈現電路板從正面向右翻面時之第 1 腳位置。依裝配規則(六)U1 和 U2 銲接時與電路板密貼。

圖 5-34　控制 IC 之外觀圖

表 5-24　控制 IC 安裝

控制 IC	位置	第 1 腳位置
U1	電路板背面	左上方
U2		左下方

12. VIN/VOUT

共 6 個端子，外觀如圖 5-35 所示，包含輸入側 2 只和輸出側 4 只，為電路板用接線柱，主要用來讓應檢人員在輸入側加入直流電壓，並在輸出側量測電壓。使用時將較短的一端穿過電路板標示為 Vin、Vout1、Vout2 各點，在銅箔面以銲錫固定之，較長的一端則留在元件面以供測量之用。端子整體皆為金屬導體，銲接時導熱很快，溫度會急速增加，請使用尖嘴鉗協助，切勿直接徒手觸摸造成燙傷。

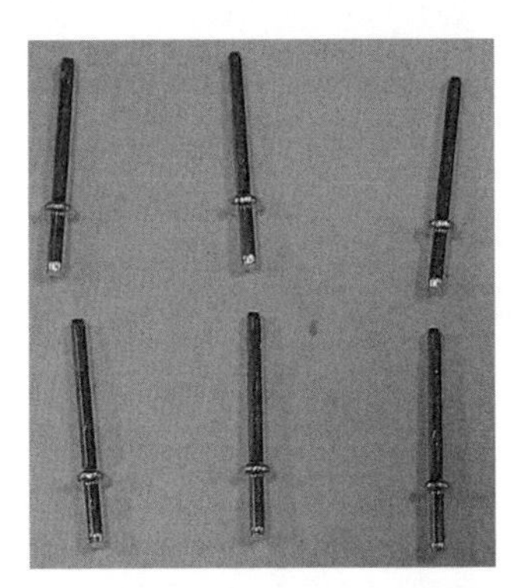

圖 5-35　端子之外觀圖

13. 六角銅柱和六角螺帽

各 4 個，外觀如圖 5-36 所示，六角銅柱主要功用為架高電路板，避免銅箔面接觸到桌面之金屬物品而造成短路，安裝時將六角銅柱由下方架於電路板四周之孔洞上，螺牙側再以六角螺帽固定。

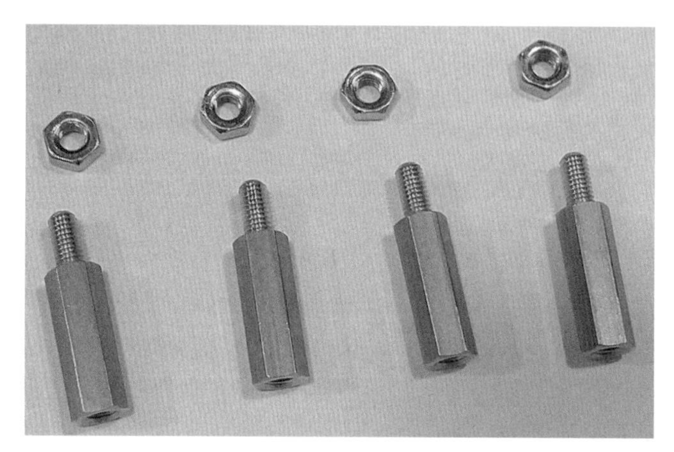

圖 5-36　六角銅柱和六角螺帽之外觀圖

14. L1 和 L2

共 2 個電感，外觀如圖 5-37 所示，需注意容量規格，其中左側為自行繞製之電感 L1，規格為 33.8 μH，右側為自行繞製之電感 L2，規格為 8.5 μH，參數值量測並經監評老師評分之後才能銲接到電路板上。裝配時先將電感立起後再銲接，銲接時需注意位置，切勿錯置。依裝配規則(六)L1 和 L2 銲接時與電路板密貼。

圖 5-37　電感之外觀圖

15. J1、J2 和連接線

共 2 個電流測試端子 J1、J2 和 2 條連接線，外觀如圖 5-38 所示，J1 為測量 Q2 電流 iDS 所需跳線之測試端子，J2 為測量 D1 電流 iAK 所需跳線之測試端子，兩者搭配 1p、2.54mm 雙頭杜邦連接器、長度為 20cm、導體截面積 $1mm^2$以上之連接線使用。依裝配規則(六)J1 和 J2 銲接時與電路板密貼，測試電路板時記得接上連接線。

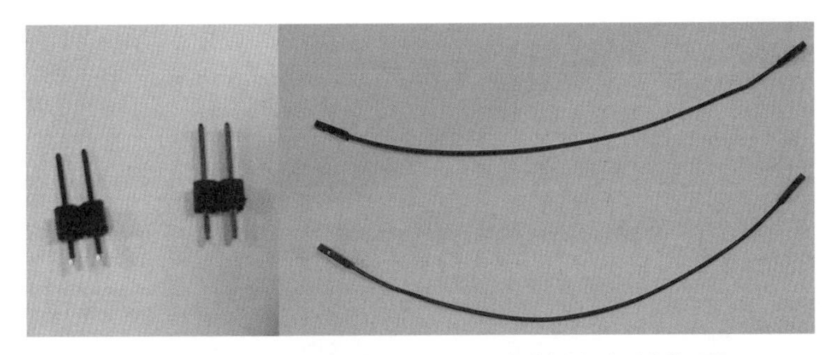

圖 5-38　電流測試端子和連接線之外觀圖

16. W1

共 1 條單芯線，外觀如圖 5-39 所示，W1 為升壓轉換器和降壓轉換器間的連接線，線徑為 1.0mm、長度為 20cm，裝配時建議使用和 J1、J2 相同之電流測試端子，除錯時若將 W1 解開，則可針對升壓轉換器和降壓轉換器進行獨立測試，如此可縮短偵錯時間。

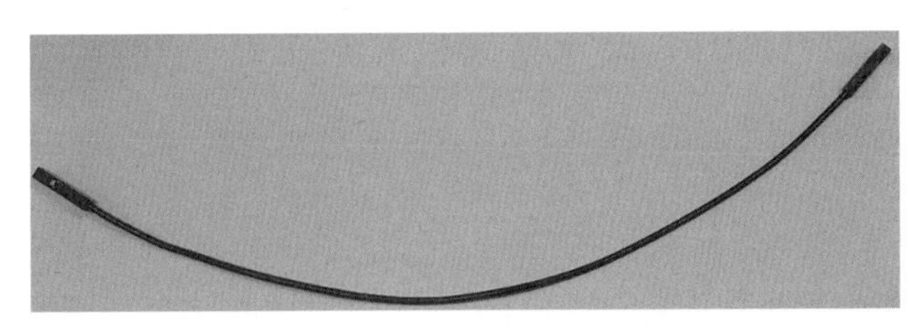

圖 5-39　單芯線之外觀圖

17.短路夾

共 2 個，外觀如圖 5-40 所示，進行電路板測試和電壓量測時，可將連接線解除，以短路夾安裝於 J1、J2，同樣具備連接電路之功能。

圖 5-40　短路夾之外觀圖

元件檢查後即可以進行插件工作，安插之原則係依高低層次，以先低後高之順序將元件放至正確位置，即越接近電路板的元件越先放，離電路板越遠的元件越晚放，電路板完成之正面如圖 5-41 所示。將元件插入預定位置後，即可翻至銅箔面進行銲接固定工作，電路板完成之背面如圖 5-42 所示，與銲接裝配相關之評分表如表 5-25 所示。

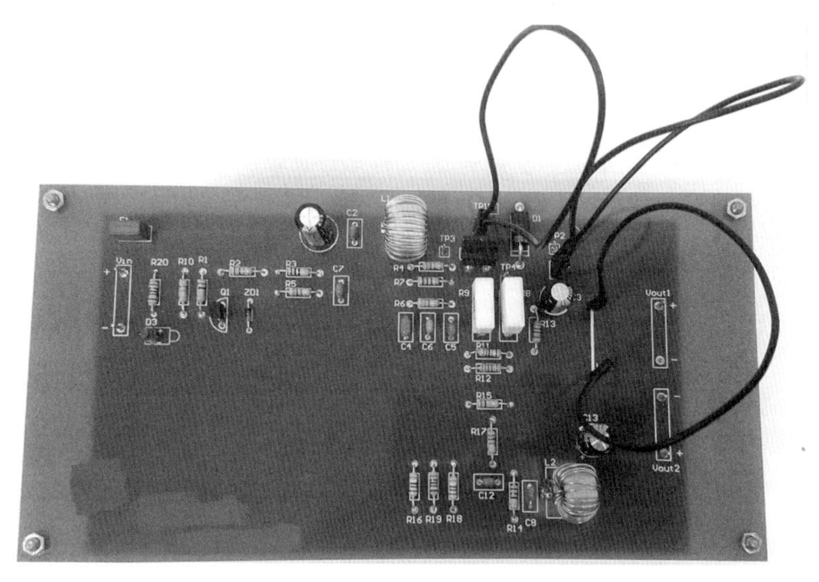

圖 5-41　電路板成品(正面)

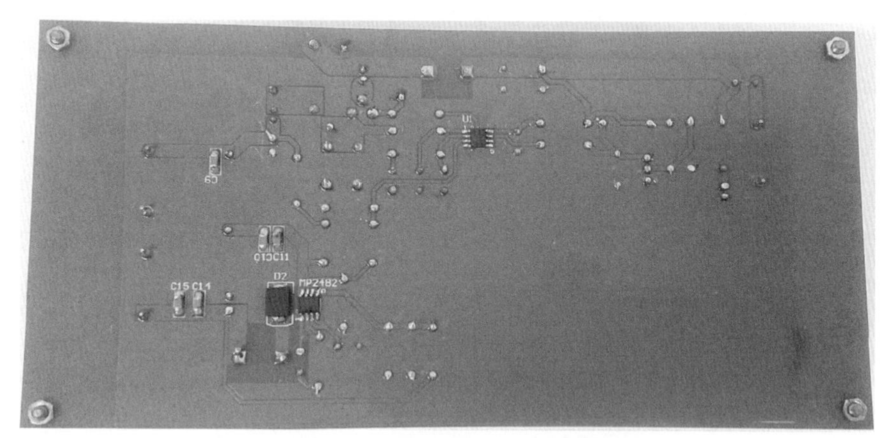

圖 5-42　電路板成品(背面)

表 5-25　評分表-銲接裝配

項目	評分標準	扣分標準			備註
		每處扣分	最高扣分	每項最高扣分	
四、銲接裝配	1. 冷銲或銲接不當以致銅片脫離或浮翹者	2	20	50	
	2. 電路板上殘留錫渣、零件腳等異物者	2	20		
	3. 銲接不良，有針孔、焦黑、缺口、不圓滑等	1	20		
	4. 元件裝配或銲接未符合裝配或銲接規則者	1	20		

5-4-4　電路測試

電路板製作完畢後，請先進行下列測試：

1. 短路試驗

將三用電表置於歐姆檔(RX1 檔)，分別測量 Vin、Vout1、Vout2 各點，每處需量測兩次，兩者皆不可為 0Ω，表示電路板至少無短路現象。短路試驗之電阻測量值如表 5-26 所示。若有短路現象，應檢視電路板及其連接線，是否因不當銲接導致短路情形發生。送電測試前務必進行短路試驗，避免通電檢驗發生嚴重短路現象，影響用電安全，此時會被監評老師依發生重大缺失之規定命令應檢人停止工作，不得重修電路，並以不及格論。

表 5-26　短路試驗

量測點	內部電池正端	內部電池負端	電阻測量值
Vin	Vin ＋	Vin—	∞
	Vin—	Vin ＋	7Ω
Vout1	Vout1＋	Vout1—	∞
	Vout1—	Vout1＋	9Ω

量測點	內部電池正端	內部電池負端	電阻測量值
Vout2	Vout2＋	Vout2—	∞
	Vout2—	Vout2＋	2.5Ω

2. 無載試驗

先進行無載測試，即輸出端不接任何負載，呈現開路狀態。依下列步驟進行：

1. 連接直流電源供應器至電路板 Vin+、Vin—端子，請特別注意極性，選擇獨立模式(INDEP)，調整直流電源供應器電壓為 12V 或 16V，電流限制為 3A，利用三用電表量測電壓、確認數值，電源供應器設定如圖 5-43 所示。
2. 輸入直流電壓，利用三用電表量測電路板之輸出電壓，紅棒接至 Vout1+、黑棒接至 Vout1—端子，輸出電壓正確數值應為直流 19V(±5%)，實際連接測試如圖 5-44，三用電表測量 Vout1 為 18.91V。
3. 利用三用電表量測電路板之輸出電壓，紅棒接至 Vout2+、黑棒接至 Vout2—端子，輸出電壓正確數值應為直流 12V(±5%)，實際連接測試如圖 5-45，三用電表測量 Vout2 為 12.05V，表示電路板之無載輸出正確。
4. 通過無載試驗後，需繼續進行滿載試驗，否則須進行除錯。

圖 5-43　電源供應器設定

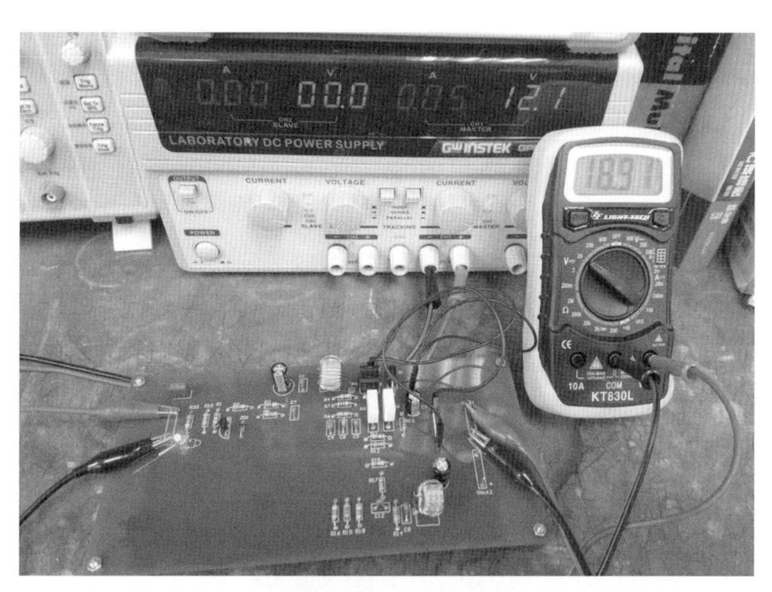

圖 5-44　無載試驗之連接測試：Vout1

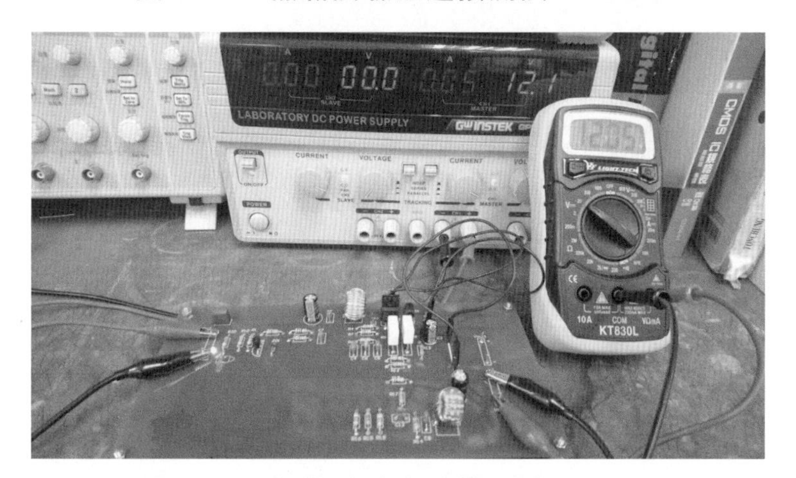

圖 5-45　無載試驗之連接測試：Vout2

3. 滿載試驗

接著進行滿載測試，即將輸出端 Vo 連接 6Ω/50W 之功率電阻器，進行滿載測試時請特別注意：先連接已正確設定之直流電源供應器於電路輸入端，再將 12Ω/50W 之功率電阻連接到電路輸出端，否則會出現過電流現象，即秉持“先送電再加載”原則，此順序和一般測試“先加載再送電”原則不同。依下列步驟進行：

1. 開啟(on)功率電阻器 12Ω/50W 之並聯開關，即獲得等效 6Ω/50W 之功率電阻(滿載狀態)，利用三用電表量測電阻、確認數值，將此負載連接至電路板輸出 Voou2+ 和 Voout2—端子。

2. 連接直流電源供應器至電路板 Vin+、Vin—端子，請特別注意極性，調整直流電源供應器電壓為 12V 或 16V，電流限制為 3A，利用三用電表量測電壓、確認數值。
3. 輸入直流電壓，利用三用電表量測電路板之輸出電壓，紅棒接至 Vout1+、黑棒接至 Vout1—端子，輸出電壓正確數值應為直流 19V(±5%)，實際連接測試如圖 5-46，三用電表測量 Vout1 為 18.85V。
4. 利用三用電表量測電路板之輸出電壓，紅棒接至 Vout2+、黑棒接至 Vout2—端子，輸出電壓正確數值應為直流 12V(±5%)，實際連接測試如圖 5-47，三用電表測量 Vout2 為 12.03V，表示電路板之滿載輸出正確。

圖 5-46　滿載試驗之連接測試：Vout1

圖 5-47　滿載試驗之連接測試：Vout2

通過上述三階段之短路試驗、無載試驗和滿載試驗後，表示電路板正確無誤，若未能通過任一階段即須進行電路除錯工作。

5-4-5　功率及效率量測

通過上述三階段之試驗後，表示電路板正確無誤，即可進行如表 5-27 之功率及效率量測。連接直流電源供應器於電路輸入端，依照下表的量測要求，分別輸入 12V 及 16V 電壓，量測電路於不同輸入電壓與不同負載的工作效率，其中輸入電壓與電流以直流電源供應器表頭顯示數值為準，輸出電壓與電流則分別以電壓探棒及電流探棒搭配示波器量測。其中輸出端為直流，輸出電壓 Vout1、Vout2 和輸出電流 Iout 應選擇平均值記錄之。因負載接於輸出 Vout2 處，表 5-27 之輸出電壓漣波應選擇 Vout2 輸出電壓漣波記錄之，而非 Vout1 輸出電壓漣波。實際連接測試如圖 5-48，功率及效率量測之儀器、理論值和計算值如表 5-28 所示，和功率及效率量測相關之評分表如表 5-29 所示。

表 5-27　升壓及降壓轉換器功率及效率量測結果

項次	負載電阻	輸入電壓 (V_i,V)	輸入電流 (I_{in},A)	輸入功率 (P_{in},W)	輸出電壓 (V_{out1},V)	輸出電壓 (V_{out2},V)	輸出電流 (I_{out},A)	輸出功率 (P_o,W)	效率 (η,%)	輸出電壓漣波 (V_{pp}, V)
1	無載	12V								
2	12Ω/50W	12V								
3	兩個 12Ω/50W 並聯	12V								
4	無載	16V								
5	12Ω/50W	16V								
6	兩個 12Ω/50W 並聯	16V								

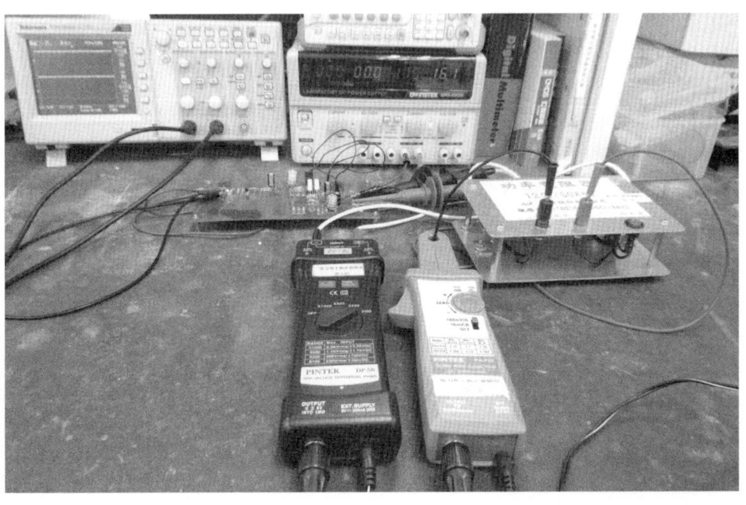

圖 5-48　升壓及降壓轉換器功率及效率量測之實體

表 5-28　功率及效率量測之儀器、理論值和計算值/量測值

項次	量測	使用儀器	理論值	計算值/量測值
1	輸入電壓(Vin,V)	直流電源供應器	12V 或 16V	X
2	輸入電流(Iin,A)	直流電源供應器	X	量測值
3	輸入功率(Pin,W)	計算機	X	輸入電壓 Vin x 輸入電流 Iin
4	輸出電壓(Vout1,V)	電壓探棒搭配示波器	平均值 19V(±5%) 即 18.05V~19.95V	量測值
5	輸出電壓(Vout2,V)	電壓探棒搭配示波器	平均值 12V(±5%) 即 11.4V~12.6V	量測值
6	輸出電流(Iout,A)	電流探棒搭配示波器	平均值 $I_{out}=\frac{V_{out2}}{R_L}=\frac{12}{R_L}=\begin{cases}12V/\infty=0A,\text{無載}\\12V/12\Omega=1A,\text{半載}\\12V/6\Omega=2A,\text{滿載}\end{cases}$	量測值
7	輸出功率(Po,W)	計算機	X	輸出電壓 Vout2 x 輸出電流 Iout
8	效率(η,%)	計算機	1. 0≦η≦100% 2. 效率越大越好 3. 滿載時，效率最大	$\eta=\frac{P_o}{P_{in}}\times100\%$
9	輸出電壓漣波(Vpp, V)	電壓探棒搭配示波器	Vout2 漣波峰對峰值應小於 0.5V (不含開關切換所產生之尖波)	量測值

表 5-29　評分表-功率及效率量測

項目	評分標準	扣分標準			備註
		每處扣分	最高扣分	每項最高扣分	
二、功能	1. 電路輸出端平均電壓無法調整至 12V(±5%)、19V(±5%)(依動作要求之測試項目，不符者每處扣分)	20	50	50	
	2. 電路輸出電壓漣波大於 0.5V（依動作要求之測試項目，不符者每處扣分）	5	20		
三、量測	3. 電路效率量測表欄位空白未填或填寫不實	5	40	50	

升壓及降壓轉換器之 Vout1 和 Vout2 輸出波形如圖 5-49~圖 5-54，Vout2 和 Iout 輸出波形如圖 5-55~圖 5-60，其中無載之電流 Iout 無須測量，直接記錄為 0A，功率及效率實際量測和計算結果如表 5-30 所示，以項次 3 為例說明之，其它項次依此類推，考生應試時請攜帶計算機。

圖 5-49　Vin=12V，無載，Vout1 和 Vout2 量測波形

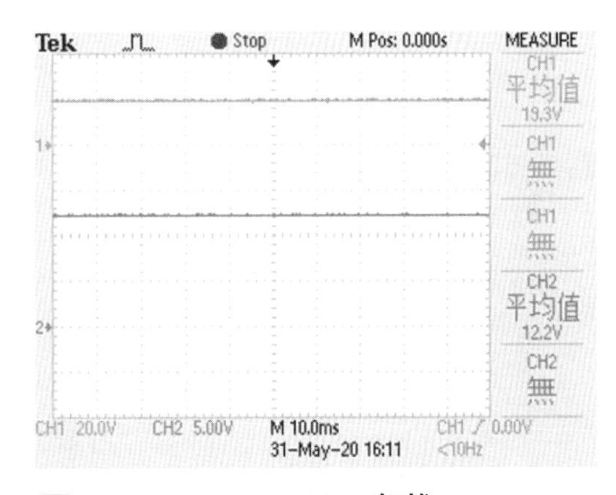

圖 5-50　Vin=12V，半載，Vout1 和 Vout2 量測波形

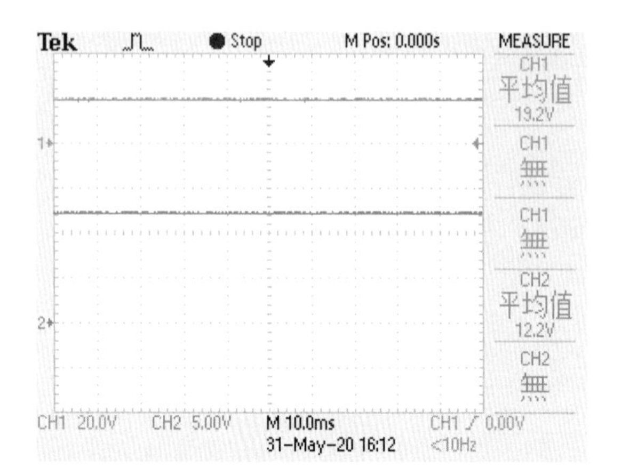

圖 5-51　Vin=12V，滿載，
Vout1 和 Vout2 量測波形

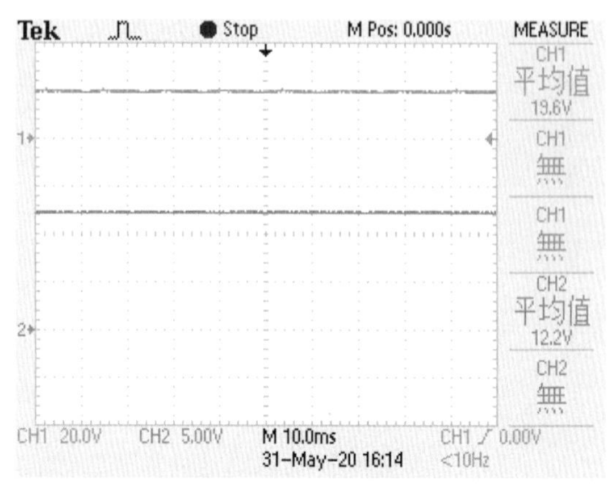

圖 5-52　Vin=16V，無載，
Vout1 和 Vout2 量測波形

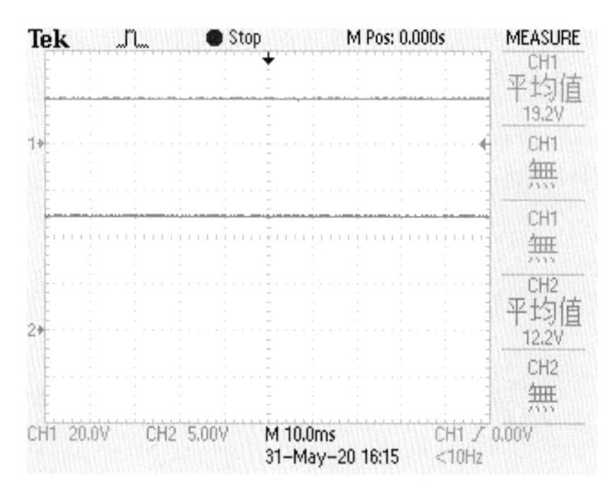

圖 5-53　Vin=16V，半載，
Vout1 和 Vout2 量測波形

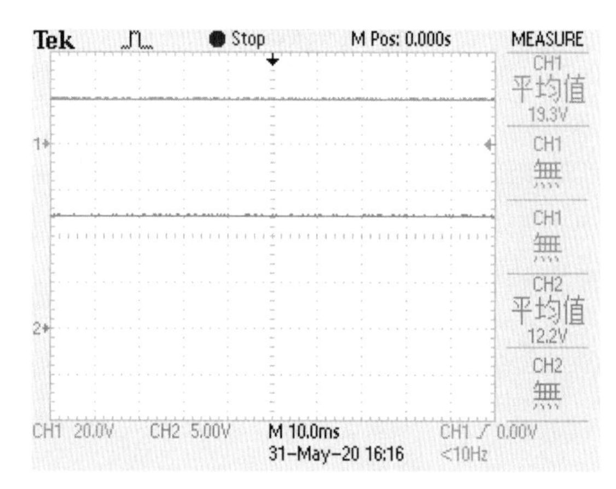

圖 5-54　Vin=16V，滿載，
Vout1 和 Vout2 量測波形

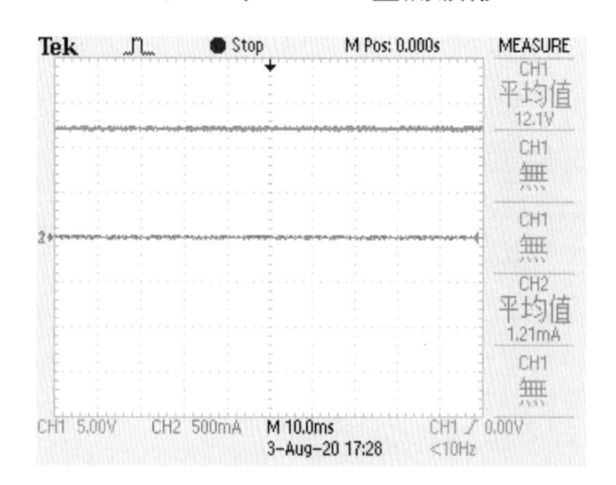

圖 5-55　Vin=12V，無載，
Vout2 和 Iout 量測波形

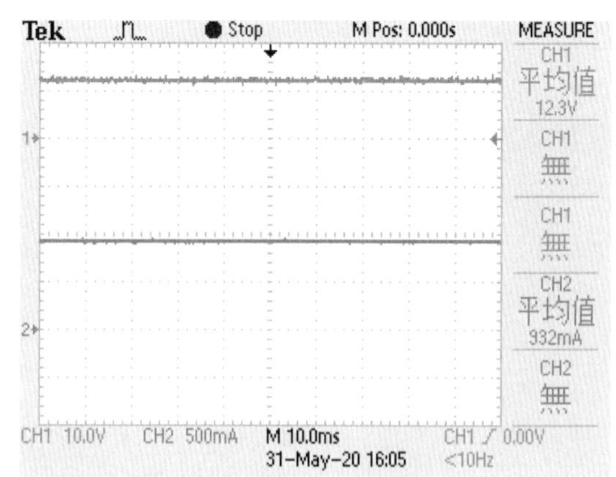

圖 5-56　Vin=12V，半載，
Vout2 和 Iout 量測波形

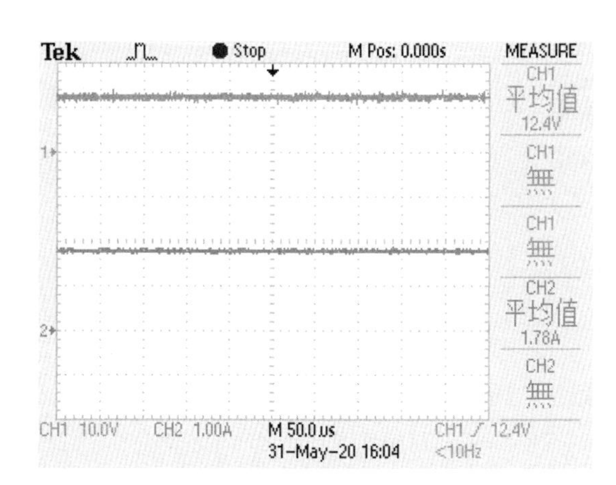

圖 5-57 Vin=12V，滿載，Vout2 和 Iout 量測波形

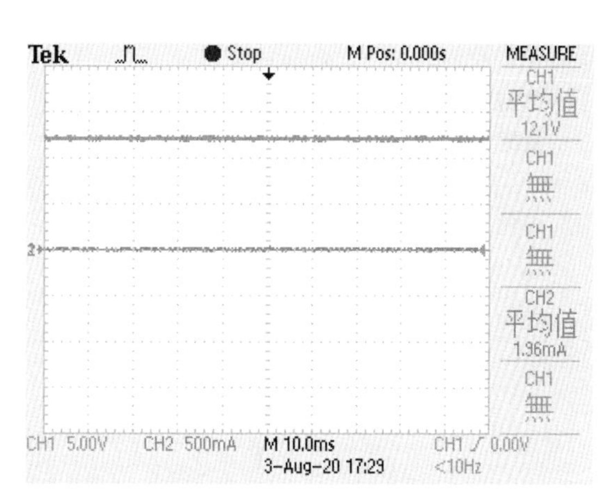

圖 5-58 Vin=16V，無載，Vout2 和 Iout 量測波形

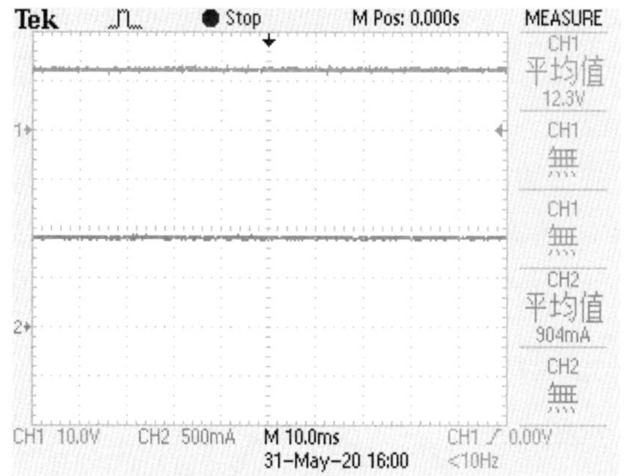

圖 5-59 Vin=16V，半載，Vout2 和 Iout 量測波形

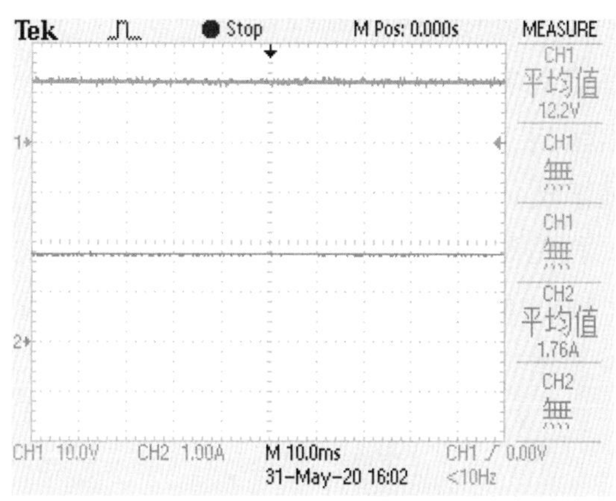

圖 5-60 Vin=16V，滿載，Vout2 和 Iout 量測波形

表 5-30 升壓及降壓轉換器功率及效率實際量測結果

項次	負載電阻	輸入電壓 (Vin,V)	輸入電流 (Iin,A)	輸入功率 (Pin,W)	輸出電壓 (Vout1,V)	輸出電壓 (Vout2,V)	輸出電流 (Iout,A)	輸出功率 (Po,W)	效率 (η,%)	輸出電壓漣波(Vpp, V)
1	無載	12V	0.05A	0.6W	19.3V	12.3V	0	0	0	240mV
2	12Ω/50W	12V	1.29A	15.48W	19.3V	12.2V	932mA	11.3704W	73.45%	280mV
3	兩個 12Ω/50W 並聯	12V	2.42A	29.04W	19.2V	12.2V	1.78A	21.716W	74.78%	440mV
4	無載	16V	0.03A	0.48W	19.6V	12.2V	0	0	0	208mV
5	12Ω/50W	16V	0.87A	13.92W	19.2V	12.2V	904mA	11.0288W	79.23%	296mV

項次	負載電阻	輸入電壓(Vin,V)	輸入電流(Iin,A)	輸入功率(Pin,W)	輸出電壓(Vout1,V)	輸出電壓(Vout2,V)	輸出電流(Iout,A)	輸出功率(Po,W)	效率(η,%)	輸出電壓漣波(Vpp, V)
6	兩個 12Ω/50W 並聯	16V	1.65A	26.4W	19.3V	12.2V	1.76A	21.472W	81.33%	408mV

$$P_{in} = V_{in} \times I_{in} = 12V \times 2.42A = 29.04W$$
$$P_o = V_{out2} \times I_{out} = 12.2V \times 1.78A = 21.716W$$
$$\eta = \frac{P_o}{P_{in}} \times 100\% = \frac{21.716}{29.04} \times 100\% = 74.78\%$$

考生以示波器量測電壓漣波時，應調整示波器設定使輸出電壓波形占螢幕 2 格以上垂直刻度，其電壓漣波峰對峰值應小於 0.5V(不含開關切換所產生之尖波)，顯示波形須呈現 2~3 個週期。因負載接於輸出 Vout2 處，輸出電壓漣波應選擇 Vout2 輸出電壓漣波記錄之，而非 Vout1 輸出電壓漣波。漣波測量時，應調整示波器耦合方式為交流，利用游標(cursor)進行量測較為方便快速，如圖 5-61 所示，詳細步驟請參考第二章。輸出漣波測量完畢後，記得將示波器耦合方式變更為直流，以免造成後續之波形量測錯誤。

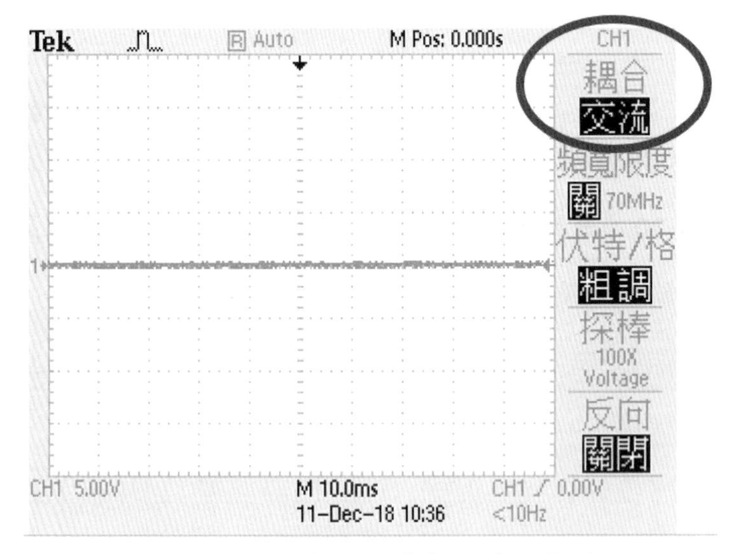

圖 5-61　漣波測量時之示波器設定

漣波測量結果如圖 5-62~圖 5-67 所示，Vout2 輸出電壓漣波峰對峰值皆小於 0.5V(不含開關切換所產生之尖波)。

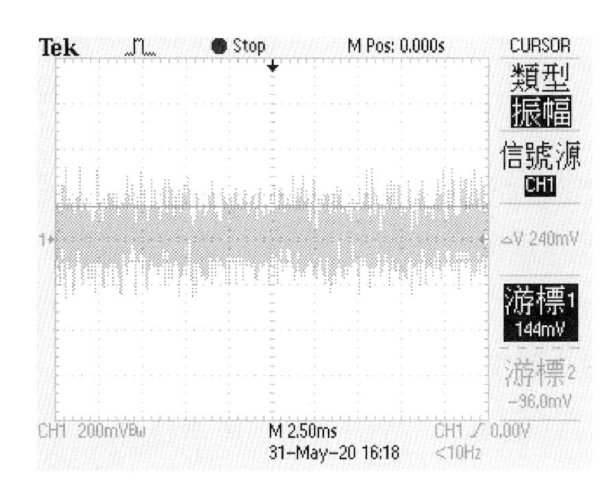

圖 5-62　Vin=12V，無載，
Vout2 漣波量測波形

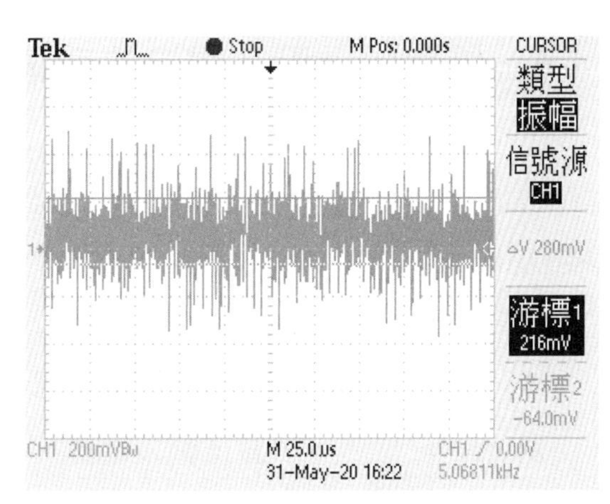

圖 5-63　Vin=12V，半載，
Vout2 漣波量測波形

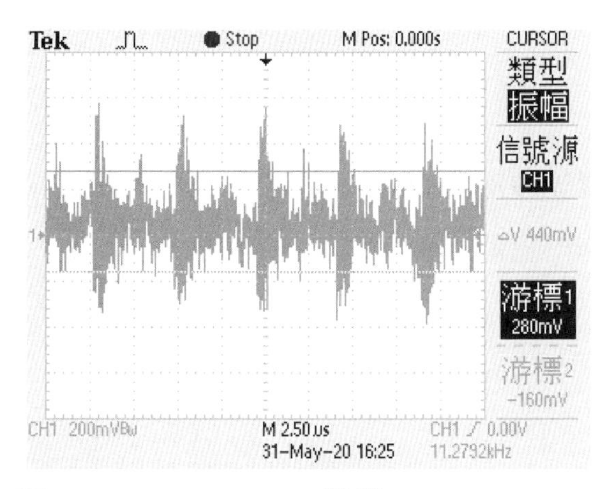

圖 5-64　Vin=12V，滿載，
Vout2 漣波量測波形

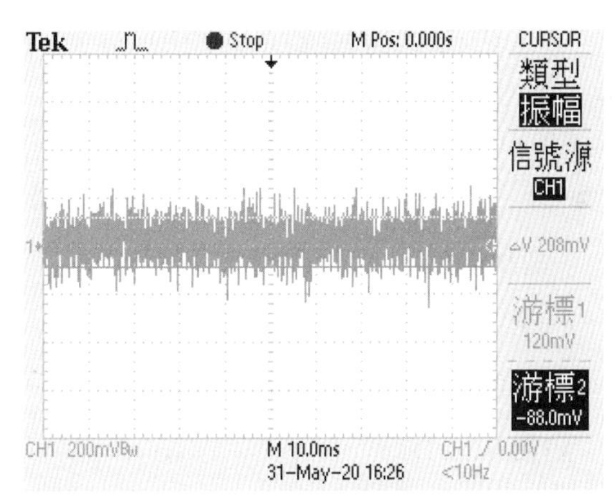

圖 5-65　Vin=16V，無載，
Vout2 漣波量測波形

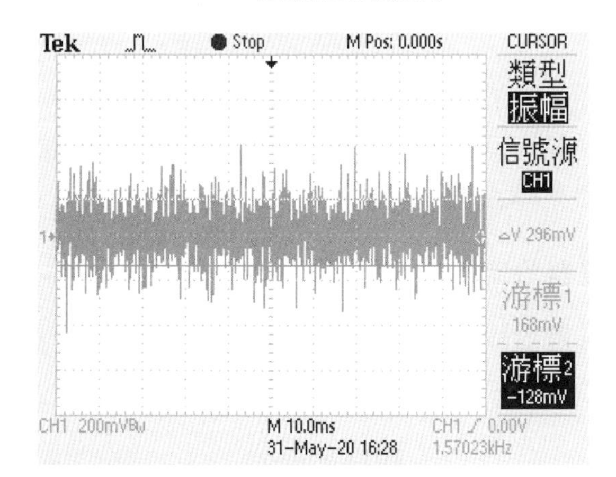

圖 5-66　Vin=16V，半載，
Vout2 漣波量測波形

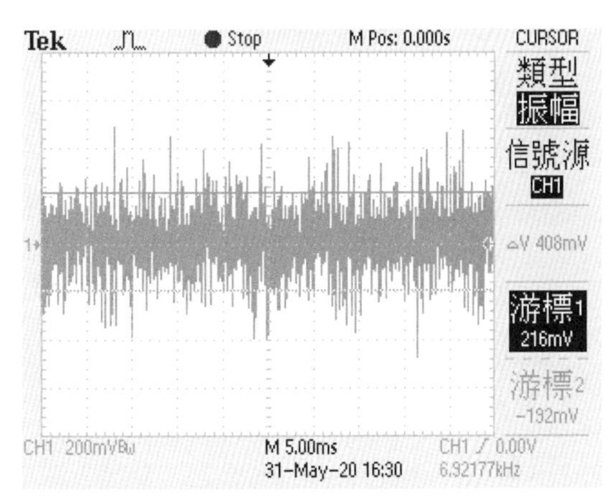

圖 5-67　Vin=16V，滿載，
Vout2 漣波量測波形

5-4-6 電路的電壓及電流波形量測

本題之電壓與電流波形量測共有 A、B、C、D 四個測試條件，如表 5-31 所示，監評人員現場指定一個測試條件，考生須在該測試條件下實際量測波形，並進行描繪記錄。每個測試條件皆須利用電壓探棒與電流探棒配合示波器，量測如表 5-32 所示之波形。

表 5-31 電壓及電流波形量測之測試條件

測試條件	直流輸入電壓	負載	R_L 數值
A	12V	半載	12Ω/50W
B	12V	滿載	12Ω/50W 兩個並聯
C	16V	半載	12Ω/50W
D	16V	滿載	12Ω/50W 兩個並聯

表 5-32 電壓及電流波形量測點

測試條件	示波器 CH1	示波器 CH2	備註
A1/B1/C1/D1	V_{GS}	V_{DS}	MOSFET Q2
A2/B2/C2/D2	V_{DS}	i_{DS}	MOSFET Q2
A3/B3/C3/D3	V_{AK}	i_{AK}	二極體 D1

測量波形之步驟如下所示：

1. 示波器耦合方式：直流。
2. 選擇量測電壓或電流。
3. 倍率調整：電壓探棒與電流探棒配合示波器，測試棒應設定於 1：1，使量測值等於實際值，儀器設定如表 5-33 所示。

表 5-33 儀器設定

<table>
<tr><th>量測</th><th colspan="2">儀器設定</th></tr>
<tr><td rowspan="2">電壓</td><td>電壓探棒</td><td>示波器</td></tr>
<tr><td>X 100</td><td>探棒：電壓
100X</td></tr>
</table>

量測	儀器設定	
	電流探棒	示波器
電流	100mV/A	探棒：電流 100mV/A 10A/V 10X

4. 確認負載(半載或滿載)。
5. 探棒放至正確量測點後再送電。
6. 先斷電再移動探棒以變換量測點。
7. 考生以示波器量測波形時，應調整示波器各項設定，CH1 和 CH2 兩通道的波形不可重疊，基準點(0V 或 0A 處)要對準格線，振幅調整適當。顯示波形須呈現 2~3 個週期，CH1 正緣觸發之零點對齊螢幕最左側，並將顯示波形對映描繪至答案卷上。
8. 波形調整後善用示波器之執行/停止功能，先將適當之波形擷取在示波器螢幕上，斷電後再進行波形繪製。

繪圖時注意事項如下：

1. 基準點(0V 或 0A 處)要標示。
2. CH1 和 CH2 要標示。
3. 描繪時注意相對位置。
4. 先以鉛筆繪製，修改方便，確定後再以原子筆描繪。
5. 繪製時須呈現真實波形，避免失真。

和電壓及電流波形量測繪製相關之評分表如表 5-34 所示。

表 5-34　評分表-電壓及電流波形量測

項目	評分標準	扣分標準			備註
		每處扣分	最高扣分	每項最高扣分	
三、量測	2. 電路波形量測圖未繪製、繪製錯誤、欄位空白未填、填寫不實，不符者每處扣分	5	50	50	

A. 直流輸入電壓為 12V，半載條件：連接直流電源供應器於電路輸入端，將電壓設定於 12V，電路輸出端連接 12Ω/50W 功率電阻，電路送電後使用示波器分別量測下列波形，並描繪波形於方格中，且兩通道的波形不可重疊。

A.1 通道 1 (CH1)：MOSFET Q2 之閘極-源極電壓(V_{GS})，
通道 2 (CH2)：MOSFET Q2 之汲極-源極電壓(V_{DS})。

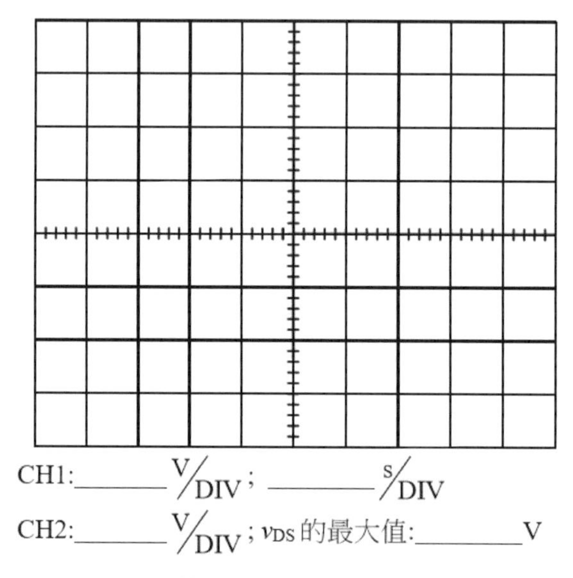

CH1:______ V/DIV；______ s/DIV
CH2:______ V/DIV；v_{DS}的最大值:______ V

圖 5-68 量測 MOSFET Q2 的導通與截止電壓波形(輸入電壓 Vin=12V，半載)

A.2 通道 1 (CH1)：MOSFET Q2 之汲極-源極電壓(V_{DS})，
通道 2 (CH2)：MOSFET Q2 之汲極-源極電流(i_{DS})。

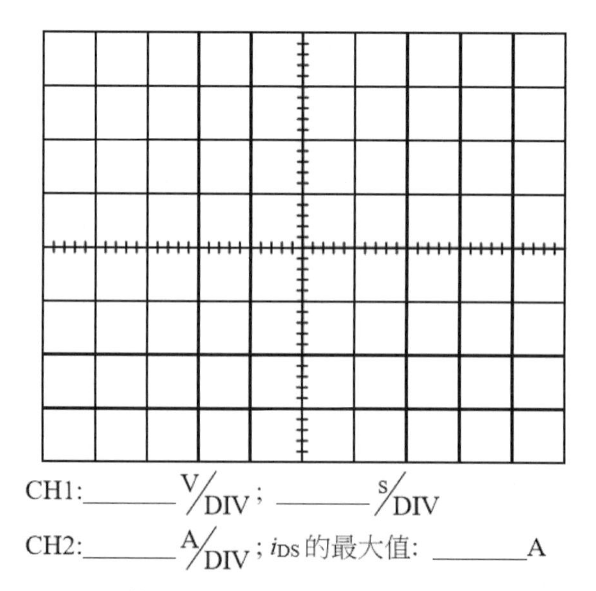

CH1:______ V/DIV；______ s/DIV
CH2:______ A/DIV；i_{DS}的最大值: ______ A

圖 5-69 量測 MOSFET Q2 導通與截止電壓及電流波形(輸入電壓 Vin=12V，半載)

A.3 通道 1 (CH1)：二極體 D1 之陽極-陰極電壓(V_{AK})，
通道 2 (CH2)：二極體 D1 之陽極-陰極電流(i_{AK})。

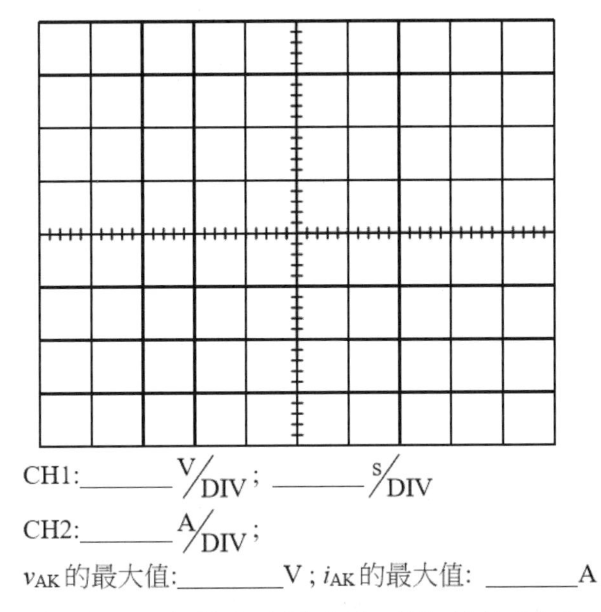

圖 5-70　量測二極體 D1 的電壓及電流波形圖(輸入電壓 Vin=12V，半載)

輸入電壓 Vin 為 12V，半載之實際量測波如圖 5-71~圖 5-73 所示，分別說明如下。

A.1 實際量測如下：量測 MOSFET Q2 的導通與截止電壓，即 V_{GS}和 V_{DS}，探棒配置如表 5-35 所示。Q2 為 n 通道 MOSFET，由 V_{GS}控制 D-S 間通道之導通與截止，稱為壓控元件。當 V_{GS}為高電壓時，吸引足夠數量之電子，建立通道，Q2 導通，V_{DS}為低電壓；反之當 V_{GS}為低電壓時，無法吸引電子建立通道，Q2 截止，V_{DS}為高電壓，故 V_{GS}和 V_{DS}為互補之波形。一般而言 V_{DS}電壓較高，建議使用差動探棒進行量測，實際波形如圖 5-71 所示。以上之探棒配置和波形說明亦適用於 B1、C1 和 D1。

表 5-35　A1 之探棒配置

量測	示波器	紅棒	黑棒	備註
V_{GS}	CH1	TP3	TP4	一般探棒
V_{DS}	CH2	TP1	TP4	差動探棒

A.1 通道 1 (CH1)：MOSFET Q2 之閘極-源極電壓(V_{GS})，
通道 2 (CH2)：MOSFET Q2 之汲極-源極電壓(V_{DS})。

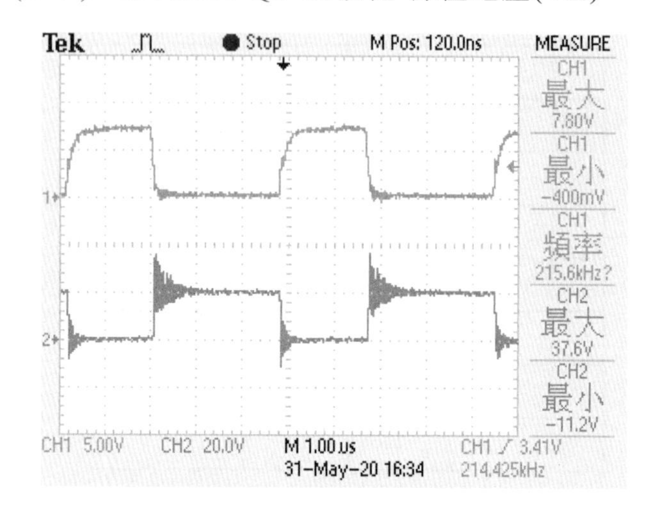

CH1: 5V V/DIV; 1μs s/DIV

CH2: 20V V/DIV; V_{DS}的最大值: 37.6 V

圖 5-71　量測 MOSFET Q2 的導通與截止電壓實際波形(輸入電壓 Vin=12V，半載)

A.2 實際量測如下：量測 MOSFET Q2 導通與截止電壓及電流，即 V_{DS} 和 i_{DS}，探棒配置如表 5-36 所示。Q2 為 n 通道 MOSFET，由 V_{GS} 控制 D-S 間通道之導通與截止，稱為壓控元件。當 V_{DS} 為低電壓，即 V_{GS} 為高電壓時，通道建立，Q2 導通，i_{DS} 由 0A 開始上升至最大值;反之當 V_{DS} 為高電壓，即 V_{GS} 為低電壓時，通道無法建立，Q2 截止，i_{DS} 由最大值開始下降至 0A。實際波形如圖 5-72 所示。以上之探棒配置和波形說明亦適用於 B2、C2 和 D2。

表 5-36　A2 之探棒配置

量測	示波器	紅棒	黑棒	備註
V_{DS}	CH1	TP1	TP4	差動探棒
i_{DS}	CH2	J1 jumper		電流探棒

A.2 通道 1 (CH1)：MOSFET Q2 之汲極-源極電壓(V_{DS})，
通道 2 (CH2)：MOSFET Q2 之汲極-源極電流(i_{DS})。

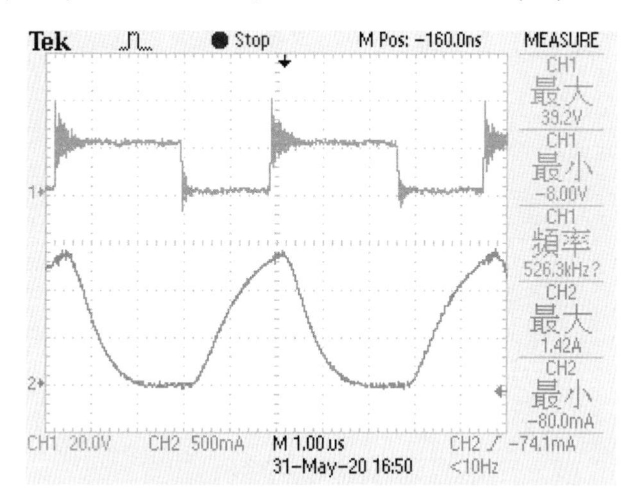

CH1: 20V V/DIV; 1μs s/DIV

CH2: 500mA A/DIV; i_{DS}的最大值: 1.42 A

圖 5-72　量測 MOSFET Q2 導通與截止電壓及電流實際波形(輸入電壓 Vin=12V，半載)

A.3 實際量測如下：量測二極體 D1 的電壓及電流實際波形圖，即 V_{AK}和 i_{AK}，探棒配置如表 5-37 所示。D1 為二極體，由 V_{AK}控制導通與截止，稱為壓控元件。當 $V_{AK} \geq 0$ 時，二極體為順向偏壓，D1 導通，二極體近似短路，VAK≒0，i_{AK}由 0A 開始上升至最大值;反之當 $V_{AK}<0$ 時，二極體為逆向偏壓，D1 截止，二極體近似開路，i_{AK}由最大值開始下降至 0A。實際波形如圖 5-73 所示。以上之探棒配置和波形說明亦適用於 B3、C3 和 D3。

表 5-37　A3 之探棒配置

量測	示波器	紅棒	黑棒	備註
V_{AK}	CH1	TP1	TP2	差動探棒
i_{AK}	CH2	J2 jumper		電流探棒

A.3 通道 1 (CH1)：二極體 D1 之陽極-陰極電壓(V_{AK})，
通道 2 (CH2)：二極體 D1 之陽極-陰極電流(i_{AK})。

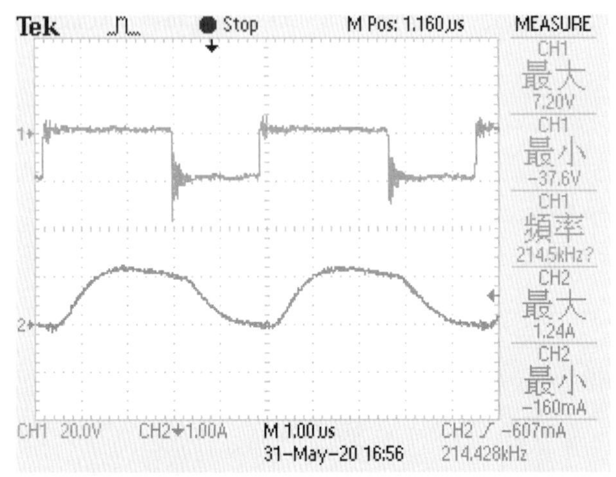

CH1: 20V V/DIV; 1μs s/DIV

CH2: 1A A/DIV;

V_{AK}的最大值: 7.2 V; i_{AK}的最大值: 1.24 A

圖 5-73　量測二極體 D1 的電壓及電流實際波形圖(輸入電壓 Vin=12V，半載)

B. 直流輸入電壓為 12V，滿載條件：連接直流電源供應器於電路輸入端，將電壓設定於 12V，電路輸出端連接 12Ω/50W 兩個並聯的功率電阻，電路送電後使用示波器分別量測下列波形，並描繪波形於方格中，且兩通道的波形不可重疊。

B.1 通道 1 (CH1)：MOSFET Q2 之閘極-源極電壓(V_{GS})，
通道 2 (CH2)：MOSFET Q2 之汲極-源極電壓(V_{DS})。

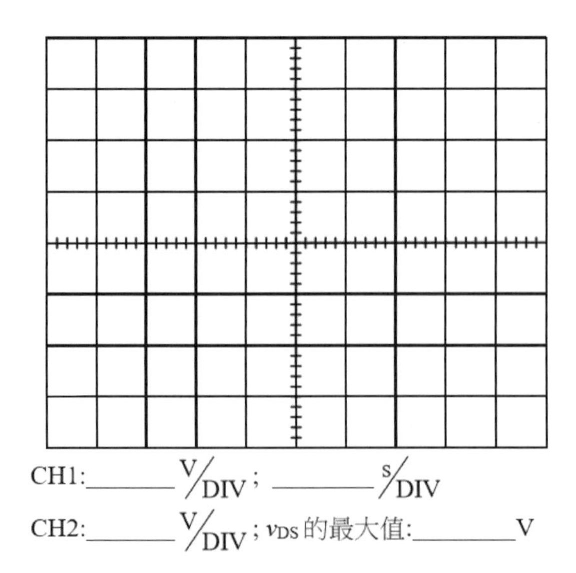

CH1:______ V/DIV；______ s/DIV

CH2:______ V/DIV；v_{DS}的最大值:______ V

圖 5-74　量測 MOSFET Q2 的導通與截止電壓波形(輸入電壓 Vin=12V，滿載)

B.2 通道 1 (CH1)：MOSFET Q2 之汲極-源極電壓(V_{DS})，
通道 2 (CH2)：MOSFET Q2 之汲極-源極電流(i_{DS})。

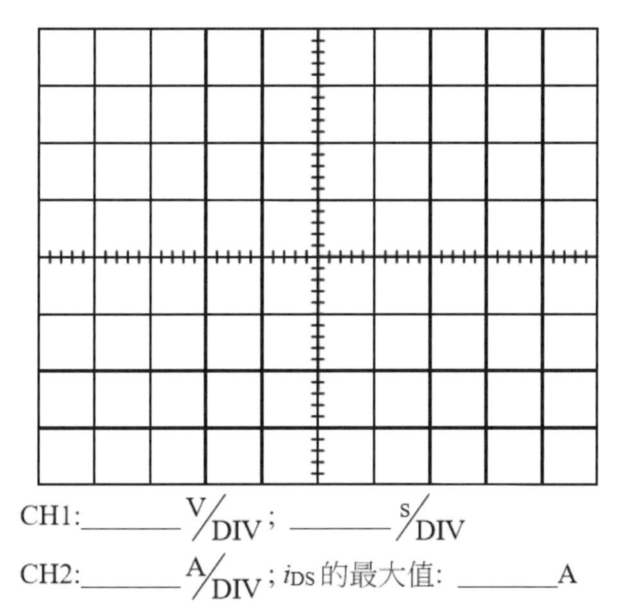

CH1:_______ V/DIV；_______ s/DIV
CH2:_______ A/DIV；i_{DS} 的最大值: _______A

圖 5-75　量測 MOSFET Q2 導通與截止電壓及電流波形(輸入電壓 Vin=12V，滿載)

B.3 通道 1 (CH1)：二極體 D1 之陽極-陰極電壓(V_{AK})，
通道 2 (CH2)：二極體 D1 之陽極-陰極電流(i_{AK})。

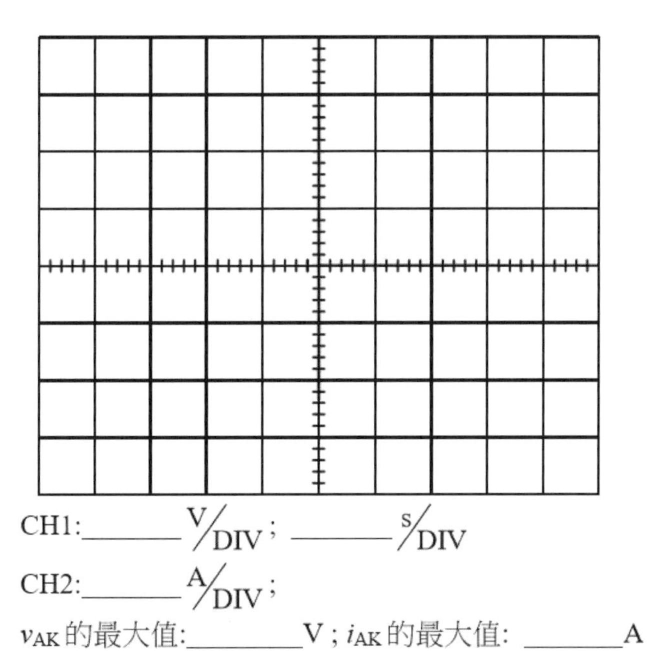

CH1:_______ V/DIV；_______ s/DIV
CH2:_______ A/DIV；
v_{AK} 的最大值:________V；i_{AK} 的最大值: _______A

圖 5-76　量測二極體 D1 的電壓及電流波形圖(輸入電壓 Vin=12V，滿載)

輸入電壓 Vin 為 12V，滿載之實際量測波如圖 5-77~圖 5-79 所示。

B.1 通道 1 (CH1)：MOSFET Q2 之閘極-源極電壓(V_{GS})，
通道 2 (CH2)：MOSFET Q2 之汲極-源極電壓(V_{DS})。

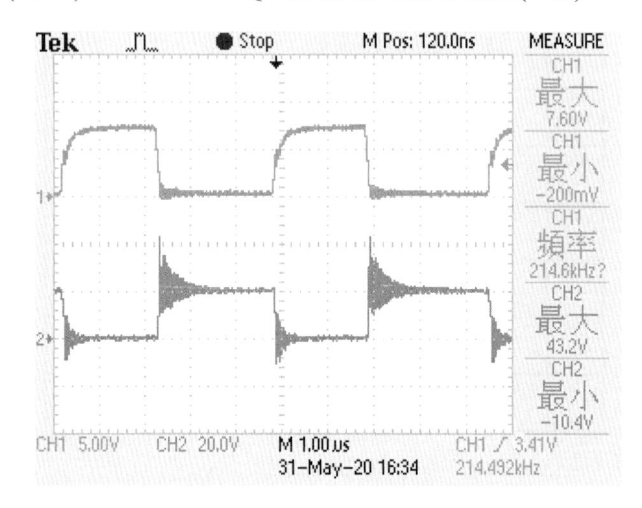

CH1: <u>5V</u> V/DIV; <u>1μs</u> s/DIV
CH2: <u>20V</u> V/DIV; V_{DS}的最大值: <u>43.2</u> V

圖 5-77 量測 MOSFET Q2 的導通與截止電壓實際波形(輸入電壓 Vin=12V，滿載)

B.2 通道 1 (CH1)：MOSFET Q2 之汲極-源極電壓(V_{DS})，
通道 2 (CH2)：MOSFET Q2 之汲極-源極電流(i_{DS})。

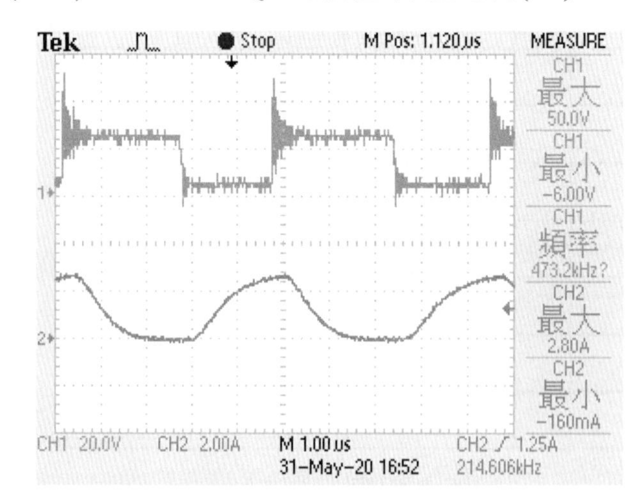

CH1: <u>20V</u> V/DIV; <u>1μs</u> s/DIV
CH2: <u>2A</u> A/DIV; i_{DS}的最大值: <u>2.8</u> A

圖 5-78 量測 MOSFET Q2 導通與截止電壓及電流實際波形(輸入電壓 Vin=12V，滿載)

B.3 通道 1 (CH1)：二極體 D1 之陽極-陰極電壓(V_{AK})，
通道 2 (CH2)：二極體 D1 之陽極-陰極電流(i_{AK})。

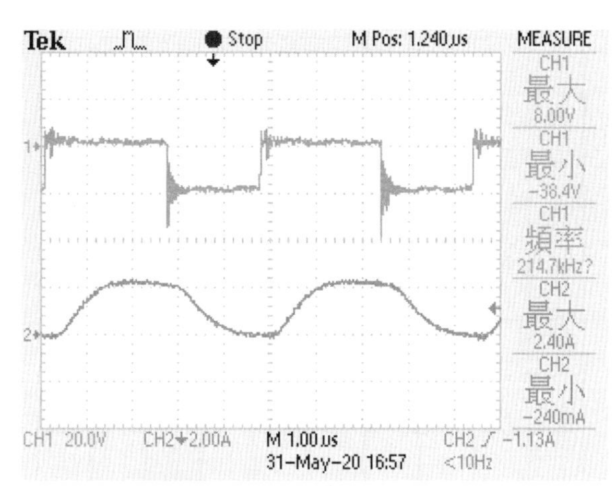

CH1: 20V V/DIV; 1µs s/DIV

CH2: 2A A/DIV;

V_{AK}的最大值: 8 V；i_{AK}的最大值: 2.4 A

圖 5-79 量測二極體 D1 的電壓及電流實際波形圖(輸入電壓 Vin=12V，滿載)

C. 直流輸入電壓為 16V，半載條件：連接直流電源供應器於電路輸入端，將電壓設定於 16V，電路輸出端連接 12Ω/50W 功率電阻，電路送電後使用示波器分別量測下列波形，並描繪波形於方格中，且兩通道的波形不可重疊。

C.1 通道 1 (CH1)：MOSFET Q2 之閘極-源極電壓(V_{GS})，
通道 2 (CH2)：MOSFET Q2 之汲極-源極電壓(V_{DS})。

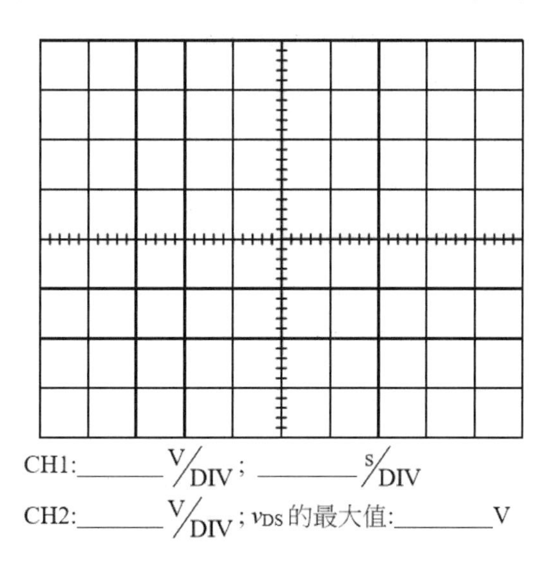

CH1:______ V/DIV；______ s/DIV

CH2:______ V/DIV；v_{DS}的最大值:______ V

圖 5-80 量測 MOSFET Q2 的導通與截止電壓波形(輸入電壓 Vin=16V，半載)

C.2 通道 1 (CH1)：MOSFET Q2 之汲極-源極電壓(V_{DS})，

通道 2 (CH2)：MOSFET Q2 之汲極-源極電流(i_{DS})。

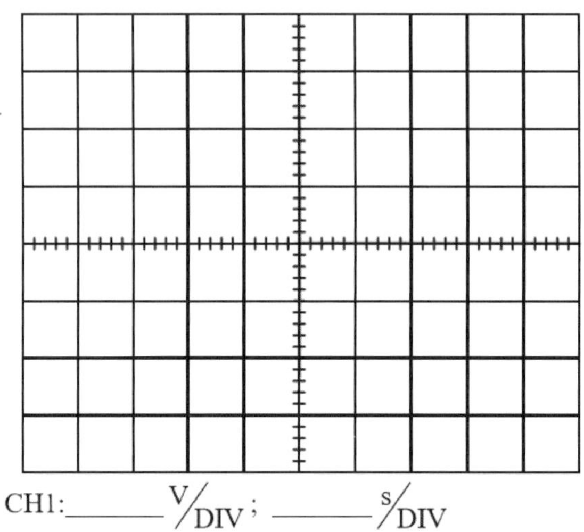

CH1:______ V/DIV；______ s/DIV

CH2:______ A/DIV；i_{DS} 的最大值: ______A

圖 5-81 量測 MOSFET Q2 導通與截止電壓及電流波形(輸入電壓 Vin=16V，半載)

C.3 通道 1 (CH1)：二極體 D1 之陽極-陰極電壓(V_{AK})，

通道 2 (CH2)：二極體 D1 之陽極-陰極電流(i_{AK})。

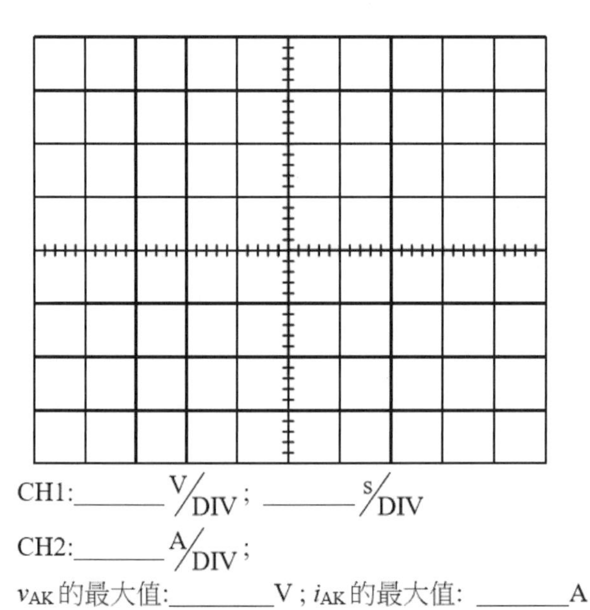

CH1:______ V/DIV；______ s/DIV

CH2:______ A/DIV；

v_{AK} 的最大值:_______V；i_{AK} 的最大值: ______A

圖 5-82 量測二極體 D1 的電壓及電流波形圖(輸入電壓 Vin=16V，半載)

輸入電壓 Vin 為 16V，半載之實際量測波如圖 5-83~圖 5-85 所示。

C.1 通道 1 (CH1)：MOSFET Q2 之閘極-源極電壓(V_{GS})，
通道 2 (CH2)：MOSFET Q2 之汲極-源極電壓(V_{DS})。

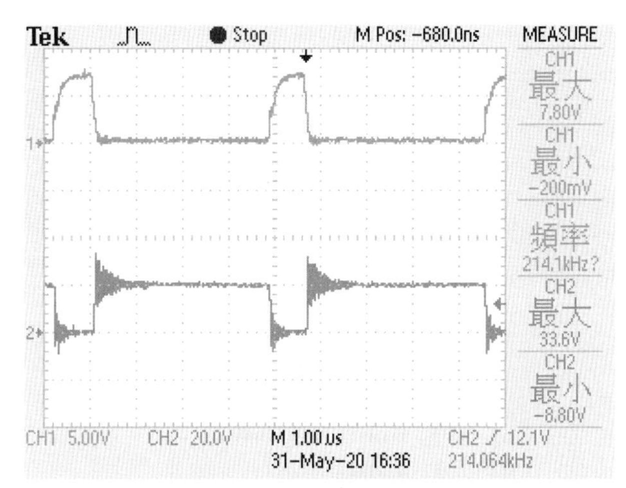

CH1: 5V V/DIV; 1μs s/DIV

CH2: 20V V/DIV; V_{DS}的最大值: 33.6 V

圖 5-83 量測 MOSFET Q2 的導通與截止電壓實際波形(輸入電壓 Vin=16V，半載)

C.2 通道 1 (CH1)：MOSFET Q2 之汲極-源極電壓(V_{DS})，
通道 2 (CH2)：MOSFET Q2 之汲極-源極電流(i_{DS})。

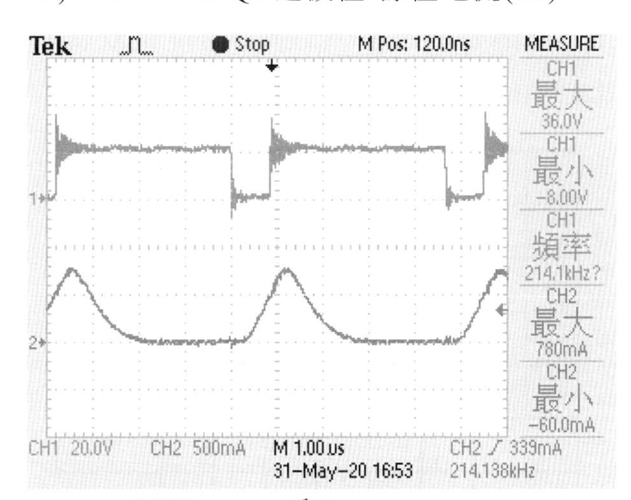

CH1: 20V V/DIV; 1μs s/DIV

CH2: 500mA A/DIV; i_{DS}的最大值: 780m A

圖 5-84 量測 MOSFET Q2 導通與截止電壓及電流實際波形(輸入電壓 Vin=16V，半載)

C.3 通道 1 (CH1)：二極體 D1 之陽極-陰極電壓(V_{AK})，
通道 2 (CH2)：二極體 D1 之陽極-陰極電流(i_{AK})。

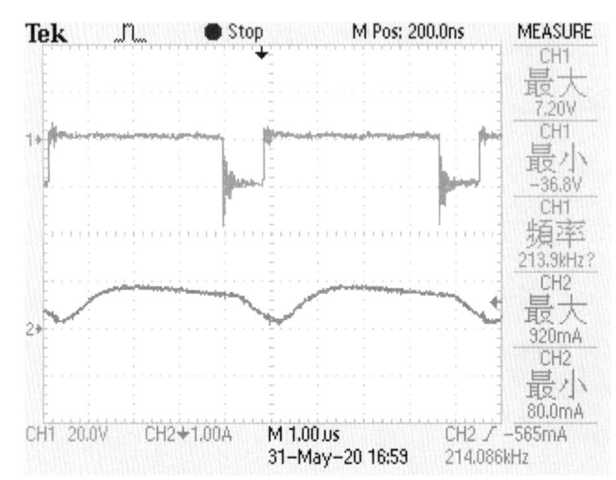

圖 5-85 量測二極體 D1 的電壓及電流實際波形圖(輸入電壓 Vin=16V，半載)

D. 直流輸入電壓為 16V，滿載條件：連接直流電源供應器於電路輸入端，將電壓設定於 16V，電路輸出端連接 12Ω/50W 兩個並聯的功率電阻，電路送電後使用示波器分別量測下列波形，並描繪波形於方格中，且兩通道的波形不可重疊。

D.1 通道 1 (CH1)：MOSFET Q2 之閘極-源極電壓(V_{GS})，
通道 2 (CH2)：MOSFET Q2 之汲極-源極電壓(V_{DS})。

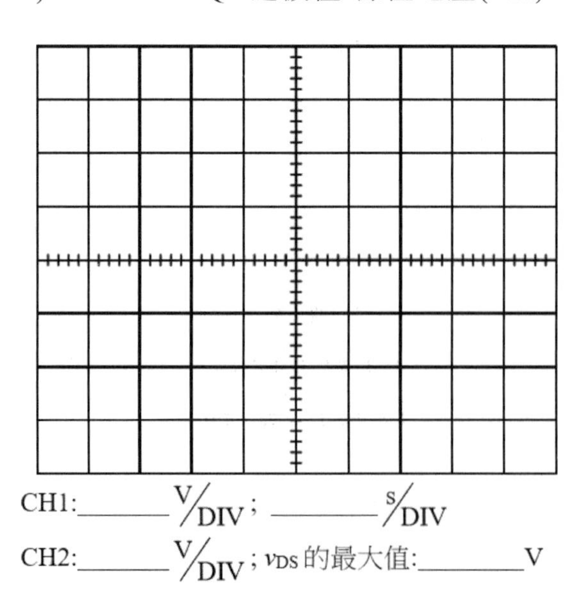

CH1:______ V/DIV；______ s/DIV
CH2:______ V/DIV；v_{DS} 的最大值:______V

圖 5-86 量測 MOSFET Q2 的導通與截止電壓波形(輸入電壓 Vin=16V，滿載)

D.2 通道 1 (CH1)：MOSFET Q2 之汲極-源極電壓(V_{DS})，
通道 2 (CH2)：MOSFET Q2 之汲極-源極電流(i_{DS})。

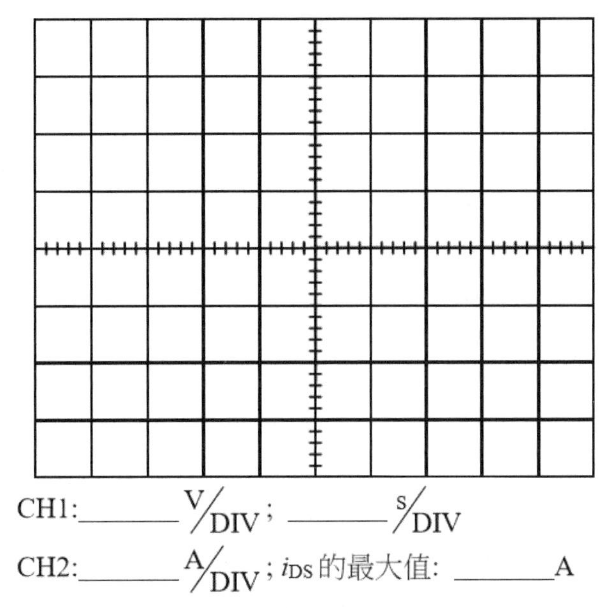

CH1:______ V/DIV；______ s/DIV

CH2:______ A/DIV；i_{DS}的最大值: ______ A

圖 5-87 量測 MOSFET Q2 導通與截止電壓及電流波形(輸入電壓 Vin=16V，滿載)

D.3 通道 1 (CH1)：二極體 D1 之陽極-陰極電壓(V_{AK})，
通道 2 (CH2)：二極體 D1 之陽極-陰極電流(i_{AK})。

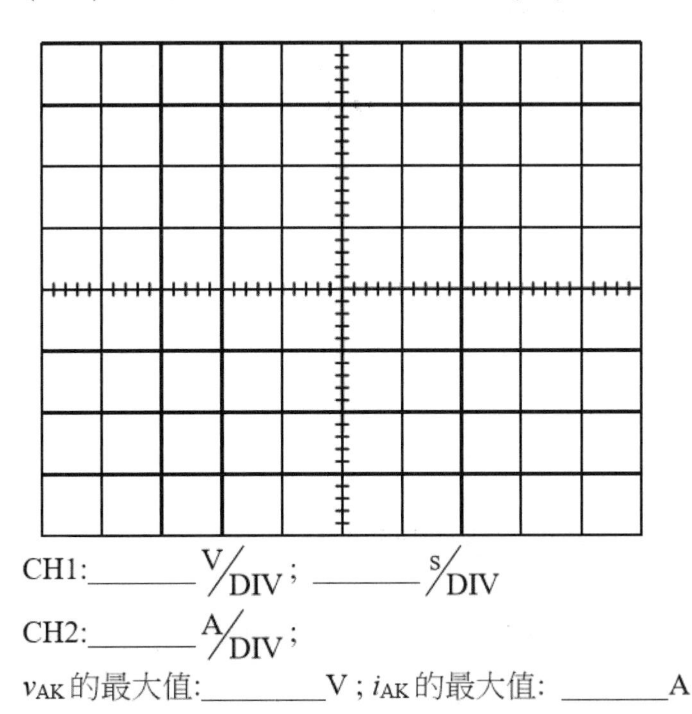

CH1:______ V/DIV；______ s/DIV

CH2:______ A/DIV；

v_{AK}的最大值:______ V；i_{AK}的最大值: ______ A

圖 5-88 量測二極體 D1 的電壓及電流波形圖(輸入電壓 Vin=16V，滿載)

輸入電壓 Vin 為 16V，滿載之實際量測波如圖 5-89~圖 5-91 所示。

D.1 通道 1 (CH1)：MOSFET Q2 之閘極-源極電壓(V_{GS})，
通道 2 (CH2)：MOSFET Q2 之汲極-源極電壓(V_{DS})。

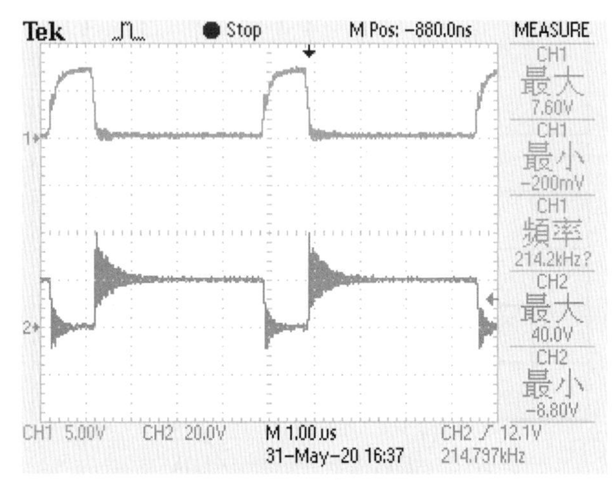

CH1: **5V** V/DIV; **1μs** s/DIV

CH2: **20V** V/DIV; V_{DS}的最大值: **40** V

圖 5-89　量測 MOSFET Q2 的導通與截止電壓實際波形(輸入電壓 Vin=16V，滿載)

D.2 通道 1 (CH1)：MOSFET Q2 之汲極-源極電壓(V_{DS})，
通道 2 (CH2)：MOSFET Q2 之汲極-源極電流(i_{DS})。

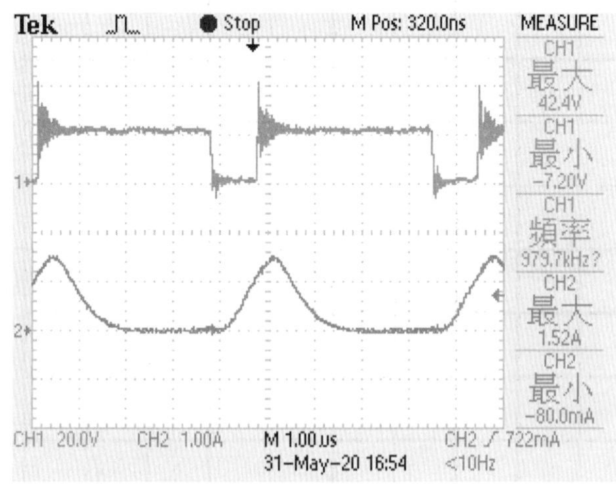

CH1: **20V** V/DIV; **1μs** s/DIV

CH2: **1A** A/DIV; i_{DS}的最大值: **1.52** A

圖 5-90　量測 MOSFET Q2 導通與截止電壓及電流實際波形(輸入電壓 Vin=16V，滿載)

D.3 通道 1 (CH1)：二極體 D1 之陽極-陰極電壓(V_{AK})，
通道 2 (CH2)：二極體 D1 之陽極-陰極電流(i_{AK})。

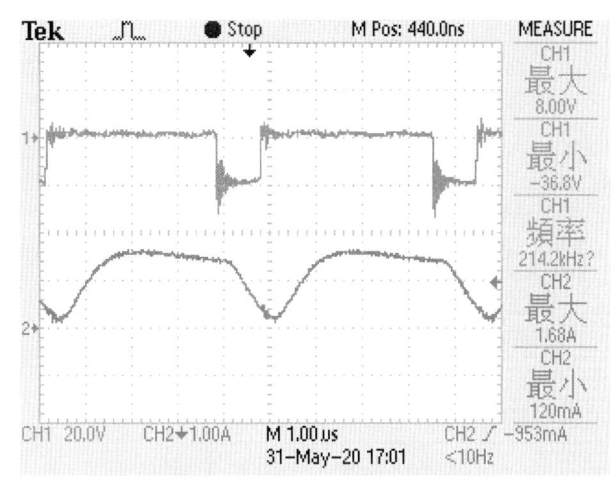

CH1: 20V V/DIV; 1μs s/DIV

CH2: 1A A/DIV;

V_{AK}的最大值: 8 V; i_{AK}的最大值: 1.68 A

圖 5-91　量測二極體 D1 的電壓及電流實際波形圖(輸入電壓 Vin=16V，滿載)

升壓及降壓轉換器之評分標準表如表 5-38 所示。

表 5-38　升壓及降壓轉換器評分標準表

(五) 電力電子乙級術科測試評審表（試題三、升壓及降壓轉換器）

姓名		崗位編號		評審結果	□及格
		檢定日期	年　月　日		□不及格
術科測試編號		領取測試材料簽名處			

項目	評分標準	扣分標準 每處扣分	扣分標準 最高扣分	扣分標準 每項最高扣分	實扣分數	備註
一、重大缺失	1.未能於規定時間內完成者，不予評分。□	列為左項之一者不予評分 請應檢人在本欄簽名				應檢人拒絕簽名，由監評長註記並簽名理由
	2.通電後發生嚴重短路現象者，不予評分。□					
	3.電路不動作，不予評分。□					
	4.提前棄權離場者□					
	5.有作弊情形者□	離場時間：　時　分				
二、功能	1. 電路輸出端平均電壓無法調整至12V(±5%)、19V(±5%)（依動作要求之測試項目，不符者每處扣分）	20	50	50		
	2. 電路輸出電壓漣波大於 0.5V（依動作要求之測試項目，不符者每處扣分）	5	20			
三、量測	1. 電感器參數量測表欄位空白未填或填寫不實	5	20	50		
	2. 電路波形量測圖未繪製、繪製錯誤、欄位空白未填、填寫不實，不符者每處扣分	5	50			
	3. 電路效率量測表欄位空白未填或填寫不實	5	40			
四、銲接裝配	1. 冷銲或銲接不當以致銅片脫離或浮翹者	2	20			
	2. 電路板上殘留錫渣、零件腳等異物者	2	20			
	3. 銲接不良，有針孔、焦黑、缺口、不圓滑等	1	20			
	4. 元件裝配或銲接未符合裝配或銲接規則者	1	20			
五、工作安全	1. 損壞零件以致耗用材料或零件過多者	2	14			
	2. 自備工具未帶而需借用	2	20			
	3. 工作桌面凌亂者	10	20			
	4. 離場前未清理工作崗位者	10	10			

總計	扣分	
	得分	
監評人員簽名		監評長簽名

註：1. 本表採扣分方式，以 100 分為滿分，得 60 分（含）以上者為「及格」。
　　2. 每項之扣分，不得超過該項之最高分扣分數。

5-4-7 故障檢修

電路板若未能達到動作要求就表示有問題存在，即需進行故障檢修，可利用三用電表和示波器參考下列重點進行偵錯後再測試之。容易出現之錯誤如下：

1. 元件錯置

檢查有極性的元件、容易混淆之元件，例如：

1. 電解質電容： C1、C3 和 C13。
2. 二極體：D1、D2、D3 和 ZD1。
3. 電晶體：Q1 和 Q2 之方向。
4. 控制 IC：U1、U2 之型號和方向。
5. 電阻或電容錯置：電壓回授電阻 R11、R12 和 R13、表 5-11 一般色碼電阻(1/4W)、表 5-13 精密色碼電阻和表 5-16 積層電容器等。

表 5-11 一般色碼電阻易混淆的電阻組合

項次	編號	規格	第一環	第二環	第三環	第四環
1	R3、R14	10Ω±5%、1/4W	棕	黑	黑	金
	R7	100Ω±5%、1/4W	棕	黑	棕	金
	R2、R17	10kΩ±5%、1/4W	棕	黑	橙	金
	R1、R15	100kΩ ±5%、1/4W	棕	黑	黃	金

表 5-13 精密色碼電阻易混淆的電阻組合

項次	編號	規格	第一環	第二環	第三環	第四環	第五環
1	R11	82Ω±1%、1/4W	灰	紅	黑	金	棕
	R13	820Ω±1%、1/4W	灰	紅	黑	黑	棕
2	R12	330Ω ±1%、1/4W	橙	橙	黑	黑	棕
	R19	3kΩ ±1%、1/4W	橙	黑	黑	棕	棕
3	R20	1kΩ ±1%、1/4W	棕	黑	黑	棕	棕
	R19	3kΩ ±1%、1/4W	橙	黑	黑	棕	棕

表 5-16　積層電容器之標示

項次	積層電容器	規格	標示	換算
17	C2、C7、C8	0.1μF/50V	104	$10\times10^4pF=10\times10^4\times10^{-12}F$ $=10^{-7}F=10^{-1}\times10^{-6}F=0.1\mu F$
19	C4	3.9nF/50V	392	$39\times10^2pF=39\times10^2\times10^{-12}F$ $=39\times10^{-10}F=39\times10^{-1}\times10^{-9}F=3.9nF$
20	C5	68nF/50V	683	$68\times10^3pF=68\times10^3\times10^{-12}F$ $=68\times10^{-9}F=68nF$
21	C6	0.01μF/50V	103	$10\times10^3pF=10\times10^3\times10^{-12}F$ $=10^{-8}F=10^{-2}\times10^{-6}F=0.01\mu F$
23	C12	1μF/50V	105	$10\times10^5pF=10\times10^5\times10^{-12}F$ $=10^{-6}F=1\mu F$

2. 線路空接

以三用電表配合圖 5-1 之電路圖檢查元件面接線，例如：U1、U2、L1、L2、J1、J2 和連接線等。

3. 元件燒毀

本試題較易燒毀之元件為 U1、U2、Q2 和 D1 等。

第 6 章　學科試題解析

工作項目 01　識圖與繪圖

一、單選題

1. (　) 下列何者較易受靜電破壞，取、拿時均須加裝接地手環？ (1)
(1)MOS　(2)TTL　(3)ECL　(4)DTL。

2. (　) 某電阻器四個色碼標示為藍灰金金，其電阻為 (2)
(1)68±5%Ω　(2)6.8±5%Ω　(3)6.8±2.5%Ω　(4)0.68±5%Ω。

解析
黑棕紅橙黃綠藍紫灰白：代表 0123456789
金→誤差±5%或乘數 10^{-1}
藍灰金金→68×10^{-1}=6.8±5%Ω

3. (　) 右圖所示為何種元件之結構？ (3)
(1)SCS　(2)SCR　(3)PUT　(4)TRIAC。

A
P
N　G
P
N
K

解析
SCS：矽控開關(Silicon Controlled Switch, SCS)。
SCR：矽控整流器(Silicon Controlled Rectifier, SCR)。
PUT：可規劃單接面電晶體(Programmable Uni-junction Transistor, PUT)。
TRIAC：三極交流開關(Tri-electrode AC switch, TRIAC)。

4. (　) 折斷線依 CNS 規定是　(1)中線　(2)不規則細線　(3)粗線　(4)虛線。 (2)

5. (　) SCR 的符號為　(1)　(2)　(3)　(4) (3)

解析
：二極體(diode)。
：稽納二極體(Zener diode)。
：矽控整流器(Silicon Controlled Rectifier, SCR)。
：二極交流開關(di-electrode AC switch, DIAC)。

6. (　) 某電阻器其色碼依次為黃、紫、橙、銀四色，該電阻值應為 (4)
(1)470Ω±5%　(2)4.7kΩ±10%　(3)4.7kΩ±5%　(4)47kΩ±10%。

解析
黑棕紅橙黃綠藍紫灰白：代表 0123456789
最後一碼為誤差：銀色即代表±10%的誤差
四色色碼電阻器：黃紫橙銀→47×10^{3}±10%=47KΩ±10%

7. (　) 依 CNS 規定，尺度線應使用下列何種線條繪製？ (1)
(1)細實線　(2)虛線　(3)粗實線　(4)中心線。

8. (　) 視圖中斜面之真實狀表現在 (2)
(1)仰視圖　(2)側視圖　(3)剖面圖　(4)展開圖。

9. (　) 右圖中 FRD 之功用為何？ (3)
(1)整流用
(2)鉗位用
(3)電感性負載時，回生電流之回路
(4)dv/dt 之保護。

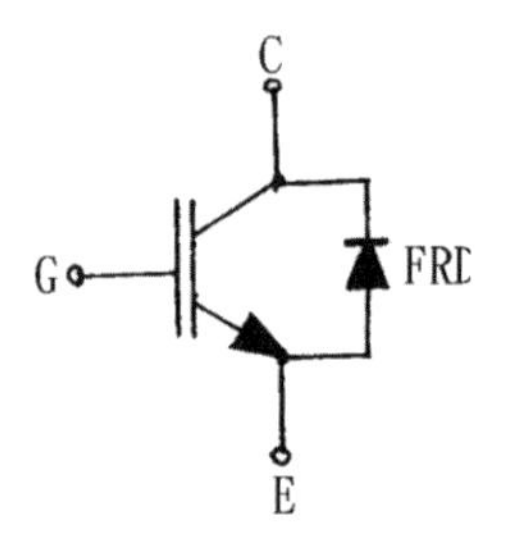

解析　FRD 為飛輪二極體，提供電感性負載釋放能量之路徑。

10. (　) 右圖為何種元件之圖示符號？ (3)
(1)Zener　(2)SSS　(3)Varistor　(4)DIAC。

解析
- Zener：稽納二極體(Zener diode)。
- SSS：矽對稱開關(Silicon Symmetrical Switch)。
- Varistor：變阻二極體，動作如二個背對背的稽納二極體，可作過電壓保護之二極體元件，電阻值與所加電壓大小呈非線性反變的電阻體，在臨界電壓以下其電阻值極高；在臨界電壓以上其電阻值急速下降，符號為 T2 ─▶|◀─ T1。
- DIAC：二極交流開關(di-electrode AC switch)。

11. (　) 右圖為何種元件之圖示符號？ (4)
(1)SCR　(2)GTO　(3)UJT　(4)TRIAC。

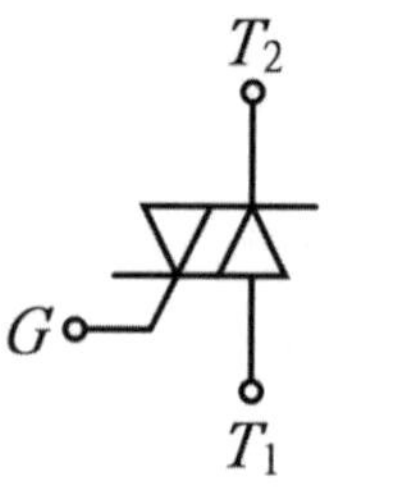

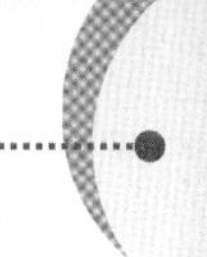

解析

SCR：矽控整流器(Silicon Controlled Rectifier)。	A K G
GTO：閘控開關(Gate turn-off)。	A G K
UJT：單接面電晶體(Uni-junction transistor)。	B2 E B1
TRIAC：三極交流開關(Tri-electrode AC switch)。	T_2 G T_1

12.（　）右圖為何種元件之圖示符號？
(1)SCR　(2)GTO　(3)DIAC　(4)TRIAC。 (2)

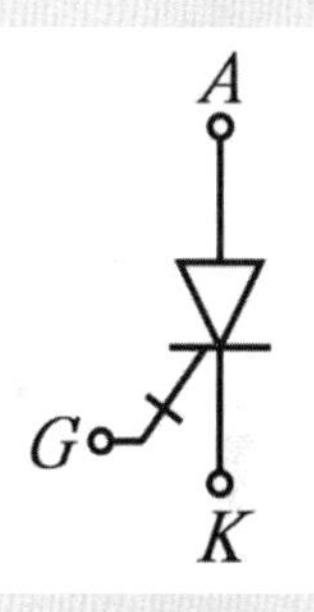

解析

DIAC：二極交流開關(di-electrode AC switch)。	T_1 T_2

其餘請參考第 11 題解析。

13. (　) 右圖為何種開關元件的符號？　(4)

(1)MOSFET　(2)IGBT　(3)GTO　(4)BJT。

解析

MOSFET：金屬氧化物半導體場效電晶體(Metal-Oxide-Semiconductor Field-Effect Transistor)。N-MOSFET 的符號為	
IGBT：閘極絕緣雙極性電晶體(Insulated Gate Bipolar Transistor)，符號為	C G E
GTO：閘控開關(Gate turn-off)，符號為	A G K
BJT：雙接面電晶體(Bipolar Junction Transistor)，npn 型的符號為	C B E
pnp 型的符號為	C B E

14. (　) 右圖所示之符號，為何種元件之圖示符號？　(2)

(1)SCR　(2)UJT　(3)MOSFET　(4)PUT。

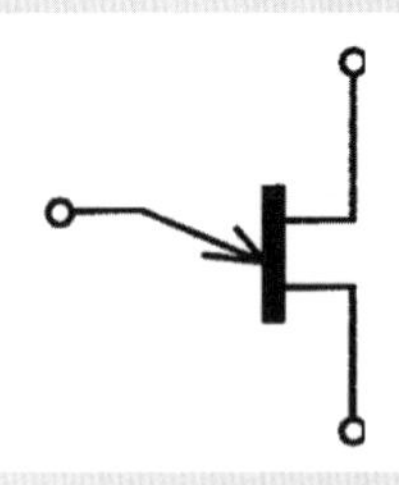

解析

SCR：矽控整流器(Silicon Controlled Rectifier)。

UJT：單接面電晶體(Uni-junction transistor)。

MOSFET：金屬氧化物半導體場效電晶體(Metal-Oxide-Semiconductor Field-Effect Transistor)。

PUT：可規劃單接面電晶體(Programmable Uni-junction Transistor, PUT)。

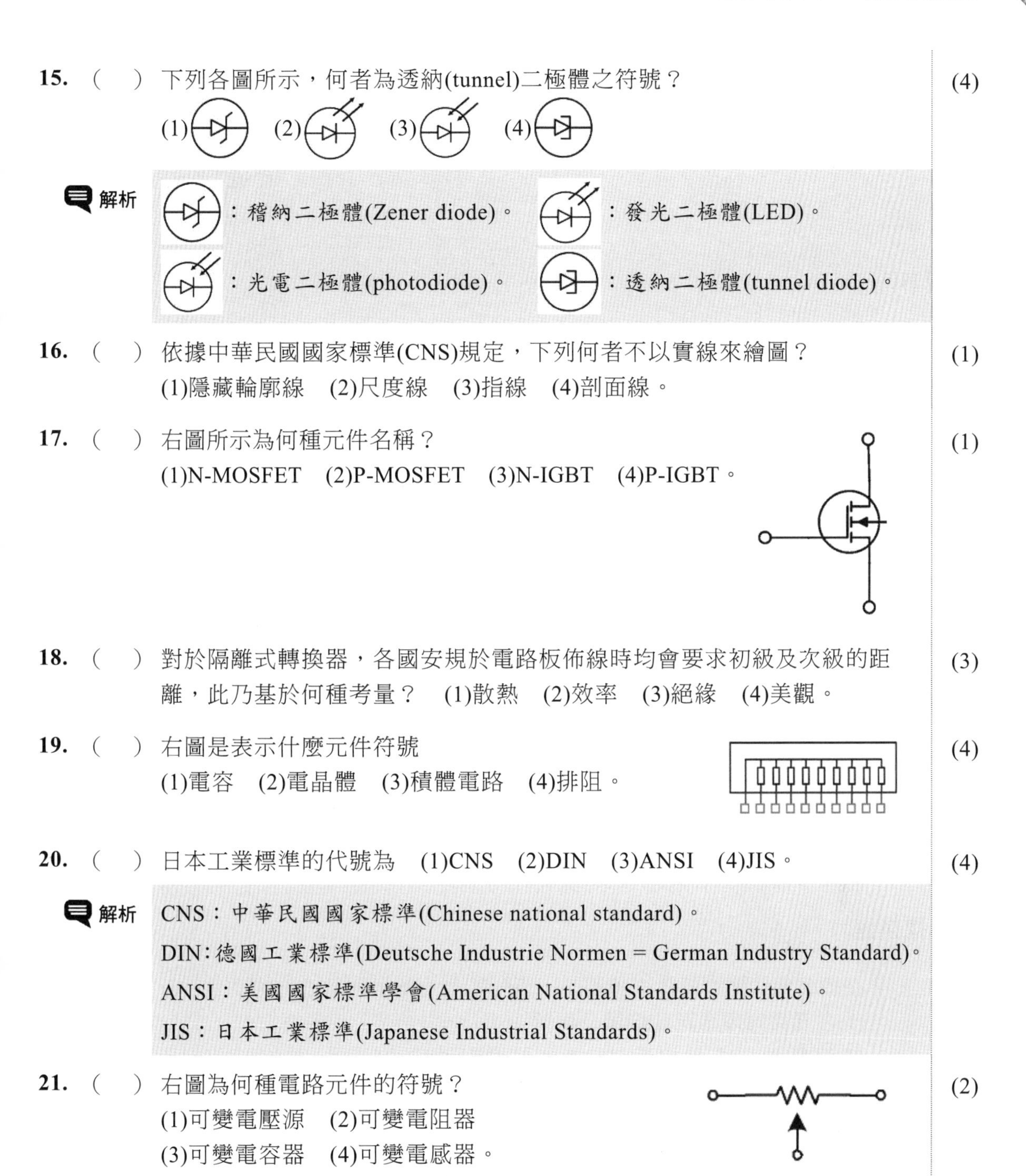

15. ( ) 下列各圖所示，何者為透納(tunnel)二極體之符號？ (4)

(1) (2) (3) (4)

解析 ：稽納二極體(Zener diode)。 ：發光二極體(LED)。 ：光電二極體(photodiode)。 ：透納二極體(tunnel diode)。

16. ( ) 依據中華民國國家標準(CNS)規定，下列何者不以實線來繪圖？ (1)
(1)隱藏輪廓線 (2)尺度線 (3)指線 (4)剖面線。

17. ( ) 右圖所示為何種元件名稱？ (1)
(1)N-MOSFET (2)P-MOSFET (3)N-IGBT (4)P-IGBT。

18. ( ) 對於隔離式轉換器，各國安規於電路板佈線時均會要求初級及次級的距離，此乃基於何種考量？ (1)散熱 (2)效率 (3)絕緣 (4)美觀。 (3)

19. ( ) 右圖是表示什麼元件符號 (4)
(1)電容 (2)電晶體 (3)積體電路 (4)排阻。

20. ( ) 日本工業標準的代號為 (1)CNS (2)DIN (3)ANSI (4)JIS。 (4)

解析 CNS：中華民國國家標準(Chinese national standard)。
DIN：德國工業標準(Deutsche Industrie Normen = German Industry Standard)。
ANSI：美國國家標準學會(American National Standards Institute)。
JIS：日本工業標準(Japanese Industrial Standards)。

21. ( ) 右圖為何種電路元件的符號？ (2)
(1)可變電壓源 (2)可變電阻器
(3)可變電容器 (4)可變電感器。

22. (　) 右圖為何種開關元件的符號？ (2)

(1)SCR　(2)IGBT　(3)GTO　(4)BJT。

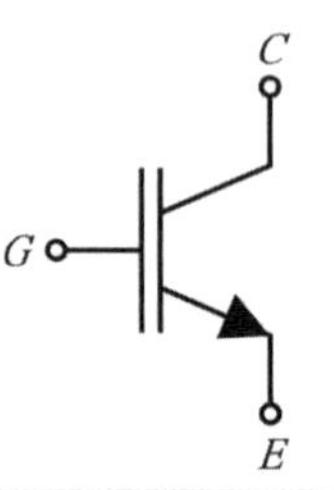

解析

開關元件	符號
SCR 的符號	A K G
IGBT 的符號	C G E
GTO 的符號	A G K
BJT 的符號	C B E 或 C B E

二、複選題

23. (　) 在繪製元件佈置圖與佈線圖時，下列哪些繪圖規則是正確的？ (123)

(1)各元件應標示元件接腳及代號

(2)積體電路(IC)除標示方向外必須再標示第一腳位置

(3)元件佈置圖中，相鄰元件間距應大於 1mm

(4)元件佈置圖中僅能繪製電子元件。

解析 繪圖規則(八)：各元件應標示元件接腳及元件代號，IC 除標示方向外必須再標示第一腳位置。

繪圖規則(七)：元件佈置圖中之元件應與圖邊緣成水平或垂直，相鄰元件間距應大於 1mm。

24. (　) 下列選項中哪些為雙接面電晶體(BJT)之元件符號？ (12)

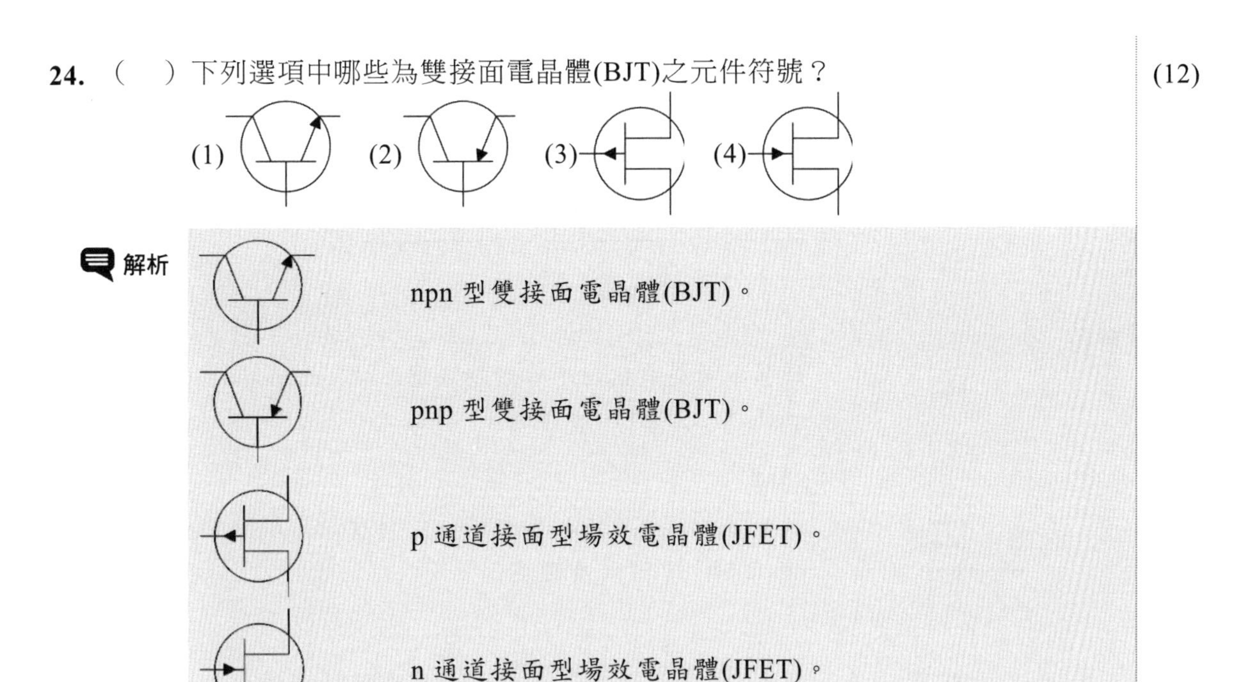

解析

npn 型雙接面電晶體(BJT)。

pnp 型雙接面電晶體(BJT)。

p 通道接面型場效電晶體(JFET)。

n 通道接面型場效電晶體(JFET)。

25. (　) 下列選項中哪些屬於閘流體(thyristor)之元件符號？ (234)

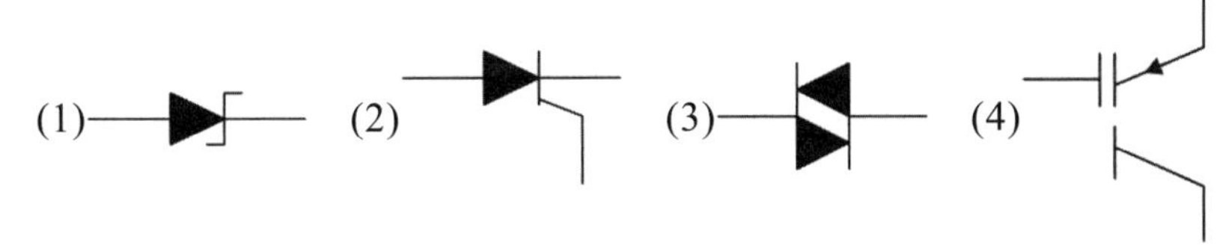

解析 閘流體(thyristor)：含有 3 個 pn 接面、4 層 p-n-p-n 之半導體元件。

稽納二極體(Zener diode)，含有 1 個 pn 接面、2 層 p-n 之半導體元件。

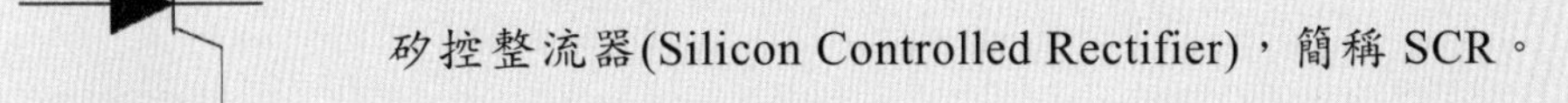

矽控整流器(Silicon Controlled Rectifier)，簡稱 SCR。

二極交流開關(di-electrode AC switch)，簡稱 DIAC。

26. (　) 下列選項中哪些屬於空乏型金屬氧化物半導體場效電晶體(depletion mode MOSFET)之元件符號? (34)

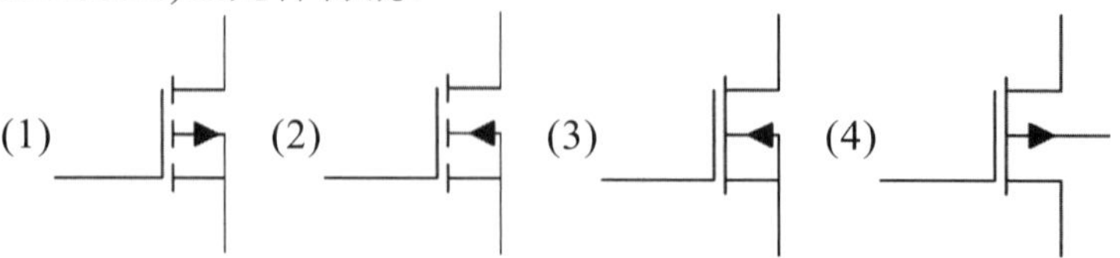

解析

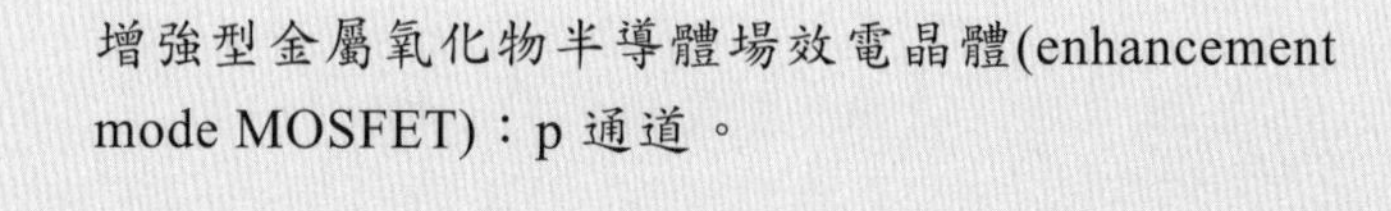

增強型金屬氧化物半導體場效電晶體(enhancement mode MOSFET)：p 通道。

增強型金屬氧化物半導體場效電晶體(enhancement mode MOSFET)：n 通道。

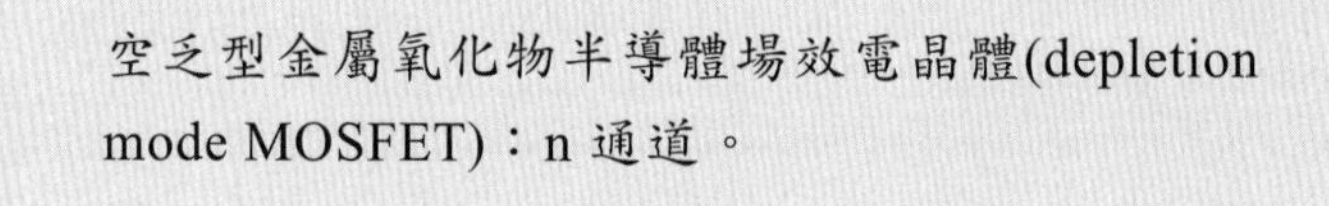

空乏型金屬氧化物半導體場效電晶體(depletion mode MOSFET)：n 通道。

空乏型金屬氧化物半導體場效電晶體(depletion mode MOSFET)：p 通道。

27. (　) 下列選項中哪些屬於隔離線之元件符號？ (123)

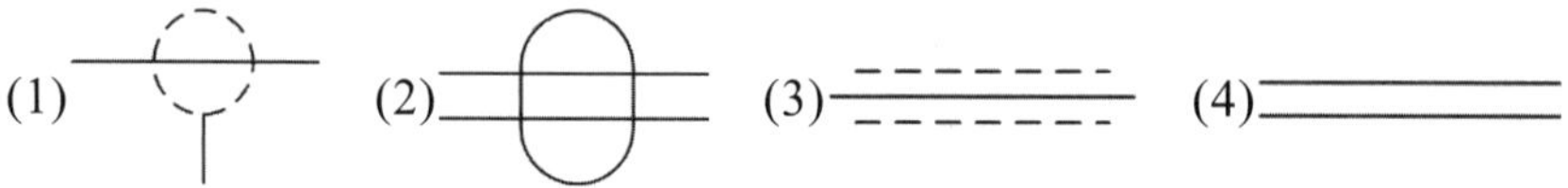

28. (　) 元件佈線圖中佈線線路之折角應為幾度？ (34)
(1)45　(2)60　(3)90　(4)135。

解析 繪圖規則(九)：佈線圖中之佈線應與圖邊緣成水平或垂直，折角應 90°或 135°。

29. (　) 下列哪些敘述符合元件佈置繪圖規則？ (12)

(1)元件佈線圖中之相鄰元件間距應大於 1mm

(2)元件佈線圖中之元件接腳長度應大於 2mm

(3)繪圖可使用尺、規或徒手畫

(4)元件佈置圖所繪元件應為實際外形尺寸，誤差 5mm。

解析

繪圖規則(七)：元件佈置圖中之元件應與圖邊緣成水平或垂直，相鄰元件間距應大於 1mm。

繪圖規則(五)：繪圖應使用尺、規及元件模板，元件佈置圖所繪元件應為實際外形尺寸（俯視圖），誤差±2mm。

繪圖規則(十)：各元件接腳，必須依規定繪在方格之交叉位置（格距為 0.1 英吋），電阻器、二極體等接腳長度，應受下圖限制：

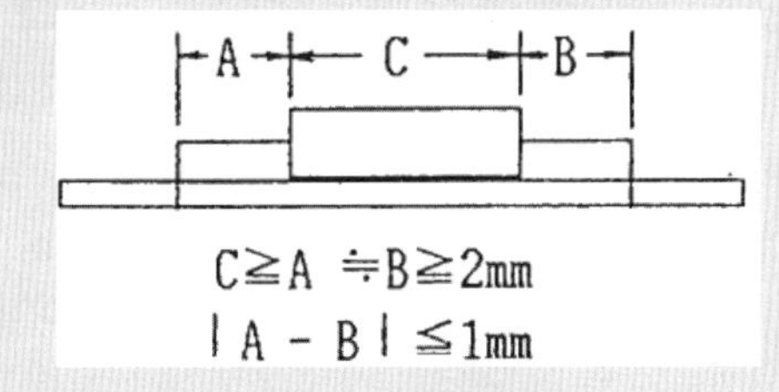

元件佈線圖中之元件接腳(A≒B)長度應大於 2mm。

30. (　) 在元件佈置圖繪製的電子元件中，下列選項中哪些為電晶體元件？ (123)

(1)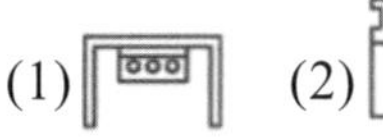 (2)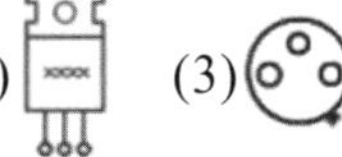 (3) (4)。

解析

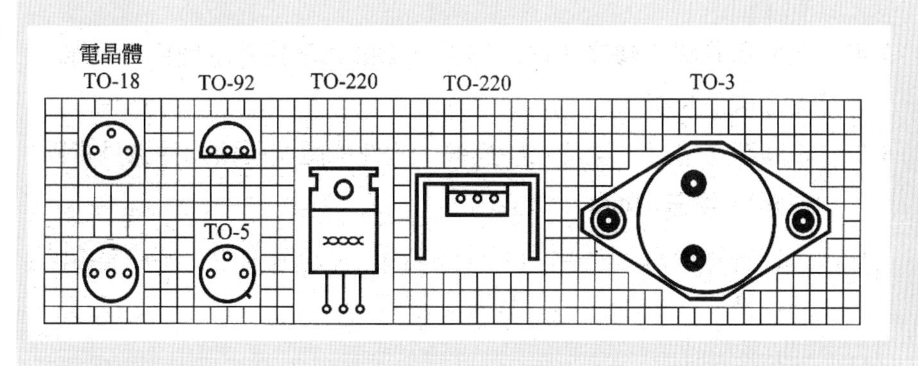

31. (　　) 在元件佈置圖繪製的電子元件中，下列選項中哪些為可變電阻器元件？ (124)

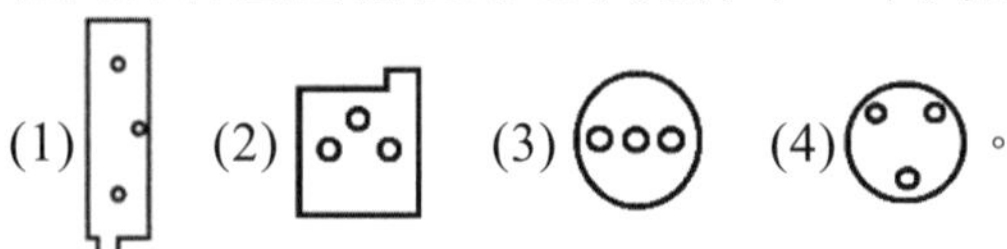

。

解析

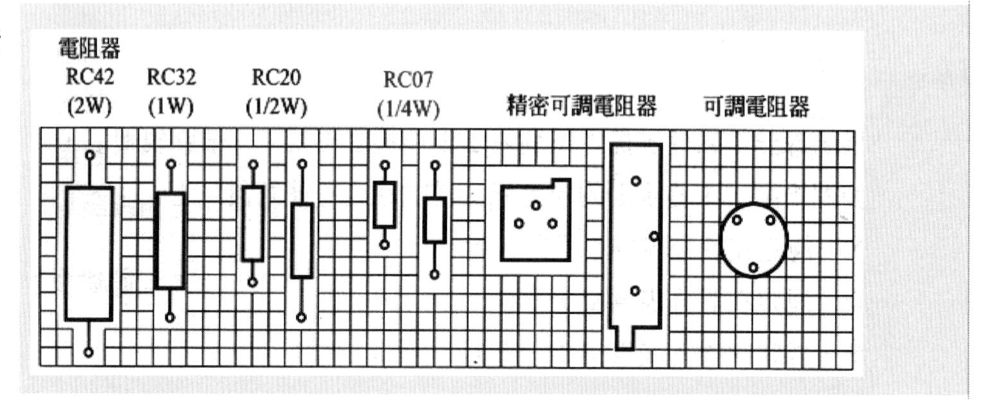

32. (　　) 在元件佈置圖繪製的電子元件中，下列選項中哪些為橋式整流器？ (234)

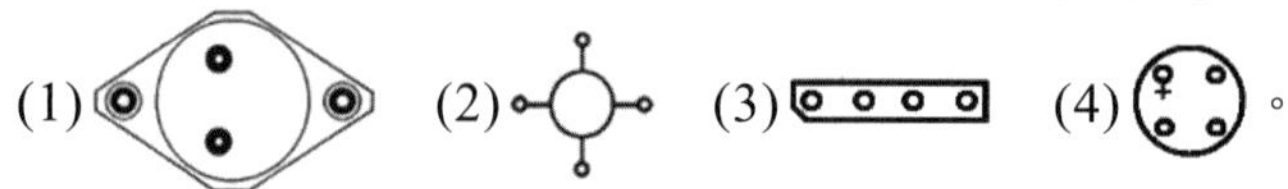

。

解析

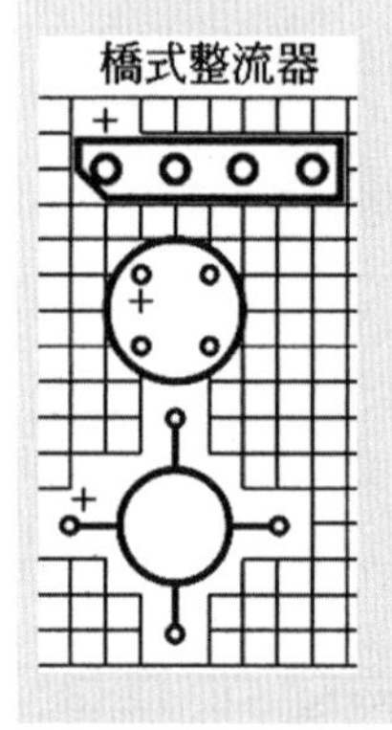

33. (　　) 在繪製元件佈置圖與佈線圖時，下列哪些繪圖規則是正確的？ (124)

(1)繪圖規則及符號表示應依 CNS 規定

(2)繪圖應使用尺、規及元件模板

(3)元件佈置分佈面積不能小於電路板面 1/3

(4)元件佈置圖所繪元件必須接近實際外形尺寸。

解析

繪圖規則(三)：繪圖規則及符號表示應依 CNS、ANSI 及 JIS 規定。

繪圖規則(二)：元件佈置應平均分佈於電路板上，其分佈面積不能小於電路板面 1/2。

繪圖規則(五)：繪圖應使用尺、規及元件模板，元件佈置圖所繪元件應為實際外形尺寸(俯視圖)，誤差±2mm。

工作項目 02　零組件認識與使用

一、單選題

1. (　) 下列電晶體何者輸入阻抗最大？　(3)
(1)BJT　(2)JFET　(3)MOSFET　(4)UJT。

2. (　) 電晶體當作線性放大時，需要工作在　(1)
(1)作用區　(2)飽和區　(3)截止區　(4)崩潰區。

解析　電晶體當作開關時，需要工作在飽和區和截止區。電晶體當作線性放大時，需要工作在線性區。一般不用崩潰區。

3. (　) 樞密特觸發電路(Schmitt Trigger Circuit)有下列何種功能?　(4)
(1)可將方波轉變成鋸齒波　(2)可將方波轉變成正弦波
(3)可將方波轉變成三角波　(4)可將正弦波轉變成方波。

4. (　) 常與高速閘流體配合的為下列何種二極體?　(2)
(1)齊納二極體　(2)快速二極體　(3)DIAC　(4)整流二極體。

5. (　) TTL IC 的高輸入準位臨界值為　(1)2.0V　(2)2.4V　(3)3.0V　(4)1.6V。　(1)

解析　TTL 的高輸入準位臨界值 V_{IH} 要求 2.0V 以上，即輸入電壓要大於 2V 才視為高態(High)。TTL 的低輸入準位臨界值 V_{IL} 要求 0.8V 以下，即輸入電壓要小於 0.8V 才視為低態(Low)。

6. (　) 利用金氧半場效電晶體控制導通與否的閘流體稱為　(3)
(1)SITH　(2)RCT　(3)MCT　(4)GTO。

解析　MCT：MOS 控制閘流體(MOS -controlled Thyristor)，利用金氧半場效電晶體控制導通與否的閘流體。

7. (　) 下列何種元件導通可由信號控制而截止不可控制？　(3)
(1)GTO　(2)IGBT　(3)SCR　(4)SIT。

解析　SCR 由截止轉換至導通的方式：(1)陽-陰極順偏；(2)閘極給觸發信號，即使閘極觸發信號移走也不影響其導通特性。即 SCR 導通可由閘極信號控制而截止不可控制。

8. (　) 具有電流雙向導通功能的元件是 (1)

(1)TRIAC　(2)GTO　(3)MOSFET　(4)MCT。

解析
- MCT(MOS-controlled thyristor)：金氧半控制閘流體，具有電流單向流通之能力，即單向開關。
- 具有電流雙向流通之能力即為雙向開關：TRIAC、DIAC。
- 具有電流單向流通之能力即單向開關：Diode、UJT、BJT、MOSFET、SCR、GTO、IGBT、MCT。

9. (　) 兩只電容器的電容量與耐壓分別為 3μF/100V 與 6μF/100V，若將此二電容器串聯，則其所能耐受之最大電壓為多少伏特？ (3)

(1)100V　(2)125V　(3)150V　(4)200V。

解析

$Q_1=C_1V_1=3\mu\times100=300\mu$ 庫倫

$Q_2=C_2V_2=6\mu\times100=600\mu$ 庫倫

串聯後 $Q_T=\min(Q_1,Q_2)=300\mu$ 庫倫

串聯後 $C_T=\dfrac{C_1\times C_2}{C_1+C_2}=\dfrac{3\mu\times6\mu}{3\mu+6\mu}=2\mu F$

串聯後 $V_T=\dfrac{Q_T}{C_T}=\dfrac{300\mu}{2\mu}=150V$

10. (　) 面積為 A，板間距離為 d 之平板電容器，若將極板面積加倍，板間距離亦加倍，則其電容量為 (2)

(1)原值之 1/2 倍　(2)與原值相同　(3)原值之 2 倍　(4)原值之 4 倍。

解析

$C=\varepsilon\dfrac{A}{d}=\varepsilon\dfrac{2A}{2d}=\varepsilon\dfrac{A}{d}$

11. (　) 當電路 dv/dt 過大時，易使閘流體 (4)

(1)提早截止　(2)延遲導通　(3)不受影響　(4)打穿。

12. (　) 下列功率元件，何者須加連續驅動信號才能持續導通？ (3)

(1)GTO　(2)TRIAC　(3)IGBT　(4)SCR。

13. (　) 變阻器(Varistor)之電阻值係與 (1)

(1)所加電壓呈反比　(2)周圍溫度呈反比

(3)所加電壓呈正比　(4)周圍溫度呈正比。

解析

變阻器：電阻值與所加電壓大小呈非線性反比(即電壓越大，電阻越小)的電阻體，在臨界電壓以下其電阻值極高；在臨界電壓以上其電阻值急速下降。

14. (　) (0.1μF+120Ω，250V)係下列何種元件的規格：
(1)EMI 過濾器　(2)突波吸收器　(3)緩震器(Snubber)　(4)變阻器。　(3)

解析　(0.1μF+120Ω，250V)：C 串聯 R，防止電壓突波過大，稱為緩衝電路或緩震器(snubber)。

15. (　) 下列電容器中，何者之介電係數為最大？
(1)電解電容　(2)鉭質電容　(3)膠質電容　(4)金屬膜電容。　(2)

16. (　) 下列何者不是轉速偵測用之感測器？
(1)離心開關　(2)霍耳元件　(3)編碼器　(4)應變計。　(4)

解析　應變計：將應力轉換為電阻之變化。

17. (　) 在頻率超過 100MHz 以上之電路中，下列何者較不適合作為高頻電容器使用？
(1)陶質電容器　(2)雲母電容器　(3)聚苯乙烯電容器　(4)鉭質電容器。　(4)

18. (　) MOSFET 由於輸入阻抗高，受靜電打穿其絕緣層(SiO2)之可能性比 JFET 來得　(1)大　(2)小　(3)相等　(4)不一定。　(1)

19. (　) 在交換式定電壓電源電路中，通常以下列何者來抑制湧入電流較理想？
(1)電容器　(2)電感器　(3)功率熱阻器　(4)固態繼電器。　(2)

解析　電感器的電流不可瞬間變化，有穩流效果，故可用來抑制湧入電流。

20. (　) 高於 10pF 以上之電容器通常以英文字母代表容許誤差，英文字母 K 的容許誤差為多少？　(1)±1%　(2)±2%　(3)±5%　(4)±10%。　(4)

解析　$J = \pm 5\%, K = \pm 10\%, M = \pm 20\%$

21. (　) 下列何種電容器較適合用於溫度補償？
(1)低介電係數陶瓷電容　(2)鉭質電容器
(3)電解電容器　(4)紙質電容器。　(1)

22. (　) 下列何種突波吸收零件是隨外加電壓而電阻值會變化之具有電壓依存性的電阻器，且當電壓超過其額定值時，電阻值會急速下降？
(1)以 C"(電容)"、R"(電阻)"作成的吸收器
(2)以 C"(電容)"、R"(電阻)"、D"(二極體)"作成的箝位電路
(3)以矽 PN 接合之零件
(4)變阻器。　(4)

23. (　) 下列何種材質之鐵心較適用於高頻的交換式電源中？
(1)方向性矽鋼片　(2)無方向矽鋼片
(3)鐵氧體(Ferrite)　(4)高導磁合金(Permalloy)。　(3)

24. (　) 下列何種觸發元件雙向皆可導通，亦即不論外加電壓的極性，只要外加電壓大於觸發電壓就導通，一旦導通後，除了外加電壓降為零，才能回復不導通狀況，且常與 TRIAC 組成相位控制電路？ (2)
(1)Schottky Diode　(2)DIAC　(3)Tunnel Diode　(4)UJT。

解析
- 具有電流雙向流通之能力即為雙向開關：TRIAC、DIAC。
- 具有電流單向流通之能力即單向開關：Diode、UJT、BJT、MOSFET、SCR、GTO、IGBT、MCT。

25. (　) 下列何種元件其內電阻會隨光照強度不同而改變，且通常內阻與光照強度呈反比？ (1)LED　(2)LCD　(3)光敏電阻器(CdS)　(4)光電晶體。 (3)

解析　光敏電阻器(Photo-conductive Cell)是利用半導體的光電效應製成的一種電阻，阻抗值隨著光源強度而變化。入射光強，電阻減少，入射光弱，電阻增加；故內阻與光照強度呈反比。一般應用於光的測量、光的控制和光電轉換等。

26. (　) 下列何種元件較不適合作為閘流體觸發振盪電路？ (1)
(1)Zener Diode　(2)PUT　(3)UJT　(4)SCS。

解析　Zener Dide 為穩壓作用，振盪電路需元件具有負電阻特性。

27. (　) 由三價金屬導體與 N 型半導體構成之二極體具有交換時間快與低雜訊的優點，除應用於高頻電路外，也被應用在低電壓／大電流的電源供給器及交流／直流轉換器電路中之二極體為 (4)
(1)透納二極體(Tunnel Diode)　(2)變容二極體(Varactor)
(3)齊納二極體(Zener Diode)　(4)肖特基二極體(Schottky Diode)。

28. (　) 因閃電、電源故障或電感性負載切換時會在電源電壓上造成瞬間急降波、突波或其他暫態現象所造成裝置無法正常工作，通常以動作如二個背對背的齊納二極體(Zener Diode)來作過電壓保護之二極體元件為 (2)
(1)變容二極體(Varactor)　(2)變阻二極體(Varistor)
(3)透納二極體(Tunnel Diode)　(4)PIN 二極體。

29. (　) EMI 對策通常是由 L 和 C 組成的 (3)
(1)高通濾波器　(2)帶通濾波器　(3)低通濾波器　(4)箝位器。

30. (　) 加於 SCR 閘極之觸發脈波信號愈寬，則閘、陰極接合面所生之熱量將 (1)不變 (2)增加 (3)減少 (4)無關於觸發信號時間。 (2)

31. (　) 下列何者可直接作為交流電壓控制器元件，以控制交流功率？(1)FET (2)UJT (3)PUT (4)TRIAC。 (4)

32. (　) 有關 GTO 之敘述，下列何者錯誤？(1)可由閘極信號控制其導通或截止 (2)觸發電流較 SCR 大 (3)閘極加一負電壓可令 GTO 截止 (4)閘極加一負電壓可令 GTO 導通。 (4)

解析 GTO 為可利用閘極外加一個信號來使其本身發生導通或截止的功率元件，閘極加正電壓可令其導通，閘極加負電壓可令其截止。

33. (　) 關於金屬皮膜電阻之敘述，下列何者錯誤？(1)精密度較差 (2)體積較小 (3)雜音較小 (4)穩定性較高。 (1)

34. (　) 變壓器之渦流損失與矽鋼片之厚度成 (1)正比 (2)反比 (3)平方正比 (4)平方反比。 (3)

解析 渦流損 $P_e = K_e' \times E^2 \times t^2$

與外加電壓(E)平方及變壓器鐵心之矽鋼片厚度(t)平方成正比。

35. (　) 有關電力電子所使用變壓器的敘述，下列何者有誤？(1)變壓器是輸入交流電壓，輸出直流電壓 (2)輸入交流電壓，經變壓器升降壓後，經由整流器，輸出直流電壓 (3)變壓器主要由兩個繞組和這兩個繞組的共同磁路構成 (4)將交流電壓變換為同頻率不同電壓之非旋轉式電機。 (1)

解析 變壓器是輸入交流電壓，輸出交流電壓。

36. (　) 有關二極體的敘述，下列何者有誤？(1)透納二極體具有正電阻的特性 (2)蕭特基(Schottky)二極體主要應用於高頻和高速電路中 (3)變容二極體之電容大小係由外加電壓大小控制 (4)發光二極體，當它流過電流足夠大時，對外發出可見光或不可見光。 (1)

解析 透納二極體具有負電阻的特性，會出現在一定偏壓範圍內順向電壓增加時流通的電流量反而減少的現象；變容二極體廣泛應用於電視接收器電路、調頻接收器及其他通信設備上，可由逆向電壓來控制過渡電容之電容量。逆向電壓增加時，過渡電容減少；逆向電壓減小時，過渡電容增加。

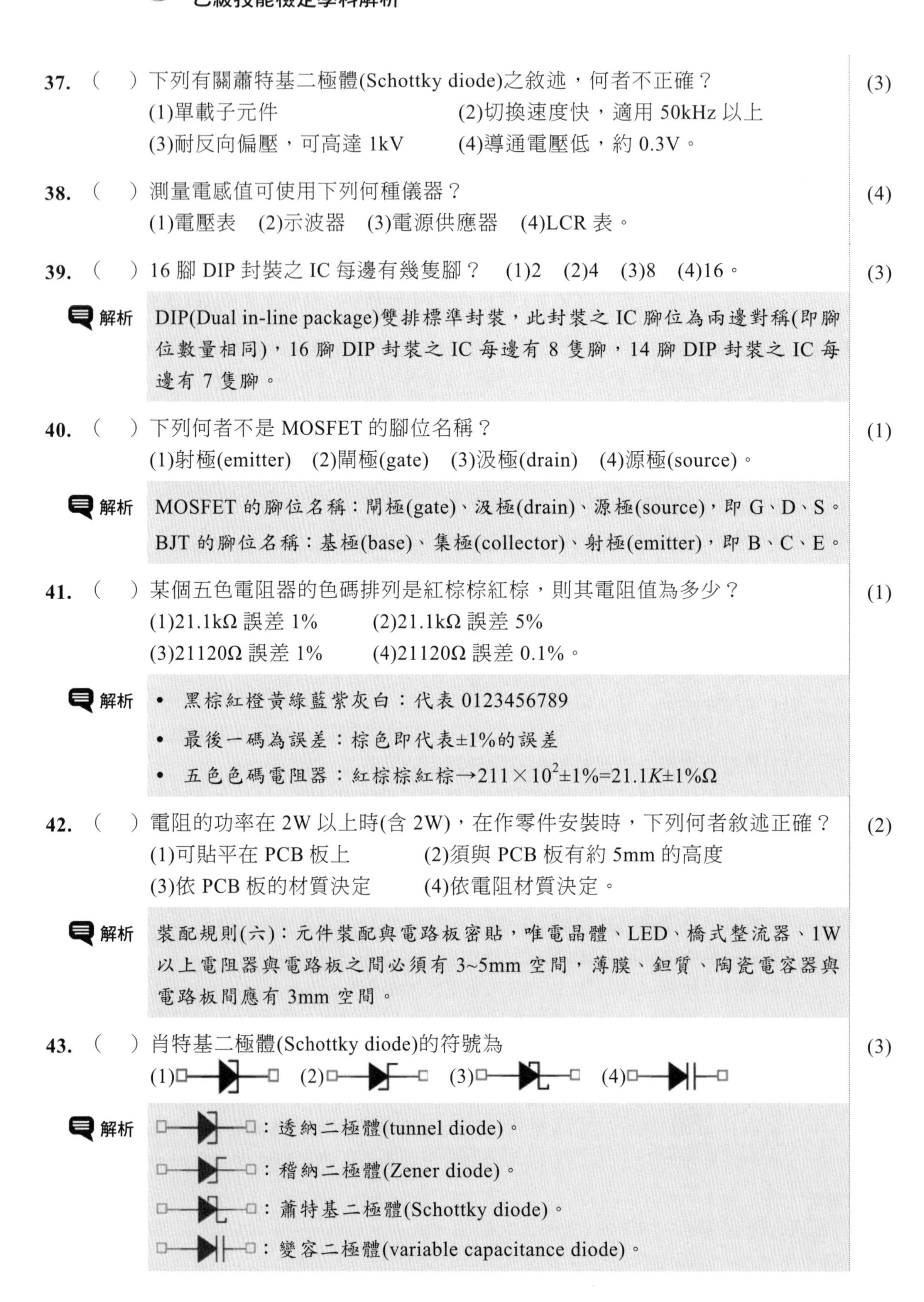

37. (　) 下列有關蕭特基二極體(Schottky diode)之敘述，何者不正確？　(3)
(1)單載子元件　(2)切換速度快，適用 50kHz 以上
(3)耐反向偏壓，可高達 1kV　(4)導通電壓低，約 0.3V。

38. (　) 測量電感值可使用下列何種儀器？　(4)
(1)電壓表　(2)示波器　(3)電源供應器　(4)LCR 表。

39. (　) 16 腳 DIP 封裝之 IC 每邊有幾隻腳？　(1)2　(2)4　(3)8　(4)16。　(3)

解析 DIP(Dual in-line package)雙排標準封裝，此封裝之 IC 腳位為兩邊對稱(即腳位數量相同)，16 腳 DIP 封裝之 IC 每邊有 8 隻腳，14 腳 DIP 封裝之 IC 每邊有 7 隻腳。

40. (　) 下列何者不是 MOSFET 的腳位名稱？　(1)
(1)射極(emitter)　(2)閘極(gate)　(3)汲極(drain)　(4)源極(source)。

解析 MOSFET 的腳位名稱：閘極(gate)、汲極(drain)、源極(source)，即 G、D、S。
BJT 的腳位名稱：基極(base)、集極(collector)、射極(emitter)，即 B、C、E。

41. (　) 某個五色電阻器的色碼排列是紅棕棕紅棕，則其電阻值為多少？　(1)
(1)21.1kΩ 誤差 1%　(2)21.1kΩ 誤差 5%
(3)21120Ω 誤差 1%　(4)21120Ω 誤差 0.1%。

解析
- 黑棕紅橙黃綠藍紫灰白：代表 0123456789
- 最後一碼為誤差：棕色即代表±1%的誤差
- 五色色碼電阻器：紅棕棕紅棕→$211\times10^{2}\pm1\%=21.1K\pm1\%\Omega$

42. (　) 電阻的功率在 2W 以上時(含 2W)，在作零件安裝時，下列何者敘述正確？　(2)
(1)可貼平在 PCB 板上　(2)須與 PCB 板有約 5mm 的高度
(3)依 PCB 板的材質決定　(4)依電阻材質決定。

解析 裝配規則(六)：元件裝配與電路板密貼，唯電晶體、LED、橋式整流器、1W 以上電阻器與電路板之間必須有 3~5mm 空間，薄膜、鉭質、陶瓷電容器與電路板間應有 3mm 空間。

43. (　) 肖特基二極體(Schottky diode)的符號為　(3)
(1)　(2)　(3)　(4)

解析
：透納二極體(tunnel diode)。
：稽納二極體(Zener diode)。
：蕭特基二極體(Schottky diode)。
：變容二極體(variable capacitance diode)。

44. (　) 下列元件何者不適用於高頻？ (4)
(1)透納二極體(Tunnel diode)　(2)蕭特基二極體(Schottky diode)
(3)變容二極體(Varactor diode)　(4)齊納二極體(Zener diode)。

45. (　) 以下哪一種電容的高頻特性最好？ (2)
(1)電解電容　(2)陶瓷電容　(3)鉭質電容　(4)紙質電容。

46. (　) 以下何種電阻器可耐高溫並能通過大電流？ (1)
(1)水泥電阻　(2)碳膜電阻　(3)金屬膜電阻　(4)排阻。

47. (　) 電容 103K 代表其電容值為　(1)10μF　(2)1μF　(3)0.1μF　(4)0.01μF。 (4)

解析　$103 \Rightarrow 10\times10^3\,pF = 10\times10^3\times10^{-12}\,F = 10^{-8}\,F = 10^{-2}\times10^{-6}\,F = 0.01\mu F$
K 代表誤差為±10%

48. (　) 若某電阻器標示為 2.5Ω，10W，則其耐電流為多少？ (2)
(1)1A　(2)2A　(3)3A　(4)4A。

解析　$P = I^2R \Rightarrow I = \sqrt{P/R} = \sqrt{10/2.5} = 2A$

49. (　) 某電容器的間接標示法為 104M，此電容的誤差為多少？ (3)
(1)±5%　(2)±10%　(3)±20%　(4)±30%。

解析　J 代表誤差為±5%，K 代表誤差為±10%，M 代表誤差為±20%　。
$104 \Rightarrow 10\times10^4\,pF = 10\times10^4\times10^{-12}\,F = 10^{-7}\,F = 10^{-1}\times10^{-6}\,F = 0.1\mu F$
M 代表誤差為±20%

50. (　) 編號 1N4001 表示何種電路元件？ (1)
(1)二極體　(2)電阻器　(3)電容器　(4)電晶體。

解析　美國半導體編號係以註冊秩序來編號，由美國裝置工程協會所定。編號構成順序為數字、字母、數字。編號 1N4001 電路元件之第一個數字 1 代表僅有一個接合面的二極體，其註冊號碼為 4001。

51. (　) kW-H(千瓦-小時)表示何種單位？ (1)
(1)電度(電能)　(2)功率　(3)電壓　(4)電流。

52. (　) 示波器中 TIME/DIV 之旋鈕，可作為調整波形之 (2)
(1)亮度　(2)寬度　(3)高度　(4)線條粗細。

53. (　) TTL 之積體電路一般使用電壓為　(1)5V　(2)10V　(3)12V　(4)15V。 (1)

解析　TTL 為電晶體-電晶體邏輯電路(Transistor-transistor logic)之簡稱，為一種數位積體電路，一般使用電壓為 5V。

54. （ ）有關發光二極體(LED)的使用，下列敘述何者正確？ (2)
(1)順向偏壓時 LED 不會發光 (2)順向偏壓時 LED 會發光
(3)逆向偏壓時 LED 會發光 (4)LED 在使用時可用並聯電阻作限流用。

解析 發光二極體(LED)：順向偏壓時 LED 會發光，逆向偏壓時不會發光，在使用時可用串聯電阻作限流用。

55. （ ）有關有極性之電解質電容器的使用，下列敘述何者正確？ (1)
(1)正負極不得反接 (2)正負極可以反接
(3)使用時與耐壓無關 (4)電容器標示 WV 表示工作電流之意。

解析 電容器標示 WV 表示工作電壓(Work Voltage)。

二、複選題

56. （ ）下列哪些材質的電容較適合應用於高頻(1MHz 以上)濾波電路？ (23)
(1)電解電容 (2)陶瓷電容 (3)雲母電容 (4)鉭質電容。

57. （ ）下列哪些物質為危害性物質限制指令(Restriction of Hazardous Substances, RoHS)環保標準所禁用的有害物質？ (123)
(1)鉛與鎘 (2)汞與六價鉻 (3)多溴二苯醚與多溴聯苯 (4)磷與銻。

解析 RoHS(Restriction of Hazardous Substances)危害物質禁限用指令是由歐盟立法制定的一個強制性標準，明確限制鉛、鎘、汞、六價鉻、多溴二苯醚與多溴聯苯類等危害性物質於電器與電子產品中之含量，以此銷售電機電子產品的品牌業者在電器與電子產品之設計上須慎重考量實施廢棄產品易於回收再利用之責任。

58. （ ）下列哪些功率開關為電壓控制元件？ (12)
(1)MOSFET (2)IGBT (3)IGCT (4)GTO。

解析 電流控制型功率開關(流控開關)：SCR、BJT、GTO。
電壓控制型功率開關(壓控開關)：MOSFET、IBGT、MCT(MOS-controlled thyristor，金氧半控制閘流體)。

59. （ ）下列哪些因素會影響 MOSFET 的切換損失？ (123)
(1)切換頻率 (2)汲源極電壓 (3)導通電流 (4)導通責任週期。

60. （ ）下列哪些因素會影響電容器的漣波電壓？ (123)
(1)電容量 (2)電流交流成分 (3)等效串聯電阻 (4)電容器耐壓。

61. (　) 一般電壓控制型閘極驅動器的功能為？ (12)
(1)提高驅動電壓　(2)提高瞬時驅動電流
(3)提高切換頻率　(4)功率開關過溫保護。

62. (　) 下列哪些選項為高頻鐵氧體磁芯(ferrite core)的優點？ (12)
(1)低鐵芯損失　(2)高導磁率　(3)低飽和磁通值　(4)材質易碎。

63. (　) 下列哪些材質的電阻器適合用於精密電阻器？ (12)
(1)金屬膜電阻器　(2)繞線電阻器　(3)碳膜電阻器　(4)碳質電阻器。

64. (　) 針對電阻器的四色色碼標示，下列哪些敘述是正確的？ (123)
(1)金色於第 3 條指數位數代表 10^{-1}
(2)銀色於第 3 條指數位數代表 10^{-2}
(3)金色於第 4 條誤差位數代表 5%
(4)銀色於第 4 條誤差位數代表 1%。

解析　銀色於第 4 條誤差位數代表±10%的誤差。

65. (　) 下列哪些選項為電感器的功能？ (123)
(1)儲能　(2)濾波　(3)諧振　(4)計數。

66. (　) 下列哪些選項為電容器的功能？ (123)
(1)儲能　(2)濾波　(3)分壓　(4)計數。

67. (　) 針對保險絲的規格與標示敘述，下列哪些選項正確？ (124)
(1)T 代表慢熔型　(2)F 代表快熔型　(3)M 代表超快熔型　(4)I^2t 值代表過電流熔斷時所需的能量。

解析　小型保險絲熔斷速率的類型通常會以英文字母代號表示，常見的有 T（Time-lag）代表慢熔型，F（Fast）代表快熔型，M（Medium time-lag）代表中等速度，而 I^2t 代表保險絲由過電流到熔斷時所通過的能量。

工作項目 03 儀表及工具使用

一、單選題

1. ( ) 若一電流表滿刻度電流 I_{full}＝50μA，且表頭內阻 Rin＝2kΩ，若用來測量 10V 的直流電壓，應串聯的倍率電阻 Rs 為 (1)2kΩ (2)20kΩ (3)200kΩ (4)198kΩ。 (4)

解析

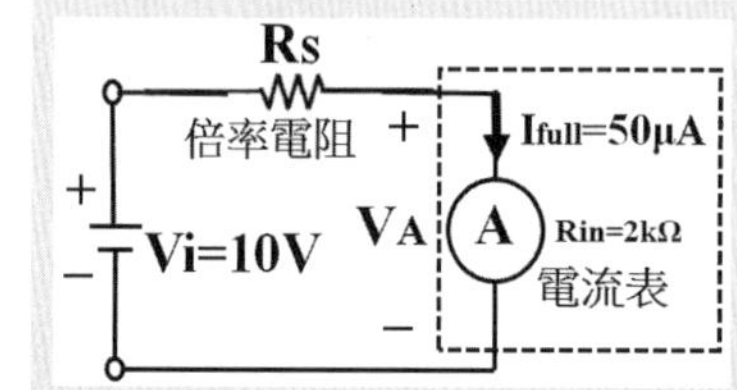

$$V_A = 50\mu A \times 2k\Omega = 0.1V$$

$$R_S = \frac{V_i - V_A}{I_{full}} = \frac{10 - 0.1}{50 \times 10^{-6}} = 198k\Omega$$

2. ( ) 使用電壓表量測待測電阻上的電壓時，為得到較準確的結果，一般電壓表之內阻為待測電路電阻幾倍？ (1)10 倍 (2)5 倍 (3)3 倍 (4)2 倍 (1)

3. ( ) 配合示波器，選用測試棒(Probe)不須考慮 (1)阻抗匹配 (2)量測電壓範圍 (3)頻帶寬度 (4)耐流值。 (4)

4. ( ) 相序計乃在測量三相電源線間之 (3)

(1)電壓大小關係 (2)電流大小關係

(3)時相角關係 (4)空間角度關係。

5. ( ) 電壓、電流及電功率之測量時，下列何圖為正確？ (1)

(1) (2)

(3) (4)

解析

電壓表與負載並聯、電流表與負載串聯。

瓦特計之電壓線圈與負載並聯，其電流線圈與負載串聯。

6. (　) 一只 1mA 之電流表其內阻為 999Ω，欲改裝成 0 至 1A 之電流表其分路電阻為多少？ (1)0.1Ω (2)1Ω (3)10Ω (4)100Ω。 (2)

解析

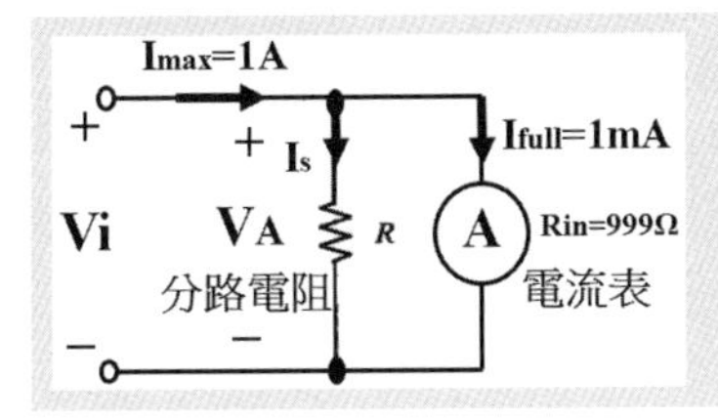

$$R=\frac{V_A}{I_S}=\frac{999\Omega\times 1mA}{(1-1m)A}=1\Omega$$

7. (　) 200kHz 之信號波形由數位儲存示波器顯示，以 500MSa/s 速率取樣，每一週期抽樣數為多少？ (1)250 (2)500 (3)1000 (4)2500。 (4)

解析

$$T=\frac{1}{f}=\frac{1}{200K}=5\times10^{-6}\text{ sec.}$$

$$\text{抽樣數}=500\text{MSa/s}\times5\times10^{-6}s=2500\,Sample$$

8. (　) 測量 300 A 以上交流電流可以採用的方法，下列何種量測較不適宜？ (1)

(1)直接串聯法　(2)電流分流器法
(3)比流器交連法　(4)夾線式磁通量測試法。

9. (　) 一標示為 0～100MHz 之示波器，係指此示波器中之那一個電路的頻率響應而言？ (1)水平放大 (2)垂直放大 (3)掃描電路 (4)視頻放大。 (2)

解析

示波器有五個基本組成部分：顯示電路、垂直(Y 軸)放大電路、水平(X 軸)放大電路、掃描與同步電路、電源供給電路。示波器的頻帶寬度(頻寬)定義為信號衰減 3dB 時的信號頻率，表明了該示波器垂直系統的頻率響應，是最重要的技術指標。

10. (　) 三用電表之零歐姆調整，一般係在補償 (2)

(1)三用電表之探棒電阻 (2)電池的老化 (3)接觸電阻 (4)溫度效應。

11. (　) 下列何者為萬用計數器(Universal Counter)所不能測量？ (3)

(1)週期 (2)頻率 (3)脈波振幅 (4)頻率比。

12. (　) 示波器可用來直接測量 (1)

(1)波形振幅及頻率　(2)電壓振幅及電阻
(3)電流振幅及電阻　(4)電壓、電流及電阻。

13. (　) 高阻計是用來測量 (2)

(1)接地電阻 (2)絕緣電阻 (3)電解溶液電阻 (4)接觸電阻。

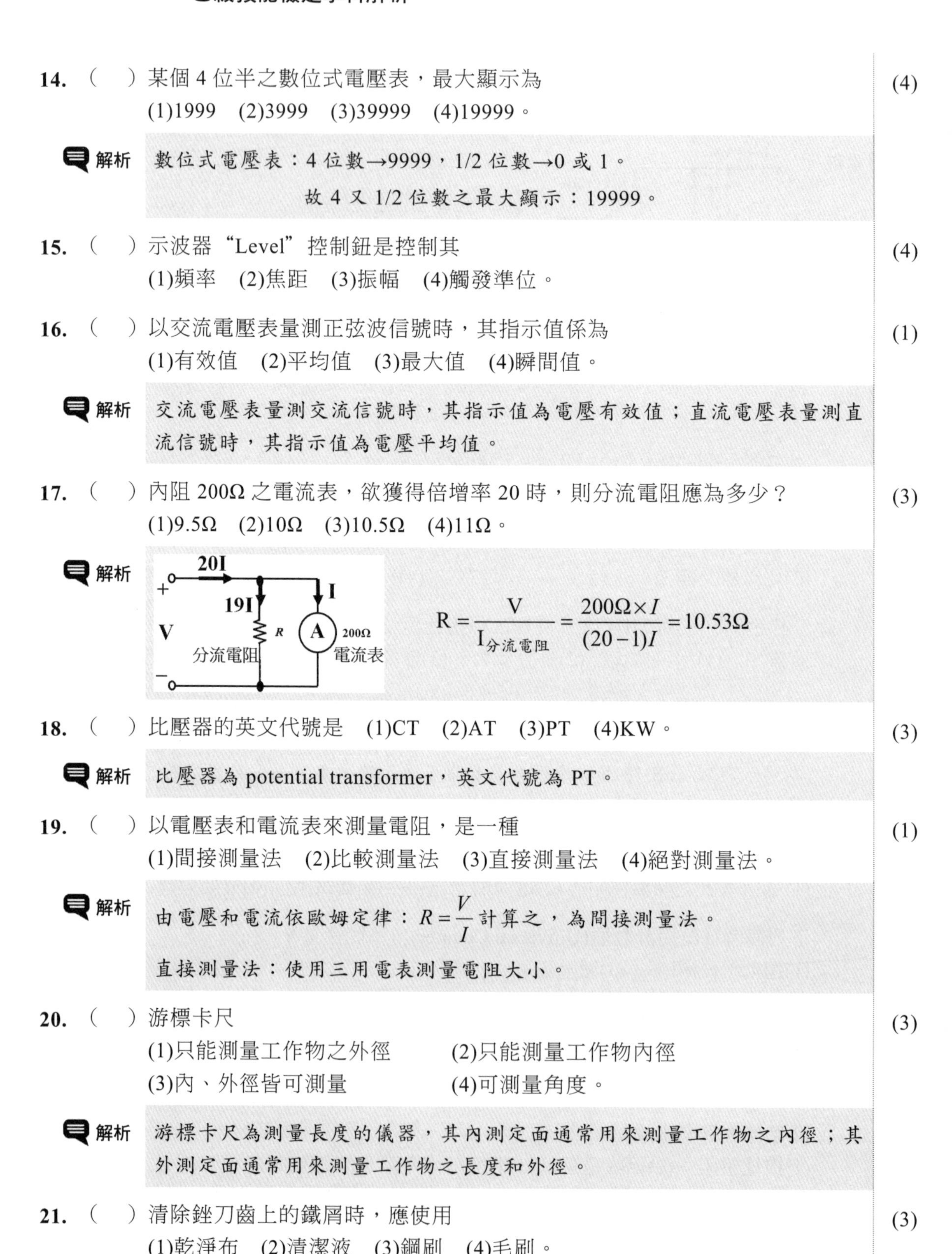

14. (　) 某個 4 位半之數位式電壓表，最大顯示為 (4)
(1)1999　(2)3999　(3)39999　(4)19999。

解析 數位式電壓表：4 位數→9999，1/2 位數→0 或 1。
故 4 又 1/2 位數之最大顯示：19999。

15. (　) 示波器“Level”控制鈕是控制其 (4)
(1)頻率　(2)焦距　(3)振幅　(4)觸發準位。

16. (　) 以交流電壓表量測正弦波信號時，其指示值係為 (1)
(1)有效值　(2)平均值　(3)最大值　(4)瞬間值。

解析 交流電壓表量測交流信號時，其指示值為電壓有效值；直流電壓表量測直流信號時，其指示值為電壓平均值。

17. (　) 內阻 200Ω 之電流表，欲獲得倍增率 20 時，則分流電阻應為多少？ (3)
(1)9.5Ω　(2)10Ω　(3)10.5Ω　(4)11Ω。

解析

$$R=\frac{V}{I_{\text{分流電阻}}}=\frac{200\Omega\times I}{(20-1)I}=10.53\Omega$$

18. (　) 比壓器的英文代號是　(1)CT　(2)AT　(3)PT　(4)KW。 (3)

解析 比壓器為 potential transformer，英文代號為 PT。

19. (　) 以電壓表和電流表來測量電阻，是一種 (1)
(1)間接測量法　(2)比較測量法　(3)直接測量法　(4)絕對測量法。

解析 由電壓和電流依歐姆定律：$R=\frac{V}{I}$ 計算之，為間接測量法。
直接測量法：使用三用電表測量電阻大小。

20. (　) 游標卡尺 (3)
(1)只能測量工作物之外徑　(2)只能測量工作物內徑
(3)內、外徑皆可測量　(4)可測量角度。

解析 游標卡尺為測量長度的儀器，其內測定面通常用來測量工作物之內徑；其外測定面通常用來測量工作物之長度和外徑。

21. (　) 清除鎚刀齒上的鐵屑時，應使用 (3)
(1)乾淨布　(2)清潔液　(3)鋼刷　(4)毛刷。

22. (　) 用來鬆動內六角螺絲，正確應使用 (1)
(1)六角扳手　(2)螺絲起子　(3)手鉗　(4)活動扳手。

23. (　) 剝除 OK 線時應使用　(1)電工刀　(2)剝線鉗　(3)斜口鉗　(4)尖嘴鉗。 (2)

24. (　) 使用示波器測量電路上非接地之兩點電位差，應使用何種探棒？ (4)
(1)電壓探棒　(2)電流探棒　(3)功率探棒　(4)差動探棒。

解析　示波器使用一般的電壓探棒時，兩個通道之黑棒為共同接地，例如 V_{AN} 和 V_{BN}。若量測非對地電壓，例如 V_{AB} 和 V_{BC}，需使用差動探棒。

25. (　) 能產生正弦波、方波、斜波或脈波的儀器是那一種儀器？ (1)
(1)函數波信號產生器　(2)脈波信號產生器
(3)掃瞄信號產生器　(4)低頻信號產生器。

解析　函數信號產生器是一種能產生弦波、方波、三角波及脈波之電子儀器。

26. (　) 示波器可以直接用來 (2)
(1)測量電壓、電流、電阻的大小　(2)測量電壓波形、頻率和振幅
(3)只能量電壓波形　(4)能測量電壓和電阻大小。

27. (　) 三用電表不能測量 (3)
(1)電阻　(2)直流電流　(3)交流電流　(4)交流電壓。

解析　三用電表可以測量電阻、直流電壓、直流電流和交流電壓。

28. (　) 以下何種線規為公制線規？ (3)
(1)AWG　(2)SWG　(3)CWG　(4)TWG。

解析　線規數字越小，表示線材直徑越粗，所能承載的電流就越大。

- AWG(American wire gauge)：美制線規。
- SWG((British)Standard wire gauge)：英制線規。
- CWG(Chinese wire gauge)：中國線規，即公制線規，單芯線以直徑 mm 表示，絞線以截面積 mm^2 表示。

29. (　) 下列何種儀器可量測週期性信號的頻率？ (4)
(1)功率表　(2)電度表　(3)電壓表　(4)示波器。

30. (　) 用示波器量測單相交流電壓源之電壓波形，若衰減比為 10 倍，電壓刻度為 5V/DIV，其電壓波形峰對峰值為 6 刻度，此電壓有效值約為
(1)300V　(2)200V　(3)150V　(4)$150/\sqrt{2}$ V。 (4)

解析
電壓之峰對峰值=5×6×10=300V
電壓之峰值=300/2=150V
單相交流電壓源之電壓波形為正弦波
有效值=峰值/$\sqrt{2}=150/\sqrt{2}V$

31. (　) 下列何者為直流電源供應器之限制電流的主要目的？ (1)
(1)防止輸出電流過大而損壞　(2)提高輸出功率
(3)提高輸出電壓　(4)可防止絕緣破壞。

32. (　) 關於示波器的輸入選擇開關位置(AC，GND，DC)，下列敘述何者正確？ (2)
(1)置於 DC 位置時，只能量測直流成份信號，不能量測交流成份信號
(2)置於 AC 位置時，輸入端所串聯電容器可將信號之直流成份濾除
(3)置於 GND 位置時，可量測交流及直流成份之信號
(4)置於 AC 位置時，可量測直流成份的信號。

33. (　) 示波器量測週期性信號，其時間的刻度為 0.5μs/DIV，若此週期為 4 格(刻度)，則此信號頻率為 (4)
(1)100kHz　(2)200kHz　(3)400kHz　(4)500kHz。

解析
波形的週期共佔 4 格(DIV)：週期=(0.5 μs/DIV)x 4DIV = 2 μsec
頻率=1/週期=1/(2 μsec.)= 0.5MHz = 500kHz

二、複選題

34. (　) 三用電表又稱為伏特-歐姆-毫安培(volt-ohm-milliammeter)，為一採用達松發爾轉動裝置，使用選擇開關連接適當的電路，此儀表可測量下列哪些項目？ (124)
(1)電阻　(2)電流　(3)波形　(4)電壓。

解析
三用電表可以測量電阻、直流電壓、直流電流和交流電壓。

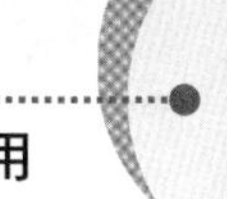

35. (　) 靈敏度為 20kΩ/V 之伏特計，將其切換至 50V 檔，來測量下圖所示 a、b 兩端之電壓為 50V，所測得之電壓及測量之準確度？ (24)

(1)Vab=50V　(2)Vab=45.5V　(3)91.91%　(4)90.91%。

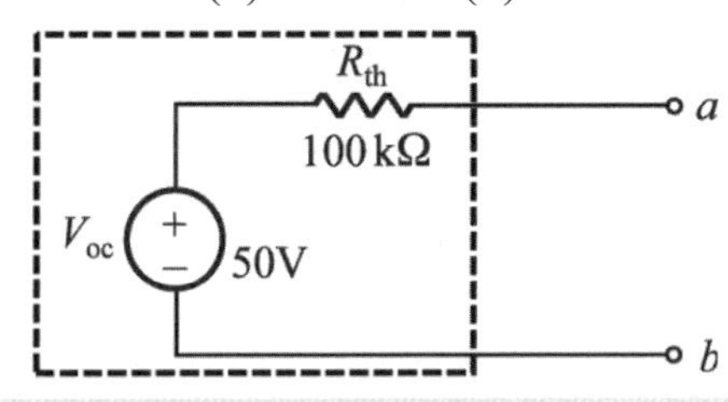

解析

伏特計內阻為$R_{ab}=20\text{k}\Omega/\text{V}\times 50\text{V}=1000\text{K}\Omega=1\text{M}\Omega$

$$\text{V}_{ab}=50\times\frac{1M}{100k+1M}=45.45V$$

$$準確度=\frac{45.45}{50}\times 100\%=90.9\%$$

36. (　) 某伏特計之靈敏度為 20kΩ/V，試求轉動裝置滿刻度電流 I_M 及 10V，50V，250V 各測量範圍之總內阻 (124)

(1)I_M=50μA　(2)10V 檔:200kΩ　(3)50V 檔:3MΩ　(4)250V 檔:5MΩ。

解析

$$伏特計滿刻度電流\ I_M=\frac{1}{20\text{k}\Omega/\text{V}}=50\mu A$$

$10V\ 測量範圍之總內阻=20k\Omega/V\times 10V=200k\Omega$

$50V\ 測量範圍之總內阻=20k\Omega/V\times 50V=1000k\Omega=1M\Omega$

$250V\ 測量範圍之總內阻=20k\Omega/V\times 250V=5000k\Omega=5M\Omega$

37. (　) 電力分析儀的主要功能在於量測 (234)

(1)磁場　(2)電流　(3)電壓　(4)功率。

38. (　) 一般示波器可直接觀測出下列何者信號？ (124)

(1)波形　(2)週期　(3)功率值　(4)電壓峰到峰值。

39. (　) 下列針對示波器的使用敘述，哪些是正確的？ (23)

(1)量測交流訊號必須切換到交流耦合(AC)模式，才不會失真
(2)觀察訊號的上升時間，應將邊緣觸發斜率設為正緣
(3)觸發位準須調整於訊號電壓範圍內
(4)數位示波器的取樣率等於示波器的最大量測訊號頻寬。

解析

直流耦合(DC coupling)模式係將待測訊號直接送進示波器，可以看到完整的波形，量測交流訊號才不會失真。

取樣率是將類比輸入波形轉換為數位資料時的頻率，和量測訊號頻寬並沒有直接關聯。

40. (　) 下列針對訊號產生器的使用敘述，哪些是正確的？ (134)
(1)直流抵補(Offset)設定可調整訊號的直流成分
(2)TTL/CMOS 輸出端的輸出阻抗為 50Ω
(3)波幅(Amplitude)設定可調整訊號的振幅
(4)頻率(Frequency)設定可調整訊號的頻率。

41. (　) 下列針對電源供應器的使用敘述，哪些是正確的？ (12)
(1)當輸出電流低於設定電流值時，輸出為所設定的固定電壓
(2)當輸出電流等於設定電流值時，電源供應器具有電流源的特性
(3)當雙通道的電源供應器切換於並聯模式時，可輸出兩倍的最高電壓
(4)當電源供應器的固定電流(CC)燈號亮起時，代表所連接的電路一定有短路故障。

42. (　) 下列針對直流電子負載的使用敘述，哪些是正確的？ (123)
(1)可提供固定電流的負載　(2)可固定負載電壓的上限
(3)可提供固定電阻的負載　(4)具有充放電的能力。

解析　直流電子負載是一種可以控制電流、電壓和電阻的儀器。

工作項目 04 電工學

一、單選題

1. (　) 下圖中欲使 R 吸收最大功率，則 R 應為多少？ (1)

(1)2Ω　(2)3Ω　(3)6Ω　(4)9Ω。

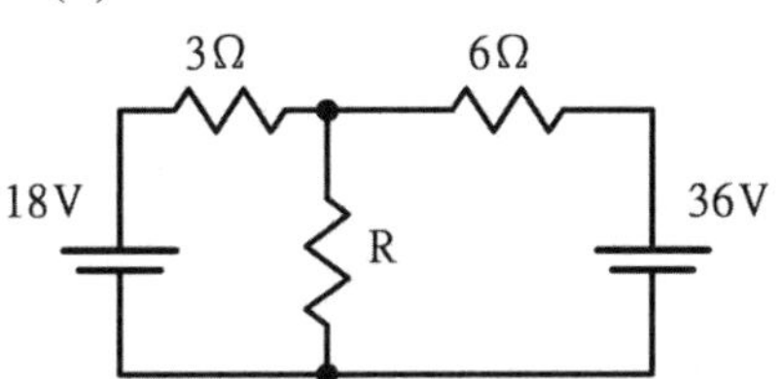

解析 戴維寧等效電路：獨立電壓源短路，獨立電流源斷路。

$P_R = \text{max.} \Rightarrow R = R_{th} = 3\Omega // 6\Omega = \dfrac{3\times 6}{3+6} = 2\Omega$

2. (　) 一個三相 Y 接線的發電機，其額定功率為 1500kVA，若線電壓為 2300V 則線電流額定值約為多少？ (1)650A　(2)450A　(3)375A　(4)350A。 (3)

解析 Y 接系統：線電壓=$\sqrt{3}$相電壓，線電流=相電流

視在功率$|S|(VA) = \sqrt{3}$ ×線電壓×線電流=$\sqrt{3}V_L I_L$

$I_L = \dfrac{1500K}{\sqrt{3}\times 2300} = 376.53A \approx 375A$

3. (　) 下圖中，電流 I1 約為多少？ (1)0.7A　(2)1.2A　(3)1.6A　(4)2.1A。 (4)

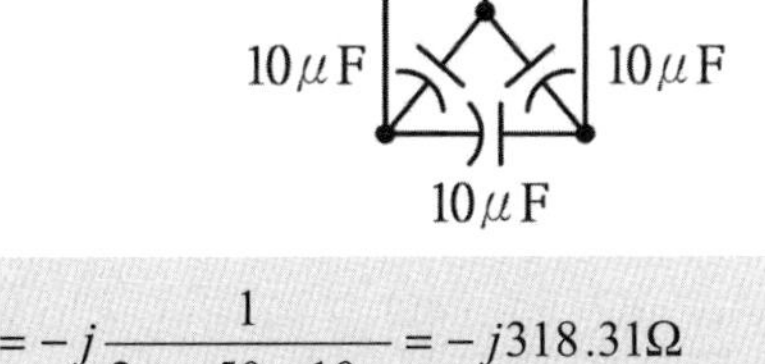

解析 $X_C = \dfrac{1}{j\omega C} = -j\dfrac{1}{2\pi\times 50\times 10u} = -j318.31\Omega$

相電流$= \dfrac{380}{318.31} = 1.19A$

線電流$= \sqrt{3}\times 1.19 = 2.06A$

4. (　) 試求下圖之等效電路的 Rth，Eth 為 (1)
(1)Rth＝2Ω，Eth＝6V　(2)Rth＝4Ω，Eth＝4V
(3)Rth＝3Ω，Eth＝8V　(4)Rth＝4Ω，Eth＝2V。

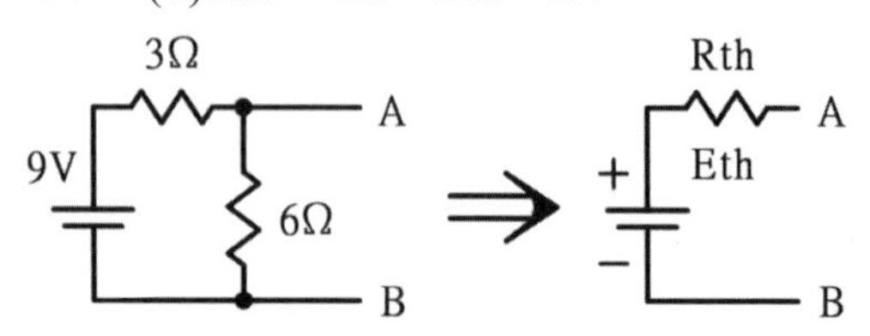

解析　戴維寧等效電路：電壓源短路，電流源斷路。

$R_{th} = 6 // 3 = 2\Omega$

$V_{th} = (\frac{6}{6+3}) \times 9 = 6V$

5. (　) 下圖中，V1 之值應為多少？　(1)27V　(2)18V　(3)9V　(4)0V。 (1)

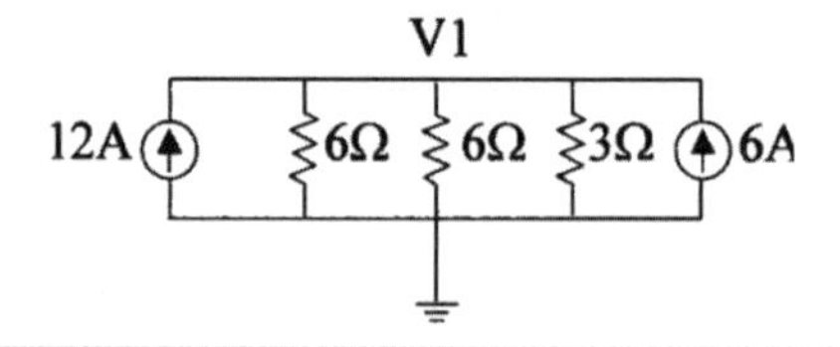

解析　節點電壓法：

$\frac{V_1}{6} + \frac{V_1}{6} + \frac{V_1}{3} = 6 + 12 = 18A$

$V_1 + V_1 + 2V_1 = 108$

$4V_1 = 108 \Rightarrow V_1 = 27V$

6. (　) 一個 0.05H 的純電感跨於 110V，60Hz 的交流電源，則流過電感之電流應為多少？　(1)3.86A　(2)5.84A　(3)8.65A　(4)11.68A。 (2)

解析　$X_L = \omega L = 2\pi f L$

$i = \frac{110}{2\pi \times 60 \times 0.05} = 5.84A$

7. (　) 下圖所示電路中，V_{AB} 之電壓為多少？ (1)
(1)3V　(2)4V　(3)6V　(4)8V。

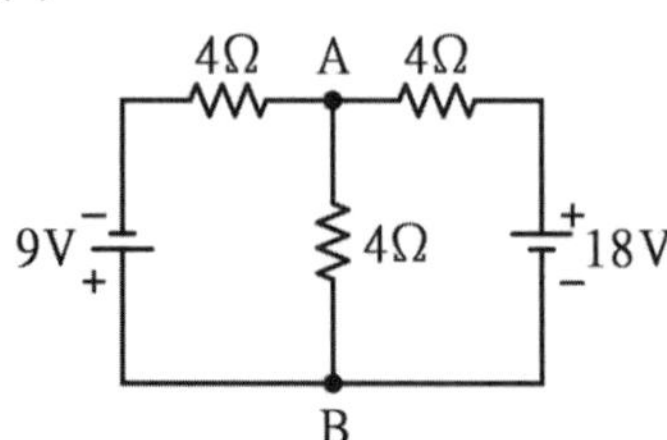

解析

$V_A = V_{AB}$

$$\frac{V_A+9}{4}+\frac{V_A}{4}+\frac{V_A-18}{4}=0$$

$V_A+9+V_A+V_A-18=0$

$3V_A=9 \Rightarrow V_A=3V$

8. (　) 下圖三個相同電阻器 R，接於三相四線式，380/220V 電源系統，其消耗總功率為 15kW，則電阻 R 之值為多少？ (1)
(1)28.9Ω　(2)31.4Ω　(3)41.0Ω　(4)53.4Ω。

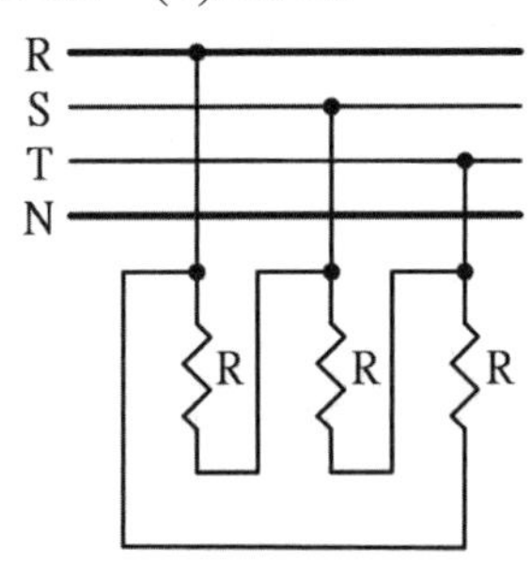

解析

$$P=VI\cos\theta \Rightarrow I=\frac{P}{V\cos\theta}=\frac{15K}{3\times 380\times \cos 0^o}=13.15A$$

$$R=\frac{V}{I}=\frac{380}{13.15}=28.89\Omega$$

9. (　) 電壓 Em sin(ωt＋30°)V 與電流 Imcos(ωt－90°)A 之相位角差為多少？ (1)
(1)30°　(2)60°　(3)90°　(4)120°。

解析

$I=I_m\cos(\omega t-90^o)=I_m\sin(\omega t-90^o+90^o)=I_m\sin\omega t$

$\phi=30^o-0^o=30^o$

故 V 超前 I 為 30°，兩者之相位角差為 30°。

10. (　) 下圖所示電路中，電阻 R 所消耗之功率為多少？ (1)
(1)0W　(2)30W　(3)40W　(4)60W。

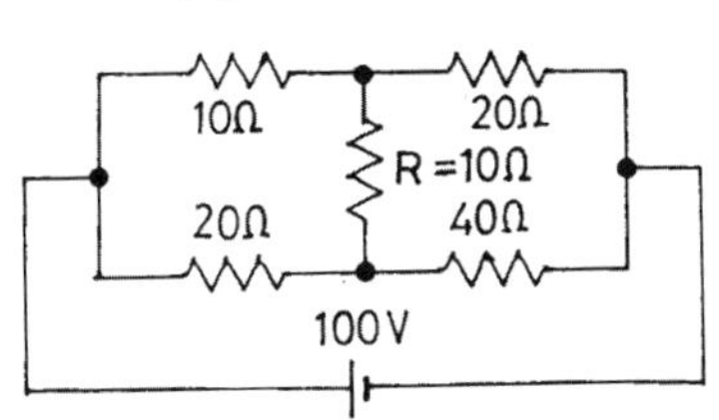

解析

電阻連接為惠斯登電橋方式，呈平衡狀式 $(\because \frac{10\Omega}{20\Omega}=\frac{20\Omega}{40\Omega})$

$I_{R=10\Omega}=0A \Rightarrow P_{R=10\Omega}=I_{R=10\Omega}^2 R=0^2\times 10=0W$

11. (　) 有三電阻器，其電阻值分別為 R、2R 及 3R，將此三電阻器並聯後接於一電壓源，三電阻器上電流大小之比為　(3)
(1)1：2：3　(2)2：4：6　(3)6：3：2　(4)9：4：1。

解析 電阻並聯時，電阻大分到的電流就會小。

$$\frac{1}{1}:\frac{1}{2}:\frac{1}{3}=6:3:2$$

12. (　) 下圖所示電路中，當開關 S 於 t＝0 閉合後，經無限長之時間，則電感兩端之電壓為多少？　(1)0V　(2)2V　(3)6V　(4)10V。　(1)

解析 電感瞬間視為斷路，穩態時為短路。

經無限長之時間(t→∞)∴為穩態。

直流之 $f=0, X_L=j2\pi fL=0$，電感為短路，$V_L=0$。

13. (　) 800kW 負載的功率因數為 0.8，則其無效功率為多少？　(2)
(1)400kVAR　(2)600kVAR　(3)800kVAR　(4)1000kVAR。

解析 $\cos\theta=0.8, P=VI\cos\theta, Q=VI\sin\theta$

$$P=|S|\ \cos\theta, |S|\ =VI=\frac{P}{\cos\theta}=\frac{800k}{0.8}=1000(kVA)$$

$$Q=VI\sin\theta=VI\times\sqrt{1-\cos^2\theta}=1000k\times\sqrt{1-0.8^2}\ =1000k\times0.6=600kVAR$$

14. (　) 波形因數之定義為　(2)
(1)最大值／有效值　(2)有效值／平均值
(3)平均值／最大值　(4)平均值／有效值。

解析 波形因數(form factor, FF)：輸出電壓波形之量度。

$$FF\equiv\frac{V_{rms}}{V_{dc}}=\frac{\text{有效值}}{\text{平均值}}$$

15. (　) 下圖所示電路中，其電流 I 為多少？　(2)
(1)6A　(2)8A　(3)10A　(4)12A。

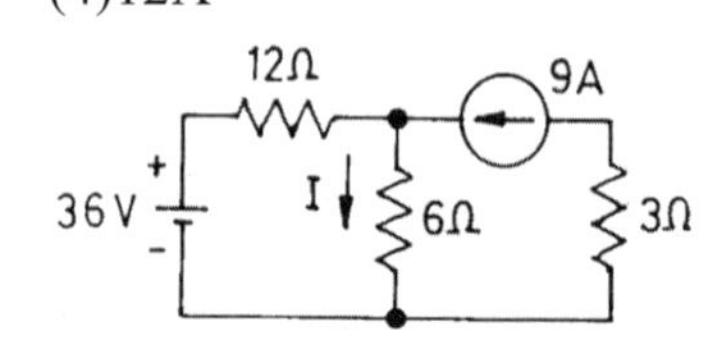

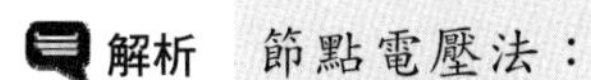

解析 節點電壓法：

$$\frac{V_1-36}{12}+\frac{V_1}{6}=9 \Rightarrow V_1=48V$$

$$I=\frac{V_1}{6}=\frac{48}{6}=8A$$

16. （　）若 110V、100W 燈泡的燈絲電阻為 R1，110V、60W 燈泡的燈絲電阻為 R2，則兩者之電阻值關係為
(1)R1＞R2　(2)R1＜R2　(3)R1＝R2　(4)無法比較。 (2)

解析

$$R_1=\frac{110^2}{100}=121\Omega$$

$$R_2=\frac{110^2}{60}=201.67\Omega$$

$$R_1<R_2$$

17. （　）10 匝之線圈中，若磁通在 0.5 秒內由 0.1 韋伯增加至 0.2 韋伯，則此線圈感應電勢為多少？　(1)1.5V　(2)2V　(3)20V　(4)40V。 (2)

解析 $$e=\frac{d\lambda}{dt}=N\frac{d\phi}{dt}=10\times\frac{0.2-0.1}{0.5}=2V$$

18. （　）一平衡三相交流之 Y 接電路，其相電壓為線電壓之
(1)$1/\sqrt{3}$　(2)$1/\sqrt{2}$　(3)$\sqrt{2}$　(4)3 倍。 (1)

解析 Y 接：線電壓=$\sqrt{3}$相電壓，相電流=線電流。
Δ接：線電壓=相電壓，相電流=線電流/$\sqrt{3}$。

19. （　）右圖所示電路中，其電流 I 為多少安培？
(1)12A　(2)14A　(3)22A　(4)24A。 (3)

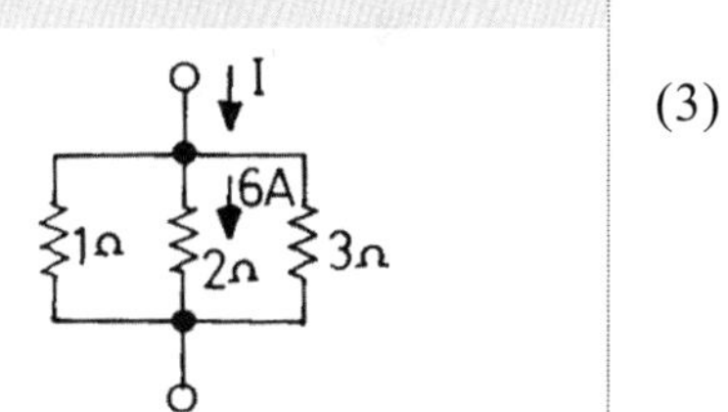

解析 利用分流定理 $I=6+\frac{6A\times2\Omega}{1\Omega}+\frac{6A\times2\Omega}{3\Omega}=22A$

20. （　）下圖(a)之等效電路如圖(b)所示，則 Req 與 Eeq 為
(1)Req＝1Ω，Eeq＝1V　(2)Req＝2Ω，Eeq＝2V
(3)Req＝4Ω，Eeq＝2V　(4)Req＝3Ω，Eeq＝1V。 (1)

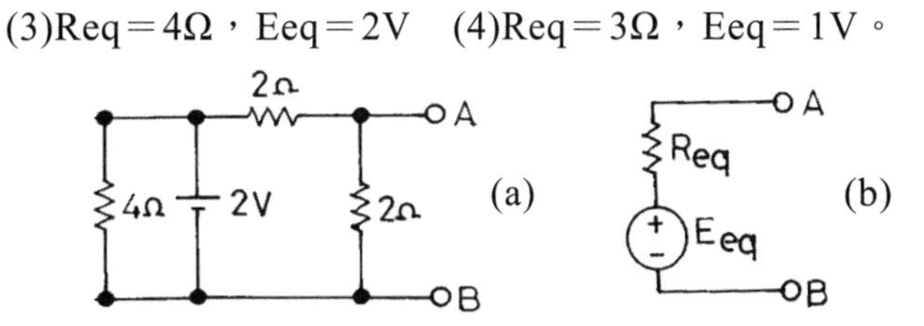

解析　戴維寧等效電路：獨立電壓源短路，獨立電流源開路。

$R_{eq}=2//2=1\Omega$

$V_{eq}=(\frac{2}{2+2})\times 2=1V$

21. (　) 若一電容器 C 與 6μF 電容器串聯，其總電容值為 2μF 時，則電容器 C 之電容值應為多少？ (1)3μF (2)4μF (3)8μF (4)12μF。　(1)

解析　$6\mu F$ 串聯 C：電容值為 $\frac{6\times C}{6+C}=2\Rightarrow 6\times C=2(6+C)$

$6C=12+2C\Rightarrow 4C=12\Rightarrow C=3uF$

22. (　) 下圖所示串並聯電路，其端點 A、B 間之總電阻為 8Ω，求電阻 R_3 應為多少？ (1)0.36Ω (2)2Ω (3)2.67Ω (4)4Ω。　(4)

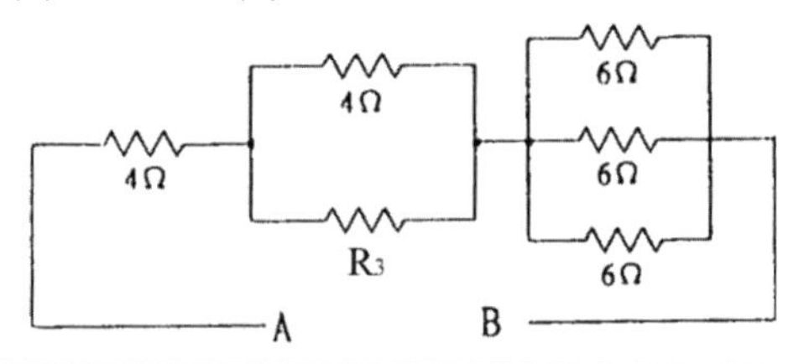

解析　$R_{AB}=4+(4//R_3)+(6//6//6)=8\Omega$

$4+(4//R_3)+2=8\Omega$

$4//R_3=2$

$\frac{4\times R_3}{4+R_3}=2\Rightarrow R_3=4\Omega$

23. (　) 下圖所示為 RLC 並聯電路，其總電流 I 為多少？ (1)11.2A (2)12.6A (3)15.0A (4)28.2A。　(1)

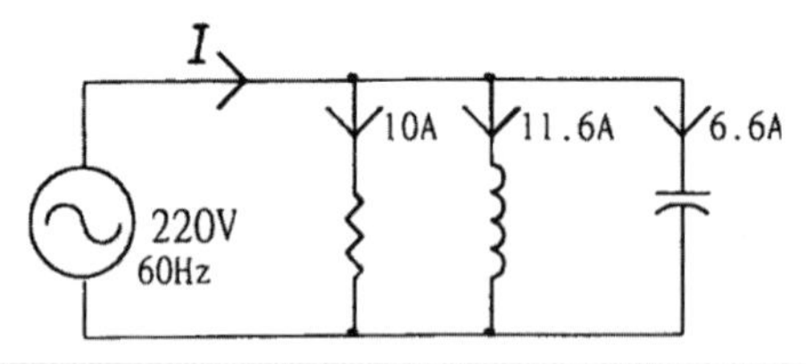

解析　$I=10-j11.6+j6.6=10-j5=\sqrt{10^2+5^2}\angle\tan^{-1}(\frac{5}{10})=11.18\angle 26.57^o A$

$|I|=\sqrt{10^2+5^2}=11.18A\approx 11.2A$

24. (　) 下圖所示之電路於穩態時，B、C 間之電壓為多少？ (2)
(1)20V　(2)40V　(3)60V　(4)100V。

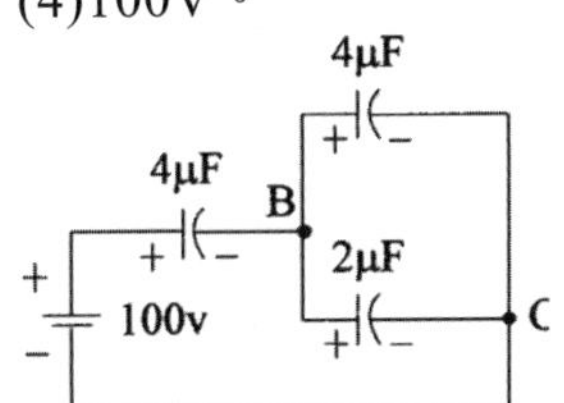

解析

$C_{BC} = 4\mu + 2\mu = 6\mu F, C_T = \dfrac{4\mu \times 6\mu}{4\mu + 6\mu} = 2.4\mu F$

$Q_T = C_T \times V = 2.4\mu \times 100 = 240\,\mu$庫倫

$V_{BC} = \dfrac{Q_T}{C_{BC}} = \dfrac{240\mu}{6\mu} = 40V$

25. (　) 三個均為 R 歐姆之電阻性負載，接成△後再接於平衡三相電源，其線電壓為 V 伏特，則三相電阻負載所消耗之總功率為 (4)
(1) $V^2/3R$　(2) V^2/R　(3) $2V^2/R$　(4) $3V^2/R$。

解析

$P_{3\phi} = 3P_{\phi} = 3 \times \dfrac{V^2}{R} = 3V^2/R$

26. (　) 電阻為 3Ω，電感抗為 8Ω 及電容抗為 4Ω，則其串聯總阻抗之絕對值為 (4)
(1)15Ω　(2)11Ω　(3)7Ω　(4)5Ω。

解析

$Z = R + jX_L - jX_C = 3 + j8 - j4 = 3 + j4 = 5\angle 53.13^o \Omega = |Z_T|\angle\theta$

$|Z_T| = 5\Omega$

27. (　) 一銅線在 20°C 時，電阻為 1.5Ω，若通電後電阻為 1.8Ω，則此時的溫度為多少？　(1)56°C　(2)63°C　(3)71°C　(4)80°C。 (3)

解析

電阻溫度係數 α 定義為導體升高溫度 1°C (即 $t - t_c = 1°C$)所增加的電阻，

即($R_t - R_c$)與原溫度電阻(即 R_c)的比 $\Rightarrow \alpha = \dfrac{R_t - R_c}{R_c(t - t_c)}$

在 $t°C$ 之電阻溫度係數 $\alpha_t = \dfrac{1}{\dfrac{1}{\alpha_0} + t}$

材料在不同溫度之電阻比： $\dfrac{R_2}{R_1} = \dfrac{\dfrac{1}{\alpha_0} + t_2}{\dfrac{1}{\alpha_0} + t_1}$

材料為銅時，則 $\dfrac{R_2}{R_1} = \dfrac{234.5 + t_2}{234.5 + t_1}$

$\dfrac{R_2}{R_1} = \dfrac{234.5 + T_2}{234.5 + T_1} \Rightarrow \dfrac{1.8}{1.5} = \dfrac{234.5 + T_2}{234.5 + 20} \Rightarrow T_2 = 70.9^o C$

28. (　) 單相正弦交流電源驅動之電動機，電壓為 110V、60Hz，電流為 5A，當功率因數為 0.8 時，則該電動機所消耗之虛功率為多少？ (1)
(1)330VAR　(2)400VAR　(3)440VAR　(4)500VAR。

解析　$Q = VI\sin\theta = VI\sqrt{1-\cos^2\theta} = 110\times5\times\sqrt{1-0.8^2} = 110\times5\times0.6 = 330VAR$

29. (　) RLC 串聯電路，當外加電源頻率等於諧振頻率時，下列敘述何者正確？ (1)
(1)電路為純電阻性　(2)電路為純電感性
(3)電路為純電容性　(4)電流值為最小。

30. (　) 有 1Ω 之電阻與 1Ω 之電感並聯，其阻抗為多少歐姆？ (2)
(1)(1-j)／2 Ω　(2)(1+j)／2 Ω　(3)1-jΩ　(4)1+jΩ。

解析　$Z = R // jX_L = \dfrac{1\times(j1)}{1+j1} = \dfrac{j1\times(1-j1)}{(1+j1)\times(1-j1)} = \dfrac{1+j1}{2}\Omega$

31. (　) 設電壓與電流之瞬時值為 υ (t)=200sin(ωt+30°)V，i(t)=10sin(ωt-15°)A，則兩者相角之關係為 (2)
(1)電壓落後電流 45°　(2)電壓超前電流 45°
(3)電壓落後電流 15°　(4)電流落後電壓 15°。

解析　電壓超前電流：$30^o - (-15^o) = 45^o$

32. (　) 某負載的視在功率為 1kVA，其功率因數為 0.6 滯後，則此虛功率為 (2)
(1)1kVAR　(2)0.8kVAR　(3)0.6kVAR　(4)0.5kVAR。

解析
$p.f = \cos\theta = 0.6, P = VI\cos\theta, Q = VI\sin\theta$
$P = VI\cos\theta = |S|\cos\theta = 1k\times0.6 = 0.6kW$
$Q = \text{VI}\sin\theta = |S|\times\sqrt{1-\cos^2\theta} = 1k\times\sqrt{1-0.6^2} = 1k\times0.8 = 0.8kVAR$

33. (　) A、B 兩電容器，若充以相同的電荷後，測得 A 的電壓為 B 的電壓的 1/2，則 A 的靜電容量為 B 的多少倍？ (3)
(1)1/4 倍　(2)1/2 倍　(3)2 倍　(4)4 倍。

解析
$Q_A = Q_B, V_A = \frac{1}{2}V_B, Q = CV$
$Q_A = Q_B \Rightarrow C_AV_A = C_BV_B \Rightarrow \dfrac{C_A}{C_B} = \dfrac{V_B}{V_A} = \dfrac{V_B}{\frac{1}{2}V_B} = 2$

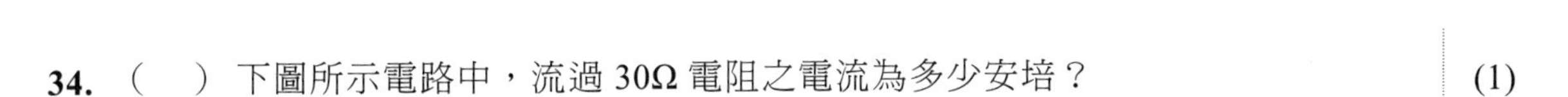

34. (　) 下圖所示電路中，流過 30Ω 電阻之電流為多少安培？　(1)

(1)0 安培　(2)0.5 安培　(3)1 安培　(4)2 安培。

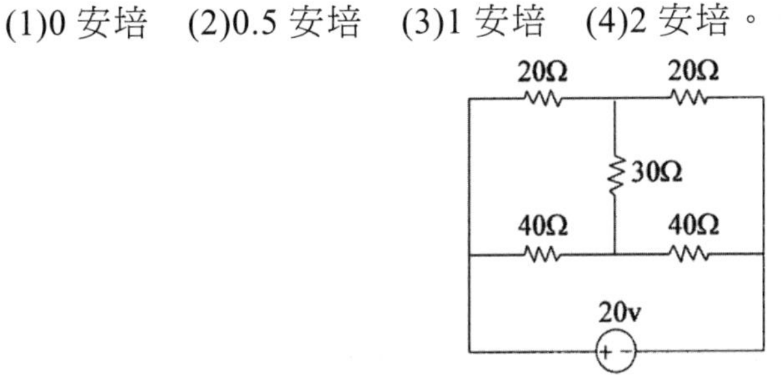

解析　惠斯登電橋之應用。

$\frac{R_1}{R_2}=\frac{R_3}{R_4}\Rightarrow\frac{20}{40}=\frac{20}{40}$，電橋達到平衡，$I_{30\Omega}=0A$

35. (　) 某電路之電壓及電流各為 100∠60°伏特及 20∠30°安培，則此電路消耗之有效功率為多少瓦特？　(3)

(1)866W　(2)1000W　(3)1732W　(4)2000W。

解析　$\mathrm{P}=\mathrm{VI}\cos\theta=100\times20\times\cos(60-30)^\circ=1732.05\mathrm{W}$

36. (　) 兩電阻器 R1 和 R2 之電阻比為 2：4，將其串聯接於電源，測得 R1 之端電壓為 10V、R2 之消耗功率為 25W，則 R1 為多少歐姆？　(2)

(1)4Ω　(2)8Ω　(3)12Ω　(4)16Ω。

解析　串聯：流過相同電流

$\frac{R_1}{R_2}=\frac{2}{4}=\frac{1}{2}\Rightarrow\frac{P_{R1}}{P_{R2}}=\frac{I^2R_1}{I^2R_2}=\frac{R_1}{R_2}=\frac{1}{2}\Rightarrow P_{R1}=\frac{1}{2}P_{R2}=12.5W$

$P_{R1}=12.5W=\frac{\mathrm{V}_1^2}{\mathrm{R}_1}=\frac{10^2}{\mathrm{R}_1}\Rightarrow\mathrm{R}_1=\frac{10^2}{12.5}=8\Omega$

37. (　) 下圖所示電路中，欲使 R_L 得到最大功率，則 R_L 必須為多少歐姆？　(2)

(1)3Ω　(2)4Ω　(3)12Ω　(4)18Ω。

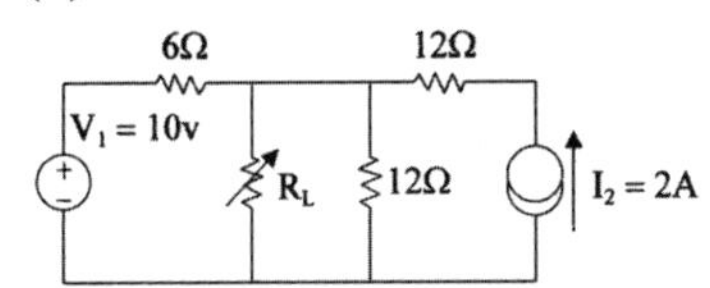

解析　戴維寧等效電路：獨立電壓源短路，獨立電流源開路。

$\mathrm{R_{th}}=6\Omega//12\Omega=\frac{6\times12}{6+12}=4\Omega$

$R_L=R_{th}$時，P_{R_L}=最大功率

38. (　) 下圖所示電路中，I_1 之電流應為多少安培？
(1)8A　(2)10A　(3)20A　(4)30A。　(3)

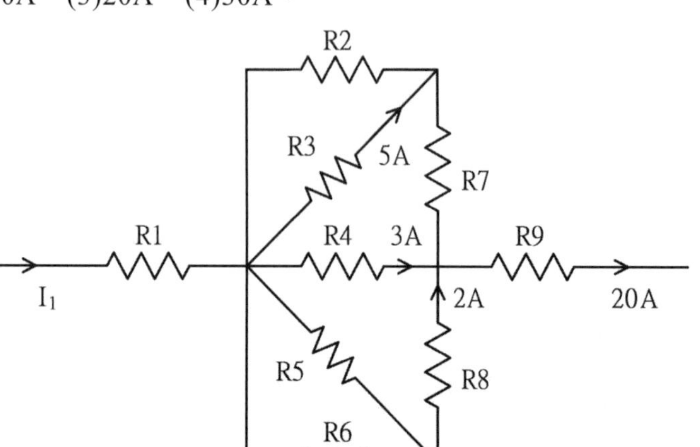

解析
$I_1 = I_{R1} = I_{R9} = 20A$
其他電流：
$I_{R7} = I_{R9} - I_{R4} - I_{R8} = 20\text{-}3\text{-}2 = 15A$(向下)
$I_{R2} = I_{R7} - I_{R3} = 15\text{-}5 = 10A$(向右)
$I_{R5} + I_{R6} = I_{R8} = 2A$

39. (　) 三個電阻並聯，其電阻各為 4Ω、8Ω 及 16Ω，若流經 16Ω 之電流為 3A，則總電流應為多少安培？　(1)3A　(2)6A　(3)18A　(4)21A。　(4)

解析
電阻並聯時，端電壓相等。
$V_{16\Omega} = 3\times16 = 48V$
$I_T = \frac{48}{4}+\frac{48}{8}+\frac{48}{16} = 21A$

40. (　) 下圖所示電路之功率因數為多少？　(1)0.5　(2)0.707　(3)0.866　(4)1。　(2)

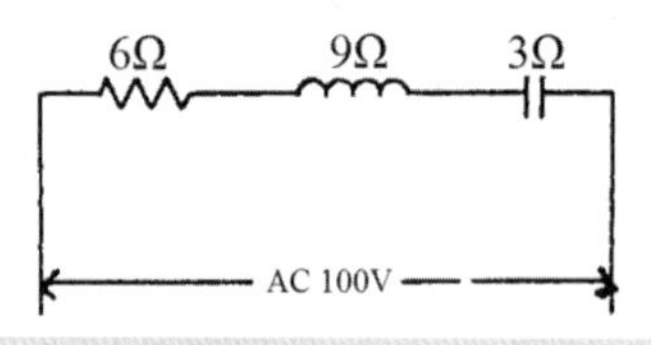

解析
$Z = R + jX_L - jX_C = 6 + j9 - j3 = 6 + j6 = 6\sqrt{2}\angle45^o$
$p.f = \cos\theta = \cos45^o = 0.707$

41. (　) 有 10 歐姆之電感與 10 歐姆之電容並聯，其總電抗為多少歐姆？
(1)0Ω　(2)10Ω　(3)20Ω　(4)∞Ω。　(4)

解析
$Z = j10 // -j10 = \frac{j10\times(-j10)}{j10-j10} = \frac{100}{0} = \infty$

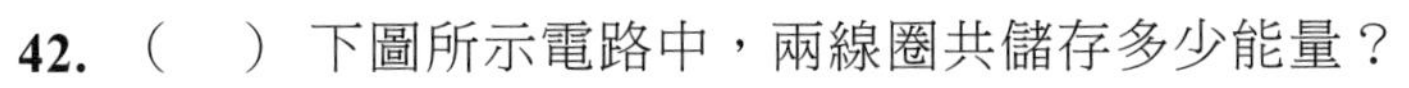

42. (　) 下圖所示電路中，兩線圈共儲存多少能量？
(1)24 焦耳　(2)26 焦耳　(3)37 焦耳　(4)47 焦耳。　(4)

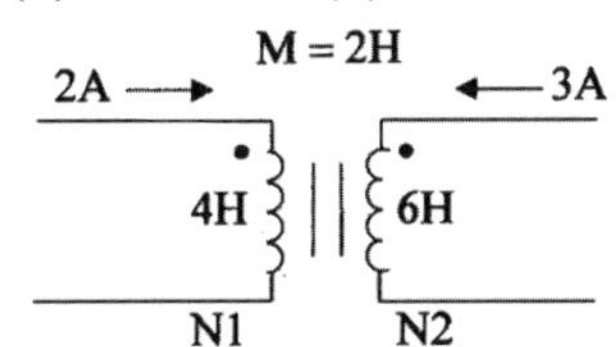

解析　$W=\frac{1}{2}L_1i_1^2+\frac{1}{2}L_2i_2^2+Mi_1i_2=\frac{1}{2}\times4\times2^2+\frac{1}{2}\times6\times3^2+2\times2\times3=47J$

43. (　) 直流 RL 串聯電路中，設 Vi=15V，R=3Ω，L=20μH；當電流穩定時，該線圈儲存之能量為多少？　(1)
(1) 0.25×10^{-3} 焦耳　(2) 0.5×10^{-3} 焦耳
(3) 1.0×10^{-3} 焦耳　(4) 2.0×10^{-3} 焦耳。

解析　直流穩態：電感短路。

$i=\frac{15}{3}=5A$　　$W=\frac{1}{2}Li^2=\frac{1}{2}\times20\mu\times5^2=250\mu$焦耳$=0.25mJ$

44. (　) 兩電阻器各為 1Ω 及 2Ω 其額定功率均為 0.5W，串聯使用時，最大能加多少電壓而不超過額定功率損耗？　(1)0.5V　(2)1V　(3)1.5V　(4)3V。　(3)

解析

$P_{R1}=I_1^2R_1\Rightarrow I_1=\sqrt{\frac{0.5}{1}}=\sqrt{0.5}$

$P_{R2}=I_2^2R_2\Rightarrow I_2=\sqrt{\frac{0.5}{2}}$

串聯：流過相同電流 $\therefore I=\min(I_1,I_2)=\sqrt{\frac{0.5}{2}}=\frac{1}{2}$

$V_{i(\max)}=(R_1+R_2)I=\frac{1}{2}(1+2)=1.5V$

45. (　) 下圖所示電路中，A、B 兩端之等效電阻為多少？　(2)
(1)2Ω　(2)4Ω　(3)6Ω　(4)12Ω。

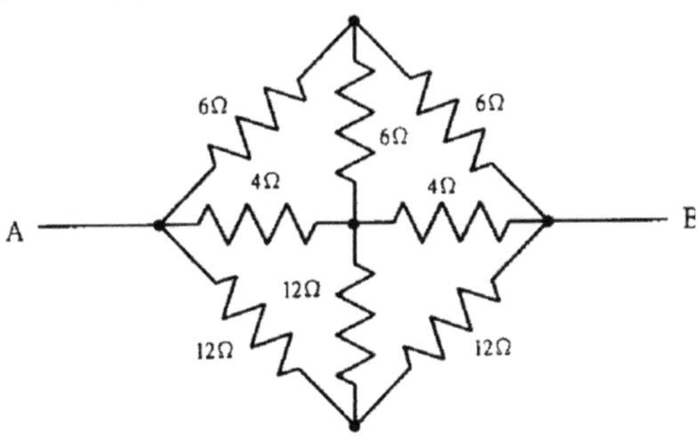

解析

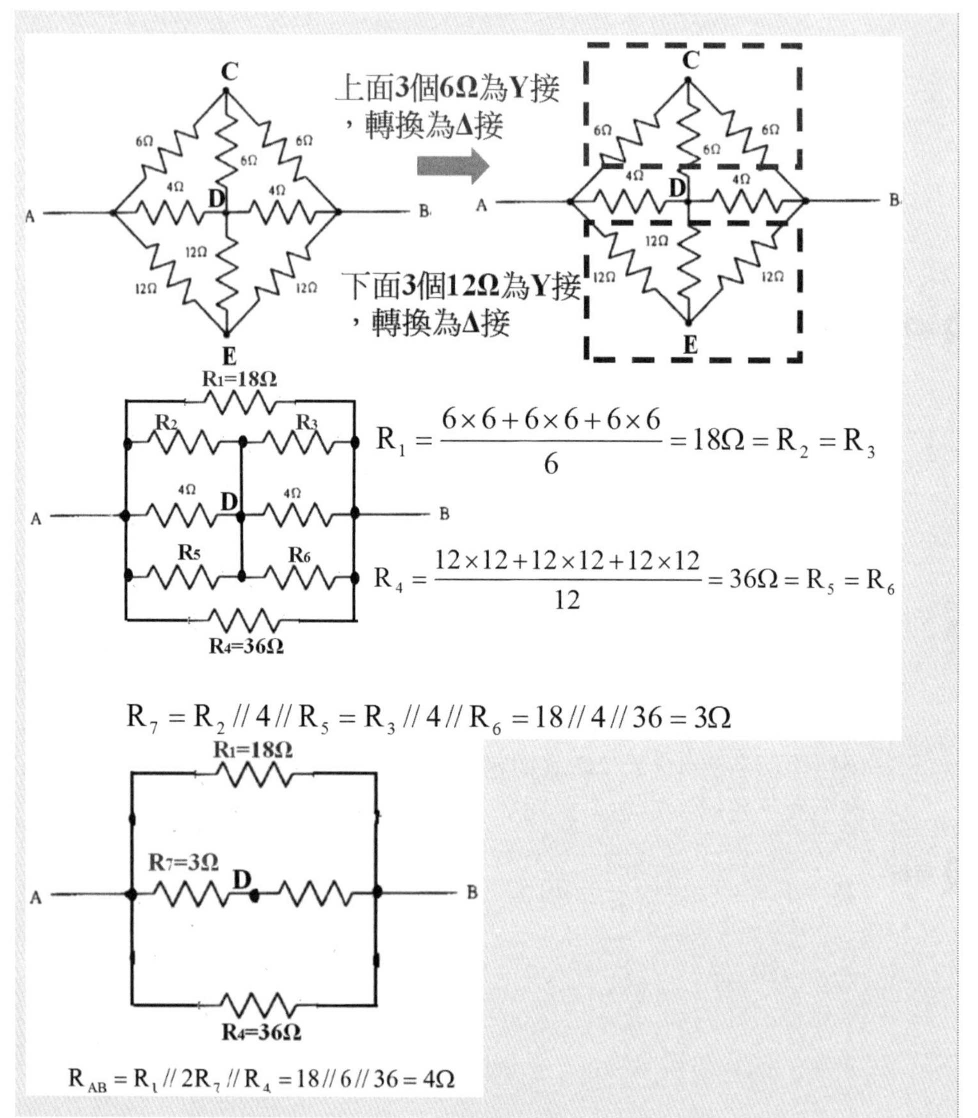

46. (　) 電阻為 R，電容為 C 及電感為 L 之串聯電路，其諧振頻率 f_o 為 (4)

(1) $2\pi\sqrt{LC}$　(2) $\dfrac{\sqrt{LC}}{2\pi}$　(3) $\dfrac{2\pi}{\sqrt{LC}}$　(4) $\dfrac{1}{2\pi\sqrt{LC}}$。

解析

RLC 串聯電路總阻抗 $Z = R + jX_L - jX_C = R + j(X_L - X_C)$

當 $X_L = X_C$ 時，電容阻抗與電感阻抗相等而互消，稱為串聯諧振。

當串聯 RLC 電路發生諧振時，電路的總阻抗 Z=R 最小且為純電阻。

諧振條件：$X_L = X_C$，諧振頻率：$f_o = \dfrac{1}{2\pi\sqrt{LC}}$

RLC 串聯電路發生諧振時，電路的阻抗最小，

故電路電流最大，且電路電流與電壓同相位。

47. (　) 下圖所示電路中，I 為多少安培？ (1)2A (2)6A (3)8A (4)12A。 (2)

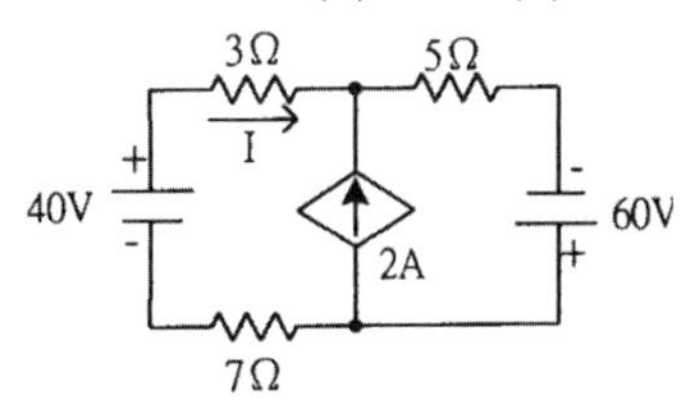

解析 節點電壓法：假設 3Ω 和 5Ω 間之電壓為 V_1

$$\frac{V_1-40}{3+7}+\frac{V_1+60}{5}=2A \Rightarrow V_1=-20V$$

$$I=\frac{40-V_1}{3+7}=\frac{40-(-20)}{10}=6A$$

48. (　) 電容均為 1μF 之電容器共 3 個，將其中兩個串聯後再與另一個並聯，則總電容應為多少微法拉？ (1)1/3μF (2)2/3μF (3)3/2μF (4)3μF。 (3)

解析 $1\mu F$ 串聯 $1\mu F$ 再並聯 $1\mu F=\frac{1\mu\times 1\mu}{1\mu+1\mu}+1\mu F=0.5\mu+1\mu=1.5\mu F=3/2\mu F$

49. (　) 有 20μF、耐壓 350V 及 4μF、耐壓 600V 的兩只電容器，串聯後可耐至多少電壓而不致打穿？ (1)350V (2)500V (3)720V (4)950V。 (3)

解析 $Q_1=C_1V_1=20\mu\times 350=7000\mu$ 庫倫

$Q_2=C_2V_2=4\mu\times 600=2400\mu$ 庫倫

串聯後 $Q_T=\min(Q_1,Q_2)=2400\mu$ 庫倫

串聯後 $=\frac{C_1\times C_2}{C_1+C_2}=\frac{20\mu\times 4\mu}{20\mu+4\mu}=\frac{10}{3}\mu F$

串聯後 $V_T=\frac{Q_T}{C_T}=\frac{2400\mu}{\frac{10}{3}\mu}=720V$

50. (　) 下圖所示電路中，I 為多少安培？ (1)0A (2)1A (3)3A (4)5A。 (1)

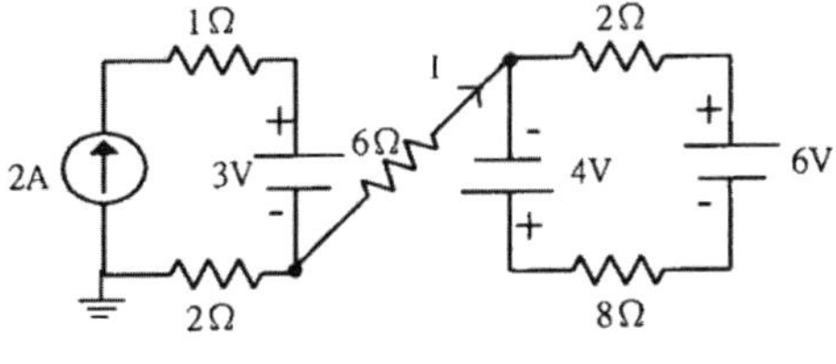

解析

6Ω 左側電路之戴維等效電路為 $V_{th}=4V$ 和 $R_{th}=\infty\Omega$ (開路)

6Ω 右側電路之戴維等效電路為 $V_{th}=10V$ 和 $R_{th}=10\Omega$

$\therefore I=\dfrac{-(4+6)V}{(\infty+6+10)\Omega}=0A$

51. (　) 下圖所示 RC 串聯電路中，若其功率因數為 0.6 超前，則 R 為多少歐姆？(1)6Ω　(2)8Ω　(3)9Ω　(4)12Ω。　(1)

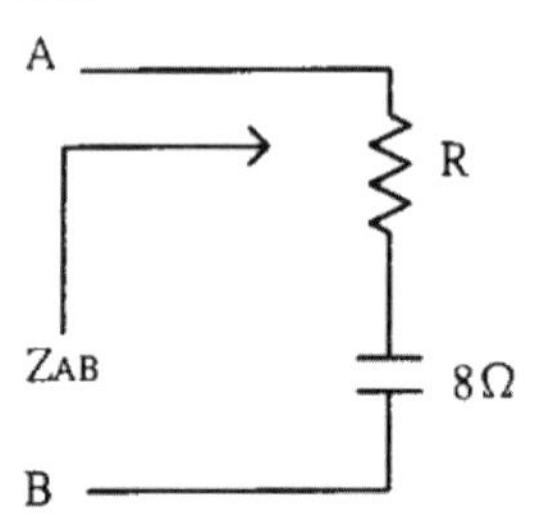

解析

$p.f=\cos\theta=0.6\Rightarrow\theta=\cos^{-1}0.6=53.13^o$

$Z=R-jX_C=R-j8=|Z|\angle-\theta$

$\tan\theta=\dfrac{8}{R}\Rightarrow R=\dfrac{8}{\tan\theta}=\dfrac{8}{\tan53.13^o}=6\Omega$

52. (　) 設 v=2sin(314t-30°)V，則通過第一峰值之時間為多少？(1)1/300 秒　(2)1/150 秒　(3)1/100 秒　(4)1/50 秒。　(2)

解析

$\sin\theta=1\Rightarrow V=V_m\Rightarrow\theta=90^o$ 或 $\dfrac{\pi}{2}$

$\theta=\omega t$: 弳度 $\Rightarrow 314t-30^o=90^o\Rightarrow 314t-\dfrac{\pi}{6}=\dfrac{\pi}{2}\Rightarrow 314t=\dfrac{2\pi}{3}$

$t=\dfrac{2\pi}{3}\times\dfrac{1}{314}=3.34\times10^{-3}=\dfrac{1}{150}\sec$

53. (　) 下圖所示電路中，當外加線電壓為 $\sqrt{3}\times100V$ 時，負載之虛功率為多？(1) $600\sqrt{3}$VAR　(2) $800\sqrt{3}$VAR　(3)1800VAR　(4)2400VAR。　(4)

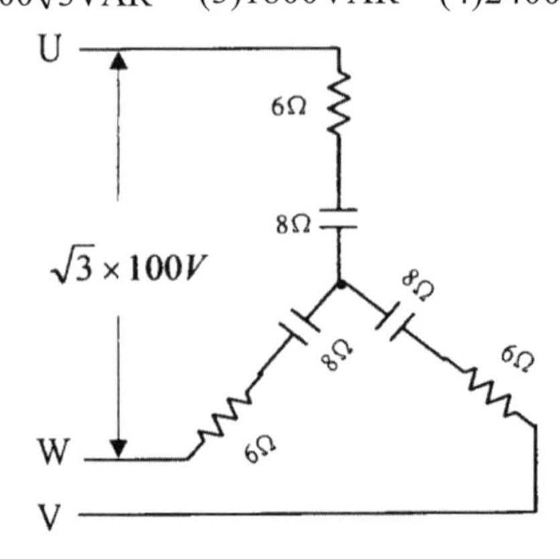

解析 $Z = 6 - j8 = 10\angle -53.13°$

$Q = \sqrt{3}V_L i_L \text{Sin}\theta = \sqrt{3}\times(\sqrt{3}\times 100)\times\frac{100\sqrt{3}}{\sqrt{3}\times 10}\times\sin 53.13°$

$= 3000\times 0.8 = 2400\text{VAR}$

54. (　) 下圖所示電路中，分支電流 I_2 為多少安培？ (2)

(1)4　(2)8　(3)10　(4)16。

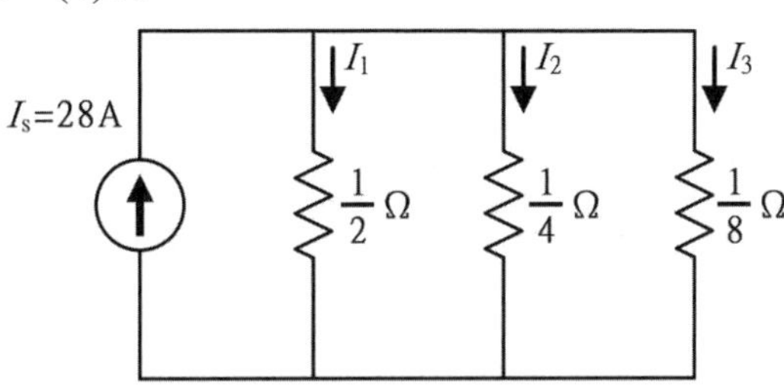

解析 利用 $K.C.L: I_S = I_1 + I_2 + I_3$

$\Rightarrow 28 = \frac{V_A}{1/2} + \frac{V_A}{1/4} + \frac{V_A}{1/8} \Rightarrow V_A = 2V$

$I_1 = \frac{V_A}{1/2} = \frac{2}{1/2} = 4A$

$I_2 = \frac{V_A}{1/4} = \frac{2}{1/4} = 8A$

$I_1 = \frac{V_A}{1/2} = \frac{2}{1/8} = 16A$

55. (　) 下圖所示電路中，節點 c 的電壓為多少伏特？ (4)

(1)-12　(2)14　(3)9　(4)4。

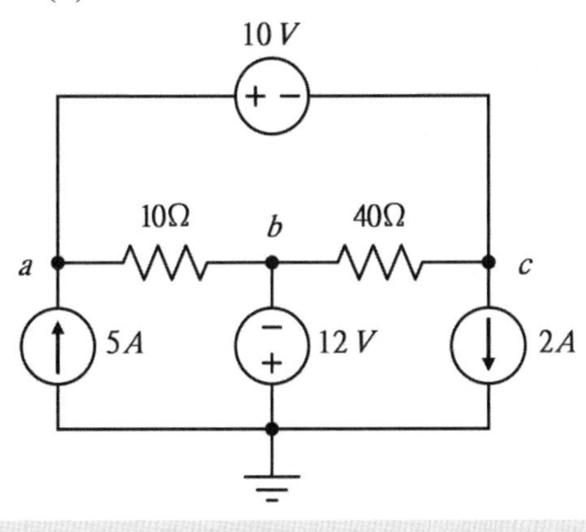

解析 利用網目電流法：

$10 + 40(i-2) + 10(i-5) = 0 \Rightarrow i = 2.4A$

$V_c - V_b = 40(i-2) \Rightarrow V_c = 40(i-2) + V_b = 40(2.4-2) + (-12) = 4V$

56. (　) 下圖所示電路中，電容器(C)之大小為 10mF，先充電至 100V 後，打開開關，則此電容器儲存能量大小為多少焦耳？ (4)

(1)200　(2)100　(3)66.7　(4)50。

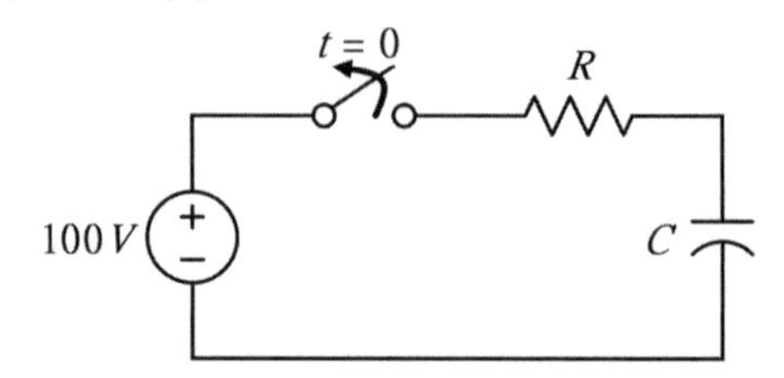

解析

$$W_C=\frac{1}{2}CV^2=\frac{1}{2}\times 10\times 10^{-3}\times (100)^2=50J$$

57. (　) 試計算右圖中的分支電流 I 為多少安培？ (4)

(1)1.25∠90°　(2)1.25∠－90°

(3)3.15∠90°　(4)6.25∠－90°。

解析

假設上方節點之電壓為 V_x

$$\frac{V_X-10\angle 0^o}{j4}+\frac{V_X}{j4}+\frac{V_X+5\angle 0^o}{-j3}=0$$

兩邊同乘 j：$\frac{V_X}{4}-2.5+\frac{V_X}{4}-\frac{V_X}{3}-\frac{5}{3}=0$

$$\frac{V_X}{6}=\frac{12.5}{3}\Rightarrow V_X=25V$$

$$I=\frac{V_X}{j4}=\frac{25}{j4}=6.25\angle -90^o\ A$$

58. (　) 下圖所示電路中，開關原來是閉合，若要讓電容 C 兩端的電位差在開關打開之後，以最慢的速率下降，電容與電阻值應選用下列何種組合？ (4)

(1)C=20μF, R=1kΩ　　(2)C=20μF, R=10kΩ

(3)C=100μF, R=1kΩ　　(4)C=100μF, R=10kΩ。

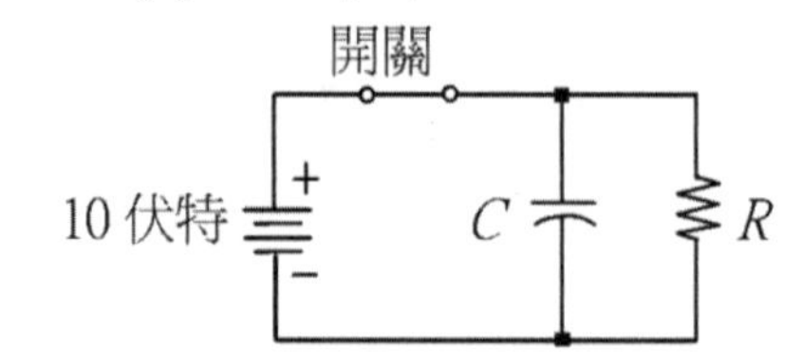

解析 $V(t)=10e^{-t/RC}=10e^{-t/\tau}$，時間常數 $\tau=RC$，時間常數越大，電壓下降的速率越慢。

本題需選擇時間常數最大者，其中 4 個時間常數 $\tau=1k\times20\mu=20m\sec$, $\tau=10k\times20\mu=200m\sec$, $\tau=1k\times100\mu=100m\sec$, $\tau=10k\times100\mu=1000m\sec$ ，

故選擇 $C=100\mu F, R=10k\Omega$ 。

59. (　) 下列何者不是變壓器的損失？ (3)

(1)銅損(copper loss)　(2)渦流損(eddy current loss)
(3)摩擦損(friction loss)　(4)磁滯損(hysteresis loss)。

解析 變壓器的損失包含下列三種：

(1) 銅損(copper loss)：電流通過線圈電阻所造成的損失。

(2) 渦流損(eddy current loss)：磁力使鐵芯產生環流，導致能量轉化成熱並流失至外界。把鐵芯切成不相通的薄片可以減少這種流失。

(3) 磁滯損(hysteresis loss)：每次磁場改變時，鐵芯的磁滯現象造成的能量損失。這種流失的大小取決於鐵芯的原料。

60. (　) 有關變壓器參數量測，下列敘述何者正確？ (4)

(1)短路測試可量測鐵損　(2)短路測試可量測繞線匝數比
(3)短路測試僅需電壓表及電流表　(4)開路測試可量測激磁導納。

解析 開路實驗：測量變壓器之鐵芯損失和激磁電流，並計算其激磁導納。
短路實驗：測量變壓器之滿載銅損並計算其等值漏阻抗。

61. (　) 有 10 個 110V、100W 燈泡並聯使用 5 小時，共消耗幾度電？ (3)

(1)0.5　(2)1　(3)5　(4)50。

解析 1 度電＝1KW-小時＝Pt $\Rightarrow \frac{100}{1000}\times5\times10=5$

62. (　) 有一組線圈共 5 匝，在 0.5 秒鐘內切割 10^9 條磁力線，其感應電動勢為幾伏？ (4)

(1)1　(2)5　(3)10　(4)100。

解析 $e=\frac{N\phi}{t}=\frac{5\times10^9\times10^{-8}}{0.5}=100V$

1 條磁力線=0.01μ 韋伯=10^{-8} 韋伯

63. (　) 線圈之感應電流所產生的磁場，它的磁極會反對原有的磁極變化，這稱為 (2)

(1)法拉第定律(Farady's law)　(2)愣次定律(Lenz'law)
(3)安培定律(Ampere law)　(4)歐姆定律(Ohm law)。

解析 法拉第定律：當線圈通過磁鐵時會使線圈的磁通量發生變化，並在線圈上產生感應電動勢。

愣次定律：線圈之感應電流所產生的磁場，它的磁極會反對原有的磁極變化。

安培定律：移動中的電荷或電流均能建立磁場，當右手大姆指向電流流向時，其他手指的方向為其磁力線或磁場強度的方向。

歐姆定律：在同一導體中，電流與電壓成正比，與電阻成反比。

64. (　) 有關保險絲的敘述，下列何者不正確？ (3)

(1)過電流保護功能　(2)其額定電流應高於最大負載電流
(3)它熔點比導線高　(4)它與負載串聯。

解析 保險絲須與負載串聯才能進行過電流保護功能，正常使用時其額定電流應高於最大負載電流且熔點比導線低，當負載發生過電流時，保險絲熔斷以進行保護。

65. (　) 下圖所示電路中，一直流電源 12 伏特透過一開關供電給一電阻 R=250Ω，與一電容 C=6μF 串聯，若電容上原來無任何電荷，當開關關上後時間經過一小時，迴路上之電流大小最接近多少安培？ (1)

(1)0　(2)1.2　(3)2.4　(4)4.8。

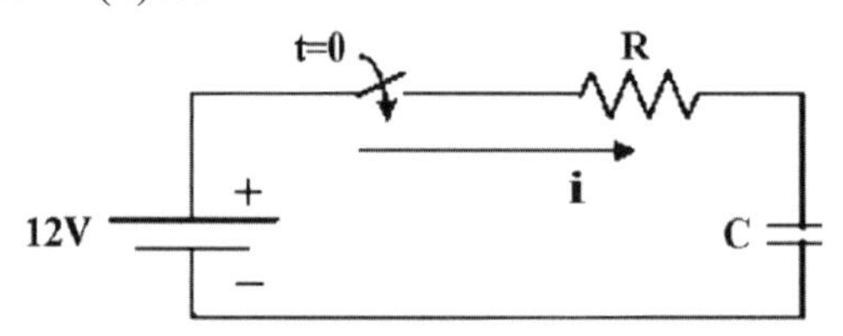

解析 時間常數$\tau = RC = 250 \times 6\mu = 1.5m\sec.$

$i(t) = i(\infty) + [i(0) - i(\infty)]e^{-t/\tau} = 0 + [12/250 - 0]e^{-t/1.5m} = 48me^{-t/1.5m}$

$i(t = 1hr) = i(t = 3600\sec.) = 48me^{-3600/1.5m} = 0A$

t = 3600sec. > 5倍時間常數，電路已趨穩態，電容在直流穩態時為開路，電流為 0A。

66. (　) 下圖所示電路中，若 R_1=1Ω、R_2=R_3=3Ω，則 10V 電源所供應電功率為多少瓦？ (1)10　(2)25　(3)40　(4)50。 (4)

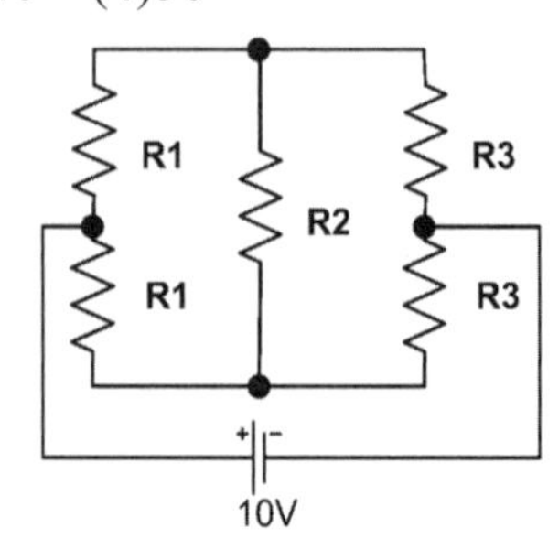

解析 電阻連接為電橋方式，呈平衡狀態。

$\because \frac{R_1}{R_3} = \frac{1\Omega}{3\Omega} = \frac{R_1}{R_3} \therefore I_{R2} = 0A$

$R_T = (R_1 + R_3)//(R_1 + R_3) = (1+3)//(1+3) = 4//4 = 2\Omega$

$P_{10V} = V^2/R_T = 10^2/2 = 50W$

67. (　) 變壓器的磁通量不變時鐵心若存有空氣隙，則激磁電流會 (2)
(1)變小　(2)變大　(3)不變　(4)不一定。

68. (　) 某容量為 20kVA 之變壓器，使用電壓及頻率固定，當輸出之仟伏安值由 20kVA 降到 5kVA 時，其變壓器的鐵損 (4)
(1)減為原來之 1/4　(2)減為原來之 1/16　(3)增為原來之 4 倍　(4)不變。

解析 變壓器傳輸電能時的損耗主要有銅損和鐵損。銅損為電流通過導電體時產生熱能造成之能量損失，這種損失並非來自變壓器的鐵芯。鐵損包含渦流損和磁滯損，渦流損為磁力使鐵芯產生環迴電流，導致能量化成熱並流失至外界，可把鐵芯切成絕緣的薄片以降低渦流損；磁滯損為鐵芯的滯後作用使每次磁場改變時造成能量流失，損失大小取決於鐵芯的原料。

鐵損和使用電壓與頻率之關係如下式，本題之變壓器在使用電壓及頻率固定下，鐵損維持不變。

鐵損=磁滯損 P_h+渦流損 $P_e = k_h\frac{V^2}{f} + k_e V^2$

69. (　) 某感應電動機在某特定轉速下，氣隙功率為 50kW，電磁功率為 40kW，則轉子之轉差率為　(1)0.8　(2)0.2　(3)0.9　(4)0.1。 (2)

解析 電磁功率=(1-轉差率)×氣隙功率

$P_e = (1-S) \times P_g \Rightarrow S = 1 - \frac{P_e}{P_g} = 1 - \frac{40K}{50K} = 0.2$

70. (　) 提高繞線式感應電動機的轉子電阻時，電動機的最大轉矩會 (3)
(1)提高　(2)減少　(3)不變　(4)不一定。

71. (　) 某 4 極之三相同步電動機，若輸入電源的頻率為 60Hz，則在穩態時轉軸轉速為　(1)1000RPM　(2)1500RPM　(3)1800RPM　(4)3600RPM。 (3)

解析 同步轉速$N_S = \frac{120f}{P} = \frac{120 \times 60}{4} = 1800rpm$

72. (　) 某三相平衡負載的實功率為 80kW，視在功率為 100kVA，則其功率因素為 (2)
(1)1.0　(2)0.8　(3)0.6　(4)0.5。

解析 實功率=|視在功率|×功率因數

$$P = VI\cos\theta = |S| \times p.f \Rightarrow \cos\theta = p.f = \frac{P}{|S|} = \frac{80K}{100K} = 0.8$$

73. (　) 電阻 R=10Ω 與電感 L=2mH 串聯電路，此電路時間常數為何？(1)0.2ms　(2)0.5ms　(3)1ms　(4)2ms。 (1)

解析 時間常數$\tau = L/R = 2m/10 = 0.2m\text{sec}.$

74. (　) 有四個電阻器串聯，且每電阻器之電阻值皆為 8Ω，則此總電阻為 (1)2Ω　(2)8Ω　(3)16Ω　(4)32Ω。 (4)

解析 四個電阻器串聯之總電阻$R_T = 8+8+8+8 = 32\Omega$

75. (　) 有四個電容器串聯，且每個電容器之電容值皆為 10μF，則此總電容為 (1)2.5μF　(2)10μF　(3)20μF　(4)40μF。 (1)

解析 電容器串聯：

$$C_T = \frac{1}{\frac{1}{C_1}+\frac{1}{C_2}+\frac{1}{C_3}+\frac{1}{C_4}} = \frac{1}{\frac{4}{C_1}} = \frac{C_1}{4} = \frac{10\mu}{4} = 2.5\mu F$$

76. (　) 某電阻器的端電壓 $v(t) = 100\sqrt{2}\sin 377t$，若電阻為 10Ω，則此電阻器消耗平均功率為　(1)10W　(2)100W　(3)1kW　(4)10kW。 (3)

解析 $$P_{(ave)} = \frac{V_{rms}^2}{R} = \frac{(100\sqrt{2}/\sqrt{2})^2}{10} = 1000W = 1kW$$

77. (　) 某 Y 接三相平衡電壓源，其線對線電壓為 220V 有效值，則其相電壓峰值為 (1) $220/\sqrt{3}V$　(2) $220\sqrt{2}/\sqrt{3}V$　(3)220V　(4) $220\sqrt{3}/\sqrt{2}V$。 (2)

解析 三相 Y 接平衡電壓源：

線電壓=$\sqrt{3}$相電壓，電壓峰值=$\sqrt{2}$電壓有效值(對正弦波而言)

相電壓有效值=線電壓有效值/$\sqrt{3}$=220/$\sqrt{3}$

相電壓峰值=$\sqrt{2}$相電壓有效值=220$\sqrt{2}/\sqrt{3}$

78. (　) 某三相平衡負載在負載端之線電壓為 200V 有效值，其線電流為 10A 有效值，則此三相負載之總視在功率為 (3)

(1) $\frac{2}{\sqrt{3}}kVA$　(2)2kVA　(3) $2\sqrt{3}kVA$　(4)6kVA。

解析 三相總視在功率 $S_{3\phi}$ = 3 × 相電壓 × 相電流= $\sqrt{3}$ × 線電壓 × 線電流

$= \sqrt{3} \times 200V \times 10A = 2\sqrt{3}kVA$

79. (　) 某單相負載其端電壓為 100V 有效值，線電流為 5A 有效值，其功率因數為 0.8 滯後，則此負載之平均功率為 (2)
(1)500W　(2)400W　(3)300W　(4)200W。

解析　$P = VI\cos\theta = 100\times5\times0.8 = 400W$

二、複選題

80. (　) 單相負載的端電壓為 200V(有效值)，負載電流為 5A(有效值)。若功率因數為 0.6 滯後，下列何者正確？ (34)
(1)實功率為 1000W　(2)虛功率為 600VAR
(3)實功率為 600W　(4)虛功率為 800VAR。

解析　$p.f = \cos\theta = 0.6, P = VI\cos\theta, Q = VI\sin\theta$

$P = VI\cos\theta = |S|\cos\theta = 200\times5\times0.6 = 600W$

$Q = \mathrm{VI}\sin\theta = |S|\times\sqrt{1-\cos^2\theta} = 200\times5\times\sqrt{1-0.6^2} = 1k\times0.8 = 800VAR$

81. (　) 電阻 5Ω 的端電壓為 20V，則下列何者正確？ (24)
(1)流經電阻的電流為 20A　(2)流經電阻的電流為 4A
(3)電阻消耗的功率為 100W　(4)電阻消耗功率為 80W。

解析　$I = \frac{V}{R} = \frac{20}{5} = 4A$

$P = I^2R = 4^2\times5 = 80\mathrm{W}$

82. (　) 單相變壓器額定為 60Hz、100kVA、2400V/240V，有關額定電流，下列何者正確？ (23)
(1)低壓側額定電流為 41.67A　(2)低壓側額定電流為 416.67A
(3)高壓側的額定電流為 41.67A　(4)高壓側的額定電流為 416.67A。

解析　$I_L = \frac{|\mathrm{S}|}{\mathrm{V_L}} = \frac{100k}{240} = 416.67A$

$I_H = \frac{|\mathrm{S}|}{\mathrm{V_H}} = \frac{100k}{2400} = 41.67A$

83. (　) 已知 $\vec{A}_1 = 8 - j6$ 及 $\vec{A}_2 = 3 + j4$，求 $\vec{A}_1\vec{A}_2$ 之值(使用直角坐標與極座標運算) (13)
(1) $\vec{A}_1\vec{A}_2 = 48 + j14$　(2) $\vec{A}_1\vec{A}_2 = 50 + j10$
(3) $\vec{A}_1\vec{A}_2 = 50\angle16.26$　(4) $\vec{A}_1\vec{A}_2 = 50\angle76.26$ 。

解析　$\vec{A}_1\vec{A}_2 = (8-j6)(3+j4) = 24 + j32 - j18 + 24 = 48 + j14$

$= \sqrt{48^2+14^2}\angle\tan^{-1}(\frac{14}{48}) = 50\angle16.26^o$

84. ( ) 若頻率 ω=2000 弳/秒，1kΩ 電阻的阻抗 Z_R，3H 電感器的阻抗 Z_L，0.1μF 電容器的阻抗 Z_C，下列何者正確？ (24)

(1) $Z_R = 2k\Omega$ (2) $Z_R = 1k\Omega$ (3) $Z_C = j6k\Omega$ (4) $Z_L = j6k\Omega$ 。

解析

$$Z_C = \frac{1}{j\omega C} = \frac{1}{j(2000\times 0.1\mu)} = -j5k\Omega$$

$$Z_L = j\omega L = j(2000\times 3) = j6k\Omega$$

85. ( ) 應用克希荷夫電流定律，下圖中 I_1，I_3，I_4 及 I_5 之值，下列何者正確？ (14)

(1)I_1=1A (2)I_3=2A (3)I_4=3A (4)I_5=5A。

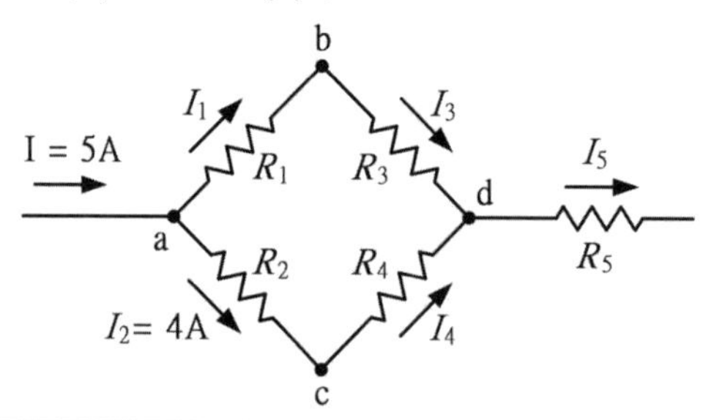

解析

$$I_1 = I - I_2 = 5 - 4 = 1A = I_3$$

$$I_2 = 4A = I_4$$

$$I_5 = I_3 + I_4 = 1 + 4 = 5A = I$$

86. ( ) 有一並聯電路如下圖所示，求等效電阻，電流 I、I_1、I_2、I_3 及電流電源供給的功率。 (23)

(1)等效電阻為 1Ω (2)電流 I 為 12A

(3)I_1=6A,I_2=4A, I_3=2A (4)電壓源供給的功率為 300W。

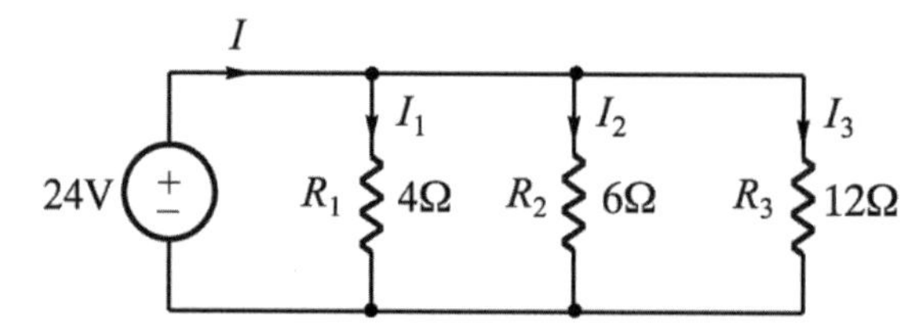

解析

$$R_T = 4 // 6 // 12 = 4 // 4 = 2\Omega$$

$$I = \frac{24V}{R_T} = \frac{24}{2} = 12A$$

$$I_1 = \frac{24}{4} = 6A$$

$$I_2 = \frac{24}{6} = 4A$$

$$I_3 = \frac{24}{12} = 2A$$

$$P = 24I = 24\times 12 = 288W$$

87. (　) 下圖所示串並聯電路，由電源兩端看入的等效電阻為 R_T，電流為 I，下列何者正確？ (34)

(1)R_T=6Ω　(2)I=4A　(3)R_T=15Ω　(4)I=2A。

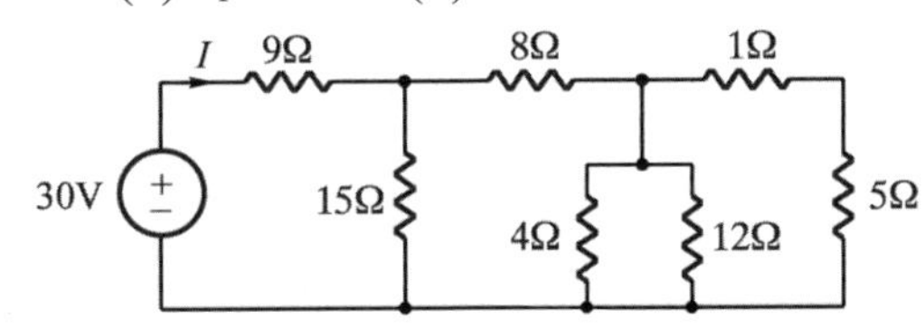

解析

$$R_T = \{[(1+5)//(4//12)]+8\}//15+9 = \{[6//3]+8\}//15+9 = \{2+8\}//15+9$$
$$= (10//15)+9 = 6+9 = 15\Omega$$
$$I = \frac{30V}{R_T} = \frac{30}{15} = 2A$$

88. (　) 下圖所示電路的 I、V_1、V_2 及 V_3 之值，下列何者正確？ (134)

(1)I=9A　(2)V_1=20V　(3)V_2=27V　(4)V_3=18V。

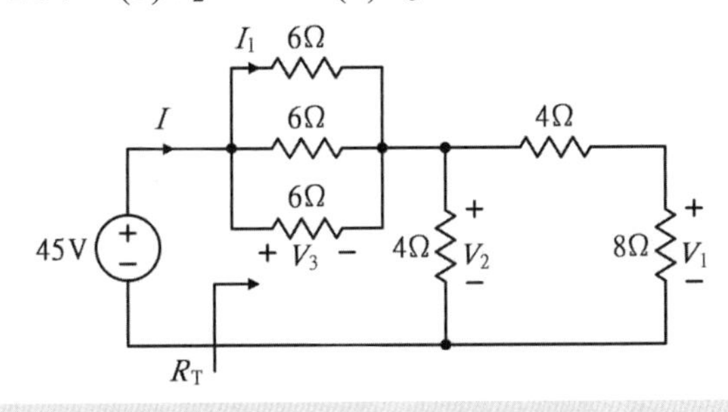

解析

$$R_T = (6//6//6)+[4//(4+8)] = 2+[4//12] = 2+3 = 5\Omega$$
$$I = \frac{45V}{R_T} = \frac{45}{5} = 9A$$
$$V_3 = (6//6//6)\times I = 2\times 9 = 18V$$
$$V_2 = 45 - V_3 = 45 - 18 = 27V$$
$$V_1 = \frac{V_2}{4+8}\times 8 = \frac{27}{12}\times 8 = 18V$$

89. (　) 下圖所示電路中，不含電阻 3Ω 的 a、b 兩端點之戴維寧等效電阻 R_{th} 及兩端之電壓 V，下列何者正確？　(1)Rth=8Ω　(2)Rth=2.4Ω　(3)V=-2.67V　(4)V=4.8V。 (24)

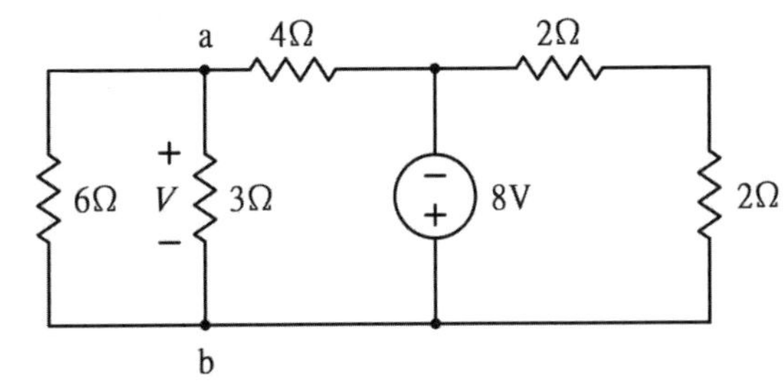

解析 $R_{th}=[(6//3)+4]//(2+2)=[2+4]//4=6//4=2.4\Omega$

$$V=V_{ab}=-8\times\frac{(6//3)}{4+(6//3)}=-8\times\frac{2}{4+2}=-\frac{8}{3}=-2.67V$$

90. ( ) 某電池內阻為 0.05 歐姆，電壓為 2.2 伏特之電池，於其兩極間接以一 0.5 歐姆之電阻絲。試求於 5 分鐘內，電池所供給之電能，電池所提供之電流，及電阻絲與電池內部各產生的熱量。 (13)

(1)電池所供給之總電能 2640J (2)電阻絲產生的熱量 1000 卡
(3)電池內部消耗的電能 240J (4)電池所提供之電流 5A。

解析

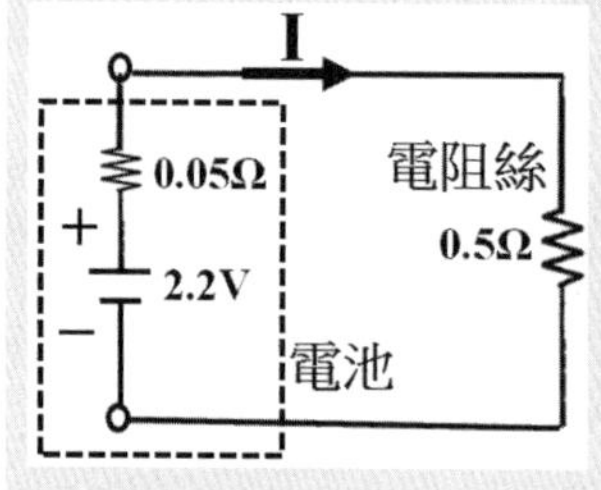

電池供給之電流 $I=\frac{2.2V}{0.05+0.5}=4A$

電池供給之電能 $W=\text{VIT}=2.4\times4\times(5\times60)=2640\text{J}$

電阻絲產生的熱量 $H_R=0.24I^2Rt=0.24\times4^2\times0.5\times(5\times60)=576$ 卡

電池內部消耗的電能 $V_1=I^2Rt=4^2\times0.05\times(5\times60)=240\text{J}$

91. ( ) 下圖所示之並聯電路如圖(a)，其等效電阻 R_T 及電流源電壓 V 如圖(b)，下列何者正確？ (1)R_T=3Ω (2)R_T=6Ω (3)V=15V (4)V=10V。 (13)

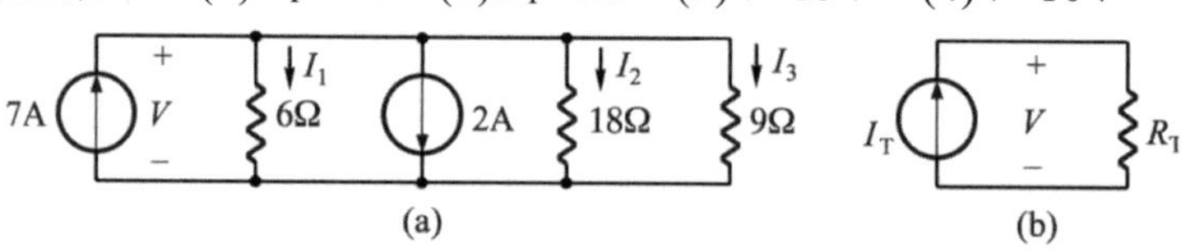

解析 $R_T=6//18//9=6//6=3\Omega$

$I_T=7-2=5A$

$V=R_TI_T=3\times5=15V$

92. ( ) 下圖所示之電路，若 V=100V，求電壓表 V_1，V_2 和 V_3 的讀值(保險絲為理想，視同短路) (1)V_1=0V (2)V_1=100V (3)V_2=100V (4)V_3=100V。 (134)

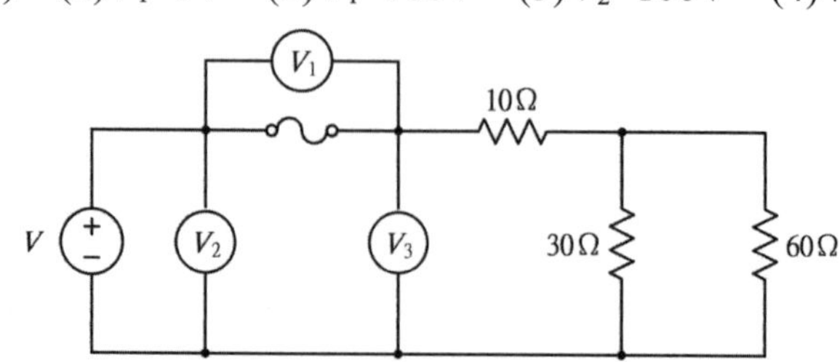

解析 ∵保險絲為短路，$V_1=0V$

∴$V_2=V_3=100V$

93. (　) 兩平行極板夾上介電質所構成之電容器中，其電場強度、儲存的能量和電容值決定於 (234)
(1)平行極板形狀　(2)平行極板面積　(3)平行極板距離　(4)介電材料。

解析 電容值 $C=\varepsilon\dfrac{A}{d}$

A：平行極板面積

B：平行極板距離

ε：介電材料

儲存的能量 $W_C=\dfrac{1}{2}CV^2$

電場強度 $E=\dfrac{F}{q}$(牛頓/庫倫)$=\dfrac{W}{qd}=\dfrac{Vq}{qd}=\dfrac{V}{d}(V/m)$

94. (　) 如下圖所示 RC 電路，若電容器的初始電壓 $\upsilon(0)=0V$，求電容器在時間 $t\geq 0$ 時的電壓 v 及 t=5T 時之電壓值，T 為 RC 時間常數 (13)
(1) $v=6(1-e^{-4t})V$　(2) $v=6(1-e^{-2t})V$
(3)t=5T，v=5.96V　(4)t=5T，v=3V。

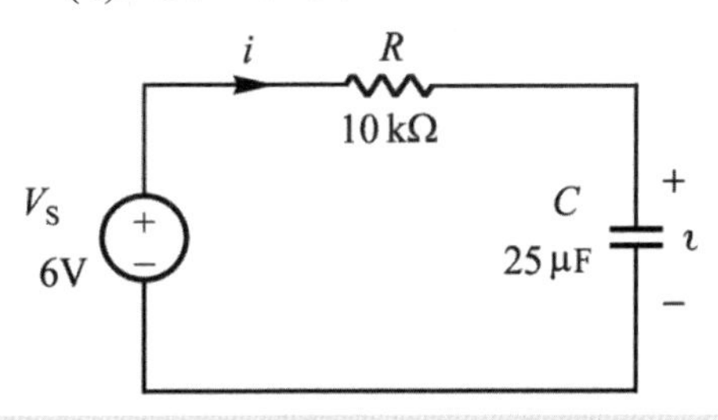

解析 $v(t)=V_S(1-e^{-t/T})=V_S(1-e^{-t/RC})=6(1-e^{-t/(10k\times25\mu)})=6(1-e^{-t/0.25})=6(1-e^{-4t})V$
$v(t=5T)=6(1-e^{-5T/T})=6(1-e^{-5})=5.96V$

95. (　) 某銅導線在 22℃時的電阻為 100Ω，則該銅線在 30℃及-16℃之電阻為何？ (23)
(1)R_{30}=105Ω　(2)R_{30}=103Ω　(3)R_{-16}=85Ω　(4)R_{-16}=80Ω。

解析　電阻溫度係數 α 定義為導體升高溫度 $1\,°C$（即 $t-t_c=1°C$）所增加的電阻，

即 (R_t-R_c) 與原溫度電阻（即 R_c）的比 $\Rightarrow \alpha=\dfrac{R_t-R_c}{R_c(t-t_c)}$

在 $t°C$ 之電阻溫度係數 $\alpha_t=\dfrac{1}{\dfrac{1}{\alpha_0}+t}$

材料在不同溫度之電阻比：$\dfrac{R_2}{R_1}=\dfrac{\dfrac{1}{\alpha_0}+t_2}{\dfrac{1}{\alpha_0}+t_1}$

材料為銅時，則 $\dfrac{R_2}{R_1}=\dfrac{234.5+t_2}{234.5+t_1}$

$$\frac{R_2}{R_1}=\frac{234.5+T_2}{234.5+T_1}\Rightarrow\frac{R_{30}}{100}=\frac{234.5+30}{234.5+22}\Rightarrow R_{30}=103.12\Omega$$

$$\frac{R_2}{R_1}=\frac{234.5+T_2}{234.5+T_1}\Rightarrow\frac{R_{-16}}{100}=\frac{234.5-16}{234.5+22}\Rightarrow R_{-16}=85.19\Omega$$

96. (　) 一白熾燈之額定電壓為 110 伏特，功率為 60 瓦特，其額定電流 I 及電阻 R 各為若干？若電力公司所提供之電壓為 100 伏特，則此電燈實際消耗功率 P 為若干？　(1)I=0.6A　(2)I=0.545A　(3)R=150Ω　(4)P=49.5W。 (24)

解析

$$I=\frac{P}{V}=\frac{60}{110}=0.545A$$

$$R=\frac{V^2}{P}=\frac{110^2}{60}=201.67\Omega$$

實際消耗功率 $P=\dfrac{V^2}{R}=\dfrac{100^2}{201.67}=49.59W$

97. (　) 某電動機輸出為 10kW，其效率為 80%，工作 10 小時，試求需要多少仟瓦小時？若電費每度 3.0 元，試問需多少電費？
(1)125 仟瓦小時　(2)100 仟瓦小時　(3)375 元　(4)300 元。 (13)

解析

$$\eta=\frac{P_o}{P_{in}}\Rightarrow P_{in}=\frac{P_o}{\eta}=\frac{10k}{80\%}=12.5kW$$

$Pt=12.5k\times10=125$ 仟瓦-小時=125 度

電費=125×3=375 元

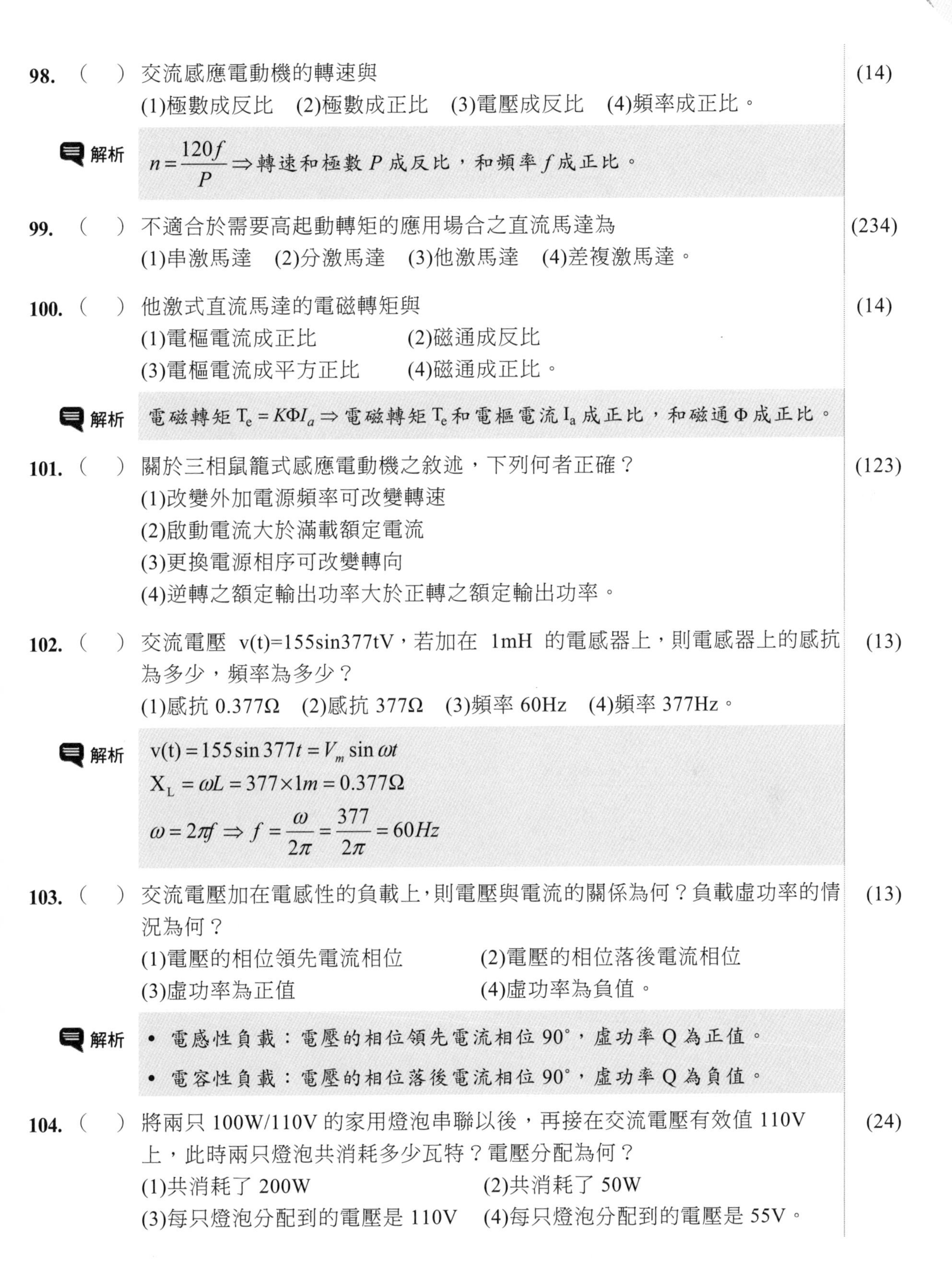

98. (　) 交流感應電動機的轉速與 (14)
(1)極數成反比　(2)極數成正比　(3)電壓成反比　(4)頻率成正比。

解析 $n=\dfrac{120f}{P}$ ⇒ 轉速和極數 P 成反比，和頻率 f 成正比。

99. (　) 不適合於需要高起動轉矩的應用場合之直流馬達為 (234)
(1)串激馬達　(2)分激馬達　(3)他激馬達　(4)差複激馬達。

100. (　) 他激式直流馬達的電磁轉矩與 (14)
(1)電樞電流成正比　(2)磁通成反比
(3)電樞電流成平方正比　(4)磁通成正比。

解析 電磁轉矩 $T_e = K\Phi I_a$ ⇒ 電磁轉矩 T_e 和電樞電流 I_a 成正比，和磁通 Φ 成正比。

101. (　) 關於三相鼠籠式感應電動機之敘述，下列何者正確？ (123)
(1)改變外加電源頻率可改變轉速
(2)啟動電流大於滿載額定電流
(3)更換電源相序可改變轉向
(4)逆轉之額定輸出功率大於正轉之額定輸出功率。

102. (　) 交流電壓 v(t)=155sin377tV，若加在 1mH 的電感器上，則電感器上的感抗為多少，頻率為多少？ (13)
(1)感抗 0.377Ω　(2)感抗 377Ω　(3)頻率 60Hz　(4)頻率 377Hz。

解析
$v(t) = 155\sin 377t = V_m \sin \omega t$
$X_L = \omega L = 377\times 1m = 0.377\Omega$
$\omega = 2\pi f \Rightarrow f = \dfrac{\omega}{2\pi} = \dfrac{377}{2\pi} = 60Hz$

103. (　) 交流電壓加在電感性的負載上，則電壓與電流的關係為何？負載虛功率的情況為何？ (13)
(1)電壓的相位領先電流相位　(2)電壓的相位落後電流相位
(3)虛功率為正值　(4)虛功率為負值。

解析
- 電感性負載：電壓的相位領先電流相位 90°，虛功率 Q 為正值。
- 電容性負載：電壓的相位落後電流相位 90°，虛功率 Q 為負值。

104. (　) 將兩只 100W/110V 的家用燈泡串聯以後，再接在交流電壓有效值 110V 上，此時兩只燈泡共消耗多少瓦特？電壓分配為何？ (24)
(1)共消耗了 200W　(2)共消耗了 50W
(3)每只燈泡分配到的電壓是 110V　(4)每只燈泡分配到的電壓是 55V。

解析

$$R=\frac{V^2}{P}=\frac{110^2}{100}=121\Omega$$

串聯後 $R_T=R+R=242\Omega$

總消耗功率 $P_T=\frac{V^2}{R_T}=\frac{110^2}{242}=50W$

每只燈泡分配到的電壓 $V_1=V_2=\frac{110}{2}=55V$。

105. (　) 三個電阻分別為 RΩ，接成 Y 接線端點是 a、b、c，若將 Y 型接線等效成為 Δ 接線，在 Δ 接線上的每一個等效電阻值為何？a、b 端點上的電壓為何？ (24)

(1)等效電阻值是 1/3R

(2)等效電阻值是 3R

(3)Y 接的 a、b 端點上的電壓會高於 Δ 接線端點 a、b 間的電壓

(4)Y 接的 a、b 端點上的電壓會等於 Δ 接線端點 a、b 間的電壓。

解析

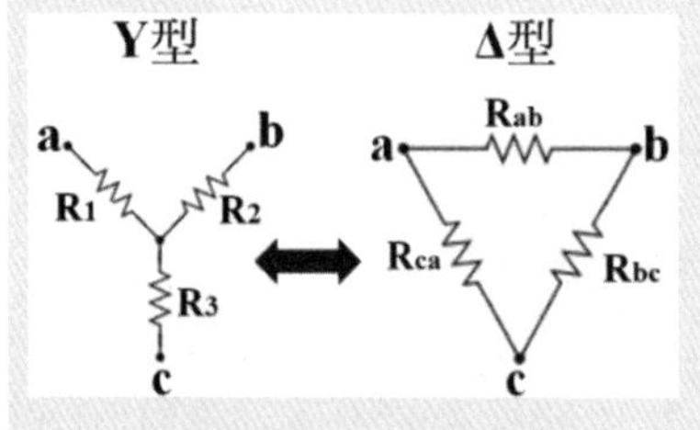

Y 型轉換成 Δ 型：

$$R_{ab}=\frac{R_1R_2+R_2R_3+R_3R_1}{R_3}，R_{bc}=\frac{R_1R_2+R_2R_3+R_3R_1}{R_1}，$$

$$R_{ca}=\frac{R_1R_2+R_2R_3+R_3R_1}{R_2}$$

Δ 型轉換成 Y 型：

$$R_1=\frac{R_{ab}R_{ca}}{R_{ab}+R_{bc}+R_{ca}}，R_2=\frac{R_{ab}R_{bc}}{R_{ab}+R_{bc}+R_{ca}}，R_3=\frac{R_{bc}R_{ca}}{R_{ab}+R_{bc}+R_{ca}}$$

本題屬於 Y 型轉換成 Δ 型：$R_\Delta=\frac{RR+RR+RR}{R}=3R$

Y 接的 V_{ab} = Δ 接的 V_{ab}

106. (　) 抽水機馬達輸出功率為 1 馬力，效率為 0.9，若平均每日用電 5 小時，每個月使用 30 日，電費每度是 3 元，則每月該付電費為多少元？馬達運轉時消耗功率為何？ (13)

(1)每月電費為 373 元　(2)每月電費為 373,000 元

(3)消耗電功率為 829W　(4)消耗電功率為 2000W。

解析

$1HP = 746W$

$\eta = \frac{P_0}{P_i} \Rightarrow P_i = \frac{P_0}{\eta} = \frac{746}{0.9} = 828.89W$

1 度 = 1 千瓦-小時 $= 1\text{KW-hr} = \frac{828.89}{1000} \times 5 \times 30 = 124.33$ 度

每月電費 $= 124.33 \times 3 = 373$ 元

107. (　) 當電流 10 安培，流過 2 只並聯的電阻 $R_1=4\Omega$ 與 $R_2=6\Omega$，則電阻 R_1 流過的電流是多少 A？消耗功率何者較大？ (13)

(1)電流是 6A　(2)電流是 4A

(3)在電阻 R_1 上的消耗功率較大　(4)在電阻 R_2 上的消耗功率較大。

解析

$I_1 = \frac{V}{R_1} = \frac{10 \times (4 // 6)}{4} = \frac{10 \times 2.4}{4} = 6A$

$P_1 = I_1^2 R_1 = 6^2 \times 4 = 144\text{W}$

$P_2 = I_2^2 R_2 = (10-6)^2 \times 4 = 96\text{W}$

$P_1 > P_2$

108. (　) 電壓 12V，加在 2 只串聯的電阻 R_1 與 R_2 上，$R_1=4\Omega$、$R_2=8\Omega$，則電阻 R_1 上的電壓為多少伏特？消耗功率何者較大？ (24)

(1)電壓 8V

(2)電壓 4V

(3)在電阻 R_1 上的消耗功率較大

(4)在電阻 R_2 上的消耗功率較大。

解析

$i = \frac{12}{4+8} = 1A$

$V_{R1} = 1 \times 4 = 4V$

$P_1 = I^2 R_1 = 1^2 \times 4 = 4\text{W}$

$P_2 = I^2 R_2 = 1^2 \times 8 = 8\text{W}$

$P_1 < P_2$

答案應為(24)

109. (　) 機車電池電壓 12V，電池容量為 30Ah(安時)，想要使機車前面燈泡 24W 與後面燈泡 12W 同時亮起，若車子不發動，則電池需要提供的電流為多少 A？燈泡可以點亮時間有多長？ (13)

(1)點亮 10 小時　(2)點亮 30 小時　(3)電流為 3A　(4)電流為 2A。

解析

$$I=\frac{P}{V}=\frac{24+12}{12}=3A$$

$$\text{安時}(Ah)=It\Rightarrow t=\frac{30}{3}=10hr$$

110. (　) 下圖所示的電路，開關於 t=0 閉合，V=12V、R=10Ω、L=3mH，電感無儲存能量，若在開關閉合的瞬間，則下列敘述哪些是正確？ (14)

(1)電流 I=0A　　(2)電流 I=1.2A

(3)電感電壓 V_L=0V　　(4)電感電壓 V_L=12V。

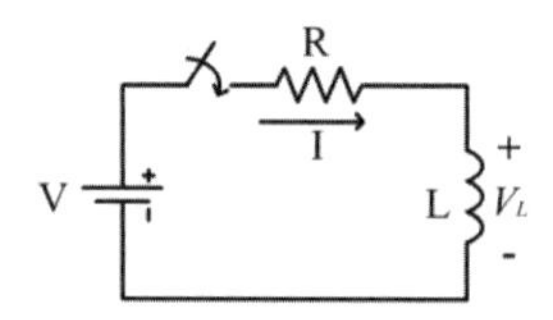

解析

$$W_L=\frac{1}{2}LI^2=0\Rightarrow I=0A$$

$$I(0^-)=I(0^+)=0A$$

$$V_L=V-V_R=12-0=12V$$

111. (　) 下圖所示的電路，開關於 t=0 時閉合，V=24V、R=12Ω、C=1μF、$V_C(0)$=0V，在開關閉合 1 小時後，則下列敘述哪些正確？ (24)

(1)電流 I=2A　　(2)電流 I=0A

(3)電容器上的電壓 V_C=0V　　(4)電容器上的電壓 V_C=24V。

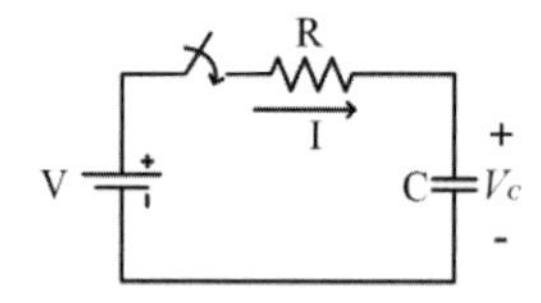

解析

$$V_C(t)=V(1-e^{-\frac{t}{RC}})$$

$$V_C(t=1hr)=24(1-e^{-\frac{60\times60}{12\times1\mu}})=24V$$

$$I=\frac{V-V_C}{R}=\frac{24-24}{12}=0A$$

112. (　) 電壓 $v(t)=155\sin(377t)V$ 加在 $Z=6+j8$ 的負載上，試求負載的電功率 P 與虛功率 Q 為何？ (24)
(1)P=1023W　(2)P=726W　(3)Q=1364VAR　(4)Q=968VAR。

解析
$$Z=6+j8=10\angle 53.13^o\,\Omega$$
$$i=\frac{155\angle 0^o}{10\angle 53.13^o}=15.5\angle -53.13^o$$
$$P=V_{rms}i_{rms}\cos\theta=\frac{155}{\sqrt{2}}\times\frac{15.5}{\sqrt{2}}\times\cos 53.13=720.75W$$
$$Q=V_{rms}i_{rms}\sin\theta=\frac{155}{\sqrt{2}}\times\frac{15.5}{\sqrt{2}}\times\sin 53.13=961VAR$$

113. (　) 交流電源 v(t)是可變頻率輸出，當頻率設為電感抗等於電容抗時，下列敘述哪些正確？ (13)
(1)阻抗為最小，電流為最大
(2)阻抗為最大，電流為最小
(3)電感器上電壓等於電容器上電壓
(4)電感器上電壓不等於電容器上電壓。

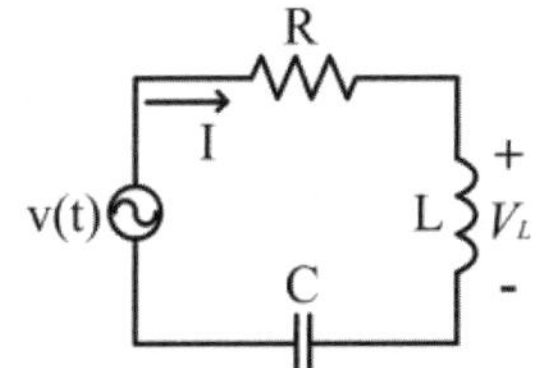

解析
$$X_L=X_C$$
$$Z=R+jX_L-jX_C=R+j0=R=Z_{\min}$$
$$i=\frac{V(t)}{Z_{\min}}=i_{\max}$$
$$|V_L|=|i\times X_L|=|i\times X_C|=|V_C|$$

114. (　) 電池規格 12V，輸出電流 4A，能夠供應 5 小時，則下列敘述哪些是正確？ (12)
(1)電池供應功率為 48W　(2)電池儲能為 864,000J
(3)電池儲能為 240J　(4)電池儲能為 20J。

解析
$P=VI=12\times 4=48$W
$W=Pt=48\times(5\times 60\times 60)=864000J$

115. (　) 電動機每分鐘轉速為 3000rpm 時，其轉速可表示為多少？ (24)
(1)60rps　(2)50rps　(3)180 弳度/秒(rad/sec)　(4)314 弳度/秒(rad/sec)。

解析
3000 rpm = 3000 轉/分 = 3000 轉/60 秒 = 50 轉/秒 = 50 rps
3000 rpm = 3000 轉/分 ×1×1 = 3000 轉/分(1 分/60 秒)×(2π 弳度/1 轉)
$=3000\times\frac{2\pi}{60}$ 弳度/秒 = 314 rad/sec

116. (　) 下圖中，當最大功率傳送至負載 RL 時，則 RL 為多少歐姆？負載 RL 消耗的最大功率為多少瓦特？ (23)

(1)10 歐姆　(2)32 歐姆　(3)8W　(4)40W。

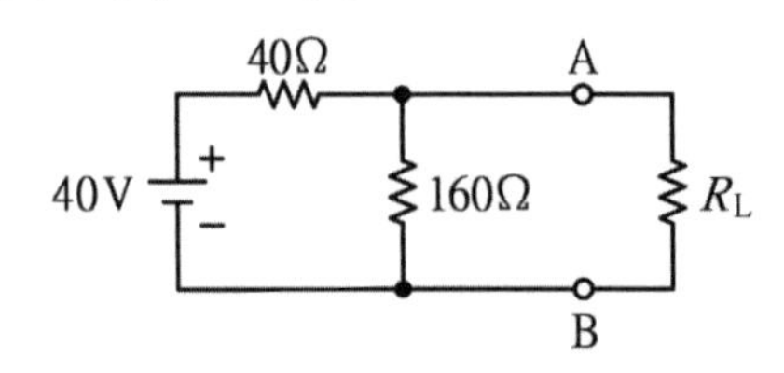

解析　戴維寧等效電路

$R_{th} = 40 // 160 = 32\Omega$

$V_{th} = 40 \times \dfrac{160}{40+160} = 32V$

$R_L = R_{th}$ 時，$P_{RL} = \max.$

$P_{R_L} = I^2 R_L = (\dfrac{32}{32+32})^2 \times 32 = 8W$

117. (　) 交流負載以相量(phasor)表示 $Z\angle\theta$，其負載端電壓 E 與負載電流 I 以有效值表示，下列何者正確？ (14)

(1)P=EIcosθ　(2)Q=EIcosθ　(3)P=EIsinθ　(4)Q=EIsin θ。

解析　實功率 $P=EI\cos\theta$

虛功率 $Q=EI\sin\theta$

工作項目 05 電子學

一、單選題

1. (　) 下圖所示電路中，振盪週期為 (3)
(1)0.69RC　(2)101RC　(3)2.2RC　(4)1.38RC。

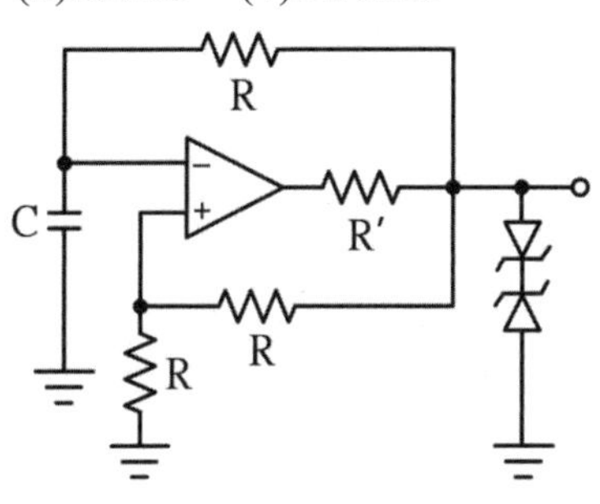

2. (　) 下圖所示電路中，穩壓電路之電晶體 β=50，V_Z 為多少？ (3)
(1)11.4V　(2)11V　(3)12.6V　(4)15V。

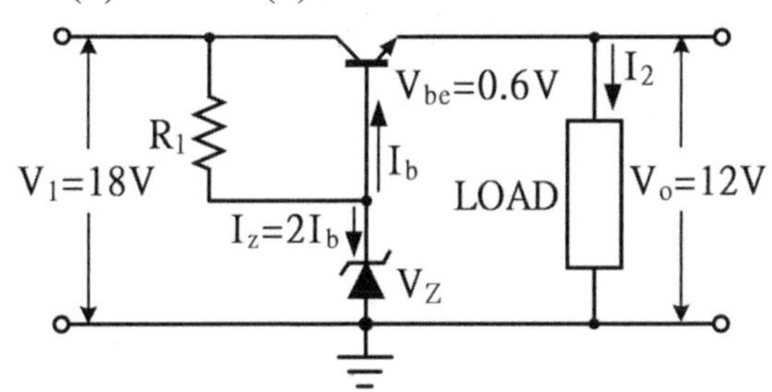

解析　$V_Z = 12 + 0.6 = 12.6V$

3. (　) 下圖所示電路中，二極體(D_1)之作用為 (4)
(1)半波整流　(2)保護電晶體　(3)防止雜音　(4)溫度補償的偏壓。

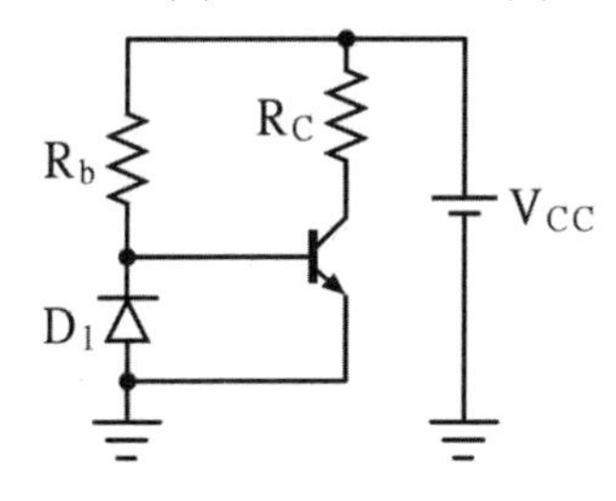

4. (　) 下圖為一非反相放大器，V_{CC}=±15V，其中 R_f=500kΩ、R_1=100kΩ 及 V_1=2V，則 V_o 為多少？　(1)6V　(2)10V　(3)12V　(4)14V。　(3)

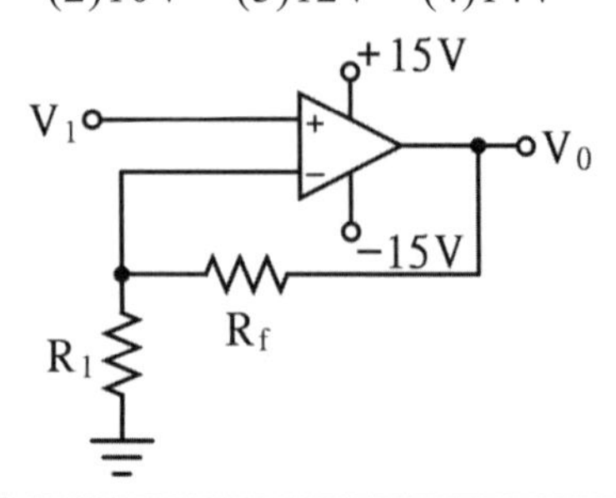

解析

負回授：虛短路 $\Rightarrow V_- = V_+ = V_1$

理想 OPA 的輸入阻抗 $R_{in} = \infty \Rightarrow I_- = I_+ = 0A$

$$\frac{V_1}{R_1} = \frac{V_o - V_1}{R_f} \Rightarrow V_1 = \frac{R_1}{R_f}(V_o - V_1) = \frac{R_1}{R_f}V_o - \frac{R_1}{R_f}V_1$$

$$V_o = (1+\frac{R_f}{R_1}) \times V_1 = (1+\frac{50K}{10K}) \times 2 = 12V$$

此電路為同相放大器(即非反相放大器)。

5. (　) 下圖所示電路之輸出波形 V_o 為何？　(2)

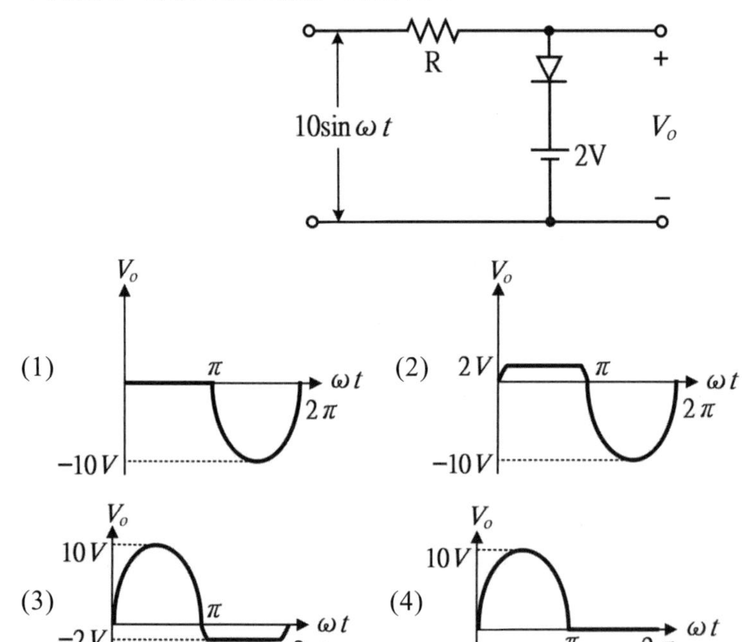

解析　當 $V_i \geq 2V$ 時，Diode 短路：$V_o = 2V$

當 $V_i < 2V$ 時，Diode 短路：$V_o = V_i = 10\sin\omega t$

6.（　）下圖所示電路中，當 $R_1=R_3$、$R_2=R_4$ 時，其輸出 V_o 可表示為　(4)

(1) $V_0 = \frac{R_2}{R_1}(V_1 + V_2)$　(2) $V_0 = \frac{R_1}{R_2}(V_2 - V_1)$

(3) $V_0 = \frac{R_2}{R_1}(V_1 - V_2)$　(4) $V_0 = \frac{R_2}{R_1}(V_2 - V_1)$。

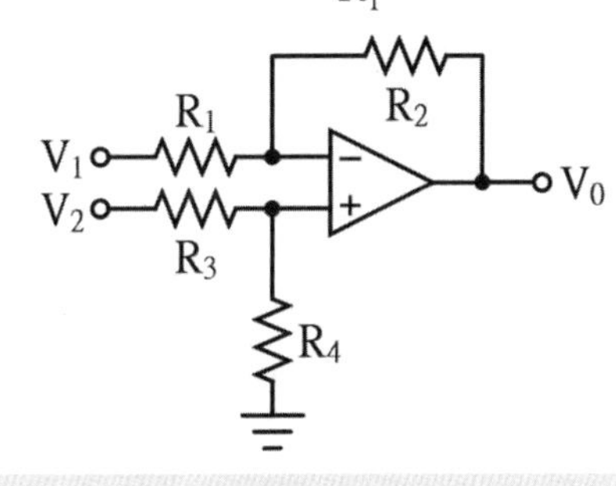

解析　$\because I_+ = 0$(理想 OP 之輸入阻抗無窮大)，

$V_+ = V_2 \times \frac{R_4}{R_3 + R_4} = V_-$(虛短路)

$\because I_- = 0, \text{K.C.L}: \frac{V_1 - V_-}{R_1} = \frac{V_- - V_o}{R_2}$

$\Rightarrow V_o = (1 + \frac{R_2}{R_1})V_- - \frac{R_2}{R_1}V_1 = \frac{R_1 + R_2}{R_1} \times \frac{R_4}{R_3 + R_4}V_2 - \frac{R_2}{R_1}V_1$

將 $R_1 = R_3, R_2 = R_4$ 代入

$V_o = \frac{R_1 + R_2}{R_1} \times \frac{R_2}{R_1 + R_2}V_2 - \frac{R_2}{R_1}V_1 = \frac{R_2}{R_1}V_1 - \frac{R_2}{R_1}V_2 = \frac{R_2}{R_1}(V_2 - V_1)$

7.（　）下圖所示電路其放大倍數為　(3)

(1) $1 + \frac{R_f}{R_2}$　(2) $1 + \frac{R_f}{R_1 /\!/ R_2}$　(3) $-\frac{R_f}{R_1}$　(4) $-\frac{R_f}{R_1 /\!/ R_2}$。

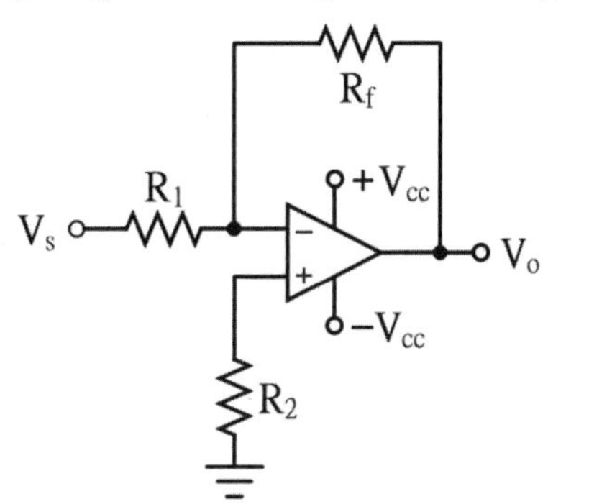

解析 $\because I_+ = 0$(理想 OP 之輸入阻抗無窮大)，

$V_+ = 0 \times R_2 = 0 = V_-$(虛短路)

$\because I_- = 0, \text{K.C.L}: \frac{V_1 - V_-}{R_1} = \frac{V_- - V_o}{R_f} \Rightarrow \frac{V_S - 0}{R_1} = \frac{0 - V_o}{R_f}$

$V_o = -\frac{R_f}{R_1} V_S \Rightarrow \frac{V_o}{V_S} = -\frac{R_f}{R_1}$

8. (　) 下圖所示之電路為 (4)

(1)自動穩壓電路　(2)直流過載保護電路

(3)電晶體整流電路　(4)定電流供給電源電路。

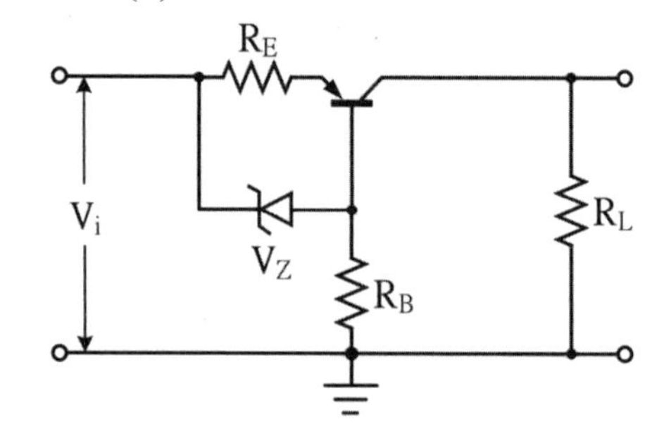

9. (　) 電晶體交換電路之開(Turn On)時間等於 (2)

(1)延遲時間＋儲存時間　(2)延遲時間＋上昇時間

(3)延遲時間＋下降時間　(4)上昇時間＋儲存時間。

解析 開啟時間(Turn On time) t_{on} =延遲時間(delay time) t_d +上昇時間(rise time) t_r

關閉時間(Turn On time) t_{off} =儲存時間(delay time) t_s +下降時間(rise time) t_f

10. (　) 偏壓電路在射極加上電阻時，下列何者為正確？ (3)

(1)電壓增益 A_v 加大，穩定性加大　(2)電壓增益 A_v 加大，穩定性減少

(3)電壓增益 A_v 減少，穩定性增加　(4)電壓增益 A_v 減少，穩定性少。

解析 犧牲增益以換取穩定度。

11. (　) 某放大器之電流增益為 4，電壓增益為 25，則總功率增益為多少？ (2)

(1)10dB　(2)20dB　(3)30dB　(4)40dB。

解析 總功率增益為 $A_P(dB) = 10\log(\frac{P_o}{P_i}) = 10\log(\frac{V_o}{V_i} \times \frac{I_o}{I_i})$

$= 10\log(A_V \times A_i) = 10\log(25 \times 4) = 10\log(100) = 20dB$

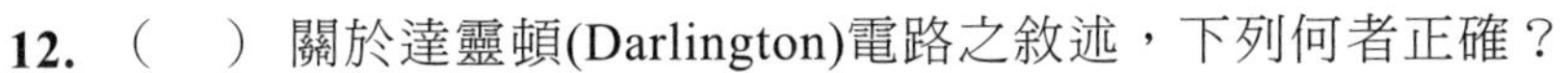
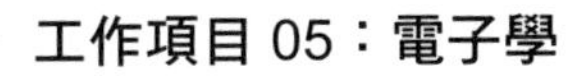

12. (　) 關於達靈頓(Darlington)電路之敘述，下列何者正確？ (4)
(1)輸出阻抗與電流增益皆甚高　(2)輸出阻抗高，電壓增益小於 1
(3)輸出阻抗低，電流增益等於 1　(4)輸入阻抗高，電流增益甚高。

解析 達靈頓(Darlington)電路之特性：
(1)輸入阻抗高　(2)輸出阻抗低　(3)電壓增益小於 1　(4)電流增益很大。

13. (　) 下圖所示電路，若時間常數 RC＜t_P，則 V_o 之波形為何？ (2)

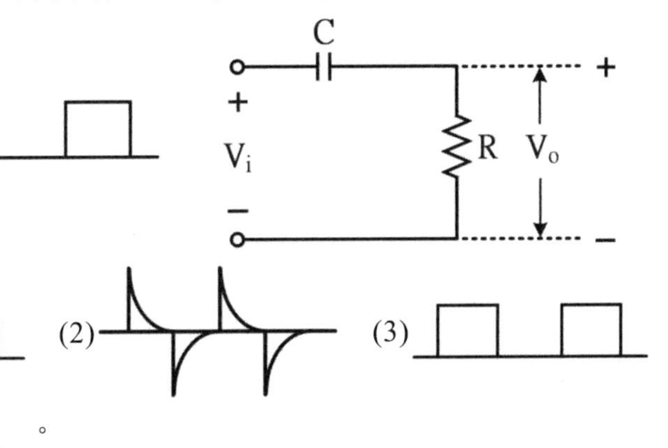

(1) (2) (3) (4) 。

14. (　) 下圖所示電路中，R=10kΩ 時，通過齊納(Zener)二極體之電流 I_Z 為多少？ (3)
(1)3mA　(2)5mA　(3)7mA　(4)10mA。

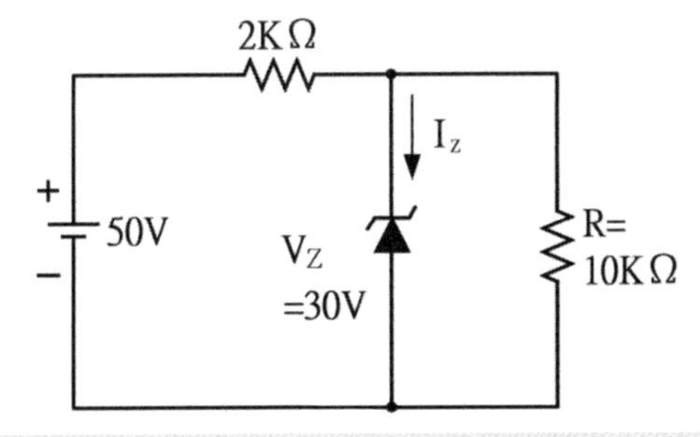

解析 先判斷 Zener 是否崩潰？
假設 Zener 尚未崩潰：

$$V_{10K}=50\times\frac{10K}{2K+10K}=41.67V>30V$$

故 Zener 已崩潰。

$$I_{10K}=\frac{30V}{10K\Omega}=3mA$$

$$I_{2K}=\frac{50V-30V}{2K\Omega}=10mA$$

$$I_Z=10mA-3mA=7mA$$

15. (　) 下圖所示電路中，V_1=0.3V、V_2=0.4V，則 V_o 為多少？ (3)
(1)0.6V (2)2.1V (3)4.2V (4)8.4V。

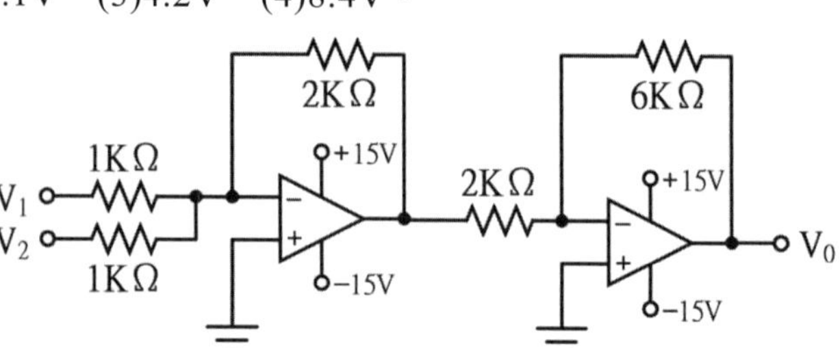

解析 $\because I_+ = 0$(理想 OP 之輸入阻抗無窮大)，
$V_+ = 0 = V_-$(虛短路)
$\because I_- = 0, \text{K.C.L}: \dfrac{V_1 - 0}{1k} + \dfrac{V_2 - 0}{1k} = \dfrac{0 - V_{o1}}{2k} \Rightarrow V_{o1} = -2(V_1 + V_2)$
$\dfrac{V_{o1} - 0}{2k} = \dfrac{0 - V_o}{6k} \Rightarrow V_o = -3V_{o1} = -3\times[-2(V_1 + V_2)] = 6(0.3 + 0.4) = 4.2V$

16. (　) 下圖所示整流電路中，二極體 D_1 之逆向峰值電壓(PIV)，至少應為多少？ (4)
(1)110V (2)156V (3)220V (4)312V。

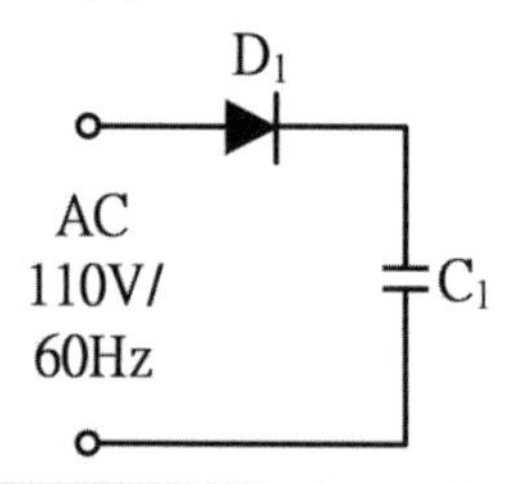

解析 $0 \le \theta \le \pi/2, D_1 on, V_{C1} = V_m$
$\pi/2 \le \theta \le 2\pi, D_1 off, V_{D1} = V_1 + V_{C1}$
$P.I.V = V_{D1(\max)} = V_m + V_m = 2V_m = 2\times 110\sqrt{2} = 312V$

17. (　) 將輸入波形截去一部份而輸出其餘部份者是為 (1)
(1)截波器 (2)微分器 (3)積分器 (4)箝位器。

18. (　) RLC 並聯電路中，當外加頻率大於其諧振頻率時，則該電路呈 (2)
(1)電感性 (2)電容性 (3)電阻性 (4)不一定。

解析 $f > f_r$ 時，$B_C = \omega C$ 變大，$B_L = \dfrac{1}{\omega L}$ 變小∴電路呈電容性
f ：外加頻率，f_r ：諧振頻率
$f = f_r$ 時，$Z = R$，電路呈電阻性，$\cos\theta = 1$
$f > f_r$ 時，$B_C > B_L$，電路呈電容性，$\cos\theta < 1$
$f < f_r$ 時，$B_C < B_L$，電路呈電感性，$\cos\theta < 1$

19. (　) 下圖所示電路可作為 (1)
(1)低通濾波器　(2)高通濾波器　(3)帶通濾波高　(4)積分器。

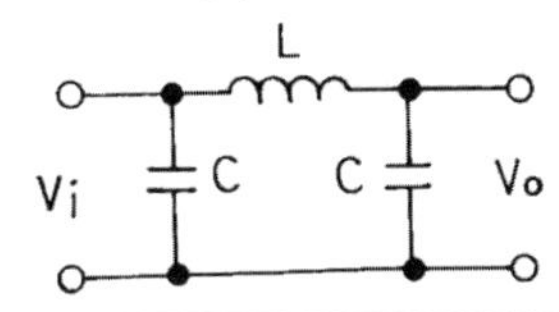

解析

$$A_V=\frac{V_o}{V_i}=\frac{\frac{1}{SC}}{SL+\frac{1}{SC}}=\frac{1}{(S^2LC+1)}$$

$S\to 0$(低頻)：$|A_V|\to 1$，低通

$S\to\infty$(高頻)：$|A|\to 0$

20. (　) 二極體不能作下列那一項用途？ (1)
(1)放大　(2)整流　(3)檢波　(4)截流。

21. (　) JFET 正常工作時，加於閘源極之偏壓通常為 (2)
(1)順向偏壓　(2)逆向偏壓　(3)零偏壓　(4)視電路型態而定。

22. (　) 某一共射極放大器之電壓增益為 20dB，其後串接一級射極隨耦器，則總電壓增益約為多少？ (2)
(1)10dB　(2)20dB　(3)30dB　(4)40dB。

解析

射極隨耦器

$A_V\approx 1\Rightarrow 20\log 1=0\text{dB}\Rightarrow A_{V(B)}=A_{V1(dB)}+A_{V2(dB)}=20+0=20dB$

23. (　) 電壓增益＋6dB 相當於電壓放大為多少倍？ (1)
(1)2 倍　(2)3 倍　(3)4 倍　(4)6 倍。

解析

$A_{V(dB)}=20\log|A_V|\Rightarrow +6dB=20\log|A_V|\Rightarrow \log|A_V|=6/20=0.3$

$|A_V|=10^{0.3}=1.9953\approx 2$

24. (　) 下圖所示電路中，V_o為多少？　(1)-4V　(2)4V　(3)-8V　(4)8V。 (3)

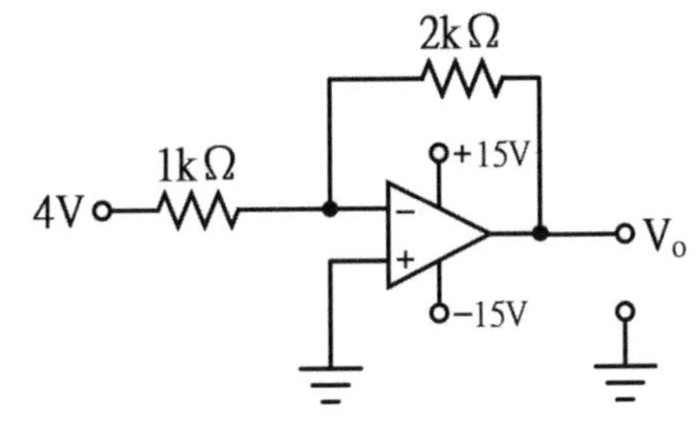

解析 $V_O = -\frac{R_2}{R_1}V_i = -\frac{2K}{1K} \times 4V = -8V$

25. ( ) 下圖所示電路中，集極的飽和電流近似值為多少？ (2)
(1)4.0mA (2)5mA (3)10mA (4)50mA。

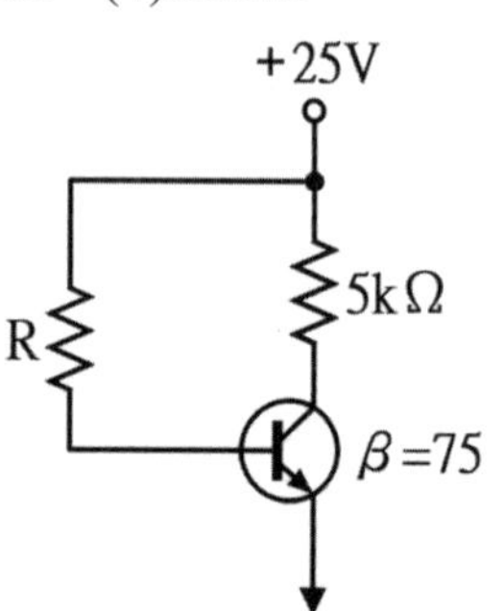

解析 $I_{C(sat)} = \frac{25-0.2}{5K} \approx \frac{25V}{5K} = 5mA$

26. ( ) MOSFET 做放大器動作時，其工作點範圍應在 (1)
(1)飽和區 (2)歐姆區 (3)截止區 (4)定電壓區。

27. ( ) 右圖電晶體驅動電路中，電容器 C 功用為何？ (1)
(1)加速電容器 (2)反交連電容器 (3)偏壓旁路電容器 (4)濾波器。

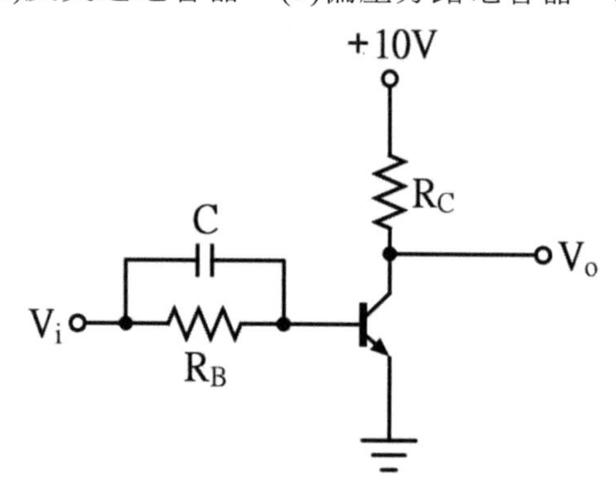

28. ( ) 交流電流 $i=I_m \sin\omega t$ 之有效值為何？ (3)
(1)I_m (2)$\frac{I_m}{\pi}$ (3)$I_m/\sqrt{2}$ (4)$I_m/\sqrt{3}$ 。

解析 $I_{rms} = \sqrt{\frac{1}{2\pi}\int_0^{2\pi}(I_m \sin\theta)^2 d\theta} = \sqrt{\frac{I_m^2}{2\pi}\int_0^{2\pi}\sin^2\theta d\theta} = \sqrt{\frac{I_m^2}{2\pi}\int_0^{2\pi}\frac{1-\cos 2\theta}{2}d\theta}$

$= \sqrt{\frac{I_m^2}{4\pi}(\theta - \frac{1}{2}\sin 2\theta\Big|_0^{2\pi})} = \sqrt{\frac{I_m^2}{4\pi}(2\pi)} = \frac{I_m}{\sqrt{2}}$

29. (　) RCL 串聯電路中，V_R=20V，V_L 及 V_C 皆為 40V 時，此串聯電路之總電壓為多少？ (1)20V (2)40V (3)60V (4)100V。 (1)

解析 $V_T = V_R + jV_L - jV_C = 20 + j40 - j40 = 20 + j0 = 20V$

30. (　) 當無信號輸入時，下列那一功率放大器功率損失最小？
(1)甲類 (2)乙類 (3)甲乙類 (4)丙類。 (4)

31. (　) 放大器中加入負回授電路可用來
(1)提高增益 (2)改善失真與頻率特性 (3)增加效益 (4)產生振盪。 (2)

32. (　) 變壓器交連放大器中，當變壓器之鐵芯採用矽鋼片材質，其目的是為了減少
(1)磁滯損 (2)渦流損 (3)銅損 (4)雜散損。 (2)

33. (　) 功率放大器工作於非線性區會產生下列何種失真？
(1)相位失真 (2)頻率失真 (3)振幅失真 (4)交叉失真。 (3)

34. (　) 下圖所示電路中，V_o 與 V_i 間之相移角度 θ 範圍應為多少？
(1)$0<\theta<90°$ (2)$0<\theta<180°$ (3)$0<\theta<270°$ (4)$0<\theta<360°$。 (3)

35. (　) 單相橋式整流電路中，同一時間內有多少個二極體導通？
(1)一個 (2)二個 (3)三個 (4)四個。 (2)

36. (　) 二個電晶體，β 值各為 β_1、β_2，接成達靈頓(Darlington)電路時總 β 值應為
(1) $\beta_1-\beta_2$ (2) $\beta_1+\beta_2$ (3) β_1/β_2 (4) $\beta_1\times\beta_2$。 (4)

37. (　) 當工作溫度升高時，6V 以下之齊納二極體之崩潰電壓將
(1)升高 (2)降低 (3)不變 (4)不一定。 (2)

解析 正溫度係數：溫度升高，崩潰電壓增加
負溫度係數：溫度升高，崩潰電壓減少
齊納電壓 $V_2 < 6V$：為負溫度係數
齊納電壓 $V_2 > 6V$：為正溫度係數

38. (　) 在單相橋式整流電路中，若整流二極體之逆向峰值電壓（PIV）為 283V 時，則其電源輸入最大電壓有效值為
(1)110V (2)141V (3)200V (4)283V。 (3)

解析 單相橋式全波整流器中，截止二極體承受的逆向電壓：$V_D = V_i = V_m \sin\theta$
二極體之逆向偏壓最大值 $V_{D(\max)} = P.I.V = V_m$

$$V_{rms} = \frac{V_m}{\sqrt{2}} = \frac{283}{\sqrt{2}} = 200.11V \approx 200V$$

39. ( ) 下圖所示波形之工作週期(Duty Cycle)為 (1)40% (2)60% (3)70% (4)80%。 (1)

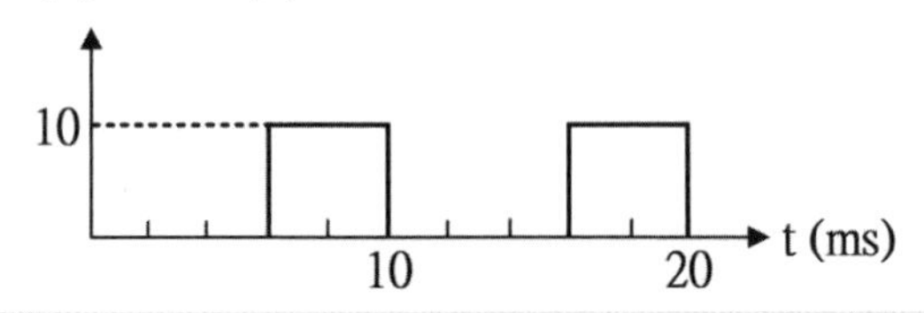

解析 工作週期(Duty Cycle 為 $D = \frac{t_{on}}{T} = \frac{10m - 6m}{10m} = \frac{4m}{10m} = 0.4$

40. ( ) 下圖所示電路中，當輸入電壓 V_i 為 110V(有效值)的正弦波時，則輸出電壓 V_o 約為 (1)10V (2)15V (3)18V (4)20V。 (2)

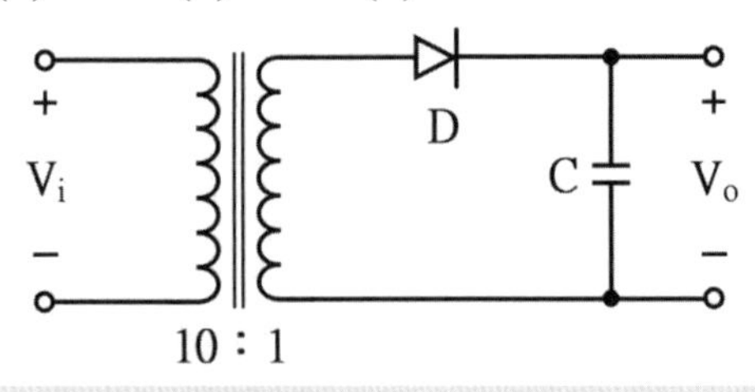

解析 $\frac{V_i}{V_2} = \frac{N_1}{N_2} \Rightarrow \frac{110}{V_2} = \frac{10}{1} \Rightarrow V_2 = \frac{110}{10} = 11(rms)$
$V_O = V_{2(\max)} = 11 \times \sqrt{2} = 15.56V \approx 16V$

41. ( ) 當放大器輸入端加入標準方波信號產生如下圖之輸出波形時，則該放大器有下列何種失真？ (3)
(1)高頻響應不足 (2)高頻響應過大
(3)低頻響應不足 (4)低頻響應過大。

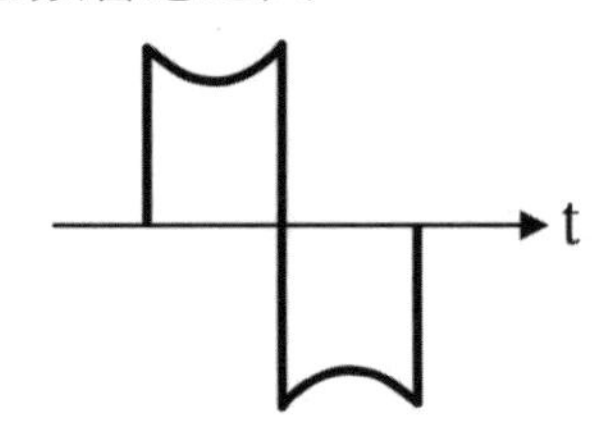

42. ( ) 在各種交連電路中，下列何種之頻率響應最差？ (2)
(1)RC 交連 (2)變壓器交連 (3)阻抗交連 (4)直接交連。

43. (　) 交換式電源供應器中，使用蕭特基二極體作為輸出端整流，主要原因是因其 (1)快速　(2)便宜　(3)功率大　(4)電流大。 (1)

44. (　) 有關雙極性電晶體(BJT)和場效應電晶體(FET)兩種電晶體的比較，下列何者有誤？ (3)
(1)BJT 是雙載子元件，而 FET 是單載子元件
(2)在積體電路製作上，BJT 較 FET 佔較大的空間
(3)BJT 和 FET 都是電壓控制的電流源
(4)FET 作為放大器產生的雜訊較 BJT 為低。

解析 BJT：電流控制的電流源，$I_C = \beta I_B$
FET：電壓控制的電流源，$I_D = g_m V_{GS}$

45. (　) N 型半導體應該摻雜的元素，下列哪一個不是？ (4)
(1)砷(As)　(2)磷(P)　(3)銻(Sb)　(4)硼(B)。

解析 N 型半導體應該摻雜 5 價的元素，例如：砷(As)、磷(P)、銻(Sb)；P 型半導體應該摻雜 3 價的元素，例如：硼(B)。

46. (　) 電壓調整器中，限流的主要目的為何？ (2)
(1)避免調整器通過過多電流　(2)避免負載通過過多電流
(3)防止電源供應器的變壓器燒毀　(4)維持固定的輸出電壓。

47. (　) 當二極體施加順向偏壓時下列何者是正確？ (4)
(1)唯一產生的電流是電子流
(2)唯一產生的電流是電洞流
(3)唯一產生的電流是由多數載子產生
(4)電流是由電洞和電子共同產生。

48. (　) BJT 電晶體一旦進入飽和區，基極電流再增加會 (1)
(1)使集極電流不再增加　(2)使集極電流再增加
(3)使集極電流減少　(4)關閉電晶體。

49. (　) 一個達靈頓對的每個電晶體 β_{ac} 都是 125，如果 R_E 是 560Ω，則輸入阻抗為 (1)560Ω　(2)70kΩ　(3)8.75MΩ　(4)140kΩ。 (3)

解析 達靈頓對的輸入阻抗高，約為 $R_i \approx \beta^2 R_E = 125^2 \times 560 = 8.75M\Omega$

50. (　) $V_{GS(OFF)}=-4V$且$I_{DSS}=12mA$，試求下圖中，當元件工作於定電流區的 V_{DD} 最小值為多少？ (1)負 4V (2)4V (3)10.7V (4)13.7V。 (3)

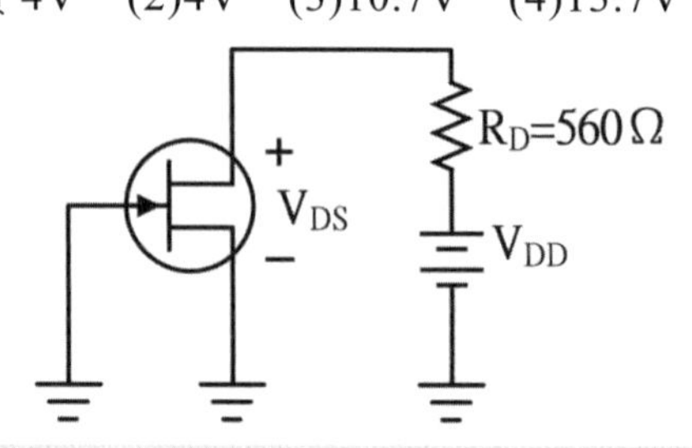

解析
$V_{GS}=V_G-V_S=0-0=0V$

$I_D=I_{DSS}(1-\frac{V_{GS}}{V_P})^2=I_{DSS}(1-\frac{0}{V_P})^2=I_{DSS}=12mA$

工作於定電流區 $V_{DS(min)}=-V_{GS(OFF)}=4V$

$V_{DD(min)}=R_DI_D+V_{DS(min)}=560\times12m+4=10.72V$

51. (　) 2N5459 的 JFET，$I_{DSS}=9mA$，$V_{GS(OFF)}=-8V$，則$V_{GS}=-4V$時的集極電流為 (1)2.25mA (2)4.5mA (3)9mA (4)13.5mA。 (1)

解析
$I_D=I_{DSS}(1-\frac{V_{GS}}{V_P})^2=9m(1-\frac{-4}{-8})^2=2.25mA$

52. (　) 一個具有下截止頻率為 1kHz 和上截止頻率 10kHz 的交流放大器，其頻寬為 (1)1kHz (2)9kHz (3)10kHz (4)11kHz。 (2)

解析
頻寬(BandWidth) $B.W=f_H-f_L=10K-1K=9KHZ$

53. (　) 右圖所示電路的主要功能為 (4)
(1)方波產生器　(2)弦波產生器
(3)三角波產生器　(4)電壓最大值偵測器。

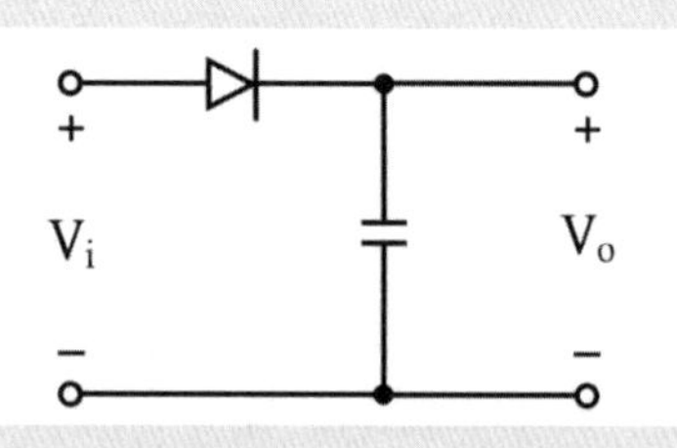

解析
以 $V_i=V_m\sin\theta$ 說明：
當 $V_i\geq0$，二極體導通，$V_o=V_i=V_m\sin\theta$。
在 $\theta=\pi/2$，$V_o=V_m$。
當 $\theta>\pi/2$，$V_i=V_o$，二極體截止，$V_o=V_m$。
此電路的主要功能為電壓最大值偵測器。

54. (　) BJT 電晶體做開關使用時應偏壓在 (1)
(1)截止區和飽和區　(2)截止區和作用區
(3)飽和區　(4)作用區和逆向區工作。

解析 電晶體若作為開關元件時，其動作主要於飽和區(代表開關導通)與截止區(代表開關截止)之間交互工作。電晶體若作為放大器時，其動作主要於工作區(線性區)。

55. (　) 以下對射極隨耦器的描述，何者為非？ (2)
(1)輸入電阻很大　(2)輸出電阻很大
(3)電壓增益≒1　(4)可作阻抗匹配。

解析 射極隨耦器即共集極放大電路(C-C Amp.)，特性如下：
(1)輸入電阻很大　(2)輸出電阻很小　(3)電流增益近似於 1。

56. (　) 某放大器的輸入電阻為 10kΩ，負載電阻為 1kΩ，且電流增益為 50，則此放大器的電壓增益為　(1)5　(2)20　(3)50　(4)500。 (1)

解析 $A_V = \frac{V_o}{V_i} = \frac{R_L i_o}{R_i i_i} = \frac{R_L}{R_i} \times \frac{i_o}{i_i} = \frac{R_L}{R_i} \times A_i = \frac{1k}{10k} \times 50 = 5$

57. (　) 以下對電晶體達靈頓電路的描述，何者為非？ (3)
(1)輸入電阻極大　(2)輸出電阻極小
(3)電壓增益很大　(4)電流增益很大。

解析 達靈頓(Darlington)電路之特性：輸入阻抗高、輸出阻抗低、電壓增益小於 1、 電流增益很大。

58. (　) 樞密特觸發電路，可將 (1)
(1)三角波轉換為方波　(2)方波轉換成弦波
(3)弦波轉換成鋸齒波　(4)方波轉換為三角波。

59. (　) 下圖所示，若輸入電壓 v_i 為 20V 有效值，則電阻 R_L 端之平均值電壓為 (1)9V　(2)18V　(3)20V　(4)$20\sqrt{2}$ V。 (2)

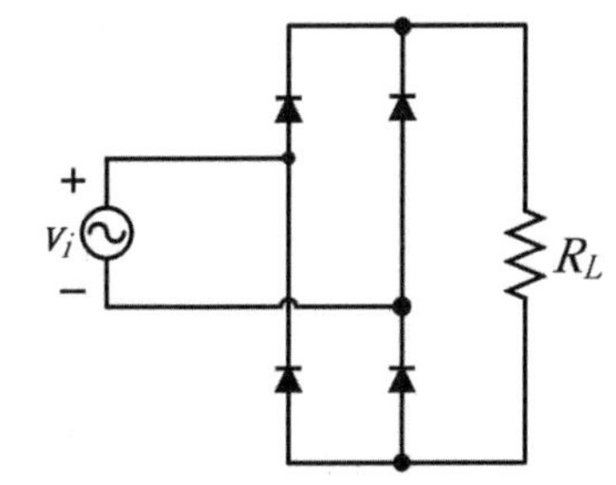

解析 $V_{o(ave)} = \frac{2V_m}{\pi} = \frac{2 \times 20\sqrt{2}}{\pi} = 18V$

60. (　) 下圖為單相變壓器中心抽頭式全波二極體整流電路，若 V_1 及 V_2 的有效值電壓皆為 12V，則此二極體的最大逆向電壓為 (4)
(1)12V　(2)$12\sqrt{2}V$　(3)24V　(4)$24\sqrt{2}V$。

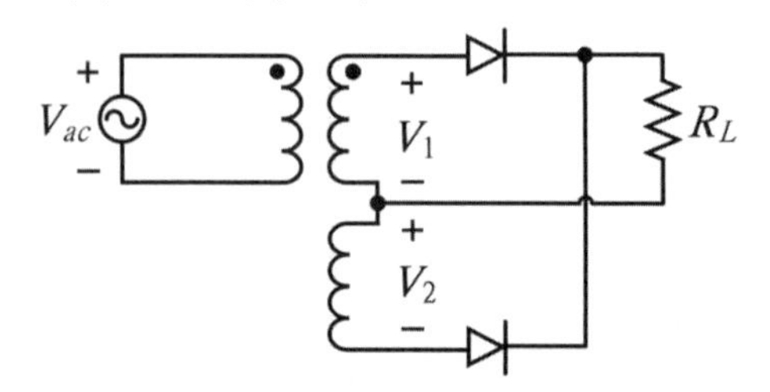

解析 截止二極體承受的逆向偏壓：$V_D = V_1 + V_2 = 2V_m \sin\theta$
二極體之逆向偏壓最大值(P.I.V：peak inverse voltage)
$V_{D(\max)} = 2V_m = P.I.V = 2\times 12\sqrt{2} = 24\sqrt{2}$

61. (　) 有關二極體的特性，下列敘述何者正確？ (1)
(1)順向偏壓時，其順向電阻接近零
(2)順向偏壓時，其順向電阻接近無限大
(3)逆向偏壓時，其逆向電阻接近零
(4)二極體具有雙向電流導通的特性。

解析 二極體的特性：(1)順向偏壓時，順向電阻接近零。(2)逆向偏壓時，其逆向電阻接近∞。(3)順向偏壓時，二極體電流由陽極流向陰極；逆向偏壓時，電流為零，具有單向電流導通的特性。

62. (　) 某電晶體放大電路，輸入信號置於基極，其集極為輸出，而射極為輸入與輸出信號共用，此放大器電路為 (4)
(1)共基極放大電路　(2)共閘極放大電路
(3)共集極放大電路　(4)共射極放大電路。

解析

BJT 放大電路	輸入信號端	輸出信號端	輸入與輸出信號共用端
共基極放大電路 (C-B Amp.)	射極	集極	基極
共集極放大電路 (C-C Amp.)	基極	射極	集極
共射極放大電路 (C-E Amp.)	基極	集極	射極

FET 放大電路	輸入信號端	輸出信號端	輸入與輸出信號共用端
共閘極放大電路 (C-GAmp.)	源極	汲極	閘極
共汲極放大電路 (C-DAmp.)	閘極	源極	汲極
共源極放大電路 (C-SAmp.)	閘極	汲極	源極

63. (　) 下圖為加法電路，若運算放大器為理想特性，則輸出 v_0 為 (1)

(1) $V_0=-(\frac{R_f}{R_1}V_1+\frac{R_f}{R_2}V_2)$　(2) $V_0=\frac{R_1}{R_f}V_1+\frac{R_2}{R_f}V_2$

(3) $V_0=-(\frac{R_1}{R_f}V_1+\frac{R_2}{R_f}V_2)$　(4) $V_0=\frac{R_f}{R_1}V_1+\frac{R_f}{R_2}V_2$ 。

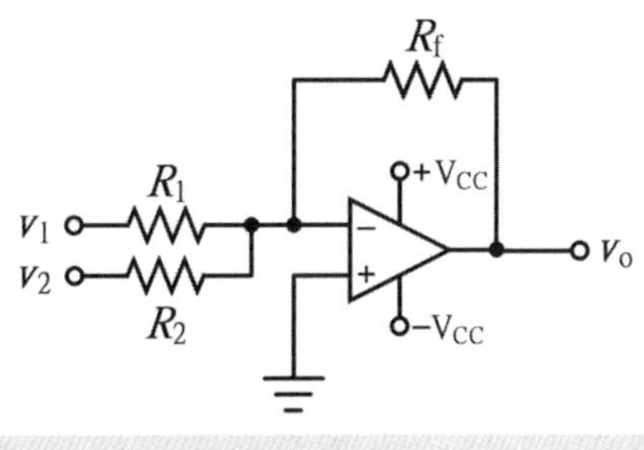

解析　$\because I_+=0=I_-$ (理想 OP 之輸入阻抗無窮大)，$V_+=0=V_-$ (虛短路)

$$\frac{V_1-0}{R_1}+\frac{V_2-0}{R_2}=\frac{0-V_o}{R_f}\Rightarrow V_o=-(\frac{R_f}{R_1}V_1+\frac{R_f}{R_2}V_2)$$

64. (　) 某電阻為 10kΩ 及電容為 4μF 之串聯電路，其時間常數 T_C 為 (1)25ms　(2)10ms　(3)20ms　(4)40ms。 (4)

解析　時間常數 $T_C=RC=10K\times4\mu=40m\sec.$

65. (　) 下圖所示電路功能為　(1)減法器　(2)放大器　(3)微分器　(4)積分器。 (3)

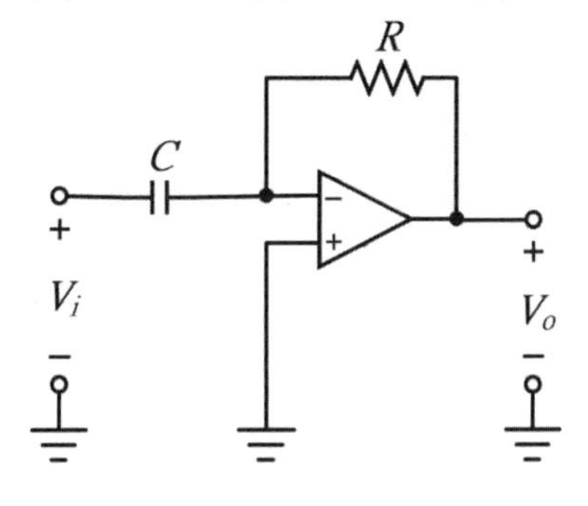

解析　利用理想 OP 特性：沒有電流流進輸入端，輸入端虛短路。

$$I_- = I_+ = 0, V_- = V_+ = 0 \Rightarrow C\frac{d(V_i - V_-)}{dt} = \frac{V_- - V_o}{R}$$

$$\Rightarrow C\frac{d(V_i - 0)}{dt} = \frac{0 - V_o}{R} \Rightarrow V_o = -RC\frac{dV_i}{dt}$$

輸出為輸入端之一階微分函數，故此電路為微分器。

66. (　) 若有兩級電壓放大器，其增益 AV 皆為-10，若輸入信號 Vi=sin ωt mV，則輸出信號為 (1)

(1)0.1sin ωtV　(2)0.01sin ωtV　(3)-0.1sin ωtV　(4)-0.01sin ωtV。

解析　$V_o = A_v V_i = A_{v1} A_{v2} V_i = (-10)\times(-10)\times V_i = 100V_i = 100\times(\sin\omega t)mV = (0.1\sin\omega t)V$

二、複選題

67. (　) 有關理想二極體的特性，下列何者正確？ (24)

(1)順向偏壓時，二極體兩端如同開路
(2)順向偏壓時，二極體兩端如同短路
(3)逆向偏壓時，二極體兩端如同短路
(4)逆向偏壓時，二極體兩端如同開路。

解析　二極體的特性：
順向偏壓時，VAK≒0V，二極體兩端如同短路。
逆向偏壓時，IAK=0A，二極體兩端如同開路。

68. (　) 下圖所示電路中，若 Q_1 與 Q_2 相同，下列何者正確？ (12)

(1)該電路為不穩式多諧振盪器　(2)頻率約為 0.72÷(RC)
(3)該電路為單穩式多諧振盪器　(4)頻率約為 1.4RC。

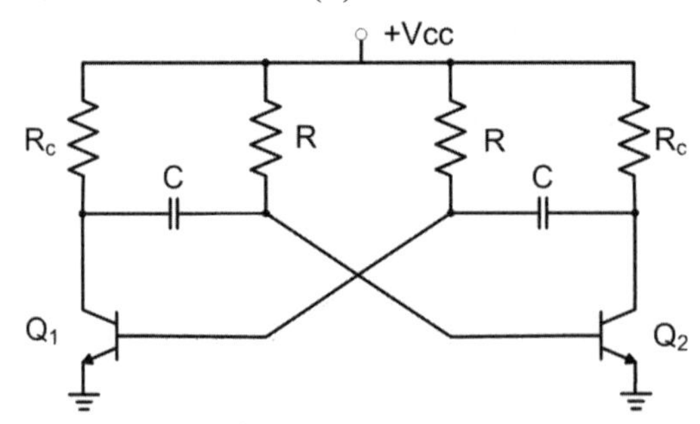

解析　上圖為不穩態多諧振盪器，即輸出沒有穩定狀態，此電路只要加上電源，即可自動產生某一頻率的信號輸出，不需外加觸發信號，因此又稱為自激式多諧振盪器。其振盪週期 T=1.4RC，頻率 f 約為 0.72/(RC)。

69. (　) 下圖所示電路中，下列敘述何者正確？ (23)
(1)二極體功能為整流　(2)二極體可消除線圈上之反電勢
(3)電晶體用途為開關　(4)電晶體用途為放大器。

解析 邏輯電路輸出為“1”(高電位)時，Q_1 導通，電流路徑為+V_{cc}→繼電器線圈→Q_1 集極→Q_1 射極→接地。邏輯電路輸出為“0”(低電位)時，Q_1 截止，電流為零，繼電器線圈的能量經由飛輪二極體釋放。此電路之二極體可消除線圈上之反電勢，電晶體用途為開關。

70. (　) 下列何者是金氧半場效應電晶體(MOSFET)的接腳名稱？ (134)
(1)源極(source)　(2)基極(base)　(3)汲極(drain)　(4)閘極(gate)。

解析 MOSFET 的腳位名稱：閘極(gate)、汲極(drain)、源極(source)，即 G、D、S。

71. (　) 下列何者是雙極性接面電晶體(BJT)的接腳名稱？ (234)
(1)閘極(gate)　(2)基極(base)　(3)射極(emitter)　(4)集極(collector)。

解析 BJT 的腳位名稱：基極(base)、集極(collector)、射極(emitter)，即 B、C、E。

72. (　) 有關場效應電晶體(FET)，下列敘述何者正確？ (124)
(1)傳導電流由多數載子負責
(2)傳導電流大小由靜電場控制
(3)載子為電子者是為 P 通道
(4)輸入阻抗一般較雙極性接面電晶體(BJT)高。

解析 載子為電子者是為 n 通道。

73. (　) 有關金氧半場效應電晶體(MOSFET)特性敘述，下列何者正確？ (124)
(1)N 通道增強型之閘源極電壓(V_{GS})需大於臨界電壓(V_T)才能導通電流
(2)閘源極電壓(V_{GS})為零時，增強型比起空乏型結構上少了通道
(3)P 通道增強型之臨界電壓(V_T)正值
(4)N 通道空乏型之夾止電壓(V_P)為負值。

解析　P 通道增強型之臨界電壓(V_T)為負值。

74. (　) 有關理想運算放大器的敘述，下列何者正確？ (123)
(1)電壓增益無窮大　(2)輸入阻抗無窮大
(3)輸出阻抗為零　(4)頻帶寬度很小。

解析　理想運算放大器的特性：(1)電壓增益無窮大　(2)輸入阻抗無窮大　(3)輸出阻抗為零　(4)頻帶寬度很大　(5)輸入電流等於零　(6)特性不受溫度影響。

75. (　) 下列何者是理想運算放大器的特性？ (34)
(1)共模拒斥比(CMRR)極小　(2)輸入電流不等於零
(3)特性不受溫度影響　(4)電壓增益無窮大。

解析　理想運算放大器的特性：(1)電壓增益無窮大　(2)輸入阻抗無窮大　(3)輸出阻抗為零　(4)頻帶寬度很大　(5)輸入電流等於零　(6)特性不受溫度影響。

76. (　) 下圖所示電路中，下列敘述何者正確？ (13)
(1)該電路為反相放大器　(2)電路輸入阻抗 Z_i 為 50kΩ
(3)V_o/V_i=-5　(4)V_o/V_i=5。

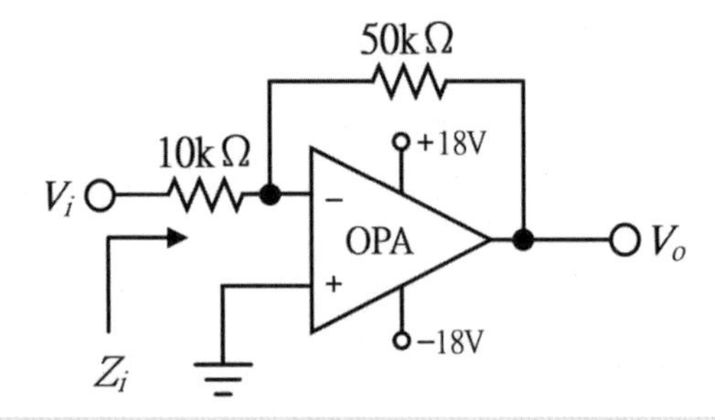

解析　負回授：虛短路 $V_- = V_+ = 0$

理想 OPA 的輸入阻抗 $R_{in} = \infty$,，所以 $I_- = I_+ = 0A$

$\frac{V_i}{10k} = \frac{0 - V_o}{50k} \Rightarrow \frac{V_o}{V_i} = A_V = -\frac{50k}{10k} = -5$，為反相放大器。

77. (　) 下圖所示電路中，下列敘述何者正確？ (12)
(1)該電路為非反相放大器　(2)電壓增益為 $1+(R_2/R_1)$
(3)該電路為反相放大器　(4)電壓增益為 $1+(R_1/R_2)$。

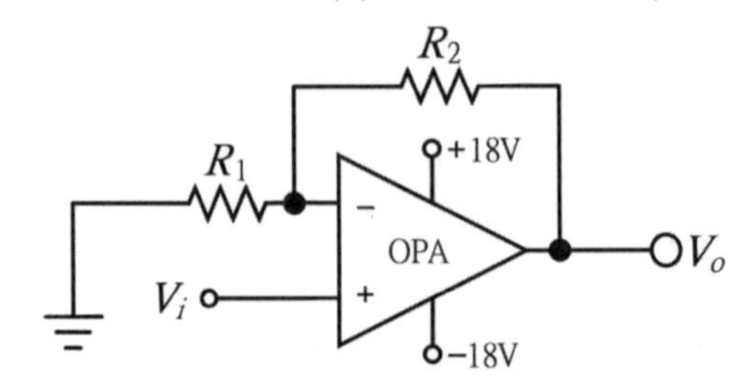

解析 負回授：虛短路 $V_- = V_+$

理想 OPA 的輸入阻抗 $R_{in}=\infty$，所以 $I_- = I_+ = 0A$

$\frac{V_i}{R_1}=\frac{V_o - V_i}{R_2} \Rightarrow \frac{V_o}{V_i}=A_V=1+\frac{R_2}{R_1}$，為同相放大器(非反相放大器)。

78. (　) 下圖所示電路中，下列敘述何者正確？ (234)

(1)該電路為共集極組態放大器　(2)R_E 主要功用是增加電路穩定度

(3)R_E 會降低電壓增益　(4)C_1 及 C_2 可以隔離直流。

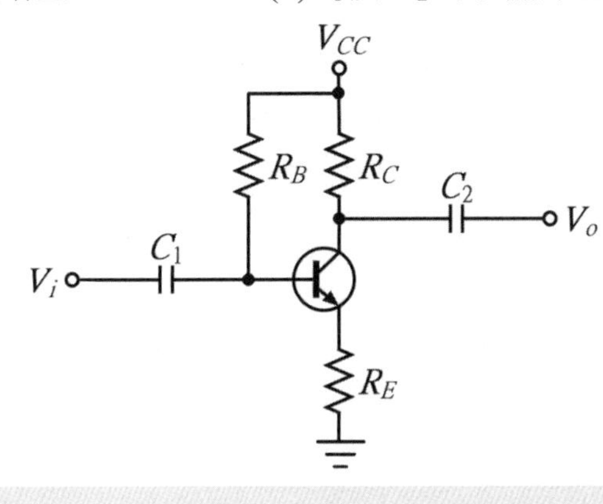

解析 本電路為共射極組態放大器，R_E 主要功用是增加電路穩定度，但會降低電壓增益，C_1 及 C_2 為耦合電容，可以隔離直流信號。

79. (　) 下列有關肖特基二極體（Schotty diode）之敘述何者正確？ (123)

(1)沒有空乏區　(2)單載子元件

(3)導通電壓低，約 0.3V　(4)切換速度慢，不適用 50kHz 以上。

80. (　) 在雙載子接面電晶體(BJT)中，i_C 為集極電流、i_B 為基極電流、i_E 為射極電流、β_F 為順向電流放大因數，下列何者正確？ (13)

(1)$i_C=\beta_F i_B$　(2)$i_C=(1+\beta_F)i_B$　(3)$i_E=(1+\beta_F)i_B$　(4)$i_E=\beta_F i_B$。

81. (　) 有關二極體應用，下列敘述何者正確？ (24)

(1)串聯使用可增加最大電流　(2)並聯使用可增加最大電流

(3)並聯使用可增加最大逆向電壓　(4)串聯使用可增加最大逆向電壓。

82. (　) 有關接面二極體特性敘述，下列敘述何者正確？ (123)

(1)PN 接面處形成空乏區　(2)具有單向導通特性

(3)逆向電壓下僅有微量漏電流　(4)順向導通電壓遠大於逆向崩潰電壓。

83. (　) BJT 電晶體當開關使用時，下列敘述何者正確？ (34)

(1)導通時在截止區　(2)導通時在工作區

(3)導通時在飽和區　(4)截止時在截止區。

解析　BJT 當開關使用時，截止時在截止區，類似開路狀態。導通時在飽和區，類似短路狀態。

84. (　) 下列有關半導體中電流的描述何者正確？ (14)
(1)當半導體材料外加電壓時就會產生飄移電流
(2)半導體內載子若分布不均勻就會產生飄移電流
(3)半導體內載子因擴散產生的電流叫做飄移電流
(4)飄移電流是半導體中自由電子及電洞被電場加速所產生。

85. (　) 下列有關共射極電晶體放大電路之敘述何者正確？ (234)
(1)信號加於基極，輸出由射極取出
(2)信號加於基極，輸出由集極取出
(3)電壓增益及電流增益都高
(4)電壓增益為負值。

解析　共射極電晶體放大電路：(1)輸入信號加於基極，輸出由集極取出，射極為共同接地點。(2)電壓增益高，反相放大電壓，Av 為負值，$|Av|>1$。(3)電流增益高，同相放大電流，$Ai>1$。

工作項目 06 邏輯與數位系統

一、單選題

1. (　) 下圖所示電路為何種計數器？　(4)

(1)移位暫存器　(2)同步上數計數器
(3)同步下數計數器　(4)漣波計數器。

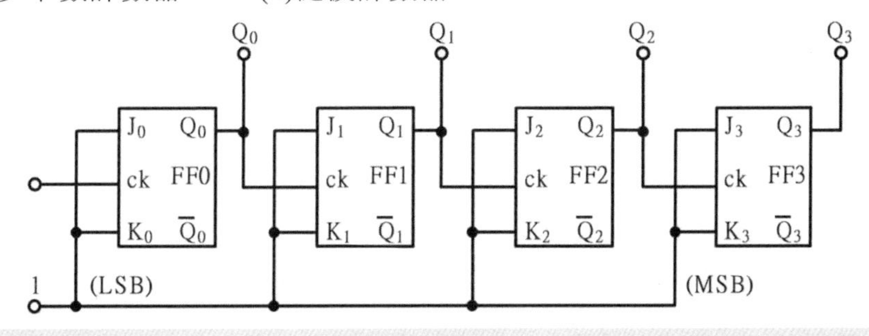

解析　ripple counter：漣波計數器，非同步計數器。
電路中第二(三、四)個正反器的 CK 接到第一(二、三)個正反器輸出 Q_o，表示由前一個輸出決定下一個正反器的時脈(Clock)，此類為非同步計數器。同步計數器：所有正反器的 CK 都接在一起。

2. (　) 下圖所示電路為正邏輯之　(2)

(1)反或閘電路　(2)反及閘電路　(3)互斥或閘電路　(4)或閘電路。

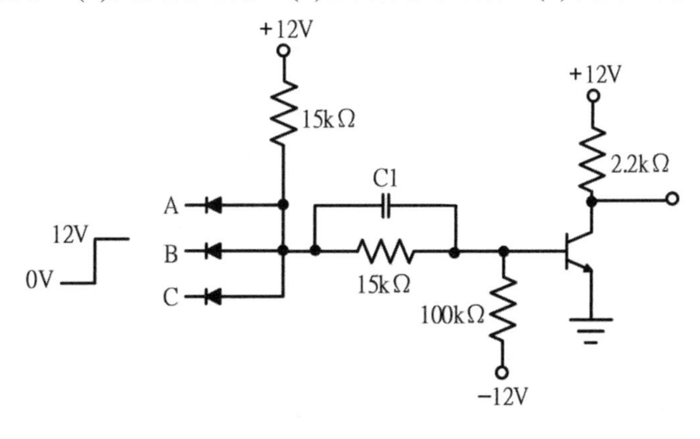

解析 當 A 或 B 或 C=0V 時，二極體導通，電晶體截止，Y=12V；當 A、B 和 C 同時為 12V 時，二極體截止，電晶體導通，Y=0V。

輸入			輸出
A	B	C	Y
0	0	0	1
0	0	1	1
0	1	0	1
0	1	1	1
1	0	0	1
1	0	1	1
1	1	0	1
1	1	1	0

Y=A'+B'+C'=(ABC)'，此電路為正邏輯之反及閘。

3. (　) 下圖所示電路中，有關 NE555 之敘述何者為錯誤？ (3)

(1)作為非穩態振盪　(2)其輸出決定於 R1、R2 及 C

(3)輸出波形為正弦波　(4)R1 與 R2 之大小可改變其工作週期。

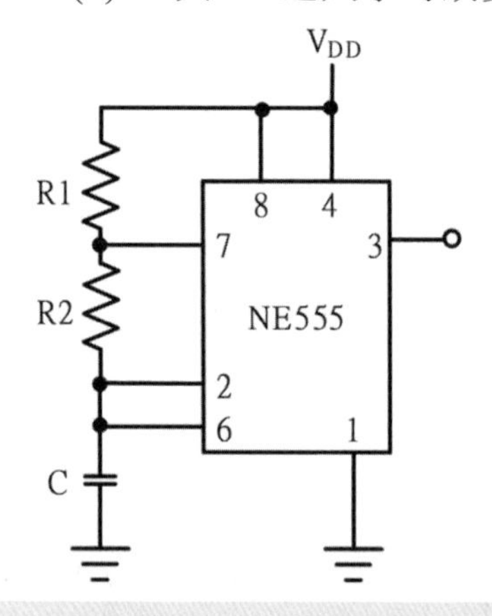

解析 輸出波形為方波。

4. (　) 下圖所示電路中，若輸出 C 保持為 1，則 (4)

(1)A＝B＝C　(2)A＝B＝1

(3)A＝0，B 可為任意值　(4)A＝0、B＝1 或 A＝1、B＝0。

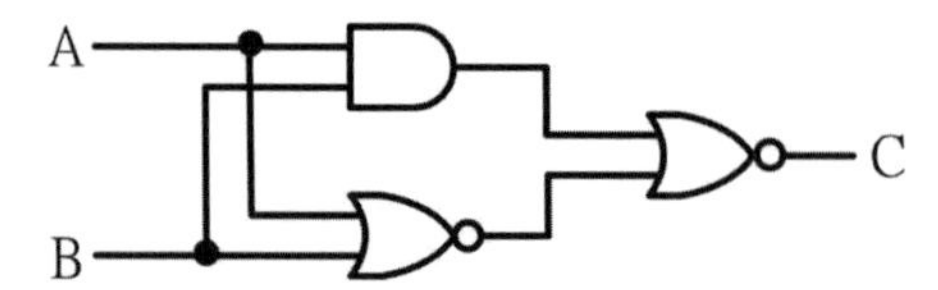

解析 $C=[(A+B)'+(AB)]'=(A+B)\bullet(AB)'=(A+B)\bullet(A'+B')$
$=AB'+A'B=A\oplus B$
$A\neq B$ 時，C=1

5. ( ) 邏輯電路中，若輸入信號至少有一個為 1，則輸出為 1 的邏輯閘是 (2)
(1)及閘 (2)或閘 (3)反閘 (4)反或閘。

解析 及閘(AND)：任一輸入為 0 時，輸出為 0
或閘(OR)：任一輸入為 1 時，輸出為 1
反閘(NOT)：輸入與輸出反相，0→1、1→0
反或閘(NOR)：任一輸入為 1 時，輸出為 0

6. ( ) 在布林代數中，若 A＝B＝C＝D＝1 時，則下列何者為錯誤？ (3)
(1)AB＋CD＝1 (2) $\overline{A}\overline{B}+\overline{C}\overline{D}=0$
(3) $\overline{ABCD}=1$ (4) $\overline{A+B+C+D}=0$ 。

解析 $AB+CD=1\bullet1+1\bullet1=1+1=1$
$\overline{A}\overline{B}+\overline{C}\overline{D}=\overline{1}\bullet\overline{1}+\overline{1}\bullet\overline{1}=0\bullet0+0\bullet0=0+0=0$
$\overline{ABCD}=\overline{1\bullet1\bullet1\bullet1}=\overline{1}=0$
$\overline{A+B+C+D}=\overline{1+1+1+1}=\overline{1}=0$

7. ( ) 下列邏輯電路中，何者的傳輸延遲最小？ (1)
(1)ECL (2)DTL (3)TTL (4)DCTL。

8. ( ) 下圖所示電路為 (4)
(1)反或閘電路 (2)反及閘電路 (3)及閘電路 (4)互斥或閘電路。

A
B
C

解析 $C=(A+B)\bullet(A'+B')=AB'+A'B=A\oplus B$

9. ( ) 正反器(Flip－Flop)是一種 (2)
(1)單穩態多諧振盪器 (2)雙穩態多諧振盪器
(3)非穩態多諧振盪器 (4)矽控整流器。

解析 正反器輸出為 Q 和 $\overline{Q}$，只有 0 和 1 兩種狀態，故為雙穩態多諧振盪器。

10. (　) 下圖所示電路中的輸出函數 F 為 (1)
(1) $AB+\overline{A}\overline{B}$　(2) $\overline{A}B+A\overline{B}$　(3)AB　(4)A＋B。

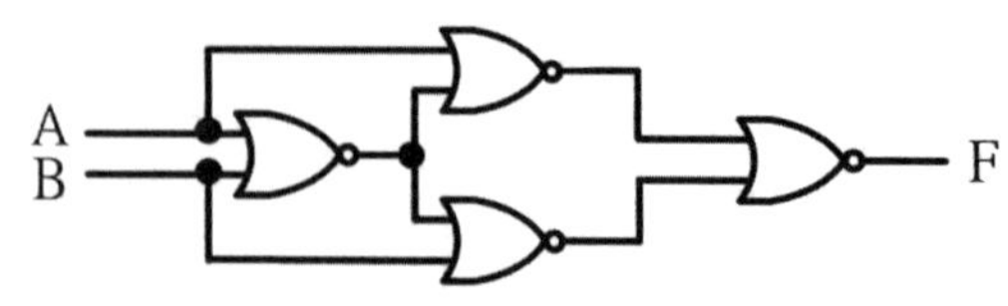

解析

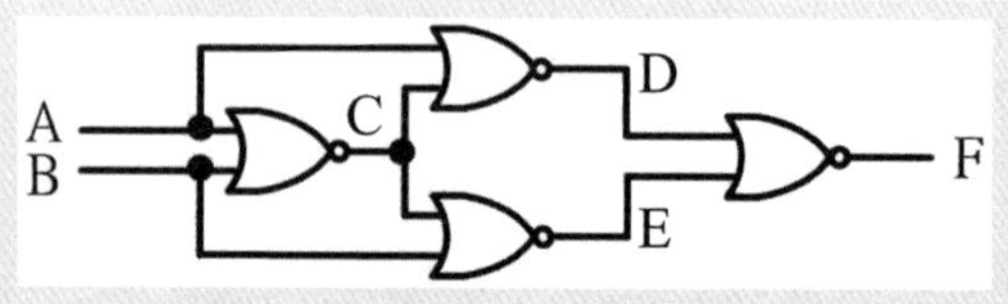

$C=\overline{A+B}, D=\overline{A+C}=\overline{A}\bullet\overline{C}=\overline{A}\bullet(A+B)=\overline{A}\bullet A+\overline{A}\bullet B=\overline{A}B\Rightarrow\overline{D}=\overline{\overline{A}}+\overline{B}=A+\overline{B}$

$E=\overline{B+C}=\overline{B}\bullet\overline{C}=\overline{B}\bullet(A+B)=\overline{B}\bullet A+\overline{B}\bullet B=A\overline{B}\Rightarrow\overline{E}=\overline{A}+\overline{\overline{B}}=\overline{A}+B$

$f=\overline{D+E}=\overline{D}\bullet\overline{E}=(A+\overline{B})\bullet(\overline{A}+B)=A\bullet\overline{A}+A\bullet B+\overline{B}\bullet\overline{A}+\overline{B}\bullet B=AB+\overline{A}\overline{B}$

11. (　) 下列布林代數中，何者為錯？ (2)
(1)A＋A＝A　(2)A・A＝1　(3)A＋AB＝A　(4)A＋BC＝(A＋B)(A＋C)。

解析

$A+A=A$

$A\bullet A=A$

$A+AB=A(1+B)=A\bullet 1=A$

$(A+B)(A+C)=A\bullet A+A\bullet C+B\bullet A+B\bullet C=A+AC+AB+BC$

$=A(1+C+B)+BC=A\bullet 1+BC=A+BC$

12. (　) 十進制 7.625 之二進位碼為 (2)
(1)111.111　(2)111.101　(3)101.111　(4)101.101。

解析

$7\div 2=3---1$

$3\div 2=1---1$

$1\div 2=0---1$

取餘數：從下往上寫→111。

$0.625\times 2=1.25$

$0.25\times 2=0.505$

$0.5\times 2=1.0$

取乘積之個位數：從上往下寫→101。

故 7.625 之二進位碼為 111.101。

13. (　) 下列何者為 RS－232C 界面之示意圖？ (1)

(1) 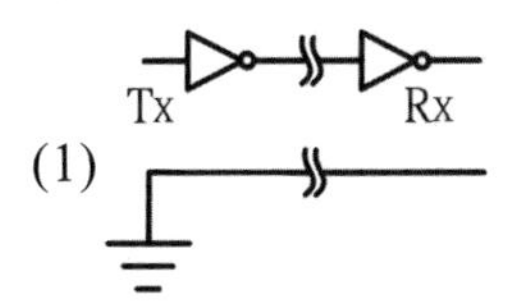

(2) 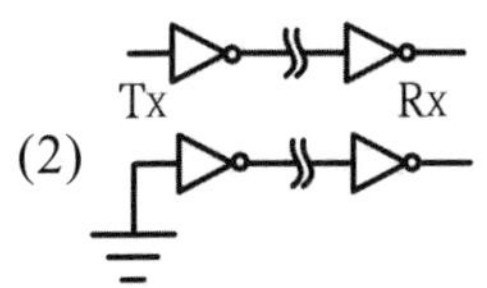

(3) 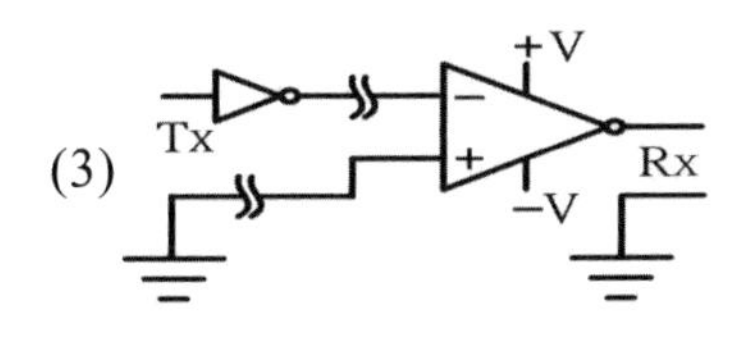

(4) 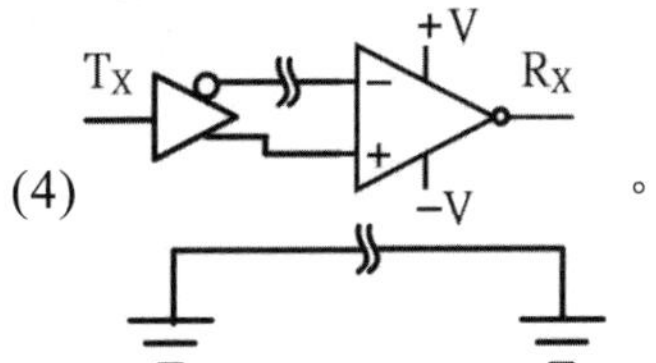

。

14. (　) 一位元組(Byte)是由多少位元(Bit)所組成的　(1)4　(2)8　(3)16　(4)32。 (2)

解析 1Byte=8Bits。

15. (　) 美國國家標準資訊交換碼是指 (4)
(1)BCD 碼　(2)AND 碼　(3)格雷(Grey)碼　(4)ASCII 碼。

解析 美國國家標準資訊交換碼(American Standard Code for Information Interchange，簡稱 ASCII)為美國的國家標準，係用以規範各電腦之間交換文數字資訊、電腦與周邊設備之間傳輸文數字資訊，以及電腦網路上傳輸本文檔案(text file)所用的英文字元與字元碼。

16. (　) ROM 記憶體 (1)
(1)只可以讀　(2)只可以寫　(3)讀和寫均可　(4)不能讀也不能寫。

解析 ROM：Read-only Memory 唯讀記憶體，只可以讀不能寫。

17. (　) 快取記憶體(Cache Memory)係由下列何種記憶體組成？ (2)
(1)DRAM　(2)SRAM　(3)EPROM　(4)EEPROM。

18. (　) 下圖半加器的 S(和)輸出為　(1)AB　(2)A+B　(3) $\overline{A}\overline{B}$　(4)A⊕B。 (4)

A→ B→ [H.A.] →S(和) →C(進位)

解析

輸入		輸出	
A	B	C(進位)	S(和)
0	0	0	0
0	1	0	1
1	0	0	1
1	1	1	0

$C = AB' + A'B = A \oplus B$

$S = AB$

19. (　) 十進制數-21 的 8 位元二進制之有號數 2 補數法表示為 (1)11101011 (2)1010101 (3)01101011 (4)0010101。 (1)

解析 21 用 2 進制表示法為 010101
先用 111111 減去 010101
然後再加 1 等於 11101011

20. (　) 下圖所示暫存器，其輸入端之三角符號表示 (1)時脈 (2)負緣觸發 (3)正緣觸發 (4)同步。 (2)

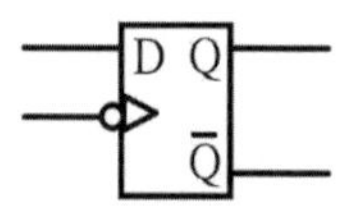

解析 三角符號表示邊緣觸發，有小圓圈代表負緣觸發，沒有小圓圈代表正緣觸發。

21. (　) 欲使用正反器儲存十進位數 129 時，至少需要幾個正反器？ (1)7 (2)8 (3)12 (4)13。 (2)

解析 $2^n \geq 129 \Rightarrow n_{\min} = 8$，故至少需 8 個正反器。

22. (　) 移位暫存器一般均使用何種正反器組成？ (1)RS 型 (2)JK 型 (3)D 型 (4)T 型。 (3)

23. (　) JK 正反器若如下圖連接方式，則成為何種等效電路？ (1)T 型 (2)RS 型 (3)D 型 (4)反相 RS 型。 (3)

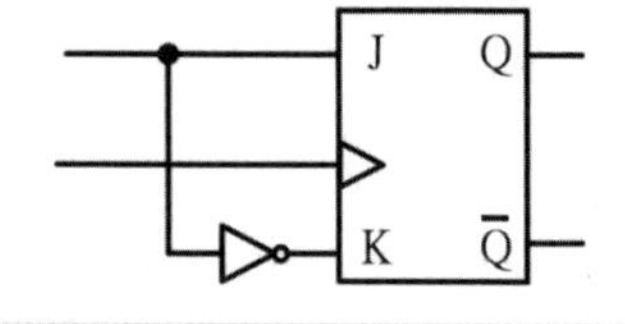

解析

輸入		輸出	結論
J	$K=\bar{J}$	Q	輸出=輸入，電路等效為 D 型正反器
0	1	0	
1	0	1	

24. (　) 邏輯電路中，具有儲存與記憶功能的元件為 (1)NOR (2)NAND (3)XOR (4)Flip-Flop。 (4)

25. (　) 組成計數器的主要元件是 (1)多工器 (2)解多工器 (3)解碼器 (4)正反器。 (4)

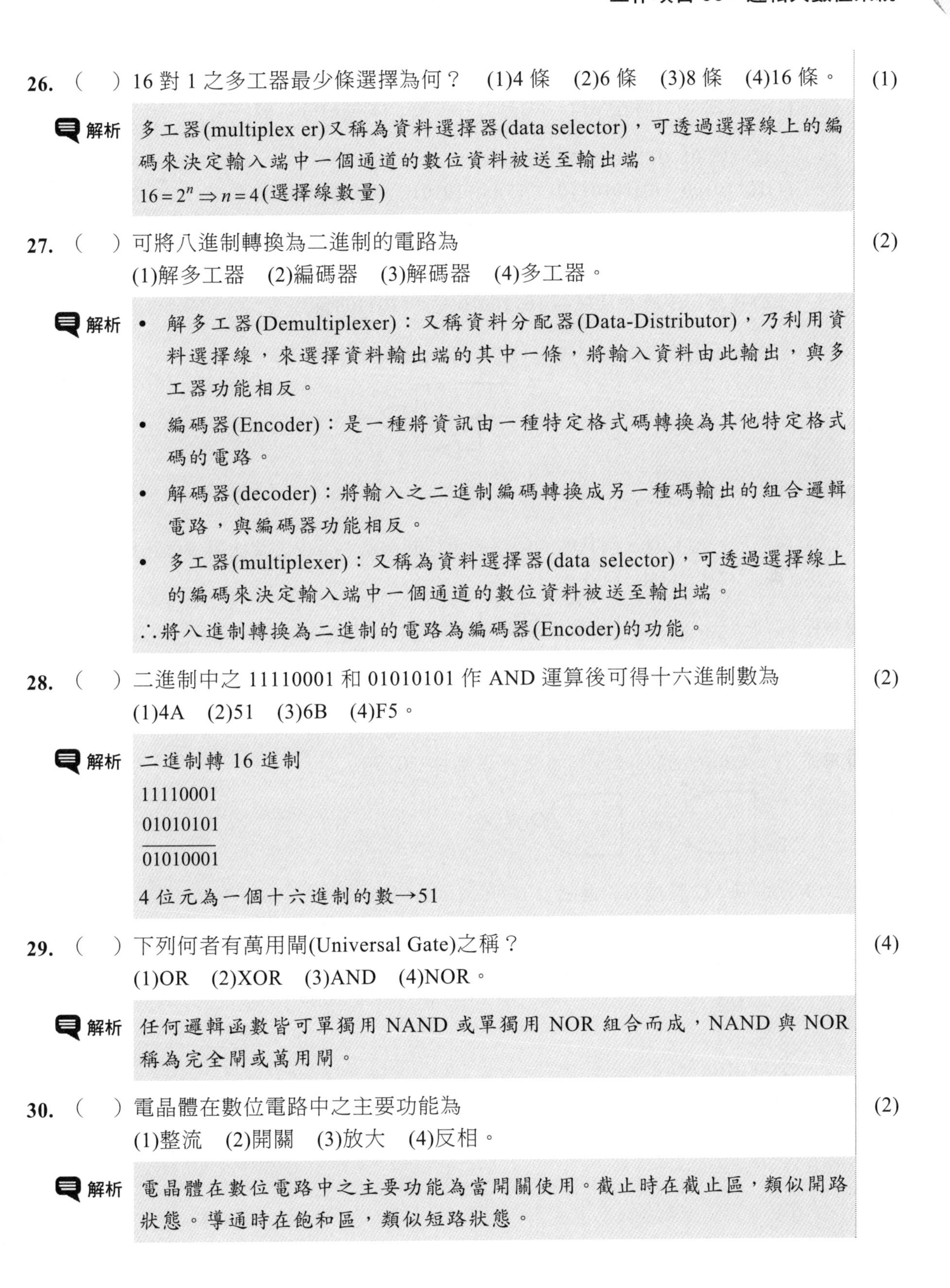

26. (　) 16 對 1 之多工器最少條選擇為何？ (1)4 條 (2)6 條 (3)8 條 (4)16 條。 (1)

解析 多工器(multiplex er)又稱為資料選擇器(data selector)，可透過選擇線上的編碼來決定輸入端中一個通道的數位資料被送至輸出端。
$16 = 2^n \Rightarrow n = 4$(選擇線數量)

27. (　) 可將八進制轉換為二進制的電路為
(1)解多工器 (2)編碼器 (3)解碼器 (4)多工器。 (2)

解析
- 解多工器(Demultiplexer)：又稱資料分配器(Data-Distributor)，乃利用資料選擇線，來選擇資料輸出端的其中一條，將輸入資料由此輸出，與多工器功能相反。
- 編碼器(Encoder)：是一種將資訊由一種特定格式碼轉換為其他特定格式碼的電路。
- 解碼器(decoder)：將輸入之二進制編碼轉換成另一種碼輸出的組合邏輯電路，與編碼器功能相反。
- 多工器(multiplexer)：又稱為資料選擇器(data selector)，可透過選擇線上的編碼來決定輸入端中一個通道的數位資料被送至輸出端。

∴將八進制轉換為二進制的電路為編碼器(Encoder)的功能。

28. (　) 二進制中之 11110001 和 01010101 作 AND 運算後可得十六進制數為
(1)4A (2)51 (3)6B (4)F5。 (2)

解析 二進制轉 16 進制
11110001
01010101
01010001
4 位元為一個十六進制的數→51

29. (　) 下列何者有萬用閘(Universal Gate)之稱？
(1)OR (2)XOR (3)AND (4)NOR。 (4)

解析 任何邏輯函數皆可單獨用 NAND 或單獨用 NOR 組合而成，NAND 與 NOR 稱為完全閘或萬用閘。

30. (　) 電晶體在數位電路中之主要功能為
(1)整流 (2)開關 (3)放大 (4)反相。 (2)

解析 電晶體在數位電路中之主要功能為當開關使用。截止時在截止區，類似開路狀態。導通時在飽和區，類似短路狀態。

31. (　) 檢視邏輯電路之時序，最適合採用 (4)
(1)示波器　(2)邏輯探棒　(3)電力分析儀　(4)邏輯分析儀。

32. (　) 二進制數 01001101 之 2 的補數為 (4)
(1)10110100　(2)10101101　(3)00110101　(4)10110011。

解析　1 的補數：0→1，1→0
01001101 變為 1 的補數→ 10110010
2 的補數 ＝1 的補數+1→ 10110010 + 1 = 10110011

33. (　) 下圖所示電路之輸出 Y 為　(1)0　(2)1　(3)A　(4)B。 (2)

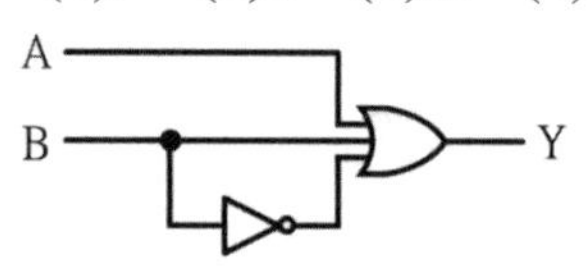

解析　$Y = A + B + \overline{B} = A + 1 = 1$

34. (　) 要設計一個具有 5 個狀態的順序邏輯控制電路，至少必須使用幾個正反器？ (2)
(1)2　(2)3　(3)4　(4)5。

解析　$2^n \geq 5 \Rightarrow n_{\min} = 3$，故至少需 3 個正反器。

35. (　) 若要以 NAND 閘實現一個 AND 閘，至少需要使用幾個 NAND 閘？ (2)
(1)1　(2)2　(3)3　(4)4。

解析　$Y = AB = [(AB)']'$，至少需要使用 2 個 NAND 閘。

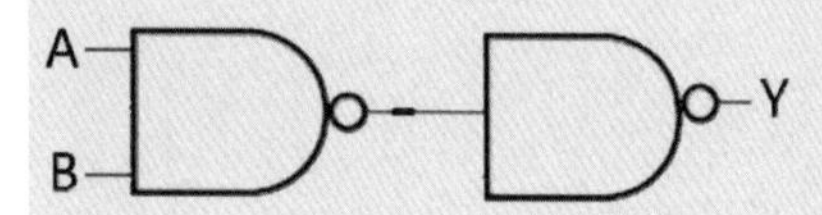

36. (　) 八進制 532 轉換為二進制，下列何者正確？ (2)
(1)110000110　(2)101011010　(3)101011000　(4)011101110。

解析　八進制轉換為二進制：每個位元分別轉換。
5 → 101；
3 → 011；
2 → 010；
合併之：由高位元至低位元→101011010。

37. (　) $53_8=47_x$，下標表示數字進位系統，則 x 為何？　(1)7　(2)9　(3)10　(4)12。 (2)

解析

$$53_8 = 47_x$$
$$5\times8^1+3\times8^0=4\times x^1+7\times x^0$$
$$43=4x+7\Rightarrow x=\frac{43-7}{4}=9$$

38. (　) 二進位數 10110111 是下列哪個十進位數字的 2 的補數？ (3)
(1)13　(2)33　(3)-73　(4)93。

解析 2 的補數=1 的補數+1

二進位數 10110111 為有帶符號之表示：最高位元(MSB)1 表示負數，0 表示正數。此數除最高位元外之 1 的補數為 0110111-1=1001000，2 的補數為 1001001

$(1001001)_2=1\times2^6+1\times2^3+1\times2^o=(73)_{10}$

加入符號，代表十進位數：-73

39. (　) 假設使用偶同位位元檢查，下列哪些資料位元表示發生錯誤？ (1)
(1)00111000　(2)10101010　(3)00000011　(4)11000011。

解析 偶同位位元檢查係指資料位元中有偶數個 1，若資料位元中有奇數個 1 則表示資料位元表示發生錯誤。

40. (　) 資料長度為 16 位元，系統採用 2 的補數時，能表達的整數範圍為何？ (1)
(1) $-(2^{16-1})\sim+(2^{16-1}-1)$　(2) $-(2^{16-1}-1)\sim+(2^{16-1}-1)$
(3) $-(2^{16-1})\sim+(2^{16-1})$　(4) $-(2^8)\sim+(2^8-1)$。

41. (　) 下圖所示電路中，A、B 是輸入端，Y0 到 Y3 是輸出端，這是什麼電路？ (3)
(1)高態動作 2 對 4 解碼器　(2)高態動作 2 對 4 多工器
(3)低態動作 2 對 4 解碼器　(4)低態動作 2 對 4 多工器。

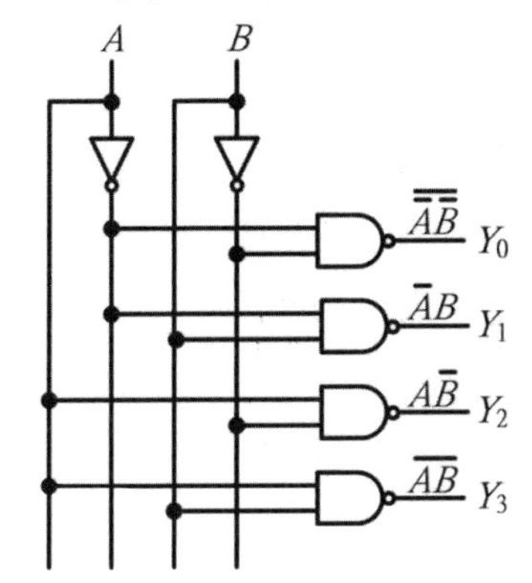

解析　多工器(multiplexer)又稱為資料選擇器(data selector)，可透過選擇線上的編碼來決定輸入端中一個通道的數位資料被送至輸出端。

解碼器(decoder)係將輸入之二進制編碼轉換成另一種碼輸出的組合邏輯電路，與編碼器(encoder)功能相反。

本電路之真值表(truth table)如下：

輸入		輸出			
A	B	Y3	Y2	Y1	Y0
0	0	1	1	1	0
0	1	1	1	0	1
1	0	1	0	1	1
1	1	0	1	1	1

為低態動作 2 對 4 解碼器。

42. (　) 下圖是 SN74154 的內部電路，若要 1Y=1A，2Y=2A，3Y=3A，4Y=4A 則選擇與致能應作如何安排？　(4)

(1)選擇=1；致能=1　(2)選擇=1；致能=0

(3)選擇=0；致能=1　(4)選擇=0；致能=0。

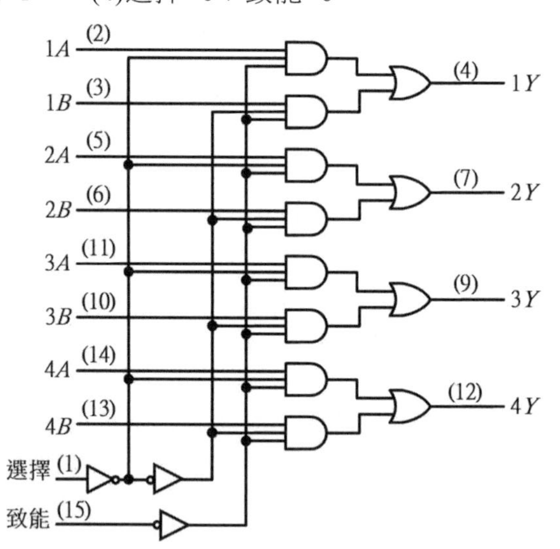

解析　以 1Y=1A 為例說明：若選擇=0；致能=0

1A 右側 AND 閘之輸出為 1A，1B 右側 AND 閘之輸出為 0

1Y=1A+0=1A；其餘可依此類推。

43. (　) 在作同步計數器的電路設計時，主要使用何種圖表？　(4)

(1)真值表　(2)列表法　(3)卡諾圖　(4)激勵表。

44. (　) 十進制數值為 26，將其轉換為十六進制，其值為　(1)

(1)1A　(2)2A　(3)3A　(4)19。

解析 $(26)_{10} = 1\times16^1 + 10\times16^o = (1A)_{16}$

45. (　) 下圖為邏輯閘，其輸出布林(Boolean)函數為 (3)
(1) $Y=\overline{A}+\overline{B}+\overline{C}$　(2) $Y=A+B+C$　(3) $Y=A\bullet B\bullet C$　(4) $Y=\overline{A}\bullet\overline{B}\bullet\overline{C}$ 。

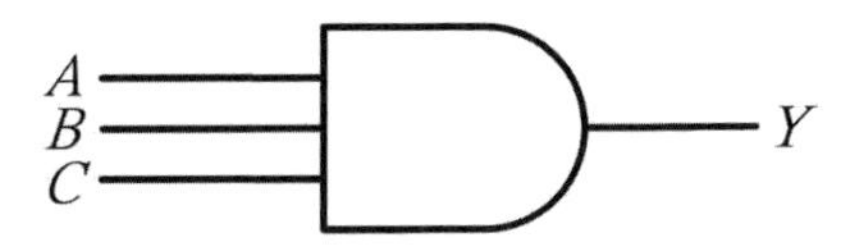

46. (　) 計數由 0 至 100 的計數器，需用多少個正反器？ (4)
(1)4 個　(2)5 個　(3)6 個　(4)7 個。

解析 $2^n \geq 100 \Rightarrow n_{min} = 7$，故至少需 7 個正反器。

47. (　) 下圖為二極體組成之邏輯電路，若為正邏輯定義，則其輸出 Y 的布林(Boolean)函數為　(1)Y=A · B · C　(2)Y=A+B+C　(3) $Y=\overline{A}+\overline{B}+\overline{C}$　(4)Y=A⊕B⊕C。 (2)

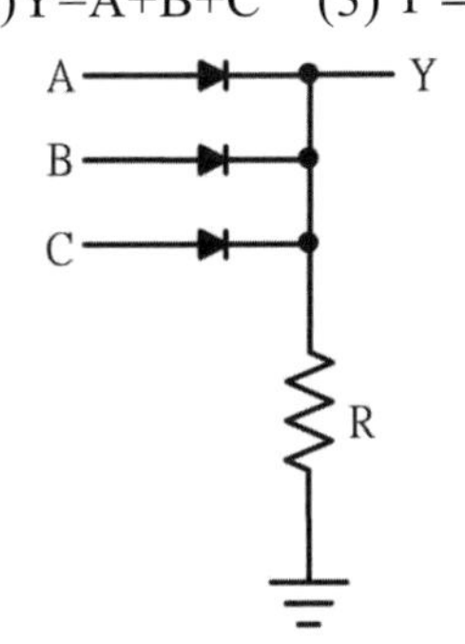

解析 當 A 或 B 或 C 為高電位時，二極體導通，Y 為高電位;當 A、B 和 C 同時為低電位時，二極體截止，Y 為低電位。

輸入			輸出
A	B	C	Y
0	0	0	0
0	0	1	1
0	1	0	1
0	1	1	1
1	0	0	1
1	0	1	1
1	1	0	1
1	1	1	1

Y=A+B+C，此電路為正邏輯之或閘。

48. (　) 下圖之數位邏輯電路之布林(Boolean)函數為　　(1)

(1) $Y = AB + \overline{AB}$　(2) $Y = (A+B) \bullet \overline{(A+B)}$　(3)Y=A・B　(4)Y=A+B。

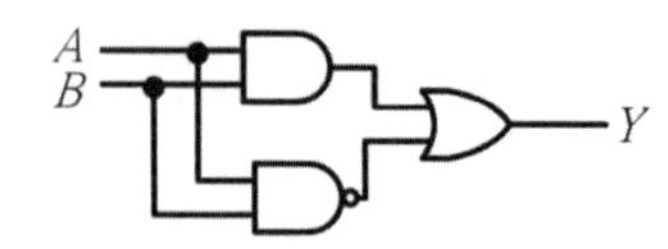

解析　$Y = AB + \overline{AB}$

49. (　) 下圖之邏輯閘之布林(Boolean)函數為　　(1)

(1)Y=A⊕B　(2)Y=A+B　(3)Y=A・B　(4) $Y = \overline{A} + \overline{B}$。

解析

基本邏輯閘	符號	布林(Boolean)函數	真值表
及閘 (AND gate)		Y=A・B	A B Y 0 0 0 0 1 0 1 0 0 1 1 1
或閘 (OR gate)		Y= A+B	A B Y 0 0 0 0 1 1 1 0 1 1 1 1
反閘 (NOT gate)		$Y = \overline{A}$	A Y 0 1 1 0
互斥或閘 (XOR gate)		Y=A⊕B	A B Y 0 0 0 0 1 1 1 0 1 1 1 0

50. (　) 下圖為除頻電路，若輸入信號 f_i 為 20kHz 的方波，則輸出信號 f_o 的頻率為 (1)20kHz　(2)10kHz　(3)5kHz　(4)2.5kHz。 (3)

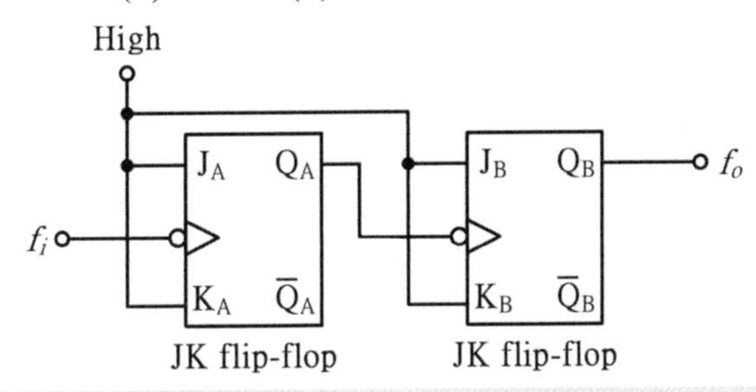

解析　J=K=1，$Q_A = \overline{Q_{A\text{-}1}}$，此電路為除 4 的非同步計數器(即漣波計數器)。輸出信號的頻率為 20k/4=5kHz

51. (　) 10 位元(bit)的類比對數位轉換器(A/D converter)其解析度約為 (1)$\frac{1}{1024}$　(2)$\frac{1}{512}$　(3)$\frac{1}{128}$　(4)$\frac{1}{64}$。 (1)

解析　解析度 $=\frac{1}{2^{10}}=\frac{1}{1024}$

二、複選題

52. (　) 下列編碼方式何者具有錯誤檢查功能？ (134)
(1)漢明碼(Hamming code)　(2)加三碼(excess-3 code)
(3)循環冗餘查核(CRC)　(4)奇偶同位(parity)。

解析　加三碼(Excess-3 code)是一種二進碼十進數，是一種互補 BCD 碼和記數系統，沒有錯誤檢查功能。

53. (　) 下列何者為解決按鈕開關彈跳信號的方法？ (13)
(1)於開關上並聯電容　(2)於開關上串聯電容
(3)加上 SR 栓鎖(Latch)電路　(4)提高電壓。

54. (　) 下圖邏輯電路的布林代數式為？ (12)
(1) $F=\overline{A\overline{B}+A+\overline{B}}$　(2) $F=\overline{A}B$　(3) $F=\overline{A\overline{B}\cdot(A+\overline{B})}$　(4) $F=A\overline{B}+A+B$。

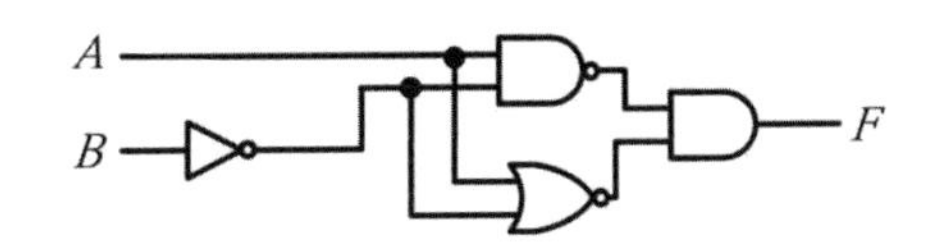

解析

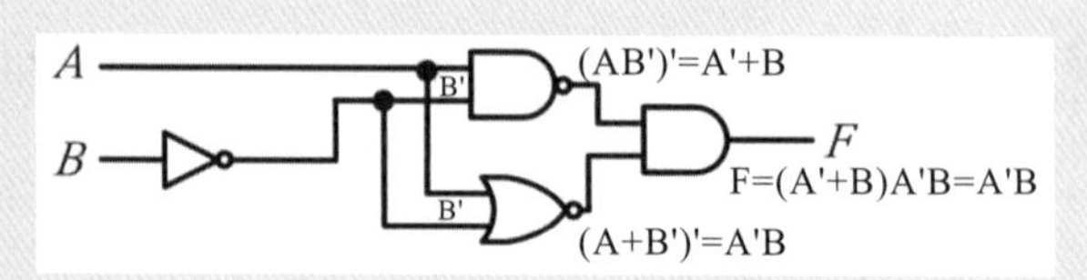

$C=(A\overline{B})'=\overline{A}+B$

$D=(A+\overline{B})'=\overline{A}B$

$F=C\bullet D=(A\overline{B})'\bullet(\overline{A}B)=[(A\overline{B})+(\overline{A}B)']'=[(A\overline{B})+A+\overline{B}]'=$ 答案選項(1)

$F=C\bullet D=(A\overline{B})'\bullet(\overline{A}B)=(\overline{A}+B)\overline{A}B=\overline{A}B=$ 答案選項(2)

55. (　) 若有一個 8 位元資料為 01001001，則以下列各種定點格式小數表示法，所代表的數值何者正確？ (12)

(1)73(Q0 mode)　(2)0.5703125(Q7 mode)
(3)1.125625(Q6 mode)　(4)12.25(Q2 mode)。

解析

*Q*n 模式：小數點放在第 n 位元之右側

*Q*0 mode *e*：8 位元資料 01001001 ⇒ 二進制 01001001.＝十進制 $2^6+2^3+2^0=73$

*Q*7 mode *e*：8 位元資料 01001001 ⇒ 二進制 0.1001001＝十進制 $2^{-1}+2^{-4}+2^{-7}=0.5703125$

*Q*6 mode *e*：8 位元資料 01001001 ⇒ 二進制 01.001001＝十進制 $2^0+2^{-3}+2^{-6}=1.140625$

*Q*2 mode *e*：8 位元資料 01001001 ⇒ 二進制 010010.01＝十進制 $2^1+2^4+2^{-2}=18.25$

56. (　) 對於下圖的邏輯電路的描述，下列何者正確？ (23)

(1)屬於漣波計數器　(2)屬於同步計數器
(3)除 3 的除頻電路　(4)除 4 的除頻電路。

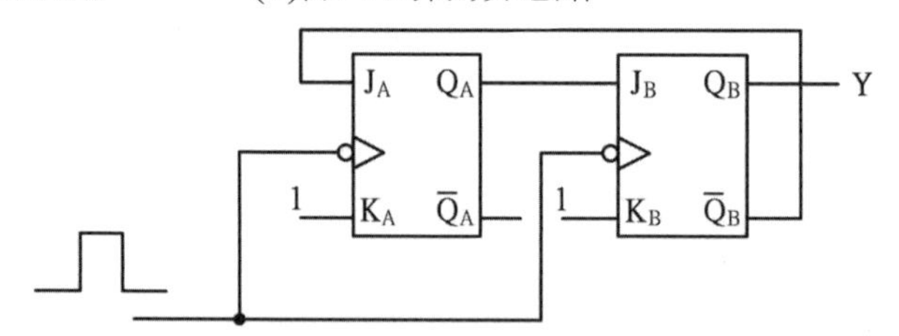

解析

正反器的時脈(clock)接在一起，屬於同步計數器；輸出在每 3 個時脈負緣時產生狀態變化(0→1)，為除 3 的除頻電路。

57. (　) 布林(Boolean)函數 $F=A\oplus B$，其中 0 表示低電位，1 表示高電位；下列何者正確？ (23)

(1)A=1，B=1，則 F=1　(2)A=0，B=1，則 F=1
(3)A=1，B=0，則 F=1　(4)A=0，B=0，則 F=1。

解析　互斥或閘(XOR gate)

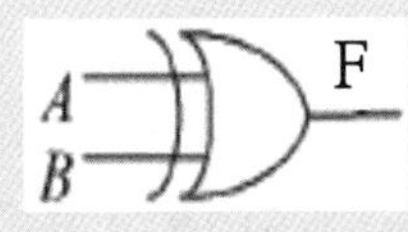

輸入		輸出
A	B	F
0	0	0
0	1	1
1	0	1
1	1	0

58. (　) 布林(Boolean)函數 F=A+B，其中 0 表示低電位，1 表示高電位；下列何者正確？ (12)

(1)A=0，B=0，則 F=0　(2)A=0，B=1，則 F=1

(3)A=1，B=0，則 F=0　(4)A=1，B=1，則 F=0。

解析　或閘(OR gate)

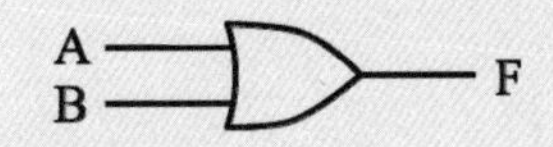

輸入		輸出
A	B	F
0	0	0
0	1	1
1	0	1
1	1	1

59. (　) 布林(Boolean)函數 F=A•B，其中 0 表示低電位，1 表示高電位；下列何者正確？ (134)

(1)A=0，B=0，則 F=0　(2)A=1，B=0，則 F=1
(3)A=0，B=1，則 F=0　(4)A=1，B=1，則 F=1。

解析　及閘(AND gate)

輸入		輸出
A	B	F
0	0	0
0	1	0
1	0	0
1	1	1

60. (　) 布林(Boolean)函數 $F=\overline{A}+\overline{B}$，其中 0 表示低電位，1 表示高電位；下列何者正確？ (12)

(1)A=0，B=0，則 F=1　(2)A=1，B=0，則 F=0
(3)A=0，B=1，則 F=1　(4)A=1，B=1，則 F=1。

解析　反或閘(NOR gate)

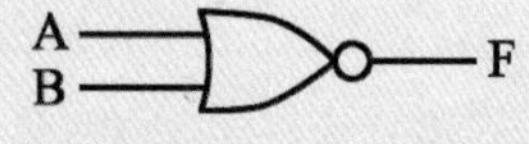

輸入		輸出
A	B	F
0	0	1
0	1	0
1	0	0
1	1	0

61. (　) 布林(Boolean)函數 $F=\overline{A}\bullet\overline{B}$，其中 0 表示低電位，1 表示高電位；下列何者正確？ (24)

(1)A=0，B=0，則 F=0　(2)A=1，B=0，則 F=1
(3)A=0，B=1，則 F=0　(4)A=1，B=1，則 F=0。

解析 反及閘(NAND gate)

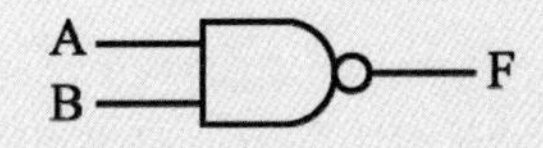

輸入		輸出
A	B	F
0	0	1
0	1	1
1	0	1
1	1	0

工作項目 07 程式設計與微電腦應用

一、單選題

1. ( ) 下列何者不是結構化程式設計的優點？ (4)
(1)程式易於了解 (2)程式易於閱讀
(3)可防止粗心所造成的錯誤 (4)可多用 GO TO 指令以方便程式撰寫。

2. ( ) 具有先入後出特性的資料結構為 (2)
(1)佇列 (2)堆疊 (3)雙佇列 (4)二元樹。

解析 佇列(Queue)：先入先出(First in first out，FIFO)的有序串列。
堆疊(Stack)：先入後出(First in last out，FILO)的有序串列。

3. ( ) 所謂 N Bit 的 CPU，N 是指 (2)
(1)位址線數 (2)資料線數 (3)I/O 線數 (4)控制線數。

4. ( ) 將原始程式經編譯產生的程式稱為 (4)
(1)常駐程式 (2)連結程式 (3)執行檔 (4)目的程式。

5. ( ) 下列何者負責各單元之間的連繫及協調電腦內的各項工作順序？ (2)
(1)輸入輸出單元 (2)控制單元 (3)記憶體單元 (4)ALU 單元。

解析
- 算術及邏輯單元(Arithmetic Logic Unit，簡稱 ALU)：負責處理算術及邏輯運算。
- 輸入單元(Input Unit)：負責提供外部資訊給微電腦 CPU 和主記憶體的設備，例如：鍵盤、磁碟機、光碟機、滑鼠、光筆、掃描器、讀卡機等。
- 控制單元(Control Unit)：負責各單元之間的連繫及協調電腦內的各項工作順序。
- 記憶體單元(Memory Unit)：負責儲存程式及資料。
- 輸出單元(Output Unit)：負責將 CPU 處理過的資料輸出或儲存傳送至外部周邊設備，例如：顯示器、螢幕、印表機、燒錄機、磁碟機等。

6. ( ) 下列何者不會直接影響 CPU 的執行速度？ (1)
(1)記憶體容量 (2)CPU 之位元數
(3)電腦內部頻率 (4)資料匯流排的位元數。

7. ( ) CPU 會依下列何種暫存器的內容來依序執行程式？ (4)
(1)索引暫存器 (2)狀態暫存器 (3)指令暫存器 (4)程式計數器。

8. (　) 下列何者之輸出接腳必須接上提昇電路才能連接到資料匯流排上使用？ (3)
(1)DRAM　(2)SRAM　(3)開集極邏輯閘　(4)三態閘。

9. (　) I/O 介面與記憶體間的資料直接傳送而不經過 CPU 作轉移的控制方式為下列何者？ (4)
(1)中斷 I/O　(2)程式 I/O　(3)輪詢(Polling)　(4)直接記憶體存取(DMA)。

10. (　) 下列那一項在微處理機中執行的優先順序為最高？ (1)
(1)重置(Reset)　(2)軟體中斷
(3)可罩蓋式(Maskable)中斷　(4)不可罩蓋式(Unmaskable)中斷。

11. (　) 微電腦架構中，下列那一單元負責儲存程式及資料？ (4)
(1)算術及邏輯單元　(2)輸入單元　(3)控制單元　(4)記憶體單元。

解析　請參考第 5 題解析。

12. (　) 高階語言之目的程式(Object Code)，經連結後而產生的程式為 (1)
(1)執行檔　(2)連結程式　(3)組譯程式　(4)編譯程式。

13. (　) 高階語言(C)須透過那一種程式翻譯成目的程式 (3)
(1)組譯程式　(2)直譯程式　(3)編譯程式　(4)預先處理程式。

解析　編譯程式可將高階語言轉換成機器語言。

14. (　) 當以個人電腦擷取類比式感測器所量測得到之訊號，需要何種介面裝置？ (4)
(1)RS232　(2)8255 卡　(3)DAC　(4)ADC。

解析　ADC (Analog-Digital converter)：將類比信號轉換為數位信號的裝置。
DAC (Digital-Analog converter)：將數位信號轉換為類比信號的裝置。
當以個人電腦擷取類比式感測器所量測得到之訊號，需要 ADC 介面裝置將類比信號轉換為數位信號。

15. (　) 「將多個已經組譯或編譯完畢的目的碼連結為唯一目的碼」是下列哪一種程式的功能？　(1)連結程式　(2)掃描程式　(3)剖析程式　(4)載入程式。 (1)

16. (　) 某型 CPU 之位址線共 20 條，則此 CPU 可定址之記憶體容量為位元組(或字元)？　(1)512K　(2)1M　(3)2M　(4)4M。 (2)

解析　$2^{20} = 2^{10} \times 2^{10} = 1K \times 1K = 1MBytes$

17. (　) DMA 是執行 (3)
(1)算數及邏輯運算　(2)中斷　(3)記憶體與 I/O 間之資料傳送　(4)資料儲存。

解析 直接記憶體存取(Direct Memory Access，DMA)是一種記憶體存取技術，它允許某些電腦內部的硬體子系統可以獨立地直接讀寫系統記憶體，而不需繞道中央處理器(CPU)。

18. ( ) 在 C 語言中，%d 代表 (2)
(1)浮點數 (2)十進位整數 (3)字串 (4)十六進位整數。

19. ( ) 4k byte 的記憶體，其資料線為 8 位元，則其位址線(address line)須多少？ (4)
(1)8 (2)9 (3)11 (4)12。

解析 $2^{位址線數量}$=記憶體容量

$2^n = 4KBytes \Rightarrow 2^n = 4\times2^{10} = 2^2\times2^{10} = 2^{12} \Rightarrow n = 12$

20. ( ) 微電腦中之計時器的功能為 (2)
(1)作乘法運算使用 (2)作為計時使用
(3)作為加法運算使用 (4)作為邏輯運算使用。

21. ( ) 數位系統中，能將類比信號轉換為數位信號的裝置為 (1)
(1)A/D converter (2)D/A converter (3)register (4)counter。

解析 A/D converter：將類比信號轉換為數位信號的裝置。
D/A converter：將數位信號轉換為類比信號的裝置。
register：暫存器。
counter：計數器。

22. ( ) 積體電路編號 74LS138 之解碼器，輸入為 3 位元(bit)，其輸出為 (3)
(1)6 線 (2)7 線 (3)8 線 (4)10 線。

解析 3 到 8 線解碼器(Decoder)：可以產生三個輸入變數的所有全及項，對於輸入變數值的每一種組合方式都恰好使得一條輸出線的值是 1。
輸出=$2^{輸入位元數}$=2^3=8

23. ( ) 下列何者表示微電腦之串列通信埠名稱？ (1)
(1)RS232 (2)A/D converter (3)GPIO (4)D/A converter。

解析
- GPIO (General Purpose I/O)：通用型之輸入輸出。
- 串列通信(Serial communication)：在計算機匯流排或其他數據通道上，每次傳輸一個位元的通信方式。
- 並列通信(Parallel communication)：是指資料同時通過並列線進行傳送，這種資料傳送速度較高。

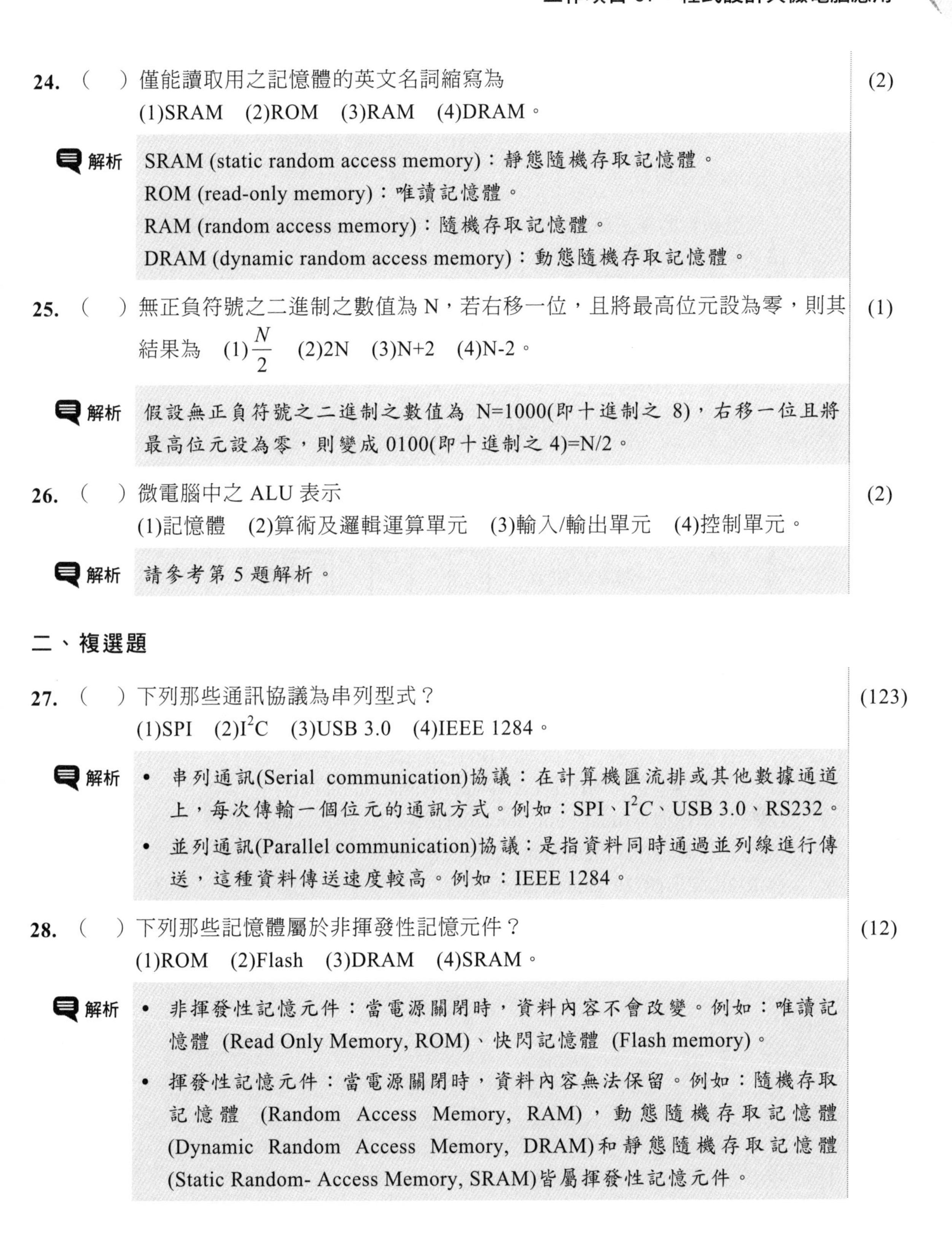

24. (　) 僅能讀取用之記憶體的英文名詞縮寫為 (2)
(1)SRAM　(2)ROM　(3)RAM　(4)DRAM。

解析 SRAM (static random access memory)：靜態隨機存取記憶體。
ROM (read-only memory)：唯讀記憶體。
RAM (random access memory)：隨機存取記憶體。
DRAM (dynamic random access memory)：動態隨機存取記憶體。

25. (　) 無正負符號之二進制之數值為 N，若右移一位，且將最高位元設為零，則其結果為　(1)$\frac{N}{2}$　(2)2N　(3)N+2　(4)N-2。 (1)

解析 假設無正負符號之二進制之數值為 N=1000(即十進制之 8)，右移一位且將最高位元設為零，則變成 0100(即十進制之 4)=N/2。

26. (　) 微電腦中之 ALU 表示 (2)
(1)記憶體　(2)算術及邏輯運算單元　(3)輸入/輸出單元　(4)控制單元。

解析 請參考第 5 題解析。

二、複選題

27. (　) 下列那些通訊協議為串列型式？ (123)
(1)SPI　(2)I^2C　(3)USB 3.0　(4)IEEE 1284。

解析
- 串列通訊(Serial communication)協議：在計算機匯流排或其他數據通道上，每次傳輸一個位元的通訊方式。例如：SPI、I^2C、USB 3.0、RS232。
- 並列通訊(Parallel communication)協議：是指資料同時通過並列線進行傳送，這種資料傳送速度較高。例如：IEEE 1284。

28. (　) 下列那些記憶體屬於非揮發性記憶元件？ (12)
(1)ROM　(2)Flash　(3)DRAM　(4)SRAM。

解析
- 非揮發性記憶元件：當電源關閉時，資料內容不會改變。例如：唯讀記憶體 (Read Only Memory, ROM)、快閃記憶體 (Flash memory)。
- 揮發性記憶元件：當電源關閉時，資料內容無法保留。例如：隨機存取記憶體 (Random Access Memory, RAM)，動態隨機存取記憶體(Dynamic Random Access Memory, DRAM)和靜態隨機存取記憶體(Static Random- Access Memory, SRAM)皆屬揮發性記憶元件。

29. (　) 下列那些因素會影響微處理機中脈波寬度調變產生器(PWM generator)之脈波輸出頻率？ (12)

(1)計時器輸入時脈頻率　(2)計時器計數設定值
(3)比較暫存器數值　(4)脈波輸出極性設定。

30. (　) 下圖計數器的鋸齒波型 PWM 產生器脈波信號比較示意圖，下列敘述何者正確？ (23)

(1)比較器輸出極性設定為 “動作高態” (active high)
(2)比較器輸出極性設定為 “動作低態” (active low)
(3)計時器計數模式為上數模式
(4)計時器計數模式為上下數模式。

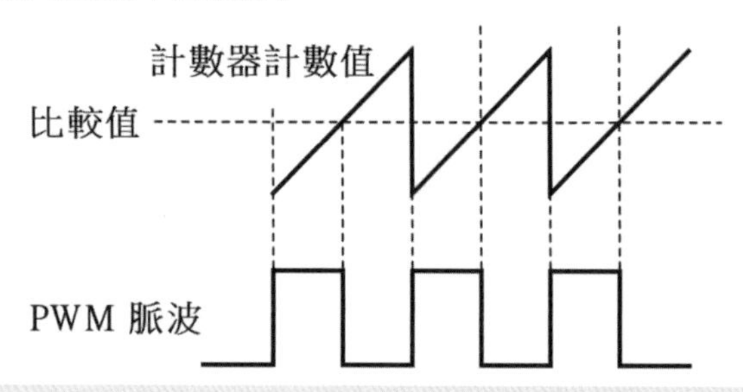

解析 當計時器計數值低於比較值時，PWM 脈波輸出為高態(High)，故比較器輸出極性設定為 “動作低態” (active low)。計時器計數值由低變化到高，故計數模式為上數模式。

31. (　) 下列那些是類比/數位轉換器(ADC)常用的設計架構？ (123)

(1)逐次逼近型暫存器(successive approximation register)
(2)雙斜率轉換器(dual-ramp converter)
(3)並聯比較器(parallel-comparator)
(4)R-2R 梯形(R-2R ladder-shape)。

工作項目 08 電力電子系統與應用

一、單選題

1. (　) 相位控制整流器的輸入功率因數與下列何者無關？ (4)
(1)直流負載型態　(2)觸發延遲角
(3)有無飛輪二極體　(4)閘流體特性。

2. (　) 下圖中 Q_1 及 Q_2 觸發延遲角均為 90°，則輸出電壓 V_o 之有效值為 (3)
(1)1.414Vrms　(2)Vrms　(3)0.707Vrms　(4)0.5Vrms。

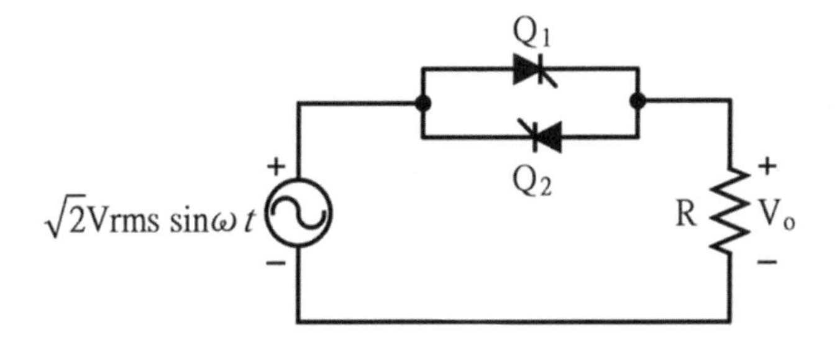

解析

$$V_{o(rms)} = \sqrt{\frac{1}{T}\int_0^T V_o^2 dt} = \sqrt{\frac{2}{2\pi}\int_{\pi/2}^{\pi}(\sqrt{2}V_{rms}\sin\theta)^2 d\theta} = \sqrt{\frac{2V_{rms}}{\pi}\int_{\pi/2}^{\pi}\frac{1-\cos 2\theta}{2}d\theta}$$

$$= \sqrt{\frac{V_{rms}^2}{\pi}\times\frac{\pi}{2}} = \frac{V_{rms}}{\sqrt{2}} = 0.707V_{rms}$$

3. (　) $i(t) = 200\sin\omega t + 30\sqrt{2}\sin 3\omega t + 40\sqrt{2}\sin 5\omega t A$，則 i(t)有效值為多少？ (2)
(1)100A　(2)150A　(3)200A　(4)250A。

解析

$$i(t)_{rms} = \sqrt{(基本波有效值)^2 + (諧波有效值)^2}$$

$$= \sqrt{(基本波有效值)^2 + (三次諧波有效值)^2 + (五次諧波有效值)^2 + (七次諧波有效值)^2 + ...}$$

$$i(t)_{rms} = \sqrt{(\frac{200}{\sqrt{2}})^2 + (\frac{30\sqrt{2}}{\sqrt{2}})^2 + (\frac{40\sqrt{2}}{\sqrt{2}})^2} = 150A$$

4. (　) 以單相全波相控整流器驅動直流電動機，交流輸入電壓有效值為 157V，若電流連續且觸發延遲角為 45°，則整流器輸出直流電壓平均值為多少？ (1)
(1)100V　(2)110V　(3)123V　(4)145V。

解析

單相全波相控整流器(1Φ　full－converter)輸出直流電壓平均值為

$$V_{o(ave)} = \frac{2V_m}{\pi}\cos\alpha = \frac{2\times 157\sqrt{2}}{\pi}\cos 45^o = 99.95V \approx 100V$$

5. (　) 下圖所示的矽控整流器(SCR)之閘極接有 100Ω 之電阻，如 G、K 間正向切入電壓為 0.7V，閘極電流需 30mA，則 Y、K 間可使 SCR 激發之電壓應為 (1)3V (2)3.4V (3)3.5V (4)3.7V。 (4)

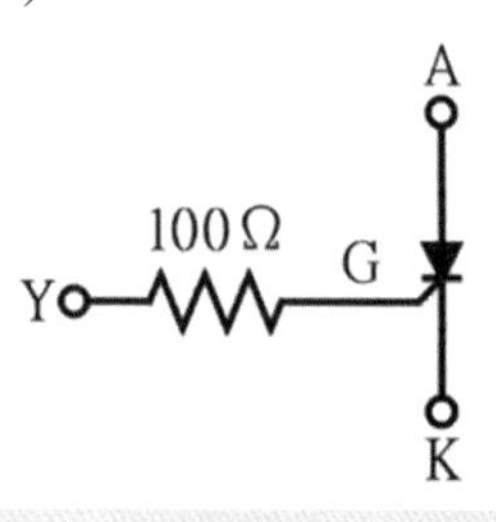

解析 $V_{YK} = 30mA \times 100\Omega + 0.7V = 3.7V$

6. (　) TRIAC 相當於兩個什麼元件反向並聯在一起？
(1)DIAC (2)SCR (3)UJT (4)Zener Diode。 (2)

7. (　) 單相半波整流器若負載為一電容器，則整流器二極體之逆向峰值電壓為交流輸入電壓有效值之 (1)1 倍 (2)$\sqrt{2}$倍 (3)2 倍 (4)2$\sqrt{2}$倍。 (4)

解析 二極體之逆向峰值極體 $P.I.V = 2V_m = 2\times\sqrt{2}V_{rms} = 2\sqrt{2}V_{rms}$

8. (　) 有一電壓源在無載時，輸出電壓為 50V，當滿載時電壓降至 40V，則電壓調整率為 (1)15% (2)20% (3)25% (4)30%。 (3)

解析 $V.R = \dfrac{V_{no\text{-}load} - V_{full\text{-}load}}{V_{full\text{-}load}} = \dfrac{50-40}{40} = \dfrac{10}{40} = 25\%$

9. (　) 60Hz 交流電經半波整流後，直流漣波頻率為
(1)30Hz (2)60Hz (3)90Hz (4)120Hz。 (2)

解析 單相半波整流後直流漣波頻率 $f_r = f_S = 60Hz$
單相全波整流後直流漣波頻率 $f_r = 2f_S = 120Hz$
三相半波整流後直流漣波頻率 $f_r = 3f_S = 180Hz$
三相全橋式(全波)整流後直流漣波頻率 $f_r = 6f_S = 360Hz$

10. (　) 10kΩ、4W 的電阻器所能加的最大電壓是
(1)50V (2)100V (3)150V (4)200V。 (4)

解析 $P = \dfrac{V^2}{R} \Rightarrow V = \sqrt{PR} = \sqrt{4\times 10K} = 200V$

11. ( ) 有一中間抽頭式全波整流電路，若欲得到 50V 之直流電壓平均值時，則所選用二極體的逆向峰值電壓(PIV)最少應為多少？ (3)
(1)50V (2)78.6V (3)157.2V (4)235.8V。

解析

$$V_{o(ave)} = \frac{2V_m}{\pi} = 50 \Rightarrow V_m = 25\pi$$

$$PIV = 2V_m = 2 \times 25\pi = 157.08V$$

12. ( ) SPWM 變頻控制，其觸發脈波可由下列那兩種波比較而產生？ (4)
(1)方波與鋸齒波 (2)方波與三角波
(3)正弦波與方波 (4)正弦波與三角波。

13. ( ) 三相二極體橋式全波整流器輸入交流相電壓有效值為 127V，若負載為 100Ω 電阻，則每個二極體所承受的逆向峰值電壓為多少？ (3)
(1)127V (2)220V (3) $220\sqrt{2}V$ (4) $220\sqrt{3}V$。

解析

三相二極體橋式全波整流器中，各二極體之逆向峰值電壓(PIV)等於電源線電壓之峰值。輸入交流相電壓有效值為 127V，若為 Y 接系統，則電源線電壓之有效值為 $127\sqrt{3}$V，線電壓之峰值為 $127\sqrt{3} \times \sqrt{2} = 220\sqrt{2}$V

14. ( ) 三相二極體橋式全波整流器輸入三相 Y 接交流電源，其相電壓有效值為 127V，若負載為 100Ω 電阻，流經每個二極體電流峰值為 (4)
(1)1.27A (2)$1.27\sqrt{2}A$ (3)2.2A (4) $2.2\sqrt{2}A$。

解析

$$I_{D(max)} = \frac{127 \times \sqrt{2}}{100} \times \sqrt{3} = 3.11A = 2.2\sqrt{2}A$$

15. ( ) 滿載轉差率為 4%的 60Hz 感應電動機，其滿載時轉差為 36rpm，則此電動機之極數為多少的轉速？ (1)2 極 (2)4 極 (3)6 極 (4)8 極。 (4)

解析

$$轉差率 = \frac{無載轉速 - 滿載轉速}{無載轉速} \Rightarrow 4\% = \frac{36}{N_{no-load}} \Rightarrow 無載轉速N_{no-load} = \frac{36}{4\%} = 900rpm$$

$$無載轉速 - 滿載轉速 = 36 \Rightarrow 滿載轉速N_{full-load} = 無載轉速 - 36 = 900 - 36 = 867rpm$$

$$無載轉速N_{no-load} = \frac{120f}{P} \Rightarrow P = \frac{120f}{N_{no-load}} = \frac{120 \times 60}{900} = 8$$

16. ( ) 繞線式三相感應電動機起動時，若在轉部外加電阻，其目的為 (3)
(1)起動電流減小，且起動轉矩亦減小
(2)起動電流減小，但起動轉矩不變
(3)起動電流減小，但起動轉矩增大
(4)起動電流與起動轉矩均增大。

解析 轉部線圈串接電阻(適用繞線式感應機)：提高起動轉矩、轉子功因，降低起動電流。

17. ( ) 四極感應電動機之頻率為 60Hz，其同步旋轉磁場之旋轉速度為多少？ (2)
(1)1200rpm (2)1800rpm (3)2400rpm (4)3600rpm。

解析 $n=\frac{120f}{P}=\frac{120\times60}{4}=1800rpm$

18. ( ) 若將串激式直流電動機的電源極性對換時，對於電動機將有什麼變化？ (1)
(1)電動機轉向不變 (2)電動機會反轉
(3)電動機會停止 (4)電動機轉速增加。

19. ( ) 50Hz 之交流三相感應電動機，若接於 60Hz 電源時，其無載轉速 (1)
(1)較快 (2)較慢 (3)相等 (4)不一定。

解析 $n=\frac{120f}{P}$
頻率增加，無載轉速增加。

20. ( ) 直流電動機的轉速增加，則其反電動勢 (1)
(1)增加 (2)減小 (3)不變 (4)先增加後減小。

解析 改變直流分激馬達的速度：$N=\frac{V_t-I_aR_a}{K_a\phi}=\frac{E_a}{K_a\phi}$
(1)樞控法：反電動勢 E_a 增加時，馬達速度增加。
(2)場控法：場電壓 V_f 減少時，磁通 Φ 減少，馬達速度增加。

21. ( ) 控制系統中，當比例控制器之增益(Gain)增大時，其穩態誤差將 (2)
(1)增大 (2)減小 (3)不變 (4)不一定。

22. ( ) PID 控制器中，D 所指的控制器為 (2)
(1)比例控制器 (2)微分控制器 (3)積分控制器 (4)比例積分控制器。

解析 P：比例控制，I：積分控制，D：微分控制。

23. ( ) 實用上光編碼器(Encoder)之 A、B 兩相脈波輸出，其相位相差 (2)
(1)0° (2)90° (3)180° (4)270°。

24. ( ) 感應馬達在低轉速控制時，產生之轉矩較容易受下列那一參數之影響？ (4)
(1)溫度 (2)定子電抗 X_1 (3)轉子電抗 X_2 (4)定子電阻 R_1。

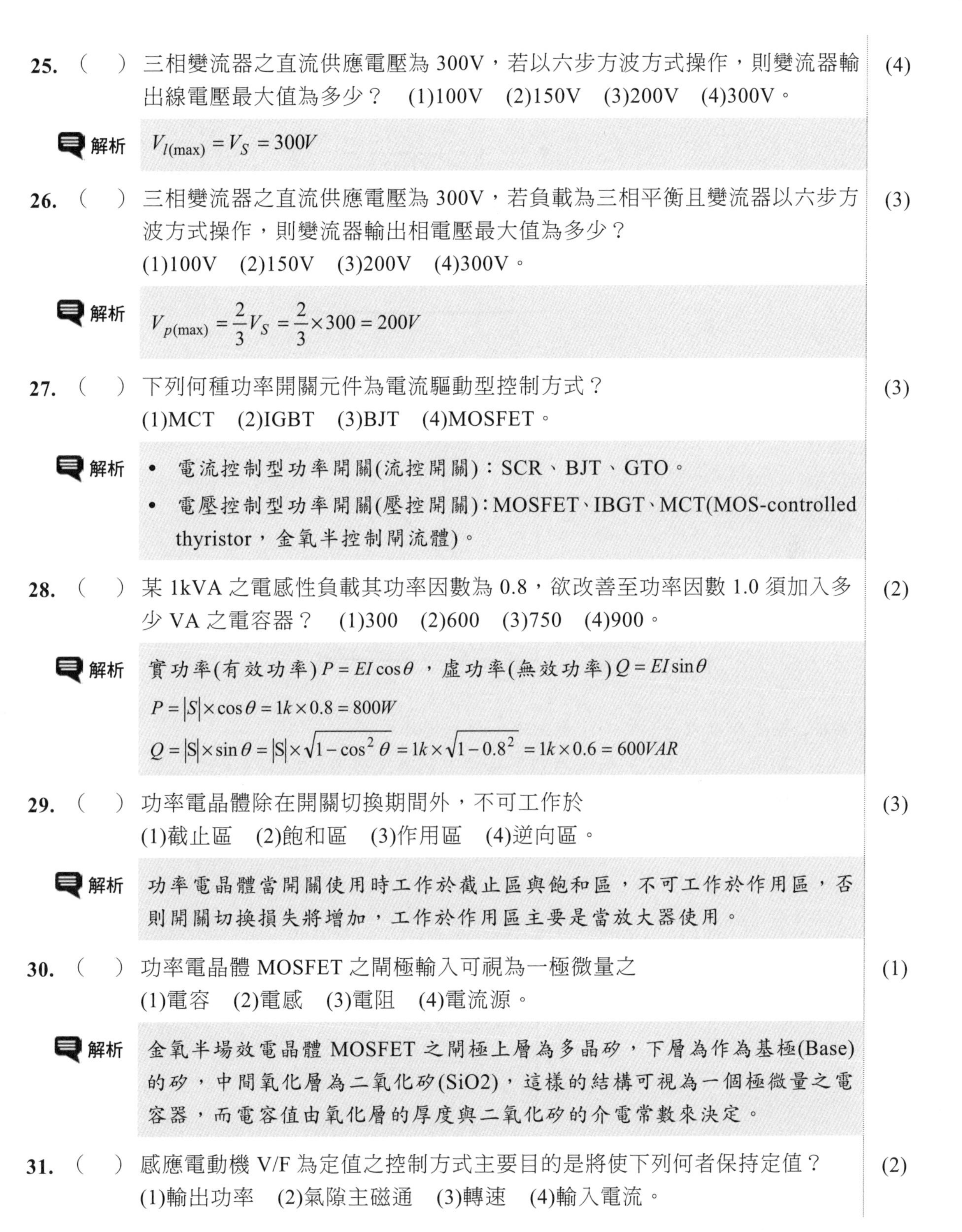

25. (　) 三相變流器之直流供應電壓為 300V，若以六步方波方式操作，則變流器輸出線電壓最大值為多少？ (1)100V (2)150V (3)200V (4)300V。 (4)

解析　$V_{l(\max)} = V_S = 300V$

26. (　) 三相變流器之直流供應電壓為 300V，若負載為三相平衡且變流器以六步方波方式操作，則變流器輸出相電壓最大值為多少？
(1)100V (2)150V (3)200V (4)300V。 (3)

解析　$V_{p(\max)} = \frac{2}{3}V_S = \frac{2}{3} \times 300 = 200V$

27. (　) 下列何種功率開關元件為電流驅動型控制方式？
(1)MCT (2)IGBT (3)BJT (4)MOSFET。 (3)

解析
- 電流控制型功率開關(流控開關)：SCR、BJT、GTO。
- 電壓控制型功率開關(壓控開關)：MOSFET、IBGT、MCT(MOS-controlled thyristor，金氧半控制閘流體)。

28. (　) 某 1kVA 之電感性負載其功率因數為 0.8，欲改善至功率因數 1.0 須加入多少 VA 之電容器？ (1)300 (2)600 (3)750 (4)900。 (2)

解析　實功率(有效功率) $P = EI\cos\theta$，虛功率(無效功率) $Q = EI\sin\theta$

$P = |S| \times \cos\theta = 1k \times 0.8 = 800W$

$Q = |S| \times \sin\theta = |S| \times \sqrt{1-\cos^2\theta} = 1k \times \sqrt{1-0.8^2} = 1k \times 0.6 = 600VAR$

29. (　) 功率電晶體除在開關切換期間外，不可工作於
(1)截止區 (2)飽和區 (3)作用區 (4)逆向區。 (3)

解析　功率電晶體當開關使用時工作於截止區與飽和區，不可工作於作用區，否則開關切換損失將增加，工作於作用區主要是當放大器使用。

30. (　) 功率電晶體 MOSFET 之閘極輸入可視為一極微量之
(1)電容 (2)電感 (3)電阻 (4)電流源。 (1)

解析　金氧半場效電晶體 MOSFET 之閘極上層為多晶矽，下層為作為基極(Base)的矽，中間氧化層為二氧化矽(SiO2)，這樣的結構可視為一個極微量之電容器，而電容值由氧化層的厚度與二氧化矽的介電常數來決定。

31. (　) 感應電動機 V/F 為定值之控制方式主要目的是將使下列何者保持定值？
(1)輸出功率 (2)氣隙主磁通 (3)轉速 (4)輸入電流。 (2)

32. (　) 下圖中，感應電動機 V/f 曲線之規劃，何者屬於固定磁通之驅動曲線？ (2)
(1)A 曲線　(2)B 曲線　(3)C 曲線　(4)D 曲線。

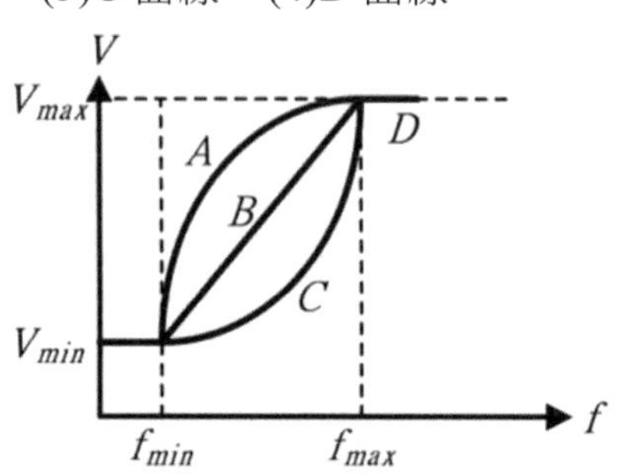

33. (　) 下圖感應電動機 V/F 曲線中，那一區段曲線屬於高速定功率驅動區？ (3)
(1)A　(2)B　(3)C　(4)A 及 B。

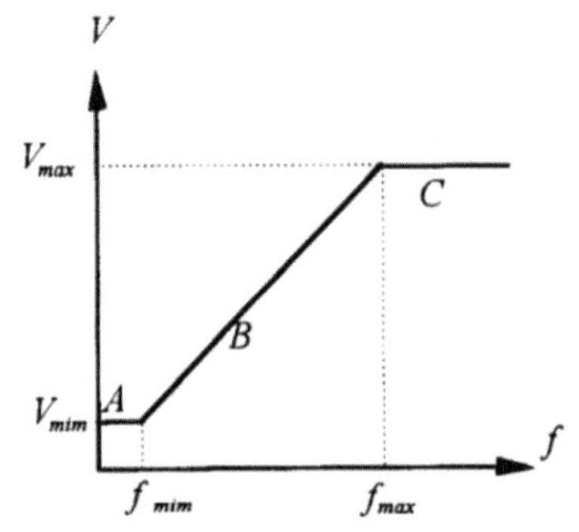

解析 額定速度以下：V 和 f 成正比，稱為定轉矩區。
額定速度以上：V 固定為額定電壓，稱為定功率區。
屬於高速定功率驅動區為 C 區段。

34. (　) 下圖感應電動機 V/F 曲線中，那一區段曲線屬於低速轉矩提昇區？ (1)
(1)A　(2)B　(3)C　(4)A 及 B。

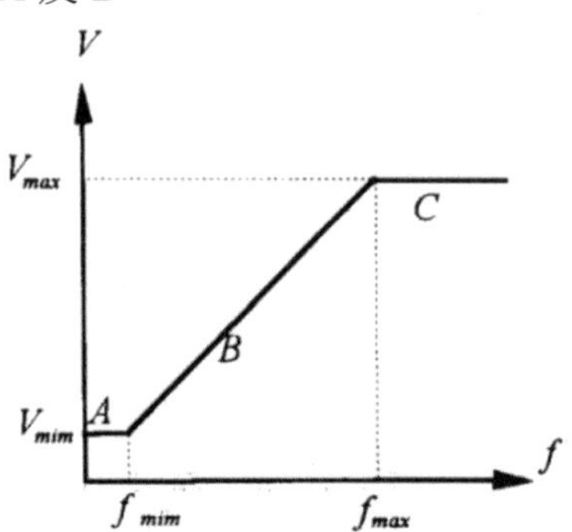

解析 額定速度以下：V 和 f 成正比，稱為定轉矩區。
額定速度以上：V 固定為額定電壓，稱為定功率區。
屬於高速定功率驅動區為 C 區段。

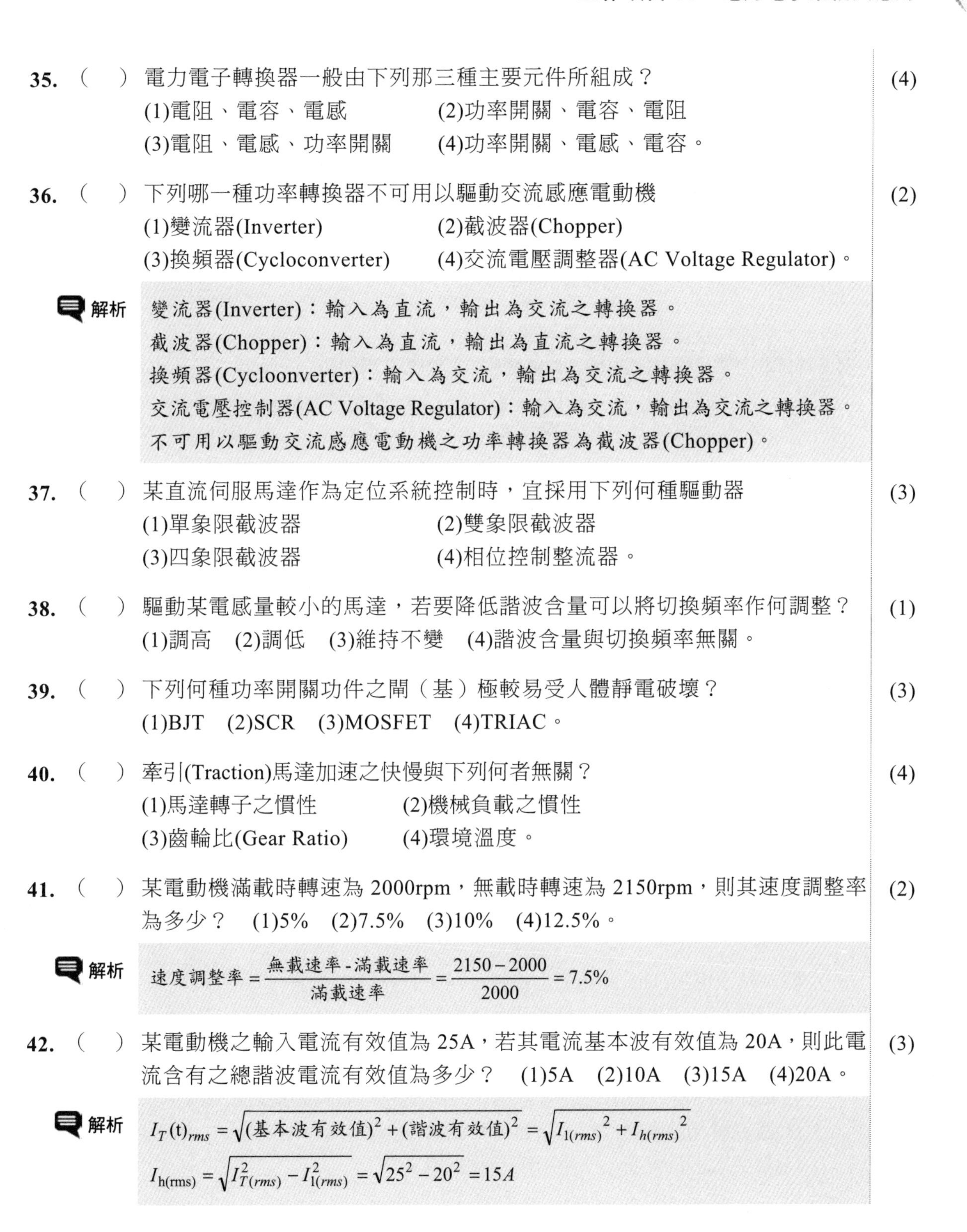

35. (　) 電力電子轉換器一般由下列那三種主要元件所組成？ (4)
(1)電阻、電容、電感　(2)功率開關、電容、電阻
(3)電阻、電感、功率開關　(4)功率開關、電感、電容。

36. (　) 下列哪一種功率轉換器不可用以驅動交流感應電動機 (2)
(1)變流器(Inverter)　(2)截波器(Chopper)
(3)換頻器(Cycloconverter)　(4)交流電壓調整器(AC Voltage Regulator)。

解析
變流器(Inverter)：輸入為直流，輸出為交流之轉換器。
截波器(Chopper)：輸入為直流，輸出為直流之轉換器。
換頻器(Cycloonverter)：輸入為交流，輸出為交流之轉換器。
交流電壓控制器(AC Voltage Regulator)：輸入為交流，輸出為交流之轉換器。
不可用以驅動交流感應電動機之功率轉換器為截波器(Chopper)。

37. (　) 某直流伺服馬達作為定位系統控制時，宜採用下列何種驅動器 (3)
(1)單象限截波器　(2)雙象限截波器
(3)四象限截波器　(4)相位控制整流器。

38. (　) 驅動某電感量較小的馬達，若要降低諧波含量可以將切換頻率作何調整？ (1)
(1)調高　(2)調低　(3)維持不變　(4)諧波含量與切換頻率無關。

39. (　) 下列何種功率開關功件之閘（基）極較易受人體靜電破壞？ (3)
(1)BJT　(2)SCR　(3)MOSFET　(4)TRIAC。

40. (　) 牽引(Traction)馬達加速之快慢與下列何者無關？ (4)
(1)馬達轉子之慣性　(2)機械負載之慣性
(3)齒輪比(Gear Ratio)　(4)環境溫度。

41. (　) 某電動機滿載時轉速為 2000rpm，無載時轉速為 2150rpm，則其速度調整率為多少？　(1)5%　(2)7.5%　(3)10%　(4)12.5%。 (2)

解析
$$速度調整率=\frac{無載速率-滿載速率}{滿載速率}=\frac{2150-2000}{2000}=7.5\%$$

42. (　) 某電動機之輸入電流有效值為 25A，若其電流基本波有效值為 20A，則此電流含有之總諧波電流有效值為多少？　(1)5A　(2)10A　(3)15A　(4)20A。 (3)

解析
$$I_T(t)_{rms}=\sqrt{(基本波有效值)^2+(諧波有效值)^2}=\sqrt{I_{1(rms)}{}^2+I_{h(rms)}{}^2}$$
$$I_{h(rms)}=\sqrt{I_{T(rms)}^2-I_{1(rms)}^2}=\sqrt{25^2-20^2}=15A$$

43. (　) 某電動機之輸入電流有效為值 20A，總諧波電流有效值為 12A，則此電流之總諧波失真因數為多少？ (1)25% (2)50% (3)75% (4)100%。 (3)

解析

$$I_T(\text{t})_{rms}=\sqrt{(\text{基本波有效值})^2+(\text{諧波有效值})^2}=\sqrt{{I_{1(rms)}}^2+{I_{h(rms)}}^2}$$

$$I_{1(\text{rms})}=\sqrt{I_{T(rms)}^2-I_{h(rms)}^2}=\sqrt{20^2-12^2}=16A$$

$$\text{總諧波失真因數}THD=\frac{I_{h(rms)}}{I_{1(rms)}}=\frac{12}{16}=75\%$$

44. (　) 下列何者非電力系統之諧波來源？ (4)
(1)電力電子轉換器 (2)變壓器之激磁電流
(3)馬達及發電機 (4)電燈泡。

45. (　) 切換式電源供應器之切換頻率提高主要目的為 (2)
(1)減少切換損失 (2)降低成本及縮小體積
(3)避免 EMI 問題 (4)提高輸出電壓值。

46. (　) 某電力電子轉換器輸入電壓 $V(t)=100\sqrt{2}\sin\omega t$ ，輸入電流 $\text{i(t)}=16\sqrt{2}\sin(\omega\text{t}-60°)+12\sqrt{3}\sin 3\omega t$ A 則其輸入功率因數為 (1)
(1)0.4 (2)0.5 (3)0.6 (4)0.8。

解析

輸入電流之基本波：$I_{S(1)}(t)=16\sqrt{2}\sin(\omega t-60°)$

輸入電流之三次諧波：$I_{S(3)}(t)=12\sqrt{3}\sin 3\omega t$

輸入之總電流：$I_{S(\text{rms})}=\sqrt{I_{S(1)(rms)}^2+I_{S(3)(rms)}^2}=\sqrt{(\frac{16\sqrt{2}}{\sqrt{2}})^2+(\frac{12\sqrt{3}}{\sqrt{2}})^2}=21.73A$

失真因數：$K_d=\frac{I_{S(1)(rms)}}{I_{S(rms)}}=\frac{16\sqrt{2}/\sqrt{2}}{21.73}=0.74$

位移因數：$K_\theta=\cos\phi=\cos 60^o=0.5$

功率因數：$p.f=K_d\times K_\theta=0.74\times 0.5=0.37\approx 0.4$

47. (　) 關於熱敏電阻(Thermistor)之特性，以下敘述何者錯誤？ (3)
(1)負溫度電阻係數 (2)可用以感測溫度
(3)電阻值與溫度無關 (4)可限制電路啟動時之湧入電流(Inrush Current)。

48. (　) 作電源供應器之輸出暫態響應測試時，下列何者為必備之設備？ (2)
(1)直流電源供應器 (2)儲存示波器
(3)數字式精密電表 (4)電力分析儀。

49. (　) 當交流電動機電壓、電流相差 60 度時，其位移因數(Displacement Factor)約為多少？ (1)1 (2)0.5 (3)0.85 (4)2。 (2)

解析

位移因數 $\text{DF}=\cos\phi=\cos 60^o=0.5$

50. (　) 設計切換式電源供應器(Switching Power Supply)時，一般不會使功率元件操作於下列何種模式中？ (2)
(1)截止區(Cut-off Region)　(2)主動區(Active Region)
(3)飽和區(Saturation Region)　(4)逆偏壓區(Reverse-bias Region)。

解析 功率元件操作於主動區時，功率元件之功率損耗大，致使切換式電源供應器之效率降低，故一般不會操作於主動區。

51. (　) 下列何者不是電流控制型功率開關？ (2)
(1)矽控閘流體(SCR)　(2)金氧半場效電晶體(MOSFET)
(3)雙載子接面電晶體(BJT)　(4)閘關閘流體(GTO)。

解析
- 電流控制型功率開關(流控開關)：SCR、BJT、GTO。
- 電壓控制型功率開關(壓控開關)：MOSFET、IBGT、MCT (MOS-controlled thyristor，金氧半控制閘流體)。

52. (　) 設計切換式電源轉換器時，下列何者不是用來量測電流的方法？ (4)
(1)串接電阻(Current Shunt)　(2)比流器(Current Transformer)
(3)霍爾元件(Hall Element)　(4)限流電感(Current Limit Inductor)。

53. (　) 下圖所示電路中，若 $V_s=V_m\sin\omega t$，則 i_{D1} 的波形為何？ (1)

(1)、(3)
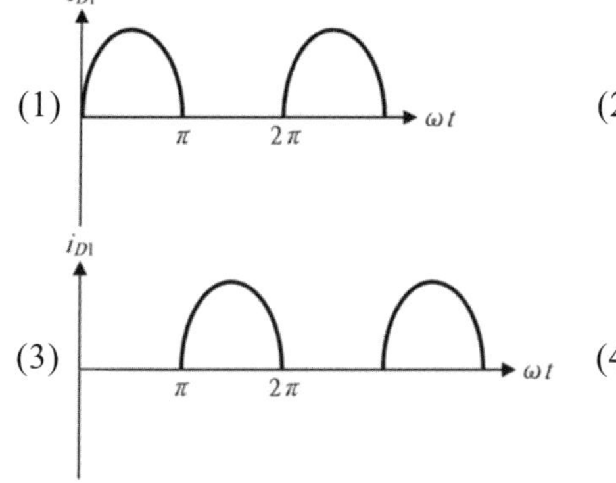

(2)、(4)
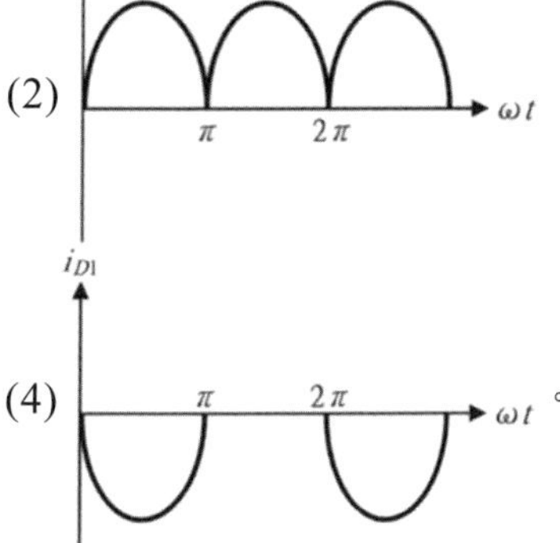
。

解析　V_s 正半週時，上面的二極體導通，$i_{D1}=V_s/R=V_m\sin\omega t/R$，$V_{D1}=0$；下面的二極體截止，$i_{D2}=0$，$V_{D2}=-2V_s=-2V_m\sin\omega t$。

V_s 負半週時，上面的二極體截止，$i_{D1}=0$，$V_{D1}=-2V_s=-2V_m\sin\omega t$；下面的二極體導通，$i_{D2}=V_s/R=V_m\sin\omega t/R$，$V_{D2}=0$。

54. (　) 下圖所示電路中，若 $V_s=V_m\sin\omega t$，則 i_{D2} 的波形為何？ (3)

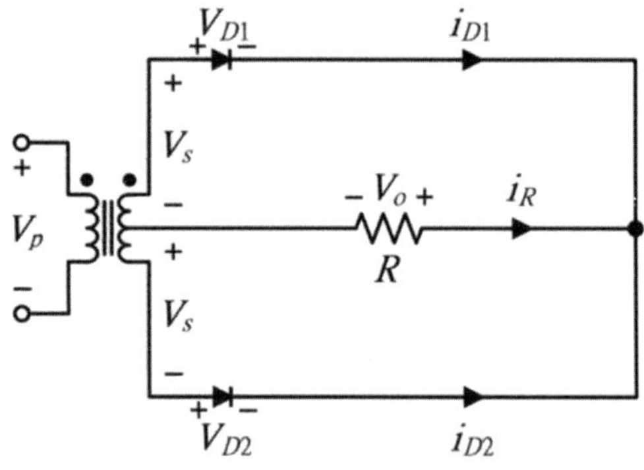

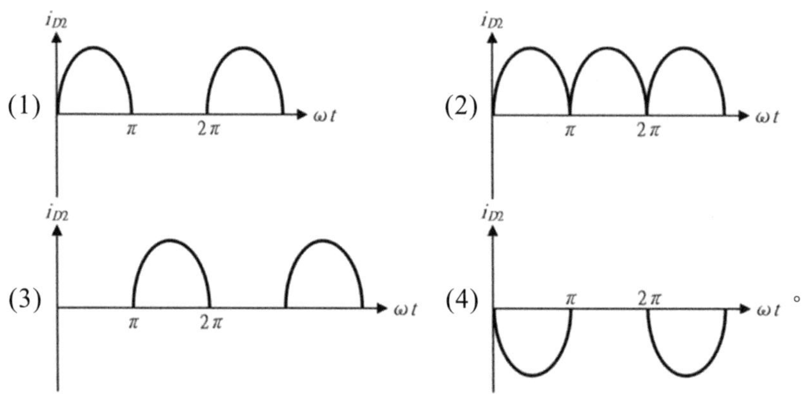

。

解析　請參考第 53 題解析。

55. (　) 下圖所示電路中，若 $V_s=V_m\sin\omega t$，則 V_{D2} 的波形為何？ (4)

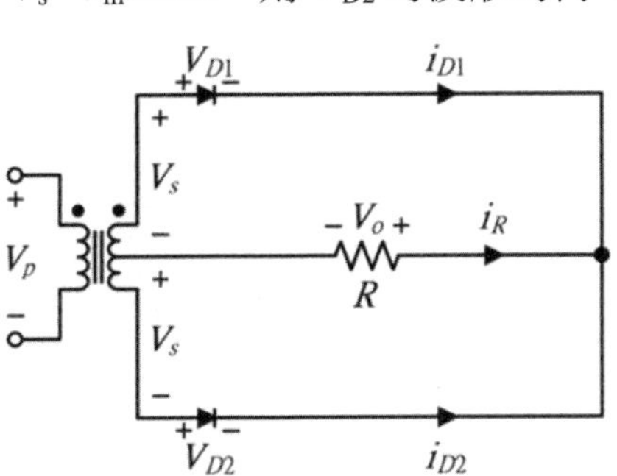

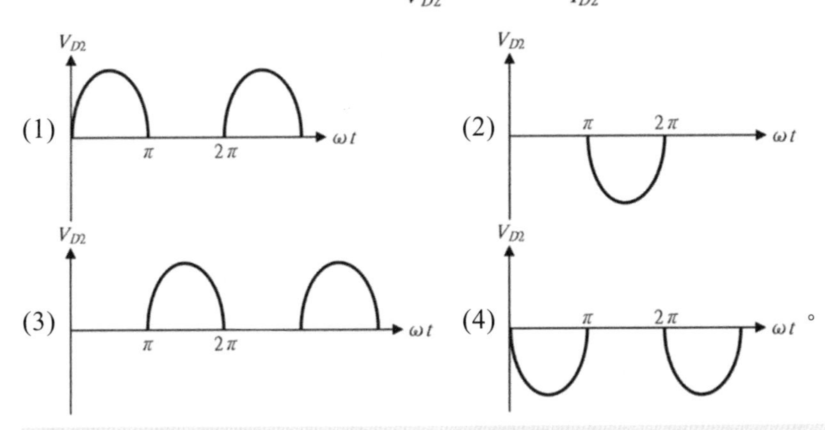

解析　請參考第 53 題解析。

56. (　) 下圖所示電路中，i_o 電流為連續，若正負半波對稱觸發且(T_1、T_4)及(T_2、T_3)成對導通，則 v_o 波形可能為何？ (3)

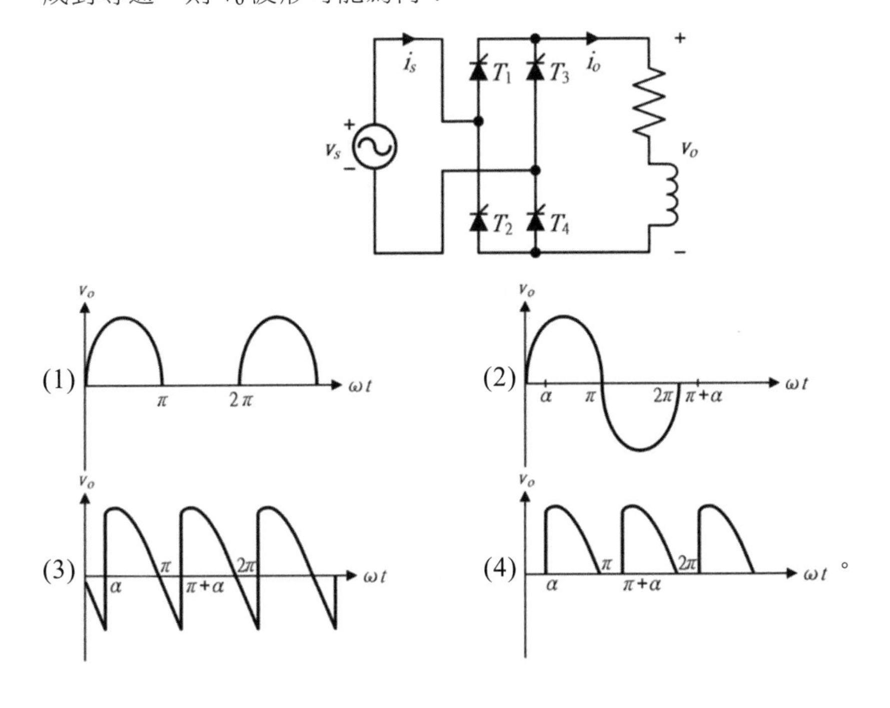

解析　電路為對稱觸發之單相全控式轉換器(Single-phase full converters)，動作原理如下表所示：

區間	導通元件	輸出
[α,π)	T_1、T_4	$V_o=V_s$(正)
[π,α+π)	T_1、T_4	$V_o=V_s$(負)
[α+π,2π)	T_2、T_3	$V_o=V_s$(正)
[2π,α+2π)	T_2、T_3	$V_o=V_s$(負)

57. (　) 電力電子轉換器之敘述，下列何者為正確？ (2)
(1)交流電壓控制器使用功率開關在一固定區間內連接與斷開負載與交流電源，此種電路為 DC-DC 轉換器
(2)三相交流電壓控制器之負載可 Y 接或Δ接
(3)切換式 DC-DC 轉換器比線性轉換器效率為低
(4)切換式 DC-DC 轉換器使用的濾波電容器之串聯等效電阻愈大，輸出電壓的漣波愈小。

解析　交流電壓控制器為 AC-AC 轉換器，切換式 DC-DC 轉換器比線性轉換器效率為高。

58. (　) 功率因數(PF)的定義，下列何者正確？ (3)
(1)視在功率/平均功率　　(2)視在功率/虛功率
(3)平均功率/視在功率　　(4)虛功率/平均功率。

解析　功率因數 p.f = cosθ = P / | S | = 平均功率/ | 視在功率 |

59. (　) 下圖所示降壓式轉換器，輸入電源電壓為 12V，輸出電壓為 5V，當操作於連續導通模式時，試問 MOSFET 開關導通狀態之責任週期大小為何？ (3)
(1)68.3%　(2)50%　(3)41.7%　(4)33.4%。

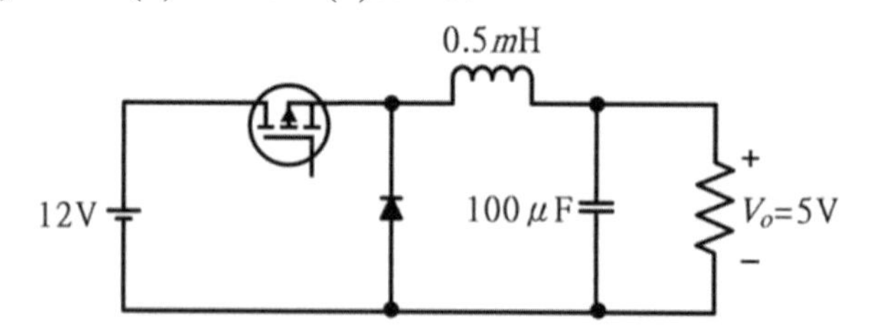

解析　降壓式轉換器：$V_{o(ave)} = DV_i \Rightarrow D = \frac{V_{o(ave)}}{V_i} = \frac{5}{12} = 41.67\%$

60. (　) 下列何者為一般 SCR 典型的觸發條件？ (2)

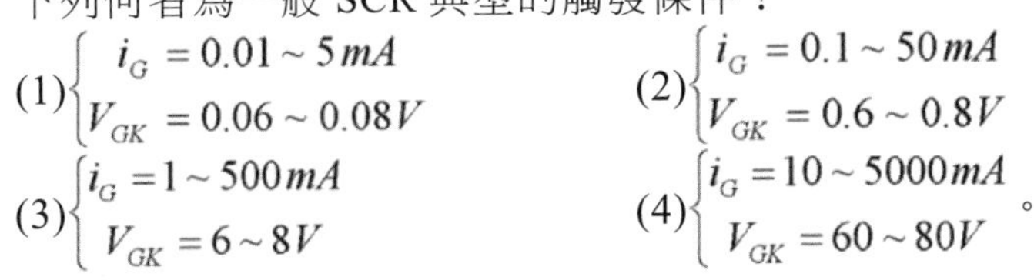

(1) $\begin{cases} i_G = 0.01 \sim 5mA \\ V_{GK} = 0.06 \sim 0.08V \end{cases}$　(2) $\begin{cases} i_G = 0.1 \sim 50mA \\ V_{GK} = 0.6 \sim 0.8V \end{cases}$

(3) $\begin{cases} i_G = 1 \sim 500mA \\ V_{GK} = 6 \sim 8V \end{cases}$　(4) $\begin{cases} i_G = 10 \sim 5000mA \\ V_{GK} = 60 \sim 80V \end{cases}$。

解析 SCR 之 G、K 間為 p、n 接面，如同二極體，$V_{GK} \approx 0.7V$。

61. (　) 下圖所示之電路為何種類型之轉換器？ (2)

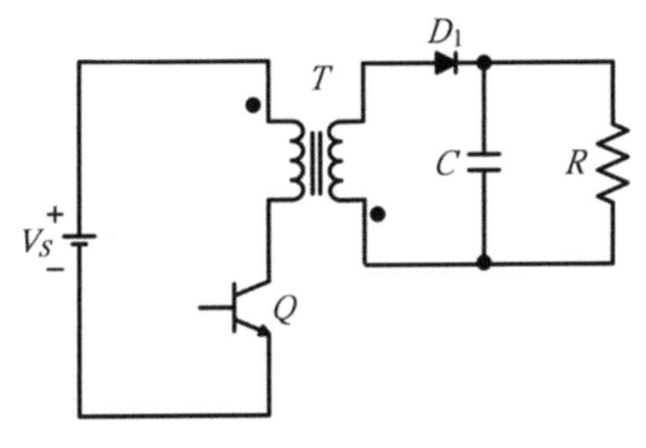

(1)順向式(forward)轉換器　(2)返馳式(flyback)轉換器
(3)推挽式(push-pull)轉換器　(4)全橋式(full bridge)轉換器。

62. (　) 下圖所示為單相逆變換器(inverter)之輸出週期性交流方波電壓 ν (t)，其總諧波失真率(THD)為何？ (1)32%　(2)36%　(3)48%　(4)72%。 (3)

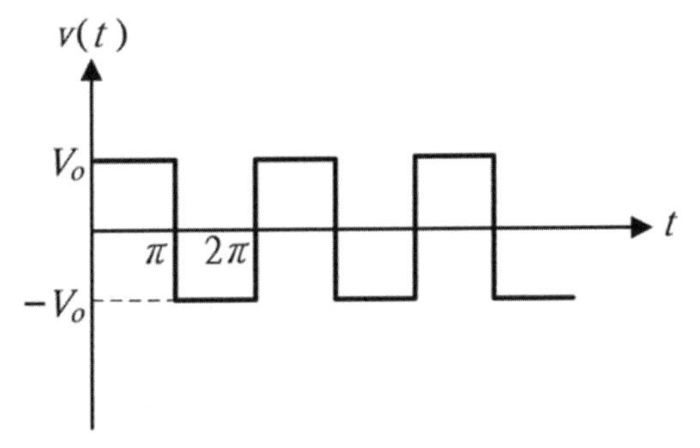

解析

週期性交流方波信號以傅立葉級數展開式為 $V(t) = \frac{4V_o}{\pi}(\sin\omega t + \frac{1}{3}\sin 3\omega t + \frac{1}{5}\sin 5\omega t + ...)$

電壓總諧波失真 $THD = \frac{總諧波電壓}{基本波電壓} = \frac{V_{hT}}{V_1} = \frac{\sqrt{總電壓^2 - 基本波電壓^2}}{基本波電壓}$

$= \frac{\sqrt{V_o^2 - (4V_o/\sqrt{2}\pi)^2}}{4V_o/\sqrt{2}\pi} = 48.34\%$

63. ( ) 下圖所示電路為電阻性負載之單相全控式轉換器，電阻為 10Ω，電源電壓大小為 110V(rms)，觸發延遲角為 $\alpha=\pi/3$，則輸出電壓平均值為何？ (2)
(1)45.5V (2)74.3V (3)110V (4)148.56V。

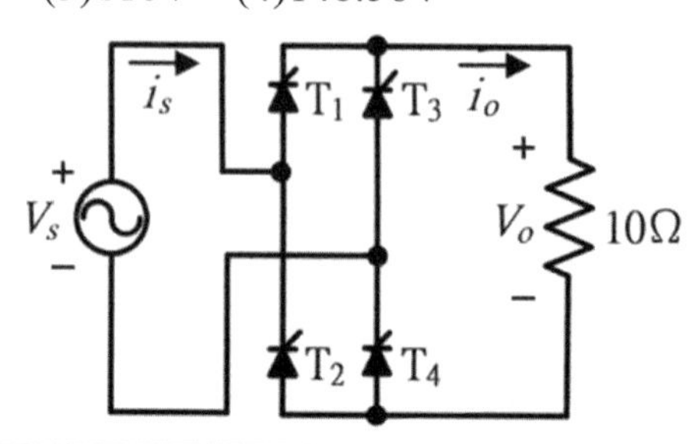

解析 電阻性負載之單相全控轉換器

$$V_{o(ave)}=\frac{1}{\pi}\int_{\alpha}^{\pi}V_m\sin\theta d\theta=\frac{V_m}{\pi}(1+\cos\alpha)=\frac{110\sqrt{2}}{\pi}(1+\cos 60^o)=74.28V$$

64. ( ) 電力電子電路中，使用緩衝電路的優點，下列何者有誤？ (2)
(1)減少開關元件的功率損失 (2)增快開關切換速度
(3)保護功率元件 (4)增加開關使用壽命。

解析 緩衝電路(snubber circuit)：由 R 和 C 串聯組成，與開關並聯，主要功能為抑制加於開關元件間的電壓變動量(dV / dt)，減少開關元件的功率損失，保護功率元件，增加開關使用壽命。

65. ( ) 下列何種功率元件容許之運作頻率最高？ (3)
(1)SCR (2)IGBT (3)MOSFET (4)BJT。

解析 功率 MOSFET 一般應用於低壓高頻切換電路中。

66. ( ) PWM 型直流-直流轉換器，開關元件於一週期內導通時間比例稱為 (4)
(1)轉換週期 (2)元件週期 (3)應用週期 (4)責任週期。

解析 責任週期(duty cycle)$D=\frac{t_{on}}{T}=\frac{t_{on}}{t_{on}+t_{off}}$

67. ( ) PWM 型直流-直流轉換器，開關元件之導通損失與下列何者最無關連？ (1)
(1)控制迴路參數 (2)負載電流 (3)負載阻抗 (4)開關元件內阻。

68. ( ) 下列何種功率元件容許之運作功率最高？ (2)
(1)MOSFET (2)GTO (3)IGBT (4)BJT。

69. (　) 下圖所示電路及相關波形，V_d 為直流電壓，S 為一理想開關，T_s 為開關運作週期，t_{on} 為開關導通時間，t_{off} 為開關關閉時間，若 $t_{on}/t_{off}=3/2$，且 $V_d=10V$，則平均電壓 $V_0=$？ (3)

(1)2V (2)4V (3)6V (4)8V。

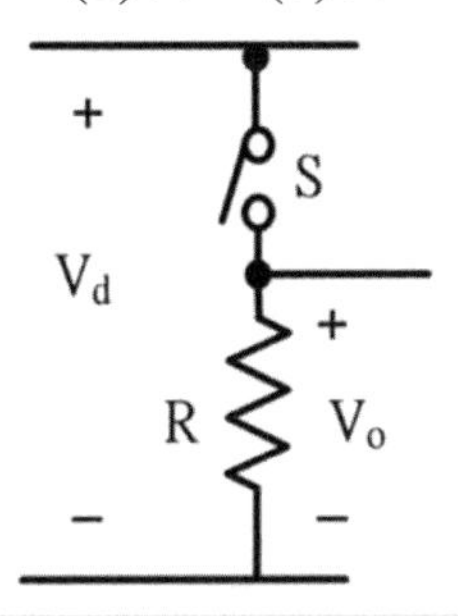

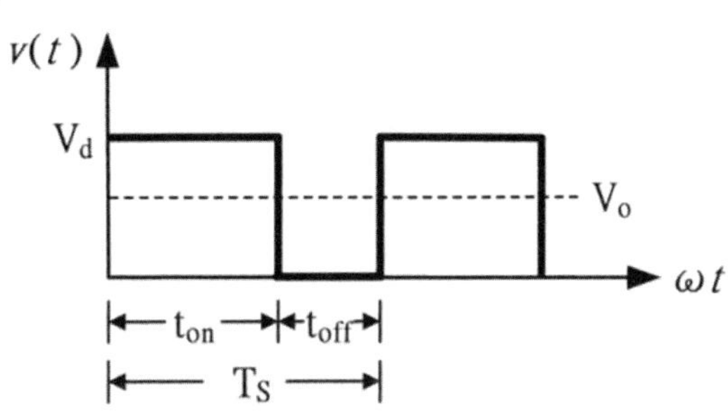

解析 責任週期(duty cycle)$D=\frac{t_{on}}{T}=\frac{t_{on}}{t_{on}+t_{off}}=\frac{t_{on}}{t_{0n}+2/3t_{on}}=\frac{3}{5}$

降壓式轉換器之平均電壓：$V_{o(ave)}=DV_d=\frac{3}{5}\times 10=6V$

70. (　) 輸出與輸入隔離之電力轉換器，兩接地間往往放置何種元件？ (4)

(1)電阻器 (2)電感器 (3)二極體 (4)電容器。

71. (　) 下圖所示之單相半波整流電路，輸出電壓平均值為何？ (2)

(1)$0.2V_p$ (2)$0.318V_p$ (3)$0.426V_p$ (4)$0.538V_p$。

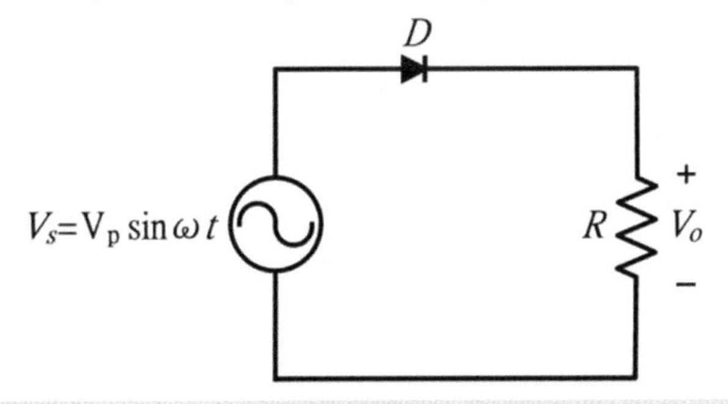

解析 $V_{o(ave)}=\frac{V_p}{\pi}=0.318V_p$

72. (　) SCR 可以藉由什麼方式使其關閉？ (4)

(1)在閘極加上大的正電壓 (2)在閘極加上大的負電壓
(3)在閘極加上大的負脈波電壓 (4)陽極電流中斷。

解析 將閘流體(例如：SCR)截止之過程稱為換流(commutation)。下列方法可使導通中之 SCR 截止或關閉：(1)順向電流降至維持電流以下($I_A<I_H$)。(2)陽陰極之間電壓降為零或反向($V_{AK}=0$ 或 $-V_{AK}$)。(3)迫使閘流體通過逆向電流($I_L=-I_A$)。導通中之 SCR，閘極信號無法影響其導通特性。

73. ( ) 閘流體中可以由閘極激發，也可以由閘極截止的是 (2)
(1)SCR (2)GTO (3)TRIAC (4)DIAC。

解析 GTO 為可利用閘極外加一個信號來使其本身發生導通或截止的功率元件，閘極加正電壓可令其導通，閘極加負電壓可令其截止。

74. ( ) 改變 DC 分激馬達的速度，下列敘述何者正確？ (2)
(1)當場電壓增加時馬達速度增加
(2)當電樞電壓增加時馬達速度增加
(3)當電樞電壓增加時馬達速度減少
(4)馬達速度與場電壓無關。

解析 改變直流分激馬達的速度：$N=\dfrac{V_t-I_aR_a}{K_a\phi}$

(1)樞控法：電樞電壓 V_t 增加時，馬達速度增加。

(2)場控法：場電壓增加時，磁通 Φ 增加，馬達速度減少。

75. ( ) 當所用二極體欲與高速閘流體配合時，應使用 (1)
(1)肖特基二極體 (2)稽納二極體 (3)整流二極體 (4)變容二極體。

76. ( ) 右圖電路為一三相半波整流器，若線電壓為 380V，則負載 R_L 上之平均電壓約為 (2)
(1)220V (2)257V (3)380V
(4)440V。

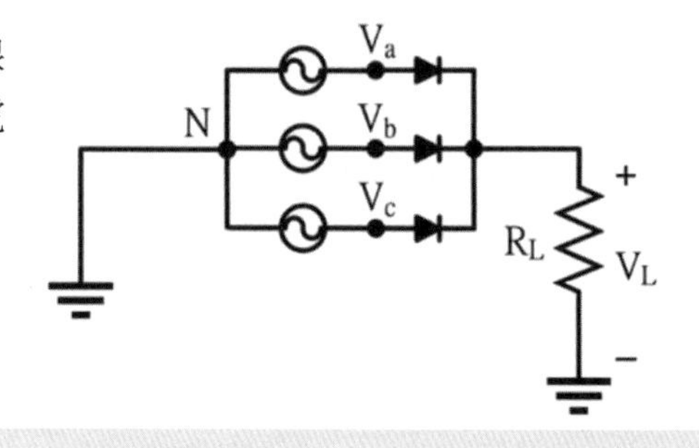

解析 $V_{o(ave)}=\dfrac{3\sqrt{3}V_m}{2\pi}=\dfrac{3\sqrt{3}}{2\pi}\times\dfrac{380\sqrt{2}}{\sqrt{3}}=257V$

77. ( ) 單相橋式全波全控整流器(Full converter)共用幾個 SCR？ (2)
(1)2 個 (2)4 個 (3)6 個 (4)8 個。

解析 單相橋式全波全控整流器(1Φ Full converter)：4 個 SCR。
三相橋式全波全控整流器(3Φ Full converter)：6 個 SCR。

78. ( ) 單相橋式全波整流器中，若輸入波形之振幅為 V_m，則截止二極體承受的最大逆偏為 (1)$\dfrac{1}{\sqrt{2}}V_m$ (2)$\sqrt{2}V_m$ (3)V_m (4)$2V_m$。 (3)

解析 單相橋式全波整流器中，截止二極體承受的逆向偏壓：$V_D=V_i=V_m\sin\theta$
二極體之逆向偏壓最大值(peak inverse voltage, P.I.V)：$V_{D(\max)}=P.I.V=V_m$

79. (　) 功率級電晶體作開關之功率轉換器用，有關切換頻率之敘述下列何者正確？ (4)
(1)切換頻率高時，則開關的切換損失低
(2)切換頻率高時，若性能一樣，則可增加濾波之電感值或減少電容
(3)切換頻率低時，若性能一樣，則可減少濾波之電感值或增加電容
(4)切換頻率高時，則開關的切換損失高。

80. (　) 功率級電晶體作開關之切換頻率為 20kHz，則其切換週期為 (1)
(1)50μs　(2)100μs　(3)50ms　(4)100ms。

解析 $T=\frac{1}{f}=\frac{1}{20k}=0.05m\sec.=50\mu s.$

81. (　) 一般可將直流電轉換為可變電壓、可變頻率之交流電，此功率轉換器為 (2)
(1)整流器(rectifier)　(2)變頻器(inverter)
(3)直流截波器(dc chopper)　(4)可控整流器(controlled rectifier)。

解析 整流器(rectifier)：將交流輸入轉換為固定之直流輸出。
變頻器(inverter)：將直流輸入轉換為可變電壓、可變頻率之交流輸出。
直流截波器(dc chopper)：將直流輸入轉換為可變電壓之直流輸出。
可控整流器(controlled rectifier)：將交流輸入轉換為可變電壓之直流輸出。

82. (　) 有關雙接面電晶體(BJT)作開關元件，下列敘述何者正確？ (2)
(1)作開關使用，其工作於作用區
(2)可用基極電流控制此電晶體之導通與截止狀態
(3)當此電晶體為飽和區操作時，其集-射極之電壓非常高
(4)電晶體之半導通接面不會儲存電荷。

解析 雙接面電晶體(BJT)作開關元件，為電流控制型開關(流控開關)，可用基極電流 I_B 控制此電晶體之導通與截止狀態。$I_B=0$ 時，電晶體為截止區操作，此開關為截止狀態；$I_B>0$ 時，電晶體為飽和區操作，此開關為通狀態，$V_{CE}=0.2V$，其集-射極之電壓非常低。

83. (　) 下圖為升壓型直流截波器，其電容 C_o 的主要功能為何？ (1)

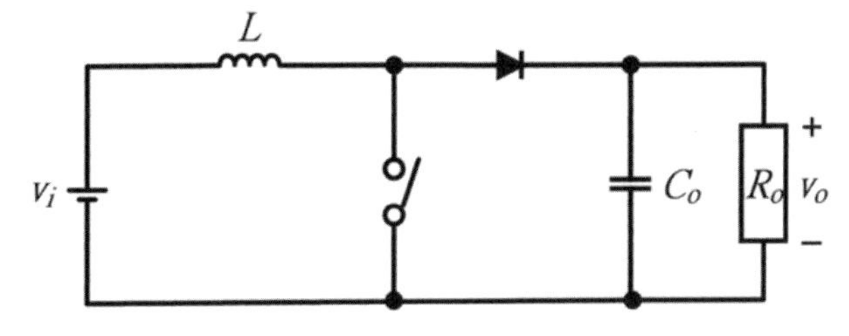

(1)降低輸出電壓漣波　(2)提高輸出電壓
(3)提高輸出電流　(4)減少輸出電壓。

解析 電容的主要功能：穩壓、濾波。

84. (　) 下圖為直流-直流功率轉換器，其名稱為 (1)

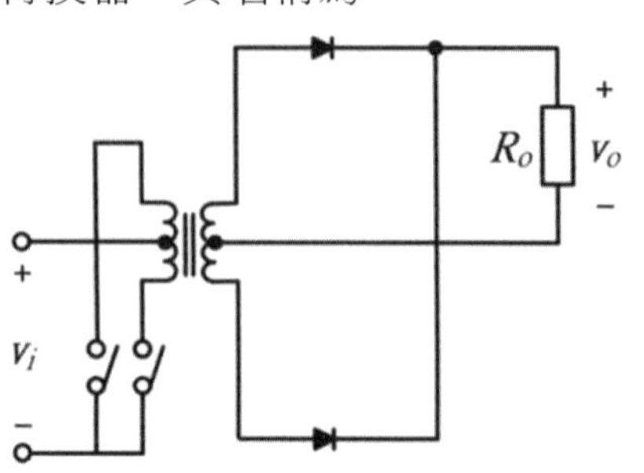

(1)推挽式(push-pull)功率轉換器　(2)全橋式(full-bridge)功率轉換器
(3)半橋式(half-bridge)功率轉換器　(4)馳返式(fly-back)功率轉換器。

85. (　) 功率轉換器使用脈波寬度調變的英文名詞縮寫為 (1)
(1)PWM　(2)PAM　(3)PMW　(4)PMA。

解析 脈波寬度調變：pulse-width modulation，簡稱為 PWM。

86. (　) 下圖直流功率轉換器的主要功能為何？ (3)

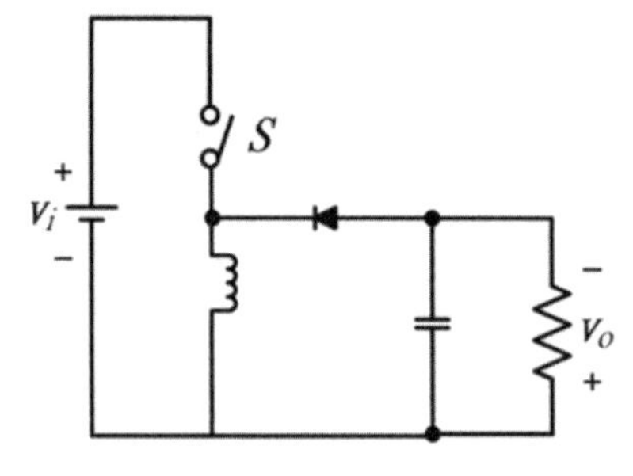

(1)只能降壓用　(2)整流用
(3)具有升壓及降壓功能　(4)具有交流電壓輸出。

解析 輸出與輸入電壓極性相反，輸出直流電壓平均值可大於或小於輸入直流電壓，主要功能為降壓-升壓調整器(Buck-boost regulators)。

87. (　) 有關變頻器(inverter)之弦式脈波寬度調變(sinusoidal pulse-width modulation)，下列敘述何者正確？ (1)
(1)減少輸出電壓之低次諧波含量
(2)增加輸出電壓之低次諧波含量
(3)調變波為弦波命令與載波之方波作比較
(4)調變波為方波命令與載波之三角波作比較。

解析 弦式脈波寬度調變(SPWM)：可以改善相位整流器含大量低次諧波的問題，減少輸出電壓之低次諧波含量，調變波為弦波命令與載波之三角波作比較。

88. ( ) 降壓型直流截波器(buck dc chopper)的功率級電晶體開關導通的責任週期為 0.4；若此開關的切換頻率為 10kHz，則此功率級電晶體的每週期之導通時間為 (1)100μs (2)60μs (3)50μs (4)40μs。 (4)

解析 責任週期 $D=\frac{t_{on}}{T}=t_{on}\times f \Rightarrow t_{on}=\frac{D}{f}=\frac{0.4}{10k}=0.04m\sec.=40\mu s.$

89. ( ) 升壓型直流截波器(boost dc chopper)之功率級 MOSFET 的導通責任週期為 0.5，若輸入電壓 Vi 的平均值為 10V，則輸出電壓 Vo 的平均值約為 (1)5V (2)10V (3)15V (4)20V。 (4)

解析 升壓型直流截波器(boost dc chopper)：$V_{o(ave)}=\frac{V_i}{1-D}=\frac{10}{1-0.5}=20V$

90. ( ) 下圖為直流-直流功率轉換器，其名稱為 (2)
(1)全橋型(full-bridge)直流-直流功率轉換器
(2)半橋型(half-bridge)直流-直流功率轉換器
(3)推挽型(push-pull)直流-直流功率轉換器
(4)馳返型(fly-back)直流-直流功率轉換器。

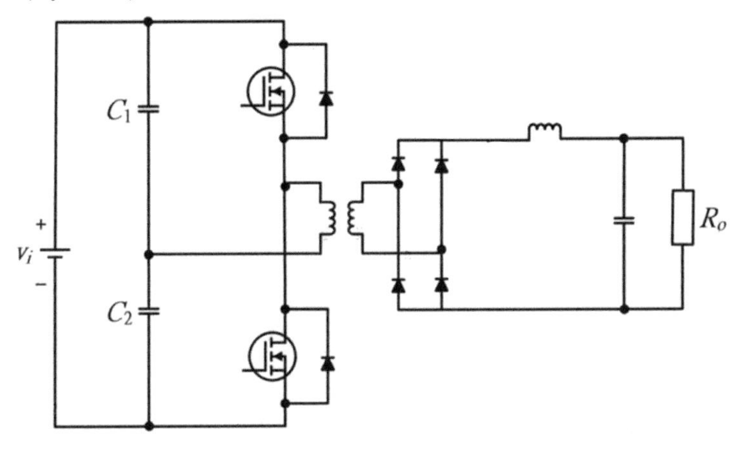

91. ( ) 某三相全橋式二極體整流器其三相電源頻率為 60Hz，則該整流器的直流輸出電壓漣波頻率為 (1)60Hz (2)120Hz (3)300Hz (4)360Hz。 (4)

解析 三相全橋式二極體整流器，輸出電壓漣波之頻率為電源頻率的 6 倍
$f_o=6f_S=6\times 60=360Hz$

92. ( ) 有關單相全橋式二極體整流器之直流鏈電容的敘述，下列何者正確？ (3)
(1)直流鏈電容愈大，濾波效果差
(2)直流鏈電容愈大，單相輸入功因愈高
(3)直流鏈電容愈大，濾波效果愈佳
(4)直流鏈電容愈大，瞬時充電電流小。

93. ( ) 下圖為單相變頻器(single-phase inverter)，其上、下臂之 MOSFET 驅動電路需有盲時(dead-time)，下列敘述何者正確？ (1)

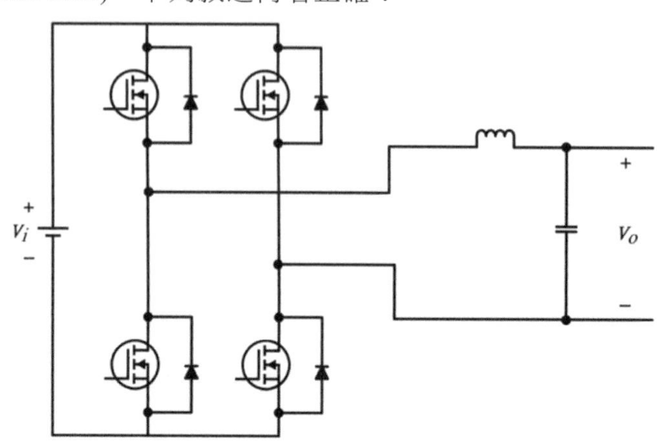

(1)防止上、下臂之 MOSFET 瞬時發生短路
(2)增加電壓輸出
(3)增加功率輸出
(4)增加電流輸出。

解析 上、下臂之 MOSFET 驅動電路不可同時導通，否則將造成輸入電壓短路，故需盲時(dead-time)防止上、下臂之 MOSFET 瞬時發生短路。

94. ( ) 降壓型直流截波器(buck dc chopper)在電流為連續模式下操作，有關電感電流漣波成份的敘述，下列何者正確？ (4)

(1)電感電流之峰對峰值與切換頻率成正比
(2)電感電流之峰對峰值與電感值成正比
(3)電感電流之峰對峰值與切換頻率無關
(4)電感電流之峰對峰值與電感值成反比。

解析 $0 \le t \le t_{on}$：電感電流之峰對峰值 ΔI_L^+

$$\Delta I_L^+ = \frac{V_S - V_{o(ave)}}{L} \times t_{on} = \frac{V_S - V_{o(ave)}}{L} \times DT = \frac{V_S - V_{o(ave)}}{L} \times \frac{D}{f}$$

$t_{on} \le t \le T$：電感電流之峰對峰值 ΔI_L^-

$$\Delta I_L^- = \frac{V_{o(ave)}}{L} \times t_{off} = \frac{V_{o(ave)}}{L} \times (1-D)T = \frac{V_{o(ave)}}{L} \times \frac{1-D}{f}$$

∴電感電流之峰對峰值與電感值 L 成反比，與切換頻率 f 成反比。

95. (　) 有關 GTO (gate turn-off thyristor)之敘述，下列何者正確？ (2)
(1)閘極電流可作導通狀態操作控制，但無法作截止狀態控制
(2)閘極電流可作導通狀態操作控制，亦可作截止狀態控制
(3)閘極電流不能作導通狀態操作控制，但可作截止狀態控制
(4)閘極電流不能作導通及截止狀態操作控制。

解析　GTO 為可利用閘極外加一個信號來使其本身發生導通或截止的功率元件，閘極加正電壓可令其導通，閘極加負電壓可令其截止。

二、複選題

96. (　) 使用雙極性接面電晶體作線性電壓調節器操作時，下列何者正確？ (13)
(1)電晶體操作於作用區　(2)電晶體操作於飽和區
(3)電晶體作為可變電阻操作　(4)電晶體操作於截止區。

解析　一般電源供應器可分為線性式(linear)和切換式(switching)電源供應器(電壓調節器)兩種。線性式電壓調整器是傳統電源轉換器的設計方式，由於電晶體工作於線性區(Linear region)而得名，電晶體的動作就如同可變電阻一樣，用來吸收整流後的濾波電壓與輸出電壓間的電壓差。

97. (　) 線性調節器與切換型轉換器的比較，下列何者正確？ (234)
(1)線性調節器的效率較高　(2)切換型轉換器的效率較高
(3)切換型轉換器的體積較小　(4)線性調節器的輸出電壓漣波較低。

解析　線性式調節器(電源供應器)其優點如下：(1)電路簡單　(2)穩定度高　(3)暫態響應快　(4)可靠度高　(5)漣波小　(6)電磁干擾(EMI)小。

線性式調節器(電源供應器)的缺點如下：(1)體積大：因使用變壓器　(2)重量重　(3)轉換效率低(約 30~50%)　(4)成本高：散熱片與冷卻風扇貴　(5)交流輸入電壓範圍小，僅容許±10%的變動範圍。

98. (　) 下圖為降壓型轉換器的電路，下列敘述何者正確？ (234)
(1)功率級電晶體(MOSFET)S_1 工作於作用區
(2)功率級電晶體(MOSFET)S_1 工作於歐姆區或截止區
(3)二極體 D_1 可作電感電流飛輪用
(4)電容 C_1 作為輸出電壓的濾波及穩壓使用。

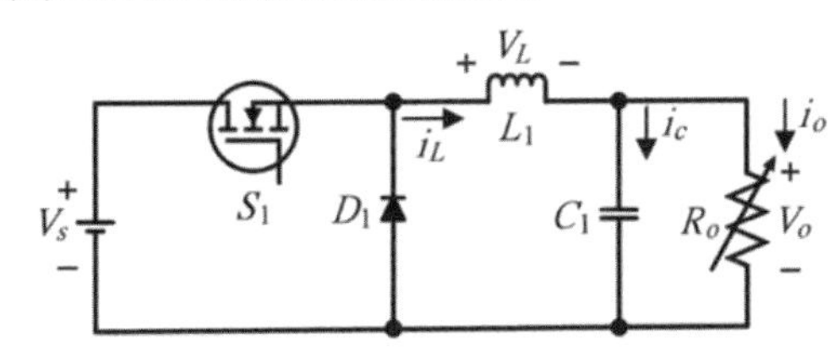

解析 降壓型轉換器的電路中，功率級電晶體(MOSFET)S_1 工作於歐姆區或截止區，當作開關使用。S_1 導通時，電源將能量送至電感和負載，由電容 C_1 消除輸出電壓的濾波並維持穩壓。S_1 截止時，二極體 D_1 作為電感電流飛輪用，電感能量經由負載和二極體 D_1 釋放。

99. (　) 升壓型轉換器如右圖，若 f_s 為 S_1 的切換頻率，d1 為 S_1 導通的責任週期，Δ_{iL} 為電感電流峰對峰值。在電感電流連續操作之電感電流最大值 I_{max} 及電感電流最小值 I_{min} 為 (14)

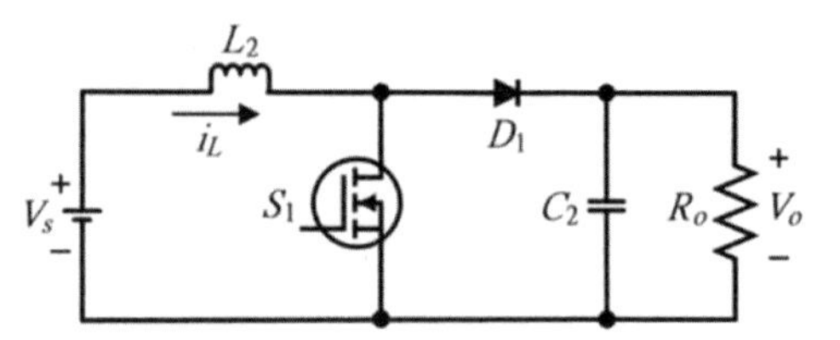

(1) $I_{max}=\dfrac{V_S}{(1-d_1)^2R_0}+\dfrac{V_sd_1}{2L_2f_s}$

(2) $I_{max}=\dfrac{V_S}{(1-d_1)^2R_0}-\dfrac{V_sd_1}{2L_2f_s}$

(3) $I_{min}=\dfrac{V_S}{(1-d_1)^2R_0}+\dfrac{V_sd_1}{2L_2f_s}$

(4) $I_{min}=\dfrac{V_S}{(1-d_1)^2R_0}-\dfrac{V_sd_1}{2L_2f_s}$。

解析 升壓型轉換器(boost converter)：fs 為 S_1 的切換頻率，d_1 為 S_1 導通的責任週期

$$d_1=\frac{t_{on}}{T}\Rightarrow t_{on}=d_1T,t_{off}=T-t_{on}=(1-d_1)T=\frac{(1-d_1)T}{f_S}$$

$$V_{o(ave)}=\frac{V_S}{1-d_1}$$

$$P_{in}=V_SI_S=V_SI_L=P_{out}=\frac{V^2_{O(ave)}}{R_o}=\frac{1}{R_o}(\frac{V_S}{1-d_1})^2\Rightarrow I_L=\frac{V_S}{(1-d_1)^2R_o}$$

S_1 導通時：$L_2\dfrac{di_L}{dt}=V_S\Rightarrow\dfrac{di_L}{dt}=\dfrac{V_S}{L_2}\Rightarrow\dfrac{\Delta i_L}{\Delta t}=\dfrac{V_S}{L_2}$

$$\Rightarrow\Delta i_L=\frac{V_S}{L_2}\times\Delta t=\frac{V_S}{L_2}\times d_1T=\frac{V_Sd_1}{L_2f_S}$$

電感電流最大值 $I_{max}=I_L+\dfrac{\Delta i_L}{2}=\dfrac{V_S}{(1-d_1)^2R_o}+\dfrac{V_Sd_1}{2L_2f_S}$

電感電流最小值 $I_{min}=I_L-\dfrac{\Delta i_L}{2}=\dfrac{V_S}{(1-d_1)^2R_o}-\dfrac{V_Sd_1}{2L_2f_S}$

100. (　) 有關升壓型轉換器的描述，下列何者正確？ (14)

(1)輸出電壓高於輸入電壓

(2)輸出電壓低於輸入電壓

(3)電感越小，其電感電流越容易連續

(4)電感越大，其電感電流越容易連續。

解析

升壓型轉換器(boost converter)：$V_{o(ave)}=\dfrac{V_S}{1-D}$

$0\le D\le 1\Rightarrow V_{o(ave)}\ge V_S\Rightarrow$ 輸出電壓高於輸入電壓

$L\dfrac{di_L}{dt}=V_L\Rightarrow\dfrac{di_L}{dt}=\dfrac{V_L}{L}\Rightarrow$ L 越大，$\dfrac{di_L}{dt}$ 越趨近於 0

$\Rightarrow$ 電感越大，其電感電流越容易連續。

101. (　) 下圖為升壓型轉換器，開關元件 S_1 的切換頻率為 25kHz，輸入電壓 V_s 為 12V，輸出電壓 V_o 為 15V，若電感電流為連續模式操作，則下列何者為正確？ (12)

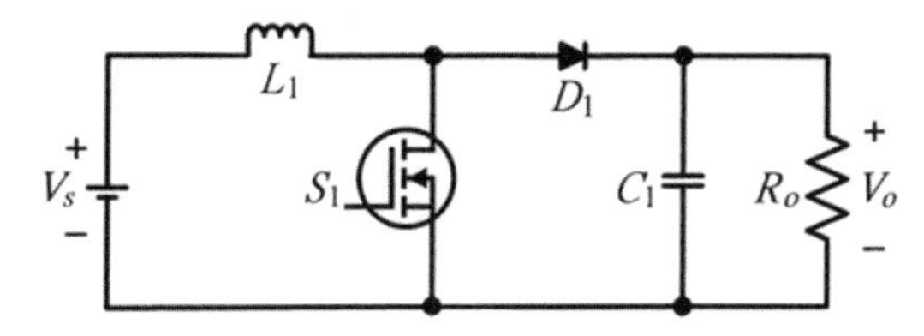

(1)開關元件 S_1 的導通時間為 8μs　(2)開關元件 S_1 的導通責任週期為 0.2
(3)開關元件 S_1 的導通時間為 32μs　(4)開關元件 S_1 的導通責任週期為 0.8。

解析

升壓型轉換器(boost converter)：$V_{o(ave)}=\dfrac{V_S}{1-D}=\dfrac{12}{1-D}=15V\Rightarrow D=0.2$

$D=\dfrac{t_{on}}{T}\Rightarrow t_{on}=DT=0.2\times\dfrac{1}{25k}=8\mu\text{sec.}$

102. (　) 下圖為降壓型轉換器，開關元件 S_1 的切換頻率為 100kHz，輸入電壓 V_s 為 12V，輸出電壓 V_o 為 3V，若電感電流為連續模式操作，則下列何者為正確？ (134)

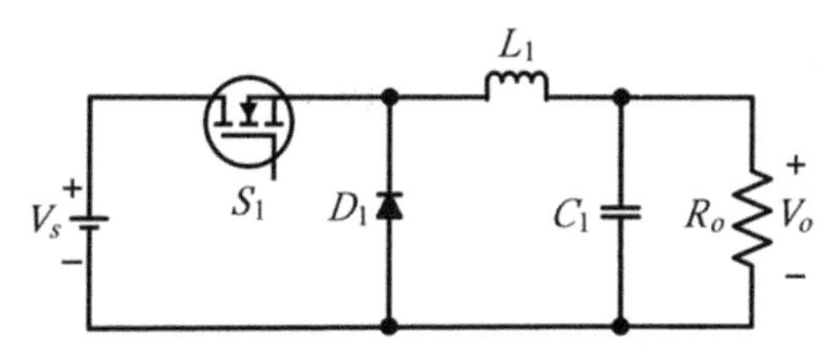

(1)開關元件 S_1 的導通責任週期為 0.25
(2)開關元件 S_1 的導通責任週期為 0.5
(3)開關元件 S_1 的導通狀態時間為 2.5μs
(4)開關元件 S_1 的截止狀態時間為 7.5μs。

解析

降壓型轉換器(buck converter)：$V_{o(ave)}=\mathrm{D}V_S\Rightarrow\mathrm{D}=\dfrac{V_{o(ave)}}{V_S}=\dfrac{3}{12}=0.25$

$D=\dfrac{t_{on}}{T}\Rightarrow t_{on}=DT=0.25\times\dfrac{1}{100k}=2.5\mu\text{sec.}$

$t_{off}=(1-D)T=(1-0.25)\times\dfrac{1}{100k}=7.5\mu\text{sec.}$

103. (　) 下圖所示電路中，降升壓轉換器(buck-boost converter)，在穩態操作且電感電流 i_L 為連續，d_1 為開關元件 S_1 的導通責任週期，切換週期為 T，則電感電流最大值 I_{max} 及最小值 I_{min} 為 (14)

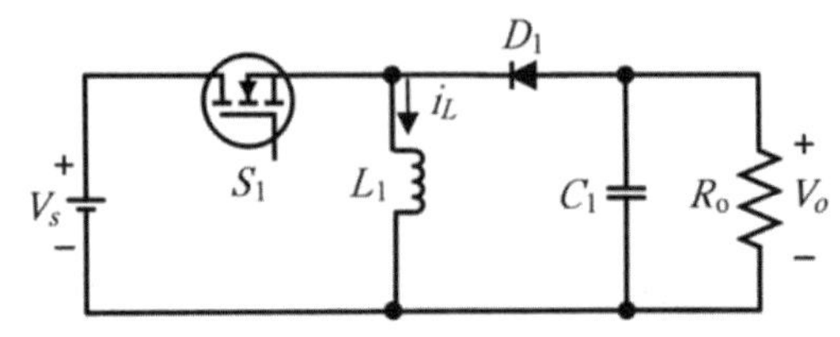

(1) $I_{max}=\dfrac{V_s d_1}{R_o(1-d_1)^2}+\dfrac{V_s d_1 T}{2L_1}$　(2) $I_{max}=\dfrac{V_s d_1}{R_o(1-d_1)^2}-\dfrac{V_s d_1 T}{2L_1}$

(3) $I_{min}=\dfrac{V_s d_1}{R_o(1-d_1)^2}+\dfrac{V_s d_1 T}{2L_1}$　(4) $I_{min}=\dfrac{V_s d_1}{R_o(1-d_1)^2}-\dfrac{V_s d_1 T}{2L_1}$ 。

解析 降升壓轉換器(buck-boost converter)：

$$d_1=\frac{t_{on}}{T}\Rightarrow t_{on}=d_1T,t_{off}=T-t_{on}=(1-d_1)T$$

$$V_{o(ave)}=-\frac{d_1}{1-d_1}V_S$$

$$P_{in}=V_SI_S=V_Sd_1I_L=P_{out}=\frac{V^2_{O(ave)}}{R_o}=\frac{1}{R_o}(\frac{-d_1V_S}{1-d_1})^2\Rightarrow I_L=\frac{d_1V_S}{(1-d_1)^2R_o}$$

S1 導通時：$L_1\dfrac{di_L}{dt}=V_S\Rightarrow\dfrac{di_L}{dt}=\dfrac{V_S}{L_1}\Rightarrow\dfrac{\Delta i_L}{\Delta t}=\dfrac{V_S}{L_1}\Rightarrow\Delta i_L=\dfrac{V_S}{L_1}\times\Delta t=\dfrac{V_S}{L_1}\times d_1T=\dfrac{V_Sd_1T}{L_1}$

電感電流最大值 $I_{max}=I_L+\dfrac{\Delta i_L}{2}=\dfrac{d_1V_S}{(1-d_1)^2R_o}+\dfrac{V_Sd_1T}{2L_1}$

電感電流最小值 $I_{min}=I_L-\dfrac{\Delta i_L}{2}=\dfrac{d_1V_S}{(1-d_1)^2R_o}-\dfrac{V_Sd_1T}{2L_1}=\dfrac{V_Sd_1}{R_o(1-d_1)^2}-\dfrac{V_Sd_1T}{2L_1}$

104. (　) 右圖為降升壓轉換器(buck-boost converter)，在穩態操作且電感電流 i_L 為連續，d_1 為開關元件 S_1 的導通責任週期，T_s 為開關切換週期，f_s 為切換頻率，電感電流為臨界條件時的電感最小值 L_{min} 及輸出電壓的漣波 ΔV_o 為 (14)

(1) $L_{min}=\dfrac{(1-d_1)^2R_oT_s}{2}$

(2) $L_{min}=\dfrac{(1-d_1)R_o}{2f_s}$

(3) $\Delta V_o=\dfrac{V_o(1-d_1)T_s}{R_oC_1}$

(4) $\Delta V_o=\dfrac{V_od_1}{R_oC_1f_s}$ 。

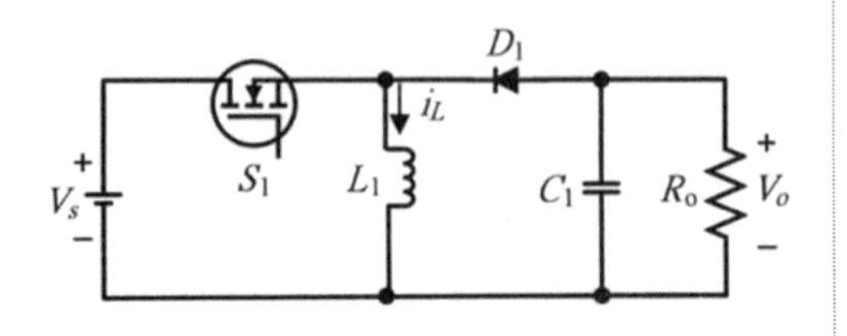

解析　降升壓轉換器(buck-boost converter)：

電感電流為連續時電感電流最小值 $I_{min}=I_L-\frac{\Delta i_L}{2}=\frac{d_1V_S}{(1-d_1)^2R_o}-\frac{V_Sd_1T_S}{2L_1}$

電感電流為連續之條件為 $I_{min}\geq 0$ ∴臨界條件為 $I_{min}=0$

$$I_{min}=I_L-\frac{\Delta i_L}{2}=\frac{d_1V_S}{(1-d_1)^2R_o}-\frac{V_Sd_1T_S}{2L_1}=0\Rightarrow\frac{d_1V_S}{(1-d_1)^2R_o}=\frac{V_Sd_1T_S}{2L_1}\Rightarrow\frac{1}{(1-d_1)^2R_o}=\frac{T_S}{2L_1}$$

電感電流為臨界條件時的電感最小值 $L_{1(min)}=\frac{(1-d_1)^2R_oT_S}{2}$

若電容不是理想的無限大會導致輸出電壓產生漣波。

電容器電荷 $Q=it=CV$

S_1 導通時，電容器電荷變化量

$$|\Delta Q|=i\Delta t=C\Delta V\Rightarrow it_{on}=C\Delta V\Rightarrow(\frac{V_o}{R_o})\times(d_1T_S)=C\Delta V$$

輸出電壓漣波 $\Delta V=\frac{V_od_1T_S}{R_oC}=\frac{V_od_1}{R_oCf_S}$

105. (　) 有關軟性切換(soft switching)轉換器的特性，下列何者正確？ (124)

(1)在零電流時切換　(2)在零電壓時切換
(3)切換損失高　(4)切換損失極低。

解析　諧振式轉換器中在電壓、電流為零時進行切換，避免電壓、電流瞬間急速變化，藉以消除切換損失(switching loss)，此類型的切換動作稱為軟性切換(soft switching)。

106. (　) 轉換器的切換頻率與濾波元件及變壓器的關係，下列何者正確？ (34)

(1)切換頻率越高，濾波元件的電感及電容值越大
(2)切換頻率越高，變壓器的體積越大
(3)切換頻率越高，濾波元件的電感或電容值越小
(4)切換頻率越高，變壓器的體積越小。

解析　轉換器的切換頻率越高時，變壓器的體積越小，濾波元件的電感及電容值越小，可進而縮小轉換器的體積和重量。

107.（　）下圖為諧振式轉換器，有關諧振角頻率 ω_o 及特性阻抗 Z_0，下列何者正確？ (13)

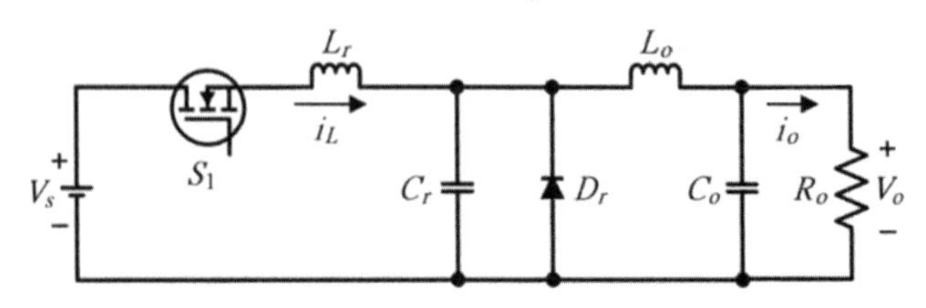

(1)諧振角頻率 $\omega_o = \dfrac{1}{\sqrt{L_r C_r}}$　(2)諧振頻率 $\omega_o = \dfrac{1}{\sqrt{L_o C_o}}$

(3)諧振電路的特性阻抗 $Z_o = \sqrt{\dfrac{L_r}{C_r}}$　(4)諧振電路的特性阻抗 $Z_o = \sqrt{\dfrac{C_r}{L_r}}$。

解析 電感 L_r、電容 C_r、電源 V_S 和被視為電流源 Io 的負載形成如下圖之欠阻尼電路，產生振盪。此諧振電路的分析如下，其中諧振角頻率 $\omega_o = \dfrac{1}{\sqrt{L_r C_r}}$，特性阻抗 $Z_o = \sqrt{\dfrac{L_r}{C_r}}$。

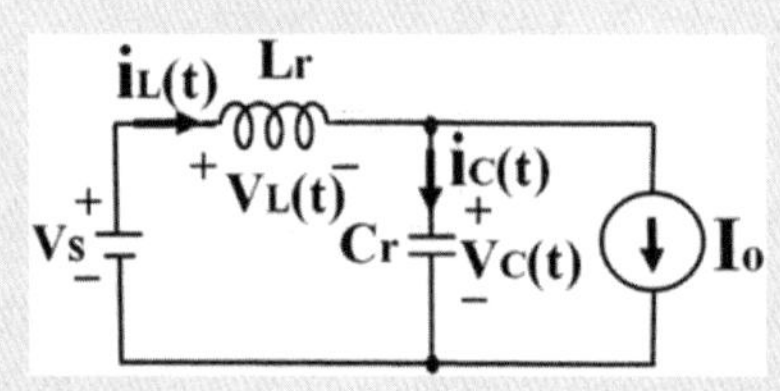

$$K.V.L: V_S = V_L(t) + V_C(t) = L_r \frac{di_L(t)}{dt} + V_C(t) \Rightarrow V_C(t) = V_S - L_r \frac{di_L(t)}{dt}$$

兩邊同時微分：$\dfrac{dV_C(t)}{dt} = 0 - L_r \dfrac{d^2 i_L(t)}{dt^2} = -L_r \dfrac{d^2 i_L(t)}{dt^2}$

$$K.C.L: i_L(t) = i_C(t) + I_o \Rightarrow i_C(t) = i_L(t) - I_o = C_r \frac{dV_C(t)}{dt} \Rightarrow \frac{dV_C(t)}{dt} = \frac{i_L(t) - I_o}{C_r}$$

代回上式：$\dfrac{dV_C(t)}{dt} = -L_r \dfrac{d^2 i_L(t)}{dt^2} = \dfrac{i_L(t) - I_o}{C_r}$

$\Rightarrow \dfrac{d^2 i_L(t)}{dt^2} + \dfrac{i_L(t)}{L_r C_r} = \dfrac{I_o}{L_r C_r}$，初始條件為 $i_L(t_1) = I_o$

此二階微分方程式的解為 $i_L(t) = I_o + \dfrac{V_S}{Z_o} \sin \omega_o (t - t_1)$

其中 $Z_o = \sqrt{\dfrac{L_r}{C_r}}$ 為特性阻抗，$\omega_o = \dfrac{1}{\sqrt{L_r C_r}}$ 為諧振角頻率。

108. (　) 下圖為諧振式轉換器，有關開關元件 S_1 的切換過程，下列何者正確？ (14)

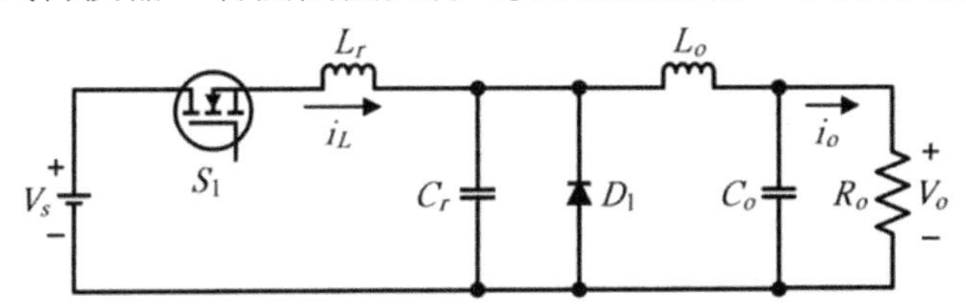

(1)電感 L_r 的電流 i_L 為零時，開關元件 S_1 截止
(2)電感 L_r 的電流 i_L 為零時，開關元件 S_1 導通
(3)此開關元件 S_1 為零電壓切換
(4)此開關元件 S_1 為零電流切換。

解析 開關元件 S_1 和電感 L_r 為串聯連接，開關元件 S_1 導通時，電感 L_r 的電流 i_L 為正；電感 L_r 的電流 i_L 為零時，開關元件 S_1 截止；開關元件 S_1 的切換過程是在電流為零時達到截止，稱為零電流切換(zero-current switching)，沒有切換損失(switching loss)。

109. (　) 下圖為串聯諧振式直流-直流(dc-dc)轉換器的電路，此電路的諧振頻率 f_o 及角頻率 ω_o 為 (12)

(1) $f_o = \dfrac{1}{2\pi\sqrt{L_r C_r}}$

(2) $\omega_o = \dfrac{1}{\sqrt{L_r C_r}}$

(3) $f_o = \sqrt{\dfrac{L_r}{C_r}}$

(4) $\omega_o = \sqrt{\dfrac{L_r}{C_r}}$ 。

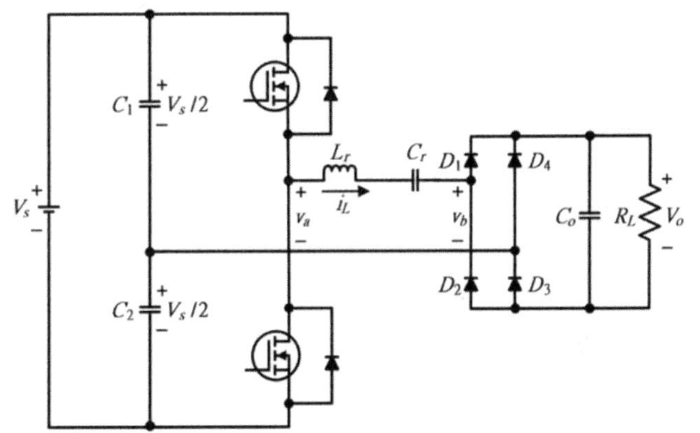

解析 串聯諧振式轉換器可以右圖進行分析，其中 X_o 通常很大以維持穩壓效果，故忽略之。

jXL=jωLr　-jXc=-j1/(ωCr)
Va　Xo=-j1/(ωCo)　RL　Vo

$$I = \frac{V_a}{R_L + j(X_L - X_C)}$$

$$V_o = IR_L = \frac{V_a R_L}{R_L + j(X_L - X_C)}$$

當 $X_L - X_C = 0$ 時，電路呈現純電阻性，$V_o = \dfrac{V_a R_L}{R_L + j0} = V_a$，即產生諧振

$$X_L - X_C = 0 \Rightarrow \omega_o L_r = \frac{1}{\omega_o C_r} \Rightarrow \omega_o = \frac{1}{\sqrt{L_r C_r}}$$

諧振角頻率 $\omega_o = \dfrac{1}{\sqrt{L_r C_r}} = 2\pi f_o \Rightarrow$ 諧振頻率 $f_o = \dfrac{1}{2\pi\sqrt{L_r C_r}}$

110.（　）串聯諧振式直流-直流(dc-dc)轉換器，右圖所示穩態的交流電路，其基本波振幅 V_{b1} 及 V_{a1} 的關係下列何者正確？ (13)

(1) $\dfrac{V_{b1}}{V_{a1}} = \dfrac{R_e}{|R_e + j(X_L - X_C)|}$

(2) $\dfrac{V_{b1}}{V_{a1}} = \dfrac{R_e}{|R_e + j(X_L + X_C)|}$

(3) $\dfrac{V_{b1}}{V_{a1}} = \dfrac{R_e}{\sqrt{R_e^2 + (X_L - X_C)^2}}$

(4) $\dfrac{V_{b1}}{V_{a1}} = \dfrac{R_e}{\sqrt{R_e^2 + (X_L + X_C)^2}}$ 。

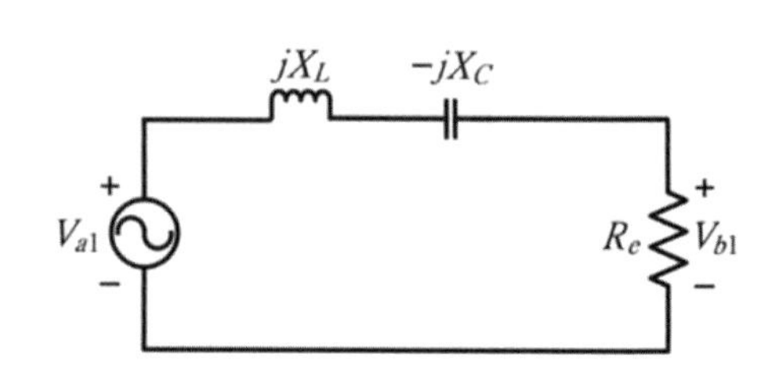

解析

$$I = \frac{V_{a1}}{R_e + j(X_L - X_C)}$$

$$V_{b1} = IR_e = \frac{V_{a1}R_e}{R_e + j(X_L - X_C)}$$

$$\left|\frac{V_{b1}}{V_{a1}}\right| = \left|\frac{R_e}{R_e + j(X_L - X_C)}\right| = \frac{R_e}{|R_e + j(X_L - X_C)|} = \frac{R_e}{\sqrt{R_e^2 + (X_L - X_C)^2}}$$

111.（　）N 型 MOSFET 的驅動級電路，下列何者正確？ (24)

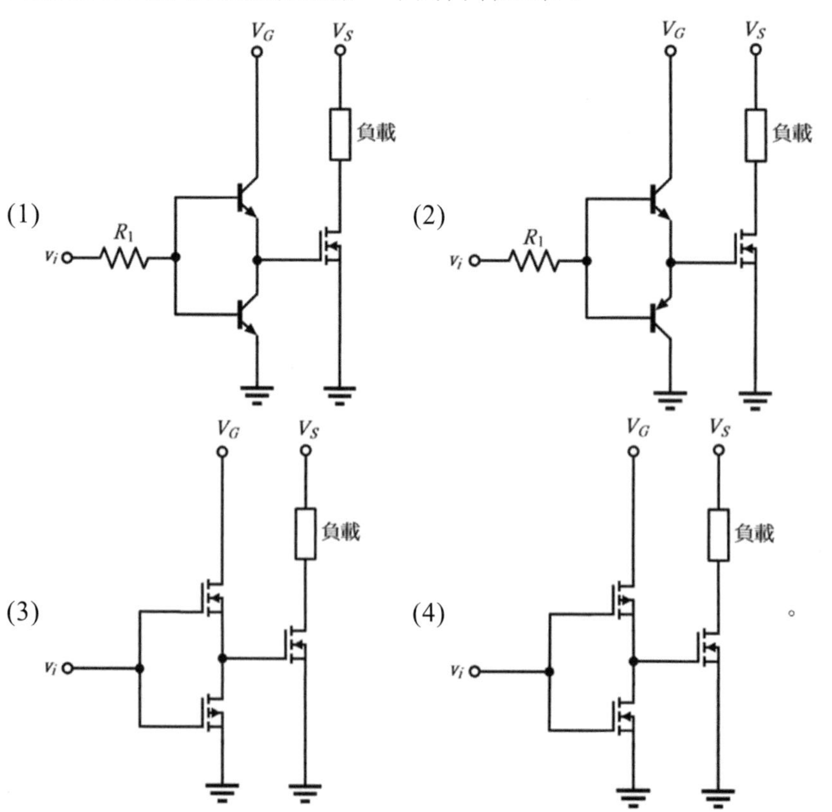

。

解析 當驅動電路輸入 $V_i>0$ 時，上臂的 NPN 電晶體導通，下臂的 PNP 電晶體截止，V_G 使開關(N 型增強型 MOSFET)導通。當驅動電路輸入 $V_i<0$ 時，上臂的 NPN 電晶體截止，下臂的 PNP 電晶體導通，將閘極電荷移除使開關(N 型增強型 MOSFET)截止。

同理，當驅動電路輸入 $V_i>0$ 時，上臂的 P 型增強型 MOSFET 導通，下臂的 N 型增強型 MOSFET 截止，V_G 使開關(N 型增強型 MOSFET)導通。當驅動電路輸入 $V_i<0$ 時，上臂的 P 型增強型 MOSFET 截止，下臂的 N 型增強型 MOSFET 導通，將閘極電荷移除使開關(N 型增強型 MOSFET)截止。

112. (　) 有關 N 型 MOSFET 的驅動電流，下列敘述何者正確？ (13)
(1)導通狀態的穩態電流為零　(2)導通狀態的穩態電壓為零
(3)截止狀態的穩態電流為零　(4)截止狀態的穩態電壓高於臨界電壓。

解析 開關(N 型 MOSFET)進入導通或截止狀態時，閘極之穩態電流皆為零。

113. (　) 右圖為雙極性電晶體的驅動電路及基極電流，其中 V_{BE} 為飽和區的基極與射極電壓，則基極電流 I_{B1} 及 I_{B2} 為 (24)

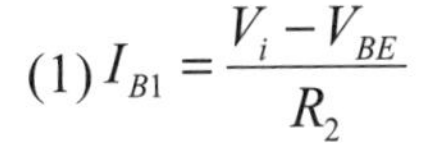

(1) $I_{B1}=\dfrac{V_i-V_{BE}}{R_2}$

(2) $I_{B2}=\dfrac{V_i-V_{BE}}{R_1+R_2}$

(3) $I_{B2}=\dfrac{V_i-V_{BE}}{R_1}$

(4) $I_{B1}=\dfrac{V_i-V_{BE}}{R_1}$。

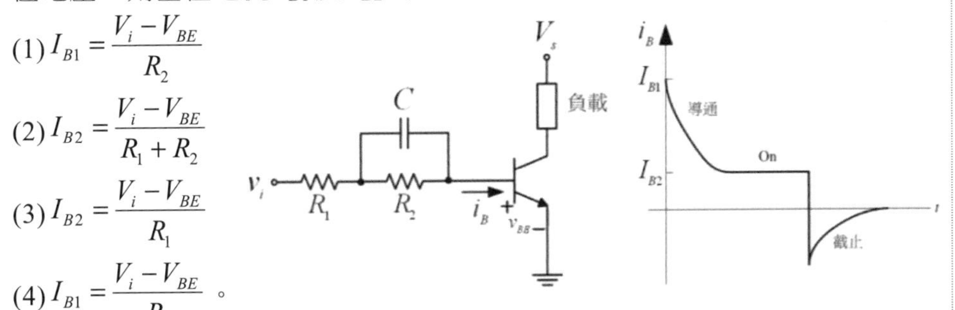

解析 暫態時，C 為短路，$I_{B1}=\dfrac{V_i-V_{BE}}{R_1}$

穩態時，C 為開路，$I_{B2}=\dfrac{V_i-V_{BE}}{R_1+R_2}$

114. (　) 有關功率級電晶體的散熱方面，以熱阻(thermal resistance) $R_Q=\dfrac{T_1-T_2}{P}$，單位為 $^oC/W$，下列何者正確？ (13)
(1)P 為熱功率，單位為 W
(2)P 為熱電流，單位為 A
(3)T_1-T_2 為兩點之間的溫度，單位為 ^oC
(4)T_1-T_2 為兩點之間的溫度，單位為 ^oK。

解析　熱阻(thermal resistance)是物體對熱量傳導的阻礙效果。
即熱量在熱流路徑上遇到的阻力，反映介質或介質間的傳熱能力的大小。

$$R_Q = \frac{T_1 - T_2}{P}$$

R_Q為熱阻，單位為 ^{o}C/W

P 為熱功率，單位為 W

$T_1 - T_2$為兩點之間的溫度，單位為 ^{o}C

115.（　）有關開關元件的緩振電路(snubber circuit)，下列何者正確？ (134)
(1)降低開關元件在切換期間的功率損失
(2)提高開關元件在切換期間的功率損失
(3)保護開關元件，避免高電壓之切換應力
(4)保護開關元件，避免大電流之切換應力。

解析　緩振電路(snubber circuit)或稱緩衝電路之功能：(1)降低開關元件在切換期間的功率損失。(2)保護開關元件，避免 dv/dt 變化太大，造成高電壓之切換應力。(3)保護開關元件，避免 di/dt 變化太大，造成大電流之切換應力。緩衝電路由 R 和 C 串聯組成，與開關並聯，可增加開關使用壽命。

116.（　）電力電子不可控制元件(uncontrolled devices)，下列哪些選項正確？ (14)
(1)功率二極體(diode)　(2)電晶體(BJT)
(3)金氧半場效電晶體(MOSFET)　(4)肖特基二極體(Schottky diode)。

解析
- 電力電子不可控制元件：二極體，例如：功率二極體(power diode)、肖特基二極體(Schottky diode)。
- 電力電子可控制元件：電晶體(BJT)、金氧半場效電晶體(MOSFET)、矽控整流器(SCR)、閘關開關(GTO)、閘極絕緣雙載子電晶體(IGBT)。

117.（　）電力電子電流驅動元件(current drivedevices)，下列哪些選項正確？ (12)
(1)可關斷閘流體(GTO)　(2)功率電晶體(BJT)
(3)功率金氧半場效電晶體(MOSFET)　(4)絕緣閘雙極性電晶體(IGBT)。

解析
- 電流控制型功率開關(流控開關)：SCR、BJT、GTO。
- 電壓控制型功率開關(壓控開關)：MOSFET、IBGT、MCT(MOS-controlled thyristor，金氧半控制閘流體)。

118.（　）已導通的可切斷閘流體(GTO)之截止條件，下列哪些選項正確？ (123)
(1)使陽極電流小於保持電流(holding current)
(2)閘極加入較大的負向電流
(3)截斷陽極電路
(4)閘極開路。

119. (　) 右圖電路中 SCR 之觸發電壓（trigger voltage）V_T＝0.75V、觸發電流（trigger current）I_T＝7mA 與保持電流（holding current）I_H＝6mA，下列哪些選項正確？ (24)

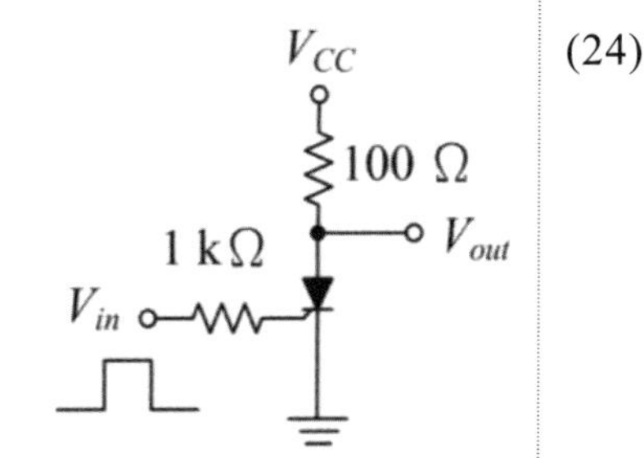

(1)陽極電流小於 6mA 時，SCR 仍可保持導通
(2)閘極電流大於 7mA 時，SCR 可觸發導通
(3)SCR 切斷（off）時之輸出電壓 V_{out}＝0.75V
(4)能觸發 SCR 之輸入電壓 V_{in}＝7.75V。

解析 SCR 由 off 轉換至 on 的方式：(1)陽-陰極順偏(2)閘極給觸發信號，由陽極流向陰極之電流 I_A>觸發電流(trigger current)I_T，即使閘極觸發信號移走也不影響其導通特性。SCR 導通後，電流 I_A>拴住電流 I_L(latching current)，才保證繼續導通。當 I_A<保持電流 I_H(holding current)，恢復至截止狀態。

$V_{in} = 1k \times 7m + 0.75 = 7.75V$

120. (　) 理想的電感器與電容器，在穩態週期的電壓與電流操作時，下列哪些選項正確？ (24)

(1)電感器瞬間功率為零　(2)電感器平均功率為零
(3)電容器瞬間功率為零　(4)電容器平均功率為零。

解析 理想的電感器與電容器，只對虛功率有影響，並不消耗實功率(平均功率)，故電感器和電容器之平均功率皆為零。

121. (　) 右圖所示之電壓波形 v(t)，下列哪些選項正確？ (12)

(1)週期為 2s
(2)平均值為 10V
(3)峰對峰值為 15V
(4)有效值為 $\frac{5}{\sqrt{3}}V$。

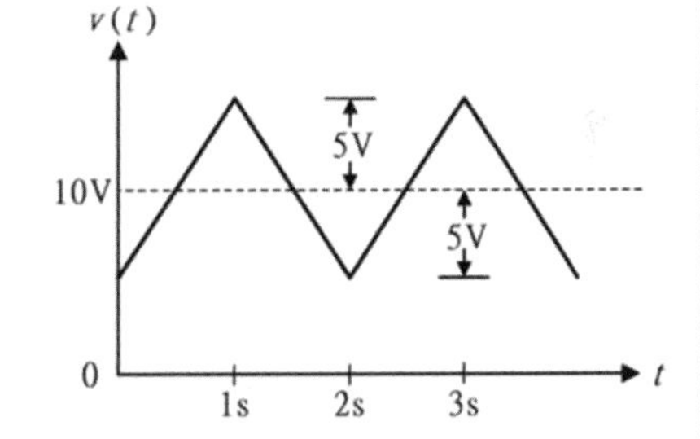

解析

平均值 $V_{o(ave)} = \frac{1}{T}\int_0^T V_o(t)dt = \frac{1}{2}\int_0^2 V_o(t)dt = \frac{1}{2}[\int_0^1 (10t+5)dt + \int_1^2 (-10t+25)dt]$

$= \frac{1}{2}[(5t^2+5t)\Big|_0^1 + (-5t^2+25t)\Big|_1^2] = \frac{1}{2}[10+10] = 10V$

峰對峰值 $V_{p-p} = 15-5 = 10V$

有效值 $V_{o(rms)} = \sqrt{\frac{1}{T}\int_0^T V_o^2(t)dt} = \sqrt{\frac{1}{2}[\int_0^1 V_o^2(t)dt + \int_1^2 V_o^2(t)dt]}$

$= \sqrt{\frac{1}{2}[\int_0^1 5^2(2t+1)^2 dt + \int_1^2 5^2(2t-5)^2 dt]}$

$= \sqrt{\frac{25}{4} \times \frac{1}{3}[(2t+1)^3\Big|_0^1 + (2t-5)^3\Big|_1^2]} = \sqrt{\frac{25}{4} \times \frac{1}{3}[26+26]} = 5\sqrt{\frac{13}{3}}V$

122. (　) 右圖所示為能量從電源端傳送至負載端，假設 $V_s(t)=4\cos(\omega t)+0.5(3\omega t-15°)+0.1\cos(7\omega t+45°)V$，$i(t)=0.5\cos(\omega t+60°)+0.2\cos(3\omega t+45°)+0.08\cos(3\omega t+45°)A$，下列哪些選項正確？ (124)

(1)電源端電壓平均值為 0V
(2)電流平均值為 0A
(3)電源端電壓有效值約為 4.6V
(4)電流有效值約為 0.385A。

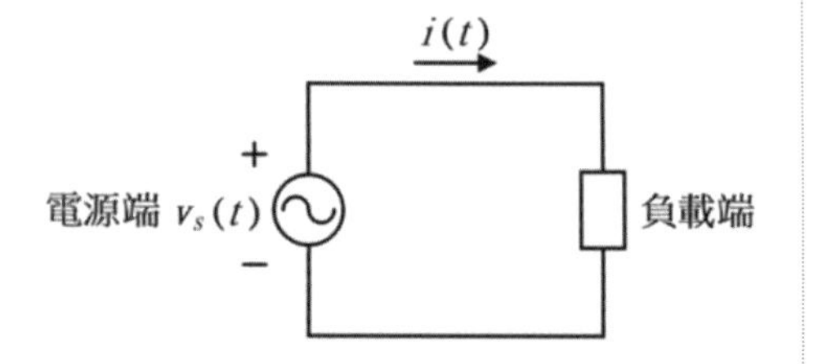

解析

$V_S(t) = 4\cos(\omega t) + 0.5\cos(3\omega t - 15^o) + 0.1\cos(7\omega t + 45^o)V$

$\Rightarrow V_S(\theta) = 4\cos\theta + 0.5\cos(3\theta - 15^o) + 0.1\cos(7\theta + 45^o)V$

$i(t) = 0.5\cos(\omega t + 60^o) + 0.2\cos(3\omega t + 45^o) + 0.08\cos(7\omega t + 45^o)A$

$\Rightarrow i(\theta) = 0.5\cos(\theta + 60^o) + 0.2\cos(3\theta + 45^o) + 0.08\cos(7\theta + 45^o)A$

電源端電壓平均值 $V_{S(ave)} = \frac{1}{T}\int_0^T V_S(t)dt$

$= \frac{1}{2\pi}\int_0^{2\pi}[4\cos\theta + 0.5\cos(3\theta - 15^o) + 0.1\cos(7\theta + 45^o)]d\theta$

$= \frac{1}{2\pi}[4\sin\theta\Big|_0^{2\pi}) + \frac{0.5}{3}\sin(3\theta - 15^o)\Big|_0^{2\pi} + \frac{0.1}{7}\sin(7\theta + 45^o)\Big|_0^{2\pi}]$

$= \frac{1}{2\pi}[4\times 0 + \frac{0.5}{3}\times 0 + \frac{0.1}{7}\times 0] = 0$

電流平均值 $i_{(ave)} = \frac{1}{T}\int_0^T i(t)dt$

$= \frac{1}{2\pi}\int_0^{2\pi}[0.5\cos(\theta + 60^o) + 0.2\cos(3\theta + 45^o) + 0.08\cos(7\theta + 45^o)]d\theta$

$= \frac{1}{2\pi}[0.5\sin(\theta + 60^o)\Big|_0^{2\pi}) + \frac{0.2}{3}\sin(3\theta + 45^o)\Big|_0^{2\pi} + \frac{0.08}{7}\sin(7\theta + 45^o)\Big|_0^{2\pi}]$

$= \frac{1}{2\pi}[0.5\times 0 + \frac{0.2}{3}\times 0 + \frac{0.08}{7}\times 0] = 0$

電源端電壓有效值 $V_{S(rms)} = \sqrt{(\text{基本波有效值})^2 + (\text{諧波有效值})^2}$

$= \sqrt{V_{S1(rms)}^2 + \sum_{h=2}^{\infty} V_{Sh(rms)}^2} = \sqrt{(\frac{4}{\sqrt{2}})^2 + (\frac{0.5}{\sqrt{2}})^2 + (\frac{0.1}{\sqrt{2}})^2} = \sqrt{8 + \frac{1}{8} + \frac{1}{200}} = 2.85V$

或依基本定義解：

電源端電壓有效值 $V_{S(rms)} = \sqrt{\frac{1}{T}\int_0^T V_S^2(t)dt} = \sqrt{\frac{1}{2\pi}\int_0^{2\pi}(A + B + C)^2 d\theta}$

$$=\sqrt{\frac{1}{2\pi}\int_0^{2\pi}(A^2+B^2+C^2+2AB+2BC+2CA)d\theta}$$

$$=\sqrt{\frac{1}{2\pi}[\int_0^{2\pi}(A^2+B^2+C^2)d\theta+\int_0^{2\pi}(2AB+2BC+2CA)d\theta]}$$

$$=\sqrt{\frac{1}{2\pi}[\int_0^{2\pi}(A^2+B^2+C^2)d\theta+0+0+0]}$$

$$=\sqrt{\frac{1}{2\pi}\int_0^{2\pi}(A^2+B^2+C^2)d\theta}$$

$$=\sqrt{\frac{1}{2\pi}\int_0^{2\pi}[4^2\cos^2\theta+0.5^2\cos^2(3\theta-15^o)+0.1^2\cos^2(7\theta-15^o)]d\theta}$$

$$=\sqrt{\frac{1}{2\pi}\int_0^{2\pi}[4^2\times\frac{1-\cos 2\theta}{2}+0.5^2\times\frac{1-\cos 2(3\theta-15^o)}{2}+0.1^2\times\frac{1-\cos 2(7\theta-15^o)}{2}]d\theta}$$

$$=\sqrt{\frac{1}{2\pi}[4^2\times\frac{1}{2}\times(2\pi-0)+0.5^2\times\frac{1}{2}\times(2\pi-0)+0.1^2\times\frac{1}{2}\times(2\pi-0)]}$$

$$=\sqrt{\frac{1}{2\pi}[4^2\pi+0.5^2\pi+0.1^2\pi]}=\sqrt{8.13}=2.85V$$

電流有效值 $i_{(rms)}==\sqrt{(\text{基本波有效值})^2+(\text{諧波有效值})^2}$

$$=\sqrt{i_{S1(rms)}^2+\sum_{h=2}^{\infty}i_{Sh(rms)}^2}=\sqrt{(\frac{0.5}{\sqrt{2}})^2+(\frac{0.2}{\sqrt{2}})^2+(\frac{0.08}{\sqrt{2}})^2}=\sqrt{0.1482}=0.385A$$

或依基本定義解：

電流有效值 $i_{(rms)}=\sqrt{\frac{1}{T}\int_0^T i^2(t)dt}=\sqrt{\frac{1}{2\pi}\int_0^{2\pi}(X+Y+Z)^2d\theta}$

$$=\sqrt{\frac{1}{2\pi}\int_0^{2\pi}(X^2+Y^2+Z^2+2XY+2YZ+2ZX)d\theta}$$

$$=\sqrt{\frac{1}{2\pi}[\int_0^{2\pi}(X^2+Y^2+Z^2)d\theta+\int_0^{2\pi}(2XY+2YZ+2ZX)d\theta]}$$

$$=\sqrt{\frac{1}{2\pi}[\int_0^{2\pi}(X^2+Y^2+Z^2)d\theta+0+0+0]}$$

$$=\sqrt{\frac{1}{2\pi}\int_0^{2\pi}(X^2+Y^2+Z^2)d\theta}$$

$$=\sqrt{\frac{1}{2\pi}\int_0^{2\pi}[0.5^2\cos^2(\theta+60^o)+0.2^2\cos^2(3\theta+45^o)+0.08^2\cos^2(7\theta+45^o)]d\theta}$$

$$=\sqrt{\frac{1}{2\pi}\int_0^{2\pi}[0.5^2\times\frac{1-\cos 2(\theta+60^o)}{2}+0.2^2\times\frac{1-\cos 2(3\theta+45^o)}{2}+0.08^2\times\frac{1-\cos 2(7\theta+45^o)}{2}]d\theta}$$

$$=\sqrt{\frac{1}{2\pi}[0.5^2\times\frac{1}{2}\times(2\pi-0)+0.2^2\times\frac{1}{2}\times(2\pi-0)+0.08^2\times\frac{1}{2}\times(2\pi-0)]}$$

$$=\sqrt{\frac{1}{2\pi}[0.5^2\pi+0.2^2\pi+0.08^2\pi]}=\sqrt{0.1482}=0.385A$$

123. (　) 有一負載之端電壓及端電流分別為 $v(t)=240\sqrt{2}\cos(\omega t)+80\sqrt{2}\cos(3\omega t)V$ 及 $i(t)=60\sqrt{2}\cos(\omega t-30^o)+20\sqrt{2}\cos(3\omega t+30^o)+12\sqrt{2}\cos(5\omega t-60^o)+9\sqrt{2}\cos(7\omega t)A$，式中 ω=377rad/s，下列哪些選項正確？ (124)

(1)端電壓有效值約為 253V　(2)電流總諧波失真約為 0.4167
(3)送至負載之平均功率約為 21500W　(4)功率因數約為 0.843。

解析

$$端電壓有效值V_{(rms)}=\sqrt{(基本波有效值)^2+(諧波有效值)^2}=\sqrt{V_{1(rms)}^2+\sum_{h=2}^{\infty}V_{h(rms)}^2}$$

$$=\sqrt{(\frac{240\sqrt{2}}{\sqrt{2}})^2+(\frac{80\sqrt{2}}{\sqrt{2}})^2}=\sqrt{(240)^2+(80)^2}=\sqrt{64000}=252.98V\approx 253V$$

或依基本定義解：

$$端電壓有效值V_{(rms)}=\sqrt{\frac{1}{T}\int_0^T V^2(t)dt}=\sqrt{\frac{1}{2\pi}\int_0^{2\pi}(A+B)^2d\theta}$$

$$=\sqrt{\frac{1}{2\pi}\int_0^{2\pi}(A^2+B^2+2AB)d\theta}$$

$$=\sqrt{\frac{1}{2\pi}[\int_0^{2\pi}(A^2+B^2)d\theta+\int_0^{2\pi}(2AB)d\theta]}=\sqrt{\frac{1}{2\pi}[\int_0^{2\pi}(A^2+B^2)d\theta+0]}$$

$$=\sqrt{\frac{1}{2\pi}\int_0^{2\pi}(A^2+B^2)d\theta}=\sqrt{\frac{1}{2\pi}\int_0^{2\pi}[(240\sqrt{2})^2\cos^2\theta+(80\sqrt{2})^2\cos^2(3\theta)]d\theta}$$

$$=\sqrt{\frac{1}{2\pi}\int_0^{2\pi}[(240\sqrt{2})^2\times\frac{1-\cos2\theta}{2}+(80\sqrt{2})^2\times\frac{1-\cos2(3\theta)}{2}]d\theta}$$

$$=\sqrt{\frac{1}{2\pi}[(240\sqrt{2})^2\times\frac{1}{2}\times(2\pi-0)+(80\sqrt{2})^2\times\frac{1}{2}\times(2\pi-0)]}$$

$$=\sqrt{\frac{1}{2}[(240\sqrt{2})^2+(80\sqrt{2})^2]}=\sqrt{64000}=252.98\approx 253V$$

$$電流總諧波失真THD=\frac{i_{hT}}{i_1}=\sqrt{\sum_{h=2}^{\infty}(\frac{I_h}{I_1})^2}=\sqrt{(\frac{20\sqrt{2}}{60\sqrt{2}})^2+(\frac{12\sqrt{2}}{60\sqrt{2}})^2+(\frac{9\sqrt{2}}{60\sqrt{2}})^2}$$

$$=\sqrt{(\frac{1}{3})^2+(\frac{1}{5})^2+(\frac{3}{20})^2}=\sqrt{\frac{1}{9}+\frac{1}{25}+\frac{9}{400}}=0.4167$$

送至負載之平均功率 $P_{(ave)}$=基本波平均功率+諧波平均功率

$$=\sum_{n=1}^{\infty}V_{n(rms)}i_{n(rms)}\cos(\theta_n-\phi_n)$$

$$=\frac{240\sqrt{2}}{\sqrt{2}}\times\frac{60\sqrt{2}}{\sqrt{2}}\cos[0^o-(-30^o)]+\frac{80\sqrt{2}}{\sqrt{2}}\times\frac{20\sqrt{2}}{\sqrt{2}}\cos[0^o-(30^o)]$$

$$=240\times60\cos[30^o]+80\times20\cos[-30^o]=13.86kW$$

電流有效值 $i_{(rms)}=\sqrt{(\text{基本波有效值})^2+(\text{諧波有效值})^2}=\sqrt{i_{1(rms)}^2+\sum_{h=2}^{\infty}i_{h(rms)}^2}$

$=\sqrt{(\frac{60\sqrt{2}}{\sqrt{2}})^2+(\frac{20\sqrt{2}}{\sqrt{2}})^2+(\frac{12\sqrt{2}}{\sqrt{2}})^2+(\frac{9\sqrt{2}}{\sqrt{2}})^2}=\sqrt{4225}=65A$

功率因數 $\text{pf}=\frac{\text{平均功率}}{|\text{視在功率}|}=\frac{P_{ave}}{V_{rms}i_{rms}}=\frac{13.86k}{252.98\times 65}=0.843$

124. (　) 下圖所示單相半波整流電路具有純電阻負載，輸入電源為 110V、60Hz，電阻負載為 5Ω，下列哪些選項正確？ (124)

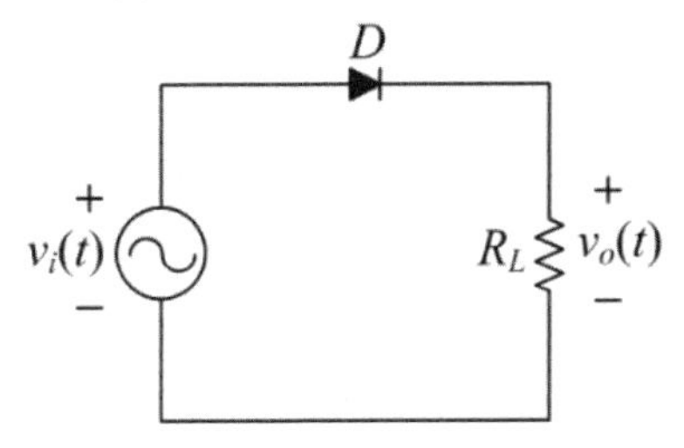

(1)負載之電壓平均值約 49.5V
(2)負載之電壓有效值約 77.8V
(3)二極體 D 峰值逆向電壓為 110V
(4)送至負載之平均功率約為 1210W。

解析

負載電壓平均值 $V_{o(ave)}=\frac{1}{T}\int_0^T V_o(t)dt=\frac{1}{2\pi}\int_0^{2\pi}V_o(\theta)d\theta$

$=\frac{1}{2\pi}\int_0^{\pi}V_m\sin\theta d\theta=\frac{V_m}{2\pi}(-\cos\theta|_0^{\pi})=\frac{V_m}{2\pi}(1+1)=\frac{V_m}{\pi}=\frac{110\sqrt{2}}{\pi}=49.52V$

負載電壓有效值 $V_{o(rms)}=\sqrt{\frac{1}{T}\int_0^T V_o^2(t)dt}=\sqrt{\frac{1}{2\pi}\int_0^{\pi}(V_m\sin\theta)^2d\theta}$

$=\sqrt{\frac{V_m^2}{2\pi}\int_0^{\pi}\sin^2\theta d\theta}==\sqrt{\frac{V_m^2}{2\pi}\int_0^{\pi}\frac{1-\cos 2\theta}{2}d\theta}=\sqrt{\frac{V_m^2}{4\pi}(\theta-\frac{1}{2}\sin 2\theta|_0^{\pi})}$

$=\sqrt{\frac{V_m^2}{4\pi}(\pi-0)}=\sqrt{\frac{V_m^2}{4}}=\frac{V_m}{2}=\frac{110\sqrt{2}}{2}=77.78V$

二極體 D 峰值逆向電壓 $\text{P.I.V}=V_m=110\sqrt{2}=155.56V$

負載平均功率 $\text{P}_{\text{o(ave)}}=V_{o(rms)}i_{o(rms)}=V_{o(rms)}\times\frac{V_{o(rms)}}{R}=\frac{V_{o(rms)}^2}{R}=\frac{(77.78)^2}{5}$

$=1209.95\approx 1210W$

125. (　) 下圖中 L 為不含任何電阻之純電感，並假設二極體導通時壓降為零，下列哪些選項正確？ (34)

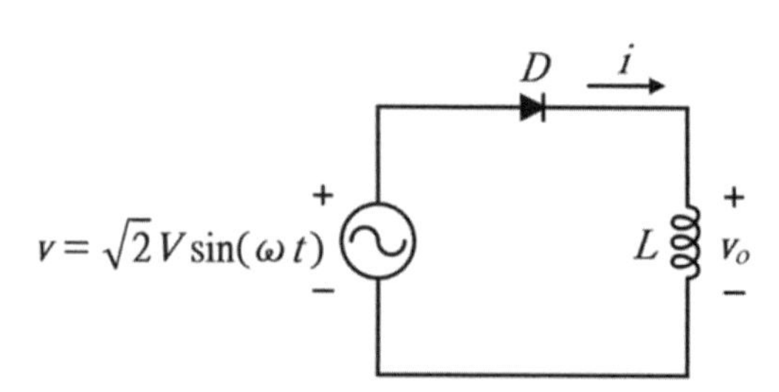

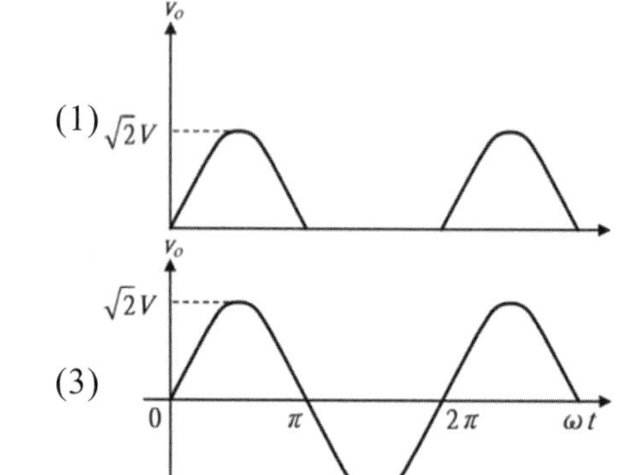

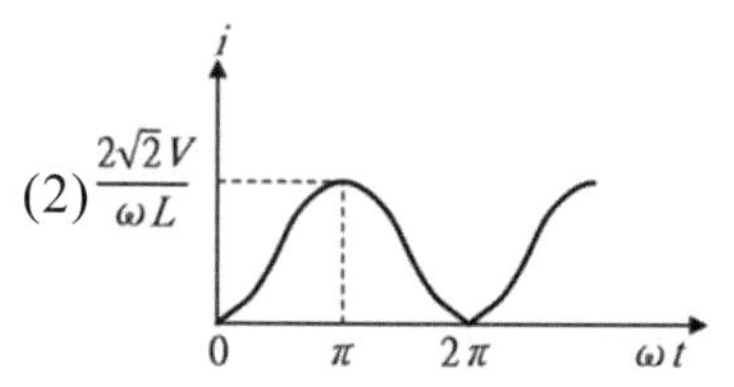

(4)L 所消耗的平均功率為零。

解析

二極體導通時：$V_o = v = \sqrt{2}V\sin(\omega t)$

$$V_o(t) = L\frac{di(t)}{dt} = v = \sqrt{2}V\sin(\omega t)$$

$$\Rightarrow i(t) = \frac{\sqrt{2}V}{L}\int_0^t \sin(\omega t)dt = \frac{\sqrt{2}V}{\omega L}[-\cos(\omega t)\Big|_0^t]$$

$$= \frac{\sqrt{2}V}{\omega L}[1-\cos(\omega t)]$$

理想的電感器與電容器，只對虛功率有影響，並不消耗實功率(平均功率)，故電感器和電容器之平均功率皆為零。

126. (　) 下圖所示之未加電源電路，初值條件為 $\nu_c(0)$=-100V，$i_L(0)$=0A，SCR 在 t=0 時激發，下列哪些選項正確？ (34)

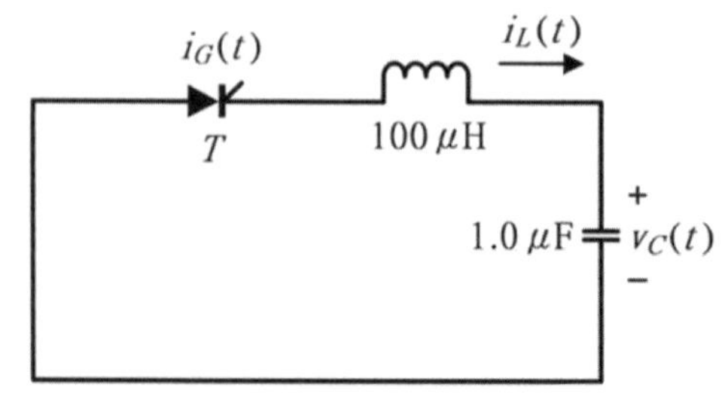

(1)SCR 不會導通　　(2)LC 持續振盪

(3)理想反向後電容電壓為 100V　　(4)電感電流峰值為 10A。

解析 $V_C(0)$=-100V，極性為下正上負，使 SCR 之陽陰極處於順向偏壓狀態，在 t=0 時觸發，故 SCR 會進入導通狀態。

利用拉式轉換(Laplace Transfer)進行分析，先將電路轉換如下圖：

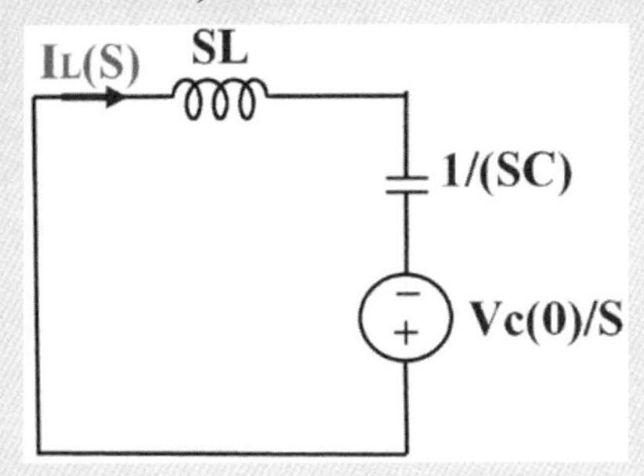

$$K.V.L: SLI_L(S)+\frac{I_L(S)}{SC}=\frac{v_C(0)}{S}$$

$$\Rightarrow I_L(S)=\frac{\frac{v_C(0)}{L}}{S^2+\frac{1}{LC}}=\frac{\frac{v_C(0)}{L}\times\frac{C}{C}}{S^2+\frac{1}{LC}}=\frac{Cv_C(0)\times\frac{1}{LC}}{S^2+\frac{1}{LC}}=\frac{Cv_C(0)\times(\frac{1}{\sqrt{LC}}\frac{1}{\sqrt{LC}})}{S^2+(\frac{1}{\sqrt{LC}})^2}$$

$$=\frac{Cv_C(0)\times\frac{1}{\sqrt{LC}}(\frac{1}{\sqrt{LC}})}{S^2+(\frac{1}{\sqrt{LC}})^2}=\frac{Cv_C(0)\times\frac{1}{\sqrt{LC}}(\omega_o)}{S^2+(\omega_o)^2}=\sqrt{\frac{C}{L}}v_C(0)\times\frac{\omega_o}{S^2+(\omega_o)^2}$$

反拉式轉換：$i_L(t)=L^{-1}[\sqrt{\frac{C}{L}}v_C(0)\times\frac{\omega_o}{S^2+(\omega_o)^2}]=\sqrt{\frac{C}{L}}v_C(0)L^{-1}[\frac{\omega_o}{S^2+(\omega_o)^2}]$

$$=\sqrt{\frac{C}{L}}v_C(0)\sin\omega_o t=\sqrt{\frac{1\mu}{100\mu}}\times100\sin\omega_o t=10\sin\omega_o t$$

$$\omega_o=\frac{1}{\sqrt{LC}}=\frac{1}{\sqrt{100\mu\times1\mu}}=\frac{1}{10\mu}=0.1M=100krad/\sec.$$

$i_L(t)=10\sin\omega_o t\Rightarrow$ 電感電流峰值 $i_{L(\max)}=10\text{A}$

當 $\omega_o t_1=0$，π時，$i_L(t_1)=0, SCR$截止，即 $t_1=\frac{\pi}{0.1\text{M}}=31.42\mu\sec.$

⇒LC 在 $t\geq31.42\mu\sec$ 後不會持續振盪。

$$C\frac{dV_C(t)}{dt}=i_C(t)=i_L(t)$$

$$\Rightarrow V_C(t)=\frac{1}{C}\int_0^t i_L(t)dt=\frac{1}{C}\int_0^t 10\sin(\omega_o t)dt=\frac{10}{\omega_o\text{C}}[-\cos(\omega_o t)\Big|_0^t]=\frac{10}{\omega_o\text{C}}[-\cos(\omega_o t)+1]$$

$$=\frac{10}{0.1M\times1\mu}[1-\cos(\omega_o t)]=100(1-\cos\omega_o t)$$

當 $\omega_o t_2=\frac{\pi}{2}$時, $V_C(t_2)=100V$, 極性為上正下負, 即 $t_2=\frac{\pi/2}{0.1\text{M}}=15.71\mu\sec.$

⇒ 反向後電容電壓為 100V。

127.（　）下圖所示具有濾波電容半波整流電路，輸入正弦波電源電壓有效值為 20V，R_L=10kΩ，C=68μF，下列哪些選項正確？　(13)

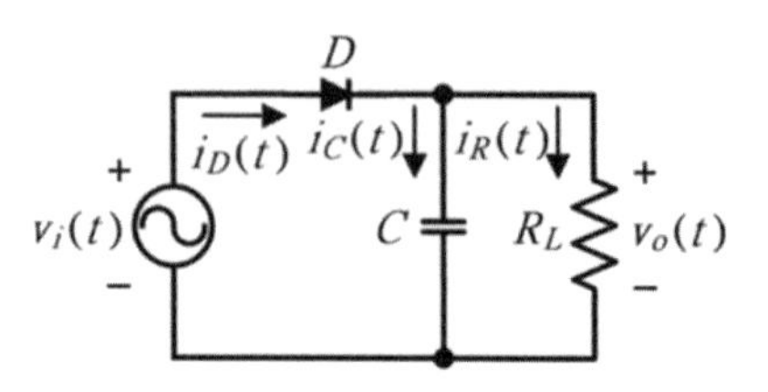

(1)輸出電壓平均值約為 28V
(2)負載電流愈大，輸出漣波電壓愈小
(3)若增大濾波電容，輸出漣波電壓會變小
(4)二極體電流為弦波的正半波。

解析

負載之電壓平均值 $V_{o(ave)} = V_m = 20\sqrt{2} = 28.28V$

負載電流 $i_R(t) = \dfrac{V_{o(ave)}}{R_L} \Rightarrow i_R$ 越大，R_L 越小。

輸出漣波電壓 $\Delta V_o = \dfrac{V_m}{fR_LC} \Rightarrow R_L$ 愈小，ΔV_o 越大。

∴負載電流 i_R 越大，輸出漣波電壓 ΔV_o 越小。

濾波電容越大，濾波穩壓效果越好。若增大濾波電容，輸出漣波電壓會變小。

128.（　）下圖所示之具有濾波電容橋式全波整流電路，輸入正弦波電源電壓有效值為 120V，R_L=100Ω，C=100μF，下列哪些選項正確？　(124)

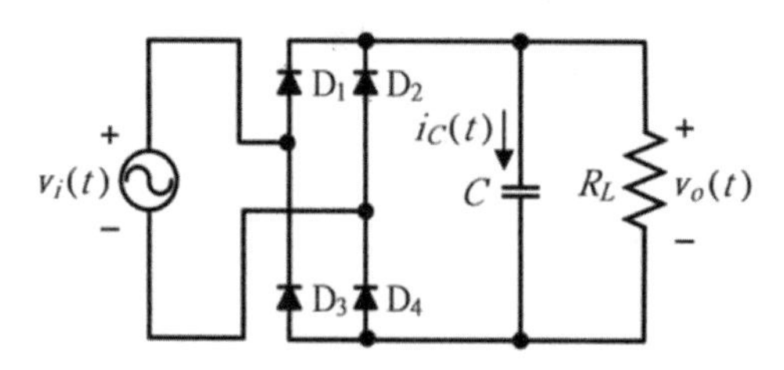

(1)輸出電壓平均值約為 168V
(2)負載電流愈大，輸出漣波電壓愈大
(3)若增大濾波電容，輸出漣波電壓變大
(4)二極體電流為脈波。

解析

負載之電壓平均值 $V_{o(ave)} = V_m = 120\sqrt{2} = 169.71V$

負載電流 $i_R(t) = \dfrac{V_{o(ave)}}{R_L} \Rightarrow i_R$ 越大，R_L 越小。

輸出漣波電壓 $\Delta V_o = \dfrac{V_m}{2fR_LC} \Rightarrow R_L$ 愈小，ΔV_o 越大。

∴負載電流 i_R 越大，輸出漣波電壓 ΔV_o 越小。

濾波電容越大，濾波穩壓效果越好。若增大濾波電容，輸出漣波電壓會變小。

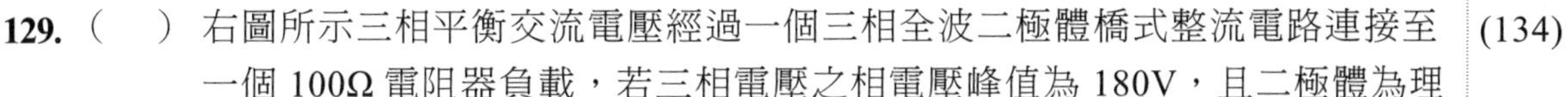

129. (　) 右圖所示三相平衡交流電壓經過一個三相全波二極體橋式整流電路連接至一個 100Ω 電阻器負載，若三相電壓之相電壓峰值為 180V，且二極體為理想元件，下列哪些選項正確？ (134)

(1)每一瞬間都有 2 個二極體導通

(2)一個週期中每個二極體導通 60°

(3)負載的直流電壓約為 300V

(4)通過每一個二極體的峰值電流約為 3.12A。

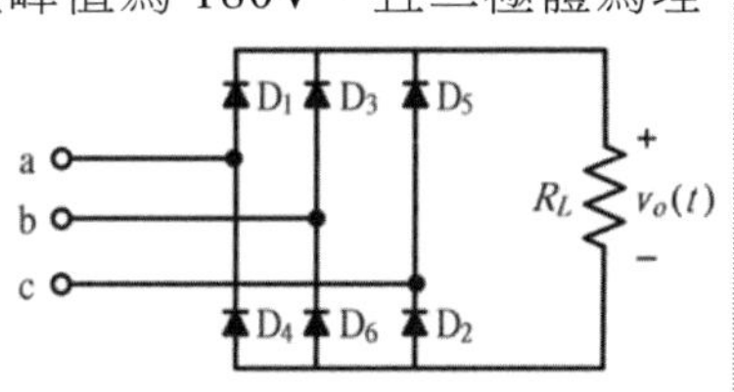

解析

每個區間(60°)有兩個二極體導通且依序(61→12→23→34→45→56)導通。每個二極體皆導通 120° ，截止 240° 。二極體導通每隔 60° 交換一次。

負載之電壓平均值 $V_{o(ave)}=\frac{1}{T}\int_0^T V_S(t)dt=\frac{1}{\pi/3}\int_{\pi/6}^{3\pi/6}\sqrt{3}V_m\sin(\theta+30^o)d\theta$

$=\frac{3\sqrt{3}V_m}{\pi}[-\cos(\theta+30^o)\Big|_{30^o}^{90^o})]=\frac{3\sqrt{3}V_m}{\pi}[-\cos120^o+\cos60^o]=\frac{3\sqrt{3}V_m}{\pi}[\frac{1}{2}+\frac{1}{2}]$

$=\frac{3\sqrt{3}V_m}{\pi}=\frac{3\sqrt{3}}{\pi}\times180=297.72V\approx300V$

通過每一個二極體的峰值電流 $i_{D(max)}=\frac{\sqrt{3}V_m}{R_L}=\frac{\sqrt{3}}{100}\times180=3.12A$

130. (　) 右圖所示為單相二極體全波橋式整流電路，交流電源 $V_{ac}=100\sqrt{2}\sin200tV$，若負載為 10A 之電流源，下列哪些選項正確？ (124)

(1)電源端之電壓有效值為 100V

(2)負載電流有效值為 10A

(3)電源電流基本波有效值為 $\frac{10}{\sqrt{2}}A$

(4)電源端的功率因數為 0.9。

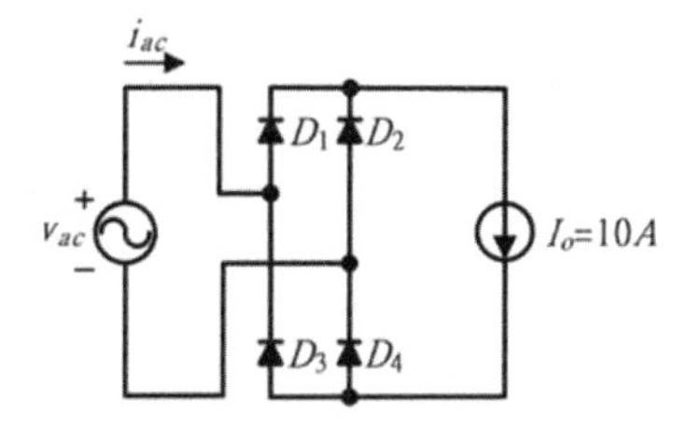

解析

電源電壓有效值 $V_{ac(rms)}=\sqrt{\frac{1}{T}\int_0^T V_{ac}^2(t)dt}=\frac{V_m}{\sqrt{2}}=\frac{100\sqrt{2}}{\sqrt{2}}=100V$

負載電流有效值

$I_{o(rms)}=\sqrt{\frac{1}{T}\int_0^T I_0^2(t)dt}==\sqrt{\frac{1}{2\pi}\int_0^{2\pi}(10)^2d\theta}=\sqrt{\frac{10^2}{2\pi}(\theta\Big|_0^{2\pi})}=\sqrt{\frac{10^2}{2\pi}(2\pi)}=10\text{A}$

電源電流基本波有效值=負載電流有效值 $I_{o(rms)}$=10A

負載電壓平均值 $V_{o(ave)}=\frac{1}{T}\int_0^T V_o(t)dt=\frac{1}{\pi}\int_0^{\pi}V_{ac}(\theta)d\theta=\frac{1}{\pi}\int_0^{\pi}V_m\sin\theta d\theta=\frac{V_m}{\pi}(-\cos\theta\Big|_0^{\pi})$

$=\frac{V_m}{\pi}(1+1)=\frac{2V_m}{\pi}=\frac{2\times100\sqrt{2}}{\pi}=90.03V$

負載電流平均值$I_{o(ave)} = \frac{1}{T}\int_0^T I_o(t)dt = \frac{1}{\pi}\int_0^{\pi} 10 d\theta = \frac{10}{\pi}(\theta\Big|_0^{\pi})$

$= \frac{10}{\pi}(\pi) = 10A =$ 負載電流有效值 $I_{o(rms)}$

功率因數 $\text{pf} = \frac{\text{平均功率}}{|\text{視在功率}|} = \frac{P_{ave}}{V_{rms}i_{rms}} = \frac{V_{o(ave)}I_{o(ave)}}{V_{rms}i_{rms}} = \frac{90.03\times 10}{100\times 10} = 0.9$

131. (　) 由 SCR 及二極體組成之三相半轉換器(semi-converter)，其電源為三相 Y 接 220V、60Hz(變壓器二次側 Y 接而成)，若負載電流為 12A，連續且無漣波成分。於激發延遲角=60°時，下列哪些選項正確？ (123)

(1)SCR 電流平均值為 4A　　(2)SCR 電流有效值約為 6.93A

(3)整流效率為 1　　(4)變壓器利用率約為 0.5。

解析 由 SCR 及二極體組成之三相半轉換器(3Φ semi-converter)電路如下：

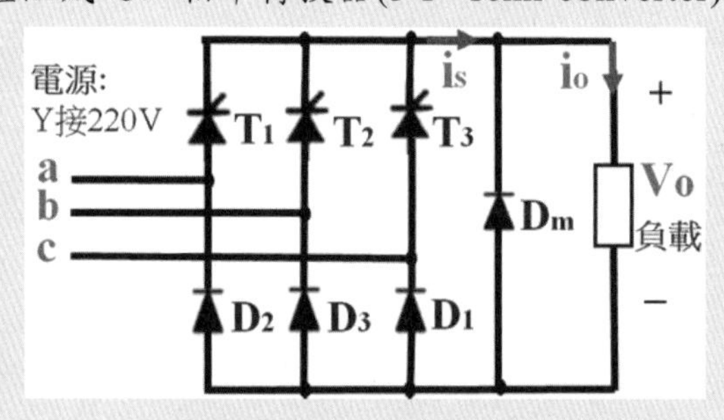

三相半轉換器(semi-converter)：激發延遲角 $\alpha = 60^{\circ} = \pi/3$

以 T_1 為例：導通區間為 $[\frac{\pi}{6}+\alpha, \frac{5\pi}{6}+\alpha] = [\frac{\pi}{6}+\alpha, \frac{7\pi}{6}]$,

$[\frac{7\pi}{6}, \frac{5\pi}{6}+\alpha]$為飛輪二極體 D_m 導通區間

SCR電流平均值$i_{SCR(ave)} = \frac{1}{T}\int_0^T i_{SCR}(t)dt = \frac{1}{2\pi}\int_{\frac{\pi}{6}+\alpha}^{\frac{5\pi}{6}+\alpha} i_{SCR}(\theta)d\theta$

$= \frac{1}{2\pi}\int_{\frac{\pi}{6}+\alpha}^{\frac{5\pi}{6}+\alpha} i_o(\theta)d\theta = \frac{12}{2\pi}(\theta\Big|_{\frac{\pi}{6}+\alpha}^{\frac{5\pi}{6}+\alpha}) = \frac{12}{2\pi}(\frac{4\pi}{6}) = \frac{12}{3} = 4A$

SCR電流有效值$i_{SCR(rms)} = \sqrt{\frac{1}{T}\int_0^T i_{SCR}^2(t)dt} = \sqrt{\frac{1}{2\pi}\int_{\frac{\pi}{6}+\alpha}^{\frac{5\pi}{6}+\alpha} i_{SCR}^2(\theta)d\theta}$

$= \sqrt{\frac{1}{2\pi}\int_{\frac{\pi}{6}+\alpha}^{\frac{5\pi}{6}+\alpha}(12^2)d\theta} = \sqrt{\frac{12^2}{2\pi}(\theta\Big|_{\frac{\pi}{6}+\alpha}^{\frac{5\pi}{6}+\alpha})} = \sqrt{\frac{12^2}{2\pi}\times(\frac{4\pi}{6})} = \frac{12}{\sqrt{3}} = 6.93A$

$$負載電壓平均值V_{o(ave)}=\frac{1}{T}\int_0^T V_o(t)dt=\frac{1}{2\pi/3}\int_{\frac{\pi}{6}+\alpha}^{\frac{5\pi}{6}+\alpha}V_{ac}(\theta)d\theta$$

$$=\frac{3}{2\pi}\int_{\frac{\pi}{6}+\alpha}^{\frac{7\pi}{6}}\sqrt{3}V_m\sin(\theta-30^o)d\theta=\frac{3\sqrt{3}V_m}{2\pi}[-\cos(\theta-30^o)\Big|_{\frac{\pi}{6}+\alpha}^{\frac{7\pi}{6}})]$$

$$=\frac{3\sqrt{3}V_m}{2\pi}[-\cos180^o+\cos\alpha]=\frac{3\sqrt{3}V_m}{2\pi}(1+\cos\alpha)$$

$$\alpha=60^o=\frac{\pi}{3}\Rightarrow V_{o(ave)}=\frac{3\sqrt{3}\times220\sqrt{2}}{2\pi}\times(1+\cos60^o)=385.95V$$

$$負載電壓有效值V_{o(rms)}=\sqrt{\frac{1}{T}\int_0^T V_o^2(t)dt}=\sqrt{\frac{1}{2\pi/3}\int_{\frac{\pi}{6}+\alpha}^{\frac{5\pi}{6}+\alpha}V_{ac}^2(\theta)d\theta}$$

$$=\sqrt{\frac{3}{2\pi}\int_{\frac{\pi}{6}+\alpha}^{\frac{7\pi}{6}}[\sqrt{3}V_m\sin(\theta-30^o)]^2d\theta}=\sqrt{\frac{3\times3V_m^2}{2\pi}\int_{\frac{\pi}{6}+\alpha}^{\frac{7\pi}{6}}\frac{1-\cos2(\theta-30^o)}{2}d\theta}$$

$$=\sqrt{\frac{9V_m^2}{2\pi\times2}[\theta-\frac{1}{2}\sin2(\theta-30^o)\Big|_{\frac{\pi}{6}+\alpha}^{\frac{7\pi}{6}}}$$

$$=\sqrt{\frac{9V_m^2}{4\pi}[\frac{7\pi}{6}-\frac{1}{2}\sin2(\frac{7\pi}{6}-30^o)-(\frac{\pi}{6}+\alpha)+\frac{1}{2}\sin2(\frac{\pi}{6}+\alpha-30^o)]}$$

$$=\sqrt{\frac{9V_m^2}{4\pi}[\pi-\alpha+\frac{1}{2}\sin2\alpha]}$$

$$\alpha=60^o=\frac{\pi}{3}\Rightarrow V_{o(rms)}=\sqrt{\frac{9\times(220\sqrt{2})^2}{4\pi}[\pi-\frac{\pi}{3}+\frac{1}{2}\sin120^o]}=418.59V$$

$$電源端電流有效值\ i_{S(rms)}=\sqrt{\frac{1}{T}\int_0^T i_S^2(t)dt}=3i_{SCR(rms)}=3\times6.93=20.79A$$

負載電流 $i_o=12A$ => 負載電流平均值 $i_{o(ave)}$=負載電流有效值 $i_{o(rms)}=12A$

效率(efficiency)：輸出直流功率與輸出交流功率之比值

$$整流效率\eta=\frac{P_{dc}}{P_{ac}}=\frac{V_{o(ave)}i_{o(ave)}}{V_{o(rms)}i_{o(rms)}}=\frac{385.95\times12}{418.59\times12}=0.922\approx1$$

變壓器利用率(Transformer utilization factor, TUF)：直流輸出功率與變壓器二次側額定之比值

$$TUF=\frac{P_o}{P_{in}}=\frac{V_{o(ave)}i_{o(ave)}}{V_{S(rms)}i_{S(rms)}}=\frac{385.95\times12}{220\times20.79}=1.01\approx1$$

132.（　）右圖所示為單相半控全波全橋整流電路，交流電源 $V_i(t)=120\sqrt{2}\sin(377t)V$，若負載電阻為 20Ω，觸發延遲角為 30°，下列哪些選項正確？ (234)

(1)負載端電壓平均值為 120V
(2)負載電流有效值約為 5.91A
(3)負載平均功率約為 699W
(4)電源端的功率因數約為 0.986。

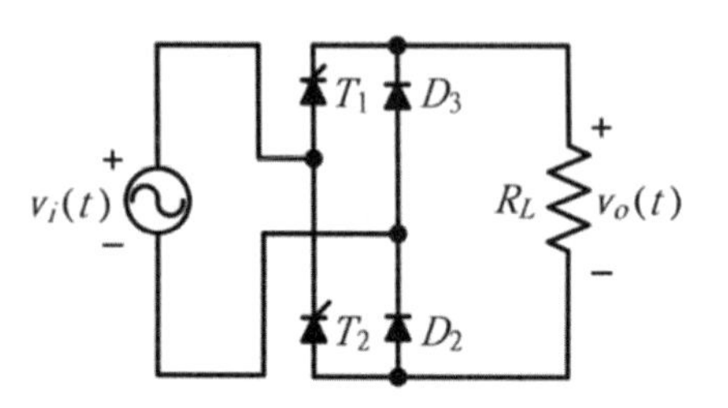

解析

負載電壓平均值 $V_{o(ave)}=\dfrac{1}{T}\displaystyle\int_0^T V_o(t)dt=\dfrac{1}{\pi}\int_\alpha^{\alpha+\pi}V_o(\theta)d\theta$

$$=\frac{1}{\pi}\int_\alpha^{\pi}V_m\sin\theta d\theta=\frac{V_m}{\pi}(-\cos\theta)\Big|_\alpha^\pi)=\frac{V_m}{\pi}(1+\cos\alpha)$$

$$\alpha=30^o\Rightarrow V_{o(ave)}=\frac{120\sqrt{2}}{\pi}(1+\cos30^o)=100.8V$$

負載電流有效值 $i_{o(rms)}=\sqrt{\dfrac{1}{T}\displaystyle\int_0^T i_o^2(t)dt}=\dfrac{V_{o(rms)}}{R}=\dfrac{1}{R}\sqrt{\dfrac{1}{\pi}\displaystyle\int_\alpha^{\alpha+\pi}V_o^2(\theta)d\theta}$

$$=\frac{1}{R}\sqrt{\frac{1}{\pi}\int_\alpha^\pi(V_m\sin\theta)^2d\theta}=\frac{V_m}{R}\sqrt{\frac{1}{\pi}\int_\alpha^\pi\frac{1-\cos2\theta}{2}d\theta}=\frac{V_m}{R}\sqrt{\frac{1}{2\pi}(\theta-\frac{1}{2}\sin2\theta\Big|_\alpha^\pi)}$$

$$=\frac{V_m}{R}\sqrt{\frac{1}{2\pi}(\pi-\alpha+\frac{1}{2}\sin2\alpha)}$$

$$\alpha=30^o=\frac{\pi}{6}\Rightarrow i_{o(rms)}=\frac{120\sqrt{2}}{20}\sqrt{\frac{1}{2\pi}(\pi-\frac{\pi}{6}+\frac{1}{2}\sin2\times30^o)}=5.91A=i_{S(rms)}$$

負載平均功率 $P_{o(ave)}=i_{o(rms)}^2R=5.91^2\times20=698.562W\approx699W$

電源端的功率因數 $\text{p.f}=\dfrac{P_{o(ave)}}{|S|}=\dfrac{P_{o(ave)}}{V_{S(rms)}i_{S(rms)}}=\dfrac{699}{(120\sqrt{2}/\sqrt{2})\times5.91}=0.986$

133.（　）右圖所示之交流電壓控制器電路，電源 $V_S(t)=\sqrt{2}110\sin(2\pi60t)V$，負載 R=5Ω，閘流體激發延遲角調在 $\alpha=60°$，下列哪些選項正確？ (124)

(1)負載端電壓有效值約為 99V
(2)負載端電壓平均值為 0V
(3)負載之平均功率為 0W
(4)電源側功率因數約為 0.9。

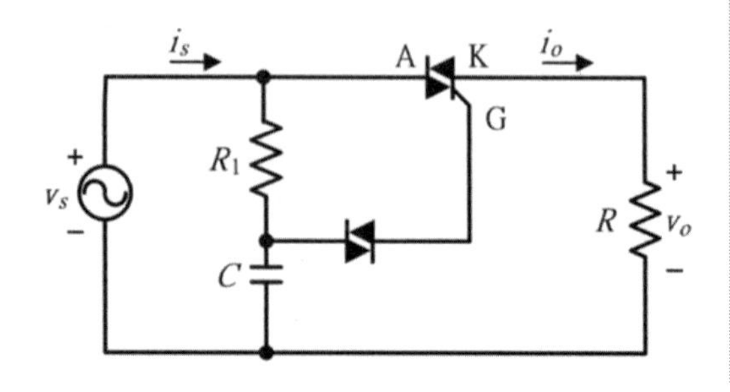

解析

負載電壓有效值 $V_{o(rms)}=\sqrt{\frac{1}{T}\int_0^T V_o^2(t)dt}=\sqrt{\frac{1}{2\pi}\int_\alpha^{\alpha+2\pi} V_o^2(\theta)d\theta}$

$=\sqrt{\frac{2}{2\pi}[\int_\alpha^{\alpha+\pi}(V_m\sin\theta)^2 d\theta]}=\sqrt{\frac{2}{2\pi}[\int_\alpha^{\pi}(V_m\sin\theta)^2 d\theta]+\int_\pi^{\alpha+\pi}(0\ )^2 d\theta]}$

$=\sqrt{\frac{V_m^2}{\pi}\int_\alpha^{\pi}\frac{1-\cos 2\theta}{2}d\theta}=\sqrt{\frac{V_m^2}{2\pi}(\theta-\frac{1}{2}\sin 2\theta\Big|_\alpha^\pi)}=\sqrt{\frac{V_m^2}{2\pi}(\pi-\alpha+\frac{1}{2}\sin 2\alpha)}$

$\alpha=60^o=\frac{\pi}{3}\Rightarrow V_{o(rms)}=\sqrt{\frac{(110\sqrt{2})^2}{2\pi}(\pi-\frac{\pi}{3}+\frac{1}{2}\sin 120^o)}=98.66V\approx 99V$

負載電壓平均值 $V_{o(ave)}=\frac{1}{T}\int_0^T V_o(t)dt=\frac{1}{2\pi}\int_\alpha^{\alpha+2\pi}V_o\ (\theta)d\theta$

$=\frac{1}{2\pi}[\int_\alpha^{\pi}V_m\sin\theta d\theta+\int_\pi^{\alpha+\pi}(0)\ d\theta+\int_{\alpha+\pi}^{2\pi}V_m\sin\theta d\theta+\int_{2\pi}^{\alpha+2\pi}(0)\ \ d\theta]$

$=\frac{V_m}{2\pi}(-\cos\theta)\Big|_\alpha^\pi-\cos\theta)\Big|_{\alpha+\pi}^{2\pi})=\frac{V_m}{2\pi}[-\cos\pi+\cos\alpha-\cos 2\pi+\cos(\alpha+\pi)]$

$=\frac{V_m}{2\pi}[0]=0V$

負載平均功率 $P_{o(ave)}=\frac{V_{o(rms)}^2}{R}=\frac{98.66^2}{5}=1946.76W$

負載電流有效值 $i_{o(rms)}=\frac{V_{o(rms)}}{R}=\frac{98.66}{5}=19.732A=$ 電源電流有效值 $i_{S(rms)}$

電源側功率因數 $p.f=\frac{P_{o(ave)}}{|S|}=\frac{P_{o(ave)}}{V_{S(rms)}i_{S(rms)}}$

$=\frac{1946.76}{(110\sqrt{2}/\sqrt{2})\times 19.732}=0.8969\approx 0.9$

134. (　) 下圖所示之單相交流電壓控制器（AC voltage controller），接電阻性負載，下列哪些選項正確？ (134)

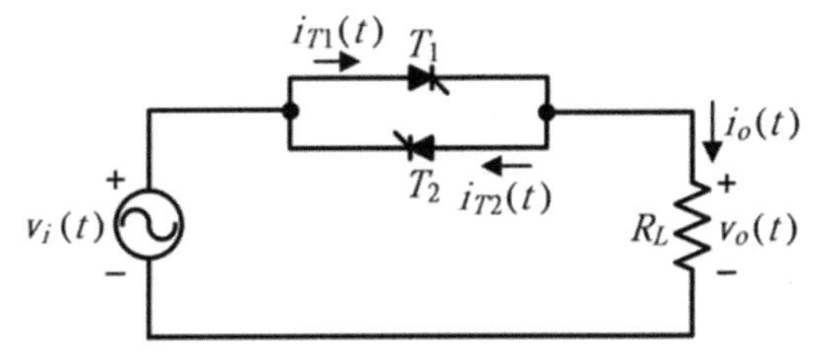

(1)可採導通-截止(on-off)或相位控制(phase control)兩種控制模式

(2)兩 SCR 可同時導通

(3)兩 SCR 分別導通時間若相同，電源與負載之電流平均值為 0A

(4)兩 SCR 分別導通時間若相同，則流過每個 SCR 之電流有效值為負載電流有效值的 $\frac{1}{\sqrt{2}}$ 倍。

解析

負載電流平均值 $i_{o(ave)}=\frac{1}{T}\int_0^T i_o(t)dt=\frac{1}{2\pi}\int_\alpha^{\alpha+2\pi} i_o(\theta)d\theta=\frac{1}{2\pi}\int_\alpha^{\alpha+2\pi}\frac{V_o(\theta)}{R_L}d\theta$

$=\frac{1}{2\pi R_L}[\int_\alpha^\pi V_m\sin\theta d\theta+\int_\pi^{\alpha+\pi}(0)\,d\theta+\int_{\alpha+\pi}^{2\pi}V_m\sin\theta d\theta+\int_{2\pi}^{\alpha+2\pi}(0)\,d\theta]$

$=\frac{V_m}{2\pi R_L}(-\cos\theta)\Big|_\alpha^\pi-\cos\theta)\Big|_{\alpha+\pi}^{2\pi})=\frac{V_m}{2\pi R_L}[-\cos\pi+\cos\alpha-\cos 2\pi+\cos(\alpha+\pi)]$

$=\frac{V_m}{2\pi R_L}[0]=0A=$電源電流平均值

T_1導通區間為$[\alpha,\pi]$,T_2導通區間為$[\alpha+\pi,2\pi]\Rightarrow$兩個SCR不可同時導通。

負載電流有效值 $i_{o(rms)}=\sqrt{\frac{1}{T}\int_0^T i_o^2(t)dt}=\sqrt{\frac{1}{2\pi}\int_\alpha^{\alpha+2\pi}i_o^2(\theta)d\theta}=\sqrt{\frac{2}{2\pi}\int_\alpha^\pi(\frac{V_m\sin\theta}{R_L})^2d\theta}$

$=\sqrt{\frac{V_m^2}{\pi R_L^2}\int_\alpha^\pi\frac{1-\cos 2\theta}{2}d\theta}=\sqrt{\frac{V_m^2}{2\pi R_L^2}(\theta-\frac{1}{2}\sin 2\theta\Big|_\alpha^\pi)}=\sqrt{\frac{V_m^2}{2\pi R_L^2}(\pi-\alpha+\frac{1}{2}\sin 2\alpha)}$

流過每過 SCR 之電流有效值

$i_{T1(rms)}=i_{T2(rms)}=\sqrt{\frac{1}{T}\int_0^T i_{T1}^2(t)d\theta}=\sqrt{\frac{1}{2\pi}\int_\alpha^{\alpha+2\pi}i_{T1}^2(\theta)d\theta}$

$=\sqrt{\frac{1}{2\pi}\int_\alpha^\pi(\frac{V_m\sin\theta}{R_L})^2d\theta}=\sqrt{\frac{V_m^2}{2\pi R_L^2}\int_\alpha^\pi\frac{1-\cos 2\theta}{2}d\theta}=\sqrt{\frac{V_m^2}{4\pi R_L^2}(\theta-\frac{1}{2}\sin 2\theta\Big|_\alpha^\pi)}$

$=\sqrt{\frac{V_m^2}{4\pi R_L^2}(\pi-\alpha+\frac{1}{2}\sin 2\alpha)}=\frac{1}{\sqrt{2}}\sqrt{\frac{V_m^2}{2\pi R_L^2}(\pi-\alpha+\frac{1}{2}\sin 2\alpha)}=\frac{1}{\sqrt{2}}i_{o(rms)}$

135. (　) 下圖所示之三相交流電壓控制器，Y 接電阻性負載，下列哪些選項正確？ (234)

(1)SCR 每隔 120°導通一次　(2)輸出電壓正、負半週對稱

(3)負載電流無偶次諧波　(4)當激發延遲角 $\alpha\geqq 150°$時，輸出電壓為零。

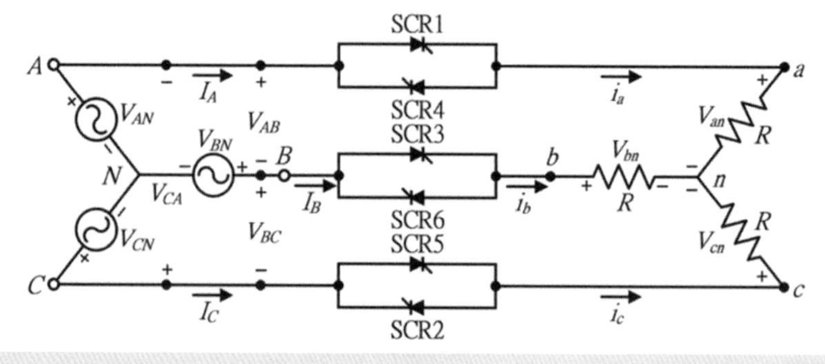

解析

SCR 每隔 60°導通一次。每個區間(60°)SCR 依序(123456)導通，導通數量由兩個或三個 SCR 輪流交替切換，產生正、負半週對稱的輸出電壓。

三相交流電壓控制器的負載電流含有 6n±1 諧波，n=1,2,3,...，即第 5 次、第 7 次、第 11 次、第 13 次...等奇次諧波，並無偶次諧波。

當激發延遲角 $\alpha\geqq 150°$時，因為 6 個 SCR 皆未處於順向偏壓的區間，此時即使在閘極加入觸發信號，SCR 仍維持截止狀態，此時輸出電壓為零。

136. (　) 下列選項中哪些轉換器可實現降壓與升壓功能？ (34)
(1)降壓型轉換器　(2)升壓型轉換器　(3)邱克轉換器　(4)SEPIC。

解析
- 降壓型轉換器：輸出電壓≦輸入電壓的 DC-DC 轉換器。
- 升壓型轉換器：輸出電壓≧輸入電壓的 DC-DC 轉換器。
- 邱克轉換器：輸出電壓大於、小於或者等於輸入電壓的 DC-DC 轉換器。
- SEPIC(single ended primary inductor converter)單端初級電感式轉換器：輸出電壓大於、小於或者等於輸入電壓的 DC-DC 轉換器。

137. (　) 全橋式轉換器之輸出電壓與何者相關？ (234)
(1)切換頻率　(2)輸入電壓　(3)變壓器匝數比　(4)責任週期。

解析
輸出電壓$V_{o(ave)}=\frac{2D}{n}V_S$，$D$：責任週期，$n$：變壓器匝數比，$V_S$：輸入電壓

138. (　) 下列何者為變頻器振幅調變率(modulation index)與頻率調變率之正確描述？ (12)
(1)若振幅調變率小於 1，則基本頻率之電壓振幅正比於該調變率
(2)降低頻率調變率可提升轉換器效率
(3)若振幅調變率大於 1，輸出電壓振幅會隨調變率線性增大
(4)提高頻率調變率可降低諧波群之頻率。

解析
振幅調變率(amplitude modulation index)$M_a=\frac{A_r}{A_c}$
其中A_r = 參考信號的大小，A_c = 載波信號的大小。
$0 \le M_a \le 1$ 稱為線性調變，輸出電壓基本波之振幅正比於M_a，
即輸出電壓振幅會隨調變率線性變化。
$M_a > 1$ 稱為過調變(over modulation)，輸出電壓振幅不會隨M_a線性變化，
輸出波形接近方波，且諧波會增加。
頻率調變率(frequency modulation index)$M_f=\frac{f_c}{f_r}$
其中f_c = 載波信號的頻率，f_r = 參考信號的頻率。
開關之切換損失會隨M_f變大而增加，故降低頻率調變率可提升轉換器效率。

139. (　) 關於諧振式電力轉換器之敘述，何者正確？ (123)
(1)可實現零電壓切換　(2)可實現零電流切換
(3)可提升轉換器效率　(4)可降低傳導損失。

解析
諧振式電力轉換器可迫使電壓或電流通過零點，即零電壓切換(zero-voltage switching, ZVS)或零電流切換(zero-current switching, ZCS)，切換損失減少，提升轉換器效率。

140. (　) 下列何者對電力轉換器中的電感器與電容器特性之敘述正確？ (124)
(1)穩態操作時，電感器電壓需伏特秒平衡
(2)穩態操作時，電容器電流之平均值為零
(3)電感器與電容器之電流值皆可瞬間改變
(4)在降壓型轉換器中，電壓的漣波率與電感值以及電容值皆相關。

解析 (1)伏特 · 秒(volt · second balance)平衡觀念係由開關導通或截止時，電感之能量不滅衍生而來。
(2)電容器有穩壓效果，電壓值不會瞬間改變，$i_C(t) = c\frac{dv(t)}{dt}$，穩態操作時，電容器電流之平均值為零。
(3)電感器有穩流效果，電流值不會瞬間改變。
(4)在降壓型轉換器中，電感值和電容值越大，電壓的漣波率越小。

141. (　) 當單一 SCR 之額定電壓或電流低於電路工作需求時，下列哪些選項正確？ (12)
(1)使用數個 SCR 串聯，增加其耐壓
(2)使用數個 SCR 並聯，提高其輸出電流
(3)使用數個 SCR 串聯，增加其輸出電流
(4)使用數個 SCR 並聯，提高其耐壓。

解析 使用數個 SCR 元件串聯時，電流相同，可增加其耐壓。
使用數個 SCR 元件並聯時，電壓相同，可提高其輸出電流。

142. (　) 電力電子的典型應用，下列哪些選項正確？ (234)
(1)將數位信號轉為類比信號
(2)將交流電(ac)轉換成直流電(dc)
(3)將直流電(dc)轉換成交流電(ac)
(4)將未調節(unregulated)的直流電壓轉換成已調節(regulated)的直流電壓。

解析

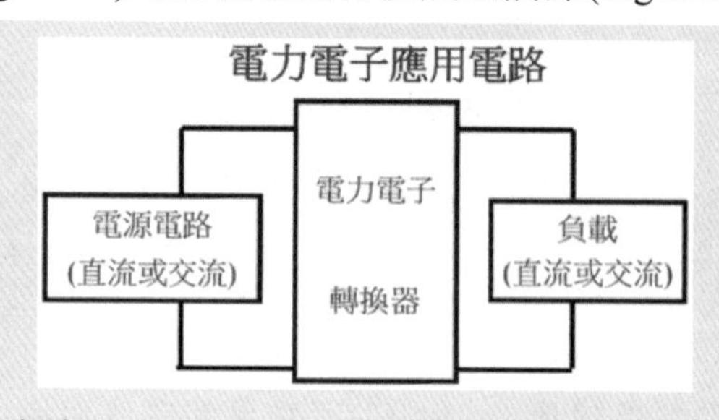

將數位(digital)信號轉為類比(analog)信號的電路稱為 D/A converter。

143. (　) 常用於電力電子之模擬軟體，下列哪些選項正確？ (123)

(1)PSpice　(2)PSIM　(3)MATLAB/SIMULINK　(4)OpenDSS　。

解析

- PSpice 是包括訊號源及電源元件，可進行暫態分析與應用、傅立葉分析等之電路模擬分析軟體，亦可模擬電力電子中各種轉換器電路。
- PSIM (Power Simulation)是美國 POWERSIM 公司專門針對電力電子開發的模擬軟體。
- Simulink 是用於動態系統和嵌入式系統的多領域模擬和基於模型的設計工具。Simulink 與 MATLAB 緊密整合，可以適用於電力電子的建構與模擬。
- OpenDSS (Open Distribution System Simulator)是針對配電系統之模擬工具。

144. (　) 下圖所示之週期性電流波形 i(t)，下列哪些選項正確？ (124)

(1)週期為 2ms

(2)平均值為 2A

(3)峰對峰值為 2A

(4)有效值為 $\frac{4}{\sqrt{3}}$A。

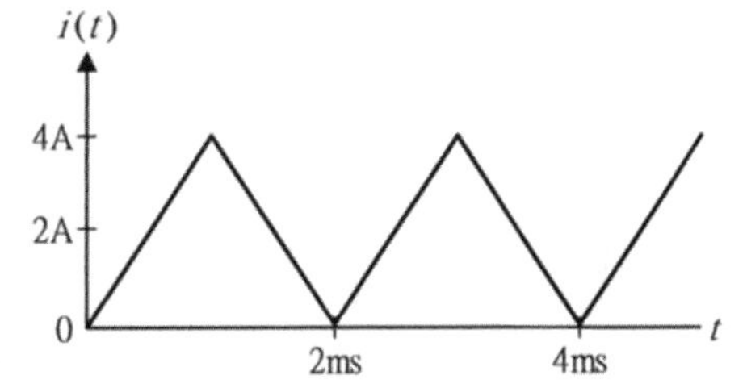

解析 週期 T = 2ms

$0 \le t \le T/2$：通過（0,0）和（1ms, 4A）兩點

$$\frac{i(t)-0}{t-0}=\frac{4-0}{1m-0} \Rightarrow i(t)=4kt$$

$T/2 \le t \le T$：通過（1ms, 4A）和（2ms, 0A）兩點

$$\frac{i(t)-0}{t-2m}=\frac{4-0}{1m-2m} \Rightarrow i(t)=-4k(t-2m)$$

電流平均值 $i_{(ave)}=\frac{1}{T}\int_0^T i(t)dt=\frac{1}{2\text{m}}[\int_0^{1m} i(t)dt+\int_{1\text{m}}^{2m} i(t)dt]$

$=\frac{1}{2\text{m}}[\int_0^{1m} 4ktdt+\int_{1\text{m}}^{2m} -4k(t-2m)dt]$

$=\frac{4k}{2\text{m}}[(\frac{1}{2}t^2)\Big|_0^{1m}-\frac{1}{2}(t-2m)^2)\Big|_{1m}^{2m})=2M\times\frac{1}{2}[(1\mu-0)-(0-1\mu)]$

$=1M\times[2\mu]=2A$

電流之峰對峰值為 $I_{pp}=(4-0)=4A$

電流有效值 $i_{(rms)}=\sqrt{\frac{1}{T}\int_0^T i^2(t)dt}=\sqrt{\frac{1}{2m}[\int_0^{1m}(4kt)^2dt+\int_{1m}^{2m}(-4k(t-2m))^2dt]}$

$=\sqrt{\frac{16M}{2m}[\frac{1}{3}t^3\Big|_0^{1m}+\frac{1}{3}(t-2m)^3\Big|_{1m}^{2m}]}=\sqrt{\frac{8G}{3}[(1m)^3-(-1m)^3]}=\sqrt{\frac{8G}{3}[2n]}$

$=\sqrt{\frac{16}{3}}=\frac{4}{\sqrt{3}}A$

145. (　) 弦波電源與非線性負載，弦波電源為 $v(t)= V_1 \sin(\omega_o t+\theta_1)V$，非線性負載電流 $i(t) = I_o + \sum_{n=1}^{\infty} I_n \sin(n\omega_o t + \theta_1)A$，下列哪些選項正確？ (23)

(1)負載吸收的平均功率為 V_1I_oW

(2)電流平均值為 I_oA

(3)電流有效值為 $I_{rms} = \sqrt{I_o^2 + \sum_{n=1}^{\infty} (\frac{I_n}{\sqrt{2}})^2}\ A$

(4)負載功率因數為 $\cos(\theta_1 - \phi_1)$ 。

解析

負載平均功率 $p_{o(ave)} = \frac{1}{T}\int_0^T p_o(t)dt = \frac{1}{T}\int_0^T v(t)i(t)dt$

$$= \frac{1}{2\pi}\int_0^{2\pi} V_1 \sin(\omega_o t + \theta_1) \times [I_o + \sum_{n=1}^{\infty} I_n \sin(n\omega_o t + \varphi_n)]dt$$

$$= \sum_{n=1}^{\infty} V_{n(rms)} I_{n(rms)} \cos(\theta_n - \varphi_n)$$

$$= \sum_{n=1}^{\infty} \frac{V_n}{\sqrt{2}} \times \frac{I_n}{\sqrt{2}} \cos(\theta_n - \varphi_n)$$

$$= \frac{1}{2}\sum_{n=1}^{\infty} V_n I_n \cos(\theta_n - \varphi_n)$$

電流平均值 $i_{ave} = \frac{1}{T}\int_0^T i(t)dt = \frac{1}{2\pi}\int_0^{2\pi} \left[I_o + \sum_{n=1}^{\infty} I_n \sin(n\omega_o t + \varphi_n)\right] dt = I_o$

電流有效值 $ii_{rms} = \sqrt{\frac{1}{T}\int_0^T i^2(t)dt}$

$$= \sqrt{\frac{1}{T}\int_0^T [I_o + \sum_{n=1}^{\infty} I_n \sin(n\omega_o t + \varphi_n)]^2(t)dt}$$

$$= \sqrt{I_o^2 + I_{1(rms)}^2 + I_{2(rms)}^2 + I_{3(rms)}^2 + \cdots\ldots}$$

$$= \sqrt{I_o^2 + (\frac{I_1}{\sqrt{2}})^2 + (\frac{I_2}{\sqrt{2}})^2 + (\frac{I_3}{\sqrt{2}})^2 + \cdots\ldots} = \sqrt{I_o^2 + \sum_{n=1}^{\infty}(\frac{I_n}{\sqrt{2}})^2}$$

$p.f =$ 失真功因 $\times$ 位移功因 $= \frac{I_1}{i} \times \cos(\theta_1 - \varphi_1)$

其中 I_1 為電流基本波有效值，i 為電流有效值(包含基本波和諧波)

146.（ ）全波整流器之輸出電壓 $v(t)=|\mathrm{V_m}\sin(\omega t)|V$，下列哪些選項正確？ (14)

(1)有效值為 $\frac{\mathrm{V_m}}{\sqrt{2}}V$ (2)有效值為 $\frac{\mathrm{V_m}}{\sqrt{3}}V$ (3)平均值為 0V (4)平均值為 $\frac{2}{\pi}V_mV$ 。

解析

有效值 $v_{rms}=\sqrt{\frac{1}{T}\int_0^T v^2(t)dt}=\sqrt{\frac{1}{\pi}\int_0^\pi (V_m\sin\theta)^2 d\theta}=\sqrt{\frac{V_m^2}{\pi}\int_0^\pi \sin^2\theta d\theta}$

$=\sqrt{\frac{V_m^2}{\pi}\int_0^\pi \frac{1-\cos 2\theta}{2}d\theta}=\sqrt{\frac{V_m^2}{2\pi}(\theta-\frac{1}{2}\sin 2\theta)\Big|_0^\pi}=\sqrt{\frac{V_m^2}{2\pi}(\pi-\frac{1}{2}\sin 2\pi-0+\frac{1}{2}\sin 0)}$

$=\sqrt{\frac{V_m^2}{2\pi}(\pi)}=\sqrt{\frac{V_m^2}{2}}=\frac{V_m}{\sqrt{2}}$

平均值 $v_{ave}=\frac{1}{T}\int_0^T v(t)dt=\frac{1}{\pi}\int_0^\pi V_m\sin\theta d\theta=\frac{V_m}{\pi}(-\cos\theta\Big|_0^\pi)$

$=\frac{V_m}{\pi}(-\cos\pi+\cos 0)=\frac{2V_m}{\pi}$

147.（ ）右圖所示單相半波整流電路具有純電阻負載，輸入電源為 $v_i(t)=\mathrm{V_m}\sin(\omega t)V$，下列哪些選項正確？ (12)

(1)負載之輸出電壓平均值為 $\frac{\mathrm{V_m}}{\pi}V$

(2)負載之輸出電壓有效值為 $\frac{\mathrm{V_m}}{2}V$

(3)二極體 D 之峰值逆向電壓為 $2\mathrm{V_m}V$

(4)送至負載之平均功率為 $\frac{(\frac{\mathrm{V_m}}{\pi})^2}{R}W$ 。

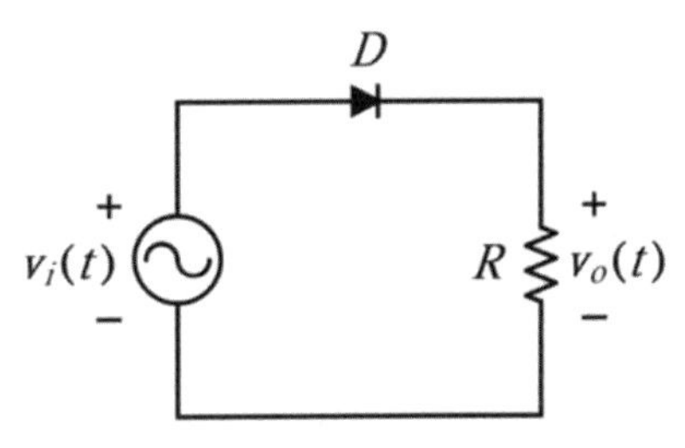

解析

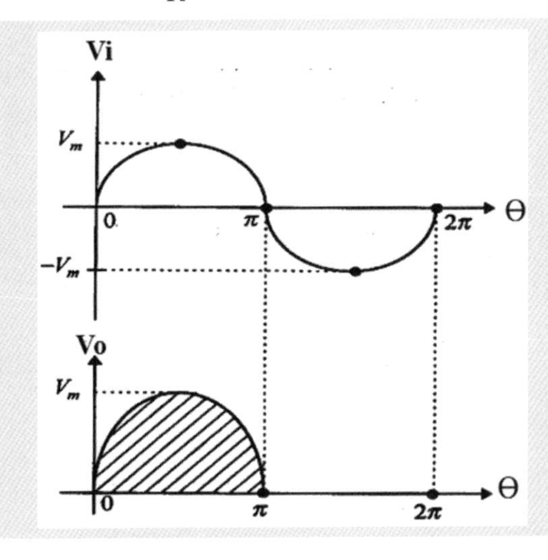

輸出電壓平均值$v_{o(ave)}=\frac{1}{T}\int_0^T v_o(t)dt=\frac{1}{2\pi}\int_0^{2\pi}V_m\sin\theta d\theta=\frac{1}{2\pi}\int_0^{\pi}V_m\sin\theta d\theta$

$=\frac{V_m}{2\pi}(-\cos\theta\Big|_0^{\pi})=\frac{V_m}{2\pi}(-\cos\pi+\cos 0)=\frac{V_m}{2\pi}\times 2=\frac{V_m}{\pi}$

輸出電壓有效值$v_{o(rms)}=\sqrt{\frac{1}{T}\int_0^T v_o^2 dt}=\sqrt{\frac{1}{2\pi}\int_0^{\pi}(V_m\sin\theta)^2 dt}=\sqrt{\frac{V_m^2}{2\pi}\int_0^{\pi}\sin^2\theta dt}$

$=\sqrt{\frac{V_m^2}{2\pi}\int_0^{\pi}\frac{1-\cos 2\theta}{2}dt}=\sqrt{\frac{V_m^2}{4\pi}(\theta-\frac{1}{2}\sin 2\theta\Big|_0^{\pi})}=\sqrt{\frac{V_m^2}{4\pi}(\pi)}=\frac{V_m}{2}$

二極體之峰值逆向電壓$(P.I.V)=v_{i(\max)}=V_m$

負載之平均功率$p_{o(ave)}=\frac{1}{T}\int_0^T p_o(t)dt=\frac{1}{2\pi}\int_0^{2\pi}v_o(\theta)i(\theta)d\theta=\frac{1}{2\pi}\int_0^{\pi}\frac{(V_m\sin\theta)^2}{R}d\theta$

$=\frac{V_m^2}{2\pi R}\int_0^{\pi}\frac{1-\cos 2\theta}{2}d\theta=\frac{V_m^2}{4\pi R}(\theta-\frac{1}{2}\sin 2\theta\Big|_0^{\pi})=\frac{V_m^2}{4\pi R}(\pi)=\frac{V_m^2}{4R}$

148. (　) 右圖所示單相半波整流電路具有電感及電阻串聯負載，輸入電源為 $v_i(t)=V_m\sin(\omega t)V$，有關電流 i(t)之特性，下列哪些選項正確？ (34)

(1)僅有強迫響應(forced response)
(2)僅有自然響應(natural response)
(3)為強迫響應與自然響應之和
(4)不會連續導通。

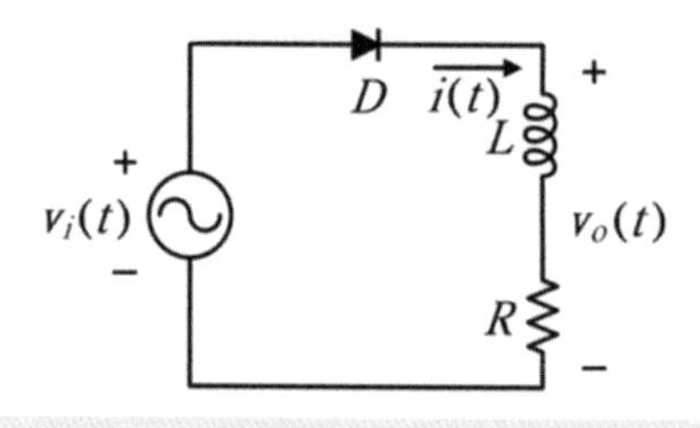

解析 強迫響應(forced response)係由獨立電源激勵所產生之響應。

$K.V.L: v_i(t)=V_m\sin\omega t=Ri(t)+L\frac{di(t)}{dt}\Rightarrow i(t)=\frac{V_m}{|Z|}\sin(\omega t-\theta)+Ae^{-\frac{R}{L}t}$

$\omega t=0$ 時，$i(0)=0\Rightarrow i(0)=0=\frac{V_m}{|Z|}\sin(0-\theta)+A, 0=-\frac{V_m}{|Z|}\sin\theta+A, A=\frac{V_m}{|Z|}\sin\theta$

$\therefore i(t)=\frac{V_m}{|Z|}[\sin(\omega t-\theta)+\sin\theta\, e^{-\frac{R}{L}t}]=$ 強迫響應 + 自然響應

其中$|Z|=\sqrt{R^2+(\omega L)^2}, \theta=\tan^{-1}(\frac{\omega L}{R})$

149. (　) 右圖所示之具有濾波電容半波整流電路，輸入電源為 $v_i(t)=V_m\sin(\omega t)V$，$\omega=2\pi f$，$f$表示頻率(Hz)，下列哪些選項正確？ (134)

(1)二極體導通時輸出電壓為 $V_m\sin(\omega t)V$
(2)二極體截止時輸出電壓為 0V
(3)峰對峰值輸出漣波電壓約為 $\frac{V_m}{fRC}$
(4)二極體電流為脈波。

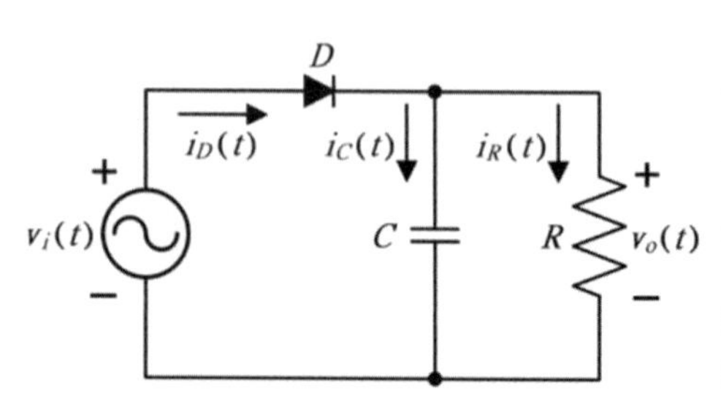

解析

區間	D 之狀態	二極體電流	Vo(t)
$[0,\frac{\pi}{2}]$	導通	脈波	$v_o(t)=v_i(t)=V_m\sin(\omega t)$
$[\frac{\pi}{2},2\pi]$	截止	0	$v_o(t)=V_m e^{-\frac{t-t_1}{RC}},t_1=\frac{\pi}{2\omega}$

C 之電量 $Q=CV_{r,p\text{-}p}=I_{DC}T=\frac{V_m}{R}\times\frac{1}{f}$

$V_{r,p\text{-}p}=\frac{V_m}{fRC}$

其中$V_{r,p\text{-}p}$為漣波電壓之峰對峰值，f 為交流電源頻率

150. (　) 右圖所示之具有濾波電容橋式全波整流電路，輸入電源為$V_i(t)=V_m\sin(\omega t)\,V$，$\omega=2\pi f$，$f$表示頻率(Hz)，下列哪些選項正確？ (13)

(1)二極體導通時輸出電壓為$|V_m\sin(\omega t)|V$
(2)二極體截止時輸出電壓為 0V
(3)峰對峰值輸出漣波電壓約為$\frac{V_m}{2fRC}$
(4)二極體電流為正弦波。

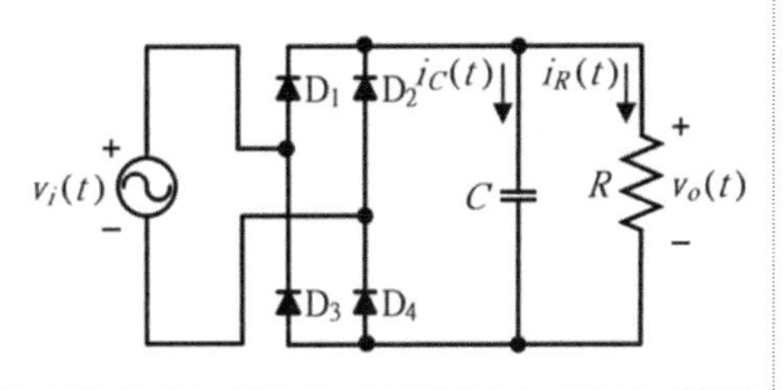

解析

區間	導通	截止	二極體電流	Vo(t)
$[0,\frac{\pi}{2}]$	D1、D4	D2、D3	脈波	$v_o(t)=v_i(t)=\lvert V_m\sin(\omega t)\rvert$
$[\frac{\pi}{2},\pi]$	無	D1~D4	0	$v_o(t)=V_m e^{-\frac{t-t_1}{RC}},t_1=\frac{\pi}{2\omega}$
$[\pi,\frac{3\pi}{2}]$	D2、D3	D1、D4	脈波	$v_o(t)=v_i(t)=\lvert V_m\sin(\omega t)\rvert$
$[\frac{3\pi}{2},2\pi]$	無	D1~D4	0	$v_o(t)=V_m e^{-\frac{t-t_2}{RC}},t_2=\frac{3\pi}{2\omega}$

C 之電量 $Q=CV_{r,p\text{-}p}=I_{DC}T=\frac{V_m}{R}\times\frac{2}{f}$

$V_{r,p\text{-}p}=\frac{V_m}{2fRC}$

其中$V_{r,p\text{-}p}$為漣波電壓之峰對峰值，f 為交流電源頻率

151. (　) 右下圖為單相受控全波整流電路，輸入電源為$V_i(\mathrm{t})=V_m\sin(\omega t)\,V$，純電阻性負載，觸發延遲角為 α ，下列哪些選項正確？ (24)

(1)負載端電壓平均值為 $\dfrac{\mathrm{V_m}}{\pi}\cos\alpha V$

(2)負載電流有效值為 $\dfrac{V_m}{R}\sqrt{\dfrac{1}{2}-\dfrac{\alpha}{2\pi}+\dfrac{\sin(2\alpha)}{4\pi}}A$

(3)負載平均功率為 $\dfrac{(\dfrac{\mathrm{V_m}}{\pi}\cos\alpha)^2}{R}W$

(4)電源電流有效值等於負載電流有效值。

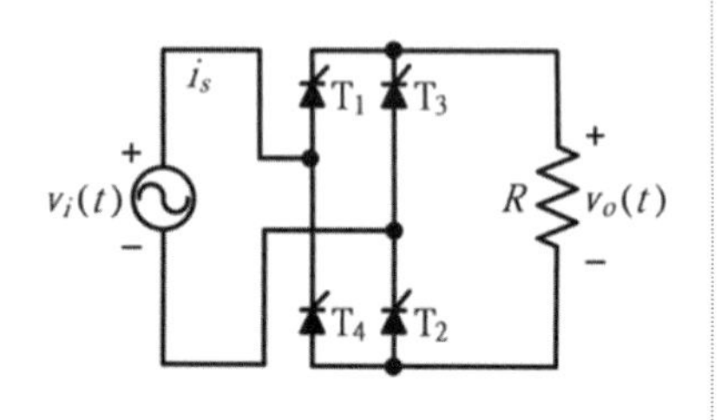

解析

負載端電壓平均值 $V_{o(ave)}=\dfrac{1}{T}\int_0^T V_o(t)dt=\dfrac{1}{\pi}\int_\alpha^{\alpha+\pi}V_m\sin\theta d\theta=\dfrac{1}{\pi}\int_\alpha^{\pi}V_m\sin\theta d\theta$

$=\dfrac{V_m}{\pi}(-\cos\theta\Big|_\alpha^\pi)=\dfrac{V_m}{\pi}[-\cos(\pi)+\cos\alpha]=\dfrac{V_m}{\pi}(1+\cos\alpha)$

輸出端電壓有效值 $v_{o(rms)}=\sqrt{\dfrac{1}{T}\int_0^T v_o^2(t)dt}=\sqrt{\dfrac{V_m^2}{\pi}\int_\alpha^{\alpha+\pi}\sin^2\theta d\theta}=\sqrt{\dfrac{V_m^2}{\pi}\int_\alpha^{\pi}\sin^2\theta d\theta}$

$=\sqrt{\dfrac{V_m^2}{\pi}\int_\alpha^\pi\dfrac{1-\cos 2\theta}{2}d\theta}=\sqrt{\dfrac{V_m^2}{2\pi}(\theta-\dfrac{1}{2}\sin 2\theta)\Big|_\alpha^\pi}=\sqrt{\dfrac{V_m^2}{2\pi}(\pi-\dfrac{1}{2}\sin 2\pi-\alpha+\dfrac{1}{2}\sin 2\alpha)}$

$=\sqrt{\dfrac{V_m^2}{2\pi}(\pi-\alpha+\dfrac{1}{2}\sin 2\alpha)}=V_m\sqrt{(\dfrac{1}{2}-\dfrac{\alpha}{2\pi}+\dfrac{1}{4\pi}\sin 2\alpha)}\mathrm{V}$

輸出端電流有效值 $i_{o(rms)}=\dfrac{v_{o(rms)}}{R}=\dfrac{V_m}{R}\sqrt{(\dfrac{1}{2}-\dfrac{\alpha}{2\pi}+\dfrac{1}{4\pi}\sin 2\alpha)}A=$ 電源電流有效值

負載平均功率 $P_{o(ave)}=\dfrac{1}{T}\int_0^T P_o(t)dt=\dfrac{V_{o(ave)}^2}{R}=\dfrac{1}{R}[\dfrac{V_m}{\pi}(1+\cos\alpha)]^2$

152. (　) 右下圖所示三相平衡交流電壓經過一個受控三相全波整流電路連接至一個電阻性負載，輸入電源參考線間電壓為 $V_{m,L-L}\sin(\omega t)V$ ，考慮負載電流連續時，觸發延遲角為 α ，下列哪些選項正確？ (12)

(1)負載端電壓平均值為 $\dfrac{3V_{m,L-L}}{\pi}\cos\alpha V$

(2)負載電壓諧波次數為 6k，k 為大於零的正整數

(3)諧波振幅與 α 無關

(4)每一週期負載電壓有 12 脈波。

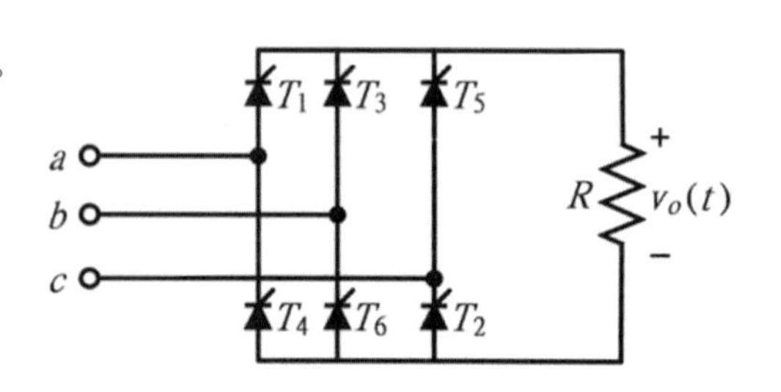

解析　輸出電壓平均值

$$v_{o(ave)}=\frac{1}{T}\int_0^T v_o(t)dt=\frac{1}{\pi/3}\int_{\frac{\pi}{6}+\alpha}^{\frac{\pi}{2}+\alpha}V_{ab}(\theta)d\theta=\frac{3}{\pi}\int_{\frac{\pi}{6}+\alpha}^{\frac{\pi}{2}+\alpha}\sqrt{3}V_{m,phase}\sin(\theta+30^o)d\theta$$

$$=\frac{3\sqrt{3}V_{m,phase}}{\pi}[-\cos(\theta+30^o)\Big|_{\frac{\pi}{6}+\alpha}^{\frac{\pi}{2}+\alpha}]=\frac{3\sqrt{3}V_{m,phase}}{\pi}[-\cos(120^o+\alpha)+\cos(60^o+\alpha)]$$

$$=\frac{3\sqrt{3}V_{m,phase}}{\pi}(\frac{1}{2}\cos\alpha+\frac{\sqrt{3}}{2}\sin\alpha+\frac{1}{2}\cos\alpha-\frac{\sqrt{3}}{2}\sin\alpha)$$

$$=\frac{3\sqrt{3}V_{m,phase}}{\pi}\cos\alpha=\frac{3V_{m,L-L}}{\pi}\cos\alpha$$

區間	導通之開關	Vo
$[\frac{\pi}{6}+\alpha,\frac{3\pi}{6}+\alpha)$	T6、T1	Vab
$[\frac{3\pi}{6}+\alpha,\frac{5\pi}{6}+\alpha)$	T1、T2	Vac
$[\frac{5\pi}{6}+\alpha,\frac{7\pi}{6}+\alpha)$	T2、T3	Vbc
$[\frac{7\pi}{6}+\alpha,\frac{9\pi}{6}+\alpha)$	T3、T4	Vba
$[\frac{9\pi}{6}+\alpha,\frac{11\pi}{6}+\alpha)$	T4、T5	Vca
$[\frac{11\pi}{6}+\alpha,\frac{13\pi}{6}+\alpha)$	T5、T6	Vcb

(1)每一週期負載電壓有 6 脈波。

(2)m 脈波負載電壓的諧波次數為 mk，k=1、2、3...次，即 m 的倍數次。

(3)諧波振幅與 α 有關，當 0≦α≦90°時，諧波振幅隨 α 增加而增加，當 90°≦α≦180°時，諧波振幅隨 α 增加而減少。

153. (　　) 考慮不受控單相橋式整流電路換向時之電源電感效應，輸入電源為 $v_i(t)=V_m\sin(\omega t)V$，電源電感抗為 $X_s\Omega$，固定之負載電流為 I_oA，下列哪些選項正確？ (12)

(1)電源電感效應會降低輸出電壓平均值

(2)換向角 $u=\cos^{-1}(1-\frac{2I_oX_s}{V_m})$

(3)負載端電壓平均值為 $\frac{2V_m}{\pi}[1-\frac{2I_oX_s}{V_m}]V$

(4)換向期間 4 個二極體皆不會導通。

解析 二極體由導通變為截止或由截止變為導通之現象狀態轉換稱為換向(commutation)，換向期間 4 個二極體皆導通。

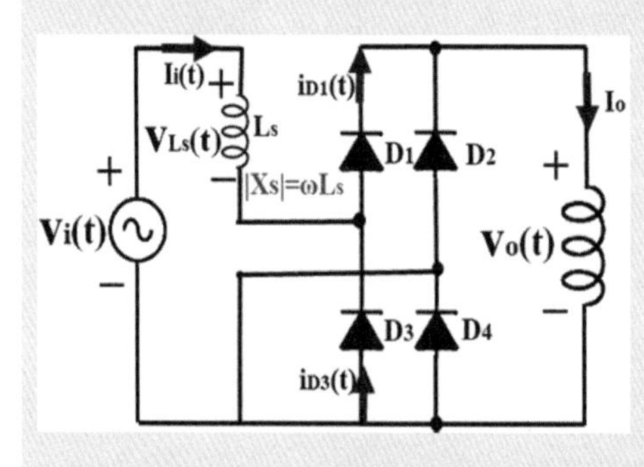

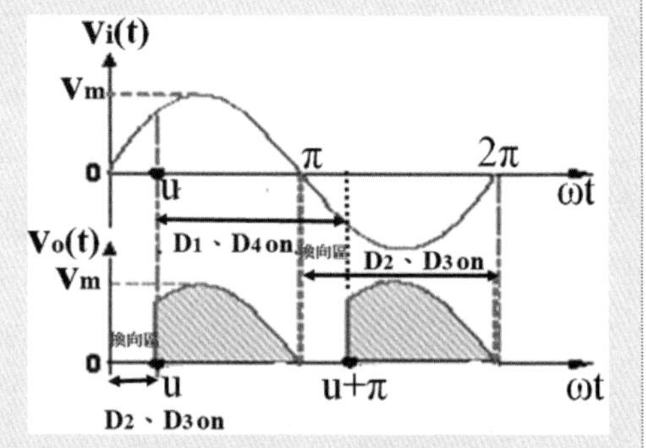

換向開始$\omega t=0$時，$v_o(t)=0, K.VL: v_{Ls}(t)=v_i(t)\Rightarrow L_S\frac{di_i(t)}{dt}=V_m\sin\omega t$

$$i_i(t)=\frac{V_m}{L_S}\int_0^t\sin\omega t dt=\frac{V_m}{\omega L_S}\int_0^t\sin\omega t d(\omega t)=\frac{V_m}{\omega L_S}(-\cos\omega t\big|_0^t)$$

$$=\frac{V_m}{X_S}(1-\cos\omega t)=i_{D1}(t)$$

$\omega t=u$時，K.C.L : $i_i+i_{D3}=i_{D1}$，$I_o+I_o=\frac{V_m}{X_S}(1-\cos u)$

$$\frac{2I_oX_s}{V_m}=1-\cos u\Rightarrow u=\cos^{-1}(1-\frac{2I_oX_s}{V_m})$$

負載端電壓平均值 $v_o(ave)$

$$v_o(ave)=\frac{1}{T}\int_0^T v_o(t)dt=\frac{1}{\pi}\int_u^\pi v_m\sin\theta d\theta=\frac{V_m}{\pi}(-\cos\theta\big|_u^\pi)$$

$$=\frac{V_m}{\pi}(1+\cos u)=\frac{V_m}{\pi}[1+\cos\cos^{-1}(1-\frac{2I_oX_s}{V_m})]=\frac{V_m}{\pi}(1+1-\frac{2I_oX_s}{V_m})$$

$$=\frac{V_m}{\pi}(2-\frac{2I_oX_s}{V_m})=\frac{2V_m}{\pi}(1-\frac{I_oX_s}{V_m})<\frac{2V_m}{\pi}$$

電源電感效應會降低輸出電壓平均值

154. (　) 下圖所示之單相交流電壓控制器（AC voltage controller），輸入電源為 $v_i(t)=V_m\sin(\omega t)V$，純電阻性負載，觸發延遲角為 α，若兩 SCR 分別導通時間相同，下列哪些選項正確？ (124)

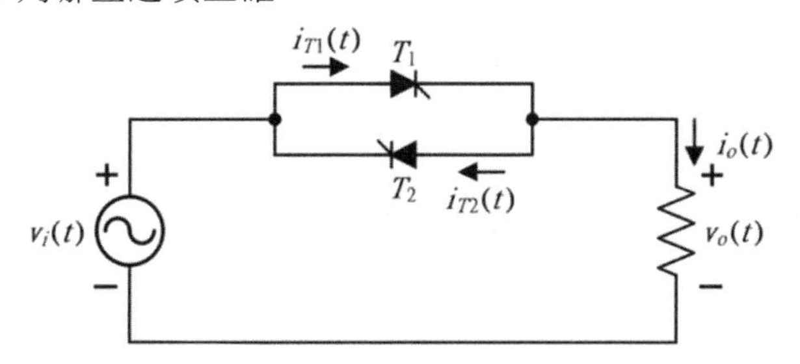

(1)負載端電壓平均值為 0V

(2)負載端電壓有效值為 $\frac{V_m}{\sqrt{2}}\sqrt{1-\frac{\alpha}{\pi}+\frac{\sin(2\alpha)}{2\pi}}V$

(3)純電阻性負載，功率因數為 1

(4)流過每個 SCR 之電流有效值為 $\frac{V_m}{2R}\sqrt{1-\frac{\alpha}{\pi}+\frac{\sin(2\alpha)}{2\pi}}A$。

解析 負載端電壓平均值

$$V_{o(ave)}=\frac{1}{T}\int_0^T V_o(t)dt=\frac{1}{2\pi}[\int_\alpha^\pi V_m\sin\theta d\theta+\int_{\alpha+\pi}^{2\pi}V_m\sin\theta d\theta]$$

$$=\frac{V_m}{2\pi}[(-\cos\theta|_\alpha^\pi-\cos\theta|_{\alpha+\pi}^{2\pi})=\frac{V_m}{2\pi}[-\cos(\pi)+\cos\alpha-\cos(2\pi)+\cos(\alpha+\pi)]$$

$$=\frac{V_m}{2\pi}(1+\cos\alpha\text{-}1\text{-}\cos\alpha)=0$$

輸出端電壓有效值

$$v_{o(rms)}=\sqrt{\frac{1}{T}\int_0^T v_o^2(t)dt}=\sqrt{\frac{V_m^2}{2\pi}[\int_\alpha^\pi\sin^2\theta d\theta+\int_{\alpha+\pi}^{2\pi}\sin^2\theta d\theta}=\sqrt{\frac{2V_m^2}{2\pi}\int_\alpha^\pi\sin^2\theta d\theta}$$

$$=\sqrt{\frac{V_m^2}{\pi}\int_\alpha^\pi\frac{1-\cos2\theta}{2}d\theta}=\sqrt{\frac{V_m^2}{2\pi}(\theta-\frac{1}{2}\sin2\theta)|_\alpha^\pi}=\sqrt{\frac{V_m^2}{2\pi}(\pi-\frac{1}{2}\sin2\pi-\alpha+\frac{1}{2}\sin2\alpha)}$$

$$=\sqrt{\frac{V_m^2}{2\pi}(\pi-\alpha+\frac{1}{2}\sin2\alpha)}=\frac{V_m}{\sqrt{2}}\sqrt{(1-\frac{\alpha}{\pi}+\frac{\sin2\alpha}{2\pi})}\text{V}$$

每個 SCR 電流有效值

$$i_{T1(rms)}=\sqrt{\frac{1}{T}\int_0^T i_{T1}^2(t)dt}=\sqrt{\frac{1}{2\pi}\int_\alpha^\pi i_o^2(\theta)d\theta}=\sqrt{\frac{1}{2\pi}\int_\alpha^\pi[\frac{V_o(\theta)}{R}]^2d\theta}=\sqrt{\frac{V_m^2}{2\pi\text{R}^2}[\int_\alpha^\pi\sin^2\theta d\theta}$$

$$=\sqrt{\frac{V_m^2}{2\pi\text{R}^2}\int_\alpha^\pi\frac{1-\cos2\theta}{2}d\theta}=\sqrt{\frac{V_m^2}{4\pi\text{R}^2}(\theta-\frac{1}{2}\sin2\theta)|_\alpha^\pi}=\sqrt{\frac{V_m^2}{4\pi\text{R}^2}(\pi-\frac{1}{2}\sin2\pi-\alpha+\frac{1}{2}\sin2\alpha)}$$

$$=\frac{V_m}{2\text{R}}\sqrt{(1-\frac{\alpha}{\pi}+\frac{\sin2\alpha}{2\pi})}\text{A}$$

155. (　) 相較於交流電傳輸系統，有關直流電傳輸之優點，下列何者正確？ (14)
(1)傳輸線阻抗較低　(2)可用電纜線傳輸
(3)交直流轉換成本較低　(4)無虛功電流。

解析 高壓直流輸電(High Voltage Direct Current，HVDC)即採用高電壓的直流輸電系統。直流電傳輸之優點為：(1)傳輸線阻抗較低，損失較小，因此成本較低。(2)傳輸電量大，適合遠距離輸電。(3)適合海底電纜(海島供電、海上風電)和城市地下電纜輸電。(4)直流輸電沒有電容電流產生，即虛功電流為零。

高壓直流輸電之缺點為：(1)其換流器(直流-交流轉換器)體積龐大，控制複雜，成本較高。(2)存在諧波，特別是低次諧波。

156. (　) 就功率因數而言，下列何者正確？ (13)
(1)功率因數越高表示電源電力利用率越高
(2)功率因數越高表示電力轉換效率越高
(3)功率因數定義為實功率對視在功率的比值
(4)當功率因數大於 1 時表示電源端可從負載回收較大之功率。

解析
$$S = P + jQ = |S|\angle\theta$$
$$p.f = \cos\theta = \frac{P}{|S|}$$
其中 S 為負數功率，P 為實功率，Q 為虛功率，|S|為視在功率。
p.f 為功率因數，θ 為功因角，$0 \le p.f \le 1$
功率因數越高，表示實功率比例越高，即電源電力利用率越高。

157. (　) 有關降壓型轉換器之同步整流，下列敘述何者正確？ (13)
(1)電路效率較高
(2)可降低電感值
(3)電力開關切換的控制上需要設計『空白時間』(dead time)
(4)輸出電壓漣波小。

解析 DC/DC 轉換器的非絕緣型降壓開關穩壓器有非同步整流式和同步整流式。非同步整流式較早被使用，開關為二極體，電路簡單。同步整流式之開關為MOSFET，導通損失較低，可以大幅提升整體電路效率，最大可以獲得近95%的效率，適用於直流低壓的輸出，其電力開關切換的控制需要間隔一段時間，即『空白時間』(dead time)。

158. (　) 有關交流電源濾波器，下列敘述何者正確？ (14)
(1)可抑制電源供應器所產生的傳導性射頻干擾(radio-frequency interference, RFI)之雜訊
(2)差模雜訊則由饋線與中性線導體中相差 90°
(3)共模雜訊由同相且透過接地路徑返回電源之饋線與饋線導體中的電流所構成
(4)須使用 Y 電容(Y capacitor)及 X 電容(X capacitor)。

解析 電源濾波器(line filter)或雜訊濾波器(noise filter)是指一種安裝在電子設備和其電源之間的電子濾波器，其目的是在降低設備和電源之間電源線上傳導的電磁干擾，電磁干擾的信號一般都是高頻的信號，因此使用的電源濾波器是一種低通濾波器，多半是由電容器及電感器所組成。電源濾波器要抑制的雜訊可分為 (1)共模：在二條(或多條)電源線都相同的雜訊，可視為電源線對地的雜訊。(2)差模：電源線和電源線之間的雜訊。

在電源濾波器上會使用安規解耦電容，分為 (1)X 電容：跨接在電力線兩線(L-N)之間的電容，一般選用金屬薄膜電容，uF 級，抑制差模干擾(電源線之間的干擾)。(2)Y 電容：分別跨接在電力線兩線和地之間(L-E，N-E)的電容，一般是成對出現，選用 nF 級，抑制共模干擾(各組電源線對地之間的干擾)。

159. (　) 下列何者對電晶體緩振器(snubber)電路之敘述正確？ (234)
(1)在電晶體截止期間，大部分的能量都傳送至電阻器
(2)電容器可降低電晶體之截止時切換功率損失
(3)可避免電晶體操作超出安全操作區域(SOA)
(4)設計得宜時可改善電路整體效率。

160. (　) 電力電子系統中，常見下列哪些種類的接地？ (123)
(1)金屬機殼接地　(2)屏蔽接地
(3)過壓保護接地　(4)過流保護接地。

解析 電子電力設備中常見的接地方式有以下幾種：
(1)安全接地：將系統中平時不帶電的金屬機殼，操作台外殼等與大地連接，以保護設備和人員安全。
(2)屏蔽接地：為防止電磁感應而對視、音頻線的屏蔽金屬外皮、電子設備的金屬外殼、屏蔽罩、建築物的金屬屏蔽網進行接地。
(3)過壓保護接地：防雷電而設置的接地保護裝置，防雷裝置最廣泛使用的是避雷針和避雷器。避雷針由通過鐵塔或建築物鋼筋接地，避雷器則通過專用地線接地。

161. ( ) 電力電子系統中，常見抑制輸入湧浪電流(inrush current)的做法有哪些？ (12)
(1)串聯負溫度係數電阻
(2)串聯限流電阻，且在限流電阻並聯繼電器
(3)並聯負溫度係數電阻
(4)並聯電容。

解析 湧浪電流(Inrush Current)是當電器設備送電開啟的瞬間，交流輸入電流對於該電氣設備的一次側濾波電容快速充電，而該峰值電流通常大於穩態電流很多，因此稱為湧浪電流，而該電流也會在濾波電容充飽後而消失。為了避免一次側線路上的零件因為湧浪電流的衝擊而毀損，電源供應器常設計有湧浪電流抑制線路，通常是在濾波電容器前串聯負溫度係數熱敏電阻，其特性是電阻值隨著溫度的升高而呈非線性的下降。亦可串聯限流電阻，且在限流電阻並聯繼電器以抑制輸入湧浪電流。

162. ( ) 下列哪些元件常用於抑制電力電子系統的電磁干擾？ (1)X 電容 (2)Y 電容 (3)共模電感(common mode choke) (4)壓敏電阻(varistor)。 (123)

解析 電磁干擾((ElectroMagneticInterference，簡稱 EMI)是指任何在傳導或電磁場伴隨著電壓、電流的作用而產生會降低某個裝置、設備或系統的性能，或可能對生物或物質產生不良影響之電磁現象。通常採用的策略是在輸入加 X 電容、Y 電容、差模電感和共模電感對噪聲和干擾進行過濾。

壓敏電阻(Varistor 或 Voltage Dependent Resistor，縮寫 VDR），又稱變阻器、變阻體或突波吸收器，是一種具有顯著非歐姆導體性質的電子元件，電阻值會隨外部電壓而改變，因此它的電流-電壓特性曲線具有顯著的非線性。壓敏電阻廣泛的被應用在電子線路中，來防護因為電力供應系統的暫態電壓突波所可能對電路的傷害。

163. ( ) 下列何者為整流器(AC/DC)之重要規格參數？ (1)輸入電壓及頻率 (2)責任週期 (3)直流輸出電壓及電流 (4)輸出電壓漣波。 (134)

解析 整流器(AC/DC)之重要規格參數通常為(1)交流端之輸入電壓和頻率(2)直流端之輸出電壓和電流(3)輸出漣波電壓(4)效率。

164. ( ) 下列何者為絕緣閘雙極性電晶體(IGBT)功率半導體元件之特性？ (34)
(1)驅動電路類似 BJT (2)導通狀態類似 MOSFET
(3)高輸入阻抗 (4)電壓控制其導通及截止。

解析 絕緣閘雙極性電晶體(IGBT)功率半導體元件是輸入端為 MOSFET 構造、輸出端為 BJT 構造的元件，其驅動電路類似 MOSFET、導通狀態類似 BJT，由輸入電壓控制其導通及截止之壓控元件，同時具備低飽和電壓(相當於功率 MOSFET 的低導通電阻)、較快速切換特性的電晶體。

工作項目 09 裝備測試與檢修

一、單選題

1. (　) 變流器(Inverter)若藉輸出變壓器與負載隔離，則 (4)
(1)變壓器之輸出功率將會增加　(2)變壓器輸出功率將會降低
(3)變壓器之損失將會減少　(4)變壓器之損失將會增加。

2. (　) 並聯於閘流體之金屬氧化物變阻器(MOV)其作用為 (1)
(1)暫態過電壓保護　(2)暫態過電流保護　(3)di/dt 抑制　(4)dv/dt 抑制。

3. (　) 閘流體元件之過載保護應採用 (4)
(1)電感器　(2)電容器　(3)積熱型電驛　(4)快速熔絲。

4. (　) 二極體單相橋式全波整流器之電源為 Vm Sin377t 伏，則平均輸出電壓 Vdc 為：　(1) $2V_m/\pi$　(2) V_m/π　(3) $\sqrt{2}V_m/\pi$　(4) $V_m/\sqrt{2}\pi$ (1)

解析　單相橋式全波整流器：$V_{dc}=\dfrac{2V_m}{\pi}$

5. (　) 調變指數(MI)大於 1 之波寬調變稱為 (3)
(1)線性調變　(2)雙曲線調變　(3)過調變　(4)指數調變。

解析　調變指數(MI)小於 1 之波寬調變稱為線性調變。
調變指數(MI)大於 1 之波寬調變稱為過調變。

6. (　) 電解電容器在串聯使用時，通常並聯一個電阻，此電阻作用是 (2)
(1)降低阻抗　(2)平衡電容器之分壓　(3)直流分路　(4)平衡相角。

7. (　) 在電路中，若負載電阻等於其戴維寧等效電阻時，則在負載上所承受的功率為　(1)最小　(2)最大　(3)零　(4)不變。 (2)

8. (　) 電磁相容性測試，基本上驗證產品量產上市前是否符合電磁相容規範，下列測試何者非為電磁相容性測試項目？ (4)
(1)傳導發射(conducted emission，CE)測試
(2)輻射發射(radiated emission，RE)測試
(3)傳導耐受性 (conducted susceptibility，CS)測試
(4)產品可靠度(products reliability)測試。

解析 EMC：電磁相容性(Electromagnetic Compatibility)包含了電磁干擾(EMI)和電磁耐受(EMS)，是指當某一設備或系統在電磁環境之下可以正常的運作，而且不對此環境的任何設備產生難以忍受的電磁干擾。

(1)EMS 電磁耐受(Electromagetic Susceptibility)：使用中的電子電機產品受到環境中的輻射干擾或導線傳導干擾而產生劣化或異常的現象。

(2)EMI 電磁干擾(Electromagetic Interference)：電子電機產品所產生的電磁能量，經由空中輻射或導線傳導而干擾到其他電子電機的產品，這種現象就是電磁干擾(EMI)。

(3)ESD(Electrostatic Discharge)：靜電放電。

(4)EUT(Equipment Under Test)：待測物、檢測設備。

EMC 測試涵蓋 EMI 及 EMS 兩部份。EMI 之量測係在規範電子產品在運作時，其所產生之電磁波符合法規訂定之限制值，以避免干擾其他鄰近物品之正常運作；EMS 之量測在確保電子產品本身遭受外界雜訊干擾，如靜電、雷擊時其可耐受之程度。

9. (　) 關於電氣設備之工作安全守則，下列敘述何者正確？ (2)
(1)電氣機械運轉中， 如發現有異味及運轉不順等現象時，可繼續工作
(2)拆除或安裝電氣開關之保險絲前，應先切斷電源
(3)電氣保險絲熔斷後，可用鐵絲代替
(4)在修理電氣設備時，不需切斷電源。

10. (　) 偵測電路上發燙元件，使用下列何種方式最適當？ (2)
(1)手指頭觸摸　(2)紅外線攝影機拍攝　(3)以鼻子聞　(4)用眼睛看。

11. (　) 電力電子電路佈線設計時，下列何者不是考量要點？ (2)
(1)熱處理　(2)美觀設計　(3)雜訊　(4)安全規格。

12. (　) 下圖為示波器螢幕顯示的波形，示波器的設定為：Time=1ms/DIV；Volts=2V/DIV，請問以下對量測到的正弦波的敘述，何者為正確的？ (3)
(1)波的週期時間為 4ms；電壓的峰對峰值為 4V
(2)波的週期時間為 8ms；電壓的峰對峰值為 8V
(3)波的週期時間為 4ms；電壓的峰對峰值為 8V
(4)波的週期時間為 8ms；電壓的峰對峰值為 4V。

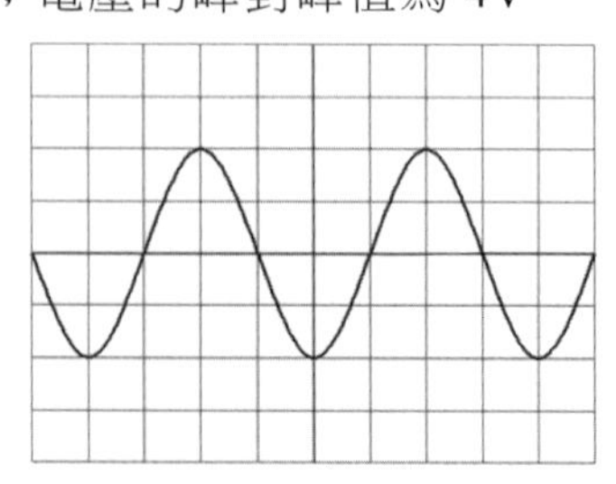

解析 波形的週期共佔 4 格(DIV)：週期時間=(1ms/DIV)x4DIV = 4msec.
波形的峰對峰值共佔 4 格(DIV)：電壓的峰對峰值=(2V/DIV)x4DIV = 8V

13. (　) 電路板上電容故障，其規格為 50V、470uF，若無完全相同電容可更換，替代電容以何者為宜？ (4)
(1)50V、240uF　(2)25V、1000uF　(3)25V、660uF　(4)100V、470uF。

解析 電容容量相同(皆為 470 uF)，耐壓須大於原本之耐壓(100V>50V)。

14. (　) 作業時為避免靜電損壞電子零件，最適當的方法是 (1)
(1)戴靜電環(接地手環)　(2)戴手套　(3)穿無塵衣　(4)噴灑電解液。

15. (　) 檢查插座是否有電，應用 (2)
(1)電表之歐姆檔測阻抗　(2)電表之 ACV 檔測電壓
(3)DCA 檔測電流　(4)用瓦特表測是否有功率。

解析 插座為交流電輸出，應以電表之交流電壓(AC V)檔測量電壓。

16. (　) 有關使用電氣延長線應注意事項，下列敘述何者正確？ (3)
(1)延長線的插座不足時，得串聯或分接以增加使用方便性
(2)延長線附近可放置化學物品
(3)延長線不得任意放置在通道上，以免絆倒人員
(4)延長線附近可放置易燃物質。

17. (　) 有關電器插頭的使用，下列敘述何者正確？ (1)
(1)電器插頭使用完畢，應先確定插頭已拔下
(2)拔下電器插頭時，可直接拉電線方式拔出
(3)電器插頭不必插牢
(4)電器插頭使用完畢，且暫不使用，不需將電器插頭拔下。

18. (　) 有關電氣手工具之使用其安全考量，下列敘述何者正確？ (4)
(1)電氣手工具不應接地　(2)電氣手工具不需做絕緣
(3)電氣手工具越重越佳　(4)電氣手工具應接地及保持絕緣。

二、複選題

19. (　) 量測電感值的裝置有 (12)
(1)示波器及交流電源　(2)電感、電容及電阻(LCR)錶
(3)高阻計　(4)電壓錶。

20. (　) 將指針型三用電表撥於歐姆(R)檔之 1k 或 10k 位置，測試發光二極體(LED)時，下列哪種現象其品質不良？ (124)
(1)順向電阻無限大、逆向電阻為零
(2)順向與逆向電阻大致相等
(3)順向電阻為低電阻、逆向電阻為高電阻
(4)順向電阻與逆向電阻皆無限大。

解析 指針型三用電表撥於歐姆(R)檔之 1k 或 10k 位置，測試發光二極體(LED)時，順向偏壓時電阻為低電阻、LED 發光，逆向偏壓時電阻為高電阻、LED 不發光，此種現象表示 LED 品質良好。

21. (　) 電磁相容性(EMC)測試涵蓋下列哪項試驗方法？ (123)
(1)傳導發射(CE)　(2)輻射發射(RE)　(3)傳導耐受性(CS)　(4)產品安規。

解析 EMC：電磁相容性(Electromagnetic Compatibility)包含了電磁干擾(EMI)和電磁耐受(EMS)，是指當某一設備或系統在電磁環境之下可以正常的運作，而且不對此環境的任何設備產生難以忍受的電磁干擾。

(1)EMS 電磁耐受(Electromagetic Susceptibility)：使用中的電子電機產品受到環境中的輻射干擾或導線傳導干擾而產生劣化或異常的現象。

(2)EMI 電磁干擾(Electromagetic Interference)：電子電機產品所產生的電磁能量，經由空中輻射或導線傳導而干擾到其他電子電機的產品，這種現象就是電磁干擾(EMI)。

(3)ESD(Electrostatic Discharge)：靜電放電。

(4)EUT(Equipment Under Test)：待測物、檢測設備。

EMC 測試涵蓋 EMI 及 EMS 兩部份。EMI 之量測係在規範電子產品在運作時，其所產生之電磁波符合法規訂定之限制值，以避免干擾其他鄰近物品之正常運作；EMS 之量測在確保電子產品本身遭受外界雜訊干擾，如靜電、雷擊時其可耐受之程度。

22. (　) 電解電容器的兩條引出線，下列敘述何者正確？ (13)
(1)較長的一端為正極　(2)較長的一端為負極
(3)較短的一端為負極　(4)與廠商之製作有關。

解析 電解質電容器和鉭質電容的兩條引出線中，較長的一端為正極，較短的一端為負極。

23. (　) 電力電子轉換電路中，磁性元件是指利用磁能來達到下列哪項功能之電子元件？　(1)隔離　(2)儲能　(3)散熱　(4)濾波。 (124)

24. (　) 關於國家標準，下列敘述何者正確？ (234)

(1)JIS 係指英國國家標準　(2)CNS 係指中華民國國家標準

(3)DIN 係指德國國家標準　(4)ANSI 係指美國國家標準。

解析 CNS：Chinese national standard 中華民國國家標準。

DIN：Deutsche Industrie Normen (= German Industry Standard)德國工業標準。

ANSI：American National Standards Institute 美國國家標準學會。

JIS：Japanese Industrial Standards 日本工業標準。

25. (　) 右圖所示電路，下列敘述何者正確？ (34)

(1)該電路為非反向放大器

(2)該電路可作為積分器

(3)該電路可作為微分器

(4)當輸入電壓斜率為正時，輸出為負值。

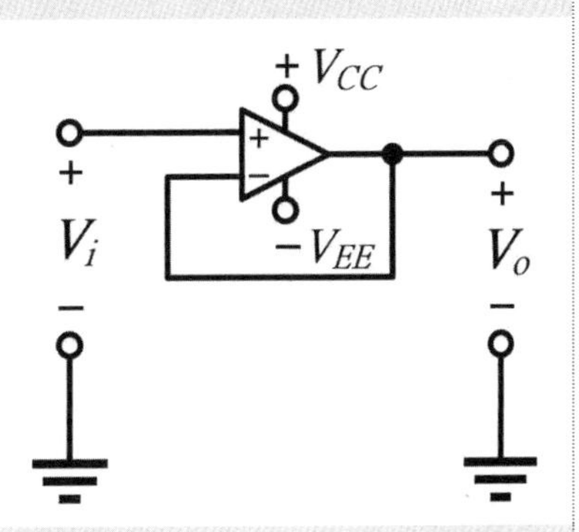

解析 負回授：$V_- = V_+ = 0V$

$$K.C.L : C\frac{d(0-V_i)}{dt} = \frac{V_o - 0}{R}$$

$$V_o = -RC\frac{dV_i}{dt}$$

V_0和輸入為微分關係，為微分器

當輸入電壓斜率為正時，輸出為負值

26. (　) 下列哪些元素為 P 型半導體常用的摻雜元素 (124)

(1)鎵(Ga)　(2)銦(In)　(3)銻(Sb)　(4)硼(B)。

解析 將鎵(Ga)、銦(In)、硼(B)、鋁 Al 等三價原子加到本質矽晶體即形成 P 型半導體。

27. (　) 一般互導放大器的設計要求為 (14)

(1)高的輸入阻抗　(2)低的輸入阻抗

(3)低的輸出阻抗　(4)高的輸出阻抗。

解析 互導放大器之輸入為電壓型態、輸出為電流型態，設計要求為輸入阻抗無限大(Ri=∞)和輸出阻抗無限大(Ro=∞)。

28. (　) 下列有關雙極性接面電晶體的敘述何者正確？ (134)
(1)在飽和區時能被當作開關使用
(2)在飽和區時輸出特性幾乎是線性
(3)在飽和區時 $\beta i_B > i_C$
(4)是一個電流控制元件。

解析 雙極性接面電晶體(BJT)當開關使用時，工作於截止區為開關 off 狀態，工作於飽和區為開關 on 狀態，輸出特性 $\beta i_B > i_C$ 為非線性關係，受電流 i_B 控制，屬於電流控制元件。

29. (　) 下列何者為理想的運算放大器特性？ (234)
(1)輸出電阻無窮大　(2)開迴路電壓增益無窮大
(3)輸入電阻無窮大　(4)共模拒斥比無窮大。

解析 理想運算放大器的特性：(1)電壓增益無窮大；(2)輸入阻抗無窮大；(3)輸出阻抗為零；(4)頻帶寬度很大；(5)輸入電流等於零；(6)特性不受溫度影響；(7)共模拒斥比(CMRR)無窮大。

30. (　) 下列有關負回授的敘述何者正確？ (124)
(1)輸出訊號回授到輸入端且被輸入訊號相減　(2)可穩定增益的擾動
(3)可減少電路振盪　(4)可增加頻寬。

解析 負回授係將輸出訊號回授到輸入端且被輸入訊號相減，其優點為：
(1)降低增益對參數擾動的靈敏度，即穩定增益的擾動。
(2)增加頻寬。
(3)改善失真與頻率特性。

其缺點為：
(1)降低增益。
(2)可能會導致工作不穩定。

31. (　) 8 位元類比到數位轉換器其滿刻度電壓為 5V，則下列敘述何者正確？ (134)
(1)此轉換器的解析度約為 19.6mV/bit　(2)其最小電壓變動量為 0.625V
(3)其數位輸出共有 256 種變化　(4)其輸出為離散數值。

解析 解析度 $= \dfrac{\Delta V}{2^n} = \dfrac{5}{2^8} = 19.53\text{mV/bit}$

最小電壓變動量為 19.53mV
數位輸出 $2^8 = 256$ 種變化，即 0~255
輸入為類比，輸出為數位（即離散數值）

32. (　) 下列有關單相全波橋式整流器的敘述何者正確？ (134)

(1)輸出電壓的漣波頻率為電源頻率的 2 倍
(2)二極體的峰值反向電壓為電源峰值電壓的 $2\sqrt{2}$ 倍
(3)其輸出電壓平均值約為電源峰值電壓的 0.636 倍
(4)其輸出電壓的漣波因數約為 48.3%。

解析 輸出電壓的漣波頻率 $f_r = 2f_s =$ 電源頻率的 2 倍

輸出電壓平均值 $v_{o(ave)} = \frac{1}{T}\int_0^T v_o(t)dt = \frac{1}{\pi}\int_0^\pi V_m \sin\theta d\theta = \frac{V_m}{\pi}(-\cos\theta\Big|_0^\pi)$

$= \frac{V_m}{\pi}(-\cos\pi + \cos 0) = \frac{2V_m}{\pi} = 0.636V_m$

輸出電壓有效值

$$v_{o(rms)} = \sqrt{\frac{1}{T}\int_0^T v_o^2 dt} = \sqrt{\frac{1}{\pi}\int_0^\pi (V_m \sin\theta)^2 dt} = \sqrt{\frac{V_m^2}{\pi}\int_0^\pi \sin^2\theta dt}$$

$$= \sqrt{\frac{V_m^2}{\pi}\int_0^\pi \frac{1-\cos 2\theta}{2} dt} = \sqrt{\frac{V_m^2}{2\pi}(\theta - \frac{1}{2}\sin 2\theta\Big|_0^\pi)} = \sqrt{\frac{V_m^2}{2\pi}(\pi)} = \frac{V_m}{\sqrt{2}}$$

二極體之峰值逆向電壓 $P.I.V = V_{i(\max)} = V_m$

漣波因數

$$RF = \frac{V_{r(rms)}}{V_{o(ave)}} = \frac{\sqrt{V_{o(rms)}^2 - V_{o(ave)}^2}}{V_{o(ave)}} = \sqrt{\frac{V_{o(rms)}^2 - V_{o(ave)}^2}{V_{o(ave)}^2}} = \sqrt{(\frac{V_{o(rms)}}{V_{o(ave)}})^2 - 1}$$

$$= \sqrt{(\frac{V_m/\sqrt{2}}{2V_m/\pi})^2 - 1} = \sqrt{(\frac{\pi}{2\sqrt{2}})^2 - 1} = 48.34\%$$

33. (　) 下列有關共集極放大器的敘述何者正確？ (24)

(1)其射極電壓與基極電壓無關　(2)具有高的輸入電阻
(3)具有高的輸出電阻　(4)具有低的輸出電阻。

解析 共集極放大電路(C-C Amp.)之輸入信號端在基極、輸出信號端在射極、接地在集極。其電路特性為(1)輸入阻抗高(2)輸出阻抗低(3)電壓增益等於 1，表示射極的輸出信號追隨著基極的輸入信號，所以共集極放大器又稱為射極隨耦器(emitter follower)。

34. (　) 下列有關場效電晶體(FETs)的敘述何者正確？ (23)
(1)其為雙載子元件　(2)其為電壓控制元件
(3)其為單載子元件　(4)其為電流控制元件。

解析　場效電晶體(FETs)分為接面場效電晶體(JFET)和金屬氧化物半導體場效電晶體(MOSFET)兩類，為單載子元件(n 通道之載子為電子，p 通道之載子為電洞)，由 VGS 控制通道，屬於電壓控制元件。

35. (　) 右圖所示電路，下列敘述何者正確？ (14)
(1)該電路為非反相放大器
(2)該電路為反相放大器
(3)其閉迴路增益為 -1
(4)該電路具有高輸入阻抗及低輸出阻抗。

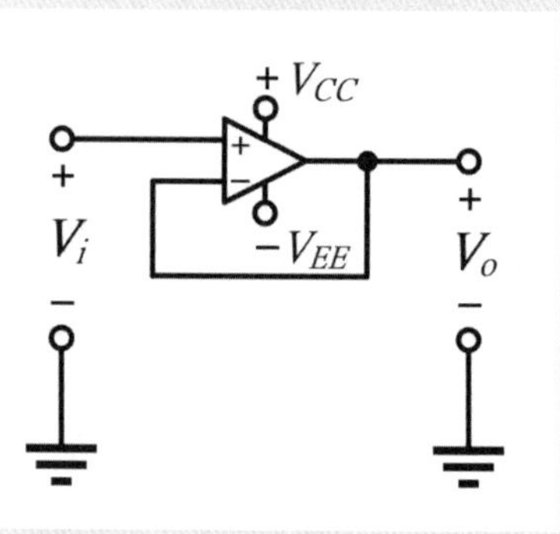

解析　負回授：$V_- = V_+ \Rightarrow V_0 = V_i$

閉迴路增益 $A_V = \dfrac{V_o}{V_i} = 1$

V_0 回授至非反相輸入端，為非反相放大器，具備高輸入阻抗和低輸出阻抗

36. (　) 右圖所示電路，下列敘述何者正確？ (14)
(1)該電路可做為積分器
(2)該電路為非反相放大器
(3)該電路可做為微分器
(4)電阻器 R_F 可避免輸出電壓飽和問題。

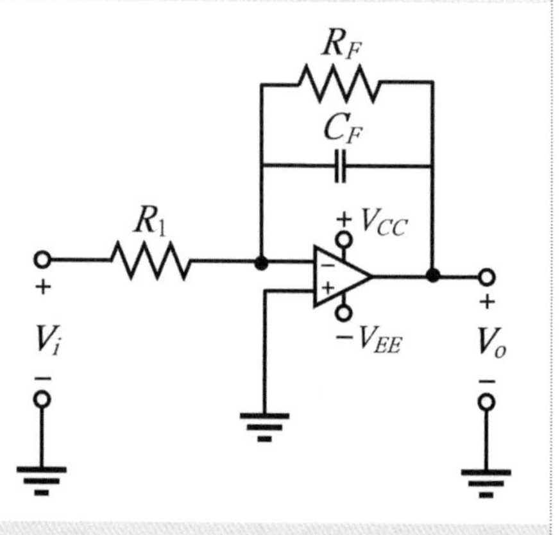

解析　負回授 ⇒ 虛短路 : $V_- = V_+ = 0V$

$Z_F = R_F // X_C = R_F // \dfrac{1}{j\omega C_F}$

$K.C.L : \dfrac{0 - V_i}{R_1} = \dfrac{V_o - 0}{Z_F}$

低頻區, 當 $R_F << X_C$, 時 $Z_F \approx R_F$

$K.C.L : \dfrac{0 - V_i}{R_1} = \dfrac{V_o - 0}{R_F} \Rightarrow \dfrac{V_o}{V_i} = -\dfrac{R_F}{R_1}$, 為反相放大器

電阻器 RF 可避免輸出電壓飽和問題。

當$R_F >> X_C$,時$Z_F \approx X_C$

$$K.C.L: \frac{0-V_i}{R_1} = C_F \frac{d(V_o - 0)}{dt} \Rightarrow V_o = \frac{-1}{R_1 C_F}\int_0^t V_i dt$$,為積分器

故為低頻補償的積分電路

37. (　) 下圖所示回授電路，下列敘述何者正確？ (14)

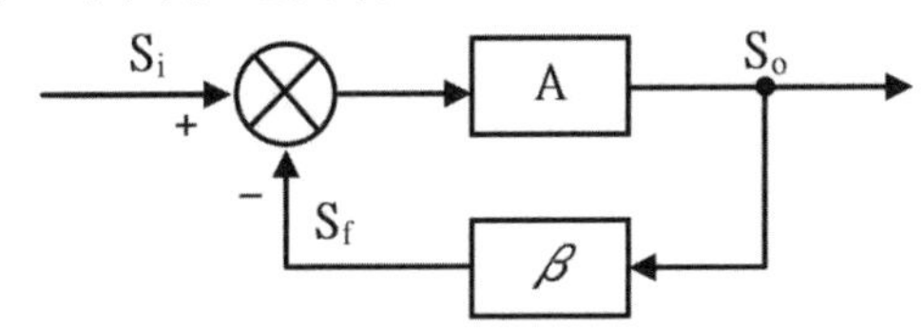

(1)該電路為負回授電路
(2)該電路為正回授電路
(3)該電路之閉迴路增益為 A/(1-βA)
(4)該電路之閉迴路增益為 A/(1+βA)。

解析

$\Delta S = S_i - S_f$,為負回授電路

$S_f = \beta S_o$

$S_o = A(S_i - S_f) = AS_i - AS_f = AS_i - A\beta S_o, S_o + A\beta S_o = AS_i$

$(1+A\beta)S_o = AS_i \Rightarrow$ 閉迴路增益 $= \frac{S_o}{S_i} = \frac{A}{1+A\beta}$

38. (　) 右圖所示回授電路，下列敘述何者正確？ (123)

(1)該電路的直流增益為 0
(2)該電路的時間常數為 0.01sec
(3)該電路為高通濾波器
(4)該電路-3dB 頻率為 1000rad/sec。

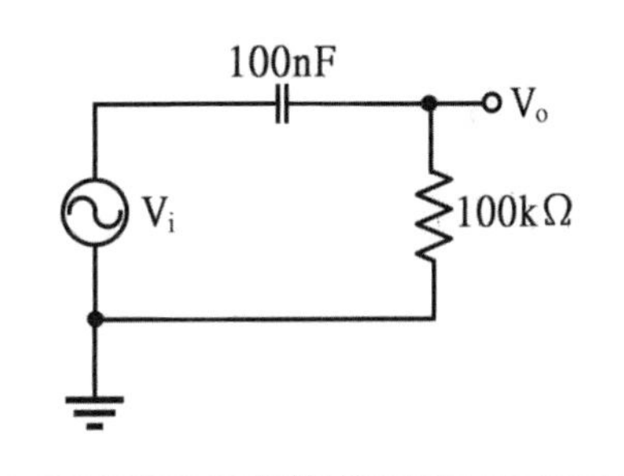

解析

直流時 $f = 0, X_C = \frac{1}{j\omega C} = \frac{1}{j2\pi fC} \to \infty$，C 開路，$V_o = 0 \Rightarrow A_{V(DC)} = \frac{V_o}{V_i} = \frac{0}{V_i} = 0$

時間常數 $\tau = RC = 100k \times 100n = (100\times 10^3)\times(100\times 10^{-9}) = 10^{-2} = 0.01\text{sec.}$

f越高，$X_C = \frac{1}{j2\pi fC} \to 0$，C 短路，$V_o = V_i \Rightarrow A_V = \frac{V_o}{V_i} = 1$，為高通濾波器

−3dB 頻率 $\omega = 2\pi f = \frac{1}{RC} = \frac{1}{0.01} = 100 rad/\text{sec.}$

39. ( ) 下列有關二極體逆向飽和電流的敘述何者正確？ (13)
(1)其為少數載子的流動所產生
(2)其大小與接面面積成反比
(3)溫度每上升 10°C，逆向飽和電流就加倍
(4)矽的逆向飽和電流比鍺大。

解析 二極體逆向飽和電流 Is 由少數載子流過 p、n 接面而形成，幾乎不受逆向電壓的影響，大小與接面面積成正比，溫度每升高 10℃，飽和電流變為原來的 2 倍，矽的逆向飽和電流(Is 典型值為 10nA)比鍺(Is 典型值為 2μA)小。

40. ( ) 有電路已加入電壓源，判斷其電路的開路及短路，下列何者正確？ (24)
(1)開路時，端電壓為零 (2)開路時，流經電路的電流為零
(3)短路時，流經電路電流為零 (4)短路時，端電壓為零。

41. ( ) 以示波器量測交流負載的端電壓及電流，若電壓與電流相位相差 90，則此負載元件為 (1)電阻 (2)電感 (3)電容 (4)電晶體。 (23)

解析 電阻負載：電壓與電流同相位。
電感負載：電流落後電壓 90°。
電容負載：電流超前電壓 90°。

42. ( ) 某電阻規格 10Ω，250 W，下列使用何者正確？ (13)
(1)電流需低於 5A (2)電阻的電流需低於 25A
(3)電阻的端電壓需低於 50V (4)電阻的端電壓需低於 250V。

解析 $P = i^2 R \Rightarrow i = \sqrt{\frac{P}{R}} = \sqrt{\frac{250}{10}} = 5A$，電流需低於 5A
$V = iR = 5 \times 10 = 50V$，端電壓需低於 50V

43. ( ) 關於量測電路中的電流，下列何者正確？ (12)
(1)電路串聯微小電阻，量測其端電壓，再依歐姆定理換算其電流
(2)利用霍爾效應偵測元件之電流偵測器
(3)電路串聯很大電阻，量測其端電壓，再依歐姆定理，換算其電流
(4)電路並聯微小電阻，量測其端電壓，再依歐姆定理，換算其電流。

解析 量測電路電流的方法:(1)在待測電路串聯微小電阻，因為串聯電路之電流相同，串聯微小電阻方不影響待測電路，再利用 i=v/R 換算其電流。(2)霍爾效應(Hall effect)是指當導體放置在一個磁場內且有電流通過時，導體內的電荷載子受到洛倫茲力而偏向一邊，繼而產生電壓(霍爾電壓)的現象。通過霍爾電壓的極性，可證實導體內部的電流是由帶有負電荷的自由電子之運動所造成，可偵測電路之電流。

90006 職業安全衛生共同科目

工作項目 01 職業安全衛生

一、單選題

1. ( ) 對於核計勞工所得有無低於基本工資，下列敘述何者有誤？ (2)
(1)僅計入在正常工時內之報酬 (2)應計入加班費
(3)不計入休假日出勤加給之工資 (4)不計入競賽獎金。

2. ( ) 下列何者之工資日數得列入計算平均工資？ (3)
(1)請事假期間 (2)職災醫療期間
(3)發生計算事由之當日前 6 個月 (4)放無薪假期間。

3. ( ) 有關「例假」之敘述，下列何者有誤？ (4)
(1)每 7 日應有例假 1 日 (2)工資照給
(3)天災出勤時，工資加倍及補休 (4)須給假，不必給工資。

4. ( ) 勞動基準法第 84 條之 1 規定之工作者，因工作性質特殊，就其工作時間，下列何者正確？ (4)
(1)完全不受限制 (2)無例假與休假
(3)不另給予延時工資 (4)得由勞雇雙方另行約定。

5. ( ) 依勞動基準法規定，雇主應置備勞工工資清冊並應保存幾年？ (3)
(1)1 年 (2)2 年 (3)5 年 (4)10 年。

6. ( ) 事業單位僱用勞工多少人以上者，應依勞動基準法規定訂立工作規則？ (1)
(1)30 人 (2)50 人 (3)100 人 (4)200 人。

7. ( ) 依勞動基準法規定，雇主延長勞工之工作時間連同正常工作時間，每日不得超過多少小時？ (3)
(1)10 小時 (2)11 小時 (3)12 小時 (4)15 小時。

8. ( ) 依勞動基準法規定，下列何者屬不定期契約？ (4)
(1)臨時性或短期性的工作 (2)季節性的工作
(3)特定性的工作 (4)有繼續性的工作。

9. ( ) 依職業安全衛生法規定，事業單位勞動場所發生死亡職業災害時，雇主應於多少小時內通報勞動檢查機構？ (1)
(1)8 小時 (2)12 小時 (3)24 小時 (4)48 小時。

10.	( )	事業單位之勞工代表如何產生？ (1)由企業工會推派之　(2)由產業工會推派之 (3)由勞資雙方協議推派之　(4)由勞工輪流擔任之。	(1)
11.	( )	職業安全衛生法所稱有母性健康危害之虞之工作，不包括下列何種工作型態？ (1)長時間站立姿勢作業　(2)人力提舉、搬運及推拉重物 (3)輪班及工作負荷　(4)駕駛運輸車輛。	(4)
12.	( )	依職業安全衛生法施行細則規定，下列何者非屬特別危害健康之作業？ (1)噪音作業　(2)游離輻射作業　(3)會計作業　(4)粉塵作業。	(3)
13.	( )	從事於易踏穿材料構築之屋頂修繕作業時，應有何種作業主管在場執行主管業務？ (1)施工架組配　(2)擋土支撐組配　(3)屋頂　(4)模板支撐。	(3)
14.	( )	有關「工讀生」之敘述，下列何者正確？ (1)工資不得低於基本工資之 80% (2)屬短期工作者，加班只能補休 (3)每日正常工作時間得超過 8 小時 (4)國定假日出勤，工資加倍發給。	(4)
15.	( )	勞工工作時手部嚴重受傷，住院醫療期間公司應按下列何者給予職業災害補償？ (1)前 6 個月平均工資　(2)前 1 年平均工資　(3)原領工資　(4)基本工資。	(3)
16.	( )	勞工在何種情況下，雇主得不經預告終止勞動契約？ (1)確定被法院判刑 6 個月以內並諭知緩刑超過 1 年以上者 (2)不服指揮對雇主暴力相向者 (3)經常遲到早退者 (4)非連續曠工但 1 個月內累計 3 日者。	(2)
17.	( )	對於吹哨者保護規定，下列敘述何者有誤？ (1)事業單位不得對勞工申訴人終止勞動契約 (2)勞動檢查機構受理勞工申訴必須保密 (3)為實施勞動檢查，必要時得告知事業單位有關勞工申訴人身分 (4)事業單位不得有不利勞工申訴人之處分。	(3)
18.	( )	職業安全衛生法所稱有母性健康危害之虞之工作，係指對於具生育能力之女性勞工從事工作，可能會導致的一些影響。下列何者除外？ (1)胚胎發育　(2)妊娠期間之母體健康 (3)哺乳期間之幼兒健康　(4)經期紊亂。	(4)

19. (　) 下列何者非屬職業安全衛生法規定之勞工法定義務？ (3)
(1)定期接受健康檢查　(2)參加安全衛生教育訓練
(3)實施自動檢查　(4)遵守安全衛生工作守則。

20. (　) 下列何者非屬應對在職勞工施行之健康檢查？ (2)
(1)一般健康檢查　(2)體格檢查
(3)特殊健康檢查　(4)特定對象及特定項目之檢查。

21. (　) 下列何者非為防範有害物食入之方法？ (4)
(1)有害物與食物隔離　(2)不在工作場所進食或飲水
(3)常洗手、漱口　(4)穿工作服。

22. (　) 原事業單位如有違反職業安全衛生法或有關安全衛生規定，致承攬人所僱勞工發生職業災害時，有關承攬管理責任，下列敘述何者正確？ (1)
(1)原事業單位應與承攬人負連帶賠償責任
(2)原事業單位不需負連帶補償責任
(3)承攬廠商應自負職業災害之賠償責任
(4)勞工投保單位即為職業災害之賠償單位。

23. (　) 依勞動基準法規定，主管機關或檢查機構於接獲勞工申訴事業單位違反本法及其他勞工法令規定後，應為必要之調查，並於幾日內將處理情形，以書面通知勞工？ (4)
(1)14 日　(2)20 日　(3)30 日　(4)60 日。

24. (　) 我國中央勞動業務主管機關為下列何者？ (3)
(1)內政部　(2)勞工保險局　(3)勞動部　(4)經濟部。

25. (　) 對於勞動部公告列入應實施型式驗證之機械、設備或器具，下列何種情形不得免驗證？ (4)
(1)依其他法律規定實施驗證者　(2)供國防軍事用途使用者
(3)輸入僅供科技研發之專用機型　(4)輸入僅供收藏使用之限量品。

26. (　) 對於墜落危險之預防設施，下列敘述何者較為妥適？ (4)
(1)在外牆施工架等高處作業應盡量使用繫腰式安全帶
(2)安全帶應確實配掛在低於足下之堅固點
(3)高度 2m 以上之邊緣開口部分處應圍起警示帶
(4)高度 2m 以上之開口處應設護欄或安全網。

27. (　) 對於感電電流流過人體可能呈現的症狀，下列敘述何者有誤？ (3)
(1)痛覺　(2)強烈痙攣
(3)血壓降低、呼吸急促、精神亢奮　(4)造成組織灼傷。

28. (　) 下列何者非屬於容易發生墜落災害的作業場所？ (2)
(1)施工架　(2)廚房　(3)屋頂　(4)梯子、合梯。

29. (　) 下列何者非屬危險物儲存場所應採取之火災爆炸預防措施？ (1)
(1)使用工業用電風扇　(2)裝設可燃性氣體偵測裝置
(3)使用防爆電氣設備　(4)標示「嚴禁煙火」。

30. (　) 雇主於臨時用電設備加裝漏電斷路器，可減少下列何種災害發生？ (3)
(1)墜落　(2)物體倒塌、崩塌　(3)感電　(4)被撞。

31. (　) 雇主要求確實管制人員不得進入吊舉物下方，可避免下列何種災害發生？ (3)
(1)感電　(2)墜落　(3)物體飛落　(4)缺氧。

32. (　) 職業上危害因子所引起的勞工疾病，稱為何種疾病？ (1)
(1)職業疾病　(2)法定傳染病　(3)流行性疾病　(4)遺傳性疾病。

33. (　) 事業招人承攬時，其承攬人就承攬部分負雇主之責任，原事業單位就職業災害補償部分之責任為何？ (4)
(1)視職業災害原因判定是否補償　(2)依工程性質決定責任
(3)依承攬契約決定責任　(4)仍應與承攬人負連帶責任。

34. (　) 預防職業病最根本的措施為何？ (2)
(1)實施特殊健康檢查　(2)實施作業環境改善
(3)實施定期健康檢查　(4)實施僱用前體格檢查。

35. (　) 在地下室作業，當通風換氣充分時，則不易發生一氧化碳中毒、缺氧危害或火災爆炸危險。請問「通風換氣充分」係指下列何種描述？ (1)
(1)風險控制方法　(2)發生機率　(3)危害源　(4)風險。

36. (　) 勞工為節省時間，在未斷電情況下清理機臺，易發生危害為何？ (1)
(1)捲夾感電　(2)缺氧　(3)墜落　(4)崩塌。

37. (　) 工作場所化學性有害物進入人體最常見路徑為下列何者？ (2)
(1)口腔　(2)呼吸道　(3)皮膚　(4)眼睛。

38. (　) 活線作業勞工應佩戴何種防護手套？ (3)
(1)棉紗手套　(2)耐熱手套　(3)絕緣手套　(4)防振手套。

39. (　) 下列何者非屬電氣災害類型？ (4)
(1)電弧灼傷　(2)電氣火災　(3)靜電危害　(4)雷電閃爍。

40. (　) 下列何者非屬於工作場所作業會發生墜落災害的潛在危害因子？ (3)
(1)開口未設置護欄　(2)未設置安全之上下設備
(3)未確實配戴耳罩　(4)屋頂開口下方未張掛安全網。

41. (　) 在噪音防治之對策中，從下列何者著手最為有效？ (2)
(1)偵測儀器　(2)噪音源　(3)傳播途徑　(4)個人防護具。

42. (　) 勞工於室外高氣溫作業環境工作，可能對身體產生之熱危害，下列何者非屬熱危害之症狀？ (4)
(1)熱衰竭　(2)中暑　(3)熱痙攣　(4)痛風。

43. (　) 下列何者是消除職業病發生率之源頭管理對策？ (3)
(1)使用個人防護具　(2)健康檢查　(3)改善作業環境　(4)多運動。

44. (　) 下列何者非為職業病預防之危害因子？ (1)
(1)遺傳性疾病　(2)物理性危害　(3)人因工程危害　(4)化學性危害。

45. (　) 依職業安全衛生設施規則規定，下列何者非屬使用合梯，應符合之規定？ (3)
(1)合梯應具有堅固之構造
(2)合梯材質不得有顯著之損傷、腐蝕等
(3)梯腳與地面之角度應在 80 度以上
(4)有安全之防滑梯面。

46. (　) 下列何者非屬勞工從事電氣工作安全之規定？ (4)
(1)使其使用電工安全帽　(2)穿戴絕緣防護具
(3)停電作業應斷開、檢電、接地及掛牌　(4)穿戴棉質手套絕緣。

47. (　) 為防止勞工感電，下列何者為非？ (3)
(1)使用防水插頭　(2)避免不當延長接線
(3)設備有金屬外殼保護即可免接地　(4)電線架高或加以防護。

48. (　) 不當抬舉導致肌肉骨骼傷害或肌肉疲勞之現象，可歸類為下列何者？ (2)
(1)感電事件　(2)不當動作　(3)不安全環境　(4)被撞事件。

49. (　) 使用鑽孔機時，不應使用下列何護具？ (3)
(1)耳塞　(2)防塵口罩　(3)棉紗手套　(4)護目鏡。

50. (　) 腕道症候群常發生於下列何種作業？ (1)
(1)電腦鍵盤作業　(2)潛水作業
(3)堆高機作業　(4)第一種壓力容器作業。

51. (　) 對於化學燒傷傷患的一般處理原則，下列何者正確？ (1)
(1)立即用大量清水沖洗
(2)傷患必須臥下，而且頭、胸部須高於身體其他部位
(3)於燒傷處塗抹油膏、油脂或發酵粉
(4)使用酸鹼中和。

52. (　) 下列何者非屬防止搬運事故之一般原則？ (4)
(1)以機械代替人力　(2)以機動車輛搬運
(3)採取適當之搬運方法　(4)儘量增加搬運距離。

53. (　) 對於脊柱或頸部受傷患者，下列何者不是適當的處理原則？ (3)
(1)不輕易移動傷患　(2)速請醫師　(3)如無合用的器材，需 2 人作徒手搬運　(4)向急救中心聯絡。

54. (　) 防止噪音危害之治本對策為下列何者？ (3)
(1)使用耳塞、耳罩　(2)實施職業安全衛生教育訓練
(3)消除發生源　(4)實施特殊健康檢查。

55. (　) 安全帽承受巨大外力衝擊後，雖外觀良好，應採下列何種處理方式？ (1)
(1)廢棄　(2)繼續使用　(3)送修　(4)油漆保護。

56. (　) 因舉重而扭腰係由於身體動作不自然姿勢，動作之反彈，引起扭筋、扭腰及形成類似狀態造成職業災害，其災害類型為下列何者？ (2)
(1)不當狀態　(2)不當動作　(3)不當方針　(4)不當設備。

57. (　) 下列有關工作場所安全衛生之敘述何者有誤？ (3)
(1)對於勞工從事其身體或衣著有被污染之虞之特殊作業時，應備置該勞工洗眼、洗澡、漱口、更衣、洗濯等設備
(2)事業單位應備置足夠急救藥品及器材
(3)事業單位應備置足夠的零食自動販賣機
(4)勞工應定期接受健康檢查。

58. (　) 毒性物質進入人體的途徑，經由那個途徑影響人體健康最快且中毒效應最高？ (2)
(1)吸入　(2)食入　(3)皮膚接觸　(4)手指觸摸。

59. (　) 安全門或緊急出口平時應維持何狀態？ (3)
(1)門可上鎖但不可封死
(2)保持開門狀態以保持逃生路徑暢通
(3)門應關上但不可上鎖
(4)與一般進出門相同，視各樓層規定可開可關。

60. (　) 下列何種防護具較能消減噪音對聽力的危害？ (3)
(1)棉花球　(2)耳塞　(3)耳罩　(4)碎布球。

61. (　) 勞工若面臨長期工作負荷壓力及工作疲勞累積，沒有獲得適當休息及充足睡眠，便可能影響體能及精神狀態，甚而較易促發下列何種疾病？ (2)
(1)皮膚癌　(2)腦心血管疾病　(3)多發性神經病變　(4)肺水腫。

62.（　）「勞工腦心血管疾病發病的風險與年齡、吸菸、總膽固醇數值、家族病史、生活型態、心臟方面疾病」之相關性為何？ (2)
(1)無　(2)正　(3)負　(4)可正可負。

63.（　）下列何者不屬於職場暴力？ (3)
(1)肢體暴力　(2)語言暴力　(3)家庭暴力　(4)性騷擾。

64.（　）職場內部常見之身體或精神不法侵害不包含下列何者？ (4)
(1)脅迫、名譽損毀、侮辱、嚴重辱罵勞工
(2)強求勞工執行業務上明顯不必要或不可能之工作
(3)過度介入勞工私人事宜
(4)使勞工執行與能力、經驗相符的工作。

65.（　）下列何種措施較可避免工作單調重複或負荷過重？ (3)
(1)連續夜班　(2)工時過長　(3)排班保有規律性　(4)經常性加班。

66.（　）減輕皮膚燒傷程度之最重要步驟為何？ (1)
(1)儘速用清水沖洗　(2)立即刺破水泡
(3)立即在燒傷處塗抹油脂　(4)在燒傷處塗抹麵粉。

67.（　）眼內噴入化學物或其他異物，應立即使用下列何者沖洗眼睛？ (3)
(1)牛奶　(2)蘇打水　(3)清水　(4)稀釋的醋。

68.（　）石綿最可能引起下列何種疾病？ (3)
(1)白指症　(2)心臟病　(3)間皮細胞瘤　(4)巴金森氏症。

69.（　）作業場所高頻率噪音較易導致下列何種症狀？ (2)
(1)失眠　(2)聽力損失　(3)肺部疾病　(4)腕道症候群。

70.（　）廚房設置之排油煙機為下列何者？ (2)
(1)整體換氣裝置　(2)局部排氣裝置
(3)吹吸型換氣裝置　(4)排氣煙囪。

71.（　）下列何者為選用防塵口罩時，最不重要之考量因素？ (4)
(1)捕集效率愈高愈好　(2)吸氣阻抗愈低愈好
(3)重量愈輕愈好　(4)視野愈小愈好。

72.（　）若勞工工作性質需與陌生人接觸、工作中需處理不可預期的突發事件或工作場所治安狀況較差，較容易遭遇下列何種危害？ (2)
(1)組織內部不法侵害　(2)組織外部不法侵害
(3)多發性神經病變　(4)潛涵症。

73.（　）下列何者不是發生電氣火災的主要原因？ (3)
(1)電器接點短路　(2)電氣火花　(3)電纜線置於地上　(4)漏電。

74.	( )	依勞工職業災害保險及保護法規定，職業災害保險之保險效力，自何時開始起算，至離職當日停止？ (1)通知當日 (2)到職當日 (3)雇主訂定當日 (4)勞雇雙方合意之日。	(2)
75.	( )	依勞工職業災害保險及保護法規定，勞工職業災害保險以下列何者為保險人，辦理保險業務？ (1)財團法人職業災害預防及重建中心 (2)勞動部職業安全衛生署 (3)勞動部勞動基金運用局 (4)勞動部勞工保險局。	(4)
76.	( )	有關「童工」之敘述，下列何者正確？ (1)每日工作時間不得超過 8 小時 (2)不得於午後 8 時至翌晨 8 時之時間內工作 (3)例假日得在監視下工作 (4)工資不得低於基本工資之 70%。	(1)
77.	( )	依勞動檢查法施行細則規定，事業單位如不服勞動檢查結果，可於檢查結果通知書送達之次日起 10 日內，以書面敘明理由向勞動檢查機構提出？ (1)訴願 (2)陳情 (3)抗議 (4)異議。	(4)
78.	( )	工作者若因雇主違反職業安全衛生法規定而發生職業災害、疑似罹患職業病或身體、精神遭受不法侵害所提起之訴訟，得向勞動部委託之民間團體提出下列何者？ (1)災害理賠 (2)申請扶助 (3)精神補償 (4)國家賠償。	(2)
79.	( )	計算平日加班費須按平日每小時工資額加給計算，下列敘述何者有誤？ (1)前 2 小時至少加給 1/3 倍 (2)超過 2 小時部分至少加給 2/3 倍 (3)經勞資協商同意後，一律加給 0.5 倍 (4)未經雇主同意給加班費者，一律補休。	(4)
80.	( )	下列工作場所何者非屬勞動檢查法所定之危險性工作場所？ (1)農藥製造 (2)金屬表面處理 (3)火藥類製造 (4)從事石油裂解之石化工業之工作場所。	(2)
81.	( )	有關電氣安全，下列敘述何者錯誤？ (1)110 伏特之電壓不致造成人員死亡 (2)電氣室應禁止非工作人員進入 (3)不可以濕手操作電氣開關，且切斷開關應迅速 (4)220 伏特為低壓電。	(1)

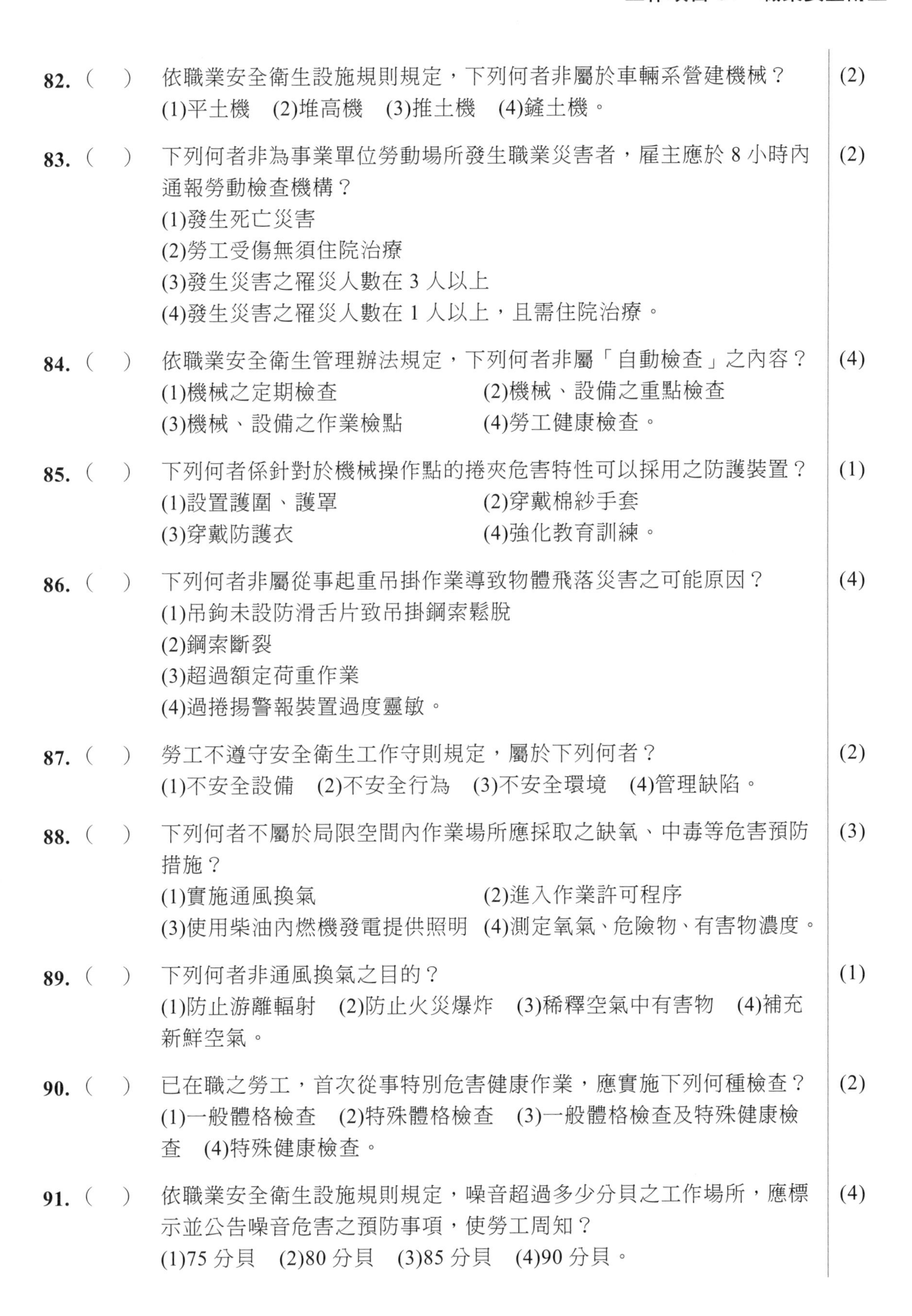

82. (　) 依職業安全衛生設施規則規定，下列何者非屬於車輛系營建機械？ (2)
(1)平土機　(2)堆高機　(3)推土機　(4)鏟土機。

83. (　) 下列何者非為事業單位勞動場所發生職業災害者，雇主應於 8 小時內通報勞動檢查機構？ (2)
(1)發生死亡災害
(2)勞工受傷無須住院治療
(3)發生災害之罹災人數在 3 人以上
(4)發生災害之罹災人數在 1 人以上，且需住院治療。

84. (　) 依職業安全衛生管理辦法規定，下列何者非屬「自動檢查」之內容？ (4)
(1)機械之定期檢查　(2)機械、設備之重點檢查
(3)機械、設備之作業檢點　(4)勞工健康檢查。

85. (　) 下列何者係針對於機械操作點的捲夾危害特性可以採用之防護裝置？ (1)
(1)設置護圍、護罩　(2)穿戴棉紗手套
(3)穿戴防護衣　(4)強化教育訓練。

86. (　) 下列何者非屬從事起重吊掛作業導致物體飛落災害之可能原因？ (4)
(1)吊鉤未設防滑舌片致吊掛鋼索鬆脫
(2)鋼索斷裂
(3)超過額定荷重作業
(4)過捲揚警報裝置過度靈敏。

87. (　) 勞工不遵守安全衛生工作守則規定，屬於下列何者？ (2)
(1)不安全設備　(2)不安全行為　(3)不安全環境　(4)管理缺陷。

88. (　) 下列何者不屬於局限空間內作業場所應採取之缺氧、中毒等危害預防措施？ (3)
(1)實施通風換氣　(2)進入作業許可程序
(3)使用柴油內燃機發電提供照明　(4)測定氧氣、危險物、有害物濃度。

89. (　) 下列何者非通風換氣之目的？ (1)
(1)防止游離輻射　(2)防止火災爆炸　(3)稀釋空氣中有害物　(4)補充新鮮空氣。

90. (　) 已在職之勞工，首次從事特別危害健康作業，應實施下列何種檢查？ (2)
(1)一般體格檢查　(2)特殊體格檢查　(3)一般體格檢查及特殊健康檢查　(4)特殊健康檢查。

91. (　) 依職業安全衛生設施規則規定，噪音超過多少分貝之工作場所，應標示並公告噪音危害之預防事項，使勞工周知？ (4)
(1)75 分貝　(2)80 分貝　(3)85 分貝　(4)90 分貝。

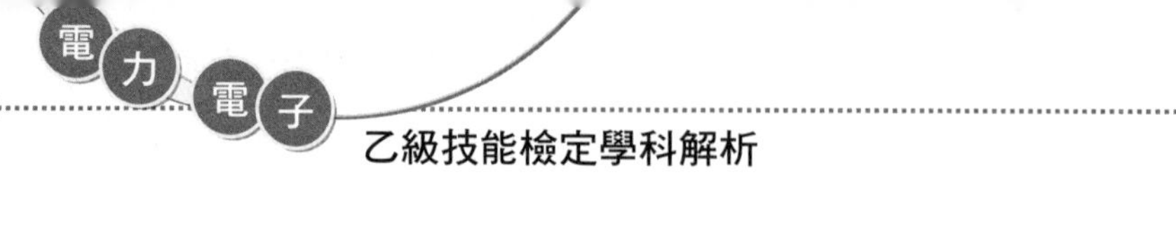

92.（　）下列何者非屬工作安全分析的目的？ (3)
(1)發現並杜絕工作危害　(2)確立工作安全所需工具與設備
(3)懲罰犯錯的員工　(4)作為員工在職訓練的參考。

93.（　）可能對勞工之心理或精神狀況造成負面影響的狀態，如異常工作壓力、超時工作、語言脅迫或恐嚇等，可歸屬於下列何者管理不當？ (3)
(1)職業安全　(2)職業衛生　(3)職業健康　(4)環保。

94.（　）有流產病史之孕婦，宜避免相關作業，下列何者為非？ (3)
(1)避免砷或鉛的暴露
(2)避免每班站立 7 小時以上之作業
(3)避免提舉 3 公斤重物的職務
(4)避免重體力勞動的職務。

95.（　）熱中暑時，易發生下列何現象？ (3)
(1)體溫下降　(2)體溫正常　(3)體溫上升　(4)體溫忽高忽低。

96.（　）下列何者不會使電路發生過電流？ (4)
(1)電氣設備過載　(2)電路短路　(3)電路漏電　(4)電路斷路。

97.（　）下列何者較屬安全、尊嚴的職場組織文化？ (4)
(1)不斷責備勞工
(2)公開在眾人面前長時間責罵勞工
(3)強求勞工執行業務上明顯不必要或不可能之工作
(4)不過度介入勞工私人事宜。

98.（　）下列何者與職場母性健康保護較不相關？ (4)
(1)職業安全衛生法
(2)妊娠與分娩後女性及未滿十八歲勞工禁止從事危險性或有害性工作認定標準
(3)性別平等工作法
(4)動力堆高機型式驗證。

99.（　）油漆塗裝工程應注意防火防爆事項，下列何者為非？ (3)
(1)確實通風　(2)注意電氣火花
(3)緊密門窗以減少溶劑擴散揮發　(4)嚴禁煙火。

100.（　）依職業安全衛生設施規則規定，雇主對於物料儲存，為防止氣候變化或自然發火發生危險者，下列何者為最佳之採取措施？ (3)
(1)保持自然通風　(2)密閉
(3)與外界隔離及溫濕控制　(4)靜置於倉儲區，避免陽光直射。

90007 工作倫理與職業道德共同科目

工作項目 01 工作倫理與職業道德

一、單選題

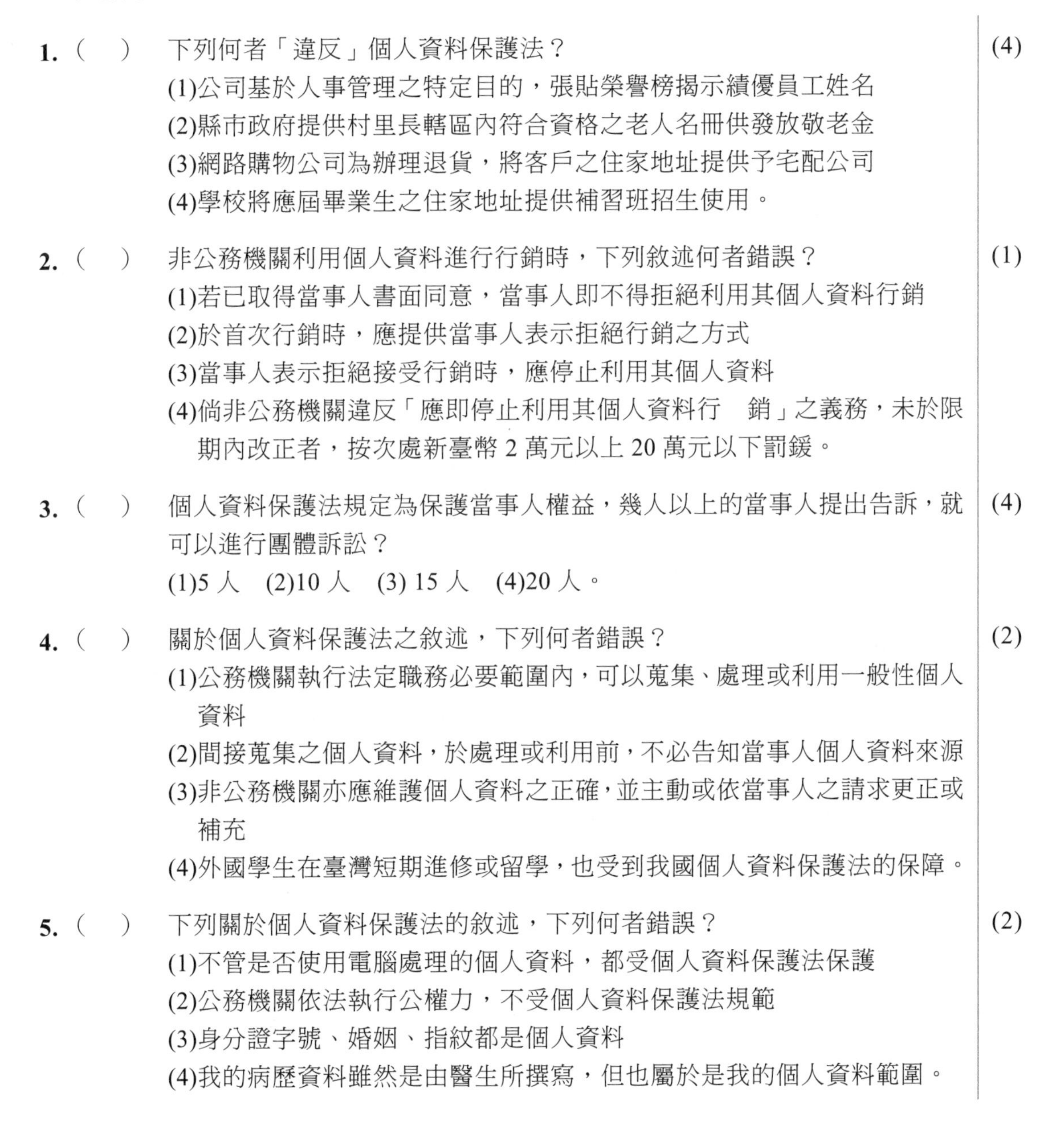

1. (　) 下列何者「違反」個人資料保護法？ (4)
(1)公司基於人事管理之特定目的，張貼榮譽榜揭示績優員工姓名
(2)縣市政府提供村里長轄區內符合資格之老人名冊供發放敬老金
(3)網路購物公司為辦理退貨，將客戶之住家地址提供予宅配公司
(4)學校將應屆畢業生之住家地址提供補習班招生使用。

2. (　) 非公務機關利用個人資料進行行銷時，下列敘述何者錯誤？ (1)
(1)若已取得當事人書面同意，當事人即不得拒絕利用其個人資料行銷
(2)於首次行銷時，應提供當事人表示拒絕行銷之方式
(3)當事人表示拒絕接受行銷時，應停止利用其個人資料
(4)倘非公務機關違反「應即停止利用其個人資料行　銷」之義務，未於限期內改正者，按次處新臺幣 2 萬元以上 20 萬元以下罰鍰。

3. (　) 個人資料保護法規定為保護當事人權益，幾人以上的當事人提出告訴，就可以進行團體訴訟？ (4)
(1)5 人　(2)10 人　(3) 15 人　(4)20 人。

4. (　) 關於個人資料保護法之敘述，下列何者錯誤？ (2)
(1)公務機關執行法定職務必要範圍內，可以蒐集、處理或利用一般性個人資料
(2)間接蒐集之個人資料，於處理或利用前，不必告知當事人個人資料來源
(3)非公務機關亦應維護個人資料之正確，並主動或依當事人之請求更正或補充
(4)外國學生在臺灣短期進修或留學，也受到我國個人資料保護法的保障。

5. (　) 下列關於個人資料保護法的敘述，下列何者錯誤？ (2)
(1)不管是否使用電腦處理的個人資料，都受個人資料保護法保護
(2)公務機關依法執行公權力，不受個人資料保護法規範
(3)身分證字號、婚姻、指紋都是個人資料
(4)我的病歷資料雖然是由醫生所撰寫，但也屬於是我的個人資料範圍。

6. (　) 對於依照個人資料保護法應告知之事項，下列何者不在法定應告知的事項內？ (3)
(1)個人資料利用之期間、地區、對象及方式
(2)蒐集之目的
(3)蒐集機關的負責人姓名
(4)如拒絕提供或提供不正確個人資料將造成之影響。

7. (　) 請問下列何者非為個人資料保護法第 3 條所規範之當事人權利？ (2)
(1)查詢或請求閱覽　(2)請求刪除他人之資料
(3)請求補充或更正　(4)請求停止蒐集、處理或利用。

8. (　) 下列何者非安全使用電腦內的個人資料檔案的做法？ (4)
(1)利用帳號與密碼登入機制來管理可以存取個資者的人
(2)規範不同人員可讀取的個人資料檔案範圍
(3)個人資料檔案使用完畢後立即退出應用程式，不得留置於電腦中
(4)為確保重要的個人資料可即時取得，將登入密碼標示在螢幕下方。

9. (　) 下列何者行為非屬個人資料保護法所稱之國際傳輸？ (1)
(1)將個人資料傳送給地方政府　(2)將個人資料傳送給美國的分公司
(3)將個人資料傳送給法國的人事部門　(4)將個人資料傳送給日本的委託公司。

10. (　) 有關智慧財產權行為之敘述，下列何者有誤？ (1)
(1)製造、販售仿冒註冊商標的商品雖已侵害商標權，但不屬於公訴罪之範疇
(2)以 101 大樓、美麗華百貨公司做為拍攝電影的背景，屬於合理使用的範圍
(3)原作者自行創作某音樂作品後，即可宣稱擁有該作品之著作權
(4)著作權是為促進文化發展為目的，所保護的財產權之一。

11. (　) 專利權又可區分為發明、新型與設計三種專利權，其中發明專利權是否有保護期限？期限為何？ (2)
(1)有，5 年　(2)有，20 年　(3)有，50 年　(4)無期限，只要申請後就永久歸申請人所有。

12. (　) 受僱人於職務上所完成之著作，如果沒有特別以契約約定，其著作人為下列何者？ (2)
(1)雇用人　(2)受僱人
(3)雇用公司或機關法人代表　(4)由雇用人指定之自然人或法人。

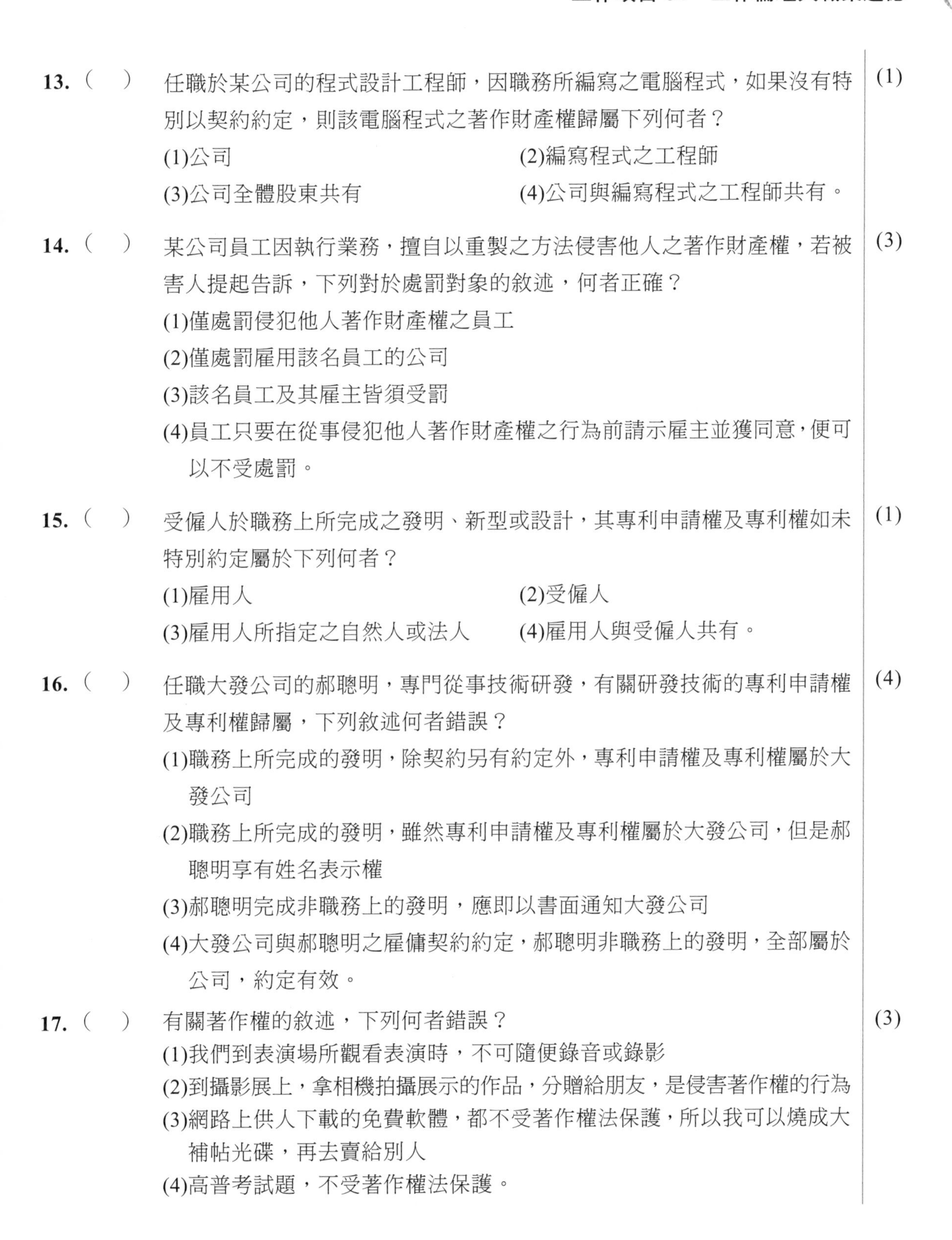

13.（ ）任職於某公司的程式設計工程師，因職務所編寫之電腦程式，如果沒有特別以契約約定，則該電腦程式之著作財產權歸屬下列何者？ (1)
(1)公司 (2)編寫程式之工程師
(3)公司全體股東共有 (4)公司與編寫程式之工程師共有。

14.（ ）某公司員工因執行業務，擅自以重製之方法侵害他人之著作財產權，若被害人提起告訴，下列對於處罰對象的敘述，何者正確？ (3)
(1)僅處罰侵犯他人著作財產權之員工
(2)僅處罰雇用該名員工的公司
(3)該名員工及其雇主皆須受罰
(4)員工只要在從事侵犯他人著作財產權之行為前請示雇主並獲同意，便可以不受處罰。

15.（ ）受僱人於職務上所完成之發明、新型或設計，其專利申請權及專利權如未特別約定屬於下列何者？ (1)
(1)雇用人 (2)受僱人
(3)雇用人所指定之自然人或法人 (4)雇用人與受僱人共有。

16.（ ）任職大發公司的郝聰明，專門從事技術研發，有關研發技術的專利申請權及專利權歸屬，下列敘述何者錯誤？ (4)
(1)職務上所完成的發明，除契約另有約定外，專利申請權及專利權屬於大發公司
(2)職務上所完成的發明，雖然專利申請權及專利權屬於大發公司，但是郝聰明享有姓名表示權
(3)郝聰明完成非職務上的發明，應即以書面通知大發公司
(4)大發公司與郝聰明之雇傭契約約定，郝聰明非職務上的發明，全部屬於公司，約定有效。

17.（ ）有關著作權的敘述，下列何者錯誤？ (3)
(1)我們到表演場所觀看表演時，不可隨便錄音或錄影
(2)到攝影展上，拿相機拍攝展示的作品，分贈給朋友，是侵害著作權的行為
(3)網路上供人下載的免費軟體，都不受著作權法保護，所以我可以燒成大補帖光碟，再去賣給別人
(4)高普考試題，不受著作權法保護。

18. (　) 有關著作權的敘述，下列何者錯誤？ (3)
(1)撰寫碩博士論文時，在合理範圍內引用他人的著作，只要註明出處，不會構成侵害著作權
(2)在網路散布盜版光碟，不管有沒有營利，會構成侵害著作權
(3)在網路的部落格看到一篇文章很棒，只要註明出處，就可以把文章複製在自己的部落格
(4)將補習班老師的上課內容錄音檔，放到網路上拍賣，會構成侵害著作權。

19. (　) 有關商標權的敘述，下列何者錯誤？ (4)
(1)要取得商標權一定要申請商標註冊
(2)商標註冊後可取得 10 年商標權
(3)商標註冊後，3 年不使用，會被廢止商標權
(4)在夜市買的仿冒品，品質不好，上網拍賣，不會構成侵權。

20. (　) 有關於營業秘密的敘述，下列何者錯誤？ (1)
(1)受雇人於非職務上研究或開發之營業秘密，仍歸雇用人所有
(2)營業秘密不得為質權及強制執行之標的
(3)營業秘密所有人得授權他人使用其營業秘密
(4)營業秘密得全部或部分讓與他人或與他人共有。

21. (　) 甲公司將其新開發受營業秘密法保護之技術，授權乙公司使用，下列何者錯誤？ (1)
(1)乙公司已獲授權，所以可以未經甲公司同意，再授權丙公司使用
(2)約定授權使用限於一定之地域、時間
(3)約定授權使用限於特定之內容、一定之使用方法
(4)要求被授權人乙公司在一定期間負有保密義務。

22. (　) 甲公司嚴格保密之最新配方產品大賣，下列何者侵害甲公司之營業秘密？ (3)
(1)鑑定人 A 因司法審理而知悉配方
(2)甲公司授權乙公司使用其配方
(3)甲公司之 B 員工擅自將配方盜賣給乙公司
(4)甲公司與乙公司協議共有配方。

23. (　) 故意侵害他人之營業秘密，法院因被害人之請求，最高得酌定損害額幾倍之賠償？ (3)
(1)1 倍　(2)2 倍　(3)3 倍　(4)4 倍。

24. ( ) 受雇者因承辦業務而知悉營業秘密，在離職後對於該營業秘密的處理方式，下列敘述何者正確？ (4)
(1)聘雇關係解除後便不再負有保障營業秘密之責
(2)僅能自用而不得販售獲取利益
(3)自離職日起 3 年後便不再負有保障營業秘密之責
(4)離職後仍不得洩漏該營業秘密。

25. ( ) 按照現行法律規定，侵害他人營業秘密，其法律責任為 (3)
(1)僅需負刑事責任
(2)僅需負民事損害賠償責任
(3)刑事責任與民事損害賠償責任皆須負擔
(4)刑事責任與民事損害賠償責任皆不須負擔。

26. ( ) 企業內部之營業秘密，可以概分為「商業性營業秘密」及「技術性營業秘密」二大類型，請問下列何者屬於「技術性營業秘密」？ (3)
(1)人事管理 (2)經銷據點 (3)產品配方 (4)客戶名單。

27. ( ) 某離職同事請求在職員工將離職前所製作之某份文件傳送給他，請問下列回應方式何者正確？ (3)
(1)由於該項文件係由該離職員工製作，因此可以傳送文件 (2)若其目的僅為保留檔案備份，便可以傳送文件 (3)可能構成對於營業秘密之侵害，應予拒絕並請他直接向公司提出請求 (4)視彼此交情決定是否傳送文件。

28. ( ) 行為人以竊取等不正當方法取得營業秘密，下列敘述何者正確？ (1)
(1)已構成犯罪
(2)只要後續沒有洩漏便不構成犯罪
(3)只要後續沒有出現使用之行為便不構成犯罪
(4)只要後續沒有造成所有人之損害便不構成犯罪。

29. ( ) 針對在我國境內竊取營業秘密後，意圖在外國、中國大陸或港澳地區使用者，營業秘密法是否可以適用？ (3)
(1)無法適用
(2)可以適用，但若屬未遂犯則不罰
(3)可以適用並加重其刑
(4)能否適用需視該國家或地區與我國是否簽訂相互保護營業秘密之條約或協定。

30. (　) 所謂營業秘密，係指方法、技術、製程、配方、程式、設計或其他可用於生產、銷售或經營之資訊，但其保障所需符合的要件不包括下列何者？(1)因其秘密性而具有實際之經濟價值者　(2)所有人已採取合理之保密措施者　(3)因其秘密性而具有潛在之經濟價值者　(4)一般涉及該類資訊之人所知者。 (4)

31. (　) 因故意或過失而不法侵害他人之營業秘密者，負損害賠償責任該損害賠償之請求權，自請求權人知有行為及賠償義務人時起，幾年間不行使就會消滅？(1)2 年　(2)5 年　(3)7 年　(4)10 年。 (1)

32. (　) 公司負責人為了要節省開銷，將員工薪資以高報低來投保全民健保及勞保，是觸犯了刑法上之何種罪刑？
(1)詐欺罪　(2)侵占罪　(3)背信罪　(4)工商秘密罪。 (1)

33. (　) A 受僱於公司擔任會計，因自己的財務陷入危機，多次將公司帳款轉入妻兒戶頭，是觸犯了刑法上之何種罪刑？
(1)洩漏工商秘密罪　(2)侵占罪　(3)詐欺罪　(4)偽造文書罪。 (2)

34. (　) 某甲於公司擔任業務經理時，未依規定經董事會同意，私自與自己親友之公司訂定生意合約，會觸犯下列何種罪刑？
(1)侵占罪　(2)貪污罪　(3)背信罪　(4)詐欺罪。 (3)

35. (　) 如果你擔任公司採購的職務，親朋好友們會向你推銷自家的產品，希望你要採購時，你應該
(1)適時地婉拒，說明利益需要迴避的考量，請他們見諒
(2)既然是親朋好友，就應該互相幫忙
(3)建議親朋好友將產品折扣，折扣部分歸於自己，就會採購
(4)可以暗中地幫忙親朋好友，進行採購，不要被發現有親友關係便可。 (1)

36. (　) 小美是公司的業務經理，有一天巧遇國中同班的死黨小林，發現他是公司的下游廠商老闆。最近小美處理一件公司的招標案件，小林的公司也在其中，私下約小美見面，請求她提供這次招標案的底標，並馬上要給予幾十萬元的前謝金，請問小美該怎麼辦？
(1)退回錢，並告訴小林都是老朋友，一定會全力幫忙
(2)收下錢，將錢拿出來給單位同事們分紅
(3)應該堅決拒絕，並避免每次見面都與小林談論相關業務問題
(4)朋友一場，給他一個比較接近底標的金額，反正又不是正確的，所以沒關係。 (3)

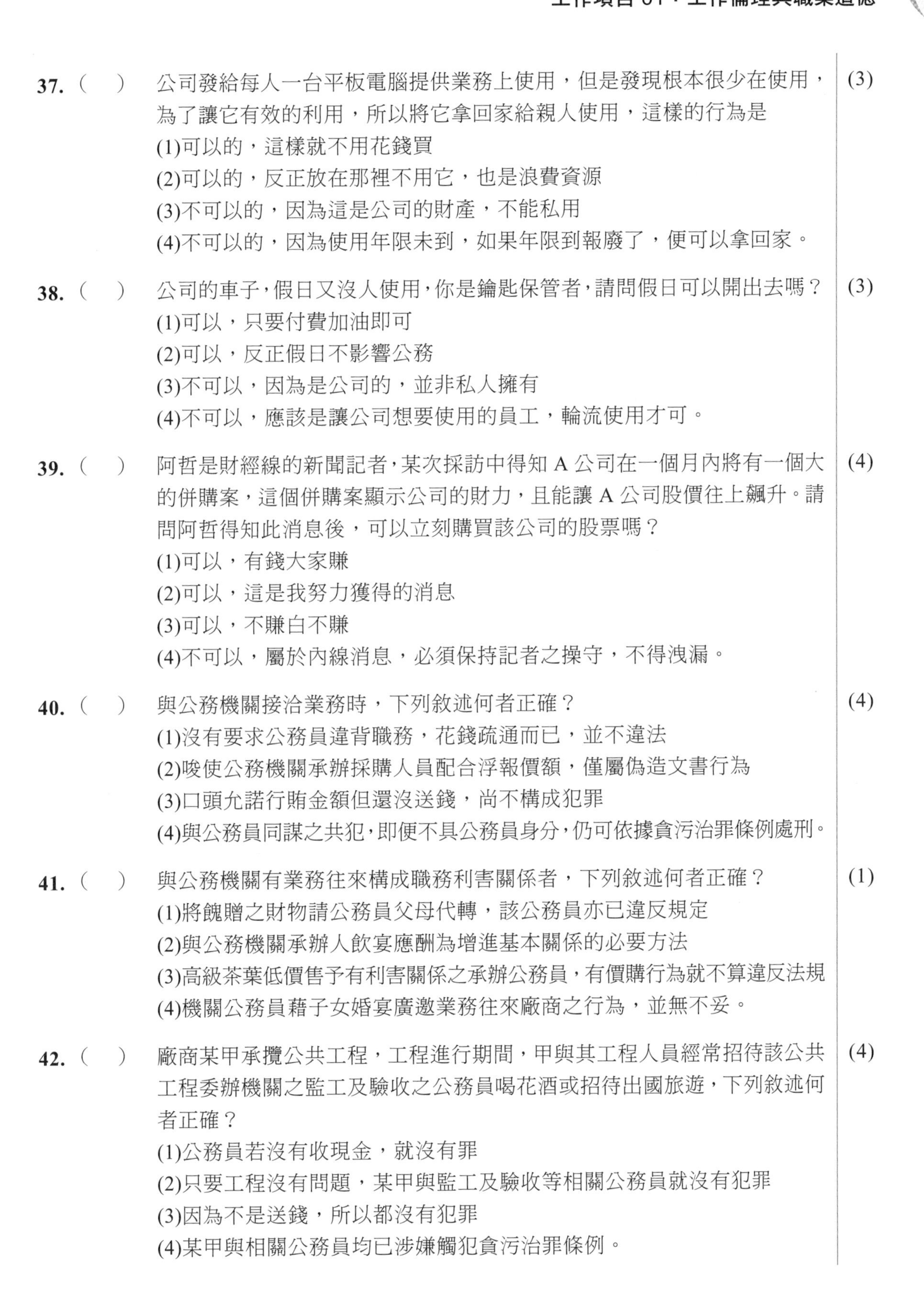

37. (　) 公司發給每人一台平板電腦提供業務上使用，但是發現根本很少在使用，為了讓它有效的利用，所以將它拿回家給親人使用，這樣的行為是
(1)可以的，這樣就不用花錢買
(2)可以的，反正放在那裡不用它，也是浪費資源
(3)不可以的，因為這是公司的財產，不能私用
(4)不可以的，因為使用年限未到，如果年限到報廢了，便可以拿回家。 (3)

38. (　) 公司的車子，假日又沒人使用，你是鑰匙保管者，請問假日可以開出去嗎？
(1)可以，只要付費加油即可
(2)可以，反正假日不影響公務
(3)不可以，因為是公司的，並非私人擁有
(4)不可以，應該是讓公司想要使用的員工，輪流使用才可。 (3)

39. (　) 阿哲是財經線的新聞記者，某次採訪中得知 A 公司在一個月內將有一個大的併購案，這個併購案顯示公司的財力，且能讓 A 公司股價往上飆升。請問阿哲得知此消息後，可以立刻購買該公司的股票嗎？
(1)可以，有錢大家賺
(2)可以，這是我努力獲得的消息
(3)可以，不賺白不賺
(4)不可以，屬於內線消息，必須保持記者之操守，不得洩漏。 (4)

40. (　) 與公務機關接洽業務時，下列敘述何者正確？
(1)沒有要求公務員違背職務，花錢疏通而已，並不違法
(2)唆使公務機關承辦採購人員配合浮報價額，僅屬偽造文書行為
(3)口頭允諾行賄金額但還沒送錢，尚不構成犯罪
(4)與公務員同謀之共犯，即便不具公務員身分，仍可依據貪污治罪條例處刑。 (4)

41. (　) 與公務機關有業務往來構成職務利害關係者，下列敘述何者正確？
(1)將餽贈之財物請公務員父母代轉，該公務員亦已違反規定
(2)與公務機關承辦人飲宴應酬為增進基本關係的必要方法
(3)高級茶葉低價售予有利害關係之承辦公務員，有價購行為就不算違反法規
(4)機關公務員藉子女婚宴廣邀業務往來廠商之行為，並無不妥。 (1)

42. (　) 廠商某甲承攬公共工程，工程進行期間，甲與其工程人員經常招待該公共工程委辦機關之監工及驗收之公務員喝花酒或招待出國旅遊，下列敘述何者正確？
(1)公務員若沒有收現金，就沒有罪
(2)只要工程沒有問題，某甲與監工及驗收等相關公務員就沒有犯罪
(3)因為不是送錢，所以都沒有犯罪
(4)某甲與相關公務員均已涉嫌觸犯貪污治罪條例。 (4)

43. (　) 行（受）賄罪成立要素之一為具有對價關係，而作為公務員職務之對價有「賄賂」或「不正利益」，下列何者不屬於「賄賂」或「不正利益」？ (1)
(1)開工邀請公務員觀禮　(2)送百貨公司大額禮券
(3)免除債務　(4)招待吃米其林等級之高檔大餐。

44. (　) 下列有關貪腐的敘述何者錯誤？ (4)
(1)貪腐會危害永續發展和法治　(2)貪腐會破壞民主體制及價值觀
(3)貪腐會破壞倫理道德與正義　(4)貪腐有助降低企業的經營成本。

45. (　) 下列何者不是設置反貪腐專責機構須具備的必要條件？ (4)
(1)賦予該機構必要的獨立性
(2)使該機構的工作人員行使職權不會受到不當干預
(3)提供該機構必要的資源、專職工作人員及必要培訓
(4)賦予該機構的工作人員有權力可隨時逮捕貪污嫌疑人。

46. (　) 檢舉人向有偵查權機關或政風機構檢舉貪污瀆職，必須於何時為之始可能給與獎金？ (2)
(1)犯罪未起訴前　(2)犯罪未發覺前　(3)犯罪未遂前　(4)預備犯罪前。

47. (　) 檢舉人應以何種方式檢舉貪污瀆職始能核給獎金？ (3)
(1)匿名　(2)委託他人檢舉　(3)以真實姓名檢舉　(4)以他人名義檢舉。

48. (　) 我國制定何種法律以保護刑事案件之證人，使其勇於出面作證，俾利犯罪之偵查、審判？ (4)
(1)貪污治罪條例　(2)刑事訴訟法　(3)行政程序法　(4)證人保護法。

49. (　) 下列何者非屬公司對於企業社會責任實踐之原則？ (1)
(1)加強個人資料揭露　(2)維護社會公益
(3)發展永續環境　(4)落實公司治理。

50. (　) 下列何者並不屬於「職業素養」規範中的範疇？ (1)
(1)增進自我獲利的能力　(2)擁有正確的職業價值觀
(3)積極進取職業的知識技能　(4)具備良好的職業行為習慣。

51. (　) 下列何者符合專業人員的職業道德？ (4)
(1)未經雇主同意，於上班時間從事私人事務
(2)利用雇主的機具設備私自接單生產
(3)未經顧客同意，任意散佈或利用顧客資料
(4)盡力維護雇主及客戶的權益。

52. (　) 身為公司員工必須維護公司利益，下列何者是正確的工作態度或行為？ (4)
(1)將公司逾期的產品更改標籤
(2)施工時以省時、省料為獲利首要考量，不顧品質
(3)服務時首先考慮公司的利益，顧客權益次之
(4)工作時謹守本分，以積極態度解決問題。

53. (　) 身為專業技術工作人士，應以何種認知及態度服務客戶？ (3)
(1)若客戶不瞭解，就儘量減少成本支出，抬高報價
(2)遇到維修問題，儘量拖過保固期
(3)主動告知可能碰到問題及預防方法
(4)隨著個人心情來提供服務的內容及品質。

54. (　) 因為工作本身需要高度專業技術及知識，所以在對客戶服務時應如何？ (2)
(1)不用理會顧客的意見　(2)保持親切、真誠、客戶至上的態度
(3)若價錢較低，就敷衍了事　(4)以專業機密為由，不用對客戶說明及解釋。

55. (　) 從事專業性工作，在與客戶約定時間應 (2)
(1)保持彈性，任意調整　(2)儘可能準時，依約定時間完成工作
(3)能拖就拖，能改就改　(4)自己方便就好，不必理會客戶的要求。

56. (　) 從事專業性工作，在服務顧客時應有的態度為何？ (1)
(1)選擇最安全、經濟及有效的方法完成工作
(2)選擇工時較長、獲利較多的方法服務客戶
(3)為了降低成本，可以降低安全標準
(4)不必顧及雇主和顧客的立場。

57. (　) 以下那一項員工的作為符合敬業精神？ (4)
(1)利用正常工作時間從事私人事務　(2)運用雇主的資源，從事個人工作
(3)未經雇主同意擅離工作崗位　(4)謹守職場紀律及禮節，尊重客戶隱私。

58. (　) 小張獲選為小孩學校的家長會長，這個月要召開會議，沒時間準備資料，所以，利用上班期間有空檔非休息時間來完成，請問是否可以？ (3)
(1)可以，因為不耽誤他的工作
(2)可以，因為他能力好，能夠同時完成很多事
(3)不可以，因為這是私事，不可以利用上班時間完成
(4)可以，只要不要被發現。

59. (　) 小吳是公司的專用司機，為了能夠隨時用車，經過公司同意，每晚都將公司的車開回家，然而，他發現反正每天上班路線，都要經過女兒學校，就順便載女兒上學，請問可以嗎？ (2)
(1)可以，反正順路　(2)不可以，這是公司的車不能私用
(3)可以，只要不被公司發現即可　(4)可以，要資源須有效使用。

60. (　) 小江是職場上的新鮮人，剛進公司不久，他應該具備怎樣的態度？ (4)
(1)上班、下班，管好自己便可
(2)仔細觀察公司生態，加入某些小團體，以做為後盾
(3)只要做好人脈關係，這樣以後就好辦事
(4)努力做好自己職掌的業務，樂於工作，與同事之間有良好的互動，相互協助。

61. (　) 在公司內部行使商務禮儀的過程，主要以參與者在公司中的何種條件來訂定順序？ (4)
(1)年齡　(2)性別　(3)社會地位　(4)職位。

62. (　) 一位職場新鮮人剛進公司時，良好的工作態度是 (1)
(1)多觀察、多學習，了解企業文化和價值觀
(2)多打聽哪一個部門比較輕鬆，升遷機會較多
(3)多探聽哪一個公司在找人，隨時準備跳槽走人
(4)多遊走各部門認識同事，建立自己的小圈圈。

63. (　) 根據消除對婦女一切形式歧視公約（CEDAW），下列何者正確？ (1)
(1)對婦女的歧視指基於性別而作的任何區別、排斥或限制
(2)只關心女性在政治方面的人權和基本自由
(3)未要求政府需消除個人或企業對女性的歧視
(4)傳統習俗應予保護及傳承，即使含有歧視女性的部分，也不可以改變。

64. (　) 某規範明定地政機關進用女性測量助理名額，不得超過該機關測量助理名額總數二分之一，根據消除對婦女一切形式歧視公約（CEDAW），下列何者正確？ (1)
(1)限制女性測量助理人數比例，屬於直接歧視
(2)土地測量經常在戶外工作，基於保護女性所作的限制，不屬性別歧視
(3)此項二分之一規定是為促進男女比例平衡
(4)此限制是為確保機關業務順暢推動，並未歧視女性。

65. (　) 根據消除對婦女一切形式歧視公約（CEDAW）之間接歧視意涵，下列何者錯誤？ (4)
(1)一項法律、政策、方案或措施表面上對男性和女性無任何歧視，但實際上卻產生歧視女性的效果
(2)察覺間接歧視的一個方法，是善加利用性別統計與性別分析
(3)如果未正視歧視之結構和歷史模式，及忽略男女權力關係之不平等，可能使現有不平等狀況更為惡化
(4)不論在任何情況下，只要以相同方式對待男性和女性，就能避免間接歧視之產生。

66. （ ） 下列何者不是菸害防制法之立法目的？ (4)
(1)防制菸害 (2)保護未成年免於菸害
(3)保護孕婦免於菸害 (4)促進菸品的使用。

67. （ ） 按菸害防制法規定，對於在禁菸場所吸菸會被罰多少錢？ (1)
(1)新臺幣 2 千元至 1 萬元罰鍰 (2)新臺幣 1 千元至 5 千元罰鍰
(3)新臺幣 1 萬元至 5 萬元罰鍰 (4)新臺幣 2 萬元至 10 萬元罰鍰。

68. （ ） 請問下列何者不是個人資料保護法所定義的個人資料？ (3)
(1)身分證號碼 (2)最高學歷 (3)職稱 (4)護照號碼。

69. （ ） 有關專利權的敘述，下列何者正確？ (1)
(1)專利有規定保護年限，當某商品、技術的專利保護年限屆滿，任何人皆可免費運用該項專利
(2)我發明了某項商品，卻被他人率先申請專利權，我仍可主張擁有這項商品的專利權
(3)製造方法可以申請新型專利權
(4)在本國申請專利之商品進軍國外，不需向他國申請專利權。

70. （ ） 下列何者行為會有侵害著作權的問題？ (4)
(1)將報導事件事實的新聞文字轉貼於自己的社群網站
(2)直接轉貼高普考考古題在 FACEBOOK
(3)以分享網址的方式轉貼資訊分享於社群網站
(4)將講師的授課內容錄音，複製多份分贈友人。

71. （ ） 下列有關著作權之概念，下列何者正確？ (1)
(1)國外學者之著作，可受我國著作權法的保護
(2)公務機關所函頒之公文，受我國著作權法的保護
(3)著作權要待向智慧財產權申請通過後才可主張
(4)以傳達事實之新聞報導的語文著作，依然受著作權之保障。

72. （ ） 某廠商之商標在我國已經獲准註冊，請問若希望將商品行銷販賣到國外，請問是否需在當地申請註冊才能主張商標權？ (1)
(1)是，因為商標權註冊採取屬地保護原則
(2)否，因為我國申請註冊之商標權在國外也會受到承認
(3)不一定，需視我國是否與商品希望行銷販賣的國家訂有相互商標承認之協定
(4)不一定，需視商品希望行銷販賣的國家是否為 WTO 會員國。

73. (　) 下列何者不屬於營業秘密？ (1)
(1)具廣告性質的不動產交易底價
(2)須授權取得之產品設計或開發流程圖示
(3)公司內部管制的各種計畫方案
(4)不是公開可查知的客戶名單分析資料。

74. (　) 營業秘密可分為「技術機密」與「商業機密」，下列何者屬於「商業機密」？ (3)
(1)程式　(2)設計圖　(3)商業策略　(4)生產製程。

75. (　) 某甲在公務機關擔任首長，其弟弟乙是某協會的理事長，乙為舉辦協會活動，決定向甲服務的機關申請經費補助，下列有關利益衝突迴避之敘述，何者正確？ (3)
(1)協會是舉辦慈善活動，甲認為是好事，所以指示機關承辦人補助活動經費
(2)機關未經公開公平方式，私下直接對協會補助活動經費新臺幣 10 萬元
(3)甲應自行迴避該案審查，避免瓜田李下，防止利益衝突
(4)乙為順利取得補助，應該隱瞞是機關首長甲之弟弟的身分。

76. (　) 依公職人員利益衝突迴避法規定，公職人員甲與其小舅子乙（二親等以內的關係人）間，下列何種行為不違反該法？ (3)
(1)甲要求受其監督之機關聘用小舅子乙
(2)小舅子乙以請託關說之方式，請求甲之服務機關通過其名下農地變更使用申請案
(3)關係人乙經政府採購法公開招標程序，並主動在投標文件表明與甲的身分關係，取得甲服務機關之年度採購標案
(4)甲、乙兩人均自認為人公正，處事坦蕩，任何往來都是清者自清，不需擔心任何問題。

77. (　) 大雄擔任公司部門主管，代表公司向公務機關投標，為使公司順利取得標案，可以向公務機關的採購人員為以下何種行為？ (3)
(1)為社交禮俗需要，贈送價值昂貴的名牌手錶作為見面禮
(2)為與公務機關間有良好互動，招待至有女陪侍場所飲宴
(3)為了解招標文件內容，提出招標文件疑義並請說明
(4)為避免報價錯誤，要求提供底價作為參考。

78. (　) 下列關於政府採購人員之敘述，何者未違反相關規定？ (1)
(1)非主動向廠商求取，是偶發地收到廠商致贈價值在新臺幣 500 元以下之廣告物、促銷品、紀念品
(2)要求廠商提供與採購無關之額外服務
(3)利用職務關係向廠商借貸
(4)利用職務關係媒介親友至廠商處所任職。

79. (　) 下列敘述何者錯誤？ (4)
(1)憲法保障言論自由，但散布假新聞、假消息仍須面對法律責任
(2)在網路或 Line 社群網站收到假訊息，可以敘明案情並附加截圖檔，向法務部調查局檢舉
(3)對新聞媒體報導有意見，向國家通訊傳播委員會申訴
(4)自己或他人捏造、扭曲、竄改或虛構的訊息，只要一小部分能證明是真的，就不會構成假訊息。

80. (　) 下列敘述何者正確？ (4)
(1)公務機關委託的代檢（代驗）業者，不是公務員，不會觸犯到刑法的罪責
(2)賄賂或不正利益，只限於法定貨幣，給予網路遊戲幣沒有違法的問題
(3)在靠北公務員社群網站，覺得可受公評且匿名發文，就可以謾罵公務機關對特定案件的檢查情形
(4)受公務機關委託辦理案件，除履行採購契約應辦事項外，對於蒐集到的個人資料，也要遵守相關保護及保密規定。

81. (　) 有關促進參與及預防貪腐的敘述，下列何者錯誤？ (1)
(1)我國非聯合國會員國，無須落實聯合國反貪腐公約規定
(2)推動政府部門以外之個人及團體積極參與預防和打擊貪腐
(3)提高決策過程之透明度，並促進公眾在決策過程中發揮作用
(4)對公職人員訂定執行公務之行為守則或標準。

82. (　) 為建立良好之公司治理制度，公司內部宜納入何種檢舉人制度？ (2)
(1)告訴乃論制度　(2)吹哨者（whistleblower）保護程序及保護制度
(3)不告不理制度　(4)非告訴乃論制度。

83. (　) 有關公司訂定誠信經營守則時，以下何者錯誤？ (4)
(1)避免與涉有不誠信行為者進行交易
(2)防範侵害營業秘密、商標權、專利權、著作權及其他智慧財產權
(3)建立有效之會計制度及內部控制制度
(4)防範檢舉。

84. (　) 乘坐轎車時，如有司機駕駛，按照國際乘車禮儀，以司機的方位來看，首位應為 (1)
(1)後排右側　(2)前座右側　(3)後排左側　(4)後排中間。

85. (　) 今天好友突然來電，想來個「說走就走的旅行」，因此，無法去上班，下列何者作法不適當？ (2)
(1)發送 E-MAIL 給主管與人事部門，並收到回覆
(2)什麼都無需做，等公司打電話來確認後，再告知即可
(3)用 LINE 傳訊息給主管，並確認讀取且有回覆
(4)打電話給主管與人事部門請假 。

86. (　) 每天下班回家後，就懶得再出門去買菜，利用上班時間瀏覽線上購物網站，發現有很多限時搶購的便宜商品，還能在下班前就可以送到公司，下班順便帶回家，省掉好多時間，下列何者最適當？ (4)
(1)可以，又沒離開工作崗位，且能節省時間
(2)可以，還能介紹同事一同團購，省更多的錢，增進同事情誼
(3)不可以，應該把商品寄回家，不是公司
(4)不可以，上班不能從事個人私務，應該等下班後再網路購物。

87. (　) 宜樺家中養了一隻貓，由於最近生病，獸醫師建議要有人一直陪牠，這樣會恢復快一點，辦公室雖然禁止攜帶寵物，但因為上班家裡無人陪伴，所以準備帶牠到辦公室一起上班，下列何者最適當？ (4)
(1)可以，只要我放在寵物箱，不要影響工作即可
(2)可以，同事們都答應也不反對
(3)可以，雖然貓會發出聲音，大小便有異味，只要處理好不影響工作即可
(4)不可以，可以送至專門機構照護或請專人照顧，以免影響工作。

88. (　) 根據性別平等工作法，下列何者非屬職場性騷擾？ (4)
(1)公司員工執行職務時，客戶對其講黃色笑話，該員工感覺被冒犯
(2)雇主對求職者要求交往，作為僱用與否之交換條件
(3)公司員工執行職務時，遭到同事以「女人就是沒大腦」性別歧視用語加以辱罵，該員工感覺其人格尊嚴受損
(4)公司員工下班後搭乘捷運，在捷運上遭到其他乘客偷拍。

89. (　) 根據性別平等工作法，下列何者非屬職場性別歧視？ (4)
(1)雇主考量男性賺錢養家之社會期待，提供男性高於女性之薪資
(2)雇主考量女性以家庭為重之社會期待，裁員時優先資遣女性
(3)雇主事先與員工約定倘其有懷孕之情事，必須離職
(4)有未滿 2 歲子女之男性員工，也可申請每日六十分鐘的哺乳時間。

90. (　) 根據性別平等工作法，有關雇主防治性騷擾之責任與罰則，下列何者錯誤？ (3)
(1)僱用受僱者 30 人以上者，應訂定性騷擾防治措施、申訴及懲戒規範
(2)雇主知悉性騷擾發生時，應採取立即有效之糾正及補救措施
(3)雇主違反應訂定性騷擾防治措施之規定時，處以罰鍰即可，不用公布其姓名
(4)雇主違反應訂定性騷擾申訴管道者，應限期令其改善，屆期未改善者，應按次處罰。

91. (　) 根據性騷擾防治法，有關性騷擾之責任與罰則，下列何者錯誤？ (1)
(1)對他人為性騷擾者，如果沒有造成他人財產上之損失，就無需負擔金錢賠償之責任
(2)對於因教育、訓練、醫療、公務、業務、求職，受自己監督、照護之人，利用權勢或機會為性騷擾者，得加重科處罰鍰至二分之一
(3)意圖性騷擾，乘人不及抗拒而為親吻、擁抱或觸摸其臀部、胸部或其他身體隱私處之行為者，處 2 年以下有期徒刑、拘役或科或併科 10 萬元以下罰金
(4)對他人為權勢性騷擾以外之性騷擾者，由直轄市、縣（市）主管機關處 1 萬元以上 10 萬元以下罰鍰。

92. (　) 根據性別平等工作法規範職場性騷擾範疇，下列何者錯誤？ (3)
(1)上班執行職務時，任何人以性要求、具有性意味或性別歧視之言詞或行為，造成敵意性、脅迫性或冒犯性之工作環境
(2)對僱用、求職或執行職務關係受自己指揮、監督之人，利用權勢或機會為性騷擾
(3)與朋友聚餐後回家時，被陌生人以盯梢、守候、尾隨跟蹤
(4)雇主對受僱者或求職者為明示或暗示之性要求、具有性意味或性別歧視之言詞或行為。

93. (　) 根據消除對婦女一切形式歧視公約（CEDAW）之直接歧視及間接歧視意涵，下列何者錯誤？ (3)
(1)老闆得知小黃懷孕後，故意將小黃調任薪資待遇較差的工作，意圖使其自行離開職場，小黃老闆的行為是直接歧視
(2)某餐廳於網路上招募外場服務生，條件以未婚年輕女性優先錄取，明顯以性或性別差異為由所實施的差別待遇，為直接歧視
(3)某公司員工值班注意事項排除女性員工參與夜間輪值，是考量女性有人身安全及家庭照顧等需求，為維護女性權益之措施，非直接歧視
(4)某科技公司規定男女員工之加班時數上限及加班費或津貼不同，認為女性能力有限，且無法長時間工作，限制女性獲取薪資及升遷機會，這規定是直接歧視。

94.	(　)	目前菸害防制法規範，「不可販賣菸品」給幾歲以下的人？ (1)20　(2)19　(3)18　(4)17。	(1)
95.	(　)	按菸害防制法規定，下列敘述何者錯誤？ (1)只有老闆、店員才可以出面勸阻在禁菸場所抽菸的人 (2)任何人都可以出面勸阻在禁菸場所抽菸的人 (3)餐廳、旅館設置室內吸菸室，需經專業技師簽證核可 (4)加油站屬易燃易爆場所，任何人都可以勸阻在禁菸場所抽菸的人。	(1)
96.	(　)	關於菸品對人體危害的敘述，下列何者正確？ (1)只要開電風扇、或是抽風機就可以去除菸霧中的有害物質 (2)指定菸品（如：加熱菸）只要通過健康風險評估，就不會危害健康，因此工作時如果想吸菸，就可以在職場拿出來使用 (3)雖然自己不吸菸，同事在旁邊吸菸，就會增加自己得肺癌的機率 (4)只要不將菸吸入肺部，就不會對身體造成傷害。	(3)
97.	(　)	職場禁菸的好處不包括 (1)降低吸菸者的菸品使用量，有助於減少吸菸導致的疾病而請假 (2)避免同事因為被動吸菸而生病 (3)讓吸菸者菸癮降低，戒菸較容易成功 (4)吸菸者不能抽菸會影響工作效率。	(4)
98.	(　)	大多數的吸菸者都嘗試過戒菸，但是很少自己戒菸成功。吸菸的同事要戒菸，怎樣建議他是無效的？ (1)鼓勵他撥打戒菸專線 0800-63-63-63，取得相關建議與協助 (2)建議他到醫療院所、社區藥局找藥物戒菸 (3)建議他參加醫院或衛生所辦理的戒菸班 (4)戒菸是自己的事，別人幫不了忙。	(4)
99.	(　)	禁菸場所負責人未於場所入口處設置明顯禁菸標示，要罰該場所負責人多少元？ (1)2 千至 1 萬　(2)1 萬至 5 萬　(3)1 萬至 25 萬　(4)20 萬至 100 萬。	(2)
100.	(　)	目前電子煙是非法的，下列對電子煙的敘述，何者錯誤？ (1)跟吸菸一樣會成癮 (2)會有爆炸危險 (3)沒有燃燒的菸草，也沒有二手菸的問題 (4)可能造成嚴重肺損傷。	(3)

90008 環境保護共同科目

工作項目 03 環境保護

一、單選題

			答案
1.	( )	世界環境日是在每一年的那一日？ (1)6 月 5 日 (2)4 月 10 日 (3)3 月 8 日 (4)11 月 12 日。	(1)
2.	( )	2015 年巴黎協議之目的為何？ (1)避免臭氧層破壞 (2)減少持久性污染物排放 (3)遏阻全球暖化趨勢 (4)生物多樣性保育。	(3)
3.	( )	下列何者為環境保護的正確作為？ (1)多吃肉少蔬食 (2)自己開車不共乘 (3)鐵馬步行 (4)不隨手關燈。	(3)
4.	( )	下列何種行為對生態環境會造成較大的衝擊？ (1)種植原生樹木 (2)引進外來物種 (3)設立國家公園 (4)設立自然保護區。	(2)
5.	( )	下列哪一種飲食習慣能減碳抗暖化？ (1)多吃速食 (2)多吃天然蔬果 (3)多吃牛肉 (4)多選擇吃到飽的餐館。	(2)
6.	( )	飼主遛狗時，其狗在道路或其他公共場所便溺時，下列何者應優先負清除責任？ (1)主人 (2)清潔隊 (3)警察 (4)土地所有權人。	(1)
7.	( )	外食自備餐具是落實綠色消費的哪一項表現？ (1)重複使用 (2)回收再生 (3)環保選購 (4)降低成本。	(1)
8.	( )	再生能源一般是指可永續利用之能源，主要包括哪些： A.化石燃料 B.風力 C.太陽能 D.水力？ (1)ACD (2)BCD (3)ABD (4)ABCD。	(2)
9.	( )	依環境基本法第 3 條規定，基於國家長期利益，經濟、科技及社會發展均應兼顧環境保護。但如果經濟、科技及社會發展對環境有嚴重不良影響或有危害時，應以何者優先？ (1)經濟 (2)科技 (3)社會 (4)環境。	(4)

10. (　) 森林面積的減少甚至消失可能導致哪些影響：　A.水資源減少　B.減緩全球暖化　C.加劇全球暖化　D.降低生物多樣性？
(1)ACD　(2)BCD　(3)ABD　(4)ABCD。　(1)

11. (　) 塑膠為海洋生態的殺手，所以政府推動「無塑海洋」政策，下列何項不是減少塑膠危害海洋生態的重要措施？　(3)
(1)擴大禁止免費供應塑膠袋
(2)禁止製造、進口及販售含塑膠柔珠的清潔用品
(3)定期進行海水水質監測
(4)淨灘、淨海。

12. (　) 違反環境保護法律或自治條例之行政法上義務，經處分機關處停工、停業處分或處新臺幣五千元以上罰鍰者，應接受下列何種講習？　(2)
(1)道路交通安全講習　(2)環境講習　(3)衛生講習　(4)消防講習。

13. (　) 下列何者為環保標章？　(1)
(1)　(2)　(3)　(4)。

14. (　) 「聖嬰現象」是指哪一區域的溫度異常升高？　(2)
(1)西太平洋表層海水　(2)東太平洋表層海水
(3)西印度洋表層海水　(4)東印度洋表層海水。

15. (　) 「酸雨」定義為雨水酸鹼值達多少以下時稱之？　(1)
(1)5.0　(2)6.0　(3)7.0　(4)8.0。

16. (　) 一般而言，水中溶氧量隨水溫之上升而呈下列哪一種趨勢？　(2)
(1)增加　(2)減少　(3)不變　(4)不一定。

17. (　) 二手菸中包含多種危害人體的化學物質，甚至多種物質有致癌性，會危害到下列何者的健康？　(4)
(1)只對 12 歲以下孩童有影響　(2)只對孕婦比較有影響
(3)只有 65 歲以上之民眾有影響　(4)全民皆有影響。

18. (　) 二氧化碳和其他溫室氣體含量增加是造成全球暖化的主因之一，下列何種飲食方式也能降低碳排放量，對環境保護做出貢獻：　A.少吃肉，多吃蔬菜；B.玉米產量減少時，購買玉米罐頭食用；　C.選擇當地食材；　D.使用免洗餐具，減少清洗用水與清潔劑？　(2)
(1)AB　(2)AC　(3)AD　(4)ACD。

19. (　) 上下班的交通方式有很多種，其中包括： A.騎腳踏車；B.搭乘大眾交通工具；C.自行開車，請將前述幾種交通方式之單位排碳量由少至多之排列方式為何？
(1)ABC (2)ACB (3)BAC (4)CBA。 (1)

20. (　) 下列何者「不是」室內空氣污染源？
(1)建材 (2)辦公室事務機 (3)廢紙回收箱 (4)油漆及塗料。 (3)

21. (　) 下列何者不是自來水消毒採用的方式？
(1)加入臭氧 (2)加入氯氣 (3)紫外線消毒 (4)加入二氧化碳。 (4)

22. (　) 下列何者不是造成全球暖化的元凶？
(1)汽機車排放的廢氣 (2)工廠所排放的廢氣
(3)火力發電廠所排放的廢氣 (4)種植樹木。 (4)

23. (　) 下列何者不是造成臺灣水資源減少的主要因素？
(1)超抽地下水 (2)雨水酸化 (3)水庫淤積 (4)濫用水資源。 (2)

24. (　) 下列何者是海洋受污染的現象？
(1)形成紅潮 (2)形成黑潮 (3)溫室效應 (4)臭氧層破洞。 (1)

25. (　) 水中生化需氧量（BOD）愈高，其所代表的意義為下列何者？
(1)水為硬水 (2)有機污染物多
(3)水質偏酸 (4)分解污染物時不需消耗太多氧。 (2)

26. (　) 下列何者是酸雨對環境的影響？
(1)湖泊水質酸化 (2)增加森林生長速度
(3)土壤肥沃 (4)增加水生動物種類。 (1)

27. (　) 下列那一項水質濃度降低會導致河川魚類大量死亡？
(1)氨氮 (2)溶氧 (3)二氧化碳 (4)生化需氧量。 (2)

28. (　) 下列何種生活小習慣的改變可減少細懸浮微粒（$PM_{2.5}$）排放，共同為改善空氣品質盡一份心力？
(1)少吃燒烤食物 (2)使用吸塵器
(3)養成運動習慣 (4)每天喝 500cc 的水。 (1)

29. (　) 下列哪種措施不能用來降低空氣污染？
(1)汽機車強制定期排氣檢測 (2)汰換老舊柴油車
(3)禁止露天燃燒稻草 (4)汽機車加裝消音器。 (4)

30. (　) 大氣層中臭氧層有何作用？
(1)保持溫度 (2)對流最旺盛的區域 (3)吸收紫外線 (4)造成光害。 (3)

31. (　) 小李具有乙級廢水專責人員證照，某工廠希望以高價租用證照的方式合作，請問下列何者正確？ (1)
(1)這是違法行為　(2)互蒙其利
(3)價錢合理即可　(4)經環保局同意即可。

32. (　) 可藉由下列何者改善河川水質且兼具提供動植物良好棲地環境？ (2)
(1)運動公園　(2)人工溼地　(3)滯洪池　(4)水庫。

33. (　) 台灣自來水之水源主要取自 (2)
(1)海洋的水　(2)河川或水庫的水　(3)綠洲的水　(4)灌溉渠道的水。

34. (　) 目前市面清潔劑均會強調「無磷」，是因為含磷的清潔劑使用後，若廢水排至河川或湖泊等水域會造成甚麼影響？ (2)
(1)綠牡蠣　(2)優養化　(3)秘雕魚　(4)烏腳病。

35. (　) 冰箱在廢棄回收時應特別注意哪一項物質，以避免逸散至大氣中造成臭氧層的破壞？ (1)
(1)冷媒　(2)甲醛　(3)汞　(4)苯。

36. (　) 下列何者不是噪音的危害所造成的現象？ (1)
(1)精神很集中　(2)煩躁、失眠　(3)緊張、焦慮　(4)工作效率低落。

37. (　) 我國移動污染源空氣污染防制費的徵收機制為何？ (2)
(1)依車輛里程數計費　(2)隨油品銷售徵收　(3)依牌照徵收　(4)依照排氣量徵收。

38. (　) 室內裝潢時，若不謹慎選擇建材，將會逸散出氣狀污染物。其中會刺激皮膚、眼、鼻和呼吸道，也是致癌物質，可能為下列哪一種污染物？ (2)
(1)臭氧　(2)甲醛　(3)氟氯碳化合物　(4)二氧化碳。

39. (　) 高速公路旁常見有農田違法焚燒稻草，除易產生濃煙影響行車安全外，也會產生下列何種空氣污染物對人體健康造成不良的作用？ (1)
(1)懸浮微粒　(2)二氧化碳（CO_2）　(3)臭氧（O_3）　(4)沼氣。

40. (　) 都市中常產生的「熱島效應」會造成何種影響？ (2)
(1)增加降雨　(2)空氣污染物不易擴散
(3)空氣污染物易擴散　(4)溫度降低。

41. (　) 下列何者不是藉由蚊蟲傳染的疾病？ (4)
(1)日本腦炎　(2)瘧疾　(3)登革熱　(4)痢疾。

42. (　) 下列何者非屬資源回收分類項目中「廢紙類」的回收物？ (4)
(1)報紙　(2)雜誌　(3)紙袋　(4)用過的衛生紙。

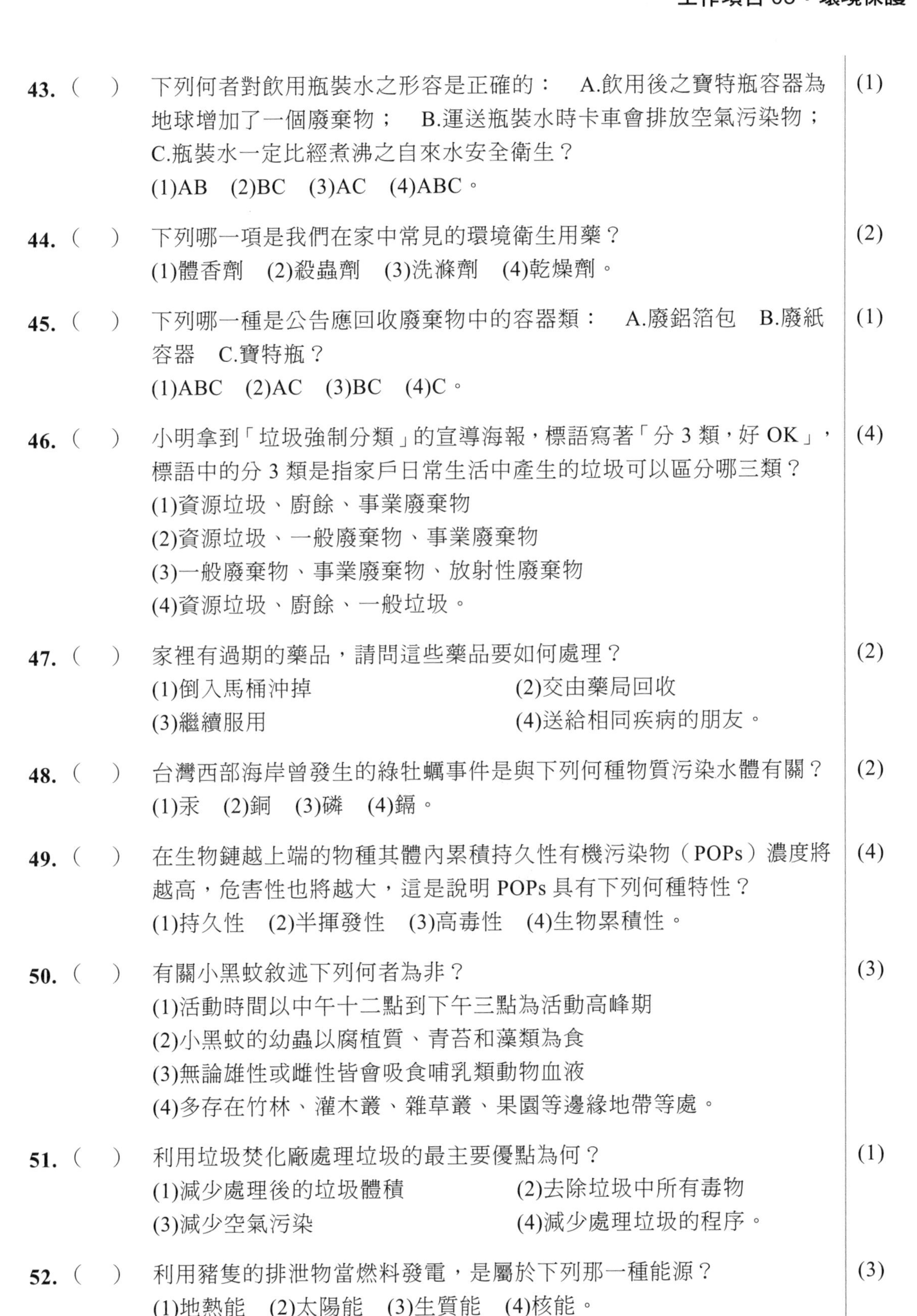

43. (　) 下列何者對飲用瓶裝水之形容是正確的： A.飲用後之寶特瓶容器為地球增加了一個廢棄物； B.運送瓶裝水時卡車會排放空氣污染物；C.瓶裝水一定比經煮沸之自來水安全衛生？
(1)AB (2)BC (3)AC (4)ABC。 (1)

44. (　) 下列哪一項是我們在家中常見的環境衛生用藥？
(1)體香劑 (2)殺蟲劑 (3)洗滌劑 (4)乾燥劑。 (2)

45. (　) 下列哪一種是公告應回收廢棄物中的容器類： A.廢鋁箔包 B.廢紙容器 C.寶特瓶？
(1)ABC (2)AC (3)BC (4)C。 (1)

46. (　) 小明拿到「垃圾強制分類」的宣導海報，標語寫著「分 3 類，好 OK」，標語中的分 3 類是指家戶日常生活中產生的垃圾可以區分哪三類？ (4)
(1)資源垃圾、廚餘、事業廢棄物
(2)資源垃圾、一般廢棄物、事業廢棄物
(3)一般廢棄物、事業廢棄物、放射性廢棄物
(4)資源垃圾、廚餘、一般垃圾。

47. (　) 家裡有過期的藥品，請問這些藥品要如何處理？ (2)
(1)倒入馬桶沖掉 (2)交由藥局回收
(3)繼續服用 (4)送給相同疾病的朋友。

48. (　) 台灣西部海岸曾發生的綠牡蠣事件是與下列何種物質污染水體有關？
(1)汞 (2)銅 (3)磷 (4)鎘。 (2)

49. (　) 在生物鏈越上端的物種其體內累積持久性有機污染物（POPs）濃度將越高，危害性也將越大，這是說明 POPs 具有下列何種特性？
(1)持久性 (2)半揮發性 (3)高毒性 (4)生物累積性。 (4)

50. (　) 有關小黑蚊敘述下列何者為非？ (3)
(1)活動時間以中午十二點到下午三點為活動高峰期
(2)小黑蚊的幼蟲以腐植質、青苔和藻類為食
(3)無論雄性或雌性皆會吸食哺乳類動物血液
(4)多存在竹林、灌木叢、雜草叢、果園等邊緣地帶等處。

51. (　) 利用垃圾焚化廠處理垃圾的最主要優點為何？ (1)
(1)減少處理後的垃圾體積 (2)去除垃圾中所有毒物
(3)減少空氣污染 (4)減少處理垃圾的程序。

52. (　) 利用豬隻的排泄物當燃料發電，是屬於下列那一種能源？
(1)地熱能 (2)太陽能 (3)生質能 (4)核能。 (3)

53. ( ) 每個人日常生活皆會產生垃圾，下列何種處理垃圾的觀念與方式是不正確的？ (2)
(1)垃圾分類，使資源回收再利用
(2)所有垃圾皆掩埋處理，垃圾將會自然分解
(3)廚餘回收堆肥後製成肥料
(4)可燃性垃圾經焚化燃燒可有效減少垃圾體積。

54. ( ) 防治蚊蟲最好的方法是 (2)
(1)使用殺蟲劑 (2)清除孳生源 (3)網子捕捉 (4)拍打。

55. ( ) 室內裝修業者承攬裝修工程，工程中所產生的廢棄物應該如何處理？ (1)
(1)委託合法清除機構清運 (2)倒在偏遠山坡地
(3)河岸邊掩埋 (4)交給清潔隊垃圾車。

56. ( ) 若使用後的廢電池未經回收，直接廢棄所含重金屬物質曝露於環境中可能產生那些影響？A.地下水污染、B.對人體產生中毒等不良作用、C.對生物產生重金屬累積及濃縮作用、D.造成優養化 (1)
(1)ABC (2)ABCD (3)ACD (4)BCD。

57. ( ) 那一種家庭廢棄物可用來作為製造肥皂的主要原料？ (3)
(1)食醋 (2)果皮 (3)回鍋油 (4)熟廚餘。

58. ( ) 世紀之毒「戴奧辛」主要透過何者方式進入人體？ (3)
(1)透過觸摸 (2)透過呼吸 (3)透過飲食 (4)透過雨水。

59. ( ) 臺灣地狹人稠，垃圾處理一直是不易解決的問題，下列何種是較佳的因應對策？ (1)
(1)垃圾分類資源回收 (2)蓋焚化廠
(3)運至國外處理 (4)向海爭地掩埋。

60. ( ) 購買下列哪一種商品對環境比較友善？ (3)
(1)用過即丟的商品 (2)一次性的產品
(3)材質可以回收的商品 (4)過度包裝的商品。

61. ( ) 下列何項法規的立法目的為預防及減輕開發行為對環境造成不良影響，藉以達成環境保護之目的？ (2)
(1)公害糾紛處理法 (2)環境影響評估法
(3)環境基本法 (4)環境教育法。

62. ( ) 下列何種開發行為若對環境有不良影響之虞者，應實施環境影響評估：A.開發科學園區；B.新建捷運工程；C.採礦。 (4)
(1)AB (2)BC (3)AC (4)ABC。

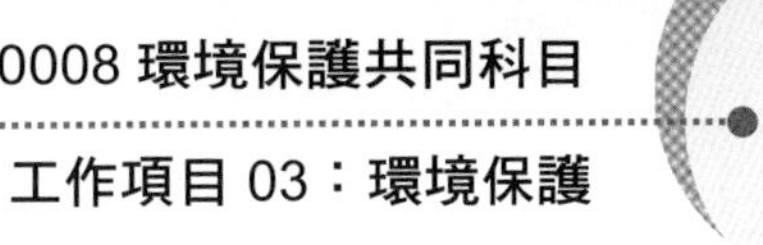

63. (　) 主管機關審查環境影響說明書或評估書，如認為已足以判斷未對環境有重大影響之虞，作成之審查結論可能為下列何者？
(1)通過環境影響評估審查　(2)應繼續進行第二階段環境影響評估　(3)認定不應開發　(4)補充修正資料再審。 (1)

64. (　) 依環境影響評估法規定，對環境有重大影響之虞的開發行為應繼續進行第二階段環境影響評估，下列何者不是上述對環境有重大影響之虞或應進行第二階段環境影響評估的決定方式？
(1)明訂開發行為及規模　(2)環評委員會審查認定　(3)自願進行　(4)有民眾或團體抗爭。 (4)

65. (　) 依環境教育法，環境教育之戶外學習應選擇何地點辦理？
(1)遊樂園　(2)環境教育設施或場所　(3)森林遊樂區　(4)海洋世界。 (2)

66. (　) 依環境影響評估法規定，環境影響評估審查委員會審查環境影響說明書，認定下列對環境有重大影響之虞者，應繼續進行第二階段環境影響評估，下列何者非屬對環境有重大影響之虞者？
(1)對保育類動植物之棲息生存有顯著不利之影響
(2)對國家經濟有顯著不利之影響
(3)對國民健康有顯著不利之影響
(4)對其他國家之環境有顯著不利之影響。 (2)

67. (　) 依環境影響評估法規定，第二階段環境影響評估，目的事業主管機關應舉行下列何種會議？
(1)說明會　(2)聽證會　(3)辯論會　(4)公聽會。 (4)

68. (　) 開發單位申請變更環境影響說明書、評估書內容或審查結論，符合下列哪一情形，得檢附變更內容對照表辦理？
(1)既有設備提昇產能而污染總量增加在百分之十以下
(2)降低環境保護設施處理等級或效率
(3)環境監測計畫變更
(4)開發行為規模增加未超過百分之五。 (3)

69. (　) 開發單位變更原申請內容有下列哪一情形，無須就申請變更部分，重新辦理環境影響評估？
(1)不降低環保設施之處理等級或效率
(2)規模擴增百分之十以上
(3)對環境品質之維護有不利影響
(4)土地使用之變更涉及原規劃之保護區。 (1)

70. ( ) 工廠或交通工具排放空氣污染物之檢查，下列何者錯誤？ (2)
(1)依中央主管機關規定之方法使用儀器進行檢查 (2)檢查人員以嗅覺進行氨氣濃度之判定 (3)檢查人員以嗅覺進行異味濃度之判定 (4)檢查人員以肉眼進行粒狀污染物排放濃度之判定。

71. ( ) 下列對於空氣污染物排放標準之敘述，何者正確：A.排放標準由中央主管機關訂定；B.所有行業之排放標準皆相同？ (1)
(1)僅 A (2)僅 B (3)AB 皆正確 (4)AB 皆錯誤。

72. ( ) 下列對於細懸浮微粒（$PM_{2.5}$）之敘述何者正確：A.空氣品質測站中自動監測儀所測得之數值若高於空氣品質標準，即判定為不符合空氣品質標準；B.濃度監測之標準方法為中央主管機關公告之手動檢測方法；C.空氣品質標準之年平均值為 $15\mu g/m^3$？ (2)
(1)僅 AB (2)僅 BC (3)僅 AC (4)ABC 皆正確。

73. ( ) 機車為空氣污染物之主要排放來源之一，下列何者可降低空氣污染物之排放量：
A.將四行程機車全面汰換成二行程機車；B.推廣電動機車；C.降低汽油中之硫含量？ (2)
(1)僅 AB (2)僅 BC (3)僅 AC (4)ABC 皆正確。

74. ( ) 公眾聚集量大且滯留時間長之場所，經公告應設置自動監測設施，其應量測之室內空氣污染物項目為何？ (1)
(1)二氧化碳 (2)一氧化碳 (3)臭氧 (4)甲醛。

75. ( ) 空氣污染源依排放特性分為固定污染源及移動污染源，下列何者屬於移動污染源？ (3)
(1)焚化廠 (2)石化廠 (3)機車 (4)煉鋼廠。

76. ( ) 我國汽機車移動污染源空氣污染防制費的徵收機制為何？ (3)
(1)依牌照徵收 (2)隨水費徵收 (3)隨油品銷售徵收 (4)購車時徵收。

77. ( ) 細懸浮微粒（$PM_{2.5}$）除了來自於污染源直接排放外，亦可能經由下列哪一種反應產生？ (4)
(1)光合作用 (2)酸鹼中和 (3)厭氧作用 (4)光化學反應。

78. ( ) 我國固定污染源空氣污染防制費以何種方式徵收？ (4)
(1)依營業額徵收 (2)隨使用原料徵收 (3)按工廠面積徵收 (4)依排放污染物之種類及數量徵收。

79. ( ) 在不妨害水體正常用途情況下，水體所能涵容污染物之量稱為 (1)
(1)涵容能力 (2)放流能力 (3)運轉能力 (4)消化能力。

80. (　) 水污染防治法中所稱地面水體不包括下列何者？ (4)
(1)河川　(2)海洋　(3)灌溉渠道　(4)地下水。

81. (　) 下列何者不是主管機關設置水質監測站採樣的項目？ (4)
(1)水溫　(2)氫離子濃度指數　(3)溶氧量　(4)顏色。

82. (　) 事業、污水下水道系統及建築物污水處理設施之廢（污）水處理，其產生之污泥，依規定應作何處理？ (1)
(1)應妥善處理，不得任意放置或棄置　(2)可作為農業肥料
(3)可作為建築土方　(4)得交由清潔隊處理。

83. (　) 依水污染防治法，事業排放廢（污）水於地面水體者，應符合下列哪一標準之規定？ (2)
(1)下水水質標準　(2)放流水標準
(3)水體分類水質標準　(4)土壤處理標準。

84. (　) 放流水標準，依水污染防治法應由何機關定之：A.中央主管機關；B.中央主管機關會同相關目的事業主管機關；C.中央主管機關會商相關目的事業主管機關？ (3)
(1)僅 A　(2)僅 B　(3)僅 C　(4)ABC。

85. (　) 對於噪音之量測，下列何者錯誤？ (1)
(1)可於下雨時測量
(2)風速大於每秒 5 公尺時不可量測
(3)聲音感應器應置於離地面或樓板延伸線 1.2 至 1.5 公尺之間
(4)測量低頻噪音時，僅限於室內地點測量，非於戶外量測。

86. (　) 下列對於噪音管制法之規定何者敘述錯誤？ (4)
(1)噪音指超過管制標準之聲音
(2)環保局得視噪音狀況劃定公告噪音管制區
(3)人民得向主管機關檢舉使用中機動車輛噪音妨害安寧情形
(4)使用經校正合格之噪音計皆可執行噪音管制法規定之檢驗測定。

87. (　) 製造非持續性但卻妨害安寧之聲音者，由下列何單位依法進行處理？ (1)
(1)警察局　(2)環保局　(3)社會局　(4)消防局。

88. (　) 廢棄物、剩餘土石方清除機具應隨車持有證明文件且應載明廢棄物、剩餘土石方之：A 產生源；B 處理地點；C 清除公司 (1)
(1)僅 AB　(2)僅 BC　(3)僅 AC　(4)ABC 皆是。

89. (　) 從事廢棄物清除、處理業務者，應向直轄市、縣（市）主管機關或中央主管機關委託之機關取得何種文件後，始得受託清除、處理廢棄物業務？ (1)
(1)公民營廢棄物清除處理機構許可文件
(2)運輸車輛駕駛證明
(3)運輸車輛購買證明
(4)公司財務證明。

90. (　) 在何種情形下，禁止輸入事業廢棄物：A.對國內廢棄物處理有妨礙；B.可直接固化處理、掩埋、焚化或海拋；C.於國內無法妥善清理？ (4)
(1)僅 A　(2)僅 B　(3)僅 C　(4)ABC。

91. (　) 毒性化學物質因洩漏、化學反應或其他突發事故而污染運作場所周界外之環境，運作人應立即採取緊急防治措施，並至遲於多久時間內，報知直轄市、縣（市）主管機關？ (4)
(1) 1 小時　(2)2 小時　(3)4 小時　(4)30 分鐘。

92. (　) 下列何種物質或物品，受毒性及關注化學物質管理法之管制？ (4)
(1)製造醫藥之靈丹　(2)製造農藥之蓋普丹
(3)含汞之日光燈　(4)使用青石綿製造石綿瓦。

93. (　) 下列何行為不是土壤及地下水污染整治法所指污染行為人之作為？ (4)
(1)洩漏或棄置污染物
(2)非法排放或灌注污染物
(3)仲介或容許洩漏、棄置、非法排放或灌注污染物
(4)依法令規定清理污染物。

94. (　) 依土壤及地下水污染整治法規定，進行土壤、底泥及地下水污染調查、整治及提供、檢具土壤及地下水污染檢測資料時，其土壤、底泥及地下水污染物檢驗測定，應委託何單位辦理？ (1)
(1)經中央主管機關許可之檢測機構　(2)大專院校
(3)政府機關　(4)自行檢驗。

95. (　) 為解決環境保護與經濟發展的衝突與矛盾，1992 年聯合國環境發展大會（UN Conference on Environment and Development, UNCED）制定通過： (3)
(1)日內瓦公約　(2)蒙特婁公約　(3)21 世紀議程　(4)京都議定書。

96. (　) 一般而言，下列那一個防治策略是屬經濟誘因策略？ (1)
(1)可轉換排放許可交易　(2)許可證制度
(3)放流水標準　(4)環境品質標準。

97. (　) 對溫室氣體管制之「無悔政策」係指：　(1)
(1)減輕溫室氣體效應之同時，仍可獲致社會效益
(2)全世界各國同時進行溫室氣體減量
(3)各類溫室氣體均有相同之減量邊際成本
(4)持續研究溫室氣體對全球氣候變遷之科學證據。

98. (　) 一般家庭垃圾在進行衛生掩埋後，會經由細菌的分解而產生甲烷氣，請問甲烷氣對大氣危機中哪一些效應具有影響力？　(3)
(1)臭氧層破壞　(2)酸雨　(3)溫室效應　(4)煙霧（smog）效應。

99. (　) 下列國際環保公約，何者限制各國進行野生動植物交易，以保護瀕臨絕種的野生動植物？　(1)
(1)華盛頓公約　(2)巴塞爾公約
(3)蒙特婁議定書　(4)氣候變化綱要公約。

100. (　) 因人類活動導致「哪些營養物」過量排入海洋，造成沿海赤潮頻繁發生，破壞了紅樹林、珊瑚礁、海草，亦使魚蝦銳減，漁業損失慘重？　(2)
(1)碳及磷　(2)氮及磷　(3)氮及氯　(4)氯及鎂。

90009 節能減碳共同科目

工作項目 04 節能減碳

一、單選題

1. ( ) 依經濟部能源署「指定能源用戶應遵行之節約能源規定」，在正常使用條件下，公眾出入之場所其室內冷氣溫度平均值不得低於攝氏幾度？(1)26 (2)25 (3)24 (4)22。 (1)

2. ( ) 下列何者為節能標章？ (2)

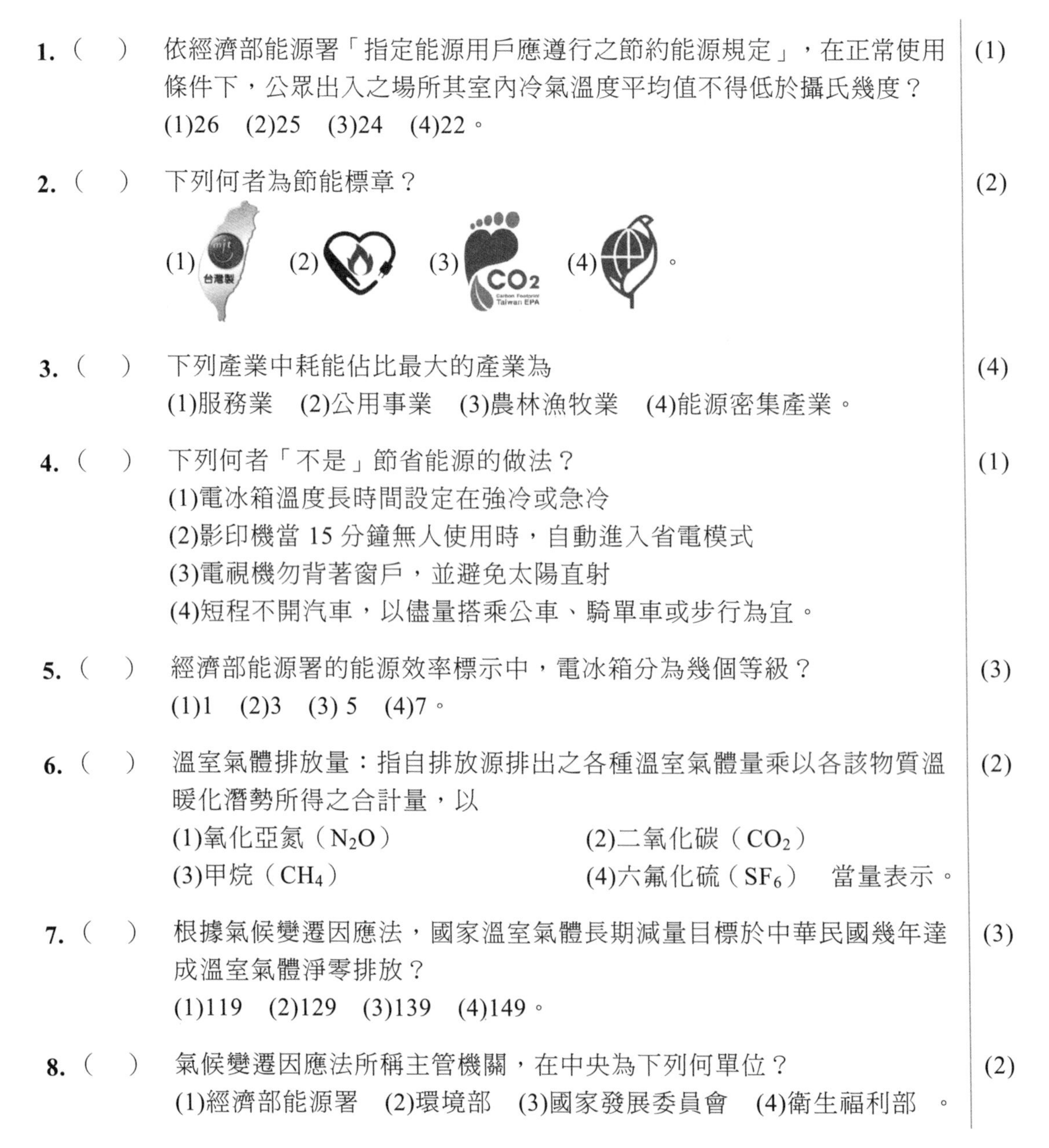

(1) (2) (3) (4)。

3. ( ) 下列產業中耗能佔比最大的產業為 (4)
(1)服務業 (2)公用事業 (3)農林漁牧業 (4)能源密集產業。

4. ( ) 下列何者「不是」節省能源的做法？ (1)
(1)電冰箱溫度長時間設定在強冷或急冷
(2)影印機當 15 分鐘無人使用時，自動進入省電模式
(3)電視機勿背著窗戶，並避免太陽直射
(4)短程不開汽車，以儘量搭乘公車、騎單車或步行為宜。

5. ( ) 經濟部能源署的能源效率標示中，電冰箱分為幾個等級？ (3)
(1)1 (2)3 (3) 5 (4)7。

6. ( ) 溫室氣體排放量：指自排放源排出之各種溫室氣體量乘以各該物質溫暖化潛勢所得之合計量，以 (2)
(1)氧化亞氮（N_2O） (2)二氧化碳（CO_2）
(3)甲烷（CH_4） (4)六氟化硫（SF_6） 當量表示。

7. ( ) 根據氣候變遷因應法，國家溫室氣體長期減量目標於中華民國幾年達成溫室氣體淨零排放？ (3)
(1)119 (2)129 (3)139 (4)149。

8. ( ) 氣候變遷因應法所稱主管機關，在中央為下列何單位？ (2)
(1)經濟部能源署 (2)環境部 (3)國家發展委員會 (4)衛生福利部 。

9.（　）氣候變遷因應法中所稱：一單位之排放額度相當於允許排放多少的二氧化碳當量
(1)1 公斤　(2)1 立方米　(3)1 公噸　(4)1 公升　。 (3)

10.（　）下列何者「不是」全球暖化帶來的影響？
(1)洪水　(2)熱浪　(3)地震　(4)旱災。 (3)

11.（　）下列何種方法無法減少二氧化碳？
(1)想吃多少儘量點，剩下可當廚餘回收
(2)選購當地、當季食材，減少運輸碳足跡
(3)多吃蔬菜，少吃肉
(4)自備杯筷，減少免洗用具垃圾量。 (1)

12.（　）下列何者不會減少溫室氣體的排放？
(1)減少使用煤、石油等化石燃料　(2)大量植樹造林，禁止亂砍亂伐
(3)增高燃煤氣體排放的煙囪　(4)開發太陽能、水能等新能源。 (3)

13.（　）關於綠色採購的敘述，下列何者錯誤？
(1)採購由回收材料所製造之物品
(2)採購的產品對環境及人類健康有最小的傷害性
(3)選購對環境傷害較少、污染程度較低的產品
(4)以精美包裝為主要首選。 (4)

14.（　）一旦大氣中的二氧化碳含量增加，會引起那一種後果？
(1)溫室效應惡化　(2)臭氧層破洞　(3)冰期來臨　(4)海平面下降。 (1)

15.（　）關於建築中常用的金屬玻璃帷幕牆，下列敘述何者正確？
(1)玻璃帷幕牆的使用能節省室內空調使用
(2)玻璃帷幕牆適用於臺灣，讓夏天的室內產生溫暖的感覺
(3)在溫度高的國家，建築物使用金屬玻璃帷幕會造成日照輻射熱，產生室內「溫室效應」
(4)臺灣的氣候濕熱，特別適合在大樓以金屬玻璃帷幕作為建材。 (3)

16.（　）下列何者不是能源之類型？
(1)電力　(2)壓縮空氣　(3)蒸汽　(4)熱傳。 (4)

17.（　）我國已制定能源管理系統標準為
(1)CNS 50001　(2)CNS 12681　(3)CNS 14001　(4)CNS 22000。 (1)

18.（　）台灣電力股份有限公司所謂的三段式時間電價於夏月平日（非週六日）之尖峰用電時段為何？
(1)9：00~16：00　(2)9：00~24：00
(3)6：00~11：00　(4)16：00~22：00。 (4)

19. ( )	基於節能減碳的目標，下列何種光源發光效率最低，不鼓勵使用？ (1)白熾燈泡 (2)LED 燈泡 (3)省電燈泡 (4)螢光燈管。	(1)
20. ( )	下列的能源效率分級標示，哪一項較省電？ (1)1 (2)2 (3)3 (4)4。	(1)
21. ( )	下列何者「不是」目前台灣主要的發電方式？ (1)燃煤 (2)燃氣 (3)水力 (4)地熱。	(4)
22. ( )	有關延長線及電線的使用，下列敘述何者錯誤？ (1)拔下延長線插頭時，應手握插頭取下 (2)使用中之延長線如有異味產生，屬正常現象不須理會 (3)應避開火源，以免外覆塑膠熔解，致使用時造成短路 (4)使用老舊之延長線，容易造成短路、漏電或觸電等危險情形，應立即更換。	(2)
23. ( )	有關觸電的處理方式，下列敘述何者錯誤？ (1)立即將觸電者拉離現場 (2)把電源開關關閉 (3)通知救護人員 (4)使用絕緣的裝備來移除電源。	(1)
24. ( )	目前電費單中，係以「度」為收費依據，請問下列何者為其單位？ (1)kW (2)kWh (3)kJ (4)kJh。	(2)
25. ( )	依據台灣電力公司三段式時間電價（尖峰、半尖峰及離峰時段）的規定，請問哪個時段電價最便宜？ (1)尖峰時段 (2)夏月半尖峰時段 (3)非夏月半尖峰時段 (4)離峰時段。	(4)
26. ( )	當用電設備遭遇電源不足或輸配電設備受限制時，導致用戶暫停或減少用電的情形，常以下列何者名稱出現？ (1)停電 (2)限電 (3)斷電 (4)配電。	(2)
27. ( )	照明控制可以達到節能與省電費的好處，下列何種方法最適合一般住宅社區兼顧節能、經濟性與實際照明需求？ (1)加裝 DALI 全自動控制系統 (2)走廊與地下停車場選用紅外線感應控制電燈 (3)全面調低照明需求 (4)晚上關閉所有公共區域的照明。	(2)
28. ( )	上班性質的商辦大樓為了降低尖峰時段用電，下列何者是錯的？ (1)使用儲冰式空調系統減少白天空調用電需求 (2)白天有陽光照明，所以白天可以將照明設備全關掉 (3)汰換老舊電梯馬達並使用變頻控制 (4)電梯設定隔層停止控制，減少頻繁啟動。	(2)

29. (　) 為了節能與降低電費的需求，應該如何正確選用家電產品？ (2)
(1)選用高功率的產品效率較高
(2)優先選用取得節能標章的產品
(3)設備沒有壞，還是堪用，繼續用，不會增加支出
(4)選用能效分級數字較高的產品，效率較高，5 級的比 1 級的電器產品更省電。

30. (　) 有效而正確的節能從選購產品開始，就一般而言，下列的因素中，何者是選購電氣設備的最優先考量項目？ (3)
(1)用電量消耗電功率是多少瓦攸關電費支出，用電量小的優先
(2)採購價格比較，便宜優先
(3)安全第一，一定要通過安規檢驗合格
(4)名人或演藝明星推薦，應該口碑較好。

31. (　) 高效率燈具如果要降低眩光的不舒服，下列何者與降低刺眼眩光影響無關？ (3)
(1)光源下方加裝擴散板或擴散膜　(2)燈具的遮光板
(3)光源的色溫　(4)採用間接照明。

32. (　) 用電熱爐煮火鍋，採用中溫 50%加熱，比用高溫 100%加熱，將同一鍋水煮開，下列何者是對的？ (4)
(1)中溫 50%加熱比較省電　(2)高溫 100%加熱比較省電
(3)中溫 50%加熱，電流反而比較大　(4)兩種方式用電量是一樣的。

33. (　) 電力公司為降低尖峰負載時段超載的停電風險，將尖峰時段電價費率（每度電單價）提高，離峰時段的費率降低，引導用戶轉移部分負載至離峰時段，這種電能管理策略稱為 (2)
(1)需量競價　(2)時間電價　(3)可停電力　(4)表燈用戶彈性電價。

34. (　) 集合式住宅的地下停車場需要維持通風良好的空氣品質，又要兼顧節能效益，下列的排風扇控制方式何者是不恰當的？ (2)
(1)淘汰老舊排風扇，改裝取得節能標章、適當容量的高效率風扇
(2)兩天一次運轉通風扇就好了
(3)結合一氧化碳偵測器，自動啟動/停止控制
(4)設定每天早晚二次定期啟動排風扇。

35. (　) 大樓電梯為了節能及生活便利需求，可設定部分控制功能，下列何者是錯誤或不正確的做法？ (2)
(1)加感應開關，無人時自動關閉電燈與通風扇
(2)縮短每次開門/關門的時間
(3)電梯設定隔樓層停靠，減少頻繁啟動
(4)電梯馬達加裝變頻控制。

36. (　) 為了節能及兼顧冰箱的保溫效果，下列何者是錯誤或不正確的做法？
(1)冰箱內上下層間不要塞滿，以利冷藏對流
(2)食物存放位置紀錄清楚，一次拿齊食物，減少開門次數
(3)冰箱門的密封壓條如果鬆弛，無法緊密關門，應儘速更新修復
(4)冰箱內食物擺滿塞滿，效益最高。 (4)

37. (　) 電鍋剩飯持續保溫至隔天再食用，或剩飯先放冰箱冷藏，隔天用微波爐加熱，就加熱及節能觀點來評比，下列何者是對的？
(1)持續保溫較省電　(2)微波爐再加熱比較省電又方便　(3)兩者一樣
(4)優先選電鍋保溫方式，因為馬上就可以吃。 (2)

38. (　) 不斷電系統 UPS 與緊急發電機的裝置都是應付臨時性供電狀況；停電時，下列的陳述何者是對的？
(1)緊急發電機會先啟動，不斷電系統 UPS 是後備的
(2)不斷電系統 UPS 先啟動，緊急發電機是後備的
(3)兩者同時啟動
(4)不斷電系統 UPS 可以撐比較久。 (2)

39. (　) 下列何者為非再生能源？
(1)地熱能　(2)焦煤　(3)太陽能　(4)水力能。 (2)

40. (　) 欲兼顧採光及降低經由玻璃部分侵入之熱負載，下列的改善方法何者錯誤？
(1)加裝深色窗簾　(2)裝設百葉窗
(3)換裝雙層玻璃　(4)貼隔熱反射膠片。 (1)

41. (　) 一般桶裝瓦斯(液化石油氣)主要成分為丁烷與下列何種成分所組成？
(1)甲烷　(2)乙烷　(3)丙烷　(4)辛烷。 (3)

42. (　) 在正常操作，且提供相同暖氣之情形下，下列何種暖氣設備之能源效率最高？
(1)冷暖氣機　(2)電熱風扇　(3)電熱輻射機　(4)電暖爐。 (1)

43. (　) 下列何種熱水器所需能源費用最少？
(1)電熱水器　(2)天然瓦斯熱水器　(3)柴油鍋爐熱水器　(4)熱泵熱水器。 (4)

44. (　) 某公司希望能進行節能減碳，為地球盡點心力，以下何種作為並不恰當？
(1)將採購規定列入以下文字：「汰換設備時首先考慮能源效率 1 級或具有節能標章之產品」
(2)盤查所有能源使用設備
(3)實行能源管理
(4)為考慮經營成本，汰換設備時採買最便宜的機種。 (4)

45. (　) 冷氣外洩會造成能源之浪費，下列的入門設施與管理何者最耗能？ (2)
(1)全開式有氣簾　(2)全開式無氣簾
(3)自動門有氣簾　(4)自動門無氣簾。

46. (　) 下列何者「不是」潔淨能源？ (4)
(1)風能　(2)地熱　(3)太陽能　(4)頁岩氣。

47. (　) 有關再生能源中的風力、太陽能的使用特性中，下列敘述中何者錯誤？ (2)
(1)間歇性能源，供應不穩定　(2)不易受天氣影響
(3)需較大的土地面積　(4)設置成本較高。

48. (　) 有關台灣能源發展所面臨的挑戰，下列選項何者是錯誤的？ (3)
(1)進口能源依存度高，能源安全易受國際影響
(2)化石能源所占比例高，溫室氣體減量壓力大
(3)自產能源充足，不需仰賴進口
(4)能源密集度較先進國家仍有改善空間。

49. (　) 若發生瓦斯外洩之情形，下列處理方法中錯誤的是？ (3)
(1)應先關閉瓦斯爐或熱水器等開關
(2)緩慢地打開門窗，讓瓦斯自然飄散
(3)開啟電風扇，加強空氣流動
(4)在漏氣止住前，應保持警戒，嚴禁煙火。

50. (　) 全球暖化潛勢（Global Warming Potential, GWP）是衡量溫室氣體對全球暖化的影響，其中是以何者為比較基準？ (1)
(1)CO_2　(2)CH_4　(3)SF_6　(4)N_2O。

51. (　) 有關建築之外殼節能設計，下列敘述中錯誤的是？ (4)
(1)開窗區域設置遮陽設備
(2)大開窗面避免設置於東西日曬方位
(3)做好屋頂隔熱設施
(4)宜採用全面玻璃造型設計，以利自然採光。

52. (　) 下列何者燈泡的發光效率最高？ (1)
(1)LED 燈泡　(2)省電燈泡　(3)白熾燈泡　(4)鹵素燈泡。

53. (　) 有關吹風機使用注意事項，下列敘述中錯誤的是？ (4)
(1)請勿在潮濕的地方使用，以免觸電危險
(2)應保持吹風機進、出風口之空氣流通，以免造成過熱
(3)應避免長時間使用，使用時應保持適當的距離
(4)可用來作為烘乾棉被及床單等用途。

54.（ ）下列何者是造成聖嬰現象發生的主要原因？ (2)
(1)臭氧層破洞 (2)溫室效應 (3)霧霾 (4)颱風。

55.（ ）為了避免漏電而危害生命安全，下列「不正確」的做法是？ (4)
(1)做好用電設備金屬外殼的接地
(2)有濕氣的用電場合，線路加裝漏電斷路器
(3)加強定期的漏電檢查及維護
(4)使用保險絲來防止漏電的危險性。

56.（ ）用電設備的線路保護用電力熔絲（保險絲）經常燒斷，造成停電的不便，下列「不正確」的作法是？ (1)
(1)換大一級或大兩級規格的保險絲或斷路器就不會燒斷了
(2)減少線路連接的電氣設備，降低用電量
(3)重新設計線路，改較粗的導線或用兩迴路並聯
(4)提高用電設備的功率因數。

57.（ ）政府為推廣節能設備而補助民眾汰換老舊設備，下列何者的節電效益最佳？ (2)
(1)將桌上檯燈光源由螢光燈換為 LED 燈
(2)優先淘汰 10 年以上的老舊冷氣機為能源效率標示分級中之一級冷氣機
(3)汰換電風扇，改裝設能源效率標示分級為一級的冷氣機
(4)因為經費有限，選擇便宜的產品比較重要。

58.（ ）依據我國現行國家標準規定，冷氣機的冷氣能力標示應以何種單位表示？ (1)
(1)kW (2)BTU/h (3)kcal/h (4)RT。

59.（ ）漏電影響節電成效，並且影響用電安全，簡易的查修方法為 (1)
(1)電氣材料行買支驗電起子，碰觸電氣設備的外殼，就可查出漏電與否
(2)用手碰觸就可以知道有無漏電
(3)用三用電表檢查
(4)看電費單有無紀錄。

60.（ ）使用了 10 幾年的通風換氣扇老舊又骯髒，噪音又大，維修時採取下列哪一種對策最為正確及節能？ (2)
(1)定期拆下來清洗油垢
(2)不必再猶豫，10 年以上的電扇效率偏低，直接換為高效率通風扇
(3)直接噴沙拉脫清潔劑就可以了，省錢又方便
(4)高效率通風扇較貴，換同機型的廠內備用品就好了。

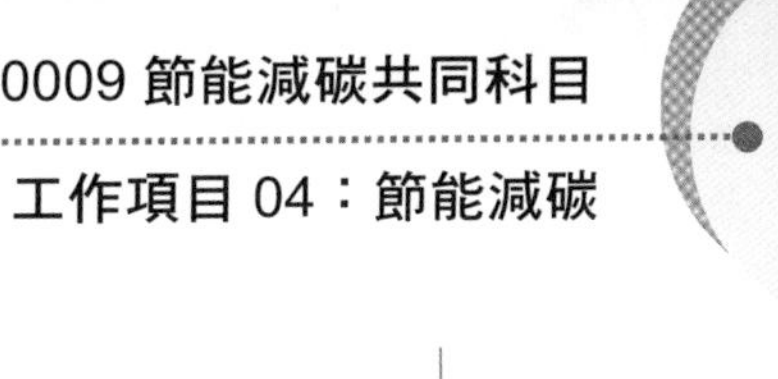

61.（　）電氣設備維修時，在關掉電源後，最好停留 1 至 5 分鐘才開始檢修，其主要的理由為下列何者？
(1)先平靜心情，做好準備才動手
(2)讓機器設備降溫下來再查修
(3)讓裡面的電容器有時間放電完畢，才安全
(4)法規沒有規定，這完全沒有必要。 (3)

62.（　）電氣設備裝設於有潮濕水氣的環境時，最應該優先檢查及確認的措施是？
(1)有無在線路上裝設漏電斷路器　(2)電氣設備上有無安全保險絲
(3)有無過載及過熱保護設備　(4)有無可能傾倒及生鏽。 (1)

63.（　）為保持中央空調主機效率，最好每隔多久時間應請維護廠商或保養人員檢視中央空調主機？
(1)半年　(2)1 年　(3)1.5 年　(4)2 年。 (1)

64.（　）家庭用電最大宗來自於
(1)空調及照明　(2)電腦　(3)電視　(4)吹風機。 (1)

65.（　）冷氣房內為減少日照高溫及降低空調負載，下列何種處理方式是錯誤的？
(1)窗戶裝設窗簾或貼隔熱紙
(2)將窗戶或門開啟，讓屋內外空氣自然對流
(3)屋頂加裝隔熱材、高反射率塗料或噴水
(4)於屋頂進行薄層綠化。 (2)

66.（　）有關電冰箱放置位置的處理方式，下列何者是正確的？
(1)背後緊貼牆壁節省空間
(2)背後距離牆壁應有 10 公分以上空間，以利散熱
(3)室內空間有限，側面緊貼牆壁就可以了
(4)冰箱最好貼近流理台，以便存取食材。 (2)

67.（　）下列何項「不是」照明節能改善需優先考量之因素？
(1)照明方式是否適當　(2)燈具之外型是否美觀
(3)照明之品質是否適當　(4)照度是否適當。 (2)

68.（　）醫院、飯店或宿舍之熱水系統耗能大，要設置熱水系統時，應優先選用何種熱水系統較節能？
(1)電能熱水系統　(2)熱泵熱水系統
(3)瓦斯熱水系統　(4)重油熱水系統。 (2)

69. (　) 如下圖，你知道這是什麼標章嗎？ (4)

(1)省水標章
(2)環保標章
(3)奈米標章
(4)能源效率標示。

70. (　) 台灣電力公司電價表所指的夏月用電月份（電價比其他月份高）是為 (1)4/1~7/31　(2)5/1~8/31　(3)6/1~9/30　(4)7/1~10/31。 (3)

71. (　) 屋頂隔熱可有效降低空調用電，下列何項措施較不適當？ (1)

(1)屋頂儲水隔熱　(2)屋頂綠化
(3)於適當位置設置太陽能板發電同時加以隔熱　(4)鋪設隔熱磚。

72. (　) 電腦機房使用時間長、耗電量大，下列何項措施對電腦機房之用電管理較不適當？ (1)

(1)機房設定較低之溫度　(2)設置冷熱通道
(3)使用較高效率之空調設備　(4)使用新型高效能電腦設備。

73. (　) 下列有關省水標章的敘述中正確的是？ (3)

(1)省水標章是環境部為推動使用節水器材，特別研定以作為消費者辨識省水產品的一種標誌
(2)獲得省水標章的產品並無嚴格測試，所以對消費者並無一定的保障
(3)省水標章能激勵廠商重視省水產品的研發與製造，進而達到推廣節水良性循環之目的
(4)省水標章除有用水設備外，亦可使用於冷氣或冰箱上。

74. (　) 透過淋浴習慣的改變就可以節約用水，以下的何種方式正確？ (2)

(1)淋浴時抹肥皂，無需將蓮蓬頭暫時關上
(2)等待熱水前流出的冷水可以用水桶接起來再利用
(3)淋浴流下的水不可以刷洗浴室地板
(4)淋浴沖澡流下的水，可以儲蓄洗菜使用。

75. (　) 家人洗澡時，一個接一個連續洗，也是一種有效的省水方式嗎？ (1)

(1)是，因為可以節省等待熱水流出之前所先流失的冷水
(2)否，這跟省水沒什麼關係，不用這麼麻煩
(3)否，因為等熱水時流出的水量不多
(4)有可能省水也可能不省水，無法定論。

76. (　) 下列何種方式有助於節省洗衣機的用水量？ (2)
(1)洗衣機洗滌的衣物盡量裝滿，一次洗完
(2)購買洗衣機時選購有省水標章的洗衣機，可有效節約用水
(3)無需將衣物適當分類
(4)洗濯衣物時盡量選擇高水位才洗的乾淨。

77. (　) 如果水龍頭流量過大，下列何種處理方式是錯誤的？ (3)
(1)加裝節水墊片或起波器
(2)加裝可自動關閉水龍頭的自動感應器
(3)直接換裝沒有省水標章的水龍頭
(4)直接調整水龍頭到適當水量。

78. (　) 洗菜水、洗碗水、洗衣水、洗澡水等的清洗水，不可直接利用來做什麼用途？ (4)
(1)洗地板　(2)沖馬桶　(3)澆花　(4)飲用水。

79. (　) 如果馬桶有不正常的漏水問題，下列何者處理方式是錯誤的？ (1)
(1)因為馬桶還能正常使用，所以不用著急，等到不能用時再報修即可
(2)立刻檢查馬桶水箱零件有無鬆脫，並確認有無漏水
(3)滴幾滴食用色素到水箱裡，檢查有無有色水流進馬桶，代表可能有漏水
(4)通知水電行或檢修人員來檢修，徹底根絕漏水問題。

80. (　) 水費的計量單位是「度」，你知道一度水的容量大約有多少？ (3)
(1)2,000 公升　(2)3000 個 600cc 的寶特瓶
(3)1 立方公尺的水量　(4)3 立方公尺的水量。

81. (　) 臺灣在一年中什麼時期會比較缺水（即枯水期）？ (3)
(1)6 月至 9 月　(2)9 月至 12 月
(3)11 月至次年 4 月　(4)臺灣全年不缺水。

82. (　) 下列何種現象「不是」直接造成台灣缺水的原因？ (4)
(1)降雨季節分佈不平均，有時候連續好幾個月不下雨，有時又會下起豪大雨
(2)地形山高坡陡，所以雨一下很快就會流入大海
(3)因為民生與工商業用水需求量都愈來愈大，所以缺水季節很容易無水可用
(4)台灣地區夏天過熱，致蒸發量過大。

83. (　) 冷凍食品該如何讓它退冰，才是既「節能」又「省水」？ (3)
(1)直接用水沖食物強迫退冰　(2)使用微波爐解凍快速又方便
(3)烹煮前盡早拿出來放置退冰　(4)用熱水浸泡，每 5 分鐘更換一次。

84. (　) 洗碗、洗菜用何種方式可以達到清洗又省水的效果？ (2)
(1)對著水龍頭直接沖洗，且要盡量將水龍頭開大才能確保洗的乾淨
(2)將適量的水放在盆槽內洗濯，以減少用水
(3)把碗盤、菜等浸在水盆裡，再開水龍頭拼命沖水
(4)用熱水及冷水大量交叉沖洗達到最佳清洗效果。

85. (　) 解決台灣水荒（缺水）問題的無效對策是 (4)
(1)興建水庫、蓄洪（豐）濟枯　(2)全面節約用水
(3)水資源重複利用，海水淡化…等　(4)積極推動全民體育運動。

86. (　) 如下圖，你知道這是什麼標章嗎？ (3)
(1)奈米標章　(2)環保標章　(3)省水標章　(4)節能標章。

87. (　) 澆花的時間何時較為適當，水分不易蒸發又對植物最好？ (3)
(1)正中午　(2)下午時段　(3)清晨或傍晚　(4)半夜十二點。

88. (　) 下列何種方式沒有辦法降低洗衣機之使用水量，所以不建議採用？ (3)
(1)使用低水位清洗　(2)選擇快洗行程
(3)兩、三件衣服也丟洗衣機洗　(4)選擇有自動調節水量的洗衣機。

89. (　) 有關省水馬桶的使用方式與觀念認知，下列何者是錯誤的？ (3)
(1)選用衛浴設備時最好能採用省水標章馬桶
(2)如果家裡的馬桶是傳統舊式，可以加裝二段式沖水配件
(3)省水馬桶因為水量較小，會有沖不乾淨的問題，所以應該多沖幾次
(4)因為馬桶是家裡用水的大宗，所以應該儘量採用省水馬桶來節約用水。

90. (　) 下列的洗車方式，何者「無法」節約用水？ (3)
(1)使用有開關的水管可以隨時控制出水
(2)用水桶及海綿抹布擦洗
(3)用大口徑強力水注沖洗
(4)利用機械自動洗車，洗車水處理循環使用。

91. (　) 下列何種現象「無法」看出家裡有漏水的問題？ (1)
(1)水龍頭打開使用時，水表的指針持續在轉動
(2)牆面、地面或天花板忽然出現潮濕的現象
(3)馬桶裡的水常在晃動，或是沒辦法止水
(4)水費有大幅度增加。